西樵歷史文化文獻叢書

陳啟沅算學（四）

（清）陳啟沅 著

廣西師範大學出版社
GUANGXI NORMAL UNIVERSITY PRESS
·桂林·

陳啟沅算學卷拾壹

南海息心居士陳啟沅芷馨甫集著
門人順德林寬葆容圃氏校刊
次男　陳簡芳藹軒甫繪圖

各形邊線章拾壹

陳啟沅曰。物之體也。其形不壹。或方或圓。或長或短。或濶或狹。或厚或薄。或尖或曲。豈能盡者耶。然有形即有體。有體即有面。有面即有邊。有邊即有線。故以邊線限之。而能畧具其體也。凡線始於壹點。引而長之故謂之線。兩線相遇而成角。叁線相遇而成形。故句股爲測量之綱也。但各形之積。本應詳於方田章。而方田之積。只可言平面之積。初學始能了然。如立方斜歪凹凸諸形。非深明其理。何可以法御之。故另錄壹章。工各形邊線云。

點

點如針芒。無長短濶狹可論。然算從此起。譬如算日尸[illegible]度。只論日月中心壹點。此點所到。即爲纏離眞度

線

線有弧直二種。皆有長短而無濶狹。自壹點引而長之至又壹點止。則成線矣。

凡弧線必中規
弧線

凡直線必中繩
直線

凡平行線必相距等
平行直線

如測日月相距度。皆自太陽心。算至太陰心。是爲弧線。如測日月去人遠近。皆自人目中壹點。算至太陽太陰天。是爲直線。

凡句股叁角之法。俱論線。線兩端各壹點。故線以點為其界。

面

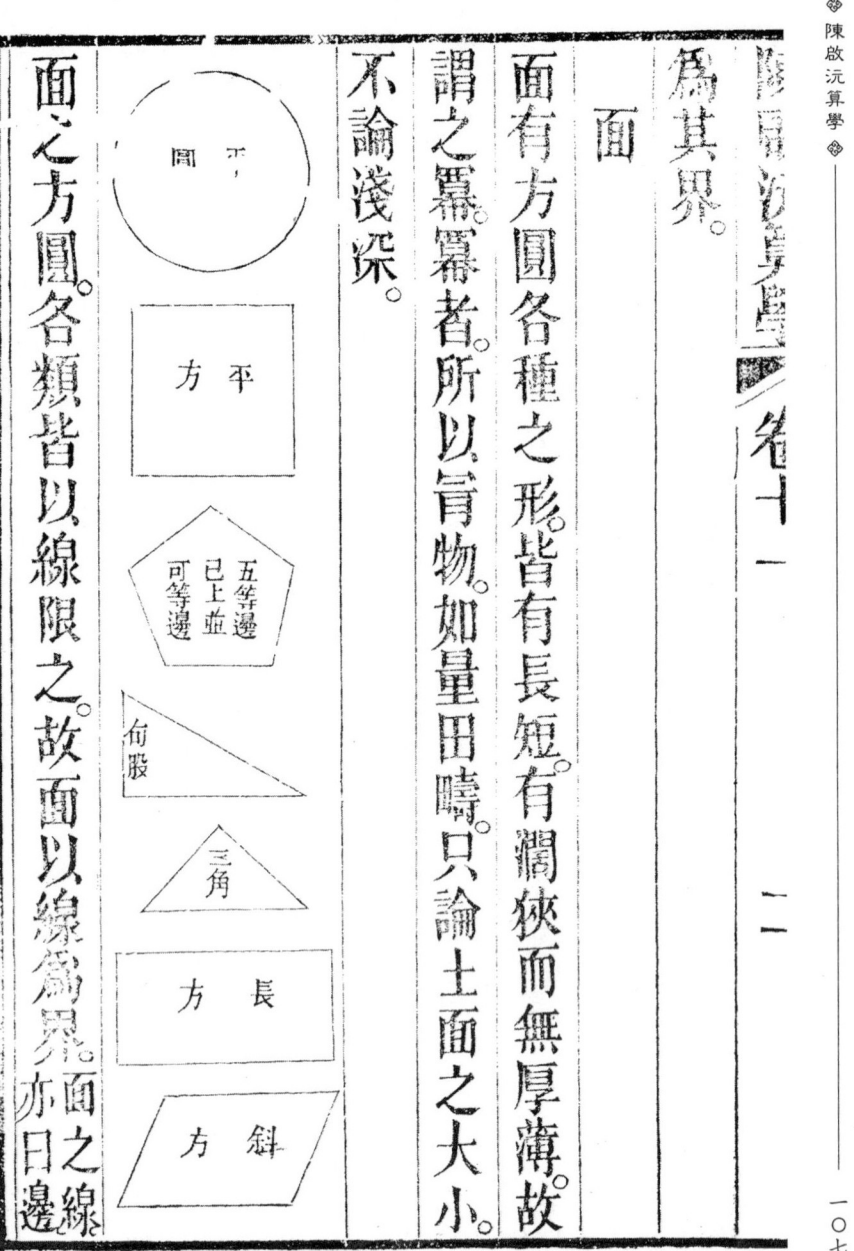

面有方圓各種之形。皆有長短。有闊狹而無厚薄。故謂之冪。冪者。所以冪物。如量田疇。只論土面之大小。不論淺深。

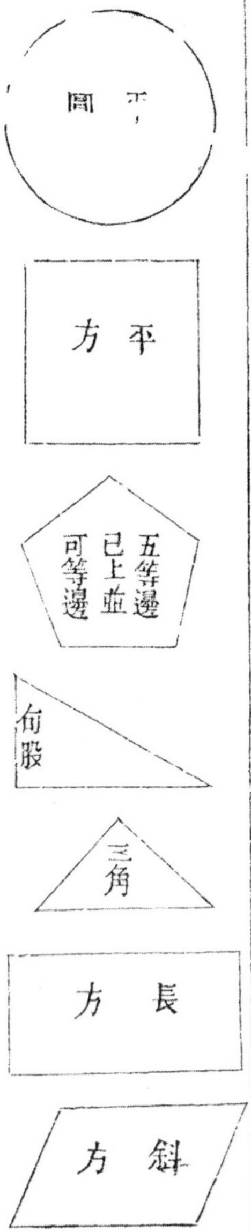

面之方圓。各類皆以線限之。故面以線為界。面之線亦曰邊。

惟圓面是壹線所成。乃弧線也。若直線。必叁線以上始能成形。

體

體。或方或圓。其形不壹。皆有長短。有闊狹。又有厚薄。或淺深高下之類。圓體如球。如柱。方體如櫃。如斗。如圓塔。如方塔。皆以面為界。

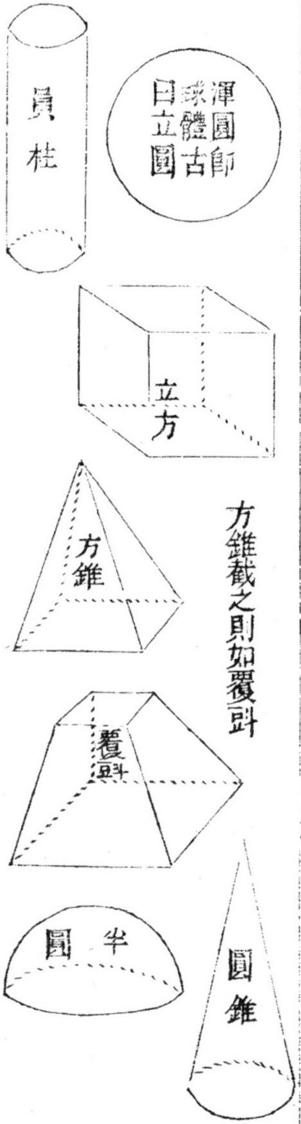

以上四者。謂點線面體。略盡測量之事矣。然其用皆在線。如論點則有距線。論面則有邊線。論體則有稜線。面與面相得則成稜線。凡所謂長短濶狹厚薄淺深高下。皆以線得之。叁角法者。求線之法也。

長短濶狹厚薄等類。皆以量而得。而量者必於壹線正中。若稍偏於兩旁。則其度不眞矣。故凡測量所求者。皆線也。

叁　內形

欲明叁角之法。必詳叁角之形。方能知各形之邊線。

兩直線不能成形。成形者必叄線以上而叄線相遇則有弍角。故叄角形者。形之始也。

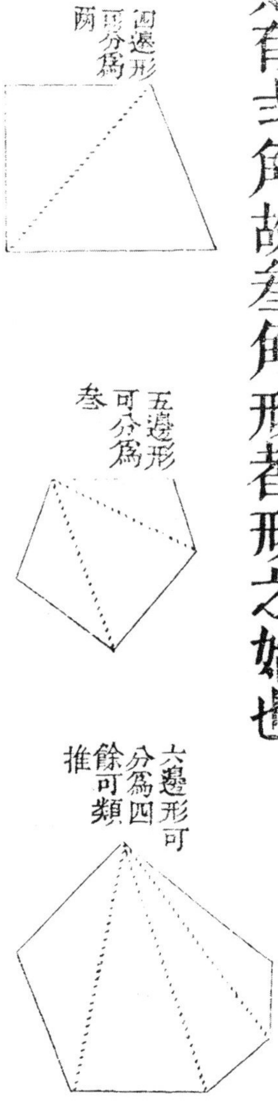

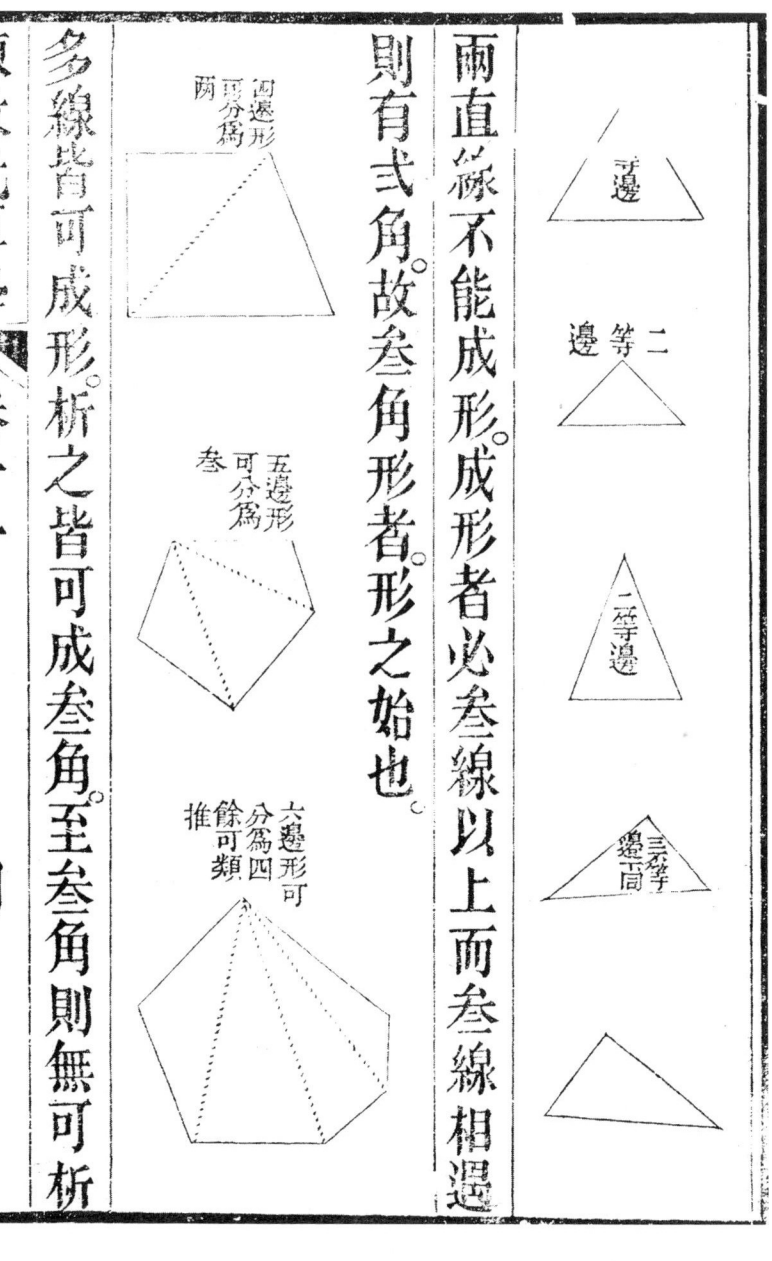

多線皆可成形。析之皆可成叄角。至叄角則無可析

矣。故叁角能盡諸形之理。

凡可算者。爲有法之形。不可算者。爲無法之形。叁角者有法之形也。不論長短斜正。皆可以求其數。故曰有法。若無法之形。析之成叁角。則可量。故叁角者。量法之宗也。前已將叁角求積。割圓各理。分錄兩卷。茲於兩形之外。總將諸形。共撮壹卷。使易檢閱也。

假如大小兩正方形大正方邊比小正方邊多七丈

大正方積比小正方積多叁百四拾叁井問大小大邊各若干　答曰大方邊弍拾八丈小方邊弍

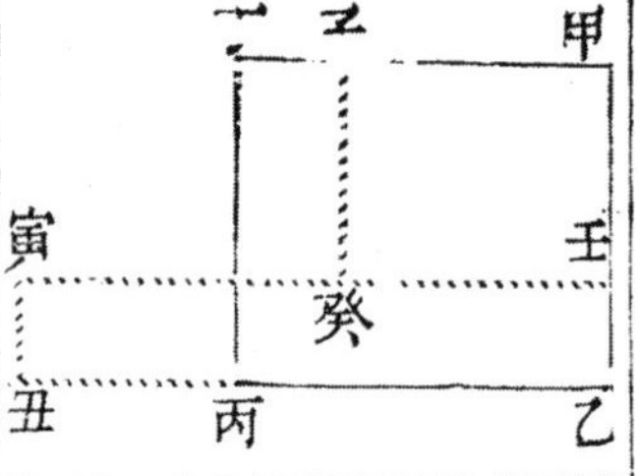

拾壹丈　法以積較。叁百四拾叁井加壬乙丙丁子癸。磬折形積。用邊較。七丈。如壬乙。除之。得四拾九丈如乙丑。蓋以磬折形引而長之。卽成壬乙丑寅長方形。爲大小兩方邊之和。加邊較。得五拾六丈折半得式拾八丈如乙丙。爲大方之邊。與共邊相減。餘式拾壹丈。如丙丑。卽如子癸。爲小方邊。

假如大小兩正方形共邊叁拾壹丈大正方積比小正方積多壹百五拾五井問大小方邊各若干

答曰大方邊壹拾八丈小方邊壹拾叁丈

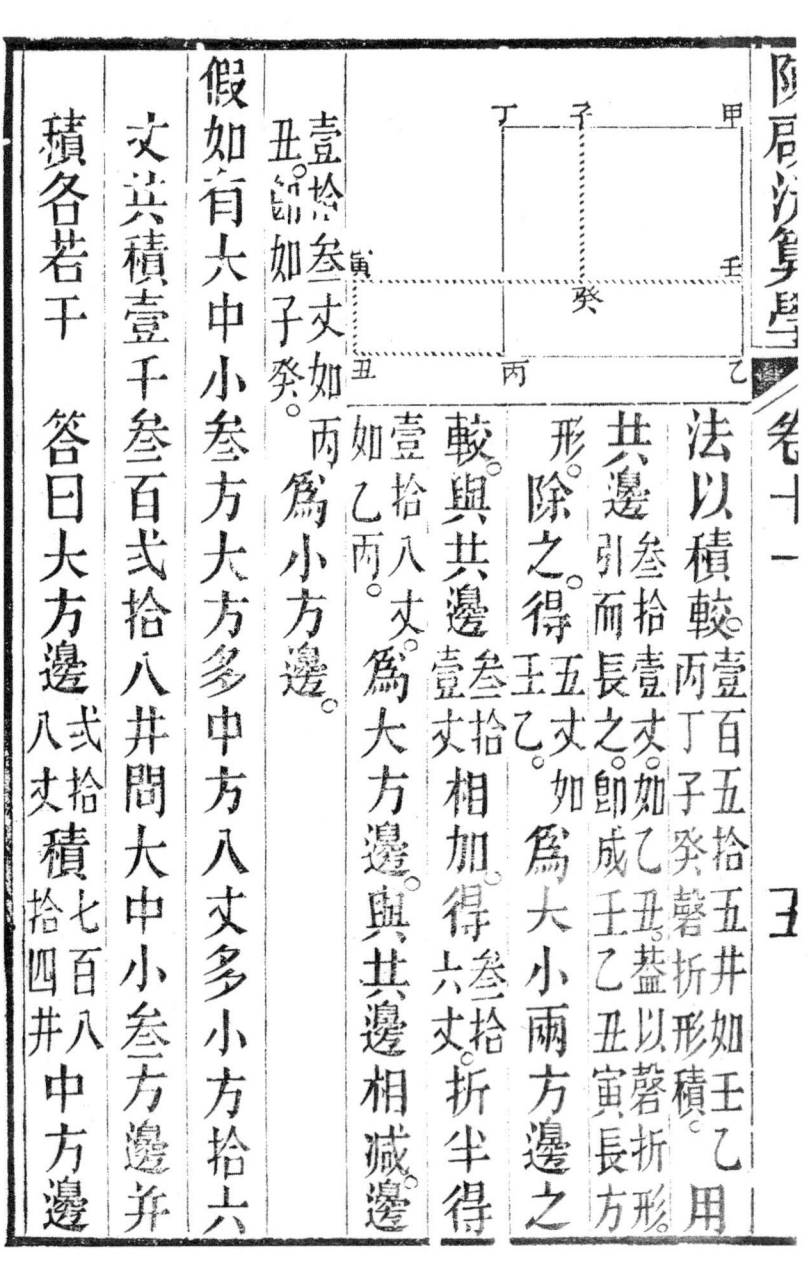

法以積較。壹百五拾五井。如壬乙兩丁子癸磬折形積。用共邊叁拾壹丈。如乙丑。盎以磬折形。引而長之。即成壬乙丑寅長方形。除之。得五丈。如壬乙。爲大小兩方邊之較。與共邊叁拾壹丈相加。得叁拾六丈。折半得壹拾八丈。如乙丙。爲大方邊。與共邊相減。邊壹拾叁丈。如丙丑。即如子癸。爲小方邊。

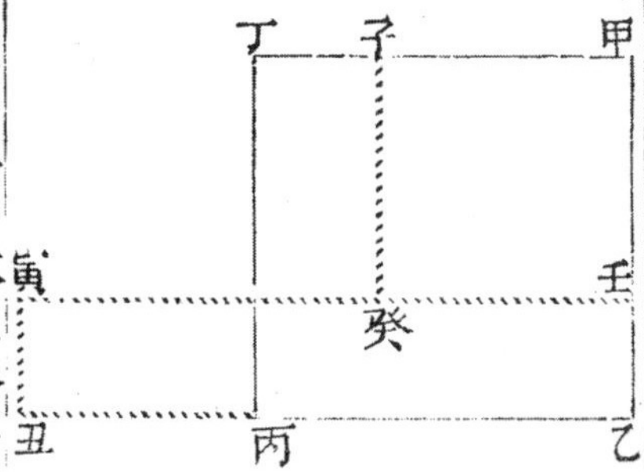

假如有大中小叁方大方多中方八丈多小方拾六丈共積壹千叁百弍拾八井問大中小叁方邊并積各若干　答曰大方邊弍拾八丈積七百八拾四井中方邊

式拾丈積四百井小方邊拾式丈積壹百四拾四井法以大方邊多小方邊拾六丈。自乘。得式百五拾六井。又以中方邊多小方邊八丈。自乘。得六拾四井。式數相併。得叁百式拾井。如甲壬庚癸戊子庚丑兩隅積與共積相減。餘壹千零零八井。如庚辛丙寅類叁個小方。併壬乙己子癸丑卯丁兩廉。子丁巳庚辛類兩廉。丑庚寅卯類兩廉。共六個廉積。叁歸之。得叁百叁拾六井。爲壹個小方兩個廉積。如壬乙丙寅爲長方積。又以併兩邊較拾六丈。爲縱較。用帶縱較數開方法算之。得濶拾式丈。爲小方邊。加八丈爲中方邊。再加

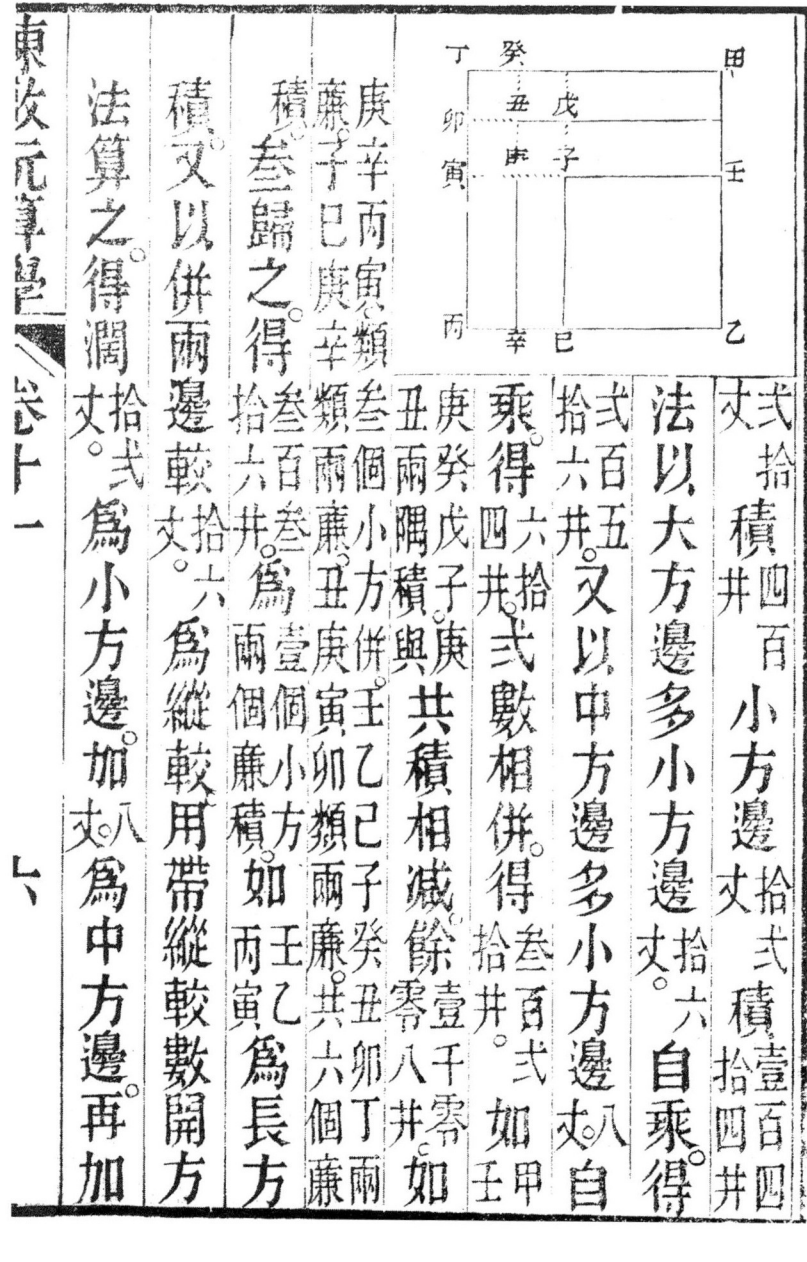

八丈爲大方邊。各以邊自乘。卽得各積合問。

今有叁角等邊形每邊八丈外切圓形問全徑若干

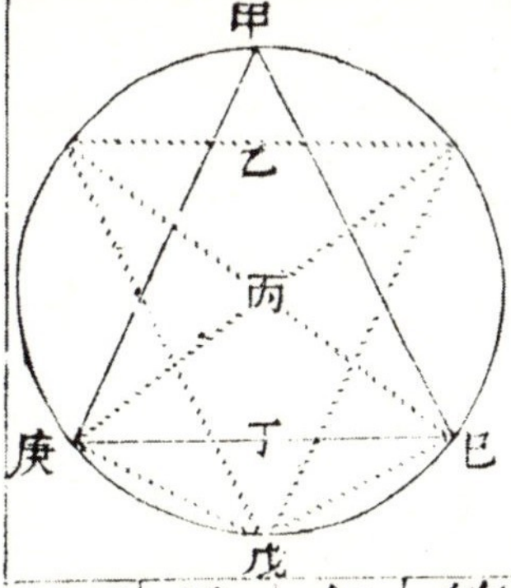

答曰九丈弍尺叁寸七分六厘零四絲有餘

法以每邊八丈爲弦。如甲己。半邊爲句。如己丁。求得股。六丈九尺弍寸八分弍厘零叁。如甲丁。用叁歸得弍丈叁尺零九分四厘零壹絲。加入股。卽得外切圓徑。甲丙。半徑。求得甲丁。比半徑弍份之叁。故以叁歸。得丙丁。如丁戊。乃以加入股而得全圓徑也

今有方環積弍千壹百井濶拾五丈問內外方邊各

若干　答曰內邊弍拾丈　外邊五拾丈

法以拾五丈自乘得弍百弍拾五幷如甲寅戊壬四因之得九百幷與環積相減減去四隅四正方積餘壹千弍百幷所存四正長方積四歸之得叁百幷如壬戊辛子以濶拾五丈如壬戊除之得弍拾丈卽內邊如壬子又以濶拾五丈倍之得叁拾丈如甲壬倂子丁加內邊弍拾丈如壬子得五拾丈如甲丁卽外邊也

又法以環積弍千壹百幷以濶拾五丈除之得壹百四拾幷如壬癸子丑爲

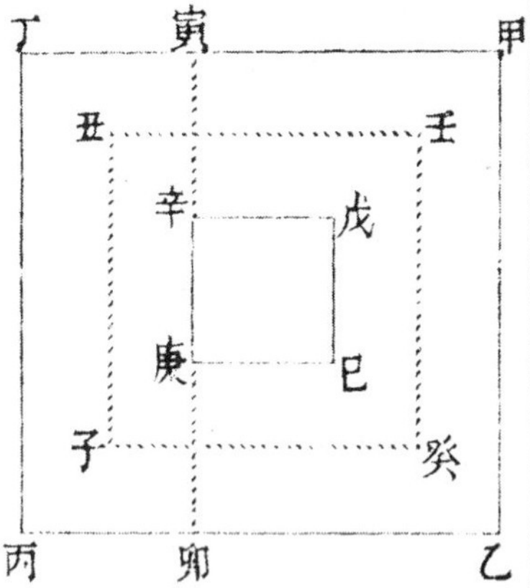

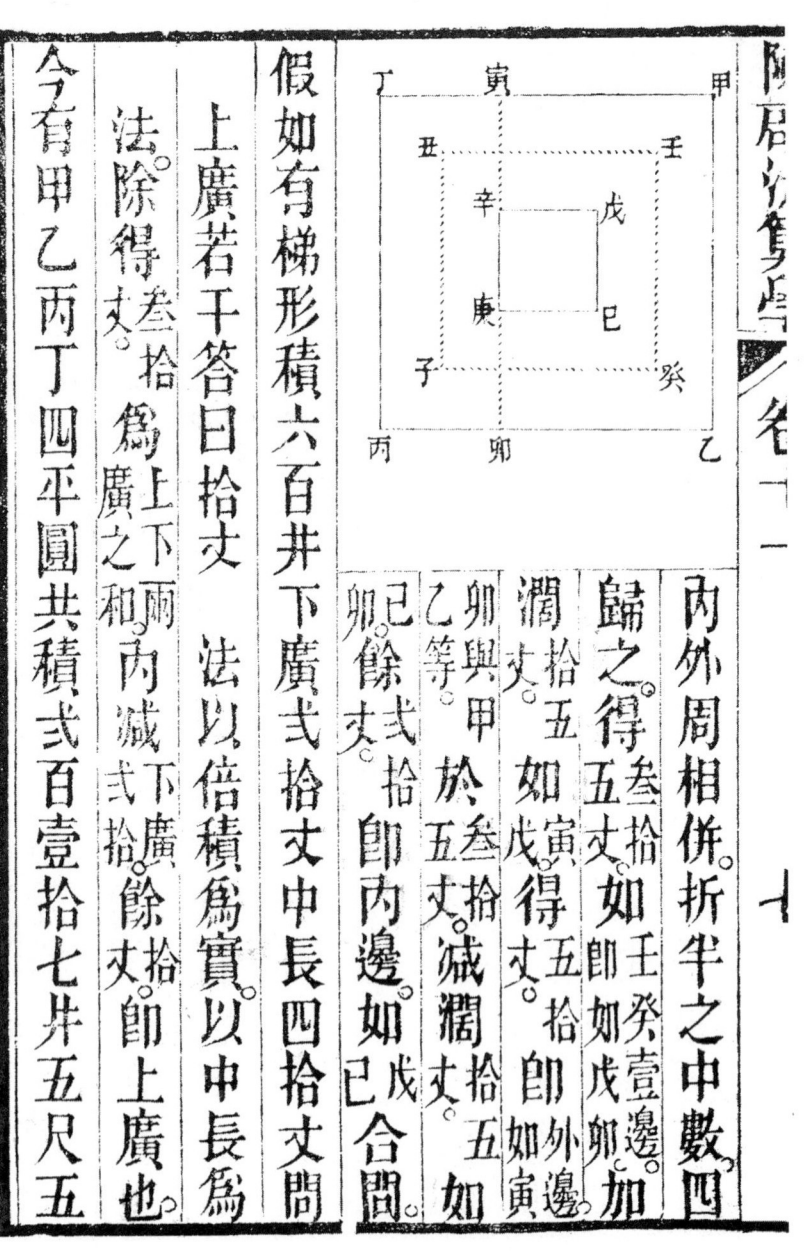

內外周相併。折半之中數。四歸之。得叁拾五丈。如壬癸壹邊。即如戊卯。加濶拾五丈。如寅戊。得五拾丈。即外邊。如寅卯與甲乙等。於叁拾五丈。減濶拾五丈。如己卯。餘弍拾丈。即內邊。如戊己。合問。

假如有梯形積六百丼下廣弍拾丈中長四拾丈問上廣若干答曰拾丈　法以倍積爲實。以中長爲法。除得叁拾丈。爲上下兩廣之和。內減下廣弍拾。餘拾丈。即上廣也。

今有甲乙丙丁四平圓共積弍百壹拾七丼五尺五

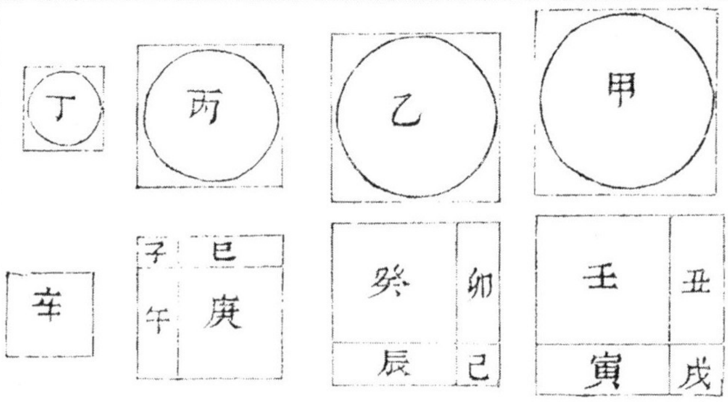

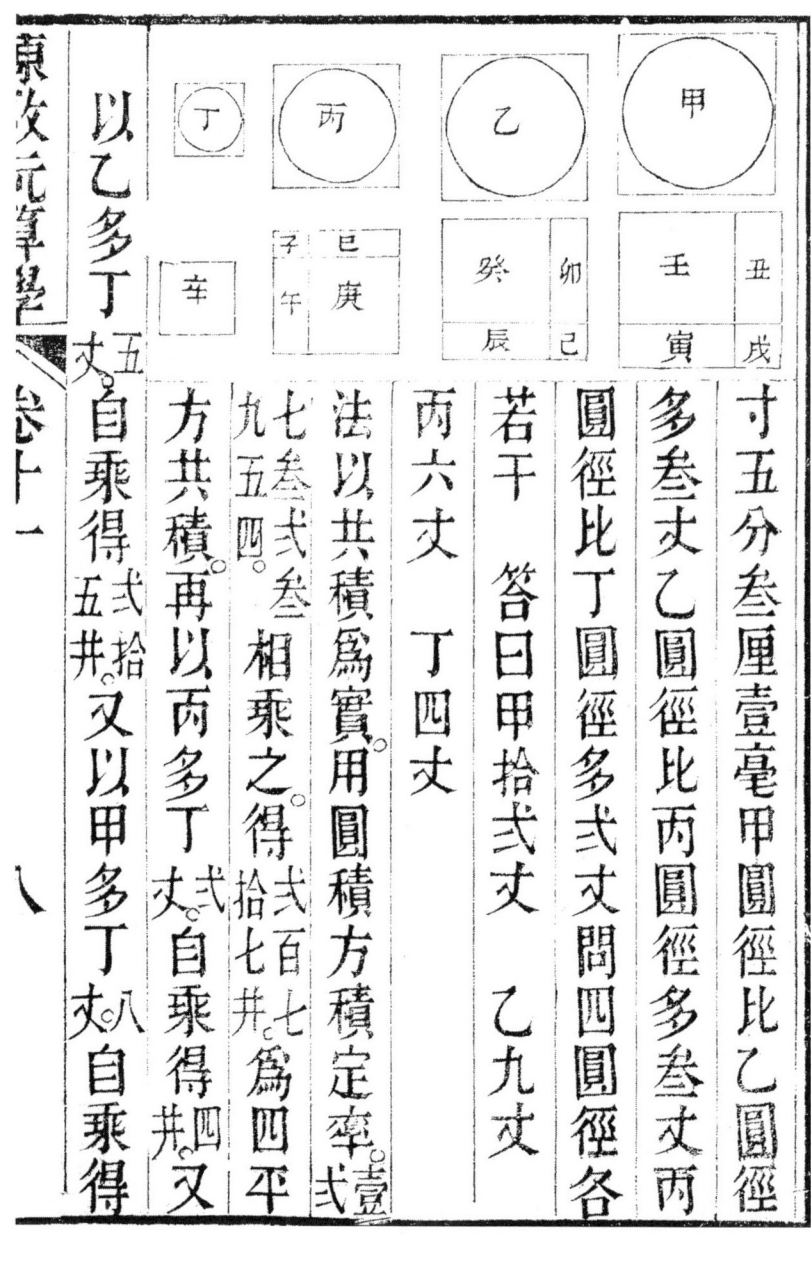

寸五分叁厘壹毫甲圓徑比乙圓徑多叁丈乙圓徑比丙圓徑多叁丈丙圓徑比丁圓徑多弍丈問四圓徑各若干　荅曰甲拾弍丈　乙九丈　丙六丈　丁四丈

法以共積爲實。用圓積方積定率壹弍七叁弍叁九五四。相乘之。得弍百七拾七井。爲四平方共積。再以丙多丁弍丈。自乘得四井。又以乙多丁五丈。自乘得弍拾五井。又以甲多丁八丈。自乘得六拾四井。叁數共併。得九拾叁井。與四平方共積相減。餘壹百八拾四井。為長方積。乃以四圓徑之較。式丈。五丈。八丈。併得壹拾五丈。為濶較。用帶縱較數開方法算之。得濶八丈。折半之。得四丈。為丁圓徑。加式丈。為丙圓徑。再加叁丈。為乙圓徑。再加叁丈。為甲圓徑。如圖甲乙丙丁。四平圓形變為四平方形。四圓徑之較。即四方邊之較。故於四方形丙減去壬癸子叁較方。餘戊己庚辛四正方。丑寅卯辰巳午六長方。共成

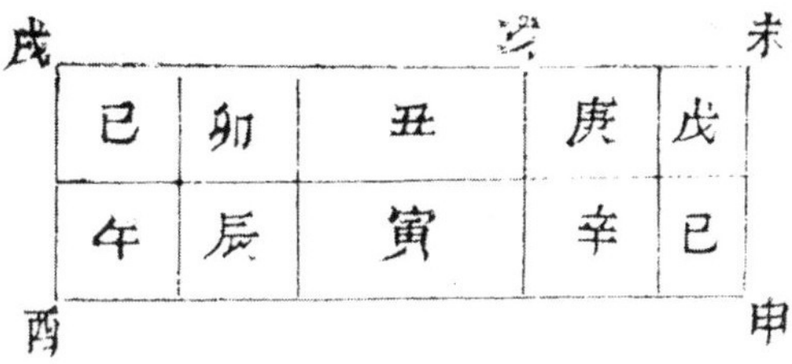

未辛酉戌大長方。戌亥爲長濶之較。即叁邊較之共數。故用帶縱較數開方法算之。得濶。折半而得丁方邊也。即丁圓徑。遞加之。即得丙。乙。甲。各圓徑。合問。

假如錢形徑壹拾弍丈問積若干　答曰八拾弍井壹尺九寸四分六厘　法以徑壹拾弍丈。求得圓面積壹百壹拾叁井零九寸七分叁厘有餘。又求得內容方積七拾弍井。兩數相減。餘四拾壹井零九寸七分叁厘。倍之。得錢形積。如圖甲乙丙丁錢形。作戊己。己庚。庚辛。辛戊。四線。則分

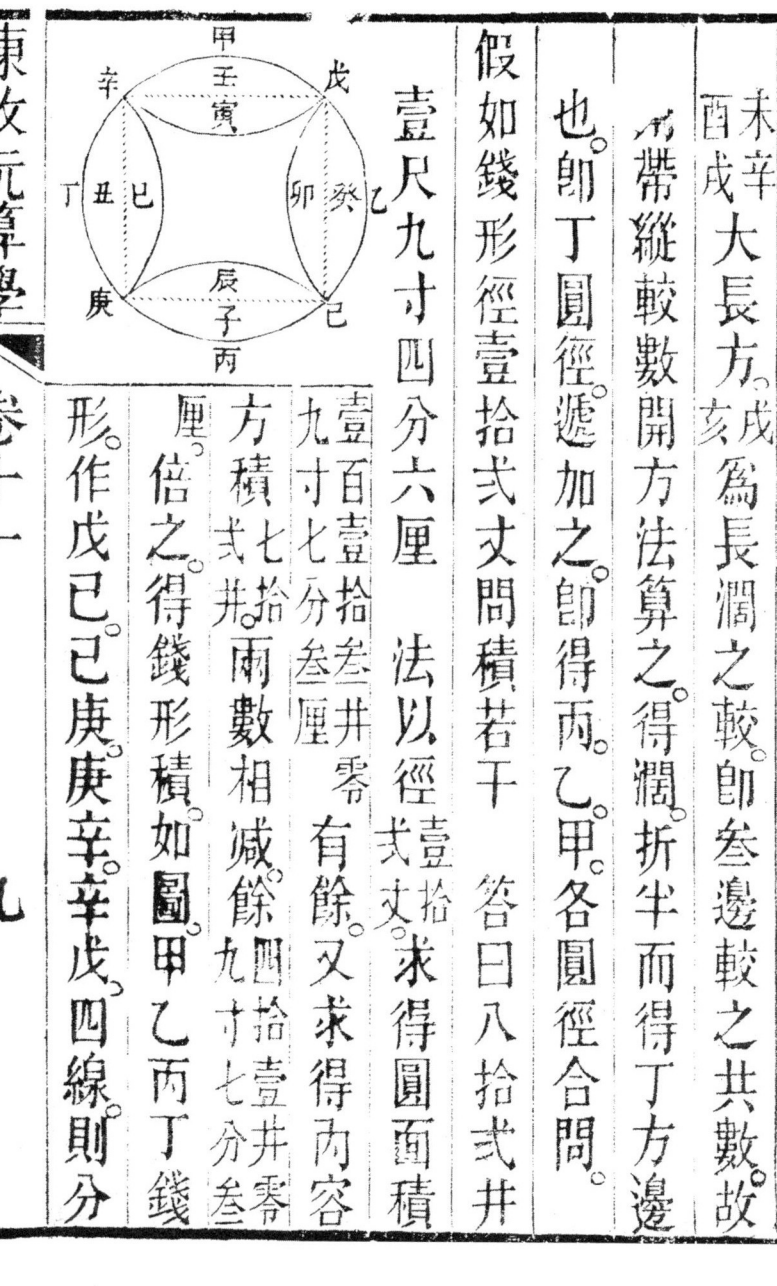

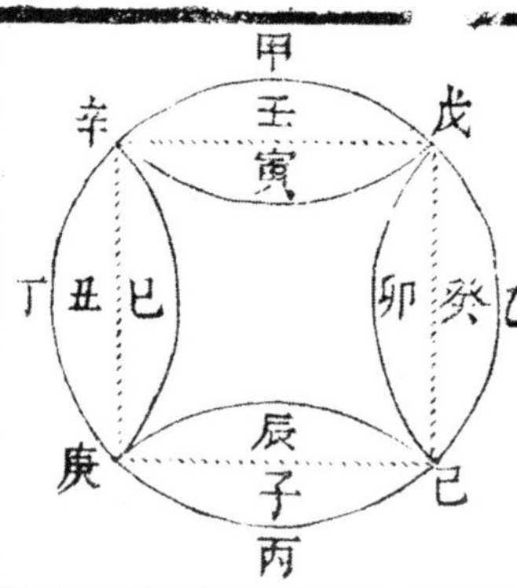

爲壬癸子丑寅卯辰巳八弧矢形故先求得圓積減去內容方積餘壬癸子丑四弧矢積倍之併得寅卯辰巳四弧矢積卽爲錢形積也合問

假如錠形徑壹拾弍丈問積若干　答曰七拾弍井

法以徑壹拾弍丈自乘得壹百四拾四井折半卽得如圖甲乙

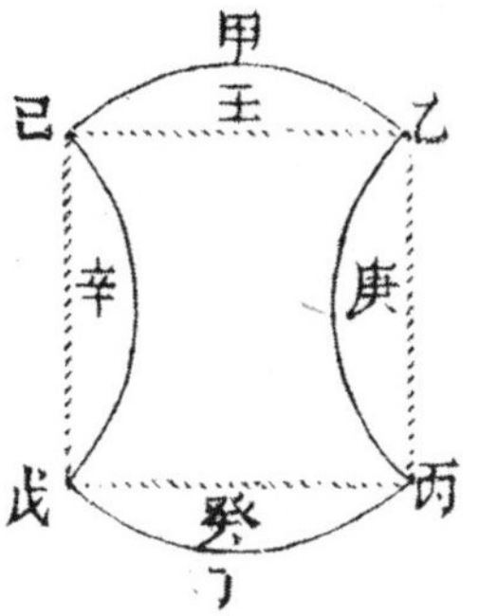

丙丁戊己銀錠形以甲丁徑自乘折半則得乙丙戊己正方積卽圓內容方理其所虛庚辛弍弧矢積與所盈壬癸弍弧矢積等故乙丙戊己正方積卽與

銀錠形積等也。田形推類，此之謂田形不壹，須推類。分截裁量，術始精也。

○凡圖中用連點者，以為丈量時用繩截補之。

假如有大圓徑叁丈六尺，內容七小圓，問小圓徑若干。

答曰：壹丈弍尺

法以大圓徑叁丈六尺，叁歸之，得壹丈弍尺，即小徑也。如圖。

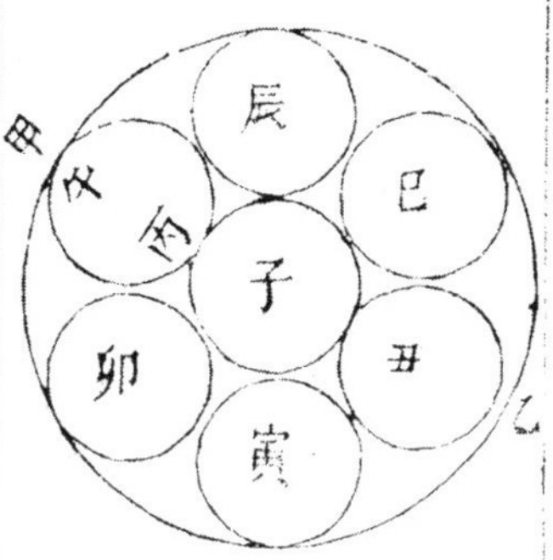

甲乙大圓徑，內容子丑寅卯辰巳午七小圓。甲至丙，壹小圓徑，比大圓徑叁份之壹之比例也。合問。

又照圖小圓徑壹丈弍尺，問大圓徑若干。

答曰叁丈六尺　法以小圓徑壹丈弍尺。叁因得叁拾六尺即大圓徑也。合問。

假如大小兩正方面形共積壹千零四拾井大方邊比小方邊多拾弍丈問兩正方邊及面積各若干

答曰大方邊弍拾入丈積七百八拾四井小方邊壹拾六丈積弍百五拾六井

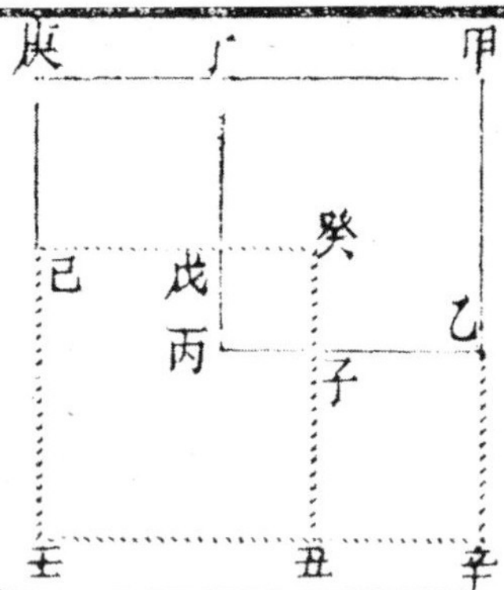

法以共積倍之。得弍千零八拾井。如甲辛壬庚壹大方積。仍疊壹癸子丙戊壹小方積。又以多壹拾弍丈自乘。得壹百四拾四井。即癸子丙戊小方積。與倍共積相減去壹千九百叁拾六丼即甲辛壬庚大方積。開方得四拾四丈。為大小兩方邊之和。如甲丁并丁庚。加多拾弍丈。如戊丙。為大小兩方邊之較。得五拾六丈。折半得弍拾八丈。為大方邊。內減拾弍丈。餘十六丈。為小方邊。各以邊自乘得各面積合問。

又法。以兩正方邊之較拾弍丈。自乘得壹百四拾四丼。與共積壹千零四拾丼相減。餘八百九拾六丼。折半得四百四拾八丼。為長方積。以多拾弍丈。為帶縱。用帶縱較數開平方法算之。得濶壹拾六丈。即小方邊。加較得弍拾八丈。為大方邊合問。

假如大小兩正方形共積弍千壹百七拾六丼共邊

六拾四丈問大小兩方邊并積若干
答曰大方邊四拾丈積壹千六百丼小方邊弍拾
四丈積五百七拾六丼　法以共邊自乘。得四千零九
拾六丼。如壬癸子丑壹正方形。內減共積。弍千壹百七拾六丼。如寅癸卯辰壹大
方午辰巳丑形。併壹小方形。餘壹千九百弍拾丼。　如壬寅辰午。辰卯子巳。弍長方形。折
半。得九百六拾丼。　如壬寅午辰壹長方形。為長方積。以共邊六拾四丈
為長濶和。用帶縱和數開方法算之。得濶弍拾四丈。如
壬寅。卯如午丑。為小方邊。與共邊相減。餘四拾丈。　如壬午。為大
方也合問。

又法。以共積倍之。得四千叁百五拾弍井。另以共邊自乘。得四千零九拾六井。相減。餘弍百五拾六井。開方得拾六丈。為大小兩方邊較。與共邊六拾四丈。即和。相加得八拾丈。折半。得四拾丈。為大方邊。減較拾六丈。餘弍拾四丈。為小方邊也。各以邊自乘。得各積。合問。

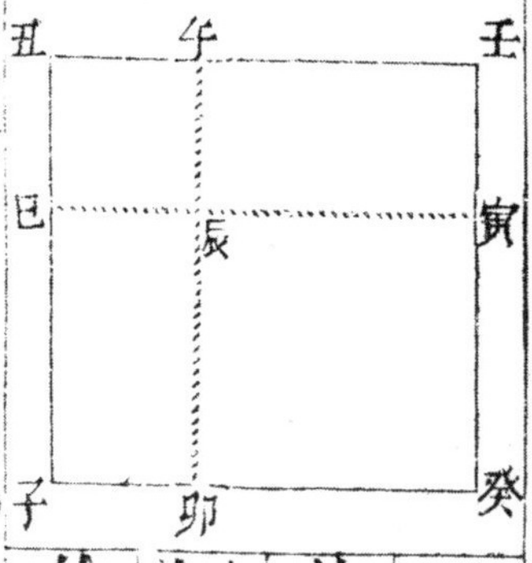

假有壹大圓形。徑壹丈弍尺。內容四小圓形。問每小圓徑若干。

答曰。四尺九寸七分零五毫有餘

法以大圓徑壹丈弍尺。自乘倍之。得弍井八尺八寸。開方得壹丈

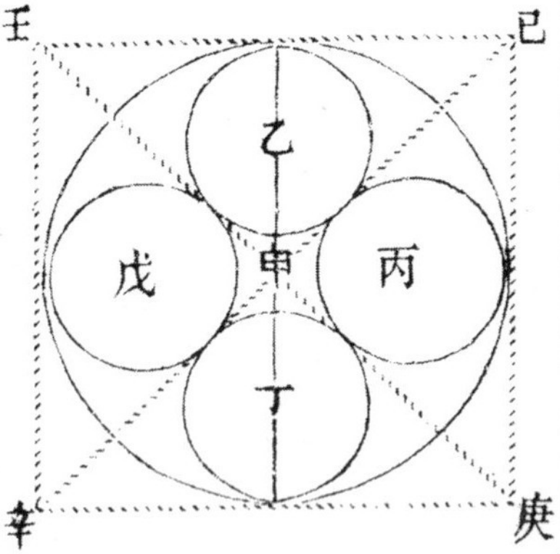

六尺九寸七分零五毫有餘。內減大圓徑壹丈弍尺餘即小圓徑也。如圖。甲大圓形內容乙丙丁戊。四小圓形。試切大圓界。作壹正方形。其方邊即大圓全徑。用方求斜法。得壬庚已辛。兩斜弦。即成已甲壬。已甲庚。庚甲辛。壬甲辛。四句股形。內各容壹小圓形。而四方邊。遂成四句股形之各弦。兩斜弦各折半。遂為四句股形之各句股。任取壹句股和。減弦。即得容圓全徑合問。

假如有壹大圓形內容四小圓形小圓形每徑五尺

問大圓徑若干　答曰壹丈弍尺零七分壹厘有餘

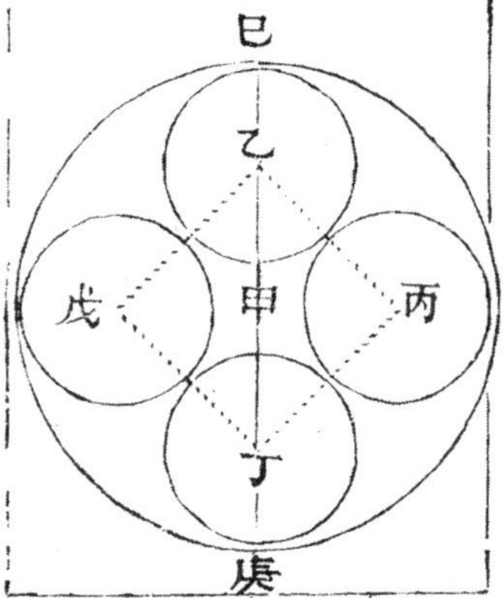

法以小圓徑五尺自乘倍之得五尺開方得七尺零七分壹厘有餘加小圓徑五尺卽得大圓徑也。如圖。甲大圓形內容乙丙丁戊四小圓形。試連四小圓形中心作壹乙丙丁戊正方形。用方求斜法。求得乙丁斜弦。加己乙與丁庚兩半徑。爲壹小圓形全徑。卽得己庚大圓全徑也。合問。

假如有壹大圓徑壹丈弍尺內容叄小圓形問每小圓徑若干　答曰五尺五寸六分九厘弍毫有餘

法以大圓徑壹丈弍尺。先以求外切叄角形之每邊。得弍丈零七寸八分四厘六毫有餘。如己庚。又以大圓徑壹丈弍尺爲兩腰。如甲己。與甲庚。爲叄角形之分角線。皆與大圓全徑等。半徑六尺爲中垂線。如甲辛。用叄角形容圓法。求得半徑。弍尺七寸八分四厘六毫有餘。倍之。即得小圓全徑也。

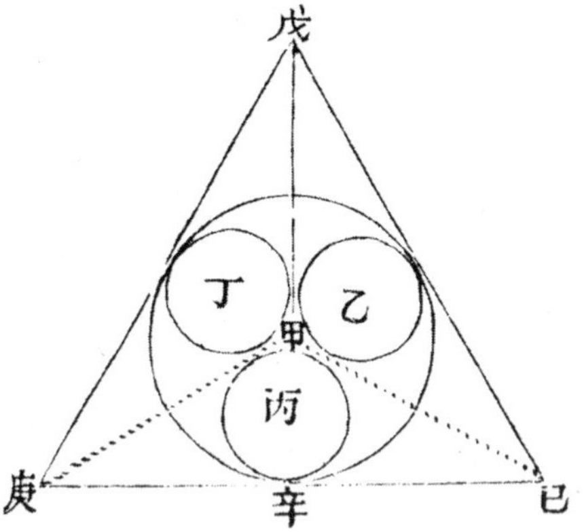

假如有壹大圓徑內容叁小圓形小圓形每徑五尺問

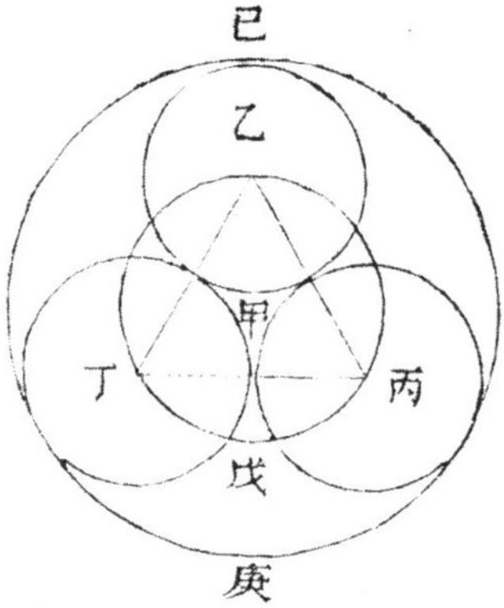

大圓徑若干　答曰壹丈零七寸

七分叁厘五毫有餘

法以小圓徑五尺為等邊叁角形之

每邊。如丙丁。用叁等邊形。求外切圓

形全徑法。求得外切圓徑五尺七寸七分叁厘五毫有餘。如乙戊。加

小圓全徑五尺。如己乙。併戊寅。即大圓徑也。

假如有壹方形內不切方邊容壹圓形方邊離圓界

五丈方內圓外積叁百弍拾壹井四尺六寸零壹

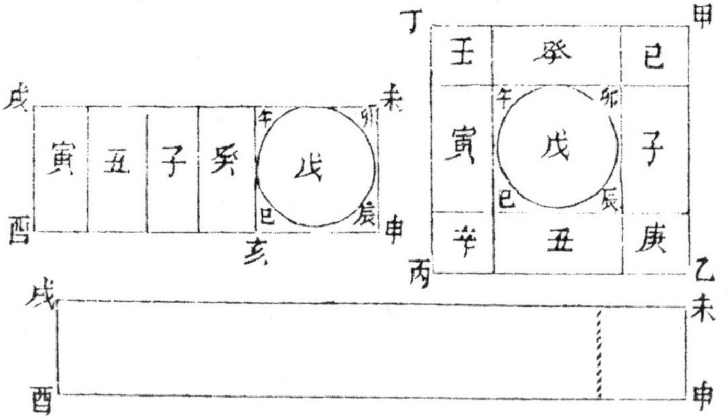

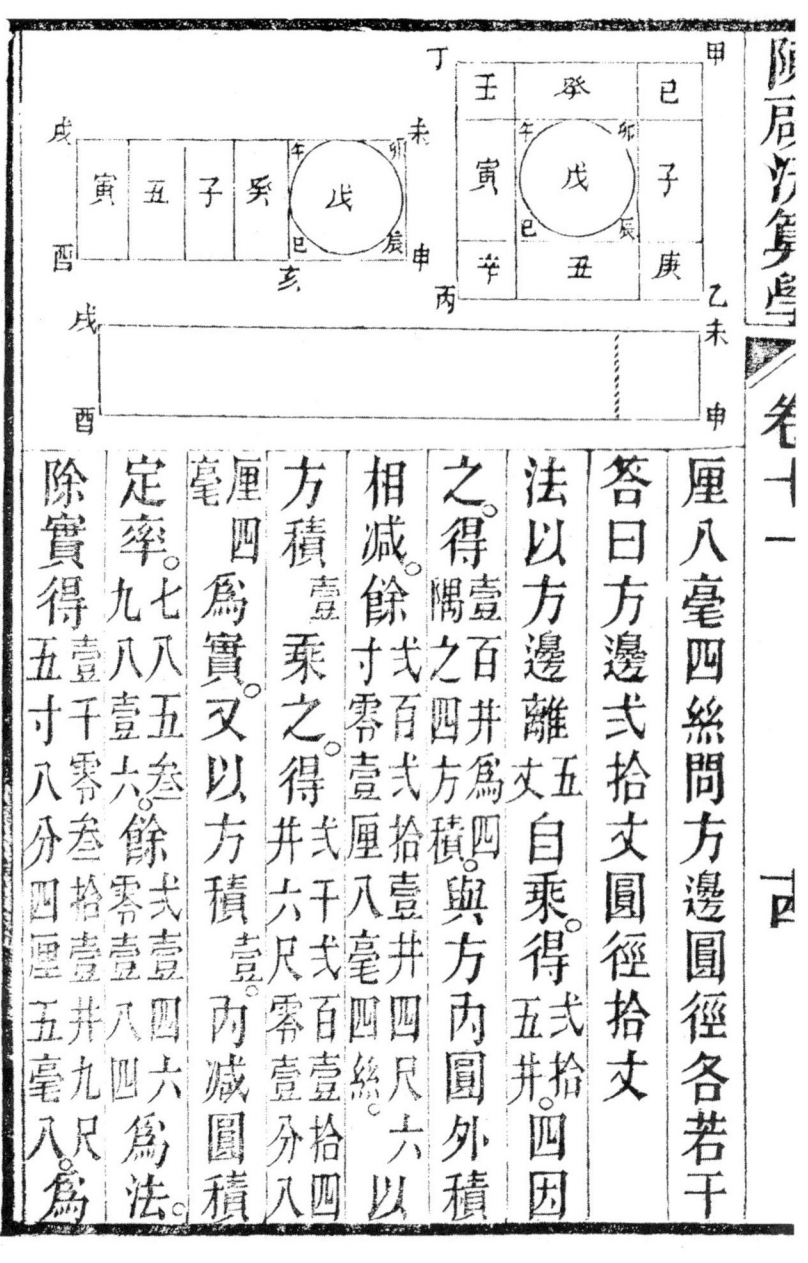

厘八毫四絲問方邊圓徑各若干

答曰方邊弍拾丈圓徑拾丈

法以方邊離五丈自乘得弍拾五丼四因之得壹百丼為四隅之四方積與方丙圓外積相減餘弍百弍拾壹丼四尺六寸零壹厘八毫四絲以方積壹乘之得弍千弍百壹拾四丼六尺零壹分八厘四毫為實又以方積壹內減圓積定率七八五叁九八壹六餘弍壹四六零壹八四為法除實得壹千零叁拾壹丼九尺五寸八分四厘五毫八為

長方積。又以方邊離圓界五丈。四因之。得式拾丈。以方積壹乘之。得式百丈。為實。以式壹四六零壹八四為法除之。得九拾叁丈壹尺九寸五分。為長濶較。用帶縱較數開方法算之。得濶拾丈。即內圓徑。加方邊圓界。共拾丈。得式拾丈。即外方邊。如圖甲乙丙丁方形。內容戊圓形。以方邊離圓界五丈自乘。四因。與積相減。則減去己庚辛壬四小方形。餘子癸丑寅四長方形。及卯辰巳午四隅積。今欲以卯辰巳午四隅積補足戊圓虛積。共成未申酉戌長方形。應以定率之方積圓積相減。餘方內圓外積。為壹率。方積為式率。

今所餘之卯辰巳午方內圓外積為叁率則得四率為未亥方積而戊圓虛積即補足在其中然今乃以卯辰巳午四隅積併癸子丑寅四長方積共為叁率則戊圓虛積固以補足而癸子丑寅四長方積必多補出之分是知癸子丑寅四長方積其寬仍為戌酉而亥酉之長必亦多補出之分矣故又以定率之方內圓外積為壹率方積為弍率四因方邊離圓界五丈得亥酉之長為叁率求得四率即將亥酉之長亦增補出之分乃以此為長濶較求得未申濶即內圓徑也

假如有壹方形內不切方邊容壹圓形方角離界式拾壹丈式尺壹寸叁分方內圓外積壹千四百四拾式井九尺式寸零叁厘六毫八絲問方邊圓徑各若干　答曰方邊四拾丈圓徑壹拾四丈壹尺四寸式分式厘

法以方角離圓界數自乘倍之得九百井與方內圓外積相減餘五百四拾式井九尺式寸零叁厘六毫八絲。以定率弧矢積。式八五叁九八壹六為法。解曰。方積壹。方內容圓積。七八五叁九八壹六。圓內容方積五。相減。餘式八五叁九八壹六為弧矢積。圓內容方五。與餘積五百四拾式井

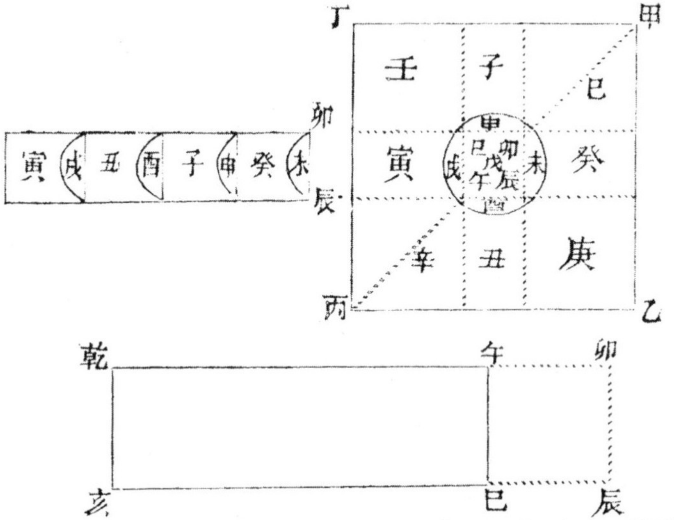

九尺弍寸零叁相乘之。得弍千
厘六毫八絲。
七百壹拾四井六尺爲實。法
零壹分八厘四毫
除實。得九百五拾壹井壹尺
六寸叁分零四毫八
爲長方積。又以方角離圓界
弍拾壹丈弍
尺壹寸叁分。用斜求方法。求
得四隅方邊拾五丈。四因之。得
六拾五
丈。與圓內容方相乘之
得叁百丈爲實。以四弧矢積弍八
五叁九八壹六爲法除之。得壹百零五丈壹

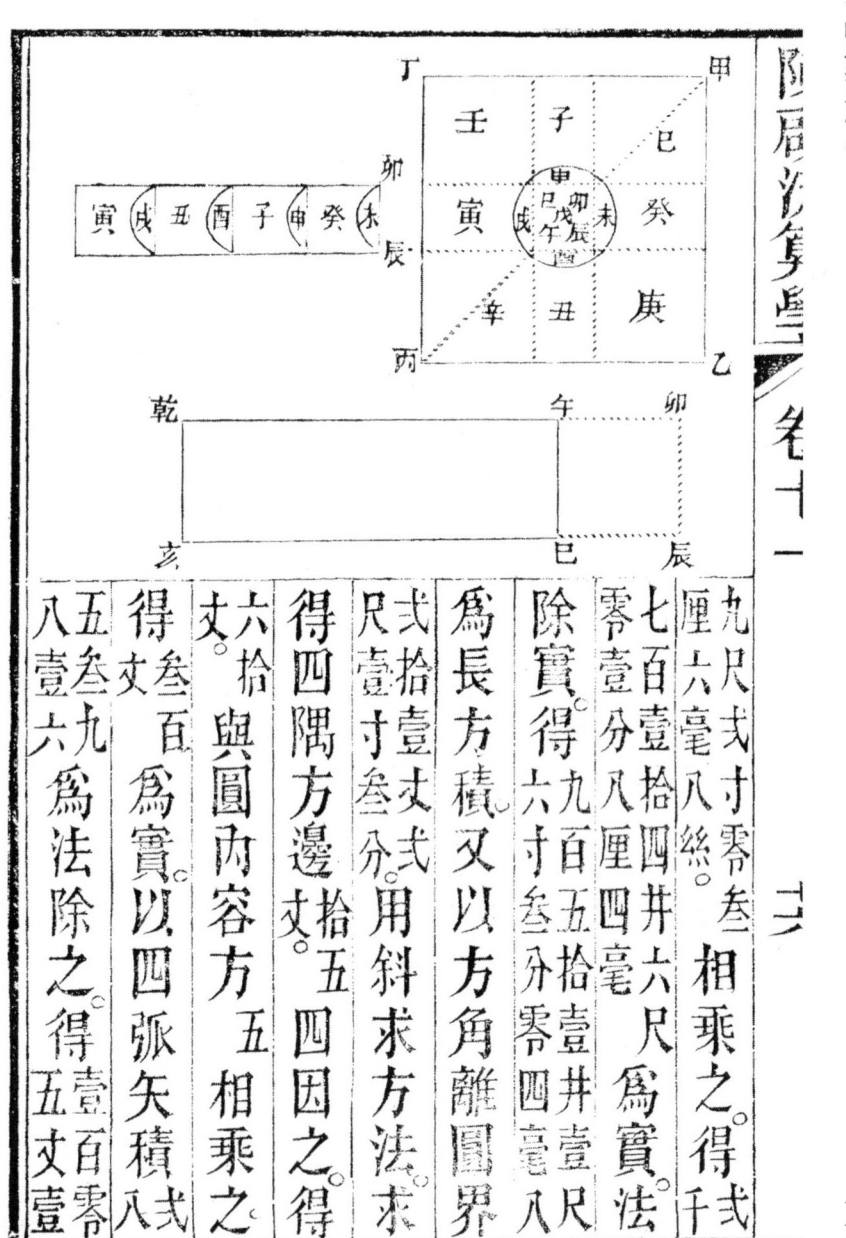

尺壹寸六分為長濶和。用帶縱和數開方法算之。得濶拾丈。即內圓所容方邊。以四隅方邊拾五丈倍之。得叁拾丈。相加得四拾丈。即外方邊。以內圓所容方邊拾丈求對角斜線。得壹拾四丈壹尺四寸弍分。即內圓徑也。如圖。甲乙丙丁方形。內容戊圓形。以方角離圓界甲卯自乘倍之。與積相減。則減去己庚辛壬四正方形。以甲卯自乘折半得己正方形積。故甲卯自乘倍之。即得四正方形積也。餘癸子丑寅四長方形。而內虛未申酉戌四弧矢形。今欲以所虛之未申酉戌四弧矢形。變為卯辰巳午壹正方形。應以定率弧矢積為壹率。方積為弍率。未申酉戌四弧矢虛積爲叁率。則得四率。爲卯辰巳午虛方積。然今無四弧矢虛積。而以癸子丑寅四長方形。內虛四弧矢形之餘積爲叁率。實積既變。則虛積亦變。故求得四率。爲卯辰亥乾長方形。而內虛卯辰巳午正方形。蓋癸子丑寅四長方實積。與午巳亥乾長方積之比同於弧矢積。與方積之比。則其所虛之四弧矢形。與卯辰巳午正方形之比。亦同於弧矢積。與方積之比而癸子丑寅之共長。與辰亥之比。亦必同於弧矢積與方積之比矣。故以四長方之共邊比例。得辰亥邊

爲長濶和。求得卯辰濶。爲內圓所容正方形之每壹

邊也。

假如有壹圓形內不切圓界容壹方形圓界離方角

五丈圓內方外積弍百六拾四井壹尺五寸九分

弍厘六毫四絲問圓徑方邊各若干　答曰圓徑

弍拾丈方邊七丈零七寸壹分

法以圓界離方角五丈自乘得弍拾五井。四因之得壹百井。

又以圓內方外積。與方積壹數乘。得弍千六百四拾壹井五尺九寸

弍分六厘四毫爲實。以圓積定率。七八五叄九八壹六爲法除之。得

叁百叁拾六井叁尺叁寸八分零弍毫叁叁絲。內減前求得壹百井。餘弍百叁拾六井叁尺叁寸八分零弍毫叁叁絲。又以方積壹相乘得弍千叁百六拾叁井叁尺八寸零弍厘叁毫為實。又以定率弧矢積弍八五叁九八壹六。以圓積變方積率。七八五叁九八壹六。除得叁六叁叁八零弍叁為通法。法除實。得六百五拾井零叁尺八寸七分四厘。為長方積。又以圓界離方角五丈。四因得弍拾丈。以壹相乘得弍百丈為實。以叁六叁叁八零弍叁為法除之。得五拾五丈零叁寸八分七厘四毫。為長濶之較。用帶縱較數開方法算之。得拾丈。即丙方對角斜線。用斜求方法。得七丈零七寸壹分。即丙方邊。以丙

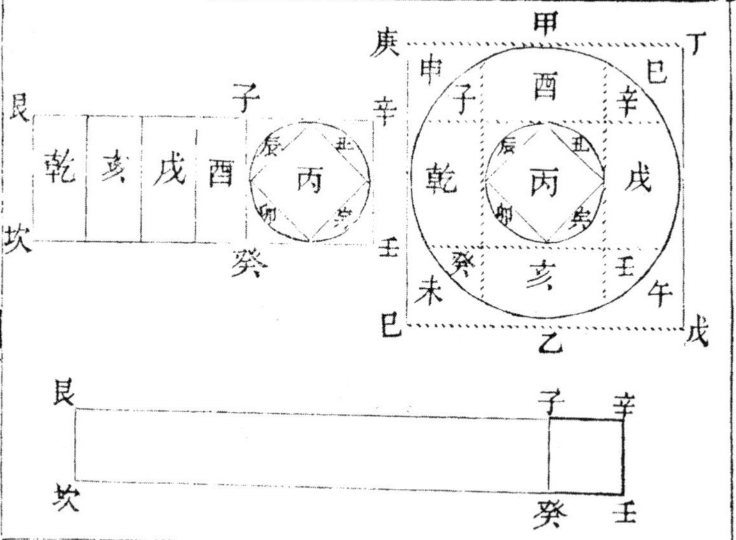

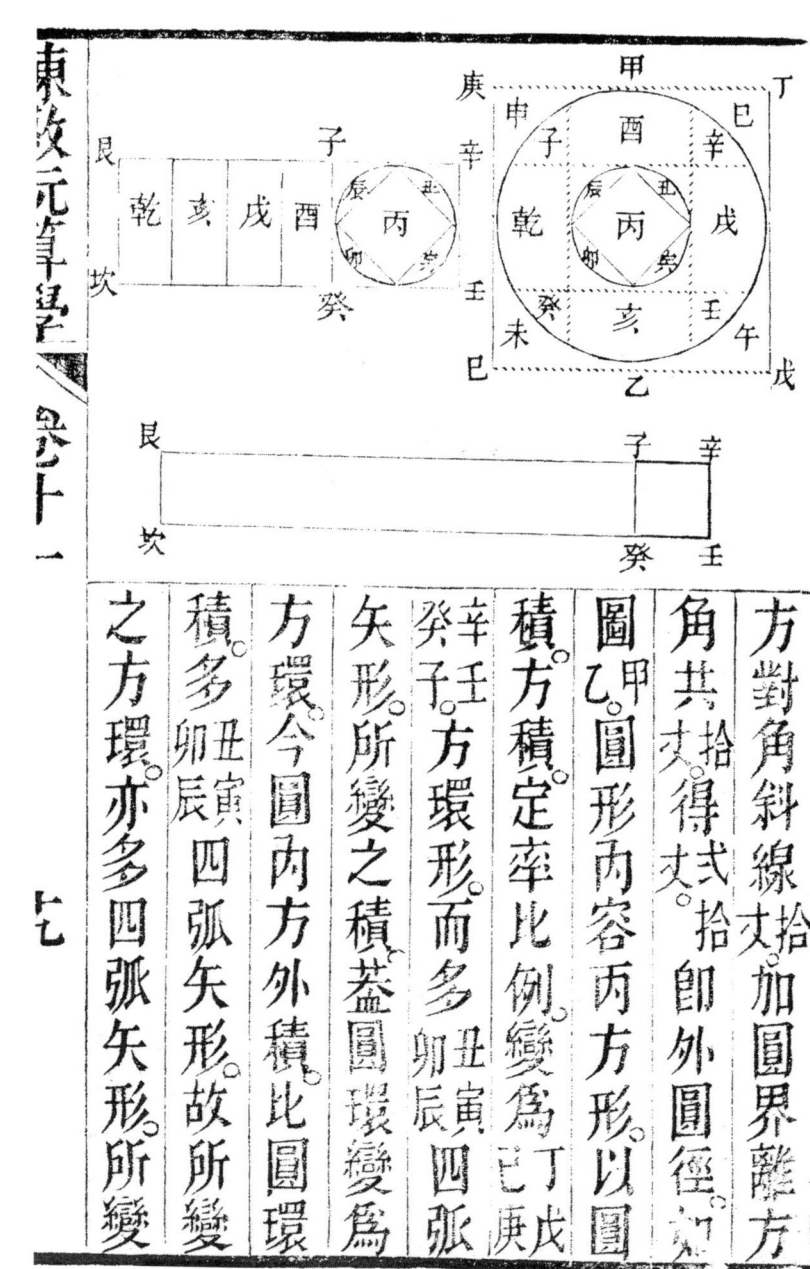

方對角斜線拾丈。加圓界離方角共拾丈。得式拾丈。卽外圓徑。如圖甲乙。圓形內容丙方形。以圓積。方積。定率比例。變爲丁戊己庚辛壬癸子。方環形。而多丑寅卯辰四弧矢形。所變之積。蓋圓環變爲方環。今圓內方外積。比圓環積。多丑寅卯辰四弧矢形。故所變之方環。亦多四弧矢形所變之積。以圓界離方角五丈自乘。四因與積相減。減去巳午未申四小方形。餘酉戌亥乾四長方形。及四弧矢形。所變之積。今以四弧矢形所變之積。補成辛壬癸子正方形。共成辛壬坎艮長方形。應以定率四弧矢形。已變之積爲壹率。方積爲弍率。今所多之四弧矢形已變之積爲叁率。則得四率爲辛壬癸子正方積。今以四弧矢形已變之積。併酉戌亥乾四長方積。其爲叁率。則辛壬癸子正方積。固已補足酉戌亥乾四長方。必多補出之分。是知酉戌亥乾四長方。其寬仍爲子癸。而癸坎之長。亦必多補出之分矣。故又以四弧矢形已變之積爲壹率。方積爲弍率。以圓界離方邊五丈。四因之。得癸坎之長爲叁率。求得四率。即癸坎之長。亦增補出之分。乃以此爲長濶之較。求得辛壬濶。即內方對角斜線也。

假如有壹圓形內不切界容壹方形圓界離方邊拾五丈圓內方外積壹千壹百五拾六丈六尺叁寸七分零四毫問圓徑方邊各若干　答曰圓徑四拾丈方邊壹拾丈

法以圓界離方邊拾五丈。自乘得弍百弍拾五井。四因之。得九百井。以方積壹。與圓內方外積相乘。得壹萬壹千五百六拾六井叁尺七寸零五為實。以圓積定率。七八五叁九八壹六。為法除之。得壹千四百七拾弍井六尺七寸六分零四毫六絲。內減去九百井。餘五百七拾弍井六尺七寸六分零四毫六絲。以方積壹數乘得五千七百弍拾六井七尺六寸零四厘六毫為實。以定率。方內圓外積弍壹四六零壹八四。用圓積變方積。七八五叁九八壹六。為法通之。得弍七叁弍叁九五五。為通法。為法除之。得弍千零九拾五井八尺八寸六分叁厘六毫壹絲。為長方積。又以圓界離方邊拾五丈。四因之。得六拾丈。以壹乘得六百丈為實。以弍七叁弍叁九五五除之。得弍百壹拾九丈五尺八寸八分

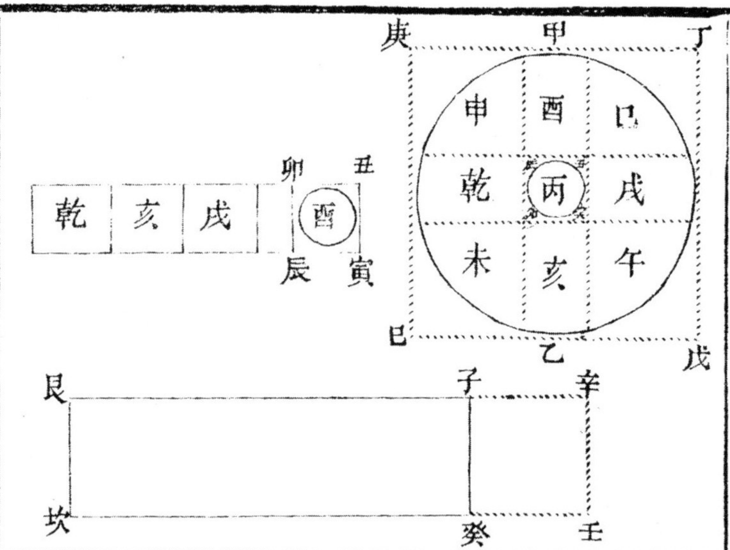

爲長濶和。用帶縱和數開方
法算之。得濶拾丈。即丙方邊。加
圓界離方邊共叁拾丈。併得四拾
丈。即外圓徑。如圓甲乙圓形。內
容丙方形。以圓積方積定率
比例。則變爲丁戊己庚辛壬癸子方環
形。而少丑寅卯辰四隅所變之積。
葢圓環變爲方環。今圓內方
外積。比圓環積。少丑寅卯辰四隅。

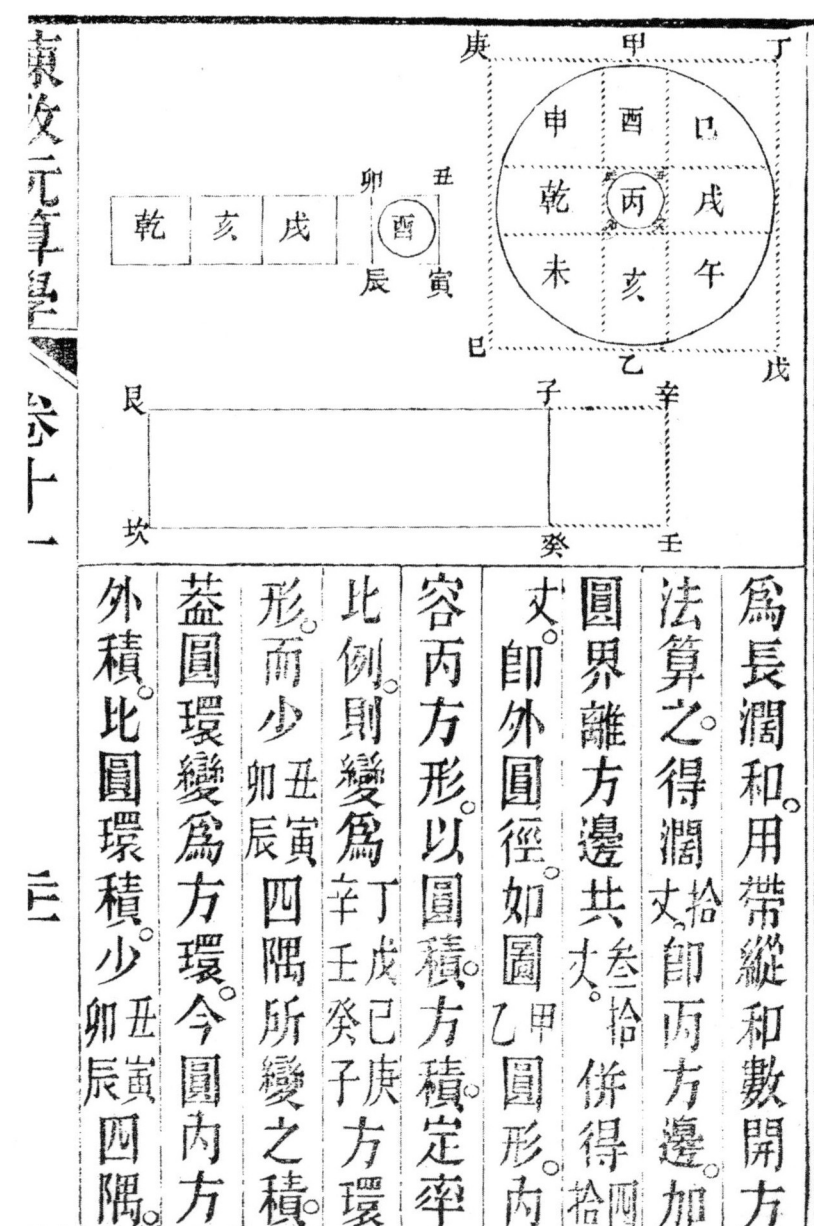

故所變之方環亦少四隅所變之積也。以圓界離
方邊拾五丈。自乘。四因與積相減。則減去巳午未申四正
方形。餘酉戌亥乾四長方形。而內少丑寅卯辰四隅所變之
積。今欲以所虛四隅所變之積作爲辛壬癸子正方形
應以定率四隅形已變之積爲壹率。方積爲弍率。
今所少之四隅形。以變之虛積爲叁率。則得四率。
爲辛壬癸子虛方積。然今無四隅形已變之虛積。而以
酉戌亥乾四長方內。虛四隅形之餘積爲叁率。實積既
變。則虛積亦變。故求得四率。爲辛壬坎艮長方形。而內

虛辛壬癸子正方形。蓋酉戊亥乾四長方實積。與子癸坎艮長方形之比。同於已變之四隅積與方積之比。則其所虛之四隅已變之積。與辛壬癸子正方形之比。亦同於已變之四隅積與方積之比。而酉戊亥乾之共長與壬坎之比。亦必同於已變之四隅積與方積之比矣。故以四長方之共邊比例。而得壬坎邊爲長。闊和。求得辛壬闊爲内方邊也。再加圓界離方邊之共叁拾丈。卽得外圓徑矣。

各體形求積法

假如有五等邊平底尖體形每邊叁丈叁尺弍寸零九厘自尖至底斜角線叁丈七尺零七分壹厘問立垂線併積若干　答曰立垂線弍丈四尺體積壹百五拾壹井七拾九尺六百寸

法先以櫃得圓周拾七丈七尺五寸求得圓徑五丈六五寸如壬丙以半徑弍丈八尺弍寸五分為股如甲壬以尖至底斜角線叁丈七尺零七分壹厘為弦如壬戊求得勾弍丈四尺為立垂線如戊甲又以圓內容五等形求得平底每壹叁角之垂線弍丈弍尺八寸五分四厘七毫如甲乙丙每邊叁丈叁尺

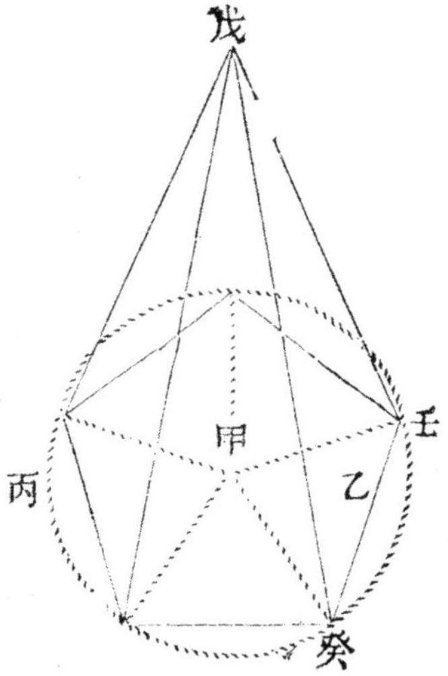

弍寸零九厘。如壬癸相乘折半得叁井七尺九寸四分九厘爲壹叁角平底積。如甲壬癸。以求得立垂線弍丈四尺。如戊甲相乘得九拾壹井零七尺七百六拾寸。用尖底之率。叁歸之。得叁拾井零叁拾五尺九百弍拾寸。爲壹叁角之尖體積。五因之。得全體積。合問。

假如塹堵體形濶五丈長拾弍丈高七丈問積若干

答曰弍千壹百井

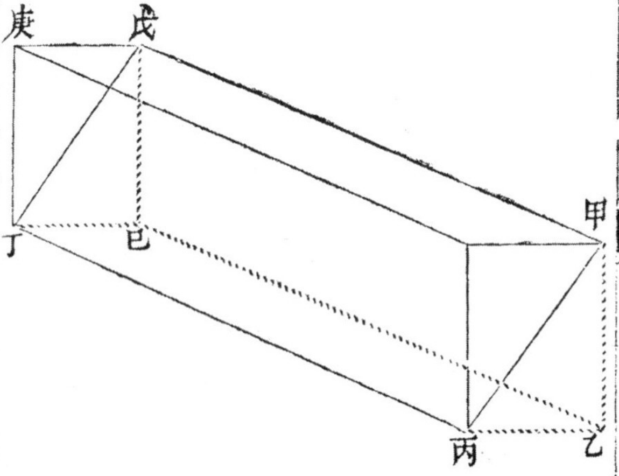

法以濶五丈。如乙丙與巳丁。乘長拾弍丈。如丙丁與甲戊。得六拾井。如乙丙丁巳長方面積。又以高七丈。如甲乙與戊巳。再乘。得四千弍百井。如甲乙丙丁庚戊長方體積。折半。得塹堵體形積。蓋此形卽平行弍句股面之叁稜體。其兩端之弍面皆為句股形。壹為甲乙丙。壹為丁戊巳。俱平行。為長方體對角斜線平分之壹半。故折半而得積也。

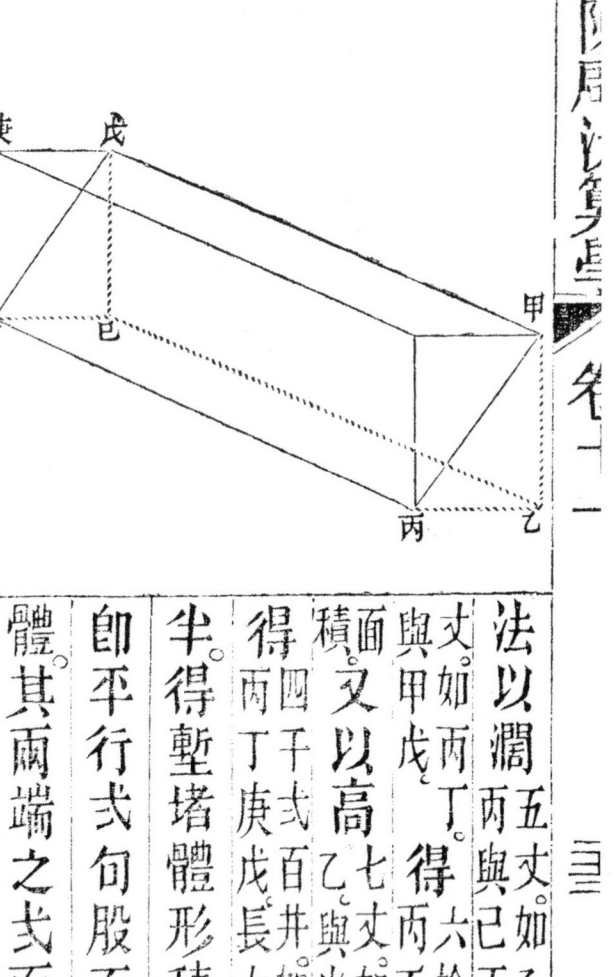

壹法。以高與濶相乘。折半得壹拾七丼五尺。如甲乙丙壹句股面積。

再以長乘之。卽得。

假如芻甍體形濶四丈高四丈長壹拾弍丈問積若干

答曰九百六拾丼

兩法皆同。前蓋有直角者。爲塹堵形。無直角者。爲芻甍形。塹堵形。爲平行兩句股形之叁稜長體。芻甍形。爲平行兩叁角形之叁稜長體。故求積法同也。

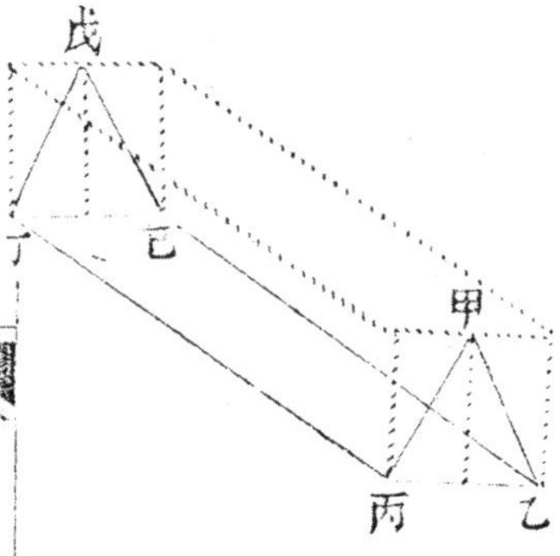

假如方底尖體形底方每邊五丈自尖至四角之斜線皆六丈問自尖至底中立垂線之高併積若干

答曰垂線高四丈八尺四寸七分六厘八毫有餘

積四百零叁井九拾七尺叁拾叁寸有餘

法以底方每邊五丈用方求斜法求得底面對角斜線七丈零七寸壹分零六毫有餘。如乙丁。折半得叁丈五尺叁寸五分五厘叁毫有餘。為句。如乙己。以自尖至角之斜線六丈為弦。如甲乙。用句弦求股法。求得股。如甲己。即

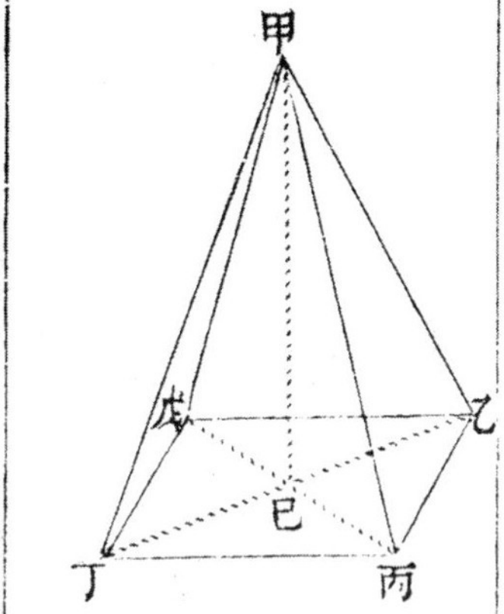

中立垂線之高。乃以底方邊五丈自乘。得弍拾五井。如乙丙丁戊平方面積。又以垂線之高再乘。得壹千弍百壹拾壹井九拾弍尺。如同底。同高。之扁方體形積。叁歸之。得方底尖體形積。蓋凡方底尖體之積。皆居同高同底立方積叁分之壹也。

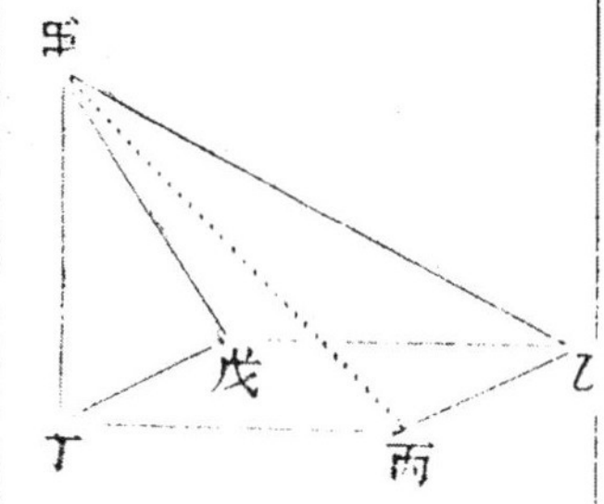

假如陽馬體形底方每邊六丈高亦六丈問積若干

答曰七百弍拾井

法以底方每邊六丈自乘。得叁拾六井。如乙丙丁戊。平方面積。又以高六丈乘之。得弍千壹百六拾井。如同底同高之正方體積。叁歸之。得陽馬體形積。蓋陽馬體形。與尖方體同理。尖方體形。尖在正中。陽馬體形。尖在壹隅。皆居同底。同高。立方體叁份之壹。故其算積亦同也。

假如鼈臑體形長與濶俱四丈高九丈問積若干

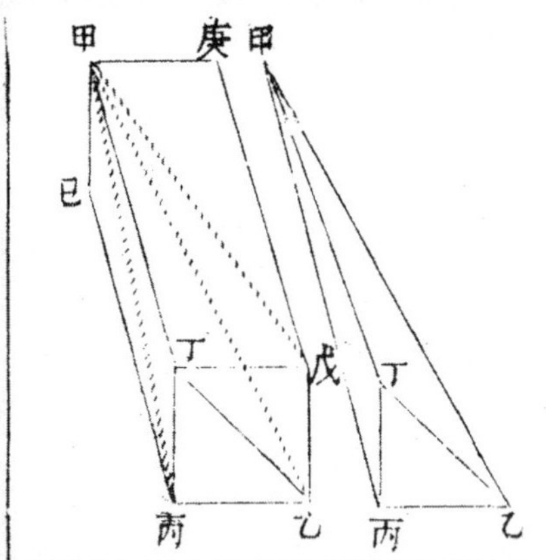

答曰弍百四拾井

法以長四丈。如丁丙。濶四丈。如乙丙。相乘得壹拾六井。如乙丙丁戊正方面積。再以高九丈。如甲丁。乘之得壹千四百四拾井。如甲庚戊乙丙巳長方體積。六歸之得鼈臑體積。蓋鼈臑體爲陽馬體之壹半。卽爲同底同高長方體六分之壹。

故以六歸之。而得積也。

假如上下不等正方體形上方每邊四丈下方每邊六丈高八丈問積若干　答曰弍千零弍拾六井六拾六尺有餘　法以上方四丈自乘得壹拾六井。如甲戊丁已正方面形。下方六丈自乘。得叁拾六井。如乙庚丙辛正方面形。上下方四丈六丈相乘。得弍拾四井。如壬癸子丑長方面形。叁數相併。得七拾六井。與高八丈相乘。得六千零八拾井。如上

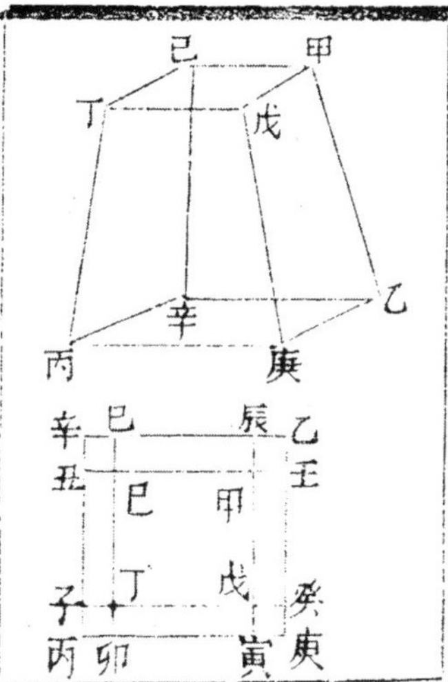

三長方體。叄歸之。得上下不等正方體積。益叄長方體。其壹上下方面俱。如甲戊丁已。其壹上下方面俱。如乙庚丙辛。其壹上下方面俱。如壬癸子丑。而乙庚丙辛長方體。比甲戊丁己長方體。多壬癸戊甲。戊寅卯丁。己丁子丑。辰甲巳已。四方廉體。又多乙壬甲辰癸庚寅戊。丁卯丙子。己已丑辛。四長廉體。而壬癸子丑長方體。比甲戊丁已長方體。多壬癸戊甲己丁子丑弍方廉體。若將共多之六方廉體。四長廉體。俱截去。則此叄長方體之上下方面。必皆如甲戊丁己。乃以每壹方廉體。變爲弍塹堵體。每壹長廉體。變爲叄陽馬體。共得拾弍

塹堵體。拾弍陽馬體。將甲戊丁己類。叁長方體。各加四

塹堵體。四陽馬體。則皆成上下不等叁正方體。故

叁歸之。而得壹體之積也。

假如上下不等長方體形上方長四丈濶叁丈下方

長八丈濶六丈高拾丈問積若干

答曰弍千八百廾　法以上長四丈。乘上濶叁丈。得壹拾

弍廾。下長八丈。乘下濶六丈。得四拾八廾。又以上長四丈。乘下濶

六丈。得弍拾四廾。下長八丈。乘上濶叁丈。得弍拾四廾。共得四拾八廾。折

半。得弍拾四廾。叁數相併。得八拾四廾。以高拾丈乘之。得八千四百

井。叁歸之。得積。此法與前法同。但正方體。上下俱係正方面。故只用上下方邊各自乘。上方邊與下方邊相乘。此則上下方面各有長濶。既用上方長濶相乘。下方長濶相乘。又必以上長乘下濶。下長乘上濶。相加折半。以取中數。乃可相併以乘高。叁歸之。而得體積也。

壹法。以上長四丈。乘上濶叁丈。得數倍之。得弍拾四井。下長八丈。乘下濶六丈。得數倍之。得九拾六井。又以上濶叁丈。乘下長八丈。得弍拾四井。下濶六丈。乘上長四丈。得弍拾四井。四數相併。

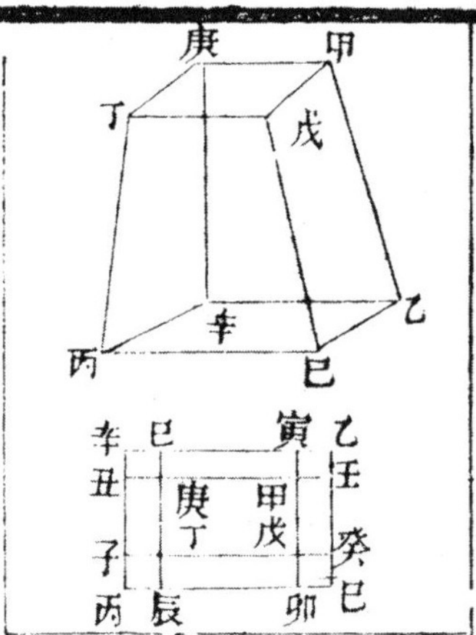

得壹百六拾入井。與高拾丈相乘。得壹萬六千八百
井。六歸之得積。此法。四數相併乘
高。其得六長方體積。其式上下方
面。俱如甲戊丁庚。其式上下方面俱如
乙己丙辛。其壹上下方面。俱如壬癸子丑。其壹上下方面。俱
如寅卯辰巳。而式乙己丙辛長方體比式甲戊丁庚長方體。多式
壬癸戊甲。式戊卯辰丁。式庚丁子丑。式寅甲庚己。八方廉體。又多式乙壬
甲寅。式癸巳卯戊。式丁辰丙子。式巳庚丑辛。八長廉體。而壹壬癸子丑長
方體。比壹甲戊丁庚長方體。多壹壬癸戊甲。壹庚丁子丑。式方廉

體。而壹寅卯辰巳長方體。比壹甲戊丁庚長方體。多壹寅甲庚己。壹戊卯辰丁式方廉體。若將共多之拾式方廉體。八長廉體。俱截去。則此六長方體之上下方面。必皆如甲戊丁庚。乃以每壹方廉體。分為式塹堵體。每壹長廉體。分為叁陽馬體。共得式拾四塹堵體。式拾四陽馬體。將六長方體。各加四塹堵體。四陽馬體。則皆成上下不等六長方體。故六歸之。而得壹上下不等長方體積也。

又法。倍上長八丈。加下長共壹拾六丈。乘上濶叁丈。得四拾八丈。

倍下長得壹拾六丈。加上長共弍拾丈。乘下濶六丈。得壹百弍拾井。兩數相併。共壹百六拾八井。與高丈相乘。得壹萬六千八百井。六歸之。亦得。此法與前法同。此法之倍上長。加下長。乘上濶下數。卽前法之上長上濶相乘倍之。又加上濶乘下長之數也。此法之倍下長加上長。乘下濶之數。卽前法之下長下濶相乘倍之。又加下濶乘上長之數也。圖解並同。

假如上下不等芻蕘體形上長拾丈下長拾四丈下濶五丈高拾弍丈問積若干　答曰叁千八百井

法以上長拾丈乘下濶五丈。得五拾井。如己辛壬庚底面積。再以高拾式丈乘之。折半得叁千井。如甲己辛壬庚戊。上下相等芻甍體積。又以上下長相減。餘四丈與下濶五丈相乘。得式拾井。如乙丙辛己。庚壬丁癸。式尖方體之底面積。再以高拾式丈乘之。叁歸得八百井。如甲乙辛戊庚丁。式尖方體積。兩數相併。卽上下不等芻甍體積。

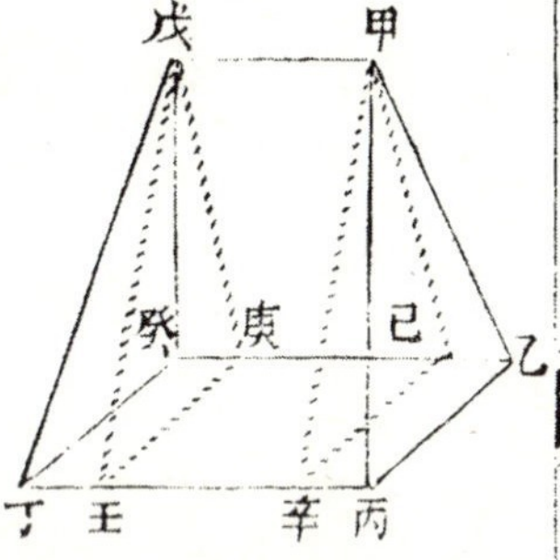

假如兩兩平行邊斜長方體形長式丈四尺濶八尺高叁丈七尺問積若干　答曰七拾壹井零四尺

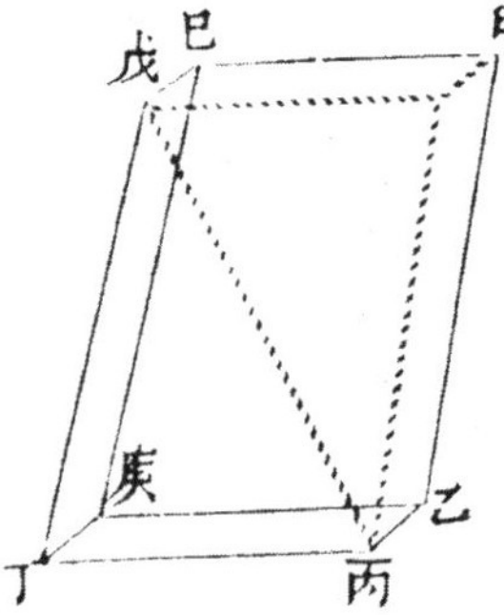

法以長弍丈四尺如丙丁。乘闊八尺如乙丙。得壹井九拾弍尺。如乙丙丁庚長方面積。再以高叁丈七尺如戊丙。乘之得積。凡平行平面之間。所有立於等積底之各平行體。其積必俱相等。故斜倚之長方體積。同于正立之長方體積也。

假如大小弍正方體共邊弍拾四尺共積四千六百零八尺問兩體之每邊及積各若干

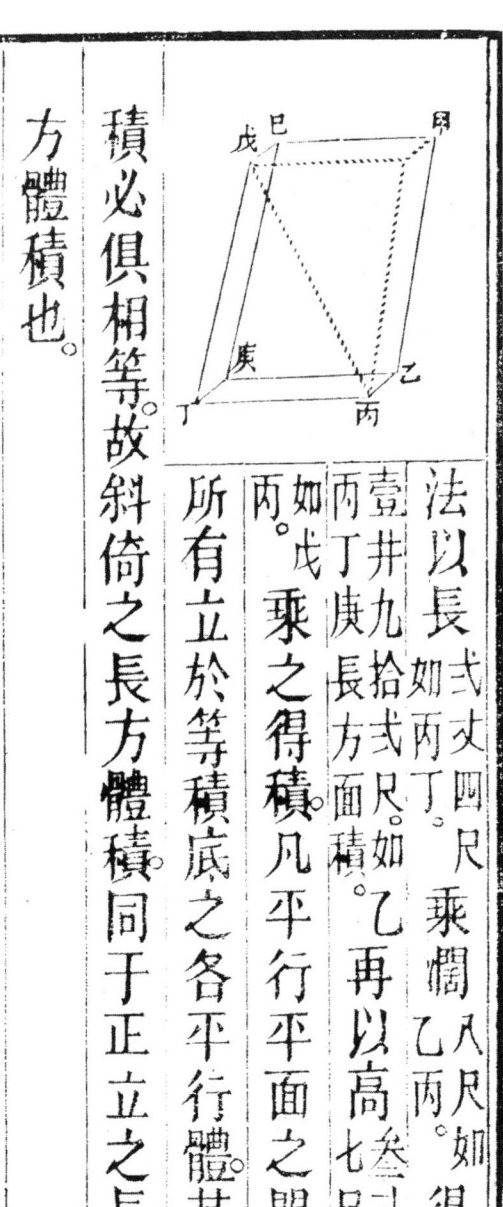

答曰大方邊拾六尺積四千零九拾六尺小方邊

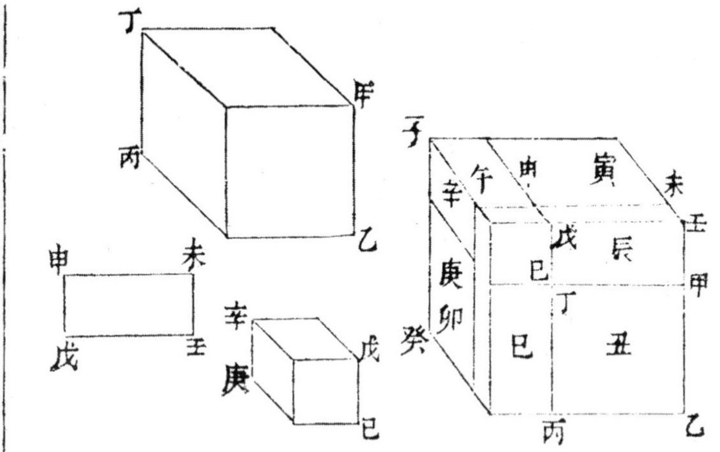

八尺積五百拾弍尺

法以共邊弍拾四尺自乘再乘得壹萬叁千八百弍拾四尺如王乙癸子總正方體積內減共積四千六百零八尺如甲乙丙丁戊己庚辛大小兩正方體積。餘九千弍百壹拾六尺如丑寅卯叁方廉體辰巳午叁長廉體積。叁歸得叁千零七拾弍尺如丑壹方廉體辰壹長廉體積。以共邊弍拾四尺如王乙除之得壹百弍拾八尺為長方面積。如未壬戊申。乃以共邊弍拾四尺為長濶和。其未壬濶與壬甲等。其壬戊長與甲乙等。故以壬乙為長闊和。用帶縱和數開平方法算之。得闊八尺。即小方邊。如未壬。與其邊長闊和相減。餘壹拾六尺。即大方邊。如壬戊。各以大方邊自乘再乘得大方積。以小方邊自乘再乘得小方積。

假如圓球徑弍尺。問外面積若干。 答曰。壹拾弍尺五拾六寸六拾叁分七拾厘有餘

法以徑弍尺。用徑求周法。求得六尺弍寸八分叁厘壹毫八絲五忽有餘與徑弍尺相乘。即得。蓋凡圓面半徑與球體半徑等者。其圓面積。為球體外面積四分之壹。面圓面半

徑。與球體全徑等者。其圓面積。與球體外面積等。故圓球全徑。與全周相乘。即得球外面積也。

假如圓球徑壹尺弍寸問積若干　答曰九百零四寸七百七拾八分六百八拾弍厘有餘

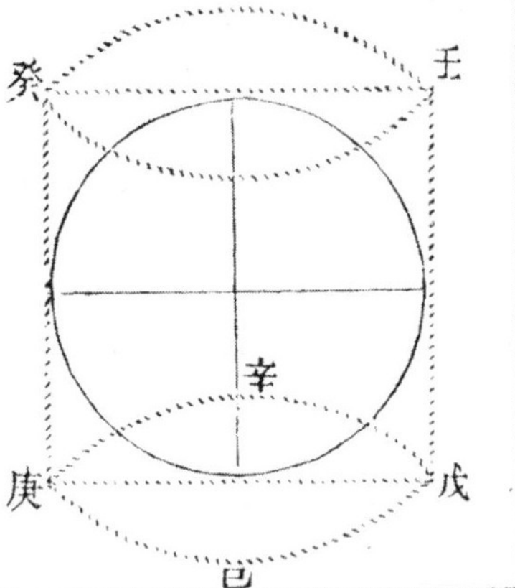

法以徑壹尺弍寸。用徑求圓面積法。求得圓面積。壹尺壹拾叁寸零九分七拾叁厘叁拾五毫四拾絲有餘。如戊已庚辛。再以徑壹尺弍寸爲高乘之。得壹尺叁百五拾七寸壹百六拾八分零弍拾四厘有餘。如壬戊庚癸。長圓體積。叁歸弍因。即得蓋凡球體與長圓體同徑同高者。其球體積為長圓體積叁分之弍。故以長圓體積叁歸弍因而得球體積。

假如橢圓體大徑六寸。小徑四寸。問積若干。

荅曰。五拾寸弍百六拾五分四百八拾弍厘有餘。

法以小徑四寸。用徑求圓面積法。求得圓面積。壹拾弍寸五拾六分六六拾叁厘七拾毫六拾絲有餘。如戊己庚辛。再以大徑六寸為高乘之。得七拾五寸叁百九拾八分弍百弍拾叁厘有餘。如壬戊庚癸長圓體積。叁歸弍因。即得。解同前。

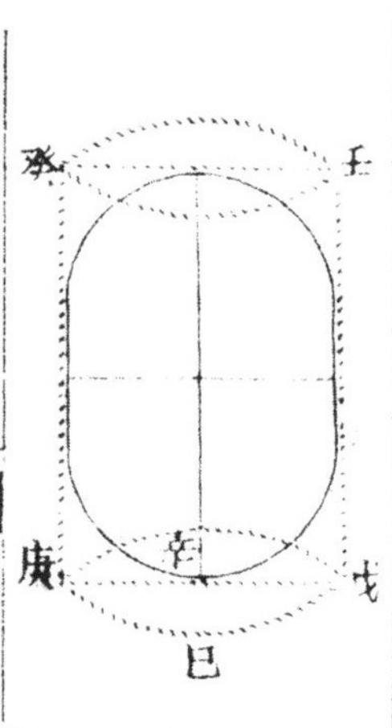

壹法。以小徑四寸自乘。得壹拾六寸。再

以大徑六寸乘之。得九拾六寸為長方體積。乃用方積球積不同方邊球徑相等之定率比例。以長方體積九拾六寸。與邊線體積定率。五弍叁五九八七七五折之。即得橢圓體積也合問。

假如上下不等圓面體上徑四尺下徑六尺高八尺問積若干　答曰壹百五拾九尺壹百七拾四寸零弍拾七分四百六拾六厘有餘

法以上徑四尺。用徑求圓面積法。求得上圓面積壹拾弍尺五拾六寸六拾叁分七拾厘六拾毫有餘。又以下徑六尺用徑求圓面

積法。求得下圓面積。弍拾八尺弍拾七寸四拾叁分叁拾叁厘八拾五毫有餘
又以上下徑相乘。得弍拾四尺。開方得中徑四尺八寸九分八厘九毫七絲九忽四微八纖有餘。用徑求圓面積法。求得中圓面積。壹拾八尺八拾四寸九拾五分五拾五厘八拾五毫有餘。叁數相併。得五拾九尺六拾九寸零弍分六拾厘零叁拾毫有餘。與高八尺相乘。得四百七拾七尺五百弍拾弍寸八拾弍分四百厘有餘。叁歸之得積。蓋上下不等圓面體立

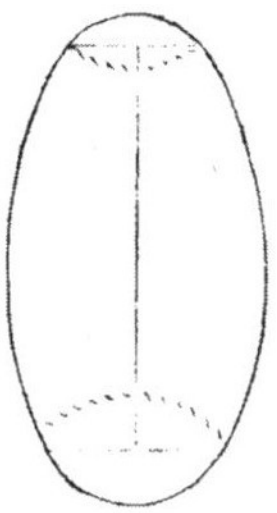

法。與上下不等正方體同理。但彼上下俱係方面。故求得上中下叁方面積相併。與高相乘。叁歸之而

得體積。此上下俱係圓面。故求得上中下叄圓面積相併。與高相乘叄歸之。而得體積也。

假如上下不等橢圓面體上大徑四尺小徑叄尺下大徑八尺小徑六尺高拾尺問積若干

答曰弍百壹拾九尺九百壹拾壹寸四百八拾五分六百叄拾叄厘有餘

法以上大徑四尺。乘上小徑叄尺。得壹拾弍尺。以下大徑八尺。乘下小徑六尺。得四拾八尺。又以上大徑四尺。乘下小徑六尺。下大徑八尺。乘上小徑叄尺。共得四拾八尺。折半得弍拾四尺。叄數相併。得八拾四尺。與圓積定率。七八五三九八壹六三。折之得六拾五尺九拾七寸叄拾四分四拾五厘六拾九毫有餘。與高拾尺相乘。得六百五拾九尺七百叄拾四寸四百五拾六分九百厘有餘。叄歸之。得積。蓋上下不等橢圓面體立法。與上下不等圓面體同。但上下俱係圓面。故求得上中下叄圓面積。相併與高相乘。叄歸之而得體積。此上下俱係橢圓面。故必求

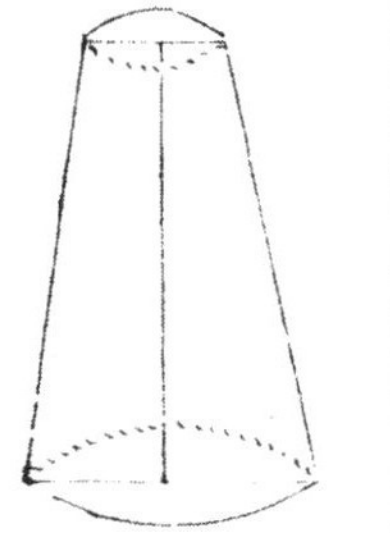

得上中下叄長方面積。相併用定率比例。得叄橢圓面積。乃與高相乘。叄歸之而得體積也。

假如長圓體徑與高皆七尺問積若干　答曰弍百六拾九尺叁百九拾壹寸五百六拾九分七百叁拾七厘有餘

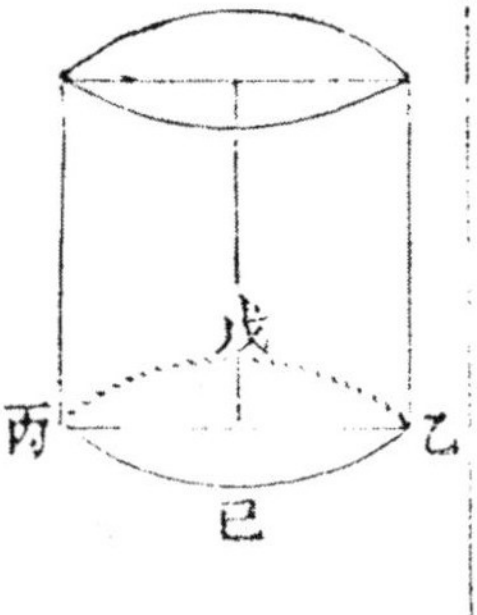

法以徑七尺如乙丙。用徑求圓面積法。求得圓面積。叁拾八尺四拾八寸四拾五分零九厘九拾六毫弍拾五絲有餘。如乙己丙戊形。以高七尺乘之。得積。

假如尖圓體底徑六尺中高六尺問積若干

答曰五拾六尺五百四拾八寸六百六拾七分七百厘有餘　法以底徑六尺。用徑求圓面積法。求得

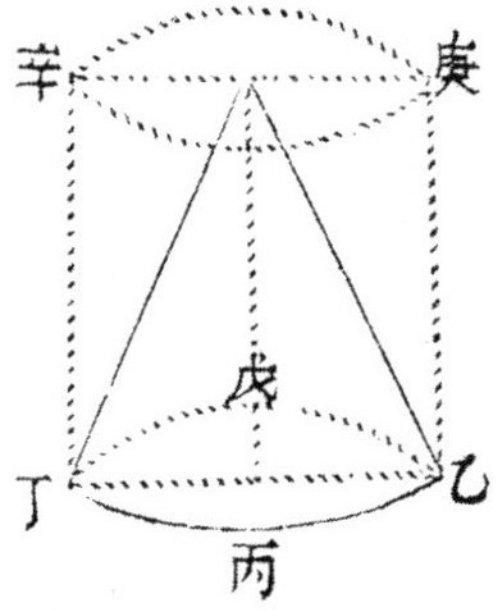

圓面積。弍拾八尺弍拾七寸四拾叄分叄拾叄厘八拾五毫有餘。如乙丙丁戊。以高六尺乘之。得壹百六拾九尺六百四拾六寸叄分壹百厘有餘。如庚乙丁辛長圓積。叄歸之得積。蓋上下面平行各體與平底尖體同底同高者其平底尖體。皆得上下面平行體叄分之壹。故以長圓體積。叄歸而得尖圓體積也

假如尖圓體底周弍拾弍尺自尖至底周之斜線五尺問中垂線之高若干　答曰叄尺五寸六分九厘叄毫叄絲叄忽有餘

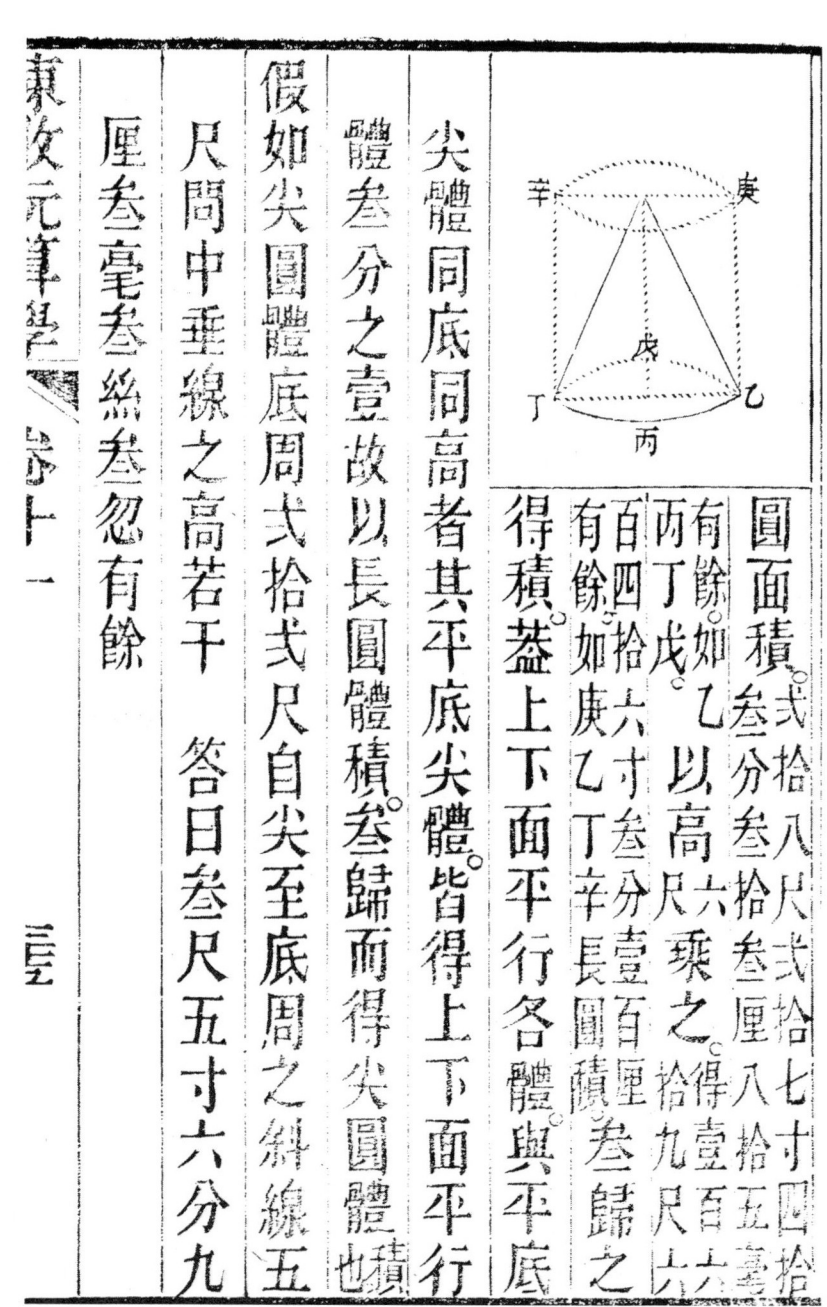

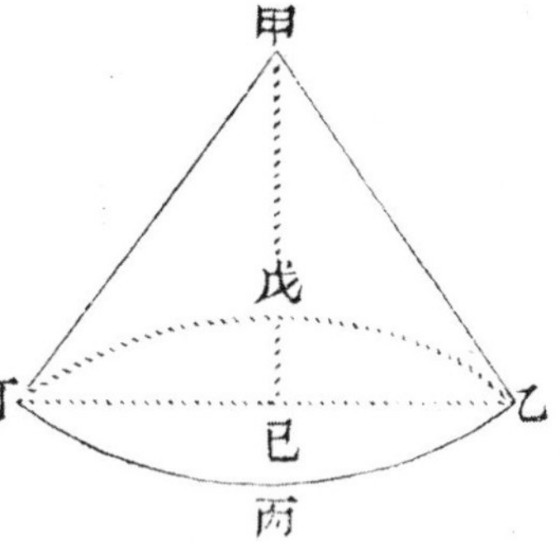

法以底周弍拾弍尺。乙丙丁戊。如用周求徑

法。求得徑七尺零零弍厘八毫壹絲七忽有餘。如乙丁。

折半。得叄尺五寸零壹厘四毫零八忽有餘。爲句。如乙己。

以自尖至底周斜線五尺。爲弦。如甲乙。求

得股。卽中垂線之高也。

假如有空心金球壹個外徑壹尺弍寸厚叄分問重

若干　答曰弍千壹百六拾七兩九錢四分

法以外徑壹尺弍寸。自乘。再乘。得壹尺七百弍拾八寸。用邊線體

積不同定率。五弍叄五九八七七五　折之。得九百零四寸七百七拾八分六

百八十叁厘有餘。為全球體積。又以厚叁分倍之得六分與外徑壹尺式寸相減。餘壹尺壹寸四分。為空心徑自乘再乘得壹尺四百八拾壹寸五百四拾四分。再以用邊線相等體積不同定率。五式叁五九八七七五折之得七百七拾五寸七百叁拾四分六百式拾叁厘有餘。為球內空心虛積。兩積相減。餘壹百式拾九寸零四拾四分零六拾厘有餘。為空心球體積。再以與金寸率。方重壹拾六兩八錢相乘得空心金球體之重也。

假如截球體壹段高式寸底徑九寸六分問積若干

答曰七拾六寸五百七拾壹分八拾八厘有餘

法以高弍寸。如甲丁。爲首率。如矢。底徑折半。得四寸八分。如乙丁。爲中率。如弦。用矢弦求圓徑法。求得球之截徑。壹尺壹寸五分弍厘。如丁戊。加高弍寸。得壹尺叁寸五分弍厘。如甲戊。爲球全徑。即同庚辛。用徑求周法。求得圓周。四尺弍寸四分七厘四毫叁絲叁忽有餘。如壬庚癸辛。

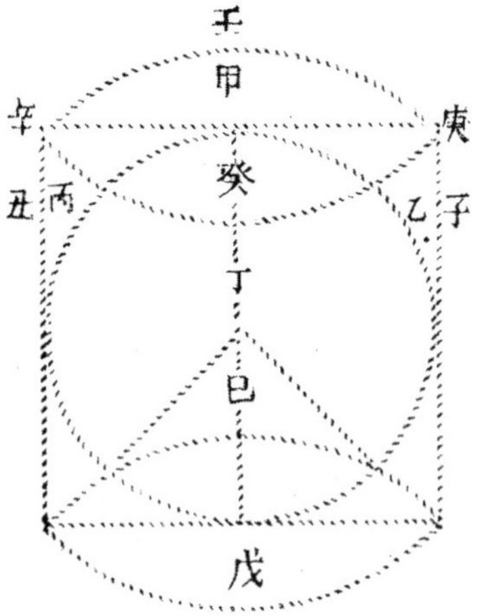

與高弍寸相乘。得八拾四寸九拾四分八拾六厘有餘。如庚子丑辛截與長圓體壹段之外面積。與甲乙丙截球體壹段之外面積等。蓋球體全徑。與長圓體底徑高度相等者。其相當每段之外面積。皆相等故也。既得截球體壹段外面積。乃與圓球半徑六寸七分六厘。如甲己。相乘得數。叁歸。得壹百九拾壹寸四百壹拾七分五百壹拾式厘有餘。為自圓球中心所分球面尖圓體積。如己丙甲乙。又以底徑九寸六分。如乙丙。用徑求圓面積法。求得底面積。七拾式寸叁拾八分式拾式厘有餘。乃於圓球半徑六寸七分六厘。丙減去截球體之高式寸。餘四寸七分六厘如丁己。與底面積相乘得數。叁歸。得壹百壹拾四寸八百四拾六分四四百式拾四四厘有餘。為自圓球中心。至截球徑所分平面尖圓體積。如己丙丁乙。與球面尖圓體積相減。餘即截球體積也。

假如四面體每邊壹尺弍寸問積若干　答曰弍百零叁寸六百四拾六分七百叁拾七厘有餘

法以每邊壹尺弍寸爲弦。如乙丙。每邊折半。得六寸爲句。如戊丙。求得股。壹尺零叁分九厘弍毫叁絲零四微有餘。如乙戊。卽如甲戊。爲每壹面之中垂線。與每邊壹尺弍寸。如丁丙。相乘折半。得六拾弍寸叁拾五分叁拾八厘弍拾四毫有餘。爲每壹面之面積。如乙丙丁。又以每邊壹尺弍寸爲弦。如甲丙。取中垂線叁分之弍。得六寸九分弍厘八毫弍絲零弍微有餘。爲句。如已丙。求得股。九寸七分九厘七毫九絲五忽九微。爲自尖至底中心之立垂線。如甲已。或以每壹面之

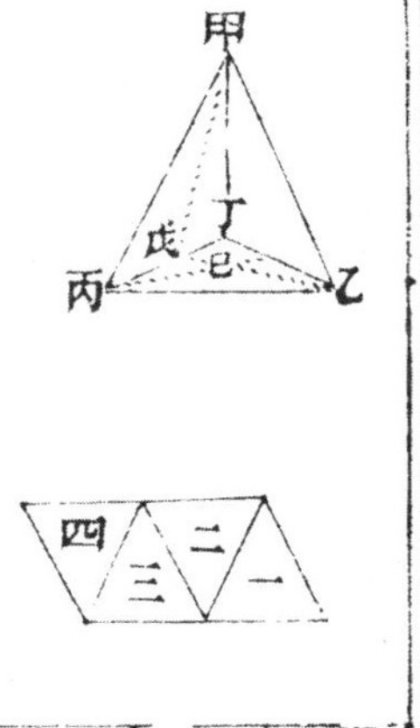

中垂線爲弦戊。如甲取中垂線叁分之壹。得叁寸四分六厘四毫爲句。壹絲零壹微有餘。戊。如己亦得股己。如甲爲立垂線。以此立垂線。與每壹面之面積相乘得數。叁歸之。卽得四面體之積也。按四面體。其稜六。角四。平鋪之面。亦成四叁角形。

假如八面體每邊壹尺弍寸。問積若干。答曰八百壹拾四寸五百八拾六分九百七拾六厘有餘

法以八面體。自體正中對角四。上下平分截之。則成甲乙己丁戊、丙乙戊丁己弍尖方體。故用弍尖方體算之。以每

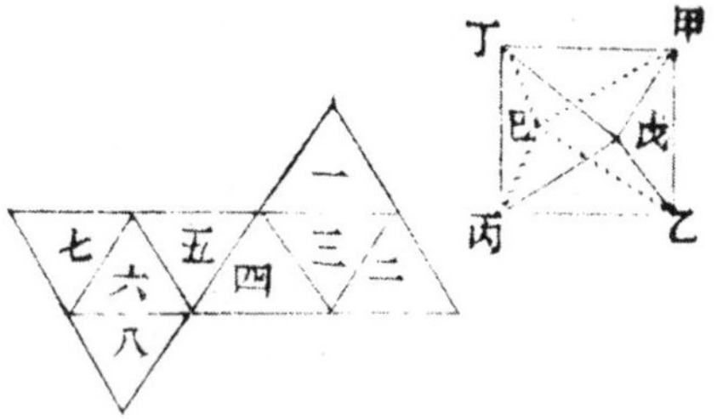

邊壹尺弍寸自乘。如戊乙。得壹尺四拾四寸。如戊乙已丁。為弍尖方體之共底面積。倍之開方。得壹尺六寸九分七釐零五絲六忽弍微有餘。如甲丙。為弍尖方體之共高。即八面體之對角斜線。以此斜線與共底面積相乘。叁歸之。即得八面體之積也。

按八面體。其稜拾弍。角六。平鋪之面。亦成八叁角形。

假如拾弍面體每邊壹尺弍寸問積若干

答曰壹拾叁尺弍百四拾壹寸八百六拾九分弍

東次元算學 卷十一

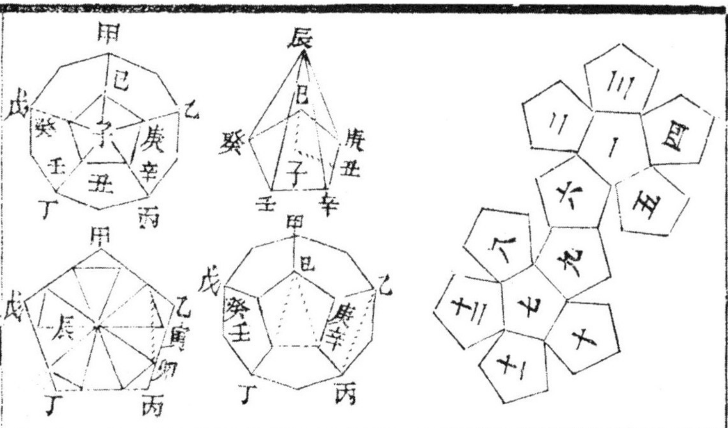

百六拾厘有餘 法分作拾弍個五角尖體算之。先求五角等面積。以每邊壹尺弍寸自乘。壹百四拾四寸與邊線相等定率。壹七弍零四七七四壹相乘。得弍尺四拾七寸七拾四分八拾七厘四拾七毫。如巳庚辛壬癸。五等邊形面積。用五歸弍因。得九拾九寸零九分九拾四厘九拾八毫八拾絲。為邊之長方積。以邊壹尺弍寸除之。得八寸弍分五厘八毫弍絲九忽壹微有餘。如子丑。為自中心至每邊

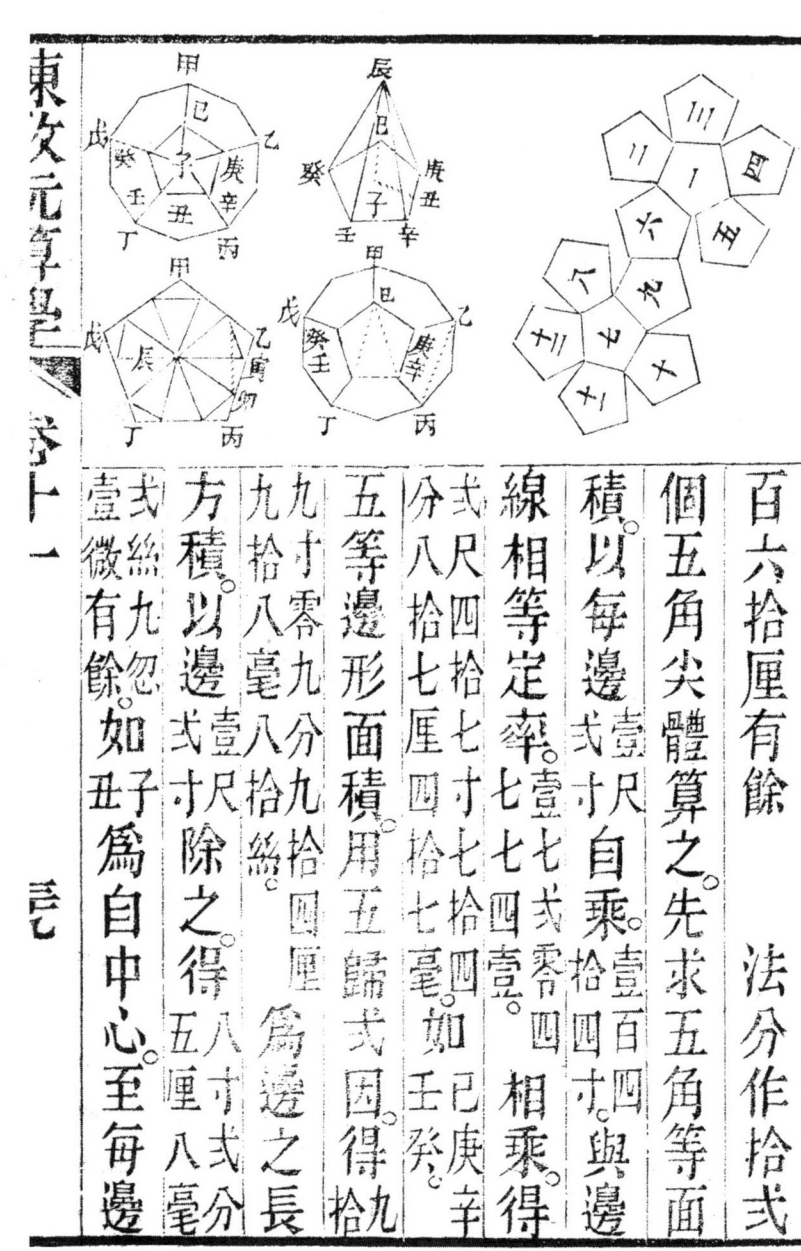

之垂線。又以每邊壹尺弍寸。以全份壹相乘。得數爲實。用理分中末線六壹八零叁叁九九爲法除之。得壹尺九寸四分壹厘六毫四絲零七微有餘。爲壹面兩角相對之斜線。如己辛即乙丙。折半。得九寸七分零八毫弍絲零叁微有餘。如卯寅。用全份壹相乘得數爲實。用理分中末線六壹八零叁叁九九爲法除之。得壹尺五寸七分零八毫弍絲零叁微。爲拾弍面體之中心至壹邊正中之斜線爲弦。如辰寅即辰丑。以前求中心之垂線。八寸弍分五厘八毫弍絲九忽壹微爲句。如子丑。求得股。壹尺叁寸叁分六厘弍毫壹絲九忽六微爲拾弍面體之中心。至壹面之立垂線。如辰子與

前求壹面積。弍尺四拾七寸七拾四分八拾七厘四拾七毫有餘。相乘得數
叄歸。得壹尺壹百零叄寸四百八拾九分壹百零五厘有餘爲壹五角尖體積。拾弍
因之。即得拾弍面體之積也。按拾弍面體其稜叄
拾角。弍拾平鋪之。面亦成拾弍五角形。
假如弍拾面體每邊壹尺弍寸問積若干　答曰叄
尺七百六拾九寸九百六拾八分叄百厘有餘
法分作弍拾個叄角尖體算之。先以壹尺弍寸爲弦。以
半邊六寸爲句。求得股壹尺零叄分九厘弍毫叄絲零四微。用句與股
相乘。得六拾弍寸叄拾五分叄拾八厘弍拾四毫有餘。如己丙丁。爲壹叄等邊形面積。

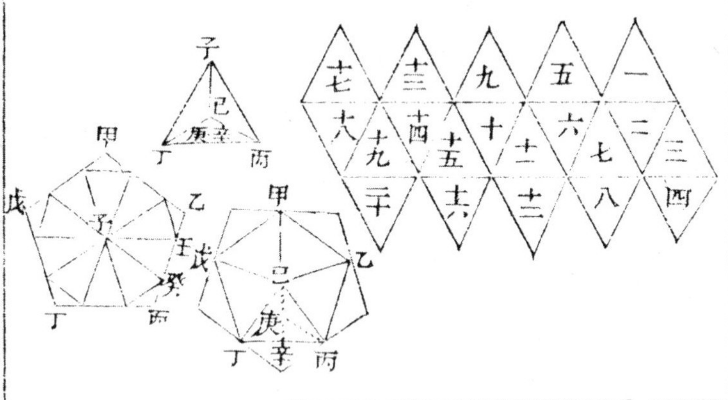

用叁歸弍因之。得四拾壹寸五拾六分九拾弍厘壹拾六毫為邊之長方積。以邊壹只弍寸。除得叁寸四分六厘四毫壹絲零壹。如庚辛。為自中心。至每邊之垂線。以垂線為勾。半邊六寸為股。求得弦六寸九分弍厘八毫弍絲零叁微。如己庚為叁等邊形之分角線。又以半邊六寸以全份壹相乘。得數為實。用理分中末線。六壹八零叁叁九九為法除之。得九寸七分零八毫弍絲零叁微有餘。如子壬為弍拾面體之中心至每邊正中之垂線。此斜線作爲弦。（如子壬。如子辛。）卽又以中心至每邊之垂線。（叁寸四分六厘四毫壹絲零壹微。）爲勾。求得股。（九寸零六厘九毫壹絲叁忽五微有餘。）爲式拾面體之中心每壹面之立垂線。（如子庚。）與前求壹面積。（六拾式寸叁拾五分叁拾八厘式拾四毫。）相乘得數。叁歸得（壹百八拾八寸四百九拾八分四百壹拾五厘有餘。爲壹叁角尖體積。）式拾因之。卽得式拾面體之積也。按式拾面體。其稜叁拾角。拾式平鋪之面。亦成式拾叁角形。

球內容外切各等面體求邊及積法

假如圓求徑壹尺弍寸求內容四面體之每壹邊并體積若干　答曰每邊九寸七分九厘七毫九絲五忽八微有餘積壹百壹拾寸八百五拾壹分弍百五五拾厘有餘

法以球徑壹尺弍寸如甲乙叁歸弍因得八寸爲球內容四面體自尖至每面中心之立垂線如甲己與丙庚自乘得六拾四寸弍歸叁因得九拾六寸開平方得內容四面體之每壹邊如丙丁乃用等邊叁角形求中垂線法求得每面中垂線八寸四分八厘五毫弍絲七忽九微有餘如丙壬與甲壬與每邊

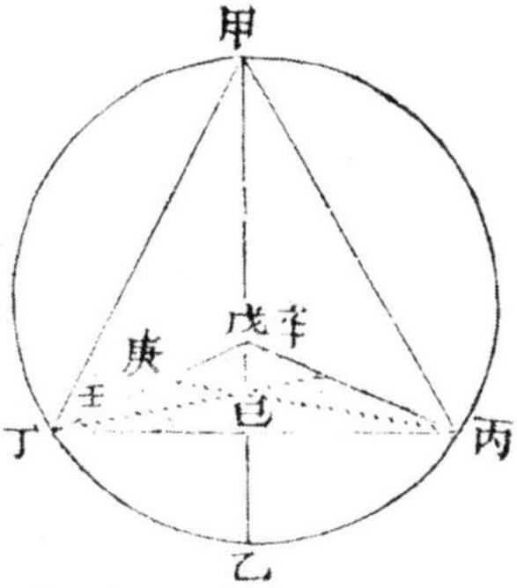

相乘。折半。得四拾壹寸五拾六分九拾弍厘壹拾九毫有餘。爲每壹平面積。如丙丁戊再以中心立垂線寸。入相乘得數。叁歸。即內容四面體之積也。此法以全徑叁叁歸弍因而得

立垂線者。如命甲乙全徑爲六分。則甲辛半徑爲叁分。辛巳爲壹分。相加。得甲巳立垂線。爲四分。是立垂線爲全徑六分之四。即叁分之弍也。其以立垂線自乘。弍歸叁因開方而得邊者。凡四面體立垂線自乘方。爲每邊自乘方叁分之弍也。合問。

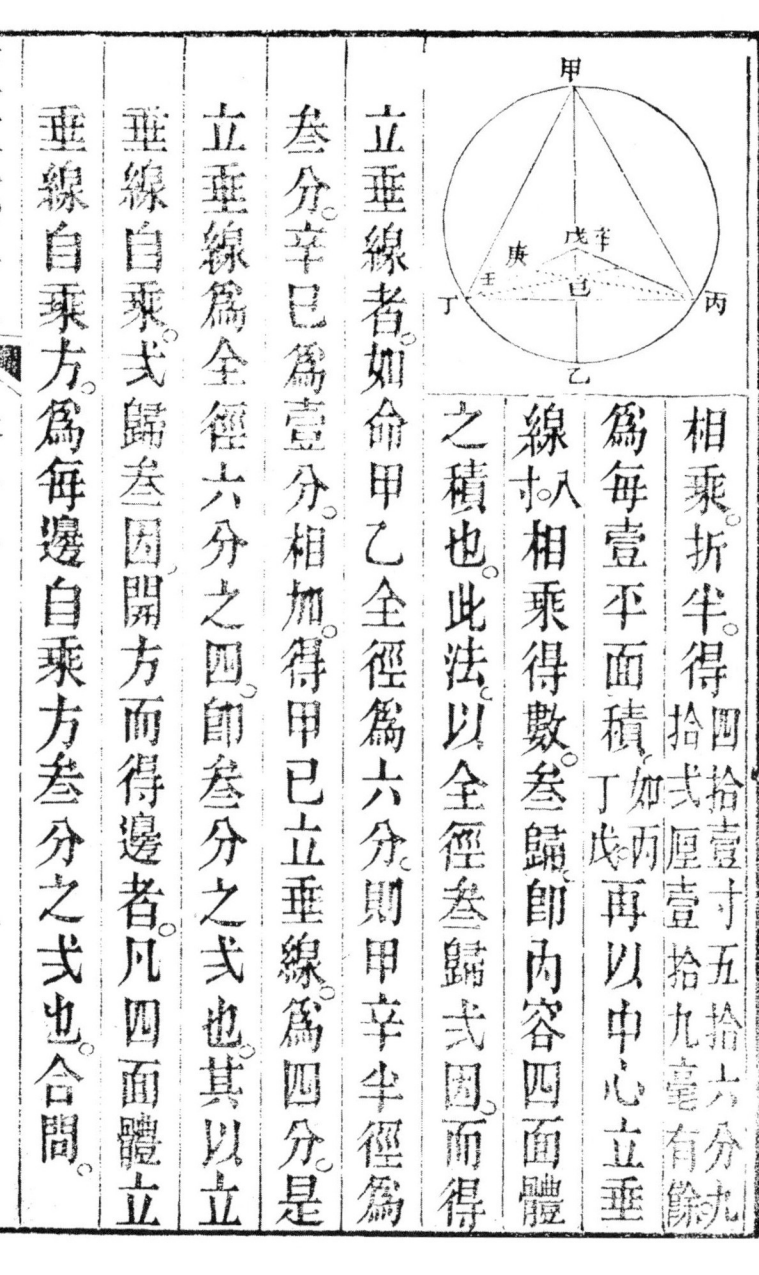

假如圓球徑壹尺弍寸求外切四面體之每壹邊并體積若干　答曰每邊弍尺九寸叁分九厘叁毫八絲七忽六微有餘積弍尺九百九拾弍寸九百八拾叁分七百七拾六厘有餘

法以球徑倍之得弍尺四寸為球外切四面體自尖至每面中心之立垂線如丙乙自乘得五尺七拾六寸弍歸叁因得八尺六拾四寸開平方得外切四面體之每壹邊面用等邊叁角形求面積法求得每

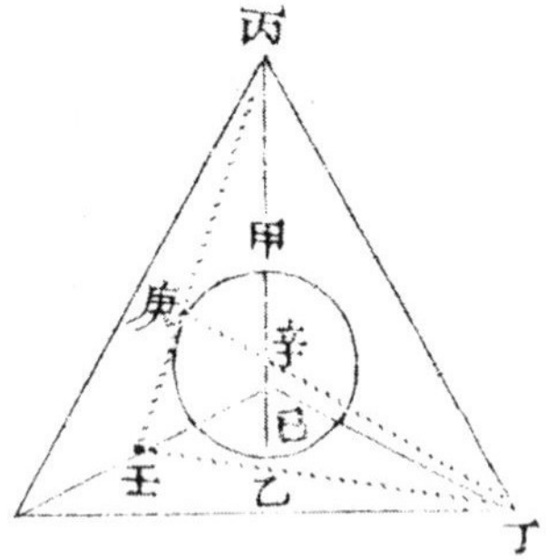

壹平面積。叁尺七拾四寸壹拾弍分弍拾九厘七拾弍毫有餘。與中心立垂線弍尺四寸相乘得數。叁歸。即得外切四面體之積也。

假如圓球徑壹尺弍寸求內容正方體之每壹邊及體積若干　答曰每邊六寸九分弍厘八毫弍絲零叁微有餘積叁百叁拾弍寸五百五拾叁分七百四拾四厘有餘

法以球徑壹尺弍寸自乘。得壹百四拾四寸。叁歸之。得四拾八寸。開平方。得球內容正方體之每壹邊。以壹邊自乘。再乘。即得體積也。試以丙丁壹邊爲股。丁乙壹邊爲句。求得丙乙弦。即每壹面之對角斜線。勾與股既相等。則丙乙自乘方。爲丙丁。或丁乙自乘方之弍倍矣。又試以丙乙斜線爲股。甲丙壹

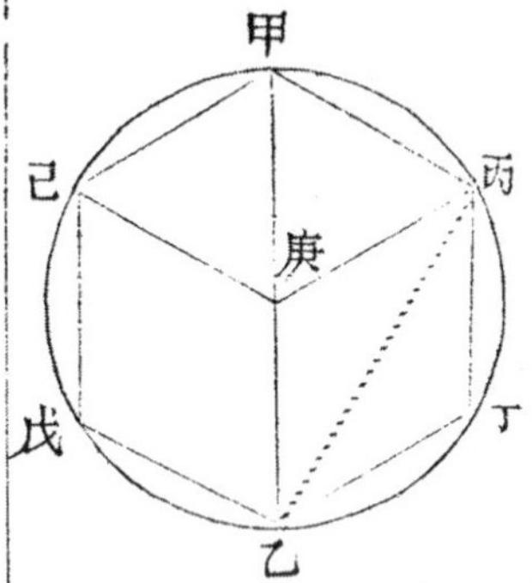

邊爲勾。求得甲乙弦。即圓球徑。則甲乙自乘方。又爲甲丙類自成方之叁倍矣。故以球徑自乘。叁歸。開方而得壹邊也。合問。

假如圓球徑壹尺弍寸求外切正方體之每壹邊并體積若干　答曰每邊壹尺弍寸積壹尺七百

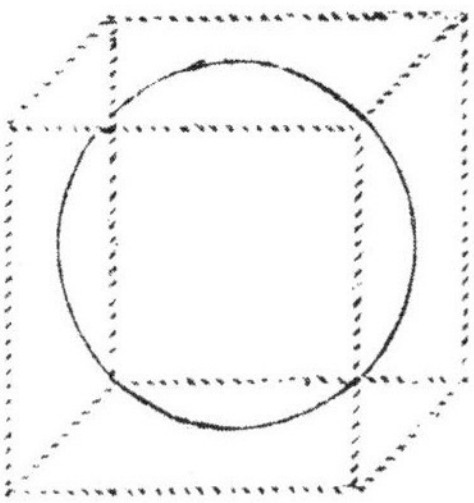

弍拾八寸　法因球徑卽方邊自乘再乘卽體積故他法皆不設止存壹題以備體焉合問

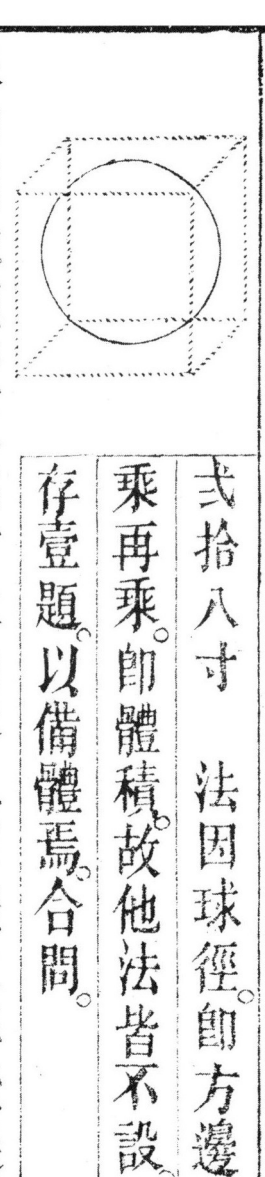

假如圓球徑壹尺弍寸求內容八面體之每壹邊并體積若干　荅曰每邊八寸四分八厘五毫弍絲八忽壹微有餘積弍百八拾八寸

法以球徑壹尺弍寸自乘得壹尺四拾四寸折半得七拾弍寸開平方得內容八面體之每壹邊自乘得七拾弍寸與球徑壹尺弍寸相乘得數三歸卽八面體之積也此法亦以

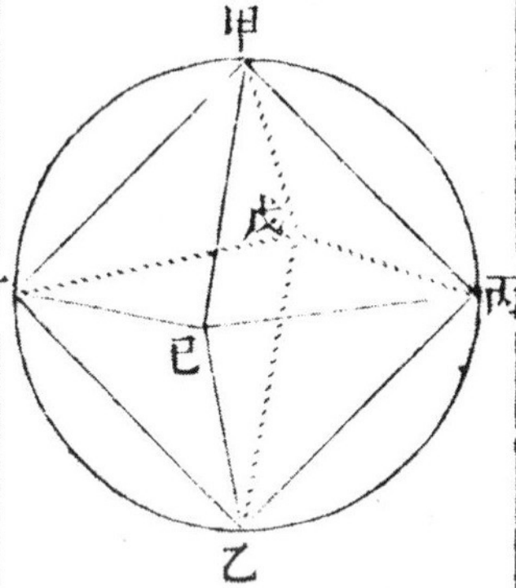

弍尖方體算之。甲乙球徑爲弍尖方體之共高。卽甲丙乙丁正方面之對角斜線。試以甲丙壹邊爲股。乙丙壹邊爲勾。則甲乙球徑爲弦。勾與股旣相等。則甲乙自乘方。爲甲丙自乘方之弍倍。故以球徑自乘。折半開方。而得甲丙之壹邊也。以甲丙類之戊丙壹邊。自乘得戊丙己丁弍尖方體之共底面積。與甲乙共高再乘。叁歸之。得弍尖方體積。卽八面體之總積。合問。

假如圓球徑壹尺弍寸求外切八面體之每壹邊并體積若干　答曰每邊壹尺四寸六分九厘六毫九絲叁忽八微有餘積壹尺四百九拾六寸四百九拾壹分八百八拾八厘有餘

法以球徑折半得六寸。為外切八面體中心。至每面

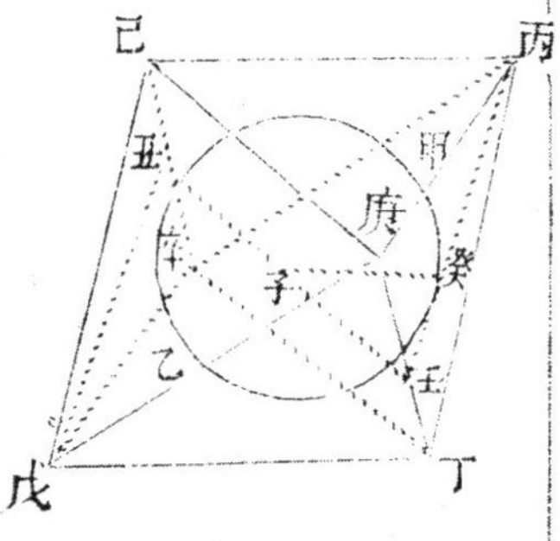

中心之立垂線。如子癸。自乘得叁拾六寸。六因之。得弍百壹拾六寸。開平方。得外切八面體之每壹邊。乃用等邊叁角形。求面積法。求得每壹面積九拾叁寸

五拾叁分零七厘四拾叁毫有餘。如丙丁庚壹面積。與半徑六寸。如子癸相乘叁歸之。得壹百八拾七寸零六拾壹分四百八拾六厘有餘。為壹叁角尖體積。如子丙丁庚。八因之。即八面體之總積也。如圖。外切八面體。自丁辛己庚四角平分之。則成丙丁辛己庚。戊己庚丁辛。弍尖方體。將弍尖方體。自尖依各稜直剖之。則又得子丙丁庚。類八叁角尖體。圓球之外面。皆切於各面之中心。圓球之半徑。即八面體中心。至每面中心之立垂線。其以立垂線自乘。六因開方。而得每邊者。蓋癸壬。為丙壬壹面中垂線叁分之壹。則壬癸自乘方。必爲丙壬自乘方九分之壹。而丙壬自乘方。原爲丙丁每邊自乘方拾弍分之九。則癸壬自乘方。必爲丙丁自乘方拾弍分之壹。又子壬爲每邊之半。則其自乘方。必爲每邊自乘方四分之壹。今命爲拾弍分之叁。壬癸爲勾自乘方。既爲邊自乘方拾弍分之壹。子壬爲弦自乘方。又爲邊自乘方拾弍分之叁。則子癸爲股自乘方。必爲邊自乘方拾弍分之弍。卽六分之壹。
故用六因也。合問。

假如有圓球徑壹尺弍寸。求內容拾弍面體之每壹邊并體積若干　答曰每邊四寸弍分八厘壹毫八絲六忽五微有餘。積六百零壹寸五百九拾五分弍百弍拾厘有餘

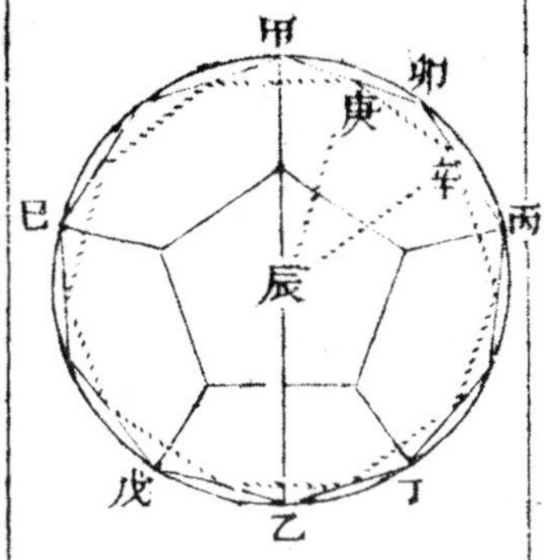

法用理分中末線。全份壹為股。如庚辰比。小份叁八壹九六六零壹為勾。如甲庚比。求得弦壹零七零四六六弍六。如甲辰比。為法。用理分中末線。小份叁八壹九六六零壹。如甲庚比。與球徑壹尺弍寸相乘得數為實。法除實。得內容拾弍面體

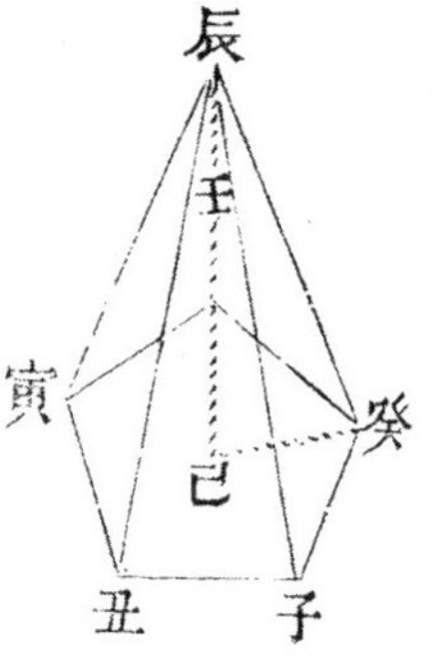

之壹邊。如甲卯蓋甲辰與甲庚之比。同于甲乙與甲卯之比。再用五等邊形。求面積法。得每面積叄拾壹寸五拾四分叄拾八厘五拾七毫。如壬癸子丑寅面積又求得分角線。卽外切圓半徑。叄寸六分四厘式毫叄絲七忽壹微有餘。爲句。如己癸。球半徑六寸爲弦。如辰癸甲辰等。與求得股。四寸七分六厘七毫九絲式忽七微有餘。爲自球中心至每面中心之立垂線如辰己。與每面積相乘。得壹百五拾寸叄百九拾八分八百零七厘有餘。叄歸之。得五拾寸壹百叄拾式分九百叄拾五厘。爲壹五角尖體積。如辰壬癸子丑寅卯。拾式因之。卽得拾式面體之總積也。

假如有圓球徑壹尺弍寸求外切拾弍面體之每邊并體積若干　答曰每邊五寸叁分八厘八毫叁絲叁忽六微有餘積壹尺壹百九拾八寸八百六拾弍分六百壹拾六厘有餘

法圓球半徑寸六與理分中末線大份六壹八零叁叁九九相乘得數為實以用理分中末線全份壹為法除得叁寸七分零八毫弍絲零叁叁微有餘為外切拾弍面體每面中心至邊之垂線。如辰丑。又以理分中末線小份倍之得七六叁九叁弍零弍。與半徑寸六相乘得數為實以理分中末線

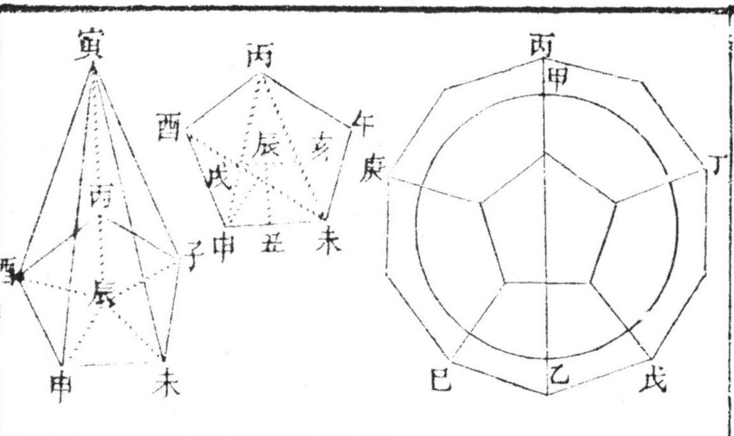

全份壹爲法。除得四寸五分八厘叁毫五絲九忽式微。爲每面中心至角之分角線。如辰申。以分角線爲弦。邊垂線爲股。求得勾。式寸六分九厘四毫壹絲六忽有餘。倍之。得五寸叁分八厘八毫叁絲叁忽六微。即外切拾式面體之每壹邊。如申未。又以每邊與邊垂線。如辰丑。相乘。得數折半。五因之。得四拾九寸九拾五分式拾六厘零九毫有餘。爲拾式面體之每壹面積。如丙午未申酉。與球半徑六寸

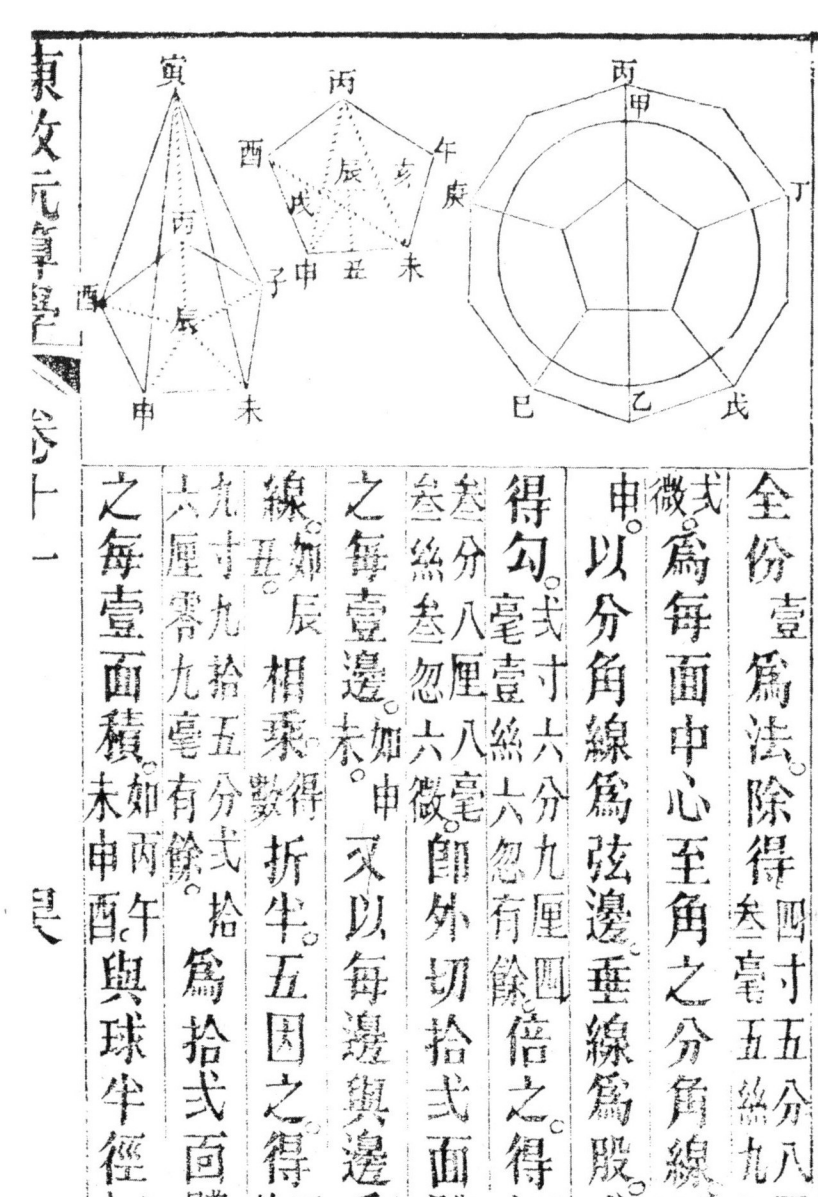

相乘。叁歸之得九拾九寸九百零五分弍百壹拾八厘有餘。爲每壹五角尖體積。如寅丙午未申酉形。拾弍因之。得外切拾弍面體之總積也。合問。

假如有圓球徑壹尺弍寸求內容弍拾面體之每壹邊并體積若干　答曰每邊六寸叁分零八毫七絲七忽叁微有餘積五百四拾七寸八百零八分四百弍拾厘有餘

法以理分中末線。全份壹爲股。如庚壬比。大份六壹八零叁叁九九爲勾。如甲庚比。求得弦。壹壹七五五壹零五爲法。如甲壬比。以理分

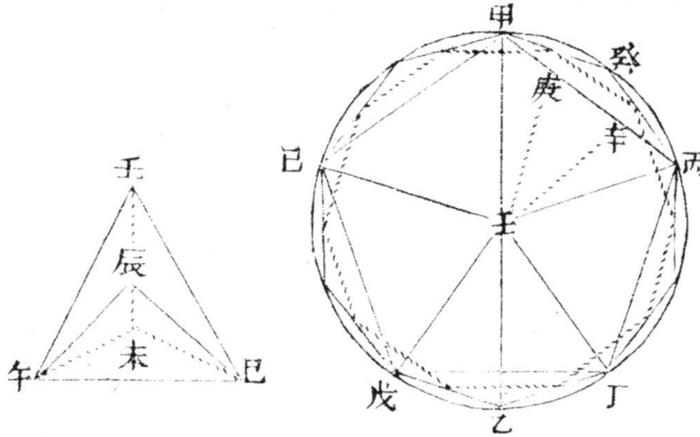

中末線大份。六壹八零叁叁九九。如比。甲庚與圓球徑壹尺二寸。如甲乙相乘。得數為實。法除實。得六寸叁分零八毫七絲七忽叁微。如甲癸。即內容二十面體之每壹邊。再以每邊用等邊叁角形求面積法。求得每壹面積。壹拾七寸二拾叁分四拾壹厘七拾毫有餘。如辰巳午壹面。又用等邊叁角形。求外切圓徑法。求得半徑即分角線。得叁寸六分四厘二毫叁絲七忽壹微有餘。為句。如未巳。以球半徑六寸為弦。如王巳與甲王等。求得股。四寸七分六厘七毫九絲弍忽七微有餘。為自圓球中心至每面中心之立垂線。如王末。與每壹面積相乘得數。叁歸。得弍拾七寸叁百九拾分零四百弍拾壹厘有餘。為壹叁角尖體積。如王辰巳午壹叁角尖體。弍拾因之。即得外容弍拾面體之總積也。合問

假如有圓球徑壹尺弍寸求外切弍拾面體之每邊并體積若干　答曰每邊七寸九分叁厘九毫零壹忽四微有餘積壹尺九拾壹寸六百七拾六分有餘

法以理分中末線。小份叁八壹九六六零壹。與球半徑六寸相

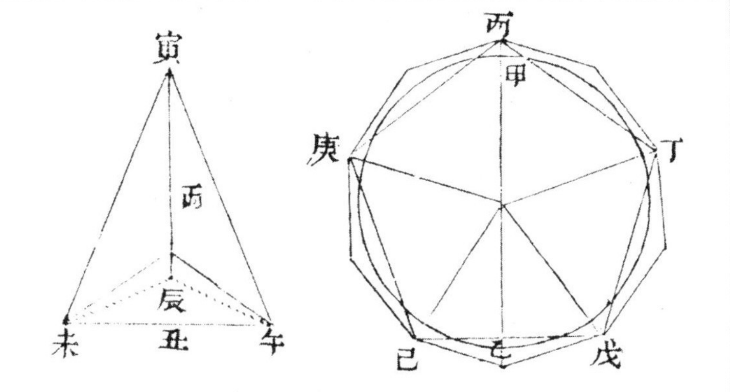

乘得數爲實。以全份壹爲法。除得式寸式分九厘壹毫七絲九忽六微有餘。爲外切式拾面體每面中心至邊之垂線。如辰丑。叁因之。得六寸八分七厘五毫叁絲八忽八微有餘。爲每面自壹角至對邊之中垂線。如丙丑。自乘。叁歸四因。開平方。得外切式拾面體之每壹邊。如午未凡中垂線自乘方。爲邊自乘方四份之叁。故用叁歸四因。再以每邊用等邊叁角形求面積法。求得每壹

面積。弍拾七寸弍拾九分壹拾九厘有餘。如丙午未與球半徑寸六相乘。如寅
辰叁歸之。得五拾四寸五百八拾叁分八百厘有餘。為壹叁角尖體
積。如寅丙午未。弍拾因之。卽得外切弍拾面體之總積
也。合問。

盤量倉窖歌　此章用新率。與粟布章有異。故分錄之。學者所細閱。

方倉長濶互相乘　高再乘之見積分　圓周自乘
求面積　復以高乘總積明　尖堆底周求底積
與高乘見叁歸分　倚壁倍周底積見　將來折半
與高乘　內角四圍周求底　四而取壹乘高身

外角叁歸四因是　有積四歸復叁因　再將高數相乘畢　叁法皆用叁歸明　若還方窖併圓窖上下方周各自乘　乘了另將上乘下　併叁取壹再乘深　圓法叁周求叁面　相併叁歸與高乘都將弍五除積數　壹升壹合不差爭

假如方倉壹座長叁拾五尺濶拾五尺高拾五尺問積米若干　答曰叁千壹百五拾石

法以長濶相乘。得五百弍拾五尺再以高乘之。得七千八百七拾五尺。以斛法弍千五百寸除之即得。此之謂方倉長濶互相乘。高再乘之見積分也。長倉法同。

假如圓倉壹座周弍拾四尺高拾尺問積米若干

答曰壹百八拾叁石叁斗四升六合四勺有餘

法以周弍拾四尺用圓周求面積法求得圓面積。四拾五尺八拾叁寸六拾六分弍拾弍釐有餘。與高拾尺相乘。得四百五拾八尺叁百六拾六寸弍百弍拾分有餘。以斛法弍五除之。卽得。此之謂圓周自乘求面積。復以高乘總積明也。

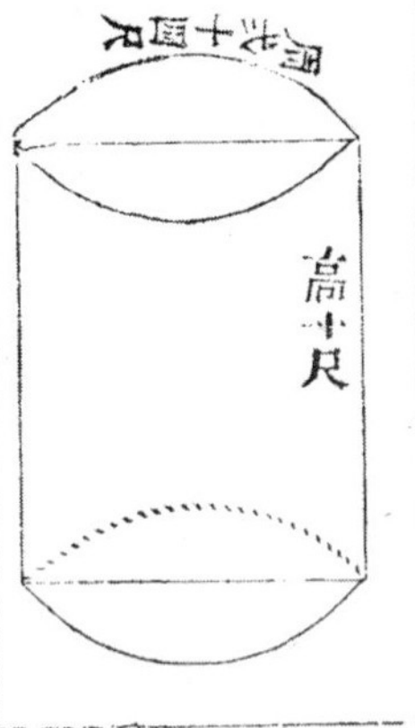

壹法以周乘高。取徑四分之壹乘之。以斛率弍五除

之。亦得。按圓倉與求長圓體積之法。

假如平地淋尖米壹堆底周拾四尺高五尺問積米若干　答曰壹拾石零叁斗九升八合壹勺有餘

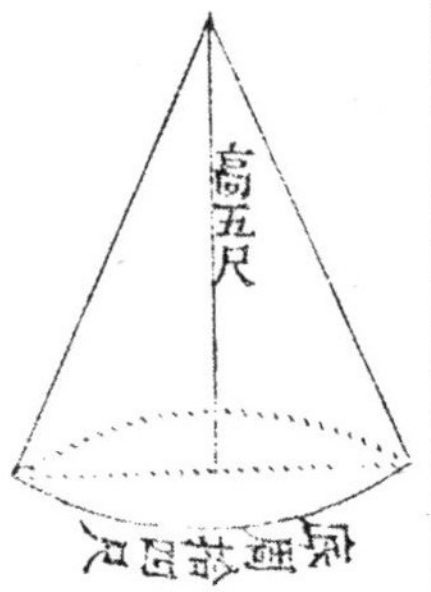

法以底周（拾四尺）。用周求面積法求得底面積。（壹拾五尺五拾九寸七拾壹分八拾四厘壹拾式毫有餘。）與高（五尺）相乘。得（七拾七尺九百八拾五寸九百式拾分六百厘有餘。）叁歸之。得（式拾五尺九百九拾五寸叁百零六分八百式拾厘有餘。）以斛法（式五）除之。即得。（此之謂尖堆底周求底積。與高乘見叁歸分也。）

壹法。以周乘高。取徑四分之壹乘之。再叁歸之。以斛率弍五除之亦得。按尖堆與求尖圓體積之法同。

假如倚壁米壹堆底周六尺高四尺問積米若干

答曰叁石零五升五合七勺七撮有餘

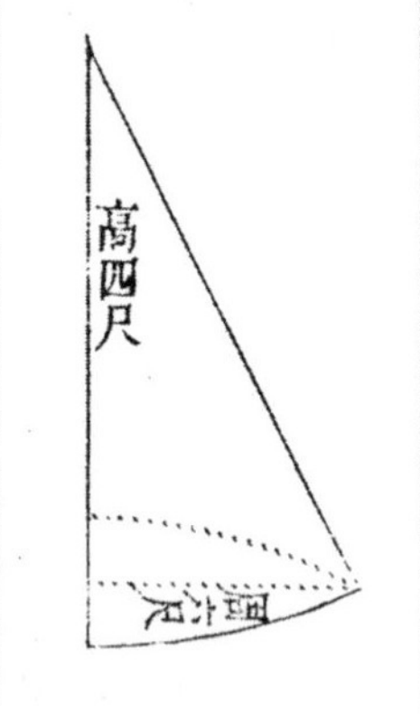

法以底周尺六倍之得全周壹拾弍尺。用周求面積法求得全面積。壹拾壹尺四拾五寸九拾壹分五拾五厘有餘。折半。得倚壁堆底面積。五尺七拾弍寸九拾五分七拾七厘有餘。與高四尺相乘。得弍拾弍尺九百壹拾八寸叁百零八八分有餘。叁歸之。得七尺六百叁拾九寸四百叁拾六分有餘。以斛法弍五除之即得。此之謂倚壁倍周底積見將來折半與高乘也。

壹法。倍周乘高。取徑四分之壹乘之。再六歸之。以斛率弍五除之。亦得。按倚壁居尖圓之半。故周用倍法。而歸用六也。

假如倚壁內角米壹堆。周拾弍尺。高五尺。問積米若干。答曰。叁拾石零五斗五升七合七勺有餘

法。以周壹拾弍尺。四因之。得全周四拾八尺。用周求面積法。

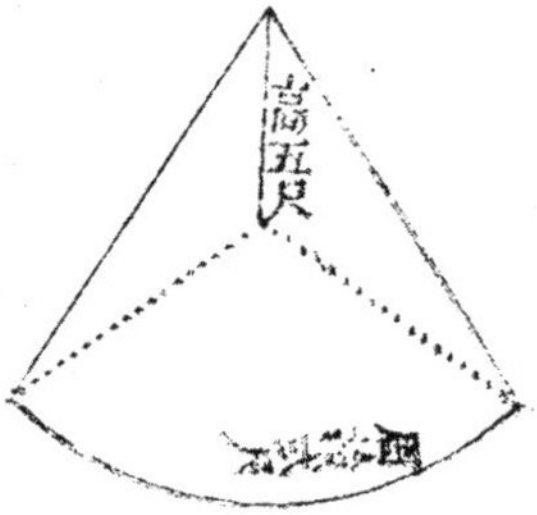

求得全面積。壹百八拾叁尺叁拾四寸六拾四分九拾厘有餘。四歸之。得內角尖圓堆底面積。四拾五尺八拾叁寸六拾六分弍拾弍厘有餘。與高五尺相乘。得弍百弍拾九尺壹百八拾叁寸壹百壹拾分叁

歸之得七拾六尺叁百九拾四寸叁百七拾分以解率弍五除之卽得。

此之謂內角四四周乘積四而取壹乘高身也。

壹法四四下周乘高取徑四分之壹乘之再拾弍除之以解率弍五除之亦得按內角居尖圓四分之壹故用四四而歸用拾弍也。

假如倚壁外角米壹堆底周叁拾叁尺高六尺問積米若干　答曰九拾弍石四斗叁升七合壹勺八撮有餘

法以周叁歸四四得全周四拾四尺用周乘面積法求得全面積壹百五拾四尺六寸壹拾九分八拾壹釐九拾弍毫有餘四歸叁因

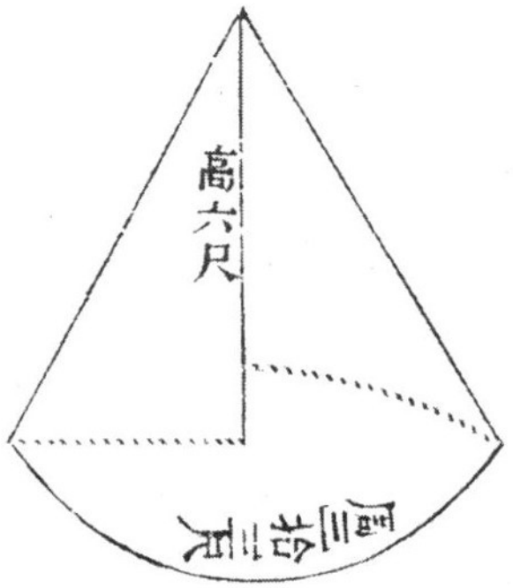

得外角尖圓堆底面積。壹百壹拾五尺五拾四寸六拾四分八拾六厘四拾四毫有餘。與高六尺相乘。得六百九拾叁尺弍百七拾八寸九百壹拾八分六百四拾厘有餘。叁歸之得。弍百叁拾壹尺九拾弍寸九百七拾弍分八百八拾厘有餘。以解率弍五除之即得。此之謂外角叁歸四因是有積四歸復叁因之再將高數相乘畢。叁法皆用叁歸明也。

壹法。以周叁歸四因乘高。取徑四分之壹乘之。再四歸叁因之。再叁歸之。以解率弍五除之亦得。按外角居尖圓四分之叁。故周用叁歸四因乘畢。又用四歸叁因。復以叁歸也。

假如方窖壹座上方五尺下方八尺深拾弍尺問積米若干　答曰弍百零六石四斗

法以上方自乘。得弍拾五尺。下方自乘。得六拾四尺。上下方相乘。得四拾尺。併叁數。共壹百弍拾九尺。叁歸之。得共實數四拾叁尺。再以深乘之。得五百壹拾六尺。以斛法弍五除之。即得。此之謂上下方周各自乘了。另將上乘下。併叁取壹。再乘深。

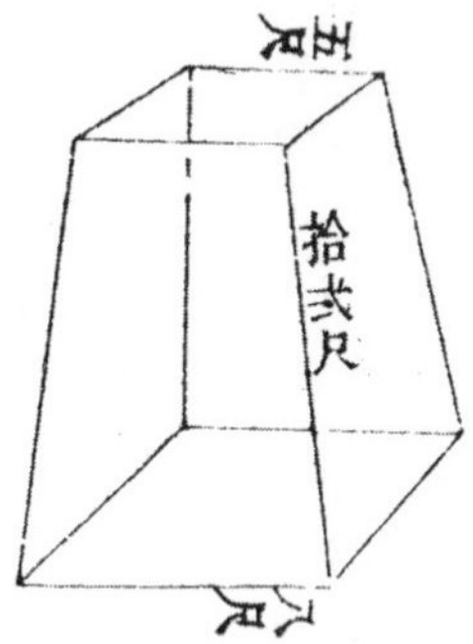

假如圓窖壹座上周拾八尺下周弍拾四尺深拾弍尺問積米若干　答曰壹百六拾九石五斗九升

五合六勺九撮六抄零六粟有餘

法以上周自乘得。叁百弍拾四尺。求得上面積。弍拾五尺七拾八寸叁拾壹分零弍拾八毫。下周自乘得。五百七拾六尺。求得底面積。四拾五尺八拾叁寸六拾七。分四拾弍厘七拾弍毫。上下周相乘得。四百叁拾弍尺。求得腰面積。叁拾四尺叁拾七寸七。拾四分六拾七厘零四毫。叁面積相併。共。壹百零五尺九拾九寸七拾叁分壹拾厘零四毫。叁歸之。得叁拾五尺叁拾叁寸弍拾四分叁拾六厘六拾八毫。再以深拾弍尺乘之。得四百弍拾叁尺九百八拾九寸弍百四拾分壹百六拾厘以解率弍五除之即得。此之謂圓法叁周求叁面相併叁歸與高乘也

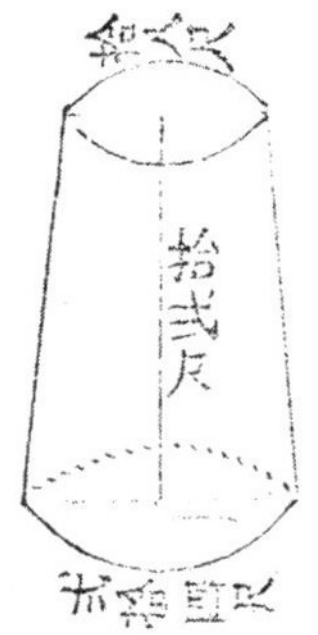

假如有米壹千零七拾五石弍斗欲爲長倉壹個高比濶多弍尺長比高多弍尺問長濶高各若干

答曰長壹拾六尺濶壹拾弍尺高壹拾四尺

法以米壹千零七拾五石弍斗。與觧法弍五乘之。得弍千六百八拾八尺爲實。用帶縱較數立方法開之。其弍千六百爲初商積。可商拾尺。爲初商之濶。列於左。加弍尺。得拾弍尺。爲初商之高。再加弍尺。得壹拾四尺。爲初商之長。以初商之濶拾尺與初商之長壹拾四尺相乘之。得壹百四拾尺。又以初商之高壹拾弍尺。再乘之。得壹千六百八拾尺。與積相減。餘壹千零零八尺

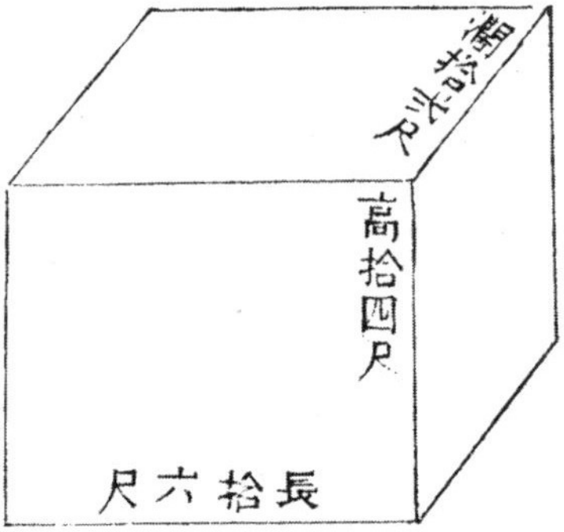

為實。以初商之濶（拾尺。）與初商之長（壹拾四尺。）相乘之得（壹百四拾尺。）為壹方廉。又以初商之濶（拾尺。）與初商之高（壹拾式尺。）相乘之得（壹百式拾尺。）為壹方廉。又以初商之高（壹拾式尺。）與初商之長（壹拾四尺。）相乘之得（壹百六拾八尺。）為壹方廉。併叁方廉。共得（四百式拾八尺。）為方法。除之得次商（式尺）列於左。餘（壹百五拾式尺）為實。以初商之長（壹拾四尺）與次商（式尺）相乘

東汝元算學　卷十一　長

之得式拾八尺爲壹長廉。又以初商之高壹拾式尺與次相式尺相乘之得式拾四尺爲壹長廉。又以初商之濶拾尺與次商式尺相乘之得式拾尺。爲壹長廉。又以次商式尺自乘之得四尺。爲壹小方隅。併叁長廉壹小方隅。共得七拾六尺爲面積。以次商式尺爲高相乘之得壹百五拾式尺與餘積相減恰盡。左商之拾式尺爲濶加高比濶多式尺得壹拾四尺。爲初次商之高。再加長比高多式尺得壹拾六尺。爲初次商之長也。合問。

各體形求邊周法

假如有空心正方體積壹千弍百壹拾六寸厚弍寸

問內外方邊各若干　答曰內方邊八寸外方邊

壹尺弍寸　法以厚弍寸自乘再乘得八寸八因之得

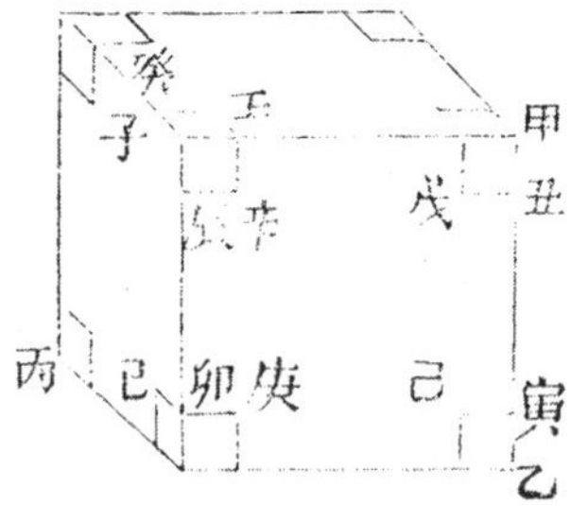

六拾四寸如壬辛子癸類八小隅體積與其積相減餘壹千壹百五拾弍寸六歸之得壹百九拾弍寸如丑寅巳子類縱橫六長方扁體積用厚弍寸除之得九拾六寸為內方邊如丑寅與戊己等與外方邊如丑辰與甲乙等相乘長方面積乃以厚弍寸倍之得四寸

如丑戊與辛辰。為長濶之較。用帶縱較數開平方法算之。得濶八寸。即內方邊。得長壹尺式寸。即外方邊也。

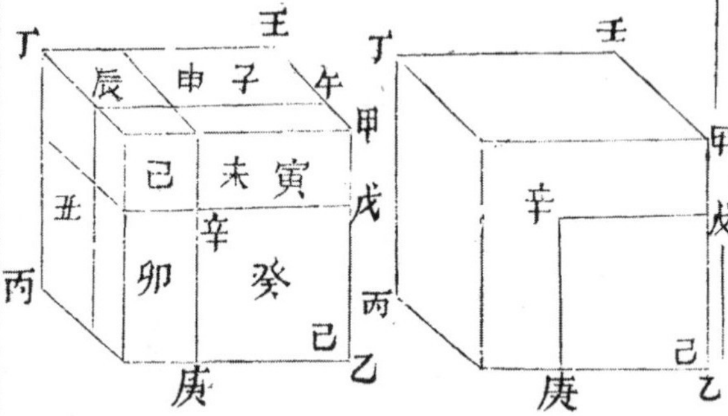

壹法。以厚式寸倍之。得四寸。為內方邊與外方邊之較。自乘再乘。得六拾四寸。如己壹小隅體積。與共積相減。餘壹千壹百五拾式寸。為叁方廉叁長廉體積。叁歸之。得叁百八拾四寸。為壹方廉壹長廉體積。如午甲乙庚庚未申扁長方形。以內外方邊之較四寸。即厚除之。得九拾六寸。為長方面積。以內外方邊之較四寸。為

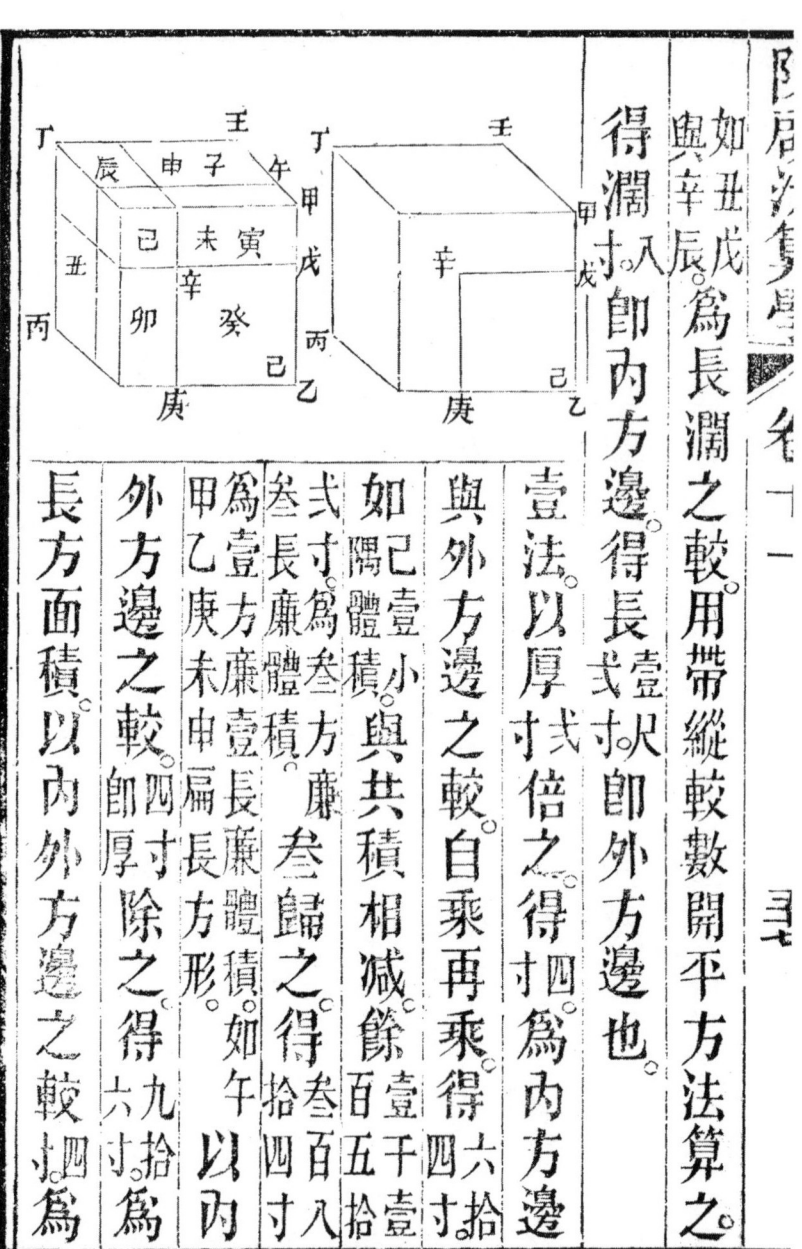

長濶之較。用帶縱較數開平方法算之。得濶八寸。即內方邊。加較四寸。得長壹尺弍寸。即外方邊也。此法加圖。以戊己庚辛空心小正方形。移置乙角之壹隅。則空心正方體。變爲甲戊辛庚丙丁壬叁面磬折體形。故彼開方。次商法分之。而得癸子丑叁方廉。寅卯辰叁長廉。己壹小隅體。次第歸除。得壹長方面積。而用帶縱平方法算之也。

假如有大小兩正方體。大體比小體每邊多四寸。積多弍千叁百六拾八寸。問大小兩體邊各若干

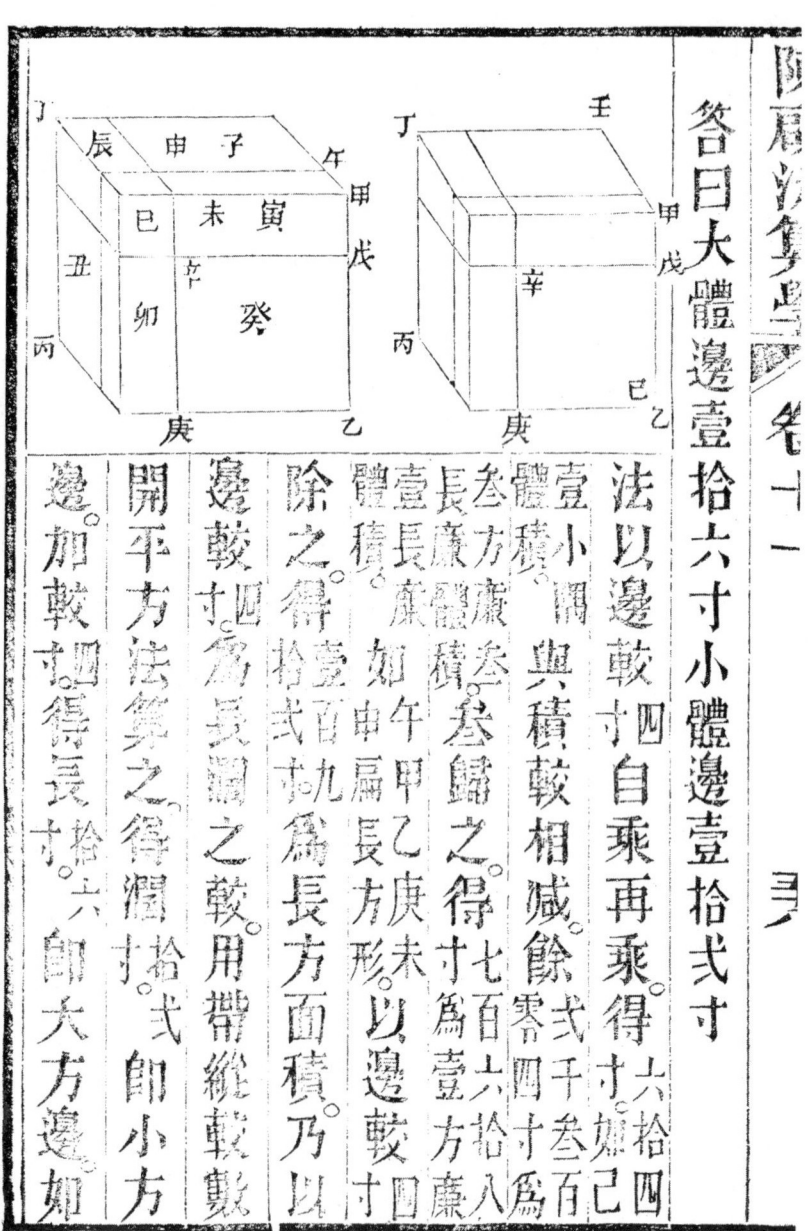

答曰大體邊壹拾六寸小體邊壹拾弍寸

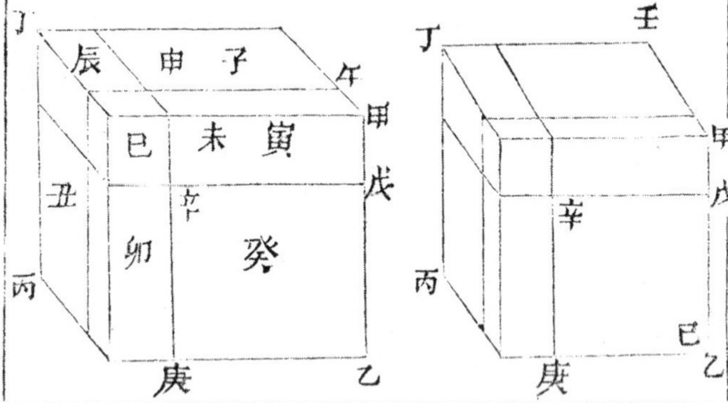

法以邊較四寸自乘再乘得六拾四寸。如己壹小隅體積。與積較相減。餘弍千叁百零四寸爲叁方廉叁長廉體積。叁歸之。得七百六拾八寸爲壹方廉壹長廉體積。如午甲乙庚未申扁長方形。以邊較四寸除之。得壹百九拾弍寸。爲長方面積。乃以邊較四寸。爲長闊之較。用帶縱較數開平方法算之。得濶拾弍寸。即小方邊。加較四寸。得長拾六寸。即大方邊。如圖試於甲乙丙丁。大方體。減去戊己庚辛小方體。餘壬甲戊辛庚丙丁。叄面磬折體形。卽大正方比小正方所多之積。甲戊爲磬折體之厚。卽大正方比小正方多之邊。此叄面磬折體形。依開立方次商法分之。則得癸子丑叄方廉寅卯辰叄長廉。已壹小隅體。故次第歸除得壹長方面積。用帶縱較數開平方法算之。而得大小弍體之邊也。

假如有正方青石壹塊紅石壹塊紅石比青石每邊多弍寸體積多五拾六寸問弍石之邊并重若干

答曰青石邊弍寸重弍拾叁両零四分紅石邊四寸重壹百六拾叁両八錢四分

法用大小弍立方有邊較積較求邊法算之以邊較弍寸自乘再乘得八寸與積較相減餘四拾八寸叁歸之得十六寸以邊較弍寸除之得八寸為方方面積以邊較弍寸為縱較用帶縱較數開方法算之得濶弍寸為青石邊加較得長四寸為紅石邊自乘再乘得六拾四寸與寸方率弍両五錢六分相乘得壹百六拾叁両八錢四分為紅石重數又以青石弍寸自乘再乘得八寸與寸方率弍両八錢八分相乘得

弍拾叁両零八分為青石重數。此法。因弍石皆為正方體。故用大小弍立方。有邊較積較求邊法。求得弍石之邊。自乘再乘。即為弍石之體積。用寸方數定率以比例之。即得弍石之重數也。合問。

假如正方大中小水桶叁個。小桶每邊壹尺。大桶比中桶每邊多弍寸。其體積與中小兩桶共積等。問叁桶盛水重數若干　答曰小桶九百叁拾兩。中桶壹千五百六拾六兩有餘。大桶弍千四百九拾六両有餘。〇此題數學精詳。大小數不符。故更正之法以小桶邊壹尺自乘。再乘。壹千寸。與寸方水率九錢叁分相乘。得九百叁拾兩。為小桶盛水重數。又以大桶比中桶每邊多貳寸為邊較。以小水桶體積壹千寸。為大桶比中桶所多之積較。用大小貳立方。有邊較。積較。求邊法算之。以邊較貳寸自乘。再乘。得八寸。與積較相減。餘九百九拾貳寸。叁歸之。得叁百叁拾寸零六百六拾六分六百六拾六釐。以邊較除之。得壹尺六拾五寸叁拾叁分叁拾叁釐有餘。為長方面積。以邊較貳寸為長闊較。用帶縱較數開方法算之。得闊壹尺壹寸八分九釐七毫有餘。為中桶邊數。加較貳寸。得壹尺叁寸八分九釐七毫有餘

為大桶邊數自乘再乘得弍尺六百八拾叁寸八百八拾分有餘。以
寸方水率九錢叁分相乘得弍千四百九拾六兩有餘為大桶盛水重數。
又以中桶邊自乘再乘。得壹尺六百八拾叁寸八百八拾分。以方寸
水率九錢叁分相乘。得壹千五百六拾六兩。為中桶盛水重數。此法。
因大桶體積。與中小弍桶之共積等。則小桶體積。
即大桶比中桶所多之積較。而大桶比中桶每邊
多十弍。故用大小弍立方。有邊積較。求邊法。求得弍
桶之邊。自乘再乘。即得弍桶之體積。用寸方重數
定率。以比例之。即得弍桶水之重數也。合問。

假如有圓球積六尺問徑若干　答曰弍尺弍寸五分四厘五毫零弍忽有餘

法以積六尺與用球徑方邊相等。球積方積不同之定率。壹九零九八五九叁壹七相乘。得壹拾壹尺四百五拾九寸壹百五拾五分九百零弍厘有餘。為與圓球徑相等之正方邊之正方體積。開立方。即得圓球徑合問。

假如有橢圓體積五拾寸大徑比小徑多弍寸問大小徑各若干　答曰小徑叁寸九分九厘弍毫有餘

大徑五寸九分九厘弍毫有餘

法以積五拾寸與用球徑方邊相等。球積方積不同定率。壹九零九八五九叁壹七相乘。得九拾五寸四百九拾弍分九百六拾五厘八百五拾毫有餘。為長方體積。乃以大徑多小徑弍寸為高與長濶之較。用帶一縱開立方法算之。得濶即小徑也。得高為大徑合問。

假如有空心圓球積弍千寸厚叁寸問內外徑各若干　答曰內徑壹尺壹寸四分六厘叁毫九絲七忽有餘外徑壹尺七寸四分六厘叁毫九絲七忽有餘　法以積弍千寸。與用球徑方邊相等球積方積不同定率。壹九零九八八五九叁壹七相乘。得叁尺八百壹拾九寸七百壹拾八分六百叁拾四厘有餘。為空心正方體積。乃用算空心正方體法。以厚叁寸自乘。再乘。得弍拾七寸。八因之。得弍百壹拾六寸與所得空心正方體積相減。餘叁尺六百零叁寸七百壹拾八分六百叁拾四厘有餘。六歸之。得六百寸零零六百壹拾九分七百七拾弍厘有餘。以厚叁寸除之。得弍尺零零弍拾分零六拾五厘九拾毫有餘。為內徑與外徑相乘長方面積以厚叁寸倍之。得六寸為長濶之較。用帶縱較數開方法算之。得濶卽內徑。加較六寸得長卽外徑也。又壹法。求得空心正方體積。用前

第弍法算之亦得合問

假如有四面體積弍佰零叁寸六佰四拾弍六分七佰伍拾厘問每邊若干　答曰壹尺弍寸

法以積弍佰零叁寸六佰四拾六分七佰伍拾厘與正方體積壹相乘得數為實用邊線相等體積不同之定率比例以四面體積壹壹七捌伍壹壹弍玖為法除實得壹尺七佰弍拾捌寸開立方即得四面體之邊此法因四面體之邊與正方體之邊相等則四面之積與正方體之積不同故先定為體與體之比例既得正方體積而後開

立方得邊線也合問

假如有捌面體積捌佰壹拾四寸伍佰捌捌拾柒分零拾弍厘問每邊若干　答曰壹尺弍寸

法以積捌佰壹拾四寸伍佰捌拾柒分零拾弍厘與正方積壹相乘得數爲實用邊線相等體積不同之定率比例以捌面體積四柒壹四零四伍弍壹爲法除實得壹尺柒佰弍拾捌寸開立方即得捌面之邊合問

假如有拾弍面體積拾叁尺弍佰四拾壹寸捌佰六拾九分四佰六拾四厘問每邊若干　答曰壹尺弍寸

法以積拾叁尺弍百四拾壹寸八百六拾九分四百六拾四厘。以正體積壹相乘。得數爲實。用邊線相等體積不同之定率比例。以拾弍面體積。七六六叁壹壹八九零叁爲法除實。得壹尺七百弍拾八寸。開立方。即得拾弍面體之邊也。合問。

假如有弍拾面體積叁尺七百六拾九寸九百六拾八分九百零六厘。問每邊若干。答曰壹尺弍寸

法以積叁尺七百六拾九寸九百六拾八分九百零六厘。與正方體積壹相乘。得數爲實。以邊線相等體積不同之定率比例。以弍拾面體積。弍壹八壹六九四九六九爲法除實。壹尺七百弍拾

八寸開立方。即得弍拾面體之邊也。合問。

假如有壹大球體內容四小球體大球徑壹尺弍寸求小球徑若干　答曰五寸叁分九厘叁毫

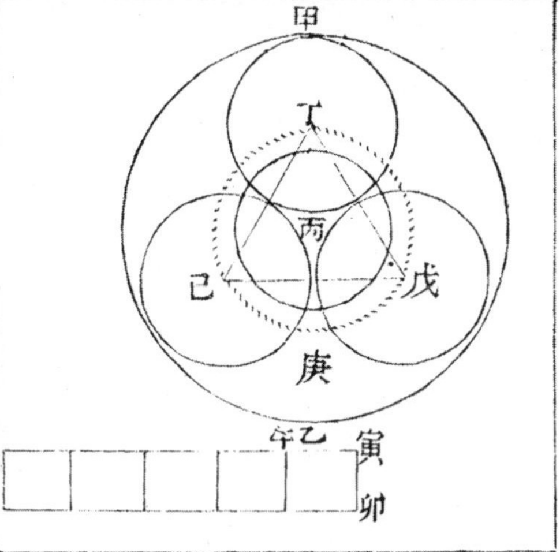

法以大球徑壹尺弍寸自乘。得壹百四拾四寸倍之。得弍百八拾八寸為長方積。以大球徑壹尺弍寸四因之。得四拾八寸。為長濶之較用帶縱較數開平方法算之。得濶五寸叁分九厘叁毫。即內容四小球之徑。如圖甲乙大球體內

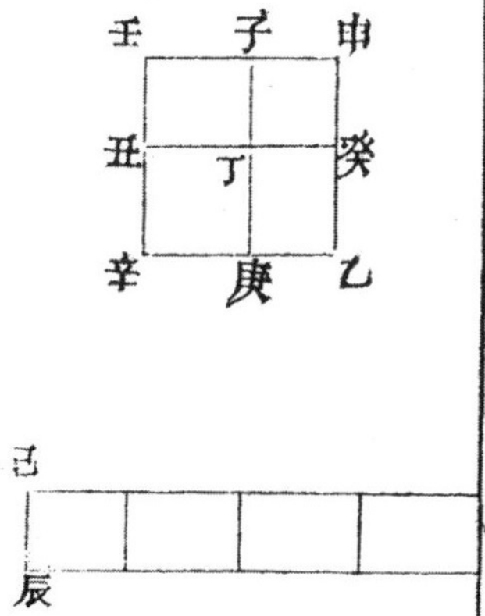

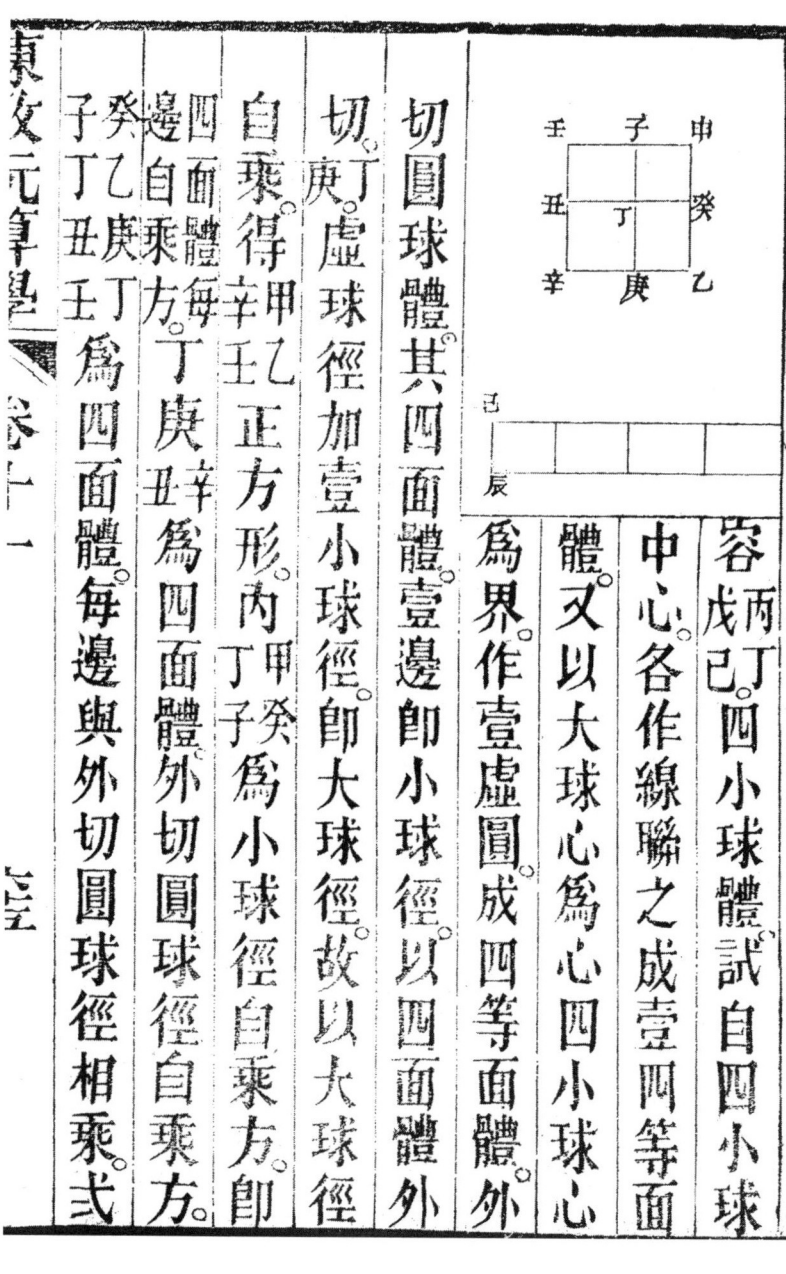

容丙丁戊己四小球體試自四小球中心各作線聯之成壹四等面體又以大球心爲心四小球心爲界作壹虛圓成四等面體外切圓球體其四面體壹邊即小球徑以四面體外切丁庚虛球徑加壹小球徑即大球徑故以大球徑自乘得甲乙辛壬正方形內甲癸丁子爲小球徑自乘方即四面體每邊自乘方丁庚辛丑爲四面體外切圓球徑自乘方癸乙庚丁子丁丑壬爲四面體每邊與外切圓球徑相乘式

長方。凡四面體邊自乘方。爲外切圓球徑自乘方。叁分之弍。故甲癸丁子正方形爲丁庚辛丑正方形叁分之弍。將甲乙辛壬正方形倍之。則得甲癸丁子弍正方。丁庚辛丑弍正方。癸乙庚丁四長方。而丁庚辛丑弍正方。與甲癸丁子叁正方等。是共得甲癸丁子五正方。癸乙庚丁四長方。共成卯寅辰巳壹大長方。巳午其長濶之較。爲大球徑之四倍。故四因大球徑爲縱較。求得濶。卽小球徑也。合問。

如有小球徑求大球徑。則以小球徑爲四面體之壹邊自乘。弍歸叁因。開平方得外切圓球徑。加壹小球徑。即大球徑也。

假如有壹大球體內容六小球體大球徑壹尺弍寸求小球徑若干　答曰四寸九分七厘

法以大球徑壹尺弍寸自乘。得壹百四拾四寸為長方積。以大球徑倍之。得弍尺四寸為長濶較用帶縱較數開平方法算之。得濶四寸九分七厘即內容六小球之徑。如圖甲乙大球體內容丙丁戊己庚辛六小球體。試自六小球之中心俱各作線聯之。則成壹八等面體。其八面體之壹邊。即小球徑。以八面體之對角線。加壹小球徑

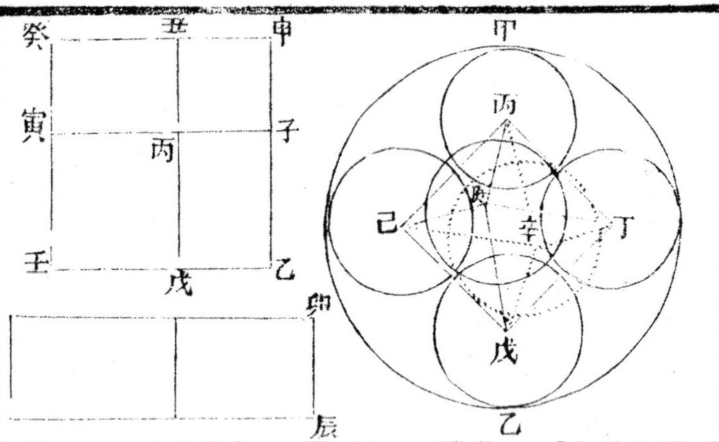

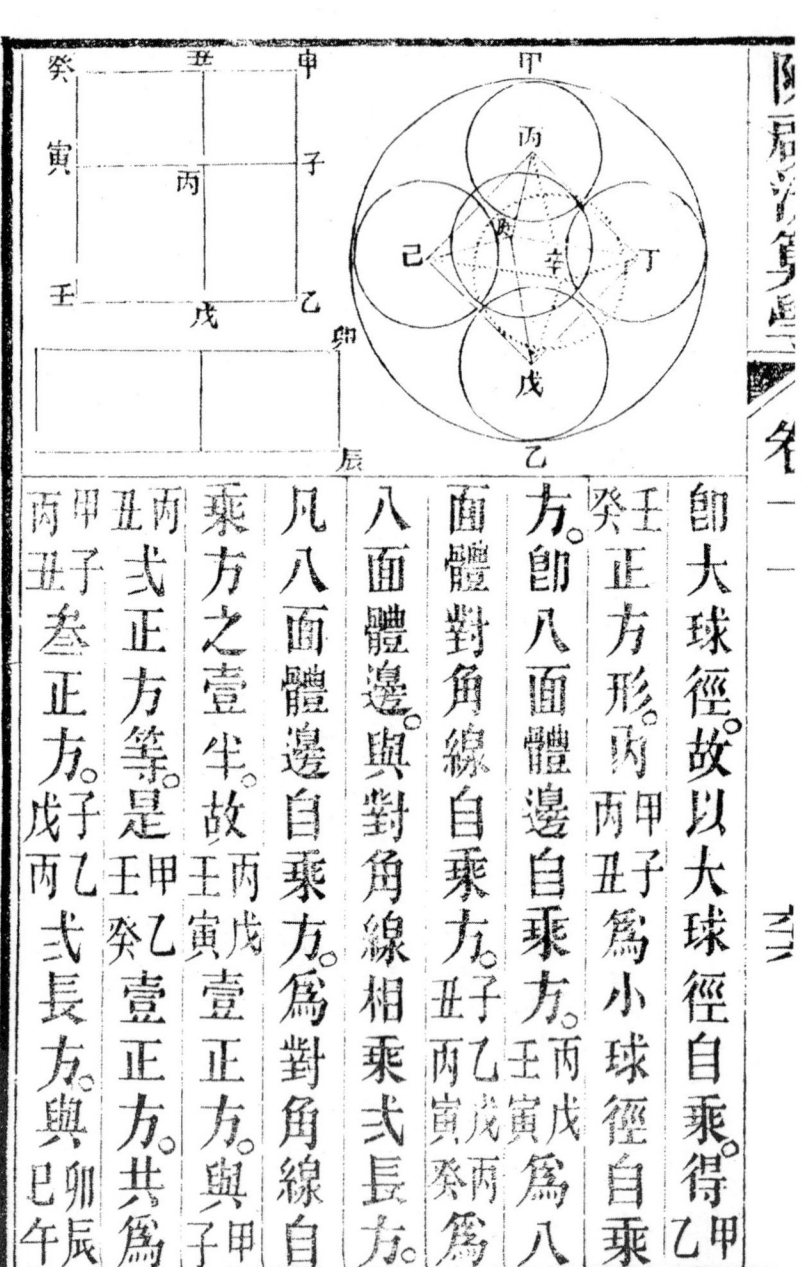

即大球徑。故以大球徑自乘。得甲乙
壬癸正方形。丙甲子丙丑爲小球徑自乘
方。即八面體邊自乘方。丙戊壬寅爲八
面體對角線自乘方。子乙戊丙丑丙寅癸爲
八面體邊。與對角線相乘弍長方。
凡八面體邊自乘方。爲對角線自
乘方之壹半。故丙戊壬寅壹正方。與甲子
丙丑弍正方等。是甲乙壬癸壹正方。共爲
甲子丙丑叁正方。子乙戊丙弍長方。與卯辰巳午

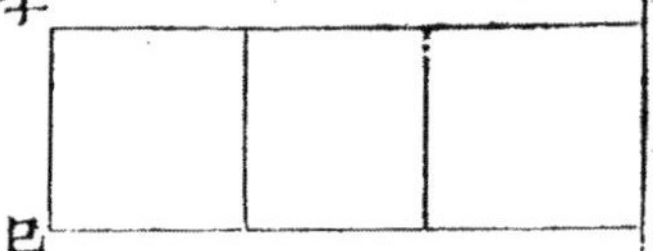

長方積等。其午未長闊之較。爲甲乙球徑之倍數。故倍大球徑爲縱較。求得闊卽小球徑也。合問。

如有小球徑求大球徑。則以小球徑爲八面體之壹邊。自乘加倍開方得對角線加壹小球徑。卽大球徑也。

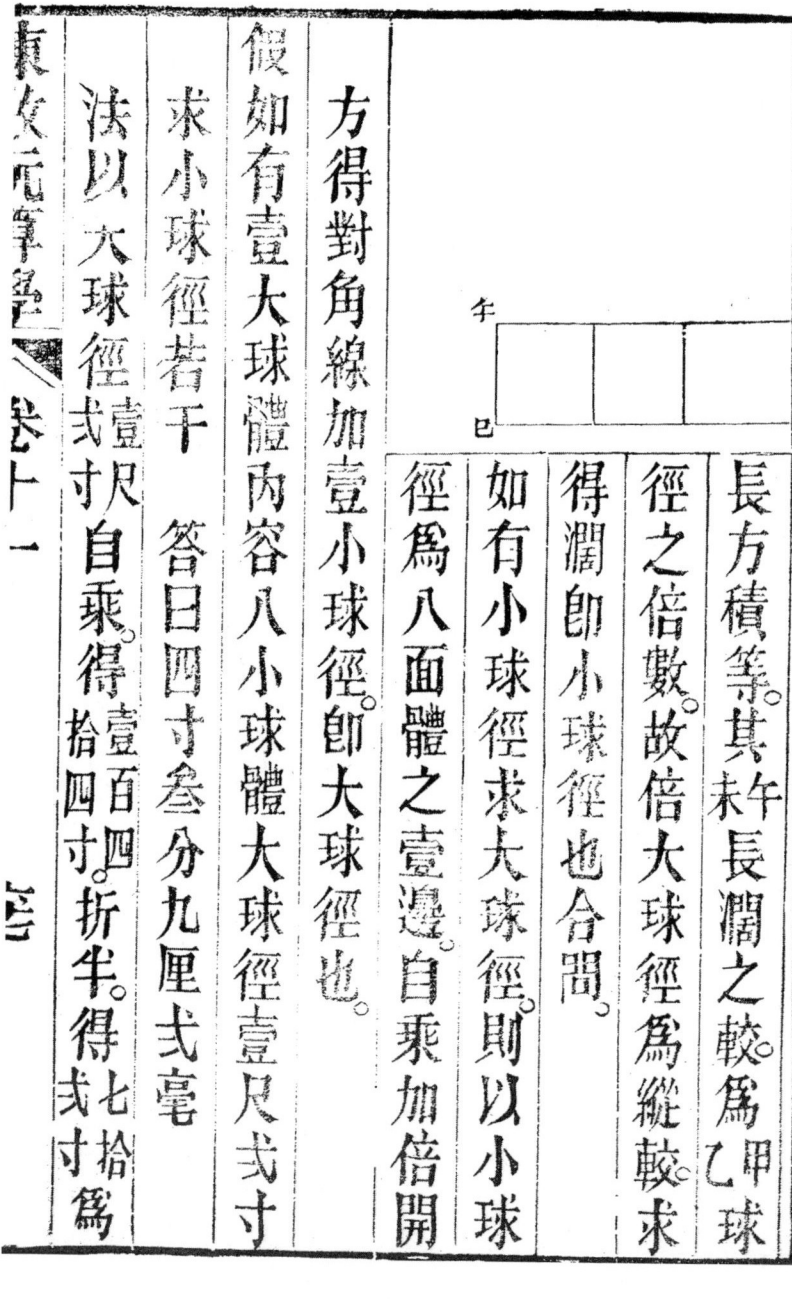

假如有壹大球體內容八小球體大球徑壹尺弍寸求小球徑若干　答曰四寸叁分九厘弍毫

法以大球徑壹尺弍寸自乘。得壹百四拾四寸。折半。得七拾弍寸爲

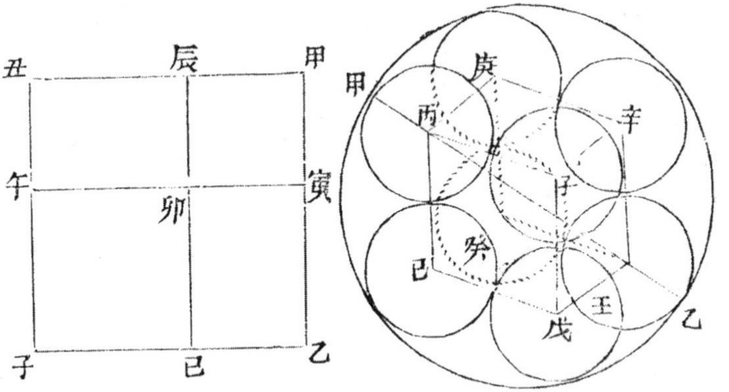

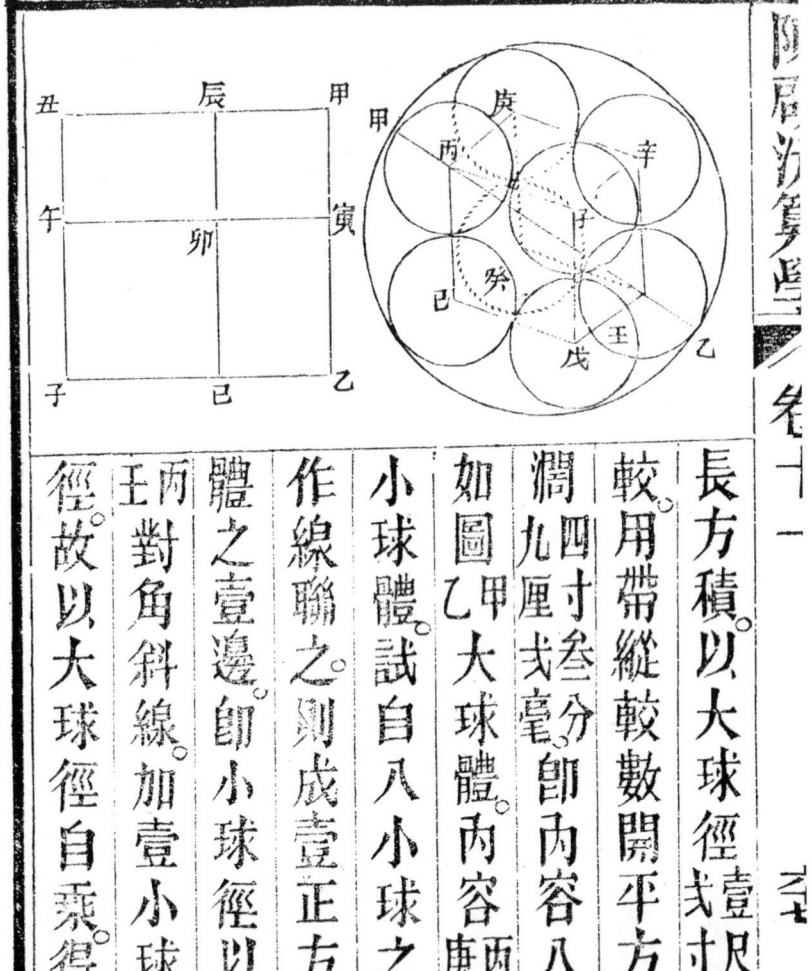

長方積。以大球徑壹尺弍寸為長濶之較。用帶縱較數開平方法算之。得濶四寸叁分九厘弍毫。即內容八小球之徑。如圖甲乙大球體。內容丙丁戊己庚辛壬癸八小球體。試自八小球之中心。俱各作線聯之。則成壹正方體。其正方體之壹邊。即小球徑。以正方體之丙壬對角斜線。加壹小球徑。即大球徑。故以大球徑自乘。得甲乙子丑正方

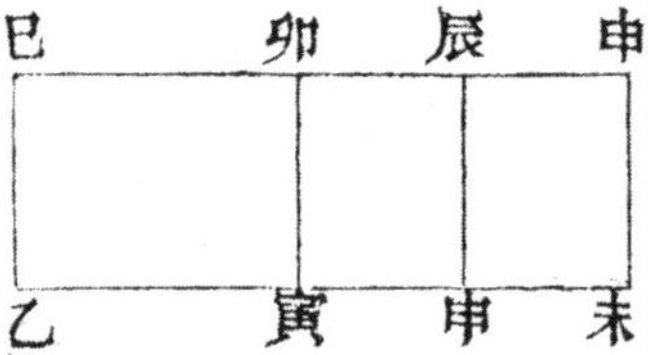

形。內甲寅卯辰為正方體邊自乘方。卯己子午為正方體對角斜線自乘方。寅乙己卯辰卯午丑為正方體之每邊與對角斜線相乘弍長方。凡正方體對角斜線自乘方。為邊自乘方之叁倍。故卯巳子午正方形為甲寅卯辰正方形之叁倍。折半。即得未甲辰申甲寅卯辰弍正方。寅乙己卯壹長方。共成未乙己申壹長方。甲乙球徑。即長濶之較。故用帶縱較數開平方法算之。得濶。即小球徑也。合問。

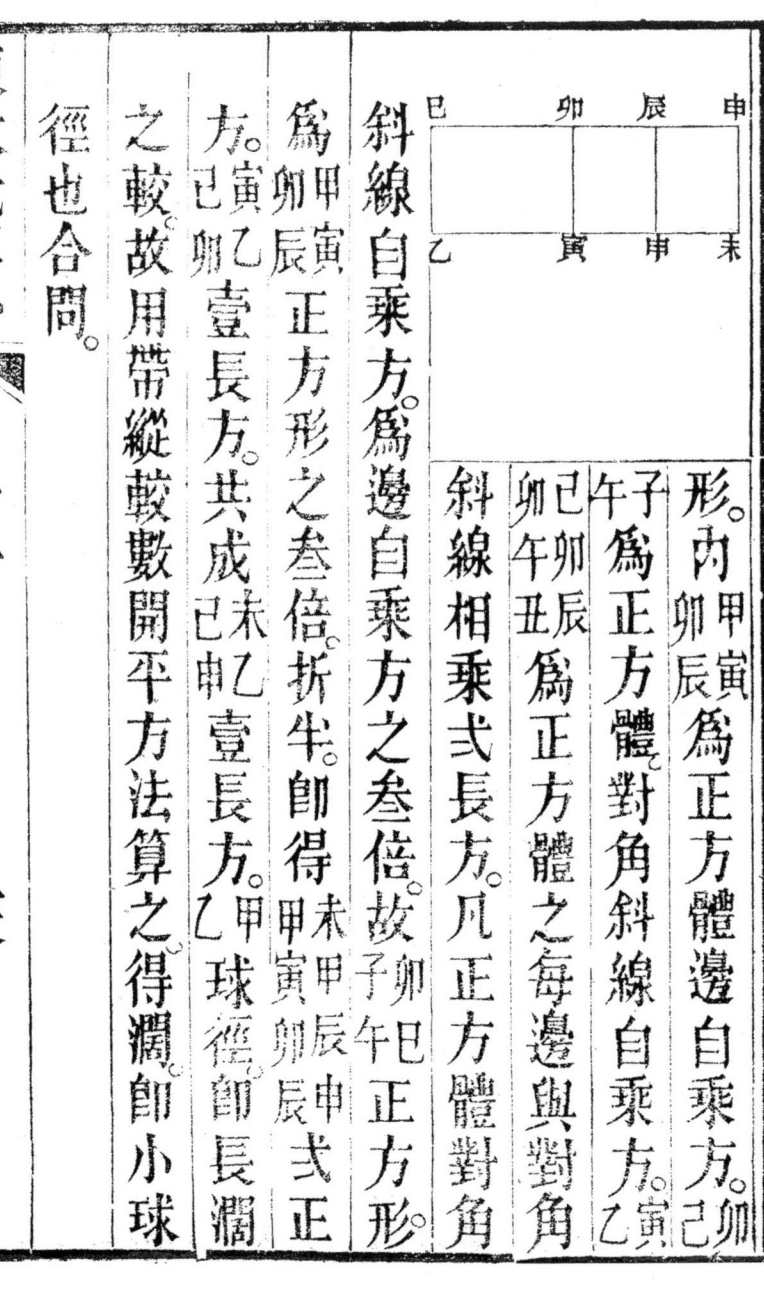

如有小球徑求大球徑。則以小球徑為正方體之壹邊自乘。叁因開平方得正方體。對角斜線再加壹小球徑。即大球徑也。

假如有五等邊形每邊壹尺弍寸問積若干　答曰

弍百四拾七寸七拾四分八拾七厘有餘

法以每邊壹尺弍寸自乘。得壹百四拾四寸。如庚丙丁己正方形積。與邊線相等。面積不同之定率比例。壹七弍零四七七四壹。如子丑寅卯辰五等邊形積。相乘為實。以定率之正方壹。如午寅卯己正方形為法。除之。得面積。如甲乙丙丁戊五等邊形積。

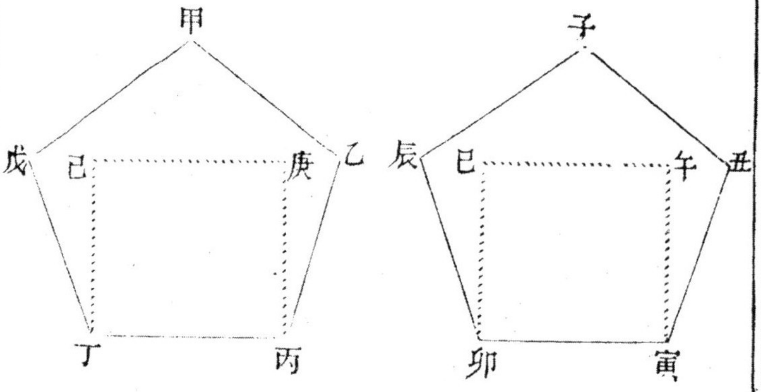

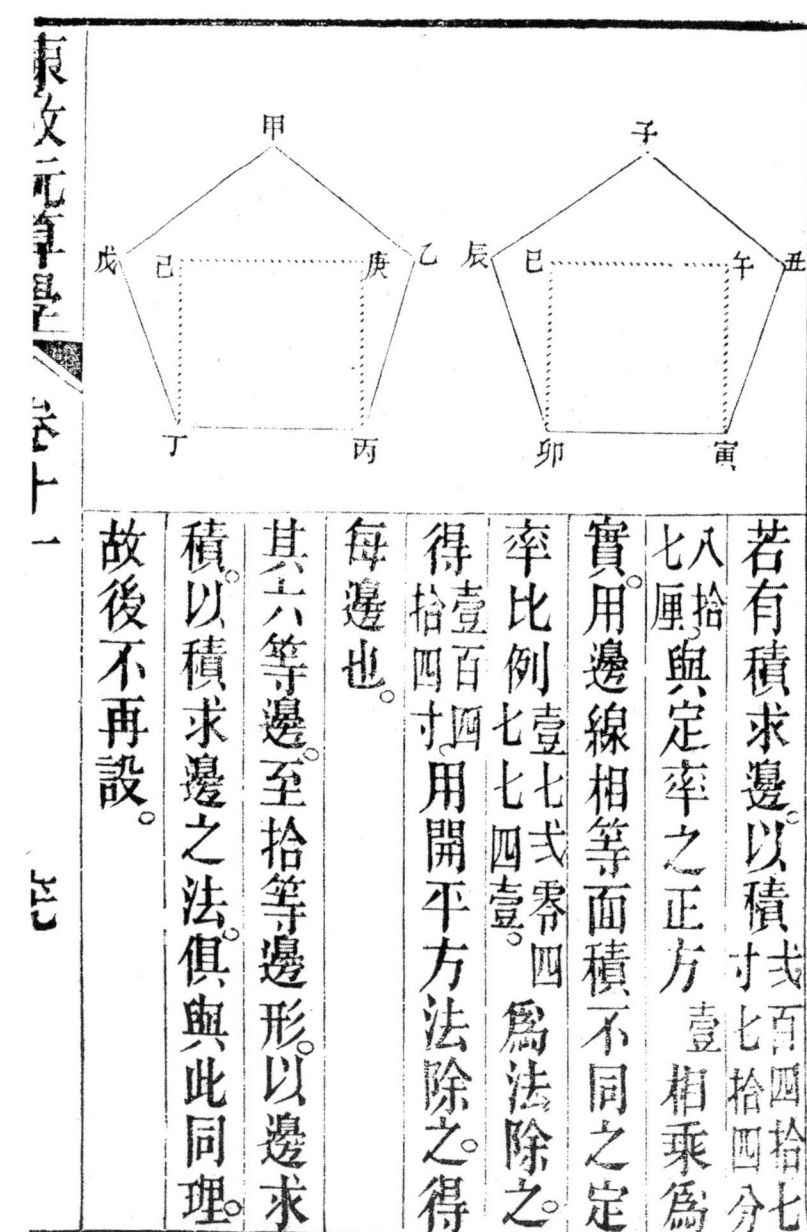

若有積求邊以積弍百四拾七寸七拾四分八拾七厘與定率之正方壹相乘爲實用邊線相等面積不同之定率比例壹七弍零四七七四壹爲法除之得壹百四拾四寸用開平方法除之得每邊也。

其六等邊至拾等邊形以邊求積以積求邊之法俱與此同理故後不再設。

算學卷十壹終

陳啟沅算學卷拾弍

南海息心居士陳啟沅芷馨甫集著
門人順德林寬葆容圃氏校刊
次男　陳簡芳蒲軒圃繪圖

割圓各理

陳啟沅曰算學之道九章已包括之矣但割圓非句股無以施其術而開方圓之理則在少廣章若詳割圓於少廣章初學者未明句股之要則亦徒言之無益若將割圓各理入於句股章則又混亂難稽故另

立壹章。以便檢閱耳。割圓之形。梅氏曆算已詳言之。雖畧解其法。又不遞其積。但屆氏數學。亦畧有立法。而圓容五邊七邊。九邊各圖。立法既不巧。而解亦混昧。今將新舊兩法。自容叁邊以至拾壹邊止。俱圖解之。蓋容偶邊其法易。而容奇邊其法畧難也。不拘容奇偶邊。先照用古法設壹題。再設壹題以新法變之。即此以推。雖容至叁百六拾邊。亦可類推於此矣。至拾五拾八等邊。古有是圖。故亦再錄之。但各圖有用正弦而得其邊者。俱照中比例法耳。如欲釐毫不爽。必用遞加減差法更妙。可查本卷尾八線後詳便悉。

假如有圓徑弍拾弍丈六尺問該周若干

答曰七拾壹丈

法遵數理精蘊徑壹壹叁周叁五五之法相求法

先以壹壹叁歸之得弍數再以叁五五乘之得七

拾壹丈合問

假如有圓周四拾弍丈六尺問全徑若干

答曰壹拾叁丈五尺六寸

法遵數理精蘊周叁五五徑壹壹叁之法相求法

先以全周叁五五歸之得壹拾弍數再以壹壹叁

乘之。得徑壹拾叄丈五尺六寸合問。

假如有圓徑壹拾八丈問積稅各若干

答曰得積式百五拾四井四尺六寸九分有餘
得稅四畝式分四厘壹毫壹絲五忽

法以新率。用全徑壹壹叄歸之。周叄五五相乘。得周五拾六丈五尺四寸八分六厘七毫式絲。與徑拾八丈相乘。得壹千零壹拾七丈八尺七寸六分。四歸得積。式百五拾四

井四尺六寸九分。八歸得稅。四畝弍分四厘壹毫

壹絲五忽合問。

假如有半圓通弦拾八丈半徑九丈問積稅若干

答曰得積壹百弍拾七井弍尺叁寸四分五厘
稅弍畝壹分弍厘零五絲七忽五

法用圓徑求周法。相乘得數。四歸之。折半得積合問

圓內容各等邊形。圓外切各等邊。求邊并積法。

假如有圓徑拾八丈內容叁等邊問每邊并積若干

答曰每邊拾五丈五尺八寸八分四厘五毫八絲

積壹百零五井弍尺弍寸弍分零九毫壹絲

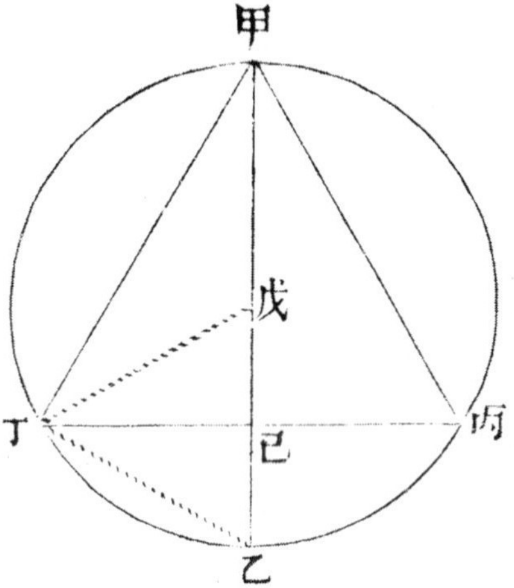

法以全徑拾八丈爲弦如甲乙自乘得叁百弍拾四井以半徑爲句如戊丁即如丁乙自乘得八拾壹丈弍數相減餘弍百四拾叁井開方得股即圓容邊如丁甲再以每邊爲弦如丁甲半邊爲句如己丁求得股拾叁丈五尺如甲己欲將圓徑四份之叁亦得拾叁丈五尺如甲己爲中垂線與每邊相乘折半得積合問

假如圓徑拾八丈求外切叁等邊問每邊并積若干

答曰每邊叁拾壹丈壹尺七寸六分九厘壹毫六

積四百弍拾井零八尺八寸八分叁厘六毫六絲

法以圓徑拾八丈爲弦。如甲乙。如丙庚。即半徑九丈爲句。如己庚。求得股。拾五丈五尺八寸八分四厘五毫八絲。加丙己。倍之。如丙丁。爲外切邊。再以每邊爲弦。如丙丁。半邊爲句。如丁乙。求得股弍拾七丈。如丙乙。欲將半徑九丈叁倍。亦得弍拾七丈。爲叁等邊之中垂線。與每邊相乘。折

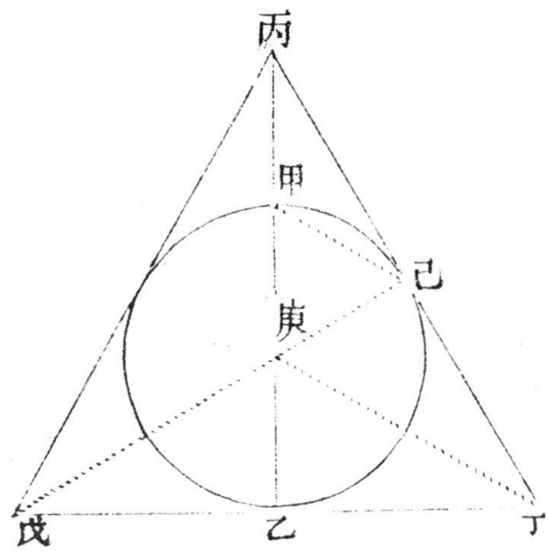

半得積合問。

假如有全徑拾八丈問容正方形每邊并積若干

答曰每邊壹拾弍丈七尺弍寸七分九厘弍毫弍

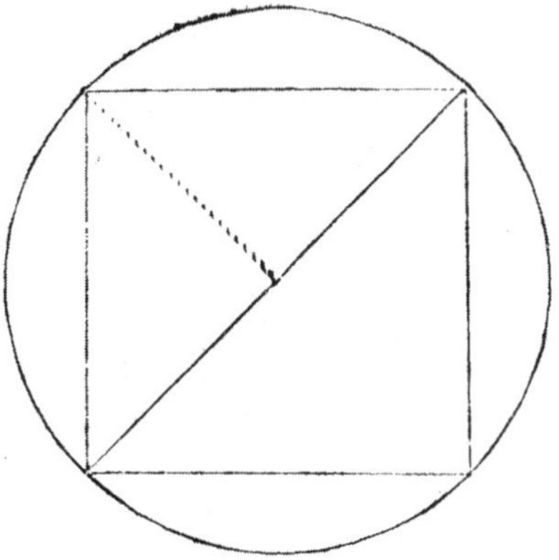

絲　積壹百六拾弍井

法以全徑自乘。得叁百弍拾

四丈。半之得壹百六拾弍丈。

開方得每邊壹拾弍丈七尺

弍寸七分九厘弍毫弍絲。

又法。以全徑折半。自乘倍之。

開方亦得。再以每邊自乘。得積合問。

假如有圓徑拾八丈求外切正方形問每邊并積若干　答曰每邊拾八丈積叁百弍拾四丈

法以圓徑爲方邊。徑自乘即外切正方形積。故他法皆不設。止存壹題。以備體焉。

假如圓徑壹尺弍寸求內容五等邊形之每壹邊及面積若干　答曰每邊七寸零五厘叁毫四絲弍忽有餘積八拾五寸五拾九分五拾厘有餘

古法。以圓徑折半得六寸爲首率。乙。如庚用理分中末線。

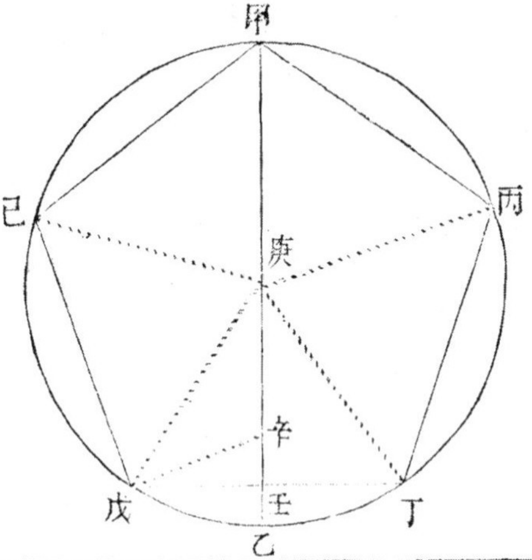

詳後八線表尾有首率。求中率末率。使中率末率相加。與首率等之法。求得中率。叁寸七分零八毫弍絲有餘。如庚辛。即如戊乙。與戊辛。即圓內容拾等邊形之每壹邊。乃以中率與首率相減。餘弍寸弍分九厘壹毫八絲爲末率。如辛乙。折半得壹寸壹分四厘五毫九絲爲半末率。如辛壬。與壬乙。即以此半末率爲句。中率爲弦。求得股。叁寸五分弍厘六毫七絲壹忽有餘。如戊壬。倍之得內容五等邊形之每壹邊。如戊丁又以中

率半末率相加。得四寸八分五厘四毫壹絲有餘。爲自圓心至壹
邊之中垂線。如庚壬。乃以每邊𠂆半之數。如戊壬。與中
垂線相乘。得拾七寸壹拾壹六九拾厘有餘。爲庚丁戊壹三角形積。五因之。
得類庚丁戊五叁角形積。即五等邊形面積。

假如有圓徑拾八丈。內容五等邊形。問每邊并積若
干。　答曰。每邊拾丈零五尺八寸零壹厘弍毫
積壹百九拾弍丈五尺八寸八分六厘有餘
法以圓徑拾八丈。用五數率理分中末線。大份相乘。
得五丈五尺六。如庚辛。即如戊乙。與戊以半徑九丈。
寸弍分叁厘。如辛。即容拾等邊也。

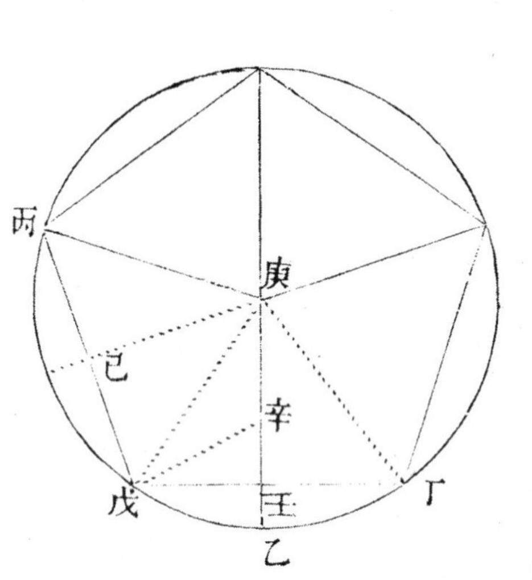

與拾等邊數相減。餘叁丈四尺叁寸七分七厘。如辛乙。或將全徑五數率理分中末線小份相乘。亦等此數也。以折半得壹丈七尺壹寸八分八厘五毫。如辛壬。即如壬乙。爲勾。拾等邊爲弦。求得股。五丈弍尺九寸零零六毫。如戊壬。倍之即得容五等每邊也。如戊丁。求積法。以拾等邊。戊乙。如庚辛。加壬辛。得七丈弍尺八寸壹分壹厘五毫。爲垂線。如庚壬。與每邊相乘。折半得叁拾八井五尺壹寸七分七厘弍毫。爲壹份叁角積。

五因之。得全積合問。理分中末線五數率詳本卷尾

又法。用叁百六拾度。此五等邊形。先均拾分。得叁拾六度之正弦。五萬八千七百七拾八丈五尺叁。如戊己。用半徑折之。倍得。即內容每邊也。如戊丙。求積法。以每邊之半爲句。半徑爲弦。求得股。七丈弍尺八寸壹分壹厘五毫。爲中垂線。照前法算之。得全積也。亦合。正弦數目詳八線表。

假如圓徑壹尺弍寸。求外切五等邊形之每壹邊及面積若干

答曰。每邊八寸七分壹厘八毫四絲八忽。有餘積壹百叁拾寸七拾七分七拾弍厘有

餘　古法。以圓徑折半得六寸爲首率。如辛乙。亦用理分中末線法求得中率叁寸七分零八毫式絲有餘。倍之。得七寸四分壹厘六毫四絲有餘。爲自圓心至每壹角之分角線。如辛巳。乃以分角線爲弦。圓半徑爲股。如辛乙。求得句。四寸叁分五厘九毫式絲四忽有餘。如乙巳。倍之。得外切五等邊形之每壹邊。如戊巳。爰以每邊之半。與半徑。即五叁角形之中垂線。如辛乙。相乘。得式拾六寸壹拾五分五拾四厘有餘

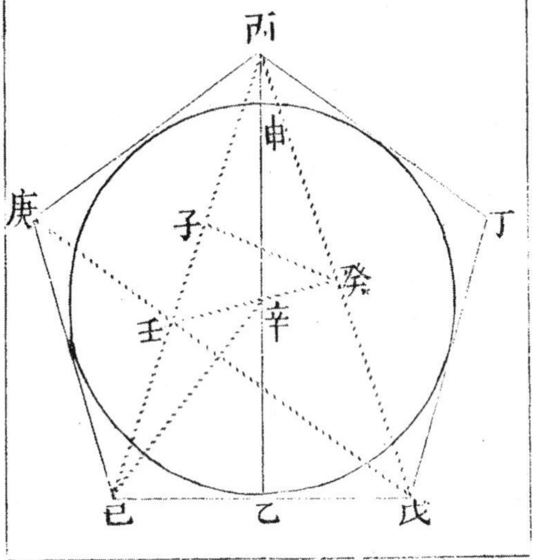

如辛戊已壹叁角形積。五因之。得類辛戊己五叁角形積。即五等邊形面積。理分中末線法詳本卷尾

假如有圓徑拾八丈求外切五等邊形問每邊并積若干

答曰每邊拾叁丈零七寸七分七釐五毫積弍百九拾四井弍尺四寸九分叁釐七毫有餘

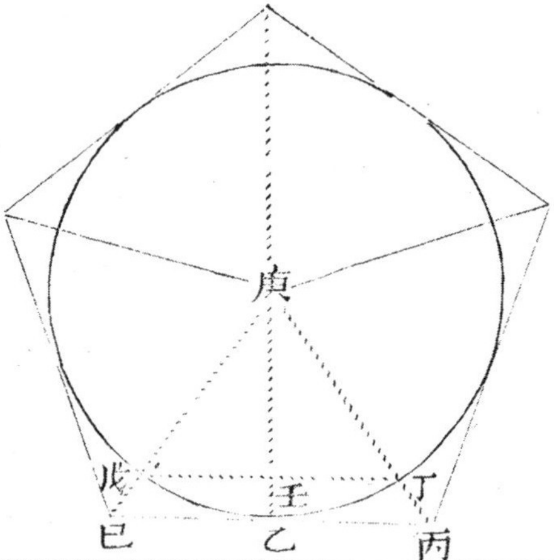

法照前求得內容五等。每邊并中垂線。以每邊拾丈零五尺八寸零

壹厘式毫如丁戊以半徑九丈如乙庚相乘得九拾五丈式尺式寸壹分零八毫為寔以中垂線七丈式尺八寸壹分壹厘五毫如庚壬為法除得拾叁丈零七寸七分七厘五毫如丙巳為外切每邊也求積法以半徑九丈如乙庚為中垂線與每邊相乘折半得五拾八井八尺四寸九分八厘七毫五絲為壹份叁角積五因之得全積合問

假如圓徑壹尺式寸求內容六等邊形之每邊及面積若干

答曰每邊六寸積九拾叁寸五拾叁分零四厘有餘

古法以圓徑折半得六寸即內容六等邊形之每壹邊

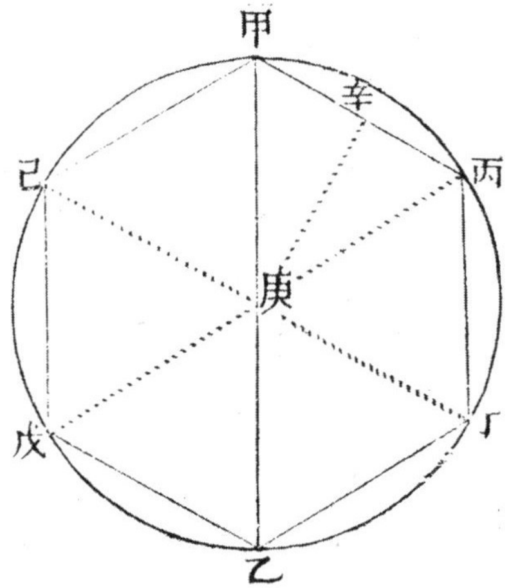

爰以半徑六寸為弦。如甲庚。每邊折半三寸為句。如甲辛。求得股五寸壹分九厘六毫壹絲五忽有餘。如庚辛。為自圓心至每壹邊之中垂線。乃以每邊之半。與中垂線相乘。得壹拾五寸五拾八分八拾四厘有餘。如甲丙庚壹叁角形積。六因之。得類甲丙庚六叁角形積。即六等邊形面積。

假如有圓徑拾八丈內容六等邊形問每邊幷積若干

答曰每邊九丈積弍百壹拾井零四尺四寸

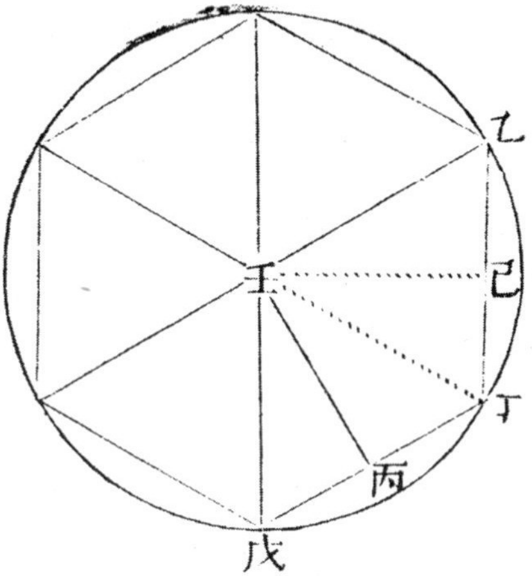

叄分九厘四毛
法以圓徑折半得九丈為內容
每邊如丁戊求積法以半徑九丈
為弦如壬戊以每邊之半四丈五尺
為句如丙戊求得股七丈七尺九寸四分
式厘式毫如壬丙為中垂線與每邊
相乘折半得叄拾五井零七寸叄分九厘九毛為壹叄角積六因
之得全積合問　又法用叄百六拾度此六等邊
形先均拾式份得叄拾度之正弦五萬如己丁用半徑

折之。倍得。即內容每邊也。如乙丁。求積法照前亦得。
假如圓徑壹尺弍寸求外切六等邊形之每壹邊及
面積若干　答曰每邊六寸九分弍厘八毫弍絲

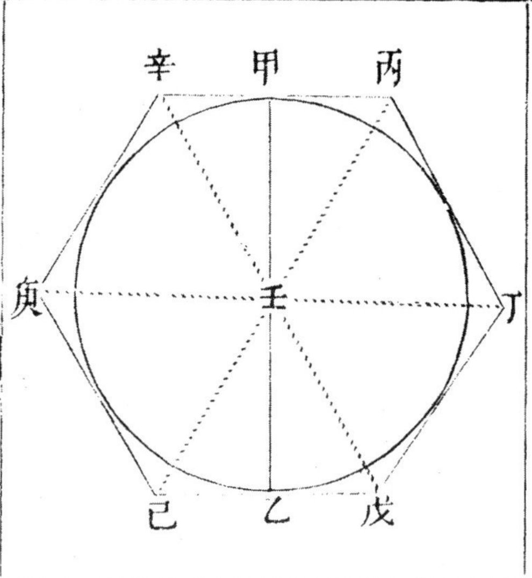

有餘積壹尺弍拾四寸七拾
分七拾六厘有餘
古法。以圓徑折半得六寸自乘
得叁拾六寸。為中垂線自乘之方。
叁歸四因。得四拾八寸。為每邊線
自乘之方。凡中垂線自乘方

爲每邊線自乘方四份之叁。故用叁歸四因。開方得外切六等邊形之每壹邊。如丙辛。乃以每邊之半。如丙甲與半徑如甲壬相乘。得弍拾寸七。拾八分四拾六厘有餘。如丙辛壬壹叁角形積。六因之。得類丙辛壬。六叁角形積。即六等邊形面積。

假如有圓徑拾八丈。求外切六等邊形。問每邊并積若干　答曰。每邊拾丈零叁尺九寸弍分叁厘壹毫。積弍百八拾井零五尺九寸弍分叁厘七毫

法照前。求得內容六等每邊并中垂線。以每邊九丈。如丁戊與半徑九丈。如庚乙相乘。得八拾壹丈爲寔。以中垂線

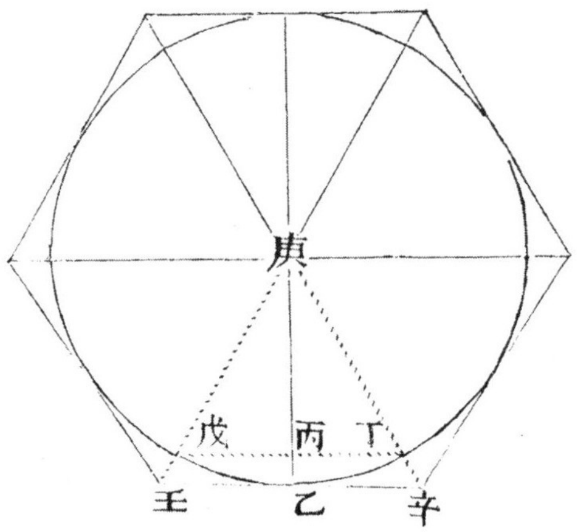

七丈七尺九寸四分弍厘弍毛。如丙庚為法。除寔。得拾丈零叁尺九寸弍分叁厘壹毫。如辛壬。為外切每邊也。求積法。以半徑九丈。如庚乙。為中垂線。與每邊相乘。折半得四拾六井七尺六寸五分叁厘九毛。為壹份叁角積。六因之。得全積。合問。

假如圓徑壹尺弍寸求內容七等邊形之每壹邊及面積若干　答曰每邊五寸弍分零六毫六絲有

餘積九拾八寸五拾壹分零叁厘有餘

古法。以圓徑折半得六寸爲壹率。用理分中末線。有壹率求式率叁率四率。使壹率與四率相加。與式率兩倍。再加壹叁率等之法。求得式率。式寸六分七厘零式絲五忽有餘爲圓內容拾四邊形之每壹邊如乙戊。乃以半徑六寸爲底。如壬乙。壹率式率爲兩腰。如壬戊。與戊巳。用叁角形求中垂線之法算之。求得式寸六分零叁毫叁絲有

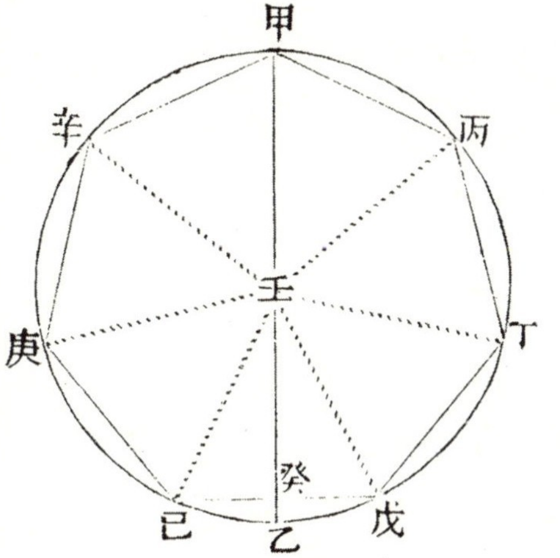

餘。如戊癸倍之如戊己爲內容七等邊形之每壹邊。爰以半徑六寸爲弦。如戊壬每邊之半爲句。如戊癸求得股五寸四分零五毛八絲壹忽。如壬癸爲自圓心至每壹邊之中垂線。乃以每邊之半。與中垂線相乘。得壹拾四寸零七分弍拾九厘有餘。如壬戊己壹叁角形積。七因之。得類壬戊巳七叁角形積。即七等邊形面積。

假如有圓徑拾八丈內容七等邊形問每邊幷積若干

答曰每邊七丈八尺零九分六厘六毫五絲

積弍百弍拾壹井六八尺四寸叁分九厘叁毫叁絲

法用叁百六拾度。此七等邉

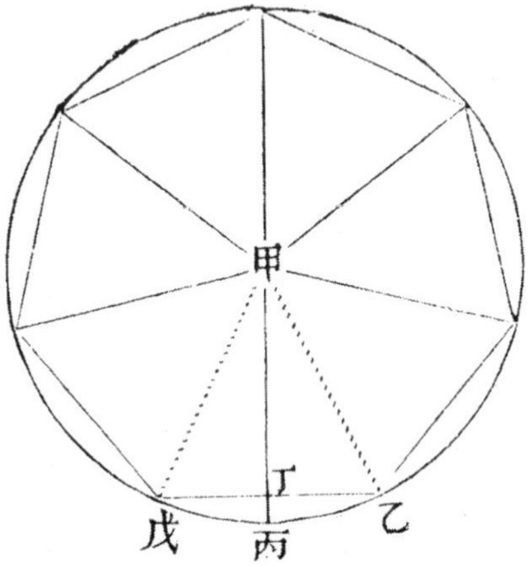

形。先均拾四份。得弍拾五度之餘度七壹四弍八五。得弍拾五度四拾弍分五拾壹秒之弧。如乙丙。弍拾五度表。四萬弍千弍百六拾壹丈八叁、與弍拾六度表相減。餘壹千五百五丈弍尺七拾、寸。與餘度七壹四弍八五相乘。得一千壹百弍拾丁又弍尺。

與弍拾五度之表相併。得正弦四萬叁千叁百八拾七丈零叁寸。

如乙丁。以半徑九丈折之。倍得七丈八尺零九分六厘六毫五絲。如戊乙爲內容之每邊也。求積法。以每邊之半爲句。如丁乙。以半徑九丈爲弦。如甲乙。求得股八丈壹尺零八分七厘七毛八如甲丁。爲中垂線。與每邊相乘折半。得叁拾壹丈六尺六寸叁分四厘壹毛九絲。爲壹份叁角積。七因之。得全積。合問。

假如圓徑壹尺弍寸求外切七等邊形之每壹邊及面積若干　答曰每邊五寸弍分零六毫六絲積壹尺弍拾壹寸叁拾五分六拾弍厘有餘。照前法求得內容七等邊形之每邊。爲五寸弍分零六毫有餘。如癸子。求得自圓心至每壹邊之中垂線爲五寸四分零五毛八絲壹忽。如

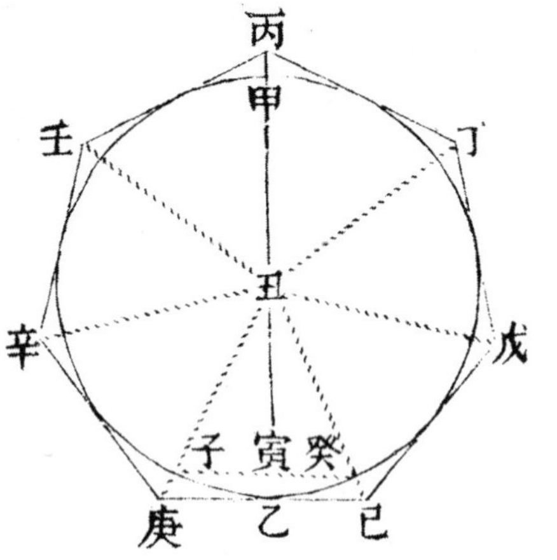

丑寅。丑寅與癸子之比。即如丑乙與已庚之比。爲相當比例四率。乃以中垂線數爲壹率。每邊之數爲式率。今所設之半徑十六寸爲叁率。如丑乙。求得四率。爲外切七等邊形之每壹邊。如已庚爰以每邊之半。與半徑相乘。得壹拾七寸叁拾叁分六拾六厘有餘。如丑已庚壹叁角形積。七因之。得類丑已庚七叁角形積。即七等邊形面積。

假如有圓徑拾八丈求外切七等邊形問每邊并積

若干　答曰每邊八丈六尺六寸八分零壹毫有餘

得積弍百七拾叁井零四寸弍分叁厘壹毫

法以照前求得丙容七等每邊并中垂線以每邊

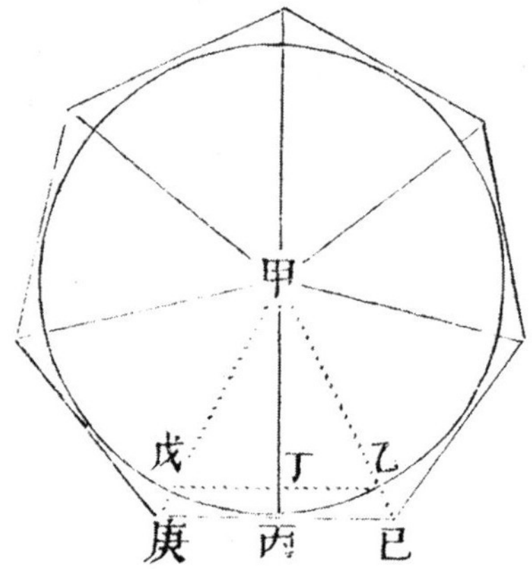

七丈八尺零九分六厘六毫五絲如乙戊與半徑九丈如甲丙相乘得七拾丈零弍尺八寸六分九厘為寔以中垂線八丈壹尺零八分七厘七毫八如甲丁為法除寔得外切每邊也如己庚求積法以半徑九丈如甲丙為中垂線與每邊

相乘折半得叁拾九井零零六分零四毫五絲有餘。為壹份叁角積。

七因之。得全積合問。

假如圓徑壹尺弍寸求內容八等邊形之每壹邊及

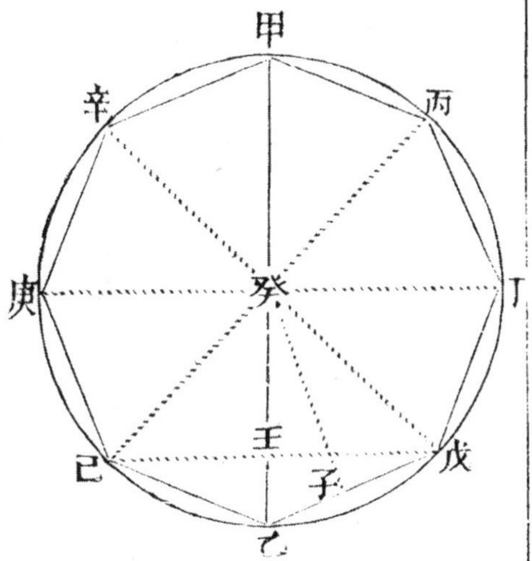

面積若干　答曰每邊四寸五分九厘弍毫壹絲九忽有餘積壹尺零壹寸八拾弍分弍拾四厘有餘

古法。以圓徑壹尺弍寸求得內容四等邊形之每壹邊。為八寸四分八厘五毫弍絲八忽有餘〇折半得四寸弍分四厘弍毫六絲四忽有餘爲股〇如戊壬與壬己〇又以此數〇與半徑六寸相減〇餘壹寸七分五厘七毫叁絲六忽有餘爲句〇如壬乙〇求得弦四寸五分九厘弍毫壹絲九忽有餘〇如戊乙〇爲內容八等邊形之每壹邊〇爰以半徑六寸爲弦〇如癸乙〇每邊之半弍寸弍分九厘六毫零九忽有餘爲句〇如子乙〇求得股五寸五分四厘叁毫弍絲八忽有餘〇如癸子〇爲自圓心至每壹邊之中垂線〇乃以每邊之半〇與中垂線相乘〇得壹拾弍寸七拾弍分七拾八厘有餘如癸戊乙壹叁角形積〇八因之〇得類癸戊乙八叁角形積〇即八等邊形面積〇

東敀元算經 卷十二 十五

假如有圓徑拾八丈內容八等邊形問每邊并積若干　答曰每邊六丈八尺八寸八分叁厘積弍百弍拾九井壹尺零弍分五厘叁毫六絲有餘

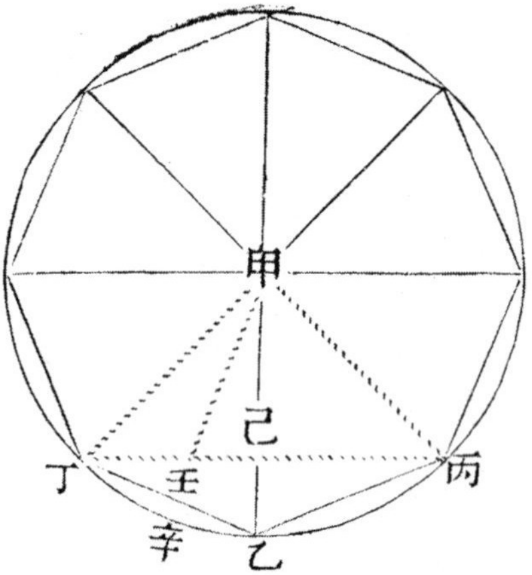

法以照前求得內容四等邊每邊并中垂線以每邊拾弍丈七尺弍寸七分九厘弍毫弍絲如丙丁折半為股。如丙己以半徑九丈如甲乙減去丙己。如甲己餘弍丈六尺叁寸六分零叁毫九絲為句。如己乙求得弦。如丁乙為丙容每邊也。求積法。以每邊之半爲句。如壬丁。以半徑爲弦。如甲丁。求得股八丈叁尺壹寸四分九厘壹毫六絲爲中垂線。如甲壬。與每邊相乘折半。得式拾八丈六尺叁寸七分八厘壹毫七絲爲壹份叁角積。八因之。得全積合問。

又法。以叁百六拾度。此八等邊形。先均拾六份。得式拾式度之餘度五。得式拾式度叁拾分之弧。如丁辛。式拾式度之表。叁萬七千四百六拾丈零六尺六寸。與式拾叁度表相減。餘壹千六百拾式丈四尺五寸。與餘度五相乘。得八百零六丈式尺式寸五。與式拾式度之表相併。得叁萬八千式百六拾六丈八尺八寸五之正弦。如丁壬與半徑九丈折之。倍得即內容每邊也。求積法。照前同。

假如圓徑壹尺弍寸求外切八等邊形之每壹邊及面積若干　答曰每邊四寸九分七厘零五絲六忽有餘積壹尺壹拾九寸弍拾九分弍拾八厘有餘

古法。以圓徑壹尺弍寸自乘。得壹百四拾四寸。倍之。得弍百八拾八寸。開方得壹尺六寸九分七厘零五絲六忽有餘。如子寅。內減圓徑壹尺弍寸。如辰巳。餘即外切八等邊形之每壹邊。如子辰與巳寅兩段即

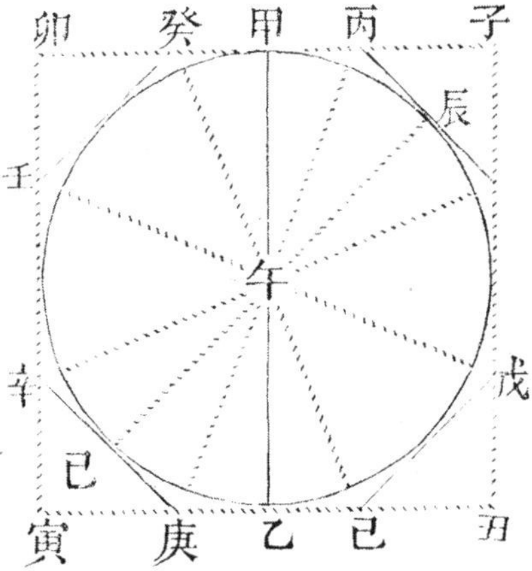

如丙丁壹面。乃以每邊之半。弍寸四分八厘五毫弍絲八忽、與半徑六寸乘得壹拾四寸九拾壹分壹拾六厘有餘。如午丙丁壹叁角形積。八因之得類午丙丁八叁角形積。即八等邊形面積。

假如有圓徑拾八丈求外切八等邊形問每邊并積若干

答曰每邊七丈四尺五寸五分八厘四毫

積弍百六拾八井四尺壹寸零弍厘四毫

東汝元算程 卷十二 七

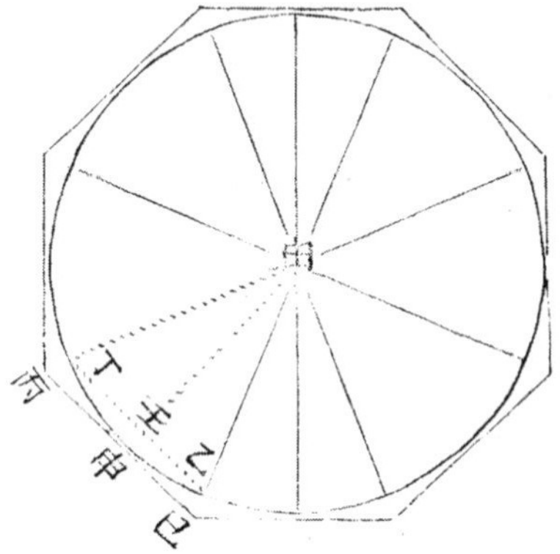

法照前求得內容八等每邊六丈八尺八寸八分叁釐。并中垂線以每邊如乙丁。與半徑丈九如甲申相乘得六拾壹丈九尺四寸七分為寔。以中垂線八丈叁尺壹寸四分九釐壹毫六絲如甲壬為法。除寔得外切八等邊也。如己丙求積法。以半徑丈九為中垂線。如甲申。與每邊相乘折半。得叁拾叁丼五尺五寸壹分式釐八毫為壹份叁角積。八因之得全積合問。

假如圓徑壹尺弍寸求內容九等邊形之每壹邊及面積若干　答曰每邊四寸壹分零四毫弍絲弍忽有餘積壹尺零四寸壹拾叁分零九厘有餘

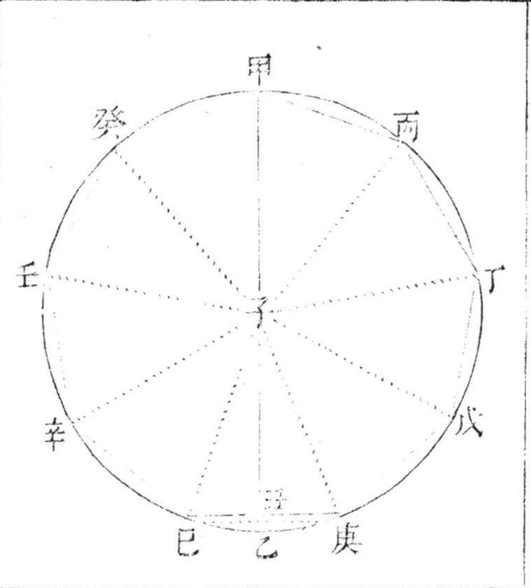

古法。以圓徑折半得六寸爲壹率。如子。　用理分中末線。有壹率求弍率叁率四率。使壹率與四率相加。與弍率叁倍等之法。求得弍率。弍寸零八厘叁毫七絲七忽有餘。爲圓內容拾八邊形之每壹邊如已乙乃以半徑六寸爲底。如子乙。以壹率如子已。式率如已乙。爲兩腰。

用叁角形求中垂線法算之。得式寸零五厘式毫壹絲壹忽有餘。

如已丑倍之。得內容九等邊之每壹邊。如已庚。爰以半

徑六寸爲弦。如子已。每邊之半爲句。如已丑。求得股五寸六分

叁厘八毫壹絲五忽有餘。如子丑。爲自圓心至每壹邊之中垂線。

乃以每邊之半。與中垂線相乘。得壹拾壹寸五拾七分零壹厘有

餘。如子已庚壹叁角形積。九因之。得類子已庚九叁角形積。則九

等邊形面積。

假如有圓徑拾八丈內容九等邊形問每邊并積若

干　答曰每邊六丈壹尺五寸六分叁厘六毫

積弍百叁拾四井弍尺九寸五分八厘叁毫

法以叁百六拾度。此九等邊。均拾八份。得弍拾度

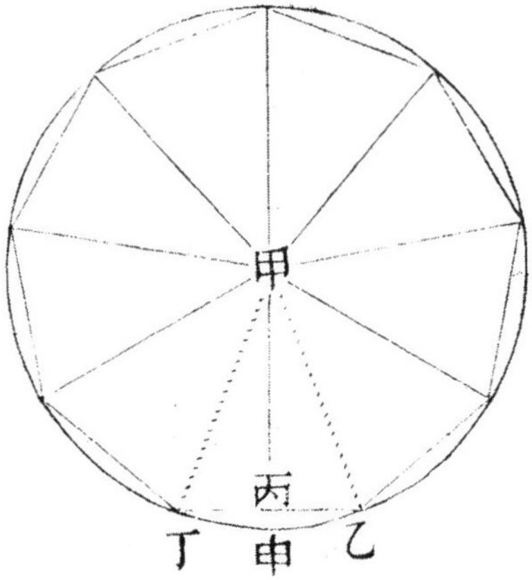

之弧。如乙申之正弦。叁萬四千弍百零弍丈零弍寸。如乙丙。以半徑九丈如甲申折之。倍得六丈壹尺五寸六分叁厘六毫爲內容每邊也。如乙丁。求積法。以每邊折半爲句。如丙丁。半徑爲弦。如甲丁。求得股八丈四尺五寸七分弍厘叁毫

爲中垂線。如甲丙與每邊相乘折半。得弍拾六井零叁寸弍分八厘七。爲壹份叁角積。九因之。得全積合問。

假如圓徑壹尺弍寸求外切九等邊形之每壹邊及

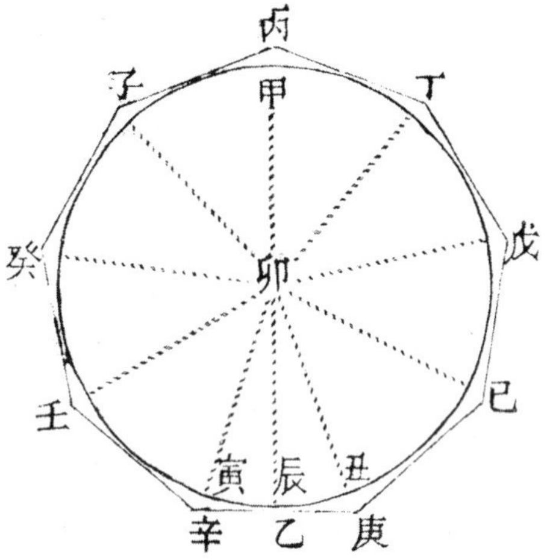

面積若干　答曰每邊四寸叁分六厘七毫六絲弍忽有餘積壹尺壹拾七寸九拾弍分五拾七厘有餘

古法。照前求得內容九等邊之每壹邊。四寸壹分零四毫弍絲弍忽有餘。如

丑寅。求得自圓心至每壹邊之中垂線。爲五寸六分叁厘八毫
壹絲五忽有餘。如卯辰。卯辰與丑寅之比。
即如卯乙與庚辛之比。爲相當比例四率。乃以中
垂線數爲壹率。每壹邊數爲弍率。今所設之半徑
六寸爲叁率。如卯乙。求得四率。爲外切九等邊形之每
壹邊。如庚辛。爰以每邊之半弍寸壹分八厘叁毫八絲壹忽與半徑
六寸相乘。得壹拾叁寸壹拾分弍拾八厘有餘。如卯庚辛。壹叁角形積。九因之得
類卯庚辛。九叁角形積。即九等邊形面積。

假如有圓徑拾八丈。求外切九等邊形。問每邊并積
若干　答曰每邊六丈五尺五寸壹分四厘六八毫

東教元算學　卷十二　二下

積弍百六拾五丼叁尺叁寸四分壹厘叁毫

法以照前。求得內容九等每邊丼中垂線。以每邊六丈壹尺五寸六分叁厘六毫。如乙丁。以半徑九丈如甲申相乘。得五拾五丈四尺零七分式厘四毫爲實。以中垂線八丈四尺五寸七分式厘叁毫如甲丙爲法。除寔得六丈五尺五寸壹分四厘六毫。爲外切每邊也。如壬己。求積法。以半徑九丈如甲申。與每邊相乘折半得式拾九丼四尺八寸壹分五厘七毫。爲壹份叁

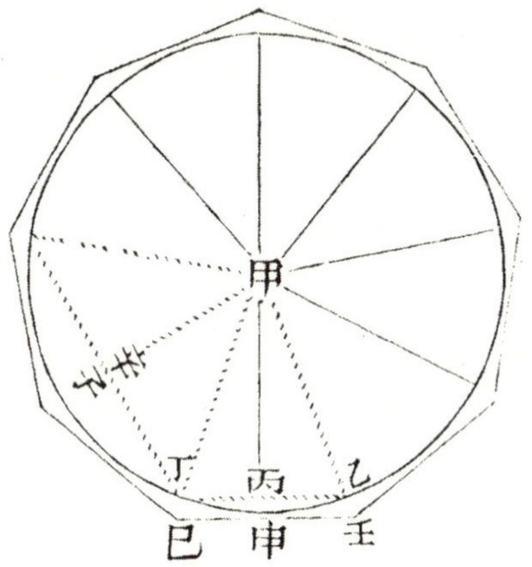

角積九因之得全積合問

假如有圓徑壹尺弍寸求內容拾等邊形之每壹邊及面積若干　答曰每邊叁寸七分零八毫弍絲有餘積壹尺零五寸八拾分壹拾厘有餘

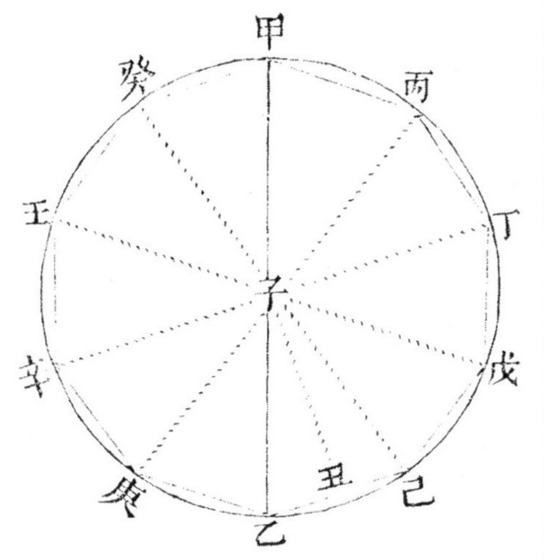

古法以圓徑折半得寸六爲首率如乙子用理分中末線有首率求中率末率使中率末率相加與首率等之法得中率

叁寸七分零八毫弍絲有餘如己乙即內容拾等邊形之每壹邊爰

以半徑十六為弦如乙子每邊之半壹寸八分五厘四毫壹絲有餘為句

如丑乙求得股五寸七分零六毫叁絲叁忽有餘如丑子為自圓心至

每壹邊之中垂線乃以每邊之半與中垂線相乘

得壹拾寸五拾八分零壹厘有餘如子己乙壹叁角形積用拾因之得拾等邊形面積

假如有圓徑拾八丈內容拾等邊形問每邊并積若

干　答曰每邊五丈五尺六寸弍分叁厘

積弍百叁拾八井零五寸弍分七厘八毫

法以照前得內容五等每邊并中垂線以每邊拾丈

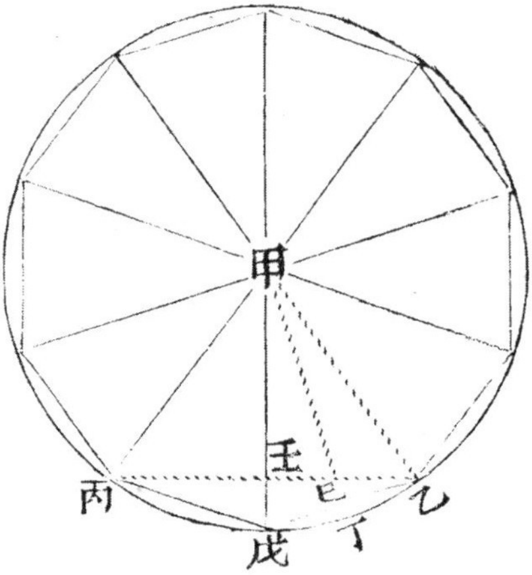

零五尺八寸零壹厘弍毫。如乙丙。折半為股。

如乙壬。以半徑九丈。如甲戊。減去中垂線。餘壹丈七尺壹寸八分八厘五毫為句。

如壬戊。求得弦。為內容每邊也。

如乙戊。求積法。以每邊折半為句。如乙己。以半徑九丈為弦。如甲乙。

求得股八丈五尺五寸九分五厘零九絲為中垂線。如甲己。與每邊相乘折半。得弍拾叁井八尺零五分弍厘七毫八絲。為壹叁角積。拾因之得全積合問。

又法以用五數率理分中末線大份叁零九零壹七與全

徑壹拾八丈相乘即得內容每邊如戊乙求積法照前同

又法以叁百六拾度此拾等邊均弍拾份得拾八

度之弧如丁乙之正弦叁萬零九百零壹七如乙己以半徑九丈折

之倍得即內容每邊也如戊乙求積法照前同

假如圓徑壹尺弍寸求外切拾等邊形之每壹邊及

面積若干　答曰每邊叁寸八分九厘九毫零叁

忽有餘積壹尺壹拾六寸九拾七分壹拾弍厘有餘

古法照前求得內容拾等邊形之每壹邊為叁寸七分零八

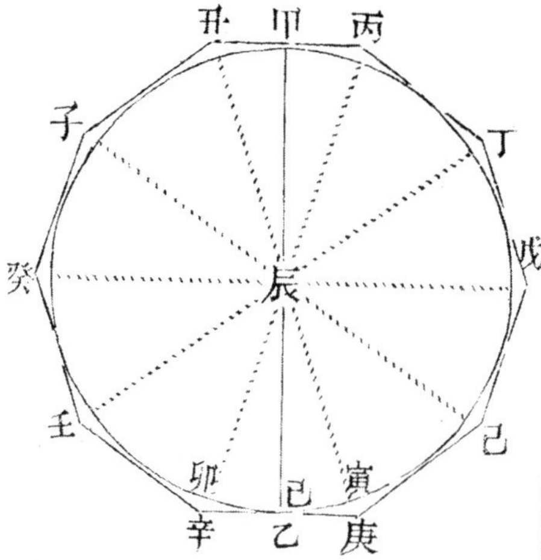

毫弍絲有餘。如寅卯。求得自圓心至每壹邊之中垂線。爲五寸七分零六毫叁絲叁忽有餘。如辰巳。辰巳與寅卯之比。即如辰乙與庚辛之比。爲相當比例四率。乃以中垂線數爲壹率。每壹邊數爲弍率。今所設之半徑寸六爲叁率。如辰乙。

求得四率。爲外切拾等邊形之每壹邊。如庚辛。爰以每邊之半。壹寸九分四厘九毫五絲壹忽五微有餘。與半徑寸六相乘。得壹拾壹寸六拾九分七拾厘有餘。如辰庚辛。壹叁角形積。拾因之。得類辰庚辛。拾叁角形積。即拾等邊形面積。

假如有圓徑拾八丈求外切拾等邊形問每邊并積若干　答曰每邊五丈八尺四寸八分五厘四毫七絲積弍百六拾叁井壹尺八寸四分六厘壹毫

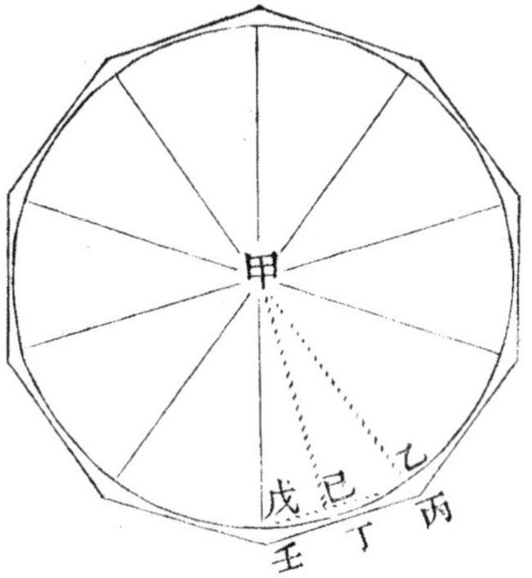

法以照前求得內容拾等每邊并中垂線。以每邊五丈五尺六寸弍分叁厘。如乙戊與半徑九丈如甲丁相乘。得五拾丈零零六寸零七厘為寔。以中

垂線八丈五尺五寸九分爲法。除寔得外切每邊
也。如丙壬。求積法。以半徑九丈。如甲丁爲中垂線。與每邊
相乘折半。得弍拾六井叁尺壹寸八分四厘六毫壹絲爲壹份叁角積。
拾因之。得全積。合問。
假如有圓徑拾八丈內容拾壹等邊形。問每邊并積
若干。　答曰。五丈零七寸壹分
積弍百四拾井零八尺四寸七分弍厘八毫
法以叁百六拾度。此拾壹等邊形。先均弍拾弍份。
得拾六度之餘度。叁六叁六叁六。得拾六度弍拾壹分四拾

九秒之弧。如丙丁拾六度表弍萬七千五百六拾叁丈七尺四寸。與拾七度表相減。餘壹千六百七拾叁丈四尺叁寸。與餘度相乘。得六百零八丈五尺弍寸。與拾六度表相併。得正弦弍萬八千壹百七拾弍丈弍尺六寸。如丙乙與半徑九丈折之。倍得爲內容每邊也。如丙戊

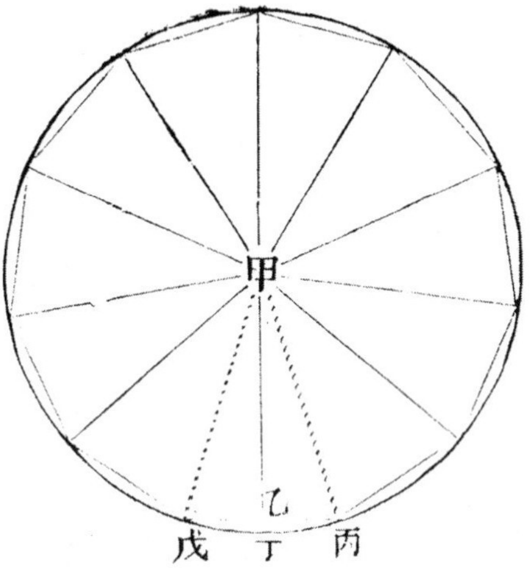

求積法。以每邊折半爲句。如乙丙。以半徑九丈爲弦。如甲丙。求得股八丈六尺叁寸五分四厘六毫。爲中垂線。如甲乙。與每邊

相乘。折半得弍拾壹井八尺七寸五分弍厘零八絲。為壹份叁角積。
拾壹因之。得全積合問。
假如有圓徑拾八丈求外切拾壹等邊形問每邊并

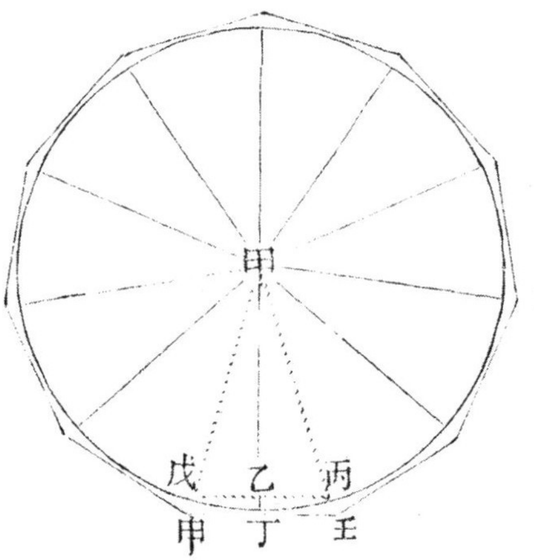

積若干　答曰每邊五丈弍
尺八寸五分零六毫八絲
積弍百六拾壹井六尺壹寸
零八厘六毫六絲
法以照前求得內容每邊并
中垂線。以每邊五丈零七寸壹分。如

丙戊與半徑九丈如甲丁相乘得四拾五丈六尺叁寸九分為寔以中垂線八丈六尺叁寸五分四厘六毫如甲乙為法除寔得五丈弍尺八寸五分零六毫八絲為外切每邊也如壬申求積法以半徑九丈為中垂線如甲丁與每邊折半相乘得弍拾叁丈七尺八寸弍分八厘零六絲為壹份叁角積拾壹因之得全積合問

假如有圓徑弍拾萬求內容拾五邊形之壹邊若干

答曰四萬壹千五百八拾弍

法以半徑拾萬為弦如甲丁圓內容五邊形之半五萬八千七百七拾八為句如丙丁求得股八萬零九百零壹如甲丙內減半徑之

半五萬。如甲辛。餘叁萬九百零壹爲股。如辛丙。即如癸丁。次以圓內容

叁邊形之壹邊。拾七萬叁千弍百零五。如戊巳。內減圓內容五邊

形之壹邊。拾壹萬七千五百五拾七。如壬癸。餘五萬五千六百四拾八。如戊壬。與癸

巳。兩段。折半。得弍萬七千八百弍拾四。如癸巳。

爲句。求得弦四萬壹千五百八拾弍。如丁巳。

即圓內容拾五邊形之壹邊。

如圖。甲圓內作壹內容叁邊

形。又作壹內容五邊形。將叁

邊形之每邊弧。分五段。五邊

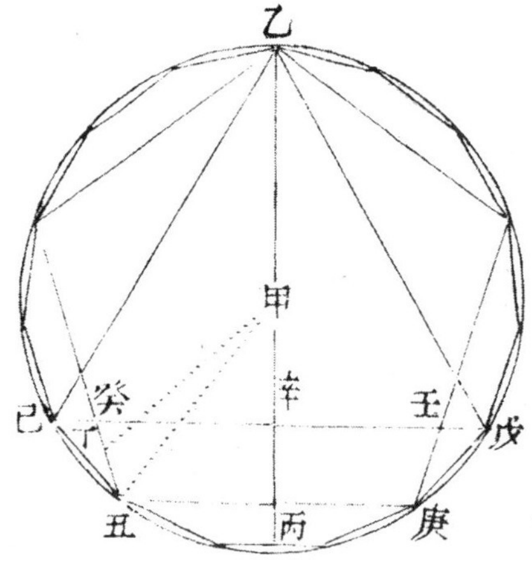

形之每邊弧分叁段即得拾五邊形之壹邊弧如甲丁巳叁角形甲角所對之弧得圓周拾五分之壹爲弍拾四度則巳丁邊即弍拾四度之通弦折半得丁子弍萬零七百九拾壹即丁丑弧拾弍度之正弦也

假如有圓徑拾八丈內容拾五等邊形問每邊并積若干答曰每邊叁丈七尺四寸弍分四厘壹毫

積弍百四拾七井零九寸弍分四厘六八毫五絲

法以叁百六拾度此拾五等邊先均叁拾份得拾弍度之弧如丁乙之正弦弍萬零七百九拾壹丈壹尺七寸如乙巳以

半徑九丈如甲丁折之。倍得爲內容每邊也。如丙乙求積

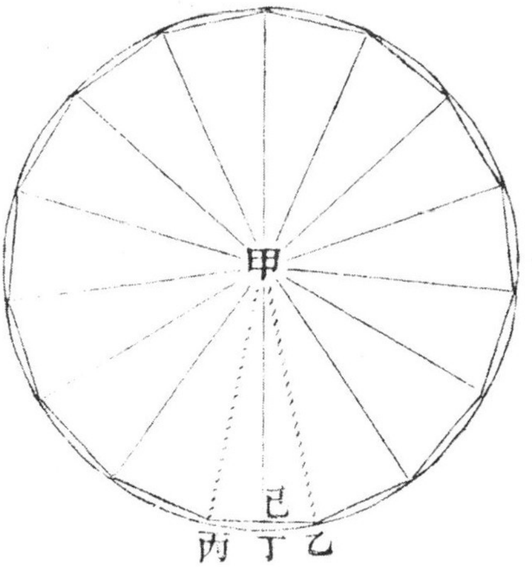

法。以每邊折半爲句。如乙己以半徑九丈爲弦。如甲乙求得股八丈八尺零叁分叁厘弍毫八絲。爲中垂線如甲己與每邊相乘折半得拾六并四尺七寸弍分八厘叁毫壹絲。爲壹叁角積。拾五因之。得全積。合問

假如有圓徑拾八丈。求外切拾五等邊形。問每邊并積若干　答曰每邊叁丈八尺弍寸六分零壹毫

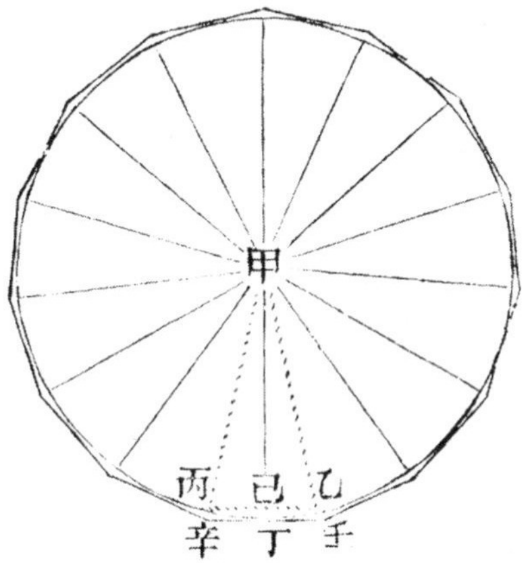

八絲積弍百五拾八井弍尺五寸六分弍厘

法以照前求得內容拾五等每邊并中垂線以每邊叁丈七尺四寸弍分四厘壹毫如乙丙與半徑九丈如甲丁相乘得叁拾叁丈六尺八寸壹分六厘九毫爲寔以中垂線八丈八尺零叁分叁厘弍毫八絲如甲己爲法除寔得外切每邊也如壬辛求積法以半徑九丈如甲丁爲中垂線與每邊相乘折半得拾七井弍尺壹寸七分零八毫爲壹份

叄角積。拾五因之。得全積合問。

假如圓徑弍拾萬。求內容拾八邊形之壹邊若干

答曰叄萬四千七百弍拾九　沅按盍㝎歸除法似有差

古法。用連比例四率。以半徑拾萬爲壹率。自乘再乘得壹千兆爲㝎。又以拾萬自乘叄因之得叄百億爲法。按盍㝎歸除法。除㝎得叄萬四千七百弍拾九爲弍率。即圓內容拾八邊形之壹邊。如甲圓內容拾八邊形。每邊之弧。得圓周拾八份之壹。皆弍拾度。其通弦即圓內拾八邊形之壹邊。試自圓心作甲乙甲丙弍半

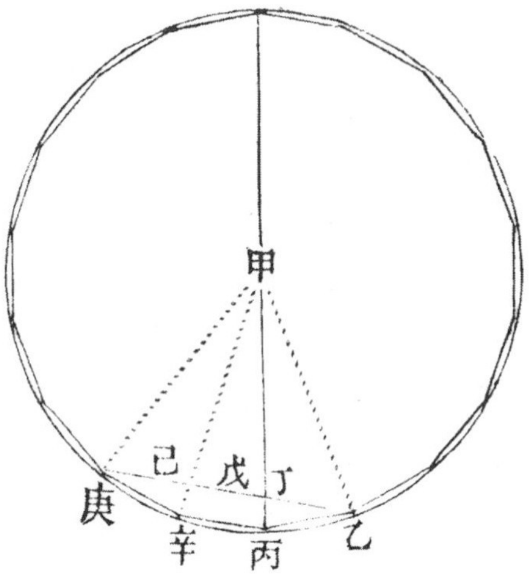

徑線。遂成甲乙丙叄角形。復自圓界乙至圓界庚。作乙庚線。則截甲丙線於戊。又成乙丙戊叄角形。而乙庚為六拾度之通弦。復自圓界丙。按丙戊線度至乙庚線之丁。作丙丁線。又成丙丁戊叄角形。此叄形皆為同式。其相當各邊。俱成相連比例。故甲乙與乙丙比。同於乙丙與丙戊之比。乙丙與丙戊之比。又同於丙戊與戊丁之比。爲相連比例四率。而甲乙爲壹率。乙丙爲弍率。丙戊爲叁率。戊丁爲四率。又乙庚爲六拾度之通弦。與甲乙壹率等。而乙戊丁己巳庚叁段皆與乙丙弍率等。是乙庚壹率中有乙丙弍率之叁倍。而少壹丁戊四率也。必以乙庚壹率與丁戊四率相加。方與乙丙弍率之叁倍等。故用連比例四率。壹率求弍率算之。得弍率拾八邊形之壹邊也。乙丙弧既爲弍拾度。則乙丙邊即弍拾度之通弦。折半得壹萬七千叁百六拾四。即拾度之正弦。

東汝元算學 卷十二 三七

假如圓徑拾八丈內容拾八等邊形問每邊并積若干　答曰每邊叁丈壹尺弍寸五分六厘六毫

積弍百四拾九丈叁尺叁寸弍分壹厘壹毫弍絲

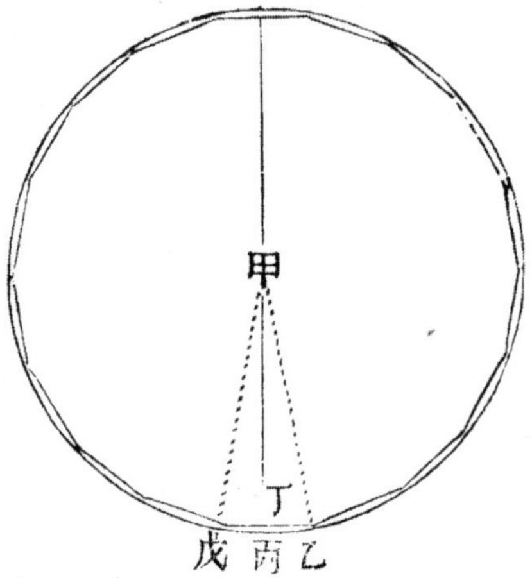

法以叁百六拾度。拾八等邊均叁拾六份。得拾度之弧。如乙丙之正弦。壹萬七千叁百六拾四丈八尺弍寸如乙丁。以半徑九丈。如甲丙。折之。倍得爲內容每邊也。如乙戊。求積法。以每邊折半爲句。如乙丁。以半徑九丈爲弦。如甲乙。求得股八丈八尺六寸爲中垂線。如甲丁。與每邊相乘。折半得拾叁井八尺五寸壹分七厘八毫四絲。爲壹份叁角積。拾八因之。得全積。合問。

假如有圓徑拾八丈。求外切拾八等邊形。問每邊并積若干

答曰。每邊叁丈壹尺七寸叁分八厘七毫

積弍百五拾七井零八寸叁分四厘七毫

法。以照前。求得內容拾八等每邊并中垂線。以每邊叁丈壹尺弍寸五分六厘六毫。如乙丙。與半徑九丈如甲丙相乘。得弍拾

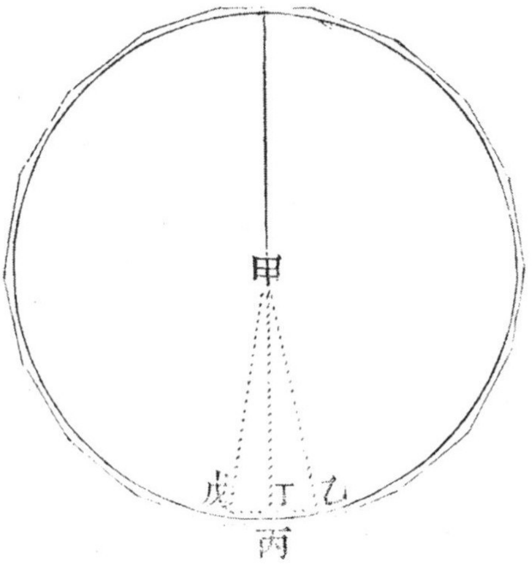

八丈壹尺叁寸零九厘四毫爲寔。以中垂線。八丈八尺六寸叁分弍厘七毫如甲丁爲法。除寔。得外切每邊。如求積法。以半徑九丈爲中垂線。如甲丙與每邊相乘折半。得拾四井弍尺八寸弍分四厘壹毫五絲。爲壹份叁角積。以拾八因之。得全積合問也。

假如有細半圓弧矢田弦長八拾步矢闊弍拾步問積并稅畝若干　答曰積壹千壹百壹拾八步弍

拾九分弍拾五厘稅四畝六分五厘九毫五絲五忽
法以弧矢形。用弦矢求圓徑法。求得圓徑壹百步。如丁戊
折半。得半徑五拾步。如丁己為法。以弦長折半。得四拾步。如甲乙

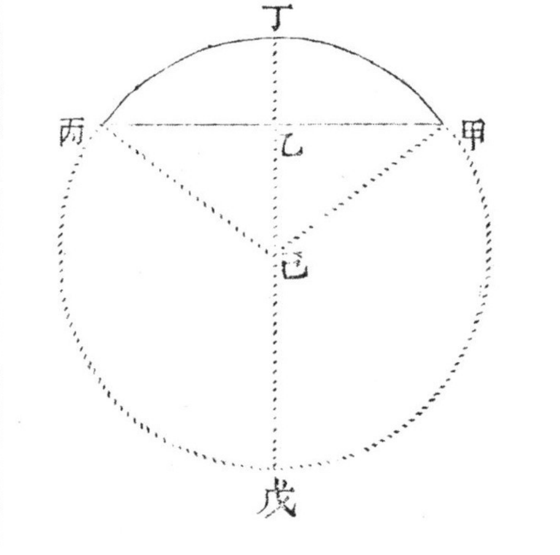

與半徑拾萬即丁己。相乘得數為寔。法除寔得八萬即甲乙。為甲丁半弧之正弦。檢表得五拾叁度零七分五拾叁秒。倍之。得甲丁丙全弧。壹百零六度壹拾五分四拾六秒。此先比例得正弦。檢表而得弧度也。化作為

叁拾八萬弍千五百四拾六秒。又以全徑壹百步。用徑求周法。求得叁百壹拾四步壹分五厘九毫弍絲。與上數全弧化爲秒度數。相乘之得數爲寔。用周天叁百六拾度。化爲壹百弍拾九萬六千秒爲法。除寔得九拾弍步七分叁厘壹毫七絲。爲全弧之數。此以度份比例得步數也。再以全弧與圓積率數相乘爲寔。以壹百弍拾九萬六千秒爲法。歸之。得弍千叁百壹拾八步弍拾九分四拾弍厘。爲自圓心所分弧背叁角形積。如甲巳丙丁形。又以半徑五拾步。內減矢弍拾步。如丁乙。餘叁拾步。如乙己。與弦長八拾步。如甲丙。相乘。折半得壹千弍百步。爲自圓心至弦所分直線叁角形積。如甲乙己丙形。與弧背叁

角形積相減。餘即弧矢田積。弍四除之。得稅合問

假如有眉形田兩尖相距如弦長弍拾四步外弧距弦九步內弧距弦四步俱如矢問積及稅畝若干

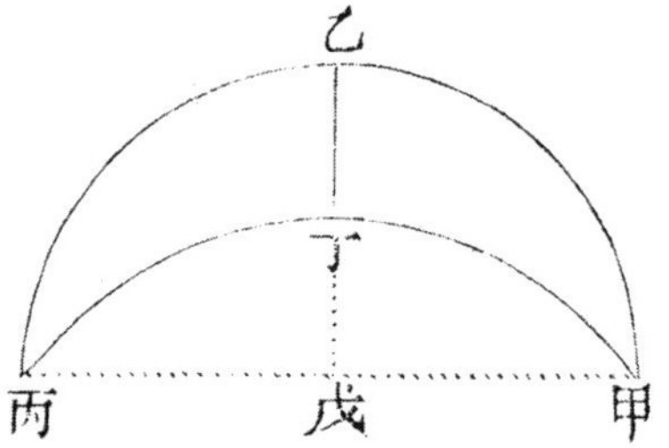

答曰九拾叁步七拾四分五拾八厘　稅叁分九厘零六絲零七微有餘

照前古法。求得外弧矢全積壹百五拾九步拾弍分拾八厘。如甲戊丙乙形。又照前法。求得內弧矢虛積六拾五步

叁拾七分六拾厘。如甲戊丙丁形。相減。餘即眉形田積。如甲丁丙乙形。以弍四除之。得稅畝合問。

新增圓內容大中小叁幡扇各排邊度求積法

假如有圓徑弍拾弍丈六尺周七拾壹丈積四百零壹井壹尺五寸內容大中小叁幡扇各排邊度大扇邊度壹百五拾弍度弍拾四分。中扇邊度壹百弍拾度小扇邊度八拾七度叁拾六分。問大中小各積若干　答曰

大扇積壹百六拾九井八尺弍寸零壹厘六毫六絲

中扇積壹百叁拾叁井七尺壹寸六分六厘六毫六絲

小扇積九拾七丼六尺壹寸叁分壹厘六毫六絲

法先求大扇積以邊度壹百五拾弍度弍拾四分。化爲壹百五拾弍度四用周天叁百六拾度相乘。得五萬四千八百六拾四。與圓周七拾壹丈相乘。得叁百八拾九萬叁千叁百四拾四丈爲寔。又以周天叁百六拾度自乘。得壹拾弍萬九千六百爲法。除寔。得叁拾丈零零五寸六分六厘六毫六絲六忽。爲弧丈之數。與半徑相乘折半。得壹百六拾九丼八尺弍寸零壹厘六毫六絲。爲容大

扇之積也。又求中扇積。以邊度壹百弍拾度。用周天叁百六拾度相乘。得四萬叁千弍百。與圓周七拾壹丈相乘。得叁百零六萬七千弍百為寔。又以周天叁百六拾度自乘。得壹拾弍萬九千六百為法。法除寔。得弍拾叁丈六尺六寸六分六厘六毫六絲六忽為弧丈之數。與半徑相乘。折半得壹百叁拾叁井七尺壹寸六分六厘六毫六絲為容中扇之積也。又求小扇積。以邊度八拾七度叁拾六分。化為八拾七度六。用周天叁百六拾度相乘。得叁萬壹千五百叁拾六。與圓周七拾壹丈相乘。得弍百弍拾叁萬九千零五拾六為寔。又以周天叁百六拾度自乘。得壹拾弍萬九千六百為法。除得壹拾七丈弍尺七寸六分六厘六毛六絲六忽。與半徑相乘。折半得九拾七丼六尺壹寸叁分壹厘六毛六絲。

爲容小扇之積也。叁扇共得原積合問。

假如有圓徑六拾七丈八尺周弍百壹拾叁丈積叁千六百壹拾丼零叁尺五寸內容大中小細四扇扇各排邊度大扇邊壹百弍拾度中扇邊九拾六度四拾弍分小扇邊八拾弍度細扇邊六拾壹度拾八分問大中小細四扇各積若干　答曰

大扇積壹千弍百零叁丼四尺五寸

中扇積九百六拾九丼七尺八寸零壹厘壹毛叁絲

小扇積八百弍拾弍井叁尺五寸七分叁厘八毛七絲
細扇積六百壹拾四井七尺六寸弍分叁厘六毛叁絲
法先求大扇積。以邉度壹百弍拾度。用周天叁百六拾
度相乘。得四萬叁千弍百。以圓周弍百壹拾叁丈再乘。得九百弍十萬零
壹千六百為寔。又以周天叁百六拾度自乘。得壹拾弍萬九千六百為
法除之。得七拾壹丈。為弧丈之數。與半徑叁拾叁丈九尺相乘。
折半得壹千弍百零叁井四尺五寸。為內容大扇之積。又求中
扇積。以邉度九拾六度四拾弍分。化為九拾六度七。用
周天叁百六拾度相乘。得叁萬四千八百壹拾弍。以圓周弍百壹拾叁丈

再乘。得七百四拾壹萬四千九百五拾六爲實。又以周天叁百六拾度自乘。得壹拾式萬九千六百爲法除之。得五拾七丈式尺壹寸四分壹厘六毫六絲爲弧丈之数。與半徑叁拾叁丈九尺相乘。折半得九百六拾九井七尺八寸零壹厘壹毫叁絲。爲內容中扇之積。又求小扇積以邊度八拾式度。用周天叁百六拾度相乘。得式萬九千五百式拾。與圓周式百壹拾叁丈再乘。得六百式拾八萬七千七百六拾爲寔。以周天叁百六拾度自乘。得壹拾式萬九千六百爲法除之。得四拾八丈五尺壹寸六分六厘六毛爲弧丈之数。與半徑叁拾叁丈九尺相乘。折半得八百式拾式井叁尺五寸七分叁厘八毛七絲爲內容小扇之積。又

求細扇積以邊度六拾壹度壹拾八分。化爲六拾壹度叁。用周天叁百六拾度相乘。得弍萬弍千零六拾八。以圓周弍百壹拾叁丈再乘。得四百七拾萬零零四百八拾四爲寔。又以周天叁百六拾度自乘。得壹拾弍萬九千六百爲法除之。得叁拾六丈弍尺六寸九分壹厘六毛六絲爲弧丈之数。以半徑叁拾叁丈九尺相乘。折半得六百壹拾四井七尺六寸弍分叁厘六毛六絲。爲內容細扇之積。合共併得原積合問。

假如有弧矢形弦長叁丈六尺矢闊八尺問圓徑若干　答曰四丈八尺五寸

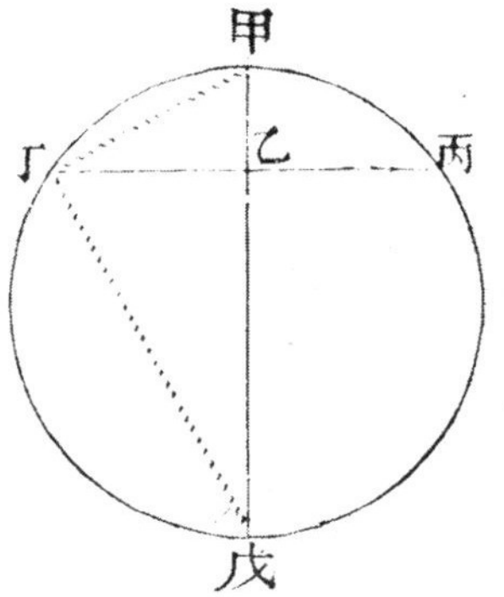

法以弦長折半。得壹丈八尺如乙丁自乘得叁丈弍尺四寸為寔。以矢八尺為法除之。得四丈零五寸。如乙戊加矢八尺即得全圓徑如甲戊合問。

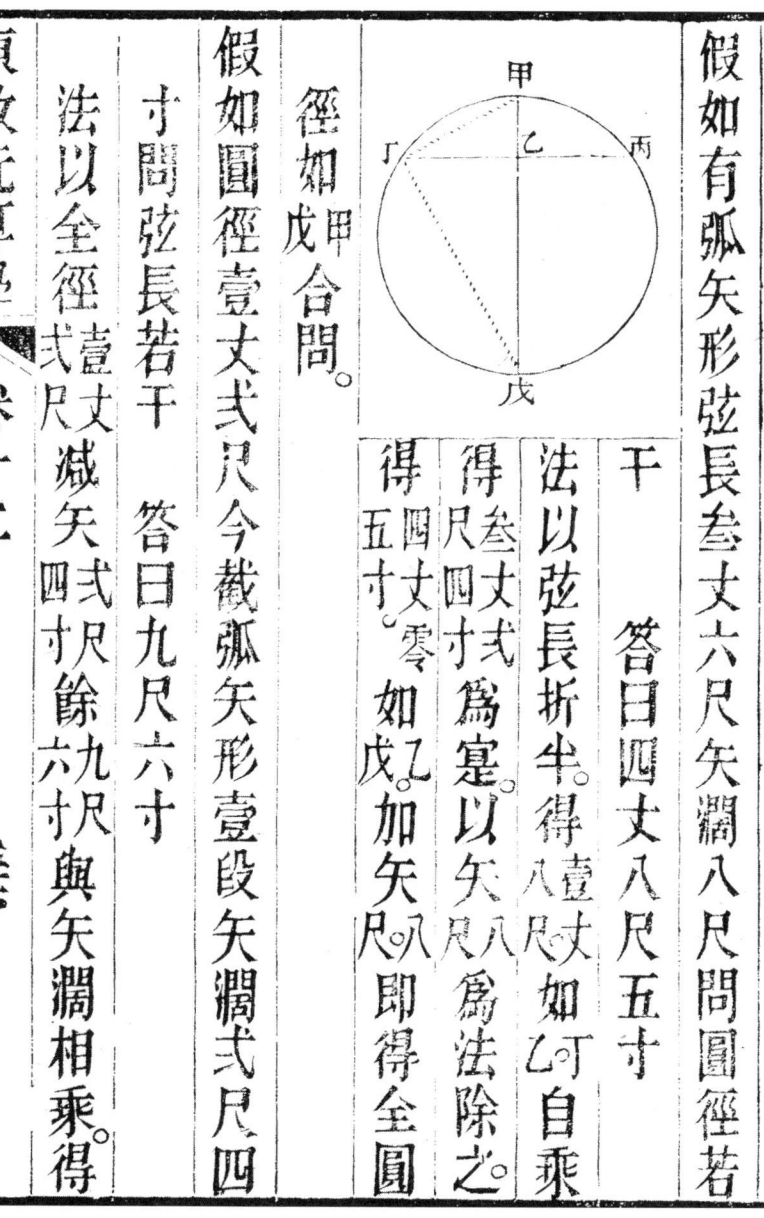

假如圓徑壹丈弍尺今截弧矢形壹段矢闊弍尺四寸問弦長若干　答曰九尺六寸

法以全徑壹丈弍尺減矢弍尺四寸餘九尺六寸與矢闊相乘。得弍尺叁寸零四厘開方得四尺八寸倍之得弦長。如圖。甲乙徑壹丈弍尺截甲丙丁弧矢形。甲戊爲矢濶。弍尺四寸試自甲至丙作甲丙線。自丙至乙作丙乙線。遂成甲丙

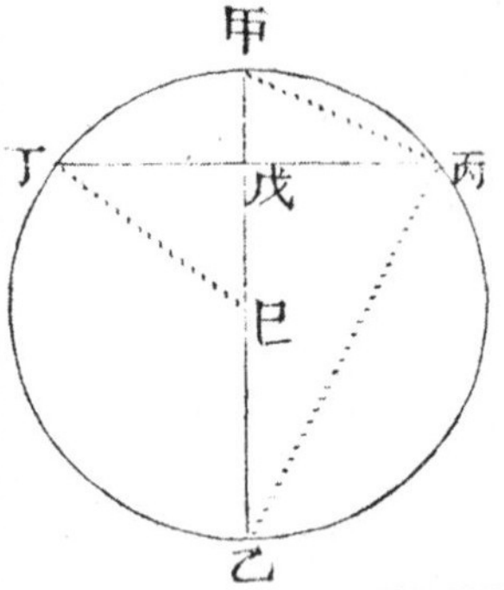

乙直叁角形。而丙戊半弦。即爲中垂線。故以甲戊爲首率。戊乙爲末率。求得丙戊爲中率。倍得丙丁即弧弦長數也。　又法。以圓徑折半。得六尺爲弦矢濶與半徑相減。餘叁尺六寸爲句。求得股四尺八寸倍之亦得。如圖。丁巳半徑爲弦。戊巳爲句。求得丁戊股。倍

之卽得丙丁弧弦也。

假如有圓徑壹丈七尺今截弧矢形壹段弦長壹丈

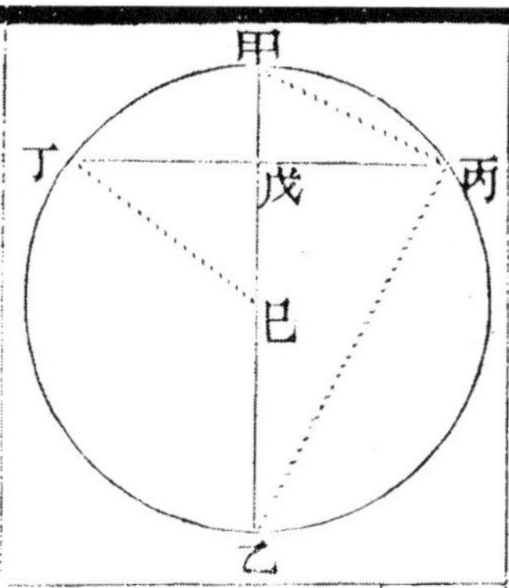

五尺問矢濶若干　答曰四尺五寸

法以圓徑折半得八尺五寸爲弦。如丁巳。以弧弦折半得七尺五寸爲股。如丁戊。求得句四尺。如戊巳。與半徑八尺五寸。如甲巳。相減餘四尺五寸。如甲戊。即矢濶也。

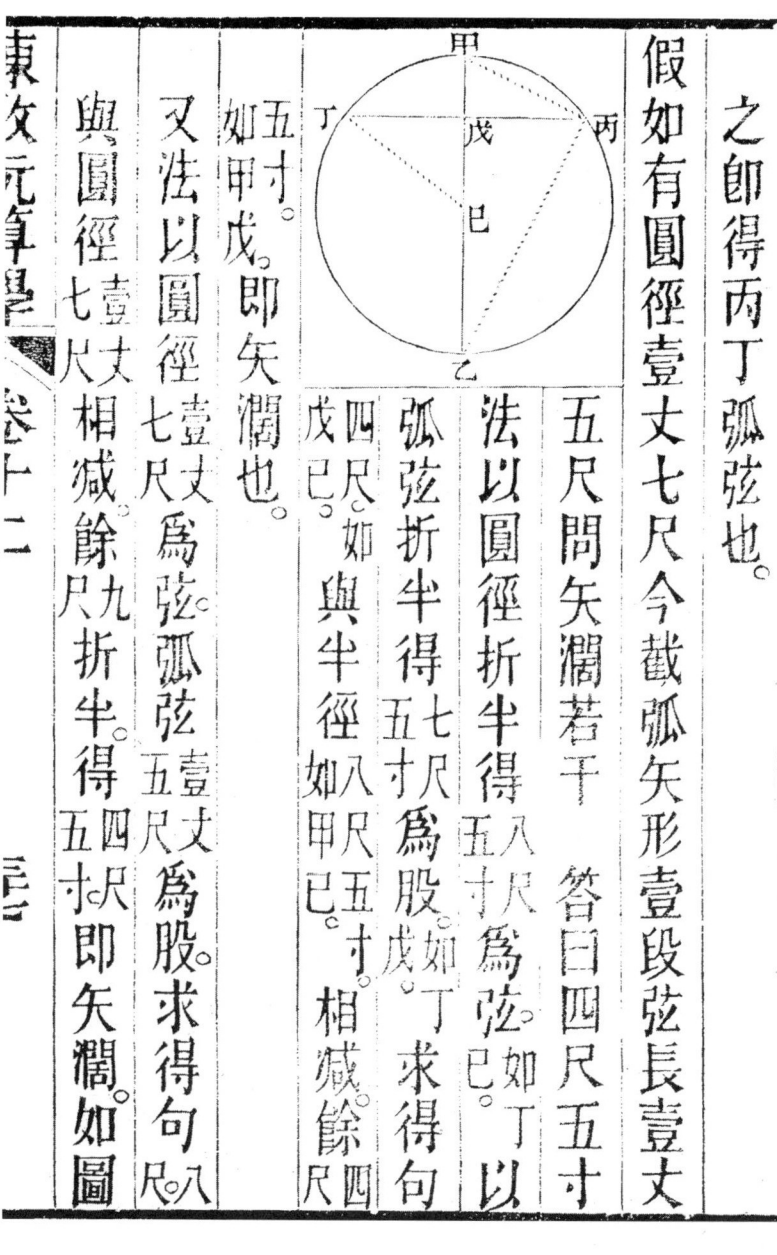

又法以圓徑壹丈七尺爲弦。弧弦壹丈五尺爲股。求得句八尺。與圓徑壹丈七尺相減。餘九尺。折半。得四尺五寸。即矢濶。如圖

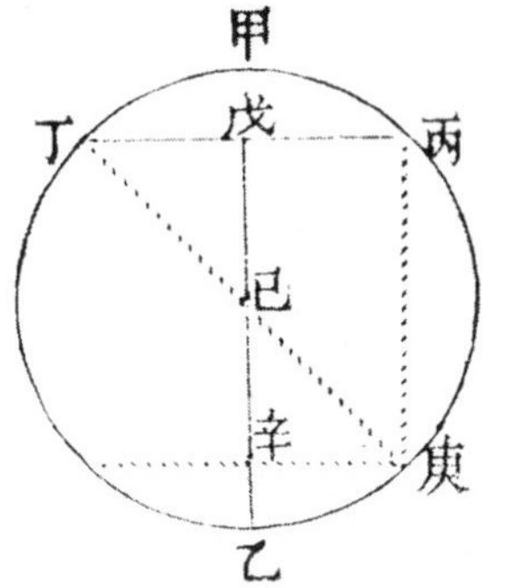

甲乙圓徑壹丈七尺與丁庚等。如自丙至庚作丙庚線。則成丁丙庚句股形。故以丁庚爲弦。丙丁爲股。求得丙庚句與戊辛等。與甲乙全徑相減。餘甲戊與辛乙兩段。折半。即得甲戊爲矢濶也。

假如圓形截弧矢壹段。任自弧界壹處對圓心至弦作壹斜線長壹丈弍尺。將全弦分爲兩段。大段長壹丈八尺。小段長壹丈六尺。問圓徑若干

答曰叁丈六尺

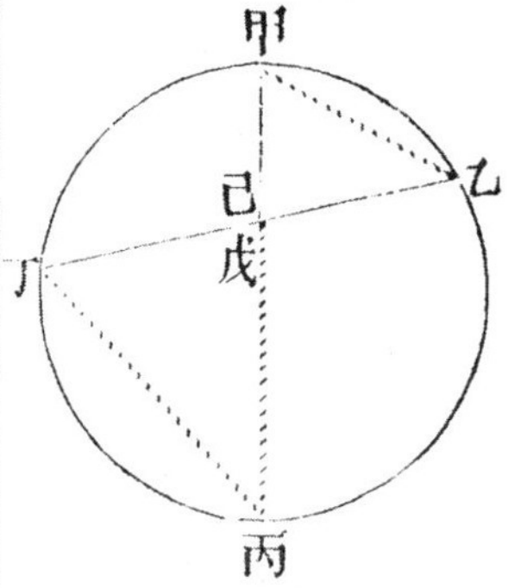

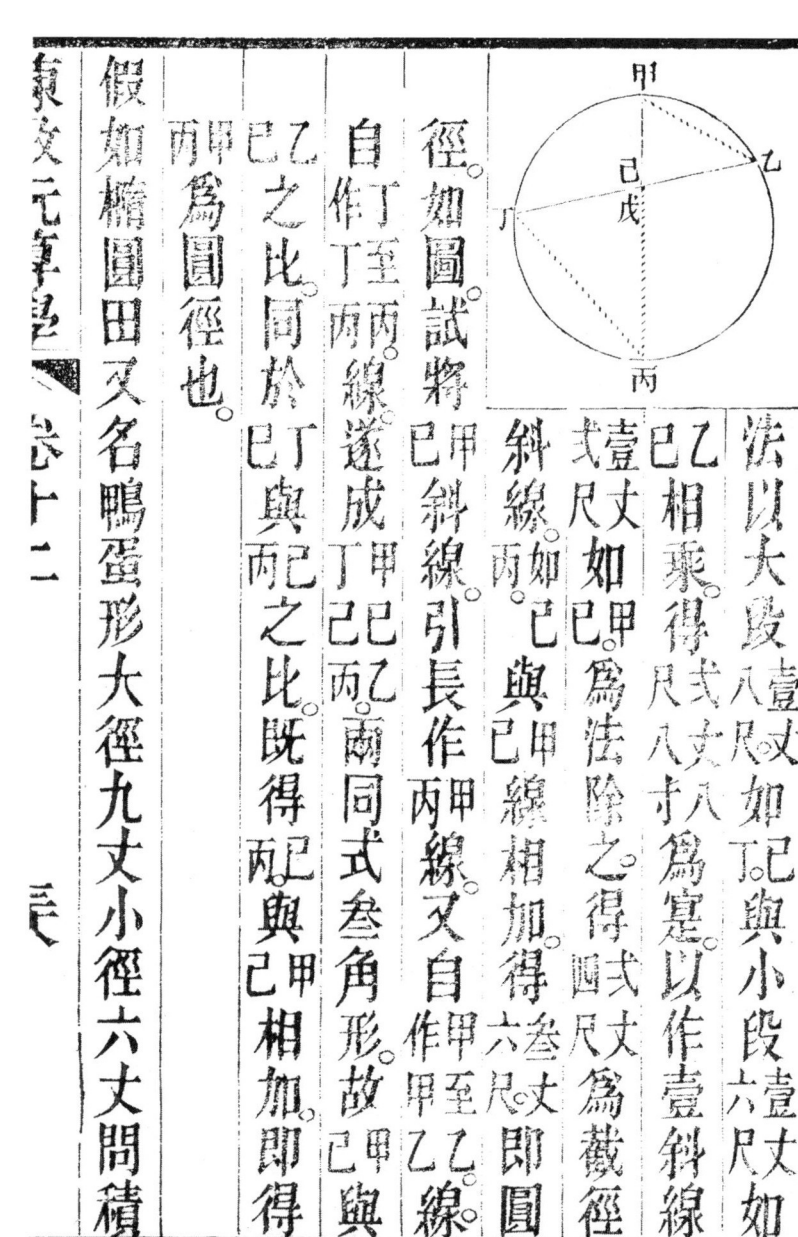

法以大段壹丈八尺。如丁己。與小段壹丈六尺。如乙己相乘。得貳丈八尺八寸為寔。以作壹斜線壹丈貳尺。如甲己。為法除之。得貳丈四尺為截徑斜線。如己丙。與甲己線相加。得叄丈六尺。即圓徑。如圖。試將甲己斜線。引長作甲丙線。又自甲至乙作甲乙線。自丁至丙作丁丙線。遂成甲己乙丁己丙兩同式叄角形。故甲己與乙己之比。同於丁己與己丙之比。既得己丙與甲己相加。即得甲丙為圓徑也。

假如橢圓田。又名鴨蛋形。大徑九丈。小徑六丈。問積

并稅畝若干　答曰積四拾弍并四尺壹寸壹分五厘零零六忽四微稅七分零六毛八絲五忽八微叁纖四沙四　法以大徑九丈與小徑六丈相乘。

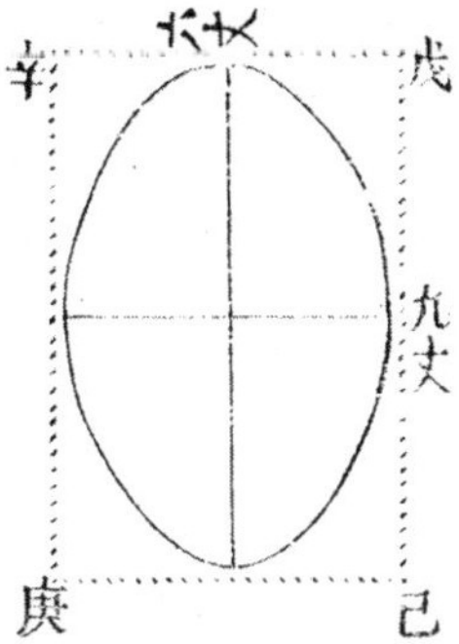

得五拾四井為長方積。如戊己庚辛。與圓積定率七八五叁九八壹六折之得積。六歸見稅。此之謂橢圓大徑乘小徑比作長方定率分也。合問。

假如圓形截弧矢壹段任自弧界壹處至弦作壹垂線長壹丈弍尺將全弦分為兩段大段長叁丈小段長壹丈問圓徑若干　答曰四丈弍尺零五分

法以小段長壹丈如乙戊與大段長叁丈如戊丁相乘得叁丈為寔。以垂線壹丈式尺如甲戊為法除之得式丈五尺為自弧弦至對界之垂線。如戊丙將此線與甲戊線壹丈式尺相

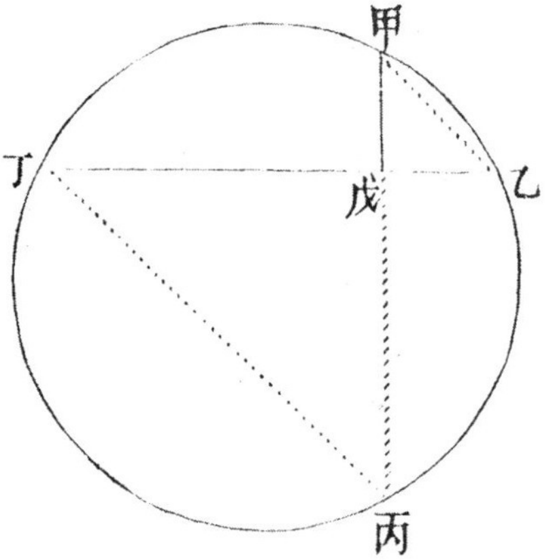

加。得叁丈七尺為股。如甲丙以小段壹丈與大段叁丈相減。餘式丈為勾。如甲庚。求得弦四丈式尺零五分。即圓徑如庚丙。如圖。試將甲戊垂線引長作甲丙線。又自甲至乙作甲乙線。自丁至丙作丁丙

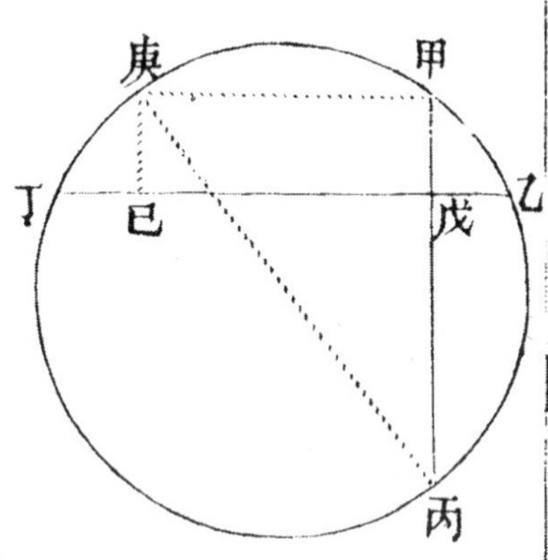

線。遂成甲戊乙。丁戊丙。兩同式叁角形。故甲戊與戊乙之比。同於丁戊與戊丙之比。既得戊丙與甲戊相加。即得甲丙。又以乙戊丁。同己與戊丁相減餘戊己與甲庚等。乃自甲至庚。作甲庚線。與乙丁平行。則甲角爲直角。必立於圓界之壹半。又自庚至丙。作庚丙線。則又成庚甲丙勾股形。故以庚甲爲勾。甲丙爲股。求得庚丙弦。即圓徑也。合問

八線表原理論

陳啟沅曰。梅氏解八線之根。謂有七根而爲之始。其壹由圜容六邊。其弍圜容方面。其叁圜容拾邊。其四圜容五邊。其五圜容叁邊。其六圜容拾五邊。其七圜容九邊。謂有容邊之數。半之以爲正弦。其理未嘗不是。沅思所容五邊。七邊。九邊。拾五邊各等。無非以理分中末線爲之推演。蓋理分中末線之理。亦由方形與長方長濶較推之。豈能作方圓壹定之規乎。故程氏方圓論。有謂割圓之法。求矢求弦固是。至於求弧背恐有未盡也。勾股之術。施於長方則可。若正方則又多壹算矣。沅故謂八線割圓之法有弍。壹以圓內容正方之定率。再以方斜之數。用句股相求以推算。壹以圓容六邊之定率。互相加減而得其正弦。復以方斜所求得之度。與容六邊所得之度。兩弧互相加減。而定其八線也。試析而詳言之。假如圓徑弍拾萬。其容方則必壹拾四萬壹千四百弍拾壹丈叁尺五寸六分有奇。若以圓週通為叁百六拾度。割分四象限。每弧定為九拾度。則壹象限內所容之正方形。則必每方邊定爲七萬零七百壹拾丈零六尺七寸八分矣。其方角。即象限內中分四拾五度也。其兩方邊之數。壹可命爲正弦。壹可命爲餘弦矣。故表內四拾五度之正餘弦。皆定爲七零七壹零六七八之數。其半徑即爲方內所容之斜線耳。故亦定爲拾萬。再以半徑之拾萬。減去正餘弦之數。所餘之數。豈不是正餘矢之數乎。故可定正矢爲弍萬九千弍百八拾九丈叁尺弍寸弍分。其餘矢亦同數矣。既得四拾五度之正弦。則以屢求句股之數遞而析之。茲以四拾五度正弦爲股以正矢爲句用句股求弦法求得弍拾弍度叁拾分通弦七萬六千五百叁拾六丈六尺九寸半之得叁萬八千弍百六拾八丈叁尺四寸半爲弍拾弍度叁拾分之正弦也若求餘弦則以正弦爲句以半徑爲弦用句弦求股法求得九萬弍千叁百八拾七丈九尺爲弍拾弍度半餘弦若將四拾五度與弍拾弍度半兩弧相加可知六拾七度半正弦矣其法以四拾五度正弦之數與弍拾弍度半餘弦之數相乘爲寔以半徑爲法除之得六萬五千叁百弍拾八丈

壹尺壹寸零五。又以四拾五度之餘弦。與式拾式度半之正弦相乘之數爲寔。亦以半徑爲法除之。得式萬七千零五拾九丈八尺零六分式。再以兩數相併。得九萬式千叁百八拾七丈九尺壹寸六分七。即爲兩弧相加之數。是即六拾七度半之正弦也。叁拾分者。即半度也。又以圓容六邊定率求之。假如半徑拾萬。其六邊每邊定爲六拾度。亦定爲拾萬。即六拾度之通弦也。半之。得五萬。即叁拾度之正弦也。既得叁拾度之正弦。亦用句股相求法。以正弦爲句。以半徑爲弦用句弦求股法。求得股八萬六千六百零式丈五尺四寸。爲叁拾度之餘弦。以半徑減餘弦即得壹萬叁千叁百九拾七丈四尺六寸。即爲正矢。再以正矢爲句。叁拾度之正弦爲股。又用句股求弦。求得叁拾度之通弦。五萬壹千七百六拾叁丈八尺。半之得式萬五千八百八拾壹丈九尺。爲拾五度之正弦。再以正弦爲句。半徑爲弦。亦用句弦求股法。求得九萬六千五百九拾式丈五尺八寸。爲拾五度之餘弦。自拾五度正弦以後。不能復用句股相求之法。只可用兩弧加減之法。而得以後之正弦矣。何則。盖句股漸割。而弧背漸直。故曰。天地之數。有不可盡者也。試將拾五度。用句股求弦。而求其七度半之正弦。則必壹萬四千有奇。若將叁拾度。與弍拾弍度半。兩弧相減。則七度半之正弦。得壹萬叁千零五拾弍。故知八線之理。非可以理分中末線而定之。若謂以句股屢割而得。則趙氏割圓之法。可為萬世之規。又何容定八線以割之乎。若求各度正弦。或半之而得。或相加而得相減而得。俱照此法而求之。則象限內之各度。均可得也。既得正弦。則用正弦爲句。半徑爲弦。求得股即餘弦之數。半徑減正弦。即餘矢。半徑減餘弦。即正矢也。若求割線切線法。以半徑與正弦相乘爲實。以餘弦爲法。歸之得數。即爲正切。以半徑與半徑相乘爲實。以餘弦爲法。歸之得數。即爲正割。以餘弦與半徑相乘爲實。以正弦爲法。歸之得數。即爲餘切。以半徑與半徑相乘爲實。以正弦爲法。歸之得數。即爲餘割。故凡八線相求之表。用句股與兩弧之法。而遞演之耳。故遂分叁百六拾度而立表。使後學者省其所算焉。其八線表之原理如此。沅又恐後之學者但知其所當然。而不求其所以然。故特伸而明之。雖卷拾已將所當然之法設問。茲再將古題畧解於後。

方圓相容斜徑率圖

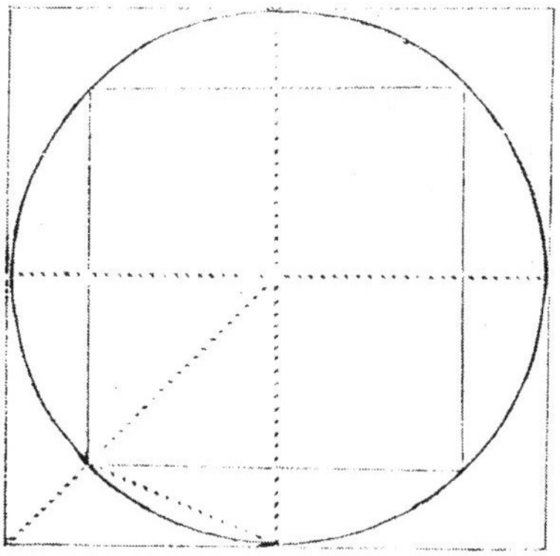

上圖所生八線圖

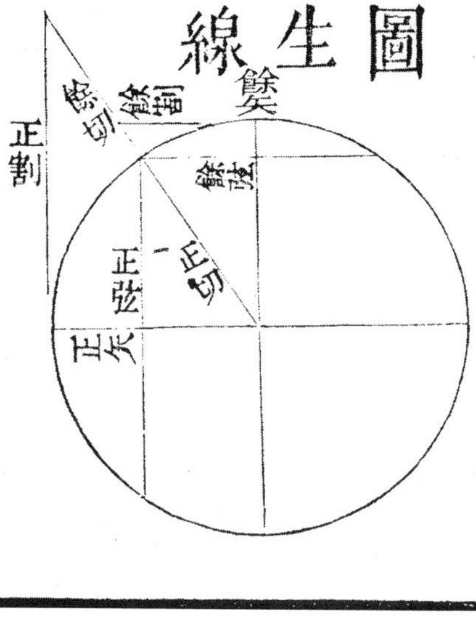

圓容六角所生八線圖

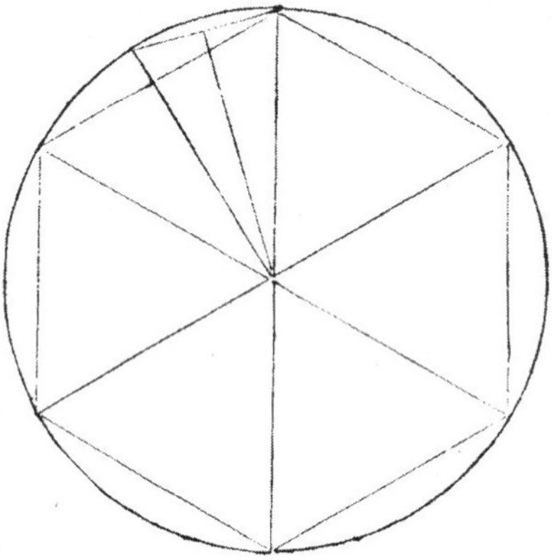

圓容六角定率圖

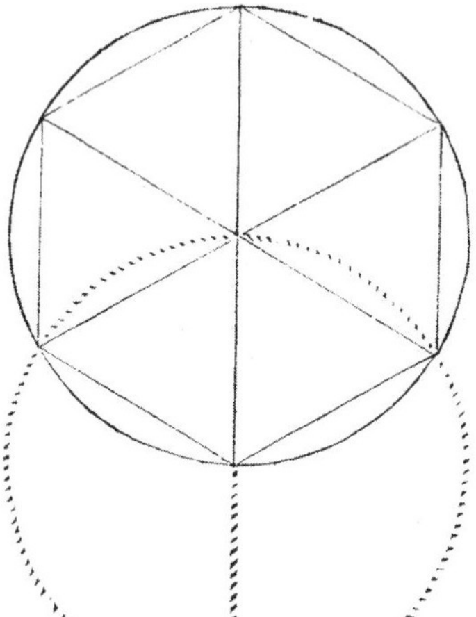

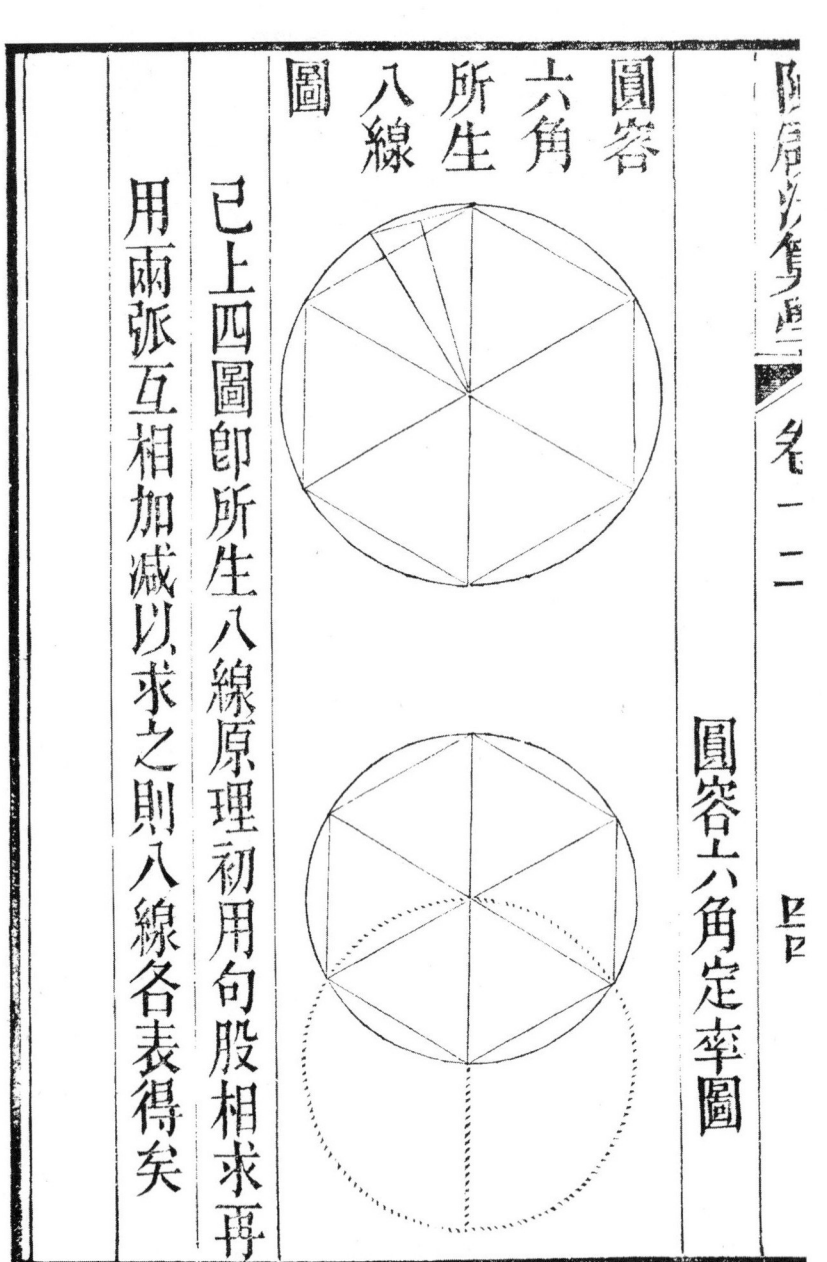

已上四圖即所生八線原理初用句股相求再用兩弧互相加減以求之則八線各表得矣

割圓八線

圓周定爲叁百六拾度。大而周天。小而寸許。皆如之。蓋圓有大小。而度分隨之。其爲數則同。自圓心平分圓周爲四分。各曰四象限。每壹象限九拾度。壹象限之中。設爲正弦。餘弦。正矢。餘矢。正切。餘切。正割。餘割。名之曰。割圓八線。

假如甲乙丙丁圓。自圓心戊平分全圓爲四象限。乃自戊任作壹虎巳半徑線。則將甲丁九拾度之弧分爲甲巳巳丁弍段。巳丁爲巳戊丁角所對之弧。

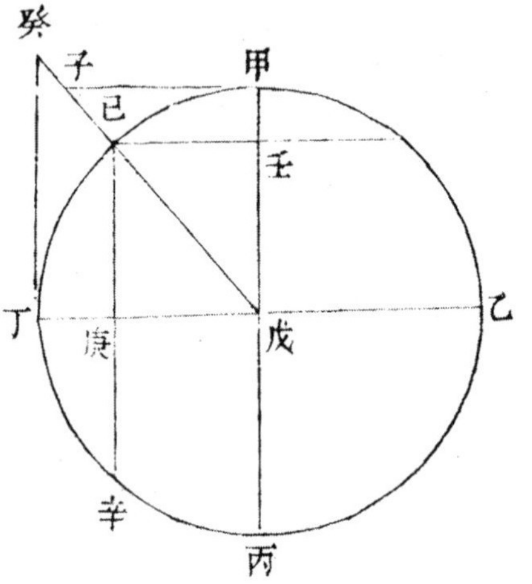

甲已。爲甲戊已角所對之弧。如命已戊丁爲正角。則已丁爲正弧。而甲戊已即爲餘角。甲已即爲餘弧。又自已與甲丙全徑平行。作已辛線。謂之通弦。其對已丁正弧而立於戊丁半徑者。曰正弦。如已庚。又與戊丁半徑平行。作壬已線。謂之餘弦。以其爲甲已餘弧所對也。於戊丁半徑內。減戊庚。與壬已等。餘庚丁。曰正矢。於甲戊半徑內減壬戊。與己甲庚等。餘甲壬。謂之餘矢。自圓界與甲戊半徑平行。立於戊丁半徑之末。作垂線如癸丁。仍與己戊丁角相對者。曰正切。將己戊半徑引長與正切相遇於癸。成戊癸線。曰正割。又自圓界與戊丁半徑平行。作甲子線。謂之餘切。戊癸正割。被甲子餘切截於子。所分戊子。謂之餘割。每壹角壹弧即有正弦。餘弦。正矢。餘矢。成四線於圓界之內。復引出半徑於圓界之外。而成正切。餘切。正割。餘割。之四線。內外共為八線。故曰割圓八線。逐度逐分。

正弧之餘。即爲餘弧之正。是以前四拾五度之八線。正餘互相對待爲用。不必復求後四拾五度之八線也。凡此八線。皆九拾度以內鋭角之所成。若直角九拾度者。則不能成八線。蓋因半徑即九拾度之正弦。如甲戊即甲丁弧之正弦。而切線割線爲平行。終無相遇之處也。若鈍角過九拾度外者。則於半周壹百八拾度內減其角度。用其餘度之八線。如己庚爲己丁弧之正弦。亦即乙己弧之正弦也。要之八線。以正弦爲本。有正弦。則諸線皆由此生。故六宗叁要。皆係正弦之法。

假如本弧叁拾六度之正弦五萬八千七百七拾八

求餘弧五拾四度之正弦若干　答曰八萬零九

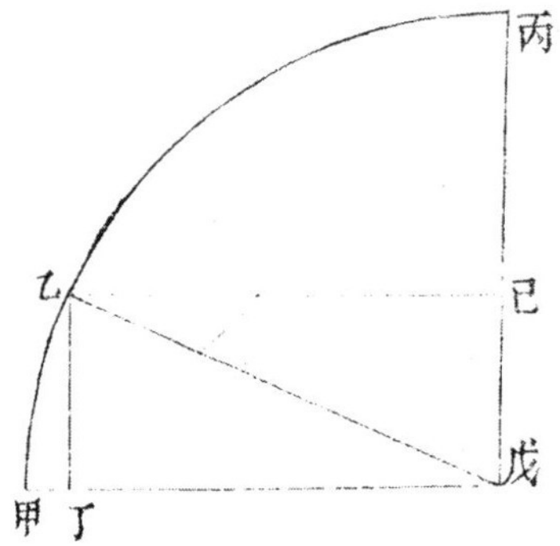

百零壹　法以叁拾六度之

正弦爲句。如乙半徑拾萬爲弦

丁。如乙半徑拾萬爲弦

如乙求得股。如丁戊。即爲叁

戊。如乙求得股。如乙已。

拾六度之餘弦。即五拾四度

之正弦也。如圖。甲乙丙九拾

度壹象限。甲乙本弧叁拾六

度乙丙餘弧五拾四度乙丁爲本弧正弦試自乙
至象限中心戊作乙戊半徑線遂成乙丁戊句股
形故用句弦求股法得乙巳也
假如本弧四拾五度之正弦七萬零七百壹拾餘弦
亦七萬零七百壹拾求半弧弍拾弍度叁拾分之
正弦餘弦各若干　答曰正弦叁萬八千弍百六
拾八餘弦九萬弍千叁百八拾七　法以本弧正
弦爲股如已乙本弧餘弦如庚乙即如戊已與半徑拾萬如甲戊
相減餘弍萬九千弍百八拾九如甲已爲句求得弦七萬六千五百叁拾六如

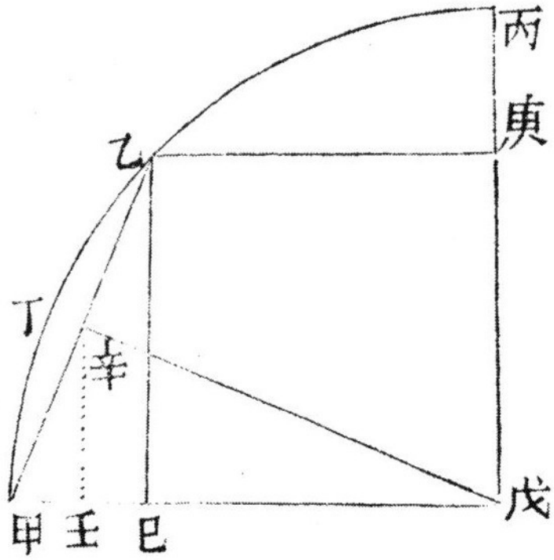

乙甲。折半。即半弧之正弦。辛。如乙
如圖甲乙丙。九拾度壹象限
甲乙弧四拾五度。折半為丁
乙弧弍拾弍度叁拾分。乙巳
為本弧之正弦。庚乙為本弧
之餘弦。與戊巳等。甲巳乙成句股
形。故用句股求弦法。求得乙甲為本弧之通弦。折
半。得乙辛為半弧之正弦。如求餘弦則以本弧餘
弦。與半徑相減餘弍萬九千弍百八拾九。如巳甲。折半。得壹萬四千六百

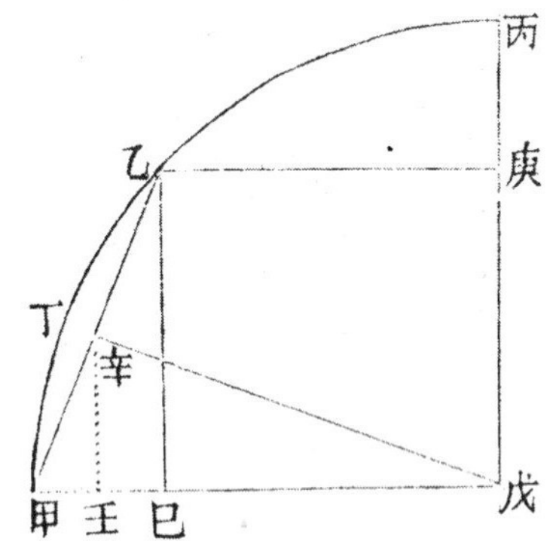

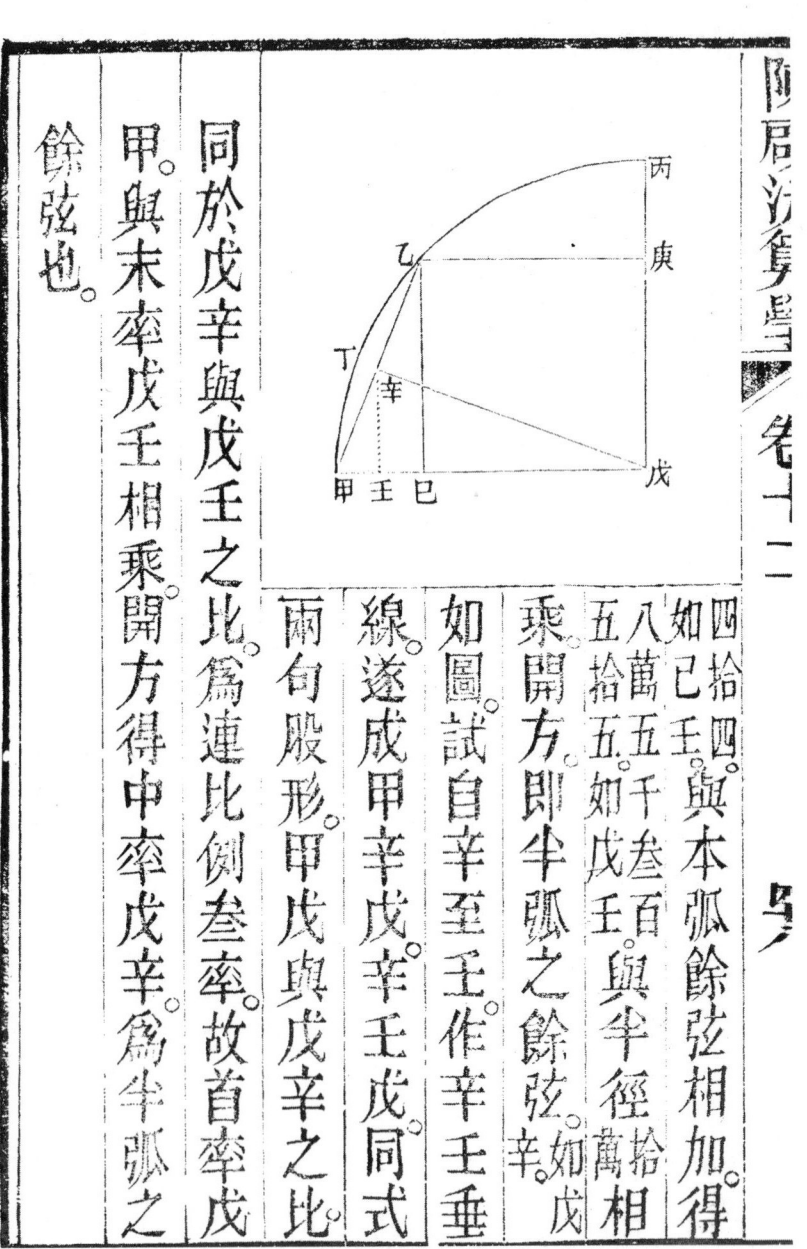

四拾四。如己壬。與本弧餘弦相加。得八萬五千叁百五拾五。如戊壬。與半徑拾萬相乘。開方。即半弧之餘弦。如戊辛。如圖。試自辛至壬作辛壬垂線。遂成甲辛戊辛壬戊同式兩句股形。甲戊與戊辛之比。同於戊辛與戊壬之比。爲連比例叁率。故首率戊甲與末率戊壬相乘。開方得中率戊辛。爲半弧之餘弦也。

假如本弧叁拾六度之正弦五萬八千七百七拾八

求其叁分之壹拾弐度之正弦若干

答曰弐萬零七百九拾壹沅按益實歸除畧不符合此題出厨氏姑仍之

古法用連比例四率。倍本弧之正弦。得拾壹萬七千五百五拾七。為七拾弐度之通弦。乃以半徑自乘得壹百億。用七拾弐度之通弦再乘。得壹千壹百七拾五兆五千七百零五億零四百五拾八萬四千為實。以半徑拾萬自乘。叁因之。得叁百億為法。按益實歸除之法。除實得四萬壹千五百八拾弐。為弐拾四度之通弦。折半。即拾弐度之正弦。如甲乙丙九拾度壹象限甲乙弧叁拾六度甲丁爲其正弦倍之得甲巳即七拾弍度之通弦也試以七拾弍度取其叁分之壹也弍拾四度爲甲庚弧其通弦甲庚與甲戊庚戊兩半徑

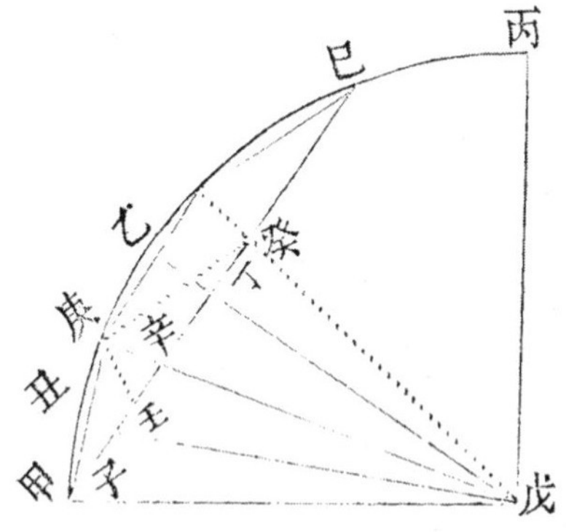

成壹戊甲庚叁角形又庚戊半徑截甲巳通弦於辛成庚甲辛叁角形又依庚辛度向辛甲邊作庚壬線成庚辛壬之叁角形此叁形俱爲同式其相

當各邊俱成相連比例。故以甲爲壹率爲法。以甲庚爲弍率。與庚辛爲叁率相乘爲寔。法除寔。得辛壬爲四率也。今甲巳七拾弍度之通弦內有甲庚弍率之叁倍。而少壹辛壬四率。蓋巳癸。癸壬。壬辛。辛甲。叁段皆與甲庚弍率等。而癸壬。辛甲。兩段內却垂辛壬壹小段。是通弦內有叁弍率少壹四率也。若以甲巳通弦爲高。與壹率半徑自乘之方面相乘所成之長方體。則比叁倍弍率爲高。與壹率半徑自乘之方面相乘所成之長方體。必少壹四率。惟高與壹率半徑自乘方面相乘所成之扁方體。此扁方體與弍率自乘再乘之正方體筭。故以壹率半徑自乘之叄方面爲法除寔。每次所得弍率之數。自乘再乘。益入原積。則積漸增。與叄倍弍率。與壹率半徑自乘之方面相乘。所成之長方體。合而除得之數。即爲弍率。既得甲庚弍率。爲弍拾四度之通弦半之。得甲子。即甲丑弧拾弍度之正弦也。

假如四拾五度之正弦七萬零七百壹拾餘弦亦七萬零七百壹拾又有弍拾四度之正弦四萬零六百七拾叄餘弦九萬壹千叄百五拾四求兩弧相

加六拾九度之正弦及兩弧相減弍拾壹度之正弦各若干　答曰六拾九度之正弦九萬叁千叁百五拾八弍拾壹度之正弦叁萬五千八百叁拾六　法以半徑拾萬爲壹率。如乙戊爲法。四拾五度之正弦爲弍率。如乙己與弍拾四度之餘弦爲叁率。如庚戊相乘爲寔。法除寔求得四率六萬四千五百九拾七。如庚辛即如壬癸又以半徑爲壹率。如乙戊爲法。四拾五度之餘弦爲弍率。如己戊與弍拾四度之正弦爲叁率。如丙庚相乘爲寔。法除寔求得四率弍萬八千七百六拾。如丙壬乃以兩

四率相加。得九萬叁千叁百
五拾八。如丙癸。
即相加弧甲。如丙六拾九度之
正弦。如以兩四率相減。餘叁萬
五千八百叁拾六。即相減弧
如寅癸。即如子丑。
如子式拾壹度之正弦也。如
甲
甲乙丙丁九拾度壹象限。乙

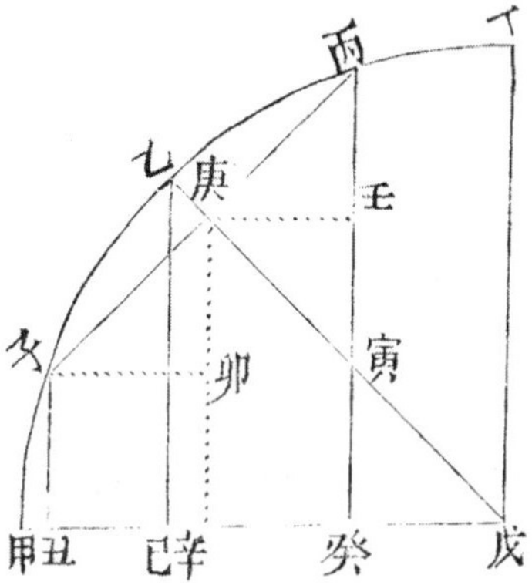

甲弧四拾五度。丙乙弧弍拾四度。相加為丙甲弧。
六拾九度相減。餘子甲弧弍拾壹度。乙巳戊與庚
辛戊為同式句股形。故乙戊與乙巳之比。同庚戊

與庚辛之比。又乙巳戊與丙壬庚。亦爲同式句股形。故乙戊與巳戊之比。同丙庚與丙壬之比。既得庚辛。與壬癸等。與丙壬則加減而得相加相減弧之正弦矣。

假如八拾四度之弧。距六拾度弍拾四度正弦九萬九千四百五拾弍。又有叁拾六度之弧。距六拾度亦弍拾四度正弦五萬八千七百七拾八。求距弧弍拾四度之正弦若干。　荅曰四萬零六百七拾叁。　法以八拾四度之正弦。如丙庚。內減叁拾六度之正弦。如乙辛。即如壬庚。餘四萬零六百七拾叁。如丙壬。即如乙癸。即距弧之正弦。

弍拾四度之正弦。如有距六拾度。前弍拾四度。爲叄拾六度。其正弦五萬八千七百七拾八。距弧弍拾四度之正弦。四萬零六百七拾叄。求距六拾度。後弍拾四度。爲八拾四度之正弦。則以叄拾

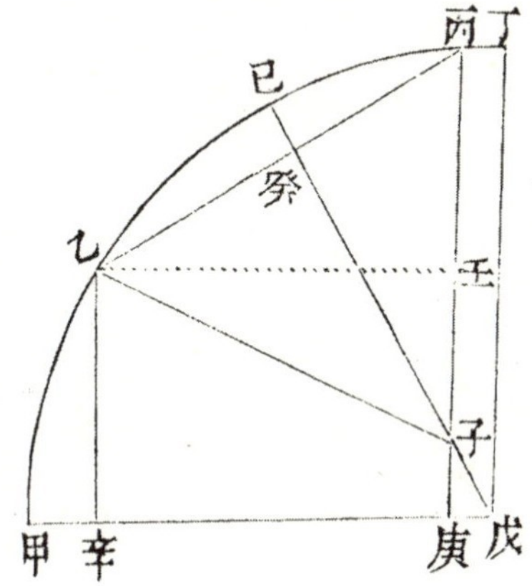

六度正弦。如乙辛。即如壬庚。與距弧弍拾四度之正弦。如乙癸。即如丙壬。相加即得八拾四度之正弦。九萬九千四百五拾弍。如丙庚。又如有距六拾度後弍拾四度。爲八拾四度。其

正弦九萬九千四百五拾弐。距弧弐拾四度之正弦四萬零六百七拾叁。求距六拾度。前弐拾四度爲叁拾六度之正弦。則以八拾四度之正弦。如丙庚。與距弧弐拾四度之正弦。如丙壬。相減餘即叁拾六度之正弦。如五萬八千七百七拾八。如壬庚。如甲乙丙丁九拾度壹象限。其已甲弧六拾度。丙甲弧八拾四度。丙距已弐拾四度。乙甲弧叁拾六度。乙距已亦弐拾四度。試自已至象限中心作已戊線。又自丙至乙作乙丙線。又自乙至子作乙子線。又自丙與丁戊平行作丙庚線。遂成丙子乙等邊叁角形。丙壬爲丙子之半。丙癸爲丙乙之半。丙子既與丙乙等。則丙壬亦必與丙癸等。有此法。凡有六拾度以前各弧之正弦。則以各距弧之正弦。與之相加。可得六拾度以後叁拾度各弧之正弦。若有六拾度以後各弧之正弦。則以各距弧之正弦。與之相減。可得六拾度以前叁拾度各弧之正弦。六拾度前後叁拾度之正弦用加減。而即得較之句股。比例諸法。尤爲簡便也。

假如四拾八度之正弦七萬四千叁百拾四餘弦六

萬六千九百壹拾叁求正矢正切正割餘矢餘切餘割各若干　荅曰正矢叁萬叁千零八拾六正切拾壹萬壹千零六拾壹正割拾四萬九千四百

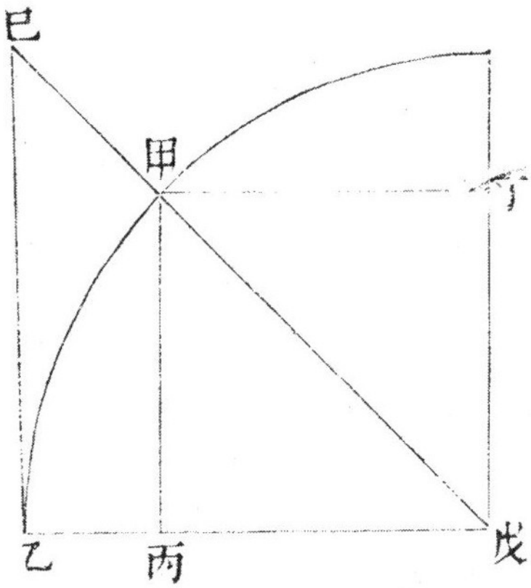

四拾七餘矢弍萬五千六百八拾五餘切九萬零四拾餘割拾叁萬四千五百六拾叁

法以半徑拾萬內減去餘弦。餘即正矢。如乙丙。以餘弦爲壹率。如丁甲。即如戊丙。正弦爲弍率。如甲丙半徑爲叁率。如戊乙。求得四率。如己乙。即正切以餘弦爲壹率。如戊丙。半徑爲式率。如戊甲。仍以半徑爲叁率。如戊乙。求得四率。如戊己。即正割如圖甲乙弧四拾八度。甲丙戊。己乙戊。兩句股形爲同式。故戊丙與甲丙之比。同於戊乙與己乙之比。而得正切。又戊丙與甲戊之比。同於戊乙與己戊之比。而得正割也。

若求餘線。則以半徑內減去正弦。餘即餘矢。如己丁。以正弦爲壹率。如甲丙。即丁戊。爲法。餘弦爲式率。如丁甲。與半徑爲叁率。如己戊。相乘爲寔。法除寔。求得四率。

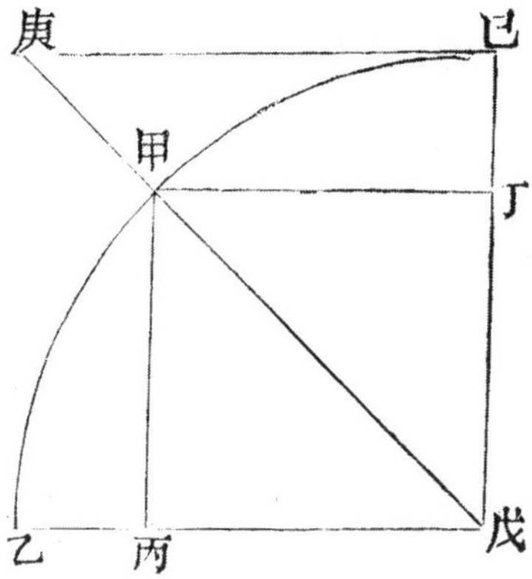

如已庚。即餘切。以正弦爲壹率。如丁戊爲法。以半徑爲弍率。如戊甲。仍以半徑爲叁率。如戊已相乘爲寔。法除寔。求得四率。如戊庚。即餘割。蓋甲丁戊庚已戊。兩句股形爲同式。故丁戊與丁甲之比。同於已戊與已庚之比。而得餘切。又丁戊與甲戊之比。同於已戊與戊庚之比。而得餘割也。

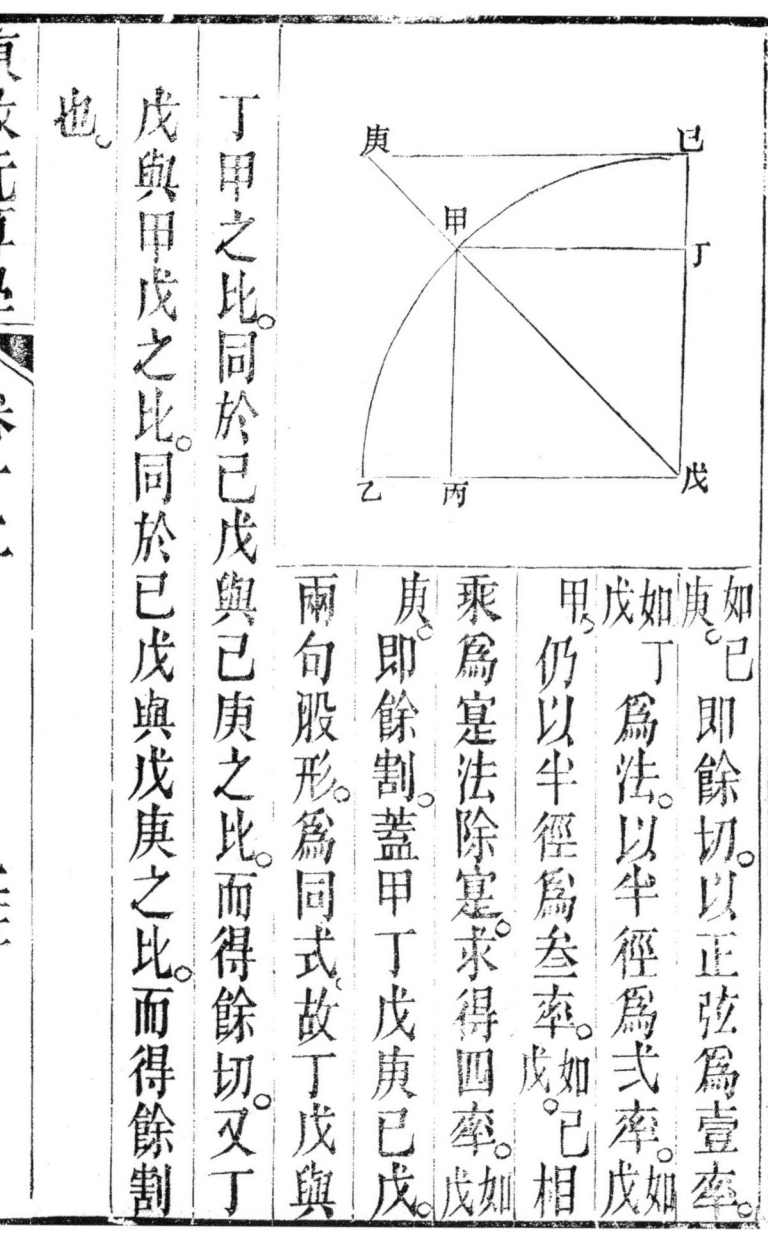

假如本弧叁拾六度之正弦五萬八千七百七拾八餘弦八萬零九百零壹求倍弧七拾弍度之正弦餘弦各若干　答曰正弦九萬五千壹百零五餘弦叁萬零九百零壹　法以半徑拾萬為壹率。如戊乙為法。本弧正弧為弍率。如乙己。與本弧餘弦為叁率。如庚乙。即如戊己。又如戊辛。相乘為寔。法除寔求得四率。四萬七千五百五拾弍。如辛癸。即如子壬。倍之。即倍弧之正弦。如丁壬。求餘弦。則以本弧正弦自乘。以半徑拾萬除之。得叁萬四千五百四十九。如甲癸。倍之。得六萬九千零九拾八。如甲壬。與半徑拾萬。如甲戊。相減。

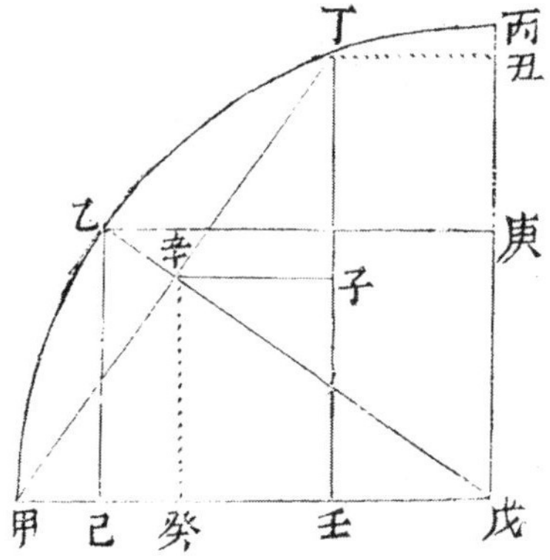

餘即倍弧之餘弦（如戊壬即如丁丑。）

如圖。甲乙丙九拾度壹象限。甲乙弧。叁拾六度。倍之爲甲丁弧七拾弍度。乙巳爲本弧之正弦。庚乙爲本弧之餘弦。與戊辛等。（蓋辛甲與乙巳等。則戊辛必與戊己等。戊己即庚乙也。）丁壬爲倍弧之正弦。丁丑爲倍弧之餘弦。試與乙巳平行。作辛癸線。遂成戊乙巳戊辛癸。同式兩句股形。戊乙與乙巳之比。同於戊辛與辛癸之比為相當比例四率。而辛癸與子壬等。為丁壬之半。蓋辛甲為丁甲之半。則辛癸亦為丁壬之半。故倍之得丁壬為倍弧之正弦。又如求餘弦。甲辛戊。甲癸辛。同式兩句股形。甲戊與甲辛之比。同於甲辛與甲癸之比為連比例叁率。既得甲癸。倍之得甲壬。蓋甲丁為甲辛之倍。則甲壬亦為甲癸之倍。與甲戊半徑相減。餘壬戊與丁丑等。即倍弧之餘弦也。

八線表度數丈尺俱橫推壹度則寫壹 叁拾弍度則寫弍叁 如丈尺以左為大數右為小數橫推

度數	正弦	餘弦
壹	壹七四五弍四	九九九八四七七
弍	叁四八九九五	九九九叁九〇八
叁	五弍叁叁六〇	九九八六弍九五
四	六九七五六五	九九七五六四〇
五	八七壹五五七	九九六壹九四七
六	壹〇四五弍八五	九九四五弍壹八
七	壹弍壹八六九叁	九九弍五四六弍
八	壹叁九壹七叁〇	九九〇弍六八〇
九	壹五六四叁四五	九八七六八八叁
拾	壹七叁六四八弍	九八四八〇七七
拾壹	壹九〇八〇九〇	九八壹六弍七壹
拾弍	弍〇七九壹壹七	九七八壹四七六
拾叁	弍弍四九五壹壹	九七四叁七〇壹
拾四	弍四壹九弍壹九	九七〇弍九五七
拾五	弍五八八壹九〇	九六五九弍五八
拾六	弍七五六叁七四	九六壹弍六壹七
拾七	弍九弍叁七壹七	九五六叁〇四八
拾八	叁〇九〇壹七〇	九五壹〇五六五

度數	正切	正割
壹	壹七四五五壹	壹〇〇〇壹五弍叁
弍	叁四九弍〇八	壹〇〇〇六〇九五
叁	五弍四〇七八	壹〇〇壹叁七弍叁
四	六九九弍六八	壹〇〇弍四四壹九
五	八七四八八七	壹〇〇叁八壹九八
六	壹〇五壹〇四弍	壹〇〇五五〇八弍
七	壹弍弍七八四六	壹〇〇七五〇九九
八	壹四〇五四〇八	壹〇〇九八弍七六
九	壹五八叁八四四	壹〇壹弍四六五壹
拾	壹七六叁弍七〇	壹〇壹五四弍六七
拾壹	壹九四叁八〇叁	壹〇壹八七壹六八
拾弍	弍壹弍五五六五	壹〇弍弍叁四〇七
拾叁	弍叁〇八六八弍	壹〇弍六叁〇叁九
拾四	弍四九叁弍八〇	壹〇叁〇六壹叁五
拾五	弍六七九四九弍	壹〇叁五弍七六弍
拾六	弍八六七四五四	壹〇四〇弍九九四
拾七	叁〇五七叁〇七	壹〇四五六九壹八
拾八	叁弍四九壹九七	壹〇五壹四六弍弍

餘切

五	七	弍	八	九	九	八	叁	○
弍	八	六	叁	六	弍	四	九	八
壹	九	○	八	壹	壹	弍	○	壹
壹	四	叁	○	○	六	六	○	弍
壹	壹	四	叁	○	○	五	七	九

九	五	壹	四	叁	六	四	五
八	壹	四	四	叁	四	六	四
七	壹	壹	五	叁	六	九	七
六	叁	壹	弍	七	五	壹	五
五	六	七	壹	弍	八	壹	八
五	壹	四	四	五	五	四	○
四	七	○	四	六	叁	○	壹
四	叁	叁	壹	四	七	五	九
四	○	壹	○	七	八	○	九
叁	七	叁	弍	○	五	○	八
叁	四	八	七	四	壹	四	四
叁	弍	七	○	八	五	弍	六
叁	○	七	七	六	八	叁	五

餘割

五	七	弍	九	八	七	○	九	九
弍	八	六	五	叁	七	○	四	九
壹	九	壹	○	七	叁	○	六	○
壹	四	叁	叁	五	五	八	壹	○
壹	壹	四	七	叁	七	壹	八	八

九	五	六	六	七	七	弍	弍
八	弍	○	五	五	○	九	○
七	壹	八	五	弍	九	六	五
六	叁	九	弍	四	五	叁	弍
五	七	五	八	七	七	○	五
五	弍	四	○	八	四	叁	壹
四	八	○	九	七	叁	四	叁
四	四	四	五	四	壹	壹	五
四	壹	叁	叁	五	六	五	五
叁	八	六	叁	七	○	叁	叁
叁	六	弍	七	九	五	五	叁
叁	四	弍	○	叁	○	叁	六
叁	弍	叁	六	○	六	八	○

度數	正弦	餘弦
拾九	叁弍五五六八弍	九四五五壹八五
弍拾	叁四弍〇弍〇壹	九叁九六九弍六
弍壹	叁五八叁六七九	九叁叁五八〇四
弍弍	叁七四六〇六六	九弍七壹八叁九
弍叁	叁九〇七叁壹壹	九弍〇五〇四九
弍四	四〇六七叁六六	九壹叁五四五五
弍五	四弍弍六壹八叁	九〇六叁〇七八
弍六	四叁八叁七壹壹	八九八七九四〇
弍七	四五叁九九〇五	八九壹〇〇六五
弍八	四六九四七壹六	八八弍九四七六
弍九	四八四八〇九六	八七四六壹九七
叁拾	五〇〇〇〇〇〇	八六六〇弍五四
叁壹	五壹五〇叁八壹	八五七壹六七叁
叁弍	五弍九九壹九叁	八四八〇四八壹
叁叁	五四四六叁九〇	八叁八六七〇六
叁四	五五九壹九弍九	八弍九〇叁七六
叁五	五七叁五七六四	八壹九壹五弍〇
叁六	五八七七八五叁	八〇九〇壹七〇

正切

六弍○弍九七七六四四○叁六四六五五六
七○四六四八七弍五九九○○九七八七弍
弍七六弍七弍○叁弍○○五六六○○○四
叁九八○四弍叁七五七叁叁八八四五弍五
四叁叁四四五六七九壹四七○四九四○六
四六八○弍四六八○叁五七○弍四七○弍
叁叁叁四四四四四五五五五六六六六七七

正割

七八○七四叁九九弍壹壹五四四叁○六○
○七五四○六七壹六○四○叁八叁八四八
弍七四叁六叁七○弍七五○叁七六壹七六
六壹壹五叁六叁六叁五叁七六壹叁弍七○
七四壹八六四叁弍弍弍叁四六九弍六○六
五六七七八九○壹弍叁四五六七九○弍叁
○○○○○○壹壹壹壹壹壹壹壹壹弍弍弍
壹壹壹壹壹壹壹壹壹壹壹壹壹壹壹壹壹壹

度數	餘切	餘割
拾九	弍九○四弍壹○九	叁○七壹五五叁五
弍拾	弍七四七四七七四	弍九弍叁八○四四
弍壹	弍六○五○八九壹	弍七九○四弍八壹
弍弍	弍四七五○八六九	弍六六九四六七弍
弍叁	弍叁五五八五弍四	弍五五九叁○四七
弍四	弍弍四六○叁六八	弍四五八五九叁叁
弍五	弍壹四四五○六九	弍叁六六弍○壹六
弍六	弍○五○叁○叁八	弍弍八壹壹七弍○
弍七	壹九六弍六壹○五	弍弍○弍六八九叁
弍八	壹八八○七弍六五	弍壹叁○○五四五
弍九	壹八○四○四七八	弍○六弍六六五叁
叁拾	壹七叁弍○五○八	弍○○○○○○○
叁壹	壹六六四弍七九五	壹九四壹六○四○
叁弍	壹六○○叁叁四五	壹八八七○七九九
叁叁	壹五叁九八六五○	壹八叁六○七八四
叁四	壹四八弍五六壹○	壹七八八弍九壹六
叁五	壹四弍八壹四八○	壹七四叁四四六八
叁六	壹叁七六叁八壹九	壹七○壹叁○壹六

度數	正弦	餘弦
叁七	六○壹八壹五○	七九八六叁五五
叁八	六壹五六六壹五	七八八○壹○八
叁九	六式九叁式○四	七七七壹四六○
四拾	六四式七八七六	七六六○四四四
四壹	六五六○五九○	七五四七○九六
四式	六六九壹叁○六	七四叁壹四四八
四叁	六八壹九九八四	七叁壹叁五叁七
四四	六九四六五八四	七壹九叁叁九八
四五	七○七壹○六八	七○七壹○六八
四六	七壹九叁叁九八	六九四六五八四
四七	七叁壹叁五叁七	六八壹九九八四
四八	七四叁壹四四八	六六九壹叁○六
四九	七五四七○九六	六五六○五九○
五拾	七六六○四四四	六四式七八七六
五壹	七七七壹四六○	六式九叁式○四
五式	七八八○壹○八	六壹五六六壹五
五叁	七九八六叁五五	六○壹八壹五○
五四	八○九○壹七○	五八七七八五叁

東文元算學 卷十二 卒

陳啟沅算學卷十二之

度數	餘切	餘割
叁七	壹叁弍七○四四八	壹六六壹六四○壹
叁八	壹弍七九九四壹六	壹六弍四弍六九弍
叁九	壹弍叁四八九七弍	壹五八九○壹五七
四拾	壹壹九壹七五叁六	壹五五五七弍叁八
四壹	壹壹五○叁六八四	壹五弍四弍五叁壹
四弍	壹壹壹○六壹弍五	壹四九四四七六五
四叁	壹○七弍叁六八七	壹四六六弍七九弍
四四	壹○叁五五叁○叁	壹四叁九五五六五
四五	壹○○○○○○○	壹四壹四弍壹叁六
四六	九六五六八八八	壹叁九○壹六叁六
四七	九叁弍五壹五壹	壹叁六七叁弍七五
四八	九○○四○四壹	壹叁四五六叁弍七
四九	八六九弍八六八	壹叁弍五○壹叁○
五拾	八叁九○九九六	壹叁○五四○七叁
五壹	八○九七八四○	壹弍八六七五九六
五弍	七八壹弍八五六	壹弍六九○壹八弍
五叁	七五叁五五四○	壹弍五弍壹叁五七
五四	七弍六五四弍六	壹弍叁六○六八○

正切	正割
七五叁五五四○	壹弍五弍叁叁五七
七八壹弍八五六	壹弍六九○壹八弍
八○九七八四○	壹弍八六七五九六
八叁九○九九六	壹叁○五四○七叁
八六九弍八六八	壹叁弍五○壹叁○
九○○四○四壹	壹叁四五六叁弍七
九叁弍五壹五壹	壹叁六七叁弍七五
九六五六八八八	壹叁九○壹六叁六
壹○○○○○○○	壹四壹四弍壹叁六
壹○叁五五叁○叁	壹四叁九五五六五
壹○七弍叁六八七	壹四六六弍七九弍
壹壹壹○六壹弍五	壹四九四四七六五
壹壹五○叁六八四	壹五弍四弍五叁壹
壹壹九壹七五叁六	壹五五五七弍叁八
壹弍叁四八九七弍	壹五八九○壹五七
壹弍七九九四壹六	壹六弍四弍六九弍
壹叁弍七○四四八	壹六六壹六四○壹
壹叁七六叁八壹九	壹七○壹叁○壹六

度數	正弦	餘弦
五五	八壹九壹五弍〇	五七叁五七六四
五六	八弍九〇叁七六	五五九壹九弍九
五七	八叁八六七〇六	五四四六叁九〇
五八	八四八〇四八壹	五弍九九壹九叁
五九	八五七壹六七叁	五壹五〇叁八壹
六拾	八六六〇弍五四	五〇〇〇〇〇〇
六壹	八七四六壹九七	四八四八〇九六
六弍	八八弍九四七六	四六九四七壹六
六叁	八九壹〇〇六五	四五叁九九〇五
六四	八九八七九四〇	四叁八叁七壹壹
六五	九〇六叁〇七八	四弍弍六壹八叁
六六	九壹叁五四五五	四〇六七叁六六
六七	九弍〇五〇四九	叁九〇七叁壹壹
六八	九弍七壹八叁九	叁七四六〇六六
六九	九叁叁五八〇四	叁五八叁六七九
七拾	九叁九六九弍六	叁四弍〇弍〇壹
七壹	九四五五壹八五	叁弍五五六八弍
七弍	九五壹〇五六五	叁〇九〇壹七〇

餘切

七〇〇弍〇七五
六七四五〇八五
六四九四〇七六
六弍四八六九四
六〇〇八六〇六
五七七叁五〇叁
五五四叁〇九〇
五叁壹七〇九四
五〇九五弍五四
四八七七叁弍六
四六六叁〇七七
四四五弍弍八七
四弍四四七四九
四〇四〇弍六弍
叁八叁八六四〇
叁六叁九七〇弍
叁四四叁弍七六
叁弍四九壹九七

餘割

壹弍弍〇七七四六
壹弍〇六弍壹八〇
壹壹九弍叁六叁叁
壹壹七九壹七八四
壹壹六六六叁叁四
壹壹五四七〇〇五
壹壹四叁叁五四壹
壹壹叁弍五七〇壹
壹壹弍弍叁弍六弍
壹壹壹弍六〇壹九
壹壹〇叁叁七七九
壹〇九四六叁六叁
壹〇八六叁六〇四
壹〇七八五叁四七
壹〇七壹壹四五〇
壹〇六四壹七七八
壹〇五七六弍〇七
壹〇五壹四六弍弍

度數	正切	正割
五五	壹四式八壹四八○	壹七四叁四四六八
五六	壹四八式五六壹○	壹七八八二九壹六
五七	壹五叁九八六五○	壹八叁六○七八四
五八	壹六○○叁叁四五	壹八八七○七九九
五九	壹六六四式七九五	壹九四壹六○四○
六拾	壹七叁式○五○八	式○○○○○○○
六壹	壹八○四○四七八	式○六式六六五叁
六式	壹八八○七式六五	式壹叁○○五四五
六叁	壹九六式六壹○五	式式○式六八九叁
六四	式○五○叁○叁八	式式八壹壹七式○
六五	式壹四四五○六九	式叁六六式○壹六
六六	式式四六○叁六八	式四五八五九叁叁
六七	式叁五五八五式四	式五五九叁○四七
六八	式四七五○八六九	式六六九四六七式
六九	式六○五○八九壹	式七九○四式八壹
七拾	式七四七四七七四	式九式叁八○四四
七壹	式九○四式壹○九	叁○七壹五五叁五
七式	叁○七七六八叁五	叁式叁六○六八○

度數	正弦	餘弦
七叁	九五六叁○四八	弍九弍叁七壹七
七四	九六壹弍六壹七	弍七五六叁七四
七五	九六五九弍五八	弍五八八壹九○
七六	九七○弍九五七	弍四壹九弍壹九
七七	九七四叁七○壹	弍弍四九五壹壹
七八	九七八壹四七六	弍○七九壹壹七
七九	九八壹六弍七壹	壹九○八○九○
八拾	九八四八○七七	壹七叁六四八弍
八壹	九八七六八八叁	壹五六四叁四五
八弍	九九○弍六八○	壹叁九壹七叁○
八叁	九九弍五四六弍	壹弍壹八六九叁
八四	九九四五弍壹八	壹○四五弍八五
八五	九九六壹九四七	八七壹五五七
八六	九九七五六四○	六九七五六五
八七	九九八六弍九五	五弍叁叁六○
八八	九九九叁九○八	叁四八九九五
八九	九九九八四七七	壹七四五弍四
九拾	○○○○○○○	

度數	餘切	餘割
七叁	叁○五七叁○七	壹○四五六九壹八
七四	弍八六七四五四	壹○四○弍九九四
七五	弍六七九四九弍	壹○叁五弍七六弍
七六	弍四九叁弍八○	壹○叁○六壹叁五
七七	弍叁○八六八弍	壹○弍六叁○叁九
七八	弍壹弍五五六五	壹○弍弍叁四○七
七九	壹九四叁八○叁	壹○壹八七壹六八
八拾	壹七六叁弍七○	壹○壹五四弍六七
八壹	壹五八叁八四四	壹○壹弍四六五壹
八弍	壹四○五四○八	壹○○九八弍七六
八叁	壹弍弍七八四六	壹○○七五○九九
八四	壹○五壹○四弍	壹○○五五○八弍
八五	八七四八八七	壹○○叁八壹九八
八六	六九九弍六八	壹○○弍四四壹九
八七	五弍四○七八	壹○○壹叁七弍叁
八八	叁四九弍○八	壹○○○六○九五
八九	壹七四五五壹	壹○○○壹五弍叁
九拾		壹○○○○○○○

正切

六四八九九壹○八五七四五九弍壹八○
弍四○○五○四壹壹九六四七○○九叁
五壹五八七叁五八五六四六五六弍四八
八四○七四六五弍七叁叁叁○六壹弍九
○七弍○壹四四壹叁五四四○○壹六九
七八叁壹叁○四七壹壹四壹叁○八叁八
弍四七○叁七壹六叁壹壹五四叁○六弍
叁叁叁四四四五五六七八九壹四九八七
壹壹壹弍五

正割

六叁叁五五叁壹五弍五○弍八○○九九
叁五叁五壹四叁○叁六九弍八壹六四九
○五○六壹叁四七五九○七壹八○○○
叁九七五四七八七四弍五七七五叁七七
○七叁叁五九○八弍五五六叁五七叁八
弍弍六弍四○四五九八○六七叁○五九
四六八壹四八弍七叁壹弍五四叁壹六弍
叁叁叁四四四五五六七八九壹四九八七
壹壹壹弍五

八線者。正弦。餘弦。正切線。餘切線。正割線。餘割線。正矢。餘矢也。今表內只列正弦。餘弦。正切。餘切。正割。餘割。而不列正矢。餘矢者。何也。葢正矢即半徑減餘弦之數。餘矢即半徑減正弦之數。內雖不列表。而數已寓於中矣。用者當知。

謹按。數理精蘊八線表。每度每分每拾杪逐層遞析。各列八線。用以推測步算。杪微皆爲密合。誠超前軼後之作。茲刻限於卷帙。第就壹象限內九拾度。逐度列之。若求分杪。可用勾股割圜之法。而遞

折之如求壹度叁拾分之正弦則先以壹度之正
弦爲股壹度之正矢爲勾用勾股求弦法求得壹
七四五叁零六即六拾分之通弦半之得捌七弍
六五叁即叁拾分之正弦再以半徑爲弦又以叁
拾分正弦爲勾用勾弦求股法求得九九九九六
壹於即叁拾分之餘弦以半徑減餘弦得叁捌壹
即叁拾分之正矢今以壹度之餘弦減去弍度之
餘弦所餘四五六九半之得弍弍捌四五加入弍
度之餘弦得九九九六壹九弍五借用爲實又借

叁拾分之餘弦。九九九九六壹九爲法。法除實。得九九九六五七。又借叁拾分之正矢。叁捌壹乘之。得叁捌零捌六九叁。加入九九九六壹九弍五。得九九九六五七叁叁。卽壹度叁拾分之餘弦也。以餘弦爲股。以半徑爲弦。用股弦求勾法求得弍六壹七六九。卽壹度叁拾分之正弦也。如求壹度四拾五分之正弦。則以壹度叁拾分之餘弦。以減弍度之餘弦。照前法求之。則分秒之正弦皆可求得也。如數學精詳。敎人以中比例兩正弦相減之法。

俱皆不合。至本卷割圓求邊各等法亦以中比例

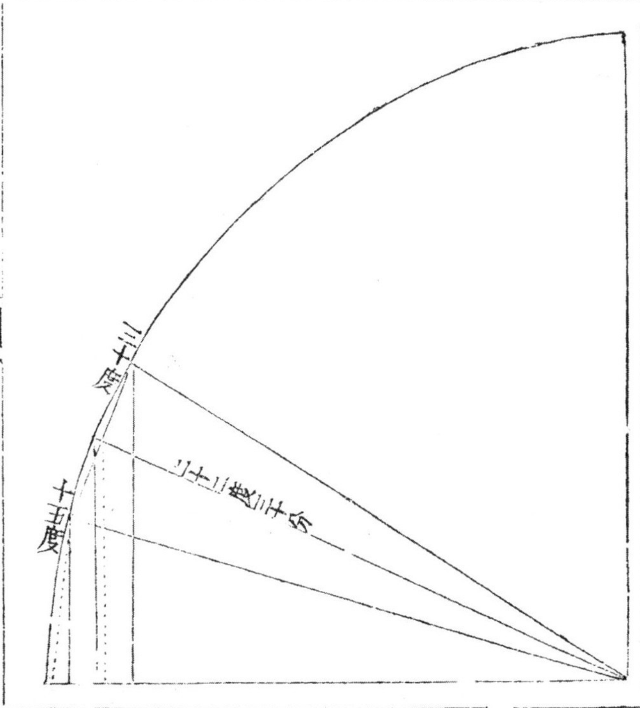

引導後人者。蓋割圓求邊。斷無盡數之理。使學者易入手耳。幸勿謂爲自相矛盾。故特贅批於此。所立之圖。卽弍拾弍度叁拾分之正弦以比例之。餘度皆倣此矣。

理分中末線法

假如以拾萬爲全份。作相連比例。問大小份各若干。

答曰大份六萬壹千八百零叁叁九九

小份叁萬八千壹百九拾六八六零壹

法以拾萬自乘。得壹百億。如甲乙己辛正方積。即爲丁戊己庚長方積。以拾萬爲長濶較。如乙己用帶縱較數開平方法算之。得濶爲大份。如丙乙以大份與全份相減。餘爲小份。如甲丙即相連比例也。此法。盖因全份與小份相乘之長方積。如甲丙庚辛與大份自乘之正方積等。如丁戊

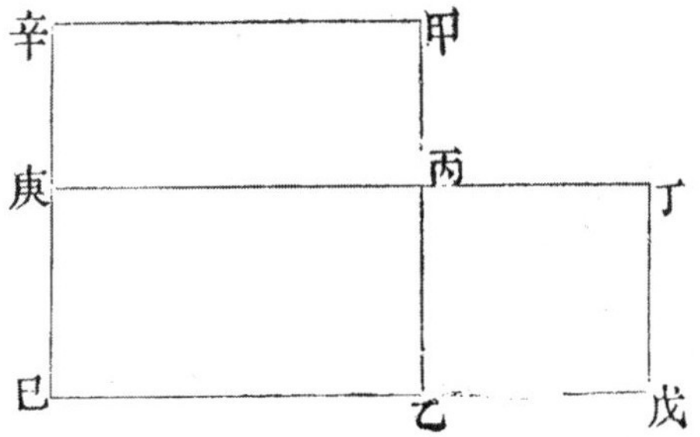

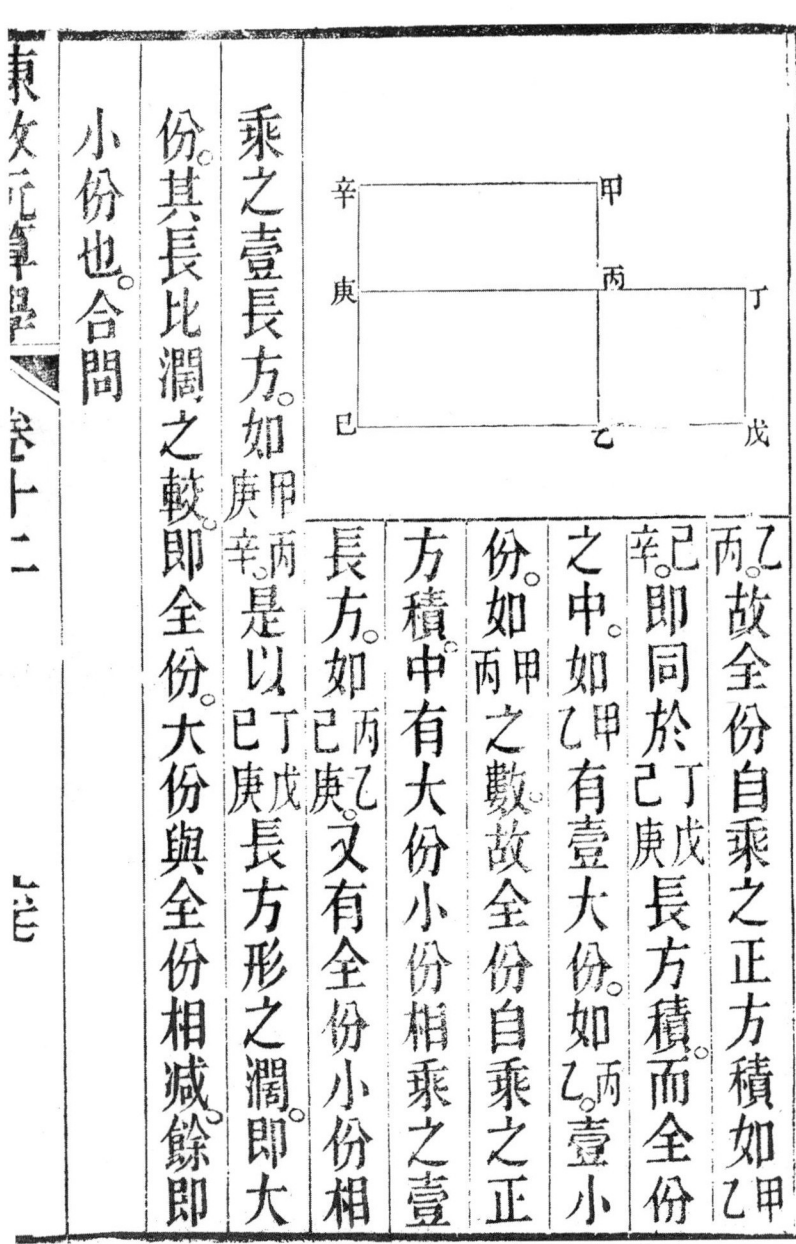

乙丙。故全份自乘之正方積如甲乙己辛。即同於丁戊己庚長方積。而全份之中。如甲乙有壹大份。如丙乙壹小份。如甲丙之數。故全份自乘之正方積。中有大份小份相乘之壹長方。如丙乙己庚。又有全份小份相乘之壹長方。如甲丙庚辛。是以丁戊己庚長方形之濶。即大份。其長比濶之較。即全份。大份與全份相減。餘即小份也。合問

增設五數率理分中末線法

假如五萬爲全份。亦作相連比例。問大小份各若干

答曰大份叁萬零九百零壹七小份壹九零九八叁

法以全份五萬自乘。得式拾五億爲正方積以五萬爲長闊較用帶縱較數開平方法算之。得闊爲大份。與全份相減。餘即爲小份也。合問。

上用拾萬之設。蓋有不盡之數。茲以五萬爲全份。則大份小份均皆恰盡。故別爲五數率。非特變古出新也。特此贅批。

算學卷十二終

陳啟沅算學卷拾叁

南海息心居士陳啟沅芷馨甫集著
門人順德林寬葆容圃氏校刊
次男　陳簡芳藹軒甫繪圖

測量比例

陳啟沅曰。古有云。理有盡。而數不能盡。式語真得理氣之奧者也。先哲已將各數分列九章。而又用叁角以補句股之遺。復有割圓以補少廣之缺。將謂數之可盡矣。而不知尚有各形體積壹術。幾不可盡。況測量之道乎。大而至於天地山川。小而及於埃渺漠末。若非比例豈能得其大意乎。其比例之法。約有拾種。曰表測。曰器測。曰氣測。曰衡測。曰度測。曰聲測。曰水測。曰鏡測。曰意測。曰影測。曰拾測之外。尚有未能盡述者。茲將各法畧詳於後。雖未足爲後世法。然亦可作消譴之壹助也。

表測比例論

陳啟沅曰：表測之法，蓋即周髀所謂偃矩、卧矩之術。今以重矩而謂之表耳。實與器測同理，遇器測不能移其表于前後，故其立算畧異。爲用表竿則能進退自處，但表之測不及儀器測之準，故西人製爲量天尺，即重表之類耳。茲特分爲兩種，將古法前錄再伸明之，學者從此類推可也。

表測比例譜

假如有樓壹座，欲測其高，用不等兩表測之，問得高

若干　答曰叁丈　法先立長表比人目高六尺如丙丁。看樓脊去表五尺四寸如丁目。方與表端參合。又退後量弍丈。如立短表比人目高四尺如戊己。看樓脊去表六尺四寸如己目。方與表端參合。乃以前表六尺為壹率為法。前表距目五尺四寸為弍率。後表四尺為叁率。弍率與叁率相乘為寔。法除寔得四率叁尺六寸如辛目為前表與後表同高所得之距目分叏以所得之叁尺六寸與後表距目六尺四寸相減。餘弍尺八寸如壬目。為壹率為法。後表四尺為弍率。以前表距目五尺四寸內減所得之叁尺六寸

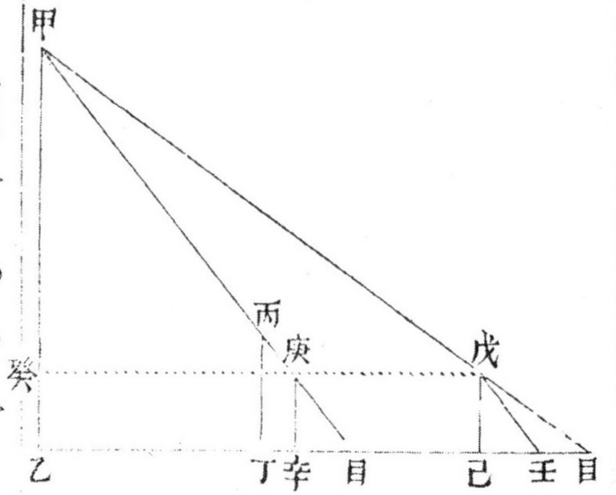

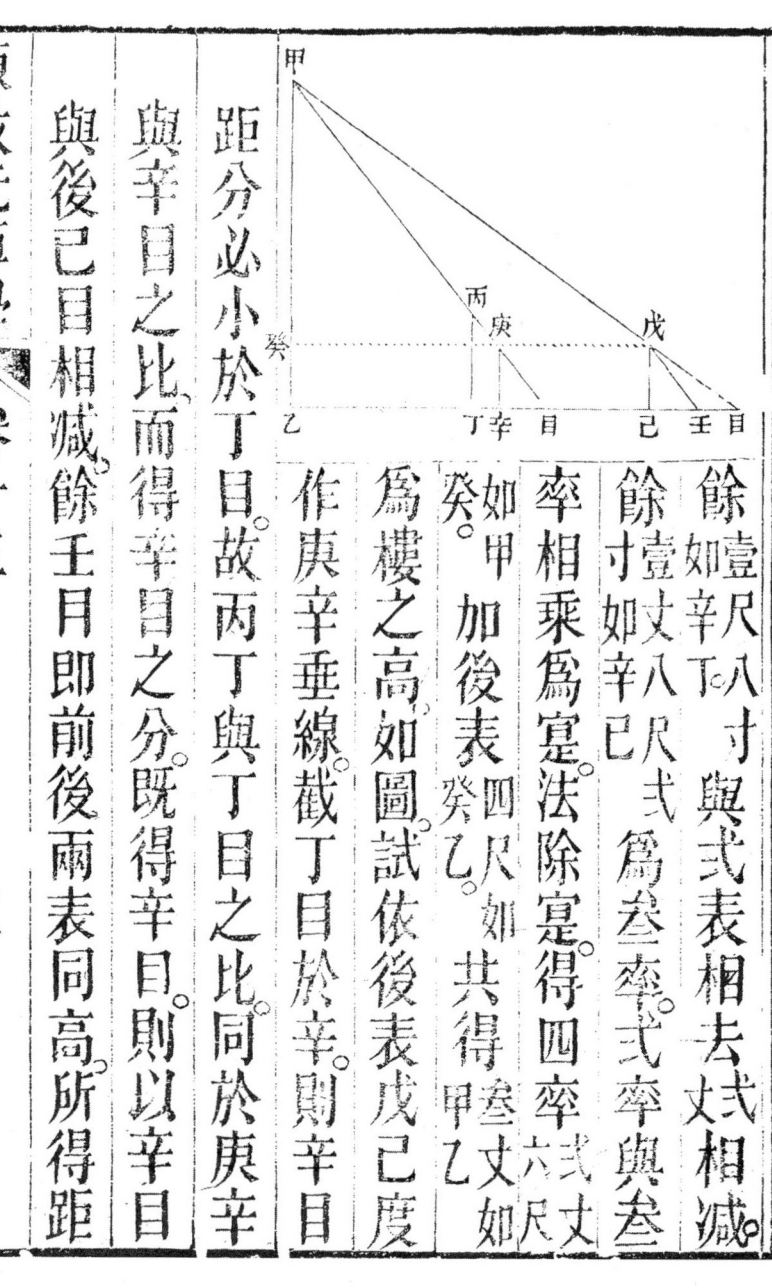

餘壹尺八寸如辛丁。與弍表相去弍丈相減。餘壹丈八尺弍寸如辛己。爲叁率。弍率與叁率相乘爲寔。法除寔。得四率弍丈六尺如甲癸。加後表四尺如癸乙。共得叁丈如甲乙爲樓之高。如圖。試依後表戊己度作庚辛垂線。截丁目於辛。則辛目距分必小於丁目。故丙丁與丁目之比同於庚辛與辛目之比。而得辛目之分。既得辛目。則以辛目與後己目相減。餘壬目即前後兩表同高所得距分之較。又於兩表相距。丁己內減丁辛。餘辛己即同高兩表相距之分。故壬目與戊己（即庚辛）之比。同於戊庚（即辛己）。與甲癸之比也。既得甲癸。加入癸乙即得甲乙爲樓高矣。（按減餘壬目。以後即同前相等兩表測法）

假如有山壹座欲測其高用重矩之法測之問得高若干

答曰弍拾九丈弍尺

法用矩度定準壁線。以定表看地平（如丙庚對戊。）遊表看山頂。（如丙己望甲）得距地平分（四拾分如己庚）又向後量九丈（如丙丁。）復按矩度定準垂線。以定表看原地平（如丁壬對戊。）遊表看山頂（如丁辛望甲得距地平分叁拾弍分如辛壬。乃以前矩度矩地平分四拾分爲壹率爲法。中心平分距分五拾分爲弍率如丙庚。後距度距地平分叁拾弍分爲叁率。弍率與叁率相乘爲寔。法除寔得四率四拾分如丙子。爲前後表同距地平分。所得之中心矩分。乃以所得四拾分與後距度中心平分距分五拾分相減餘四拾分如丁丑與前矩度子庚等爲壹率爲法。後距度矩地平分叁拾弍分爲弍率。向後量九丈爲叁率。弍率與叁率相乘爲寔。法除寔得四率。弍拾八丈八尺如甲戊。加矩度中心矩地之高四尺如戊乙。共得

東汶元筭學 卷十三 四

弍拾九丈弍
尺如甲乙　即山之高。如圖。試依

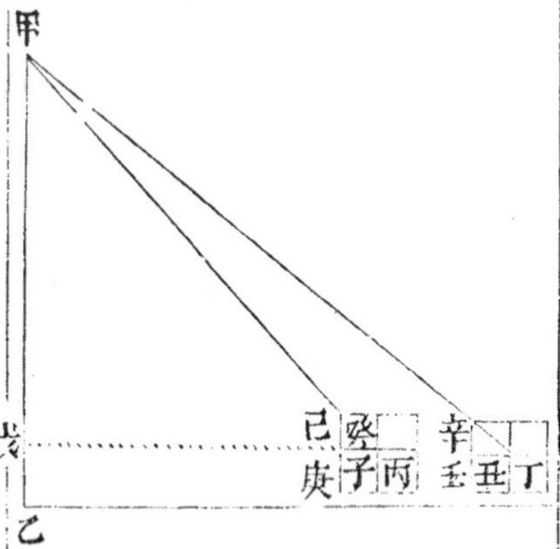

後遊表距地平分辛壬度於前矩。
度作癸子線。則丙子中心矩分必
小於丙庚。故己庚與丙庚之比。同
於癸子與丙子之比。而得丙子之
分。既得丙子。則以丙子與丁壬相減。餘丁丑即前
後兩遊表同矩地平分所得中心矩分之較。乃自
辛至丑作辛丑線。遂成辛壬丑句股形。與癸子丙
同度。俱與甲戊丙句股形爲同式形。而辛壬丁句

股形。又與甲戊丁句股形爲同式形。且丁丙與丁丑皆爲兩句股形之各股較。故辛丑丁叁角形。與甲丙丁叁角形亦爲同式形。是以丁丑與辛壬之比同於丁丙與甲戊之比。既得甲戊。加入戊乙。即得甲乙爲山之高矣。

假如壹石欲測其遠不取直角於左右兩處橫量叁拾九丈測之問兩處各距石若干　答曰右五拾丈左四拾壹丈　法先平安矩度於右。以定表看左矩。度中心遊表。看石得矩。矩度中心。叁拾七分五厘如丁戊。其遊表之斜距。分為六拾弍分五厘如乙戊。次平安矩度於左。以定表看右矩。矩度中心遊表。看石得矩。矩度中心拾壹分弍厘五毫如己庚。其遊表之斜距分。為五拾壹分弍厘五毫如己丙。乃以所得兩距分。相併得四拾八分七厘五毫如丁戊與己庚

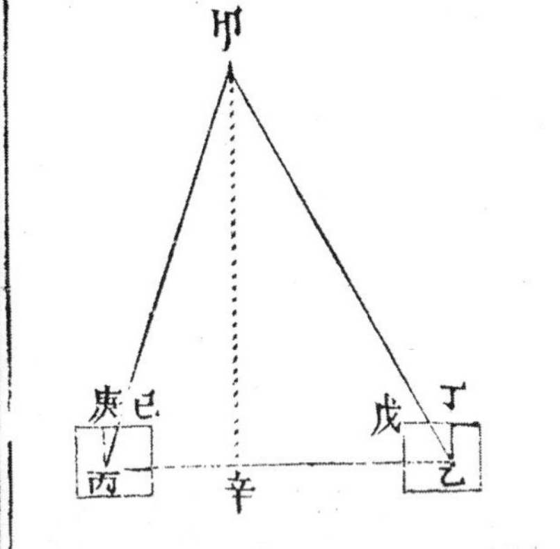

為壹率。為法。右矩度所得斜距分。六拾弍分五厘為弍率。橫量叁拾九丈為叁率。弍率與叁率相乘為寔。法除寔得四率五拾丈如甲乙為右矩度距石之遠。若以左矩度。所得斜距分五拾壹分弍厘

五毫爲式率。則得四率四拾壹丈如甲丙。爲左距石之遠也。

如圖。試自甲角至乙丙線。作甲辛垂線。分爲兩句股形。則丁戊乙與甲辛乙。已庚丙與甲辛丙。俱爲同式形。而乙丙即爲兩句股之和。故以丁戊與已戊兩句相併。與戊乙之比。同於乙丙與甲乙之比。又丁戊與已庚兩句相併。與已丙之比。同於乙丙與甲丙之比。俱爲相當比例四率也。

假如隔河壹樹。欲測其遠不能定直角。爰取兩處俱斜對樹橫量拾七丈測之。問離樹之遠各得若干答曰壹離叁拾五丈壹離式拾六丈壹尺　法先平安矩度於壹處。隨定表橫量拾七丈。復安壹矩度。以先安矩度定表。看後安矩度中心遊表。看樹得中心距分四拾九分如丁戊。遊表斜距分爲七拾分如戊乙。次以後安矩度定表。看先安矩度中心遊表。看樹得中心距分拾五分如己庚。其遊表斜距分爲五拾式分式厘如庚丙。乃以兩矩度中心距分。四拾九分與拾五分相減。餘叁拾四分如辛戊。爲壹率。爲法。先安遊表斜距分七拾分爲式率。橫量拾七丈爲叁率。式率與叁率相乘爲實。法除實

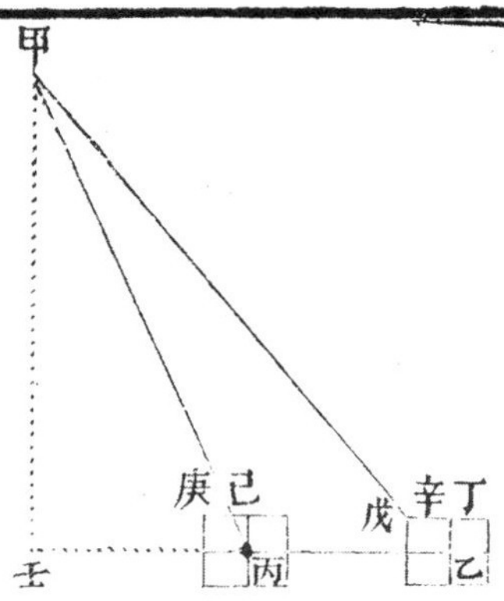

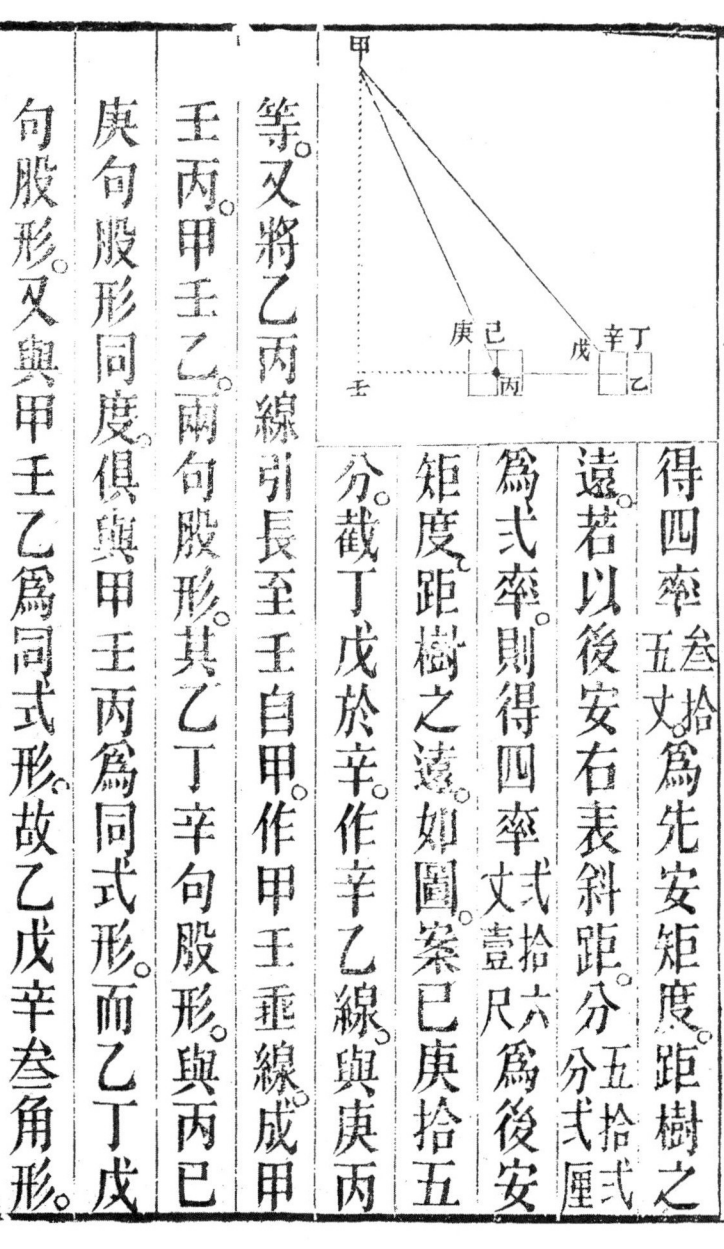

得四率叁拾五丈。爲先安矩度距樹之遠。若以後安右表斜距。距分五拾弍分弍厘爲弍率。則得四率弍拾六丈壹尺爲後安矩度距樹之遠。如圖。案已庚拾五分。截丁戊於辛。作辛乙線。與庚丙等。又將乙丙線引長至壬自甲。作甲壬垂線成甲壬丙。甲壬乙。兩句股形。其乙丁辛句股形。與丙已庚句股形同度。俱與甲壬丙爲同式形。而乙丁戊句股形。又與甲壬乙爲同式形。故乙戊辛叁角形。

與甲乙丙叁角形。亦爲同式形。是以辛戊與乙戊之比。同於乙丙與甲乙之比。而辛戊與乙辛（與丙庚等）之比。又同於乙丙與甲丙之比也。此法。因遊表視線。俱在對角以外。故甲壬垂線所成甲壬乙。甲壬丙。兩句股形。同以甲壬爲股。而矩度上。所得之乙丁戊。乙丁辛。（即丙己庚）兩句股形亦同。以乙丁爲股。故即成兩股同式形。若遊表視線。在對角以內。或壹在內。壹在外。所得中心距分不同者。則須取其中心距分同度。以爲比例。如後法。

假如隔河壹亭欲測其遠不能定直角爰取兩處俱斜對亭横量叁拾丈測之問距亭之遠各得若干

答曰壹距八拾五丈弍尺有餘壹距六拾丈四尺五寸有餘　法先平安矩度於壹處隨定表横量叁拾丈復安壹矩度以先安矩度定表看後安矩度中心遊表看亭得中心距分弍拾七分如丁戊其遊表斜距分爲五拾六分八厘有餘如丁乙又以後安矩度定表看先安矩度中心遊表看亭亦察中心距分弍拾七分如己庚處得中心距分叁拾分如丙庚其遊表斜距分爲四拾分叁

厘有餘如巳丙乃以後所得中心距分叁拾分與先度度中心平分距分。五拾分如乙戊相減。餘弍拾分如乙辛爲壹率爲法。先遊表斜距分。五拾六分八厘有餘爲弍率橫量叁拾丈爲叁率。弍率與叁率相乘爲寔。法除寔得四率。八拾五丈弍尺有餘爲先安矩度距亭之遠。若以後遊表斜距分。四拾分叁厘有餘爲弍率。則得四率。六拾丈四尺五寸有餘。爲後安矩度距亭之遠。如圖。案丙庚叁拾分。截乙戊於辛。則乙辛爲減餘。弍拾分。又自丁至辛作丁辛線。與巳丙等。又將乙丙線。引長至壬。自甲。作甲壬垂線。遂成

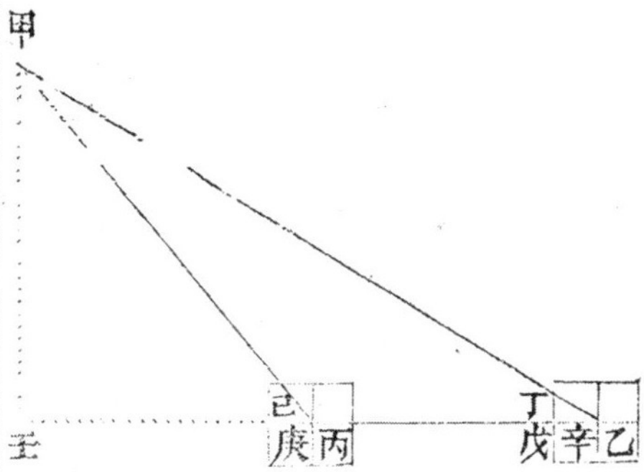

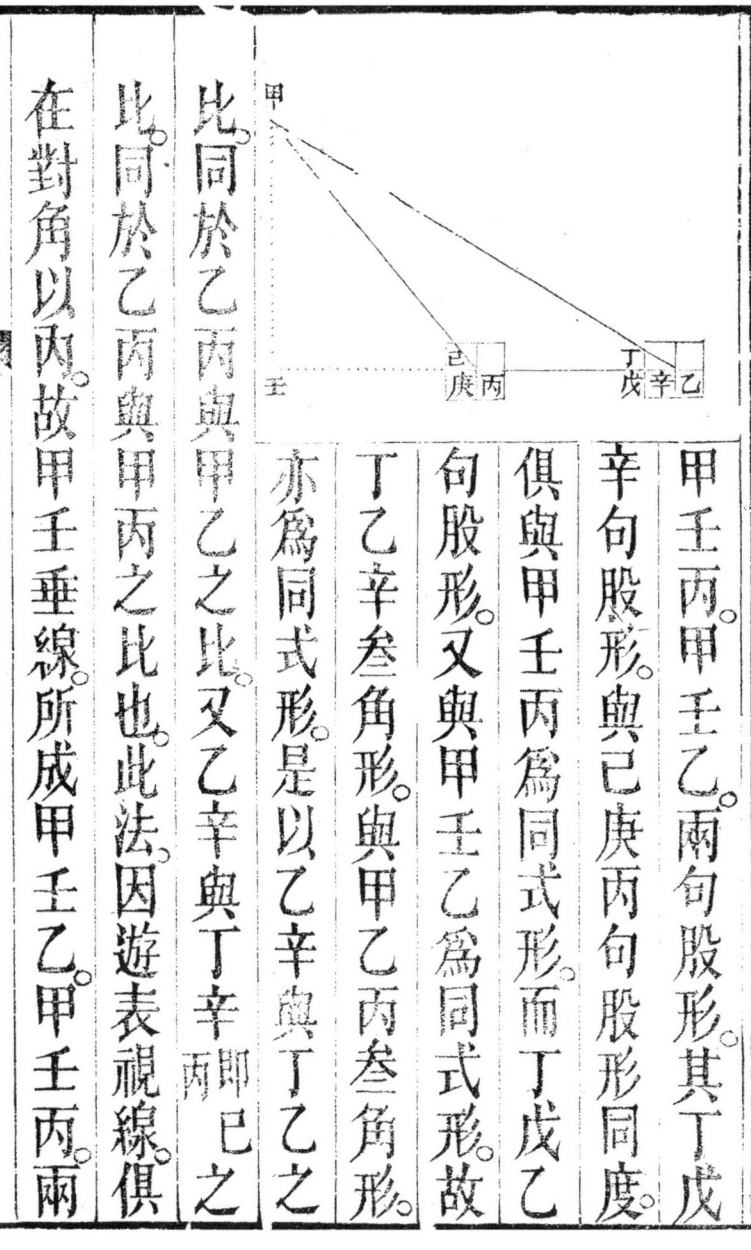

甲壬丙。甲壬乙。兩句股形。其丁戊辛句股形。與己庚丙句股形同度。俱與甲壬丙爲同式形。而丁戊乙句股形。又與甲壬乙爲同式形。故丁乙辛叁角形。與甲乙丙叁角形。亦爲同式形。是以乙辛與丁乙之比。同於乙丙與甲乙之比。又乙辛與丁辛即己丙之比。同於乙丙與甲丙之比也。此法因遊表視線。俱在對角以內。故甲壬垂線所成甲壬乙。甲壬丙。兩句股形。同以甲壬爲句。而兩矩度上。亦取與丁戊相等之己庚爲句。使成兩股同式形。然後可以爲比例也。

假如隔海有木竿弍株高同而前後相隔不同欲測其高若干相隔若干表在上級立人從下級望不用除人目也　答曰竿高九丈弍尺弍寸壹分兩竿相隔與表同　法用前表八尺。與第弍表相隔八尺相乘得六拾四尺爲寔。又以第壹表退行叁尺弍寸減第弍表退行叁尺九寸六分餘七寸六分爲法歸之。得八丈四尺弍寸壹分。加入表竿八尺寔得左竿高九丈弍尺弍寸壹分再以兩表相隔八尺與前表退叁尺弍寸相乘得弍拾五尺六拾寸為寔以退後減餘七寸六分為法歸之得表竿相去本竿叁丈叁尺六寸八分

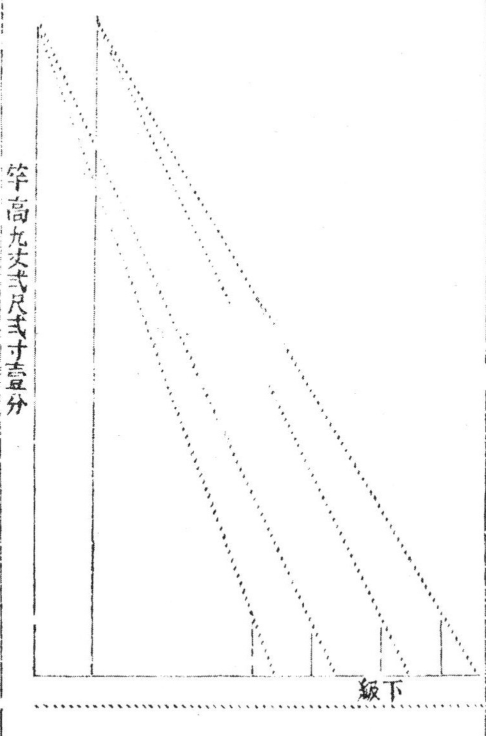

六厘又退後壹丈復立第叁表與第四表相隔八尺與表相乘亦得六拾四尺亦以第叁四表相減為法歸之前後竿亦同

高數。今再以第叁表退行四尺壹寸四分弍厘。與相隔八尺乘
之。得叁拾叁尺拾叁寸六拾分爲寔。再以第叁表退行四尺壹寸四分
弍厘。減第四表退行四尺九寸零弍。餘七寸六分爲法歸之。得四丈
叁尺六寸即右竿相隔第叁表竿之地也。前後相比本
竿相隔壹丈合問。

器測比例譜

陳啟沅曰器測之具如西人所製時辰鐘錶者是也
假如有鐘壹座問內用大輪齒若干弍輪叁輪四輪
齒若干　答曰大輪外周七拾弍齒弍輪內周六

齒外周六八拾齒叁輪內周六八齒外周六八拾齒四輪內周六八齒外周六八拾齒小輪心六齒

法以每日拾弍時。伸每時八刻每刻拾五分。乘之得數又以每分六拾秒乘之共得八萬六千四百秒今以大輪分作七拾弍齒。弍輪分兩周。內周分六齒與大輪齒同邊疏闊外周分作六拾齒。則大輪行壹週。弍輪即得拾弍週也。叁輪亦內周六齒外周六拾齒叁輪內齒與弍輪外周同邊闊。計弍輪壹週。叁輪計行拾週。四輪內周五齒外周六拾齒。與小輪壹週六齒同邊。總計大輪行六週。小輪恰合八萬六千四百秒之數。小輪之外。復有擺輪以合小餘之數。此即以器測之比例也。

解曰。四輪壹週。計西人爲六拾息近。即中國之六拾秒也。足六拾秒收爲壹分。西人日溫微利。中國以拾五分收爲壹刻。西人日溫骨。即壹角也。中國四刻。西人日溫咯嚓。中國以八刻收爲壹時。西人日溫區了。故計以弍拾四點鐘。合中國壹日之數合問。

測儀器比例論

陳啓沅日表竿重測之法。先哲已詳言之。茲所立各題。不過發明前人之法耳。但表竿之器。雖有其法。而大者斷不能無尺寸之差。小者亦難無分厘之欠。兹倣西法比例。製壹測儀器。畧勝表竿。而算法亦大同小異耳。蓋儀測之器。豈能勝司天臺之儀乎。如全圖不外渾天儀之比。角度不外如象限儀之比。垂線不外如地平徑儀之比耳。兹所製之具。不過借爲消譴可也。望識者憐沉之拙。勿笑沉之謬。實爲厚幸矣。順將新圖繪錄如左。至於用象限儀之法。其理亦同。再以古法譜錄於後。

測儀器歌

先將中線望遙竿　上下兩竿壹樣看
內外兩周相比較　小減多餘是法安
兩竿相隔內周寔　以法除寔記其寬
再將兩周相隔數　以乘寬數即長完
又加半徑長弦是　要明高遠察方盤
方盤句股弦同例　長弦短弦比例觀
句同高數股同遠　要知高遠也何難

測儀解

如後圖。子丑內周為全球之壹角。分壹百八度。為九拾度之兩倍。外周式百式拾五度。為九拾度之兩倍半。內至子壹拾壹寸四分六厘。內至戌壹拾四寸叁分式厘五毫。中遊表尺度壹拾壹寸五分。丙至午共長壹拾六寸五分。上表長式拾壹寸。下表長壹拾五寸。內外周相隔式寸九分。後叁角丙至申四寸叁分七厘。丙至壬亦四寸叁分七厘。壬丙申為遊表樞紐。各置壹望鏬辰午已亦置壹望鏬。即各表竿之尾。各表後置彈條。使無大濶。丙丁寅則為方表尺。高。橫邊度八百分。中至戌為地平。欲知其高遠及弦。將叁表前後望鏬。向正

東玟元算學 卷十三 七三

未處。先知其前。下表如丁仔與丙佃長若干。與兩表相隔。如仔佃相乘得數。將其丁壬退後。丙申退後相減。餘差為法除之。加表如仔丁得高數。又以丁壬與仔佃相乘得數。以餘差歸之。加前退後得遠。若求中弦數。看其兩周上下表相隔若干。如巳至辰亥戌以小減多。餘為法。以內周相隔數為寔法除寔得數。再以午癸相乘得癸至未之長弦。加半徑遊表尺。即得其長弦。若以遊表尺將小作大比例以短弦。即知長弦。以短句股。即能比例長句股。便是高遠。兩法俱可用。測雖異。其數亦同也。

假如望見半壁有鐵釘壹口不知高遠問高遠若干

荅曰高弍丈壹尺九寸八分四厘六毫七絲

遠壹丈六尺零九分

法曰先將測器在人望處將兩表望鐻望見鐵釘之中觀方圖前表得前句高叄尺八寸六分九厘弍毫弍絲九忽九微後句同高前句與下表竿樞紐相隔弍尺八寸叄分壹厘七毫八絲九忽即前股後句至後表竿樞紐相隔四尺叄寸七分即後股兩表相隔七尺弍寸零壹厘七毫八絲九忽得各表數先以句乘兩竿相隔得弍丈七尺八寸六分五厘叄毫七絲七忽為寔再以

前股減後股餘壹尺五寸叁分八厘弍毛壹絲壹分為法歸之得高數壹丈八尺壹寸壹分五厘四毫四絲五忽加入後表測得高數弍丈壹尺九寸八分四厘六毫七絲再加所望之人目高若干再以前股乘兩竿相隔得弍丈零叁寸九分叁厘九毫五絲為寔再以前股減後股餘為法歸之得壹丈叁尺弍寸五分八厘弍毛弍絲加入前股得遠壹丈六尺零九分合問

假如企望有壹杆不知其高問高若干

答曰弍丈壹尺九寸弍分壹厘六毫　法以先將測器在人立望處將兩表望鏬望正杆頂觀方圖

前表長叁尺八寸八分六厘四毫四絲叁忽。距前句。後表長叁尺八寸六分九厘壹毫七絲六忽五微。卽後句。前句退後式尺八寸四分爲前股。後句退後四尺叁寸七分爲後股。兩表相隔七尺式寸壹分。得各表數。先以前句爲法。又以前股乘後句。得壹丈零九寸八分八厘四毫六絲壹忽四微爲寔。法除寔。得式尺八寸式分七厘叁毫八絲式忽爲總法。以減前股。餘壹分式厘六毫壹絲七忽九微。以兩表相隔減之。餘七尺壹寸九分七厘叁毫八絲式忽。與後句相乘。得式丈七尺八寸四分七厘九毫九絲爲寔。又以總法減後股。得壹尺五寸四分式厘六毫壹絲七忽九微爲法除之。得壹丈八尺零五分式厘四毫式絲五忽。加入後表

共得弍丈壹尺九寸弍分壹厘六毫加八所望之人目若干合問

已上所立各題。是新製儀所定。茲再將角度古法譜錄於後。法畧異。而理則壹也。如此新舊法相和。推測即七政之纏。度天地之形體。皆可得而測之。

假如壹塔不知其高但知距塔之遠爲叁拾丈欲測其高若干　答曰拾叁丈叁尺五寸七分再加儀器距地之高

法先以儀器定準墜線。以定表看地平。遊表看塔尖。得兩表相距弍拾四度。乃以半徑拾萬如丁戊。爲壹率爲法。弍拾四度之正切。四萬四千五百弍拾弍如壬戊爲弍

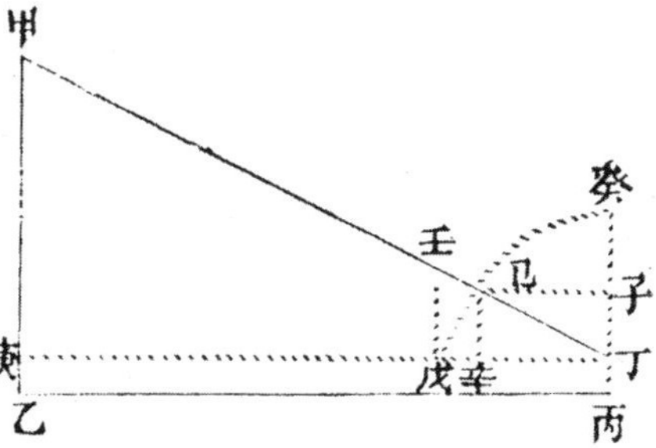

率。與距塔之遠叁拾丈爲叁率。相乘爲實。法除實。求得四率。再加儀器距地之高。即塔之高也。如圖甲乙爲塔之高。丙乙爲距塔之遠。儀器中心爲丁。丁丙爲儀器中心距地之高。丁戊爲定表。所對地平爲庚丁。己爲遊表看塔尖甲。得兩表距弧弍拾四度爲己戊。其正切爲壬戊。壬戊丁與甲庚丁兩句股形爲同式。故丁戊與

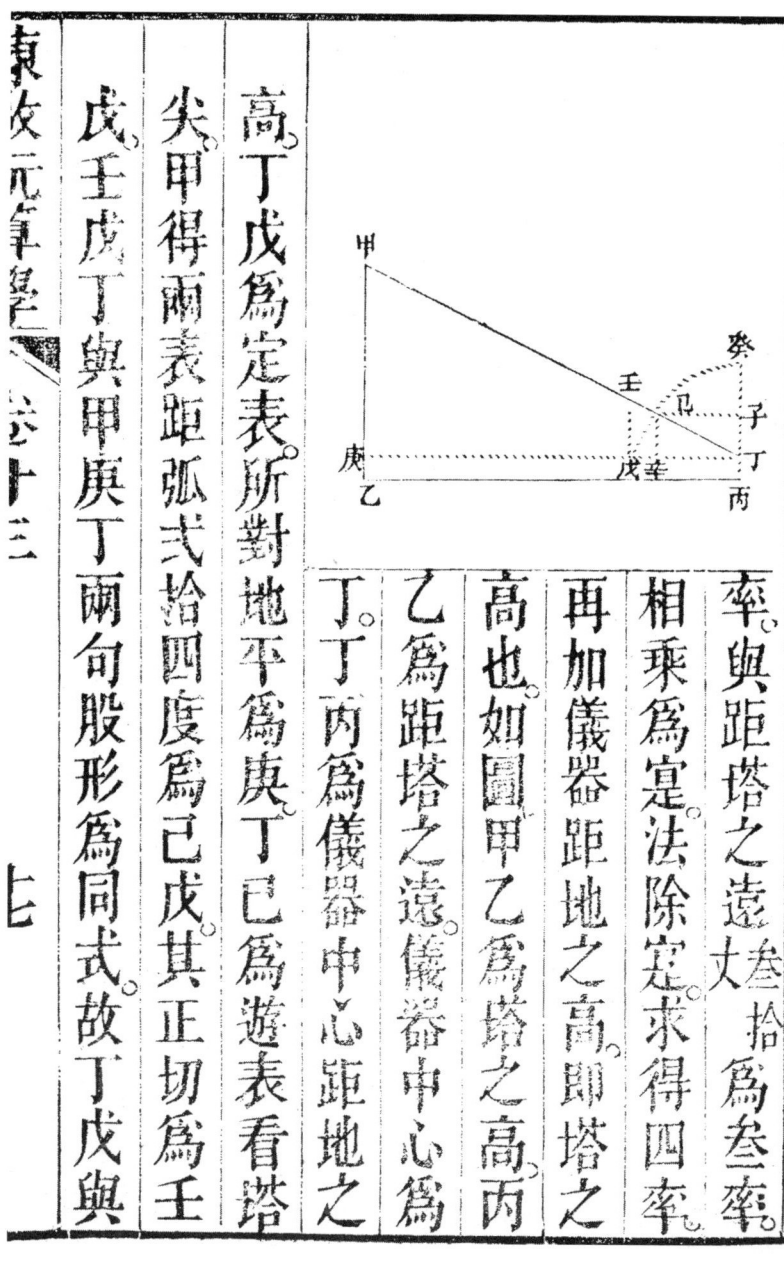

壬戊之比。同于丁庚與甲庚之比也。既得甲庚。加與丁丙相等之庚乙。即得塔之高矣。此與句股測量第壹題同法。又法。以丁角式拾四度與象限相減。餘六拾六度如己戊癸。即甲角之正弧。為對所知之角。其正弦九萬壹千三百五拾五如子己與丁辛等為壹率。為法。儀器上式拾四度為對所求之角。其正弦四萬零六百七拾四如己辛為式率。與距塔之遠叁拾丈。為所知之邊。為叁率。相乘為寔。法除寔。求得四率。亦即甲庚。蓋己辛丁與甲庚丁兩句股形。亦為同式。故丁辛與己辛之比。亦同丁丁庚與甲庚之比也。

假如壹樹欲知其遠取壹直角橫量拾五丈測之問得遠若干　答曰弍拾五丈九尺八寸

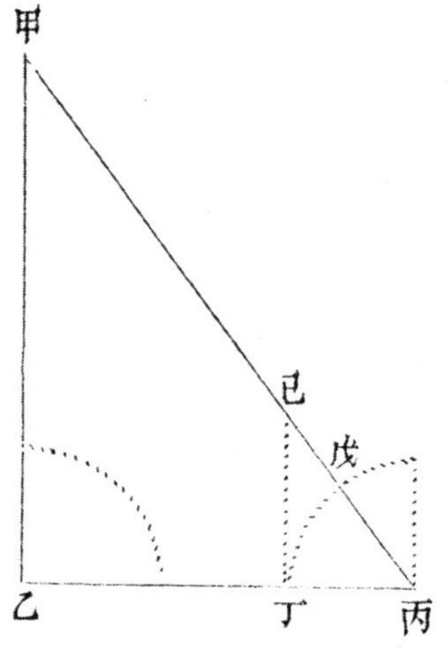

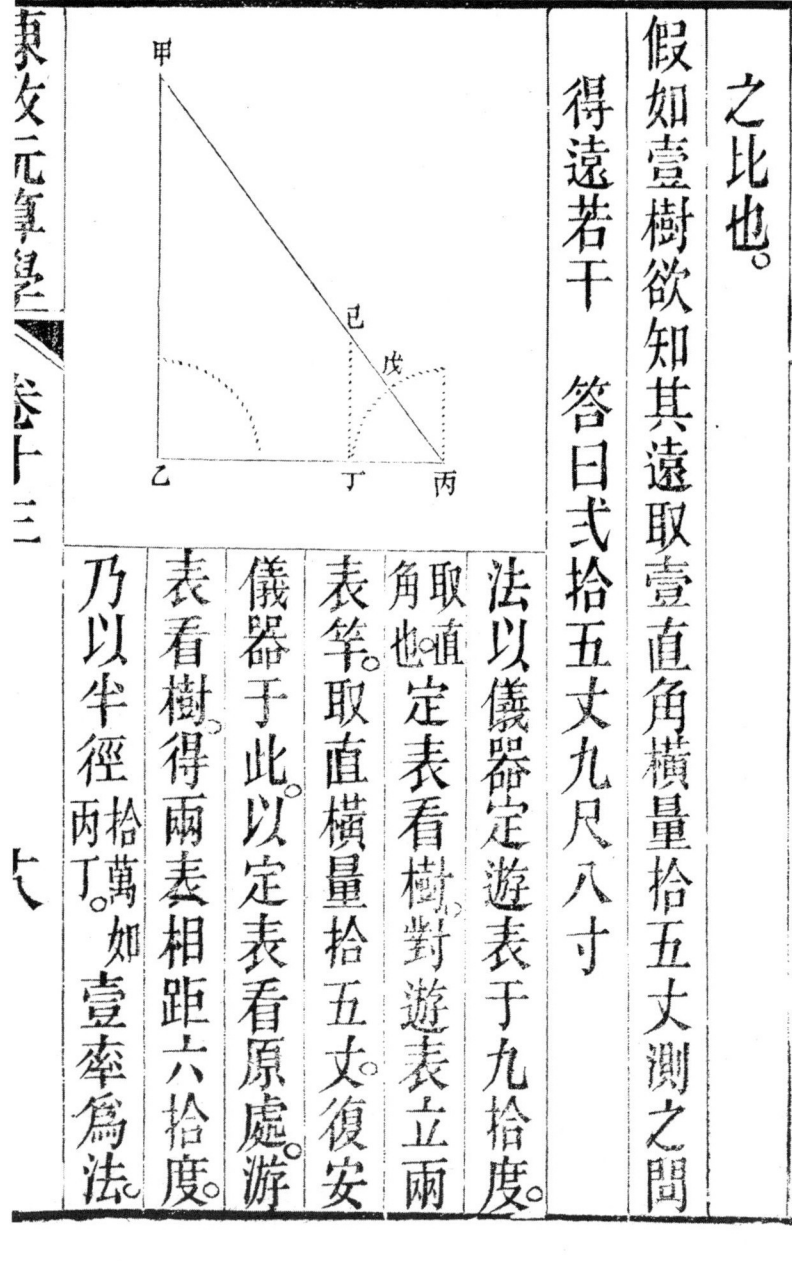

法以儀器定遊表于九拾度。取直角也。定表看樹。對遊表立兩表竿。取直橫量拾五丈。復安儀器于此。以定表看原處。游表看樹。得兩表相距六拾度。乃以半徑拾萬如丙丁。壹率爲法。

丙角六拾度之正切拾七萬叁千弍百零五。如己丁爲弍率。與橫量拾五丈。爲叁率。相乘爲寔。法除寔。求得四率。即所測樹之遠。若求甲丙斜距。則以六拾度之正割。弍拾萬。如丙已爲弍率。推得四率。叁拾丈。即甲丙斜距之遠。如圖。甲爲樹。甲乙爲距樹之遠。乙爲所定直角。丙乙爲橫量拾五丈。丙爲儀器中心。丙丁爲定表看原處。乙丙戊爲游表看樹。甲得兩表距弧六拾度爲戊丁。丙丁爲半徑。已丙爲正切。丙已爲正割。故丙丁與丁已之比。同于丙乙與乙甲之比。而丙丁與丙已之比同于丙乙與甲丙之比也。

假如壹山欲知其高用重測之法測之退步拾丈問山高得若干　答曰弍拾八丈叁尺五寸

法先以安儀器定準墜線以定表看地平遊表看山頂得兩表相距五拾度又退行拾丈復安儀器定準墜線以定表看原地平處遊表看山頂得兩表相距四拾度乃以前測所得五拾度之餘切八萬叁千九百壹如戊己即如壬癸與後測所得四拾度之餘切拾壹萬九千壹百七拾五如庚辛即如子癸相減餘叁萬五千弍百六拾五如子壬爲壹率

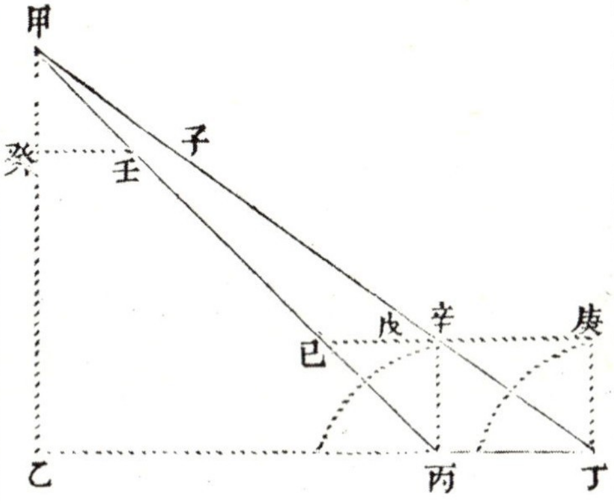

爲法。半徑甲癸拾萬如爲式率。與退行拾丈爲叁率。相乘爲寔。法除寔。求得四率。即山之高也。

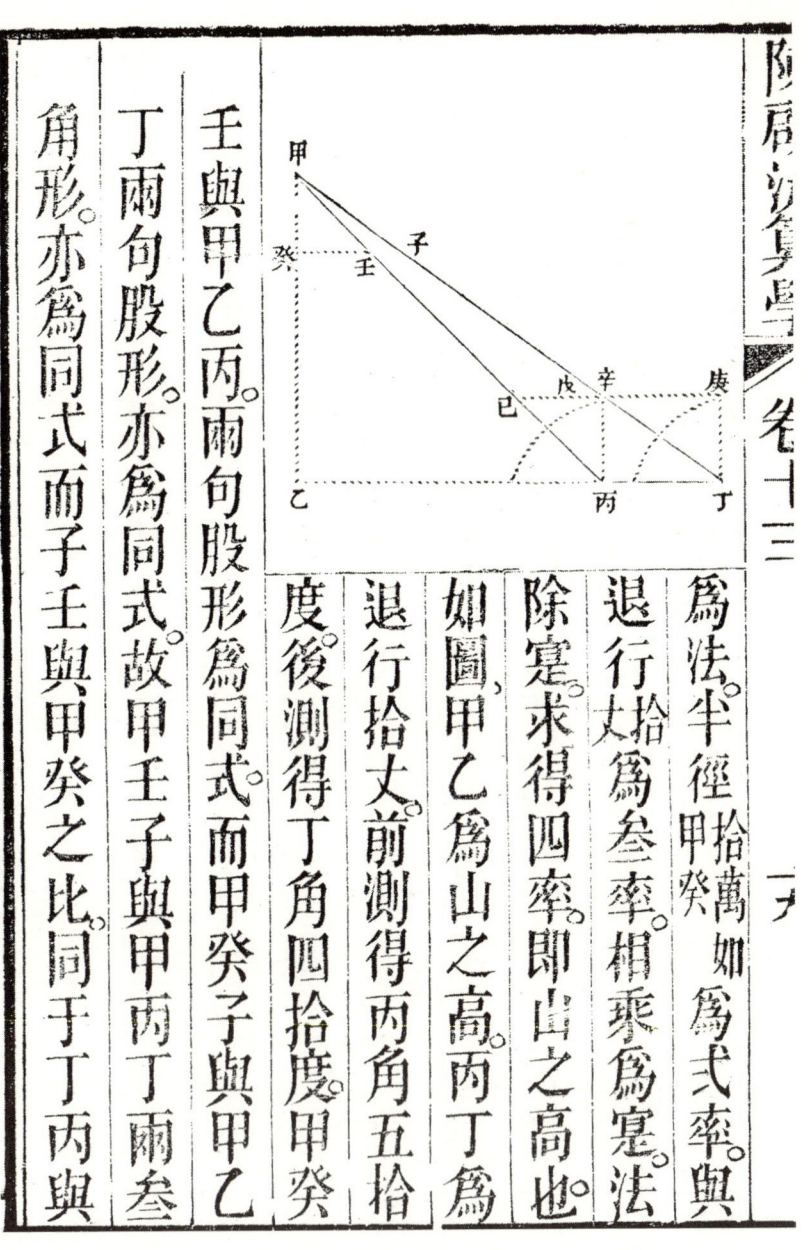

如圖，甲乙爲山之高。丙丁爲退行拾丈。前測得丙角五拾度。後測得丁角四拾度。甲癸壬與甲乙丙。兩句股形。爲同式。而甲癸子與甲乙丁兩句股形。亦爲同式。故甲壬子與甲丙丁兩叁角形。亦爲同式。而子壬與甲癸之比。同于丁丙與甲乙之比也。

假如人在山上欲測山之高但知山前有弍樹與山參直弍樹相距拾八丈問山高得若干　答曰四拾八丈七尺七寸

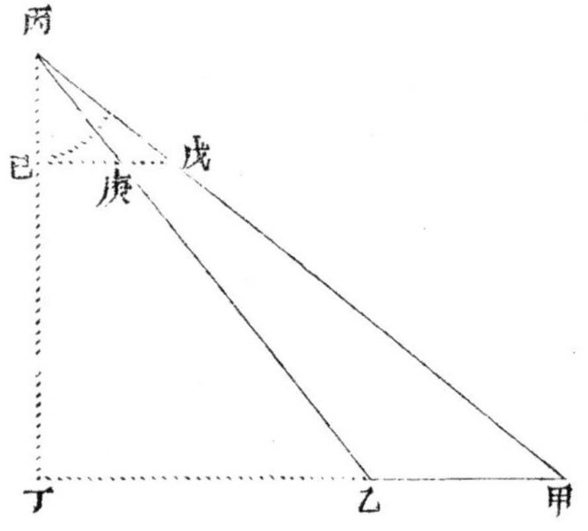

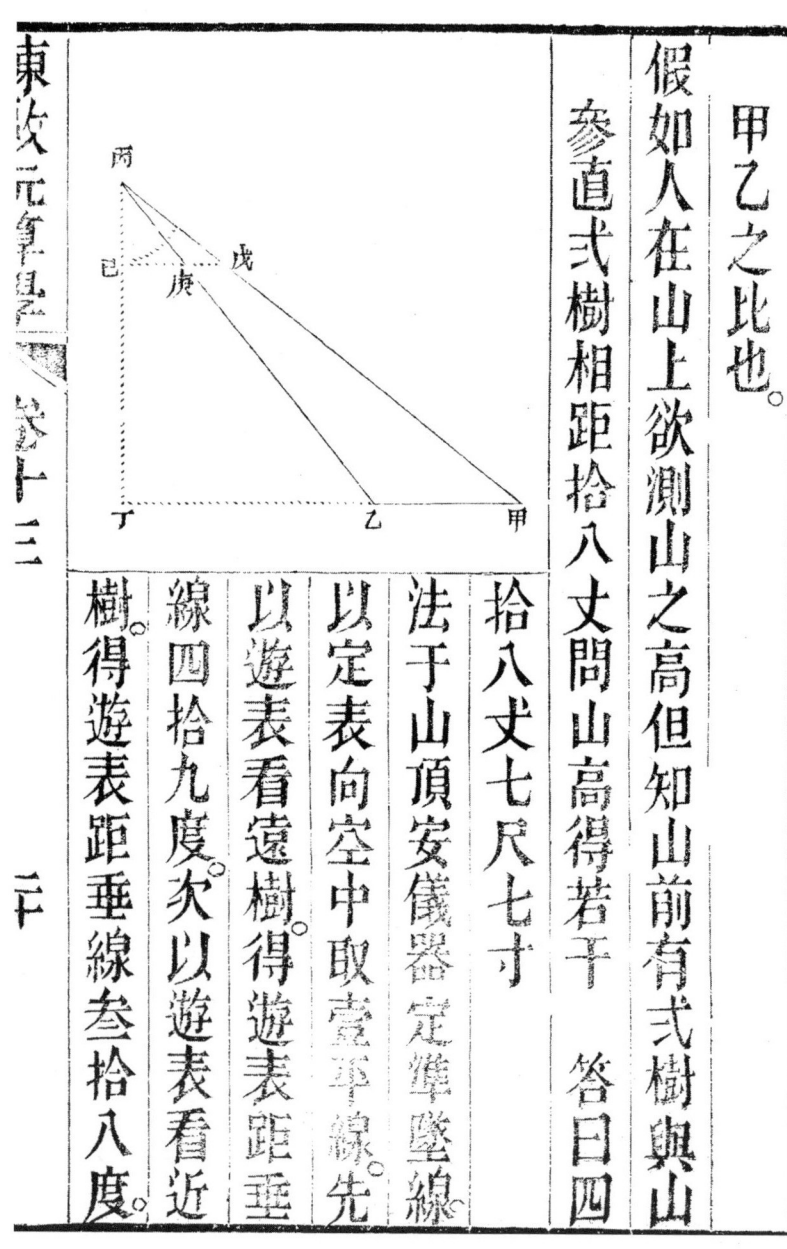

法于山頂安儀器定準墜線以定表向空中取壹平線先以遊表看遠樹得遊表距垂線四拾九度次以遊表看近樹得遊表距垂線叁拾八度

以四拾九度之正切。拾壹萬五千零叁拾七如戊己。與叁拾八度之正切。七萬八千壹百弍拾九如庚己。相減。餘叁萬六千九百零八如戊庚。爲壹率爲法。半徑拾萬如丙己。爲弍率。與弍樹相距拾八丈爲叁率。相乘爲寔。法除寔。求得四率。即山之高。與圖甲乙爲弍樹相距。丙丁爲山之高。甲丙丁角爲看遠樹。所得四拾九度。乙丙丁角爲看近樹。所得叁拾八度。兩數相減。餘拾壹度爲甲丙乙角。故戊庚與丙己之比。同于甲乙與丙丁之比也。

假如壹石欲知其遠不取直角于左右兩處橫量五

拾丈測之問兩處各距石若干　答曰左距石遠五拾六丈五尺叁寸右距石遠六拾壹丈叁尺叁寸　法先平安儀器于左。以定表看右儀器中心。遊表看石。得兩表相距七拾度次平安儀器于右。以定表看左儀器中心。遊表看石。得兩表相距六拾度。乃以七拾度之餘切。叁萬六千叁百九拾七如庚辛。即如壬子。與六拾度之餘切。五萬七千七百叁拾五如戊己。即如壬癸相併。得九萬四千壹百叁拾貳如癸子爲壹率爲法。右六拾度之餘割。拾壹萬五千四百叁拾如丙已。即如甲癸爲貳率。與左右相距五拾丈爲叁率。相

東文算學　卷十三

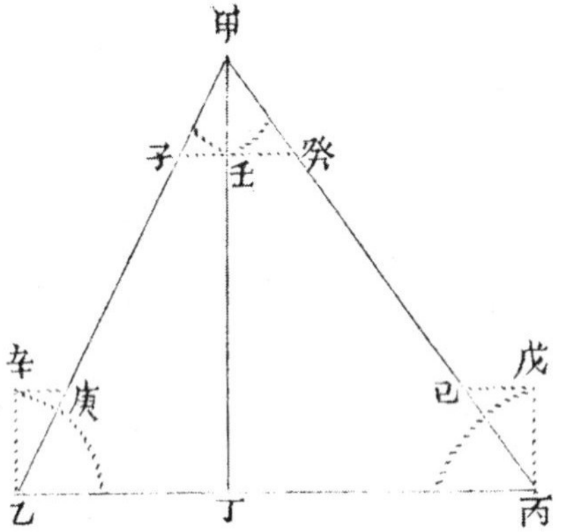

乘爲寔。法除寔求得四率。即右邊距石之遠。若以左七拾度之餘割。拾萬六千四百拾八如庚乙即如甲子爲弍率。求得四率。即左邊距石之遠。如圖。甲爲石。乙丙爲左右相距五拾丈。乙角爲左測七拾度。丙角爲右測六拾度。試自甲至丁作中垂線。遂分爲兩句股形。甲壬癸與甲丙丁。兩句股形爲同式。甲壬子與甲丁乙兩句股形爲同式

故甲子癸。與甲乙丙兩叁角形亦爲同式。而癸子

與甲癸之比。同於丙乙與甲丙之比。又癸子與甲

子之比。同於丙乙與甲乙之比也。

假如隔河壹樹欲知其遠不能定直角爰取兩處俱

斜對樹橫量拾弍丈測之問離樹之遠得若干

荅曰拾五丈四尺弍寸七分

法平安儀器於壹處隨定表橫量拾弍丈。復安壹

儀器。若止用壹儀器。則以先安儀器定表。看後安

儀器記準壹處亦可。

儀器中心。遊表看樹。得兩表相距壹百拾度。次以後安

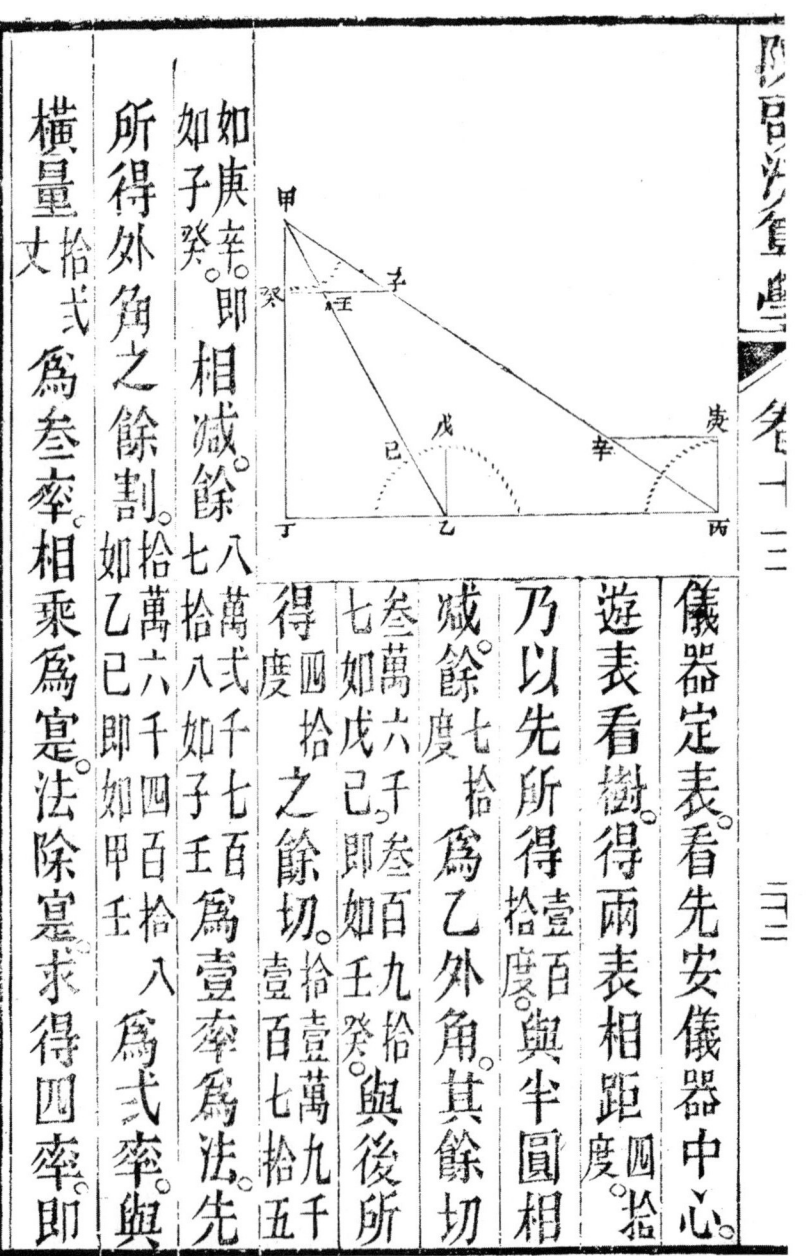

儀器定表看先安儀器中心。遊表看樹。得兩表相距四拾度。乃以先所得壹百拾度。與半圓相減。餘七拾度。為乙外角。其餘切叁萬六千叁百九拾七。如戊己。即如壬癸。與後所得四拾度之餘切。拾壹萬九千壹百七拾五

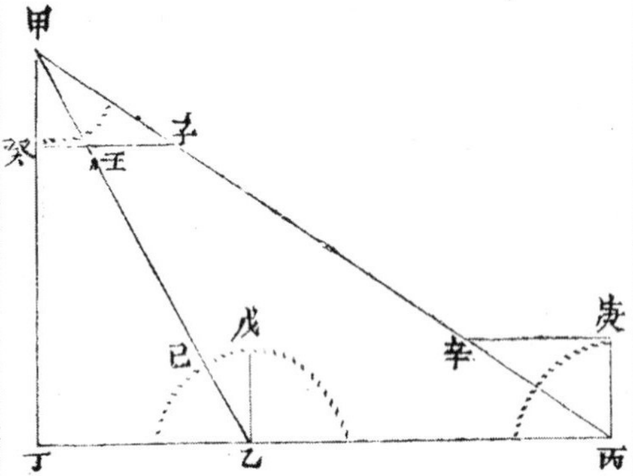

如庚辛。即如子癸。相減。餘八萬弍千七百七拾八。如子壬。為壹率。為法。先所得外角之餘割。拾萬六千四百拾八。如乙己。即如甲壬。為弍率。與橫量拾弍丈為叁率。相乘為寔。法除寔。求得四率。即

所測樹之遠。如圖甲爲樹。甲乙爲離樹之遠。乙丙爲橫量拾弍丈。乙角爲先所得壹百拾度。丙角爲後。所得四拾度。試將乙丙線引長自甲角作甲丁垂線。遂成甲丁乙句股形。而甲乙丁角。即乙角之外角。甲癸壬。與甲丁乙爲同式。甲癸子。與甲丁丙爲同式。故甲壬子。與甲乙丙。亦爲同式。而子壬與甲壬之比。同于丙乙與甲乙之比也。

假如遠望壹山欲知其高不得退步爰取左右兩處橫量壹百丈先求斜距測之間山之高得若干

答曰弍百九拾叁丈八尺叁寸

法以儀器斜對山頂隨定表橫量壹百丈任記壹處遊表看山頂得兩表相距八拾六度五拾叁分如乙角又于原記處復安儀器斜對山頂以定表看原處遊表看山頂得兩表相距七拾八度零七分如丙角乃以兩角度相併與半圓相減餘拾五度如甲角為對所知之角其正弦弍萬五千八百八拾弍為壹率為法丙角為對所求之角其正弦九萬七千八百五拾七為弍率與橫量壹百丈為所知之邊為叁率相乘為寔法除寔求得四率叁百七拾八丈零九

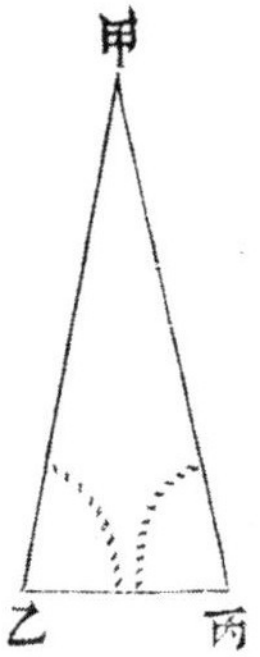

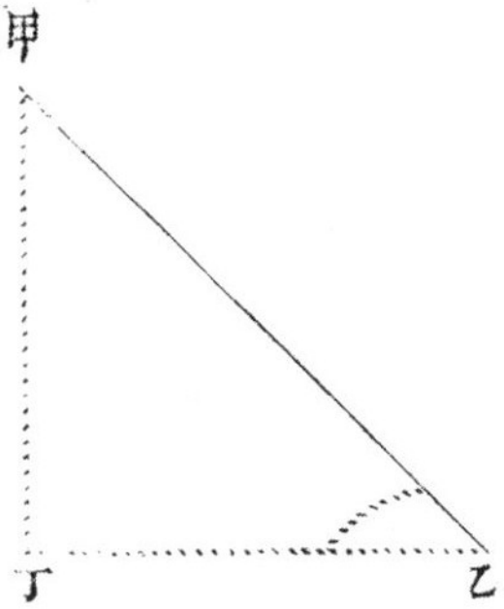

寸。如甲乙邊。爲先安儀器至山頂之斜距。次以儀器安于原處定準墜線。定表看地平。遊表看山頂。得兩表相距。五拾壹度。如乙角。乃以山頂垂線。與地平成直角。如丁角。丁爲對。所知之角。其正弦即半徑拾萬爲壹率。爲法。乙角爲對。所求之角。其正弦七萬七千七百拾五爲弍率。與儀器至山頂之斜距。叁百七拾八丈零九寸爲所知之邊。爲叁率。相乘爲寔。法除寔求得四率。即所求山之高也。如圖。甲為山頂。甲乙為先安儀器至山頂之斜距。乙丙為橫量壹百丈。甲丙為後安儀器至山頂之斜距。遂成甲乙丙銳角叁角形。今有乙丙弍角。與乙丙邊。求甲乙邊。即先安儀器至山頂之斜距。又甲丁為山之高。甲乙為儀器至山頂之斜距。丁角即山頂垂線。與地平所成直角。復成甲丁乙句股形。今有乙丁弍角。與甲乙邊。求甲丁邊。即山之高也。

假如人在山坡測山之高。前後不得地平。隻取斜坡

前後兩處相距壹百丈測之問山之高得若干

答曰弍百九拾八丈七尺六寸

法于山坡先安儀器。定準墜線以定表。空取壹地平處（如戊）遊表看山頂。得兩表相距。（四拾度如甲丙戊角。）于是向後就斜坡直量（壹百丈如丙丁）復安儀器定準墜線以定表。空取壹地平（如乙）遊表看山頂。得兩表相距。（叁拾五度如甲。丁乙角）又以遊表看前儀器中心。得兩表相距。（拾叁度如丙丁乙角。）乃以前所得（四拾度。）內減後所得（叁拾五度。）餘（五度）如丁甲丙角。爲對。所知之角。其正弦（八千七百拾六）爲壹率爲法。以前所得四拾度。內減後儀器看前儀器中心所得拾叁度。餘弍拾七度。如甲丙庚角。為對所求之外角。其正弦四萬五千叁百九拾九為弍率。與退量壹百丈為所知之邊為叁率。相乘為寔。法除寔。求得四率。五百弍拾丈八尺七寸。為山頂至後儀器之斜距。如甲丁邊。次以山頂垂線與地平所成乙直角為對。所知之角。其正弦即半徑拾萬為壹率為法。丁角為對。所求之角。其正弦五萬七千叁百五拾八為弍率。與甲丁邊為所知之邊為叁率。相乘為寔。以法除寔。求得四率。即山之高也。如甲乙。如圖。試將戊丙線引長至己。則甲己戊角。與甲丁乙角。爲式平行線之內外角其度等。故于甲丙戊角四拾度。內減甲丁乙角叁拾五度。餘五度。爲丁甲丙角。此即前題退步兩測之理。又

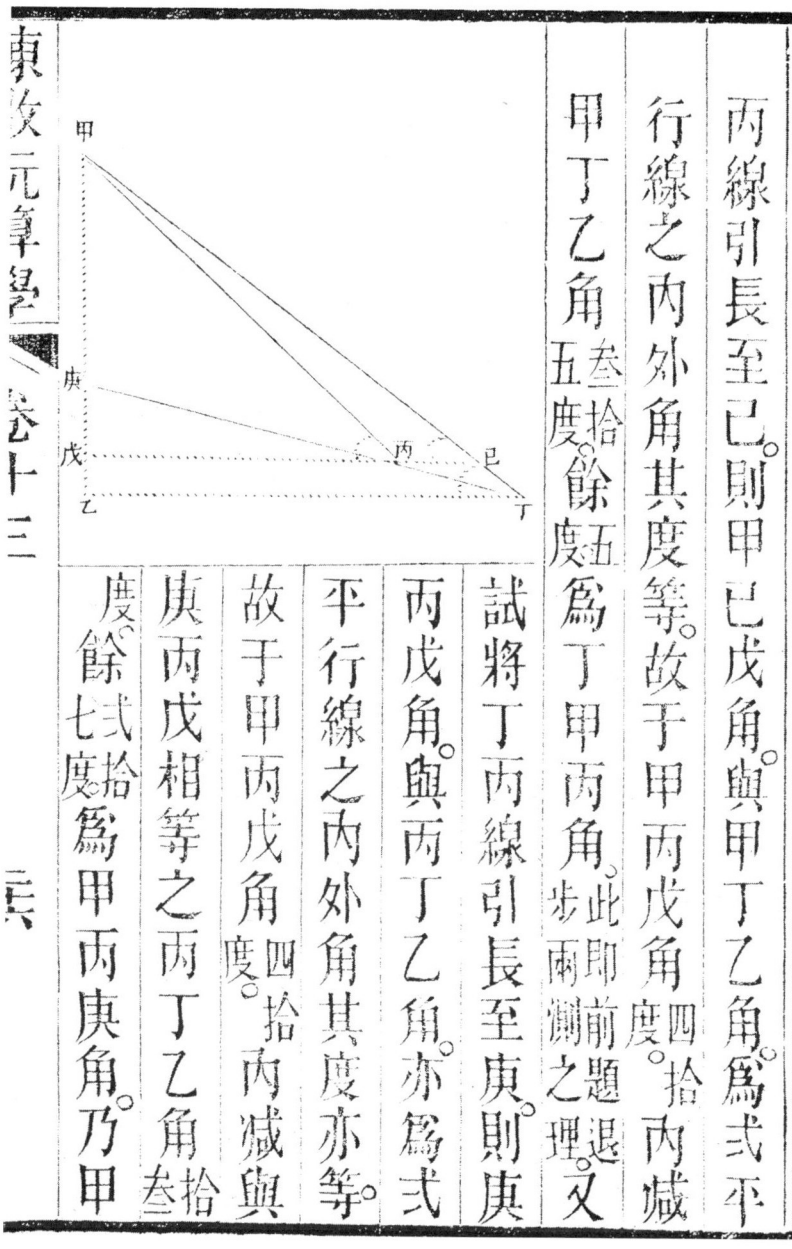

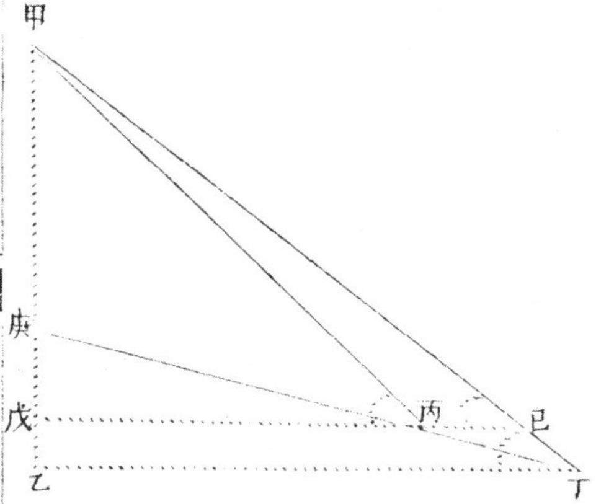

試將丁丙線引長至庚。則庚丙戊角。與丙丁乙角。亦爲式平行線之內外角其度亦等。故于甲丙戊角四拾度。內減與庚丙戊相等之丙丁乙角叁拾度。餘弍拾七度。爲甲丙庚角。乃甲

丙丁鈍角之外角。故先用甲丙丁鈍角形。求甲丁邊爲後儀器。至山頂之斜距。次用甲乙丁直角形。求甲乙邊爲山頂之高也。

假如南北弍橋欲知其相距之遠測處距南橋九拾丈距北橋壹百弍拾丈問弍橋相距若干

荅曰壹百八拾弍丈四尺九寸

法以儀器定表看北橋如乙遊表看南橋如甲得兩表相距。壹百弍拾度如丙角。乃以測處距南橋。距北橋。兩數相加。弍百拾丈如乙丁爲壹率。兩數相減。餘叁拾丈如乙戊爲弍率。

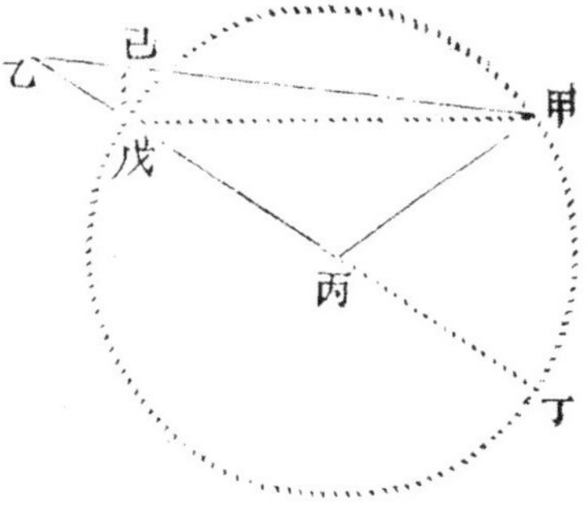

與兩表相距。壹百式拾度與半圓相減。餘數折半得叄拾度如丙甲戊。或丙戊甲式角。即同於甲丙丁之半外角。其正切五萬七千七百叄拾五如甲丁爲叄率。求得四率。八千式百四拾八如己戊爲半角數之正切。檢表得四度四拾式分與半外角相減。餘式拾五度拾七分如乙角。爲小角與半外角相加。得叄拾四度四拾叄分如甲角爲大角。既得式角。則以乙角爲對。所知之角。其正弦四萬式千七百零九爲壹率爲法。丙角爲對。所求之角。其外角六拾度之正弦。八萬六千六百零叁爲弍率。與丙甲爲所知之邊。其數九拾丈爲叁率。相乘爲寔。法除寔。求得四率。甲乙即南北弍橋相距之遠。如圖。丙爲儀器中心。甲丙爲距。南橋九拾丈。乙丙爲距。北橋壹百弍拾丈。今以丙角爲心。甲丙小邊爲半徑。作壹甲丁戊圓。截乙丙大邊於戊。將乙丙引長至圓界丁。則乙丁爲兩邊和。乙戊爲兩邊較。試自至戊作甲戊線。成丙甲戊叁角形。其丙甲戊與丙戊甲弍角相併。與甲丙丁外角度等。今折半用其正切。即如用丁戊甲角之正切。故自甲至丁作甲丁線。即丁戊甲角之正切。又戊甲乙角。即甲角大於丙甲戊角之較。亦即乙角。小於丙戊甲角之較。故自圓界戊至甲乙邊。作己戊線。與甲丁平行。即戊甲乙角之正切。且乙甲丁與乙己戊為同式形。故乙丁與乙戊之比。同於甲丁與己戊之比。為轉比例四率也。

假如隔河東西式樹。欲知其相距之遠。爰對壹樹取壹直角。左右橫量拾叁丈。測之問式樹相距若干

答曰拾八丈弍尺　法先對西樹如甲安儀器于右如丙定遊表直角九拾度也。取以定表看西樹。隨遊表橫量拾叁丈如丙丁。乃以遊表看東樹如乙。得西樹視線距橫量邊線九拾度如甲丙丁角。東樹視線距。橫量邊線叁拾八度如乙丙丁角。兩視線相距五拾弍度如甲丙乙角。次于直角橫量拾叁丈如丁。處安儀器于左。以定表看右儀器中心。遊表看東樹。得東樹視線距橫量邊線壹百拾度如乙丁丙角。復以遊表看西樹。得西樹視線距橫量邊線四拾五度如甲丁丙角。乃先求右儀器距西樹之遠。以甲丁丙角與象限相減。餘四拾五度丁甲丙角。如爲對所知之角。其正弦七萬零七百拾壹。爲壹率爲法。以甲丁丙角爲對所求之角。其正弦七萬零七百拾壹爲弍率。與丙丁拾叁丈。爲所知之邊爲叁率。相乘爲寔。法除寔求得四率拾叁丈。爲右儀器距西樹之遠如丙甲。次求右儀器距東樹之遠。以乙丙丁角與乙丁丙角相併。得壹百四拾八度。與半圓相減。餘叁拾弍度丙乙丁角。如爲對所知之角。其正弦五萬弍千九百九拾弍爲壹率爲法。以乙丁丙角爲對所求之角。其外角七拾度之正弦九萬叁千九百六拾九爲弍率。與丙丁拾叁丈為所知之邊為叁率。相乘為寔。法除寔求得四率弍拾叁丈零五寸。為右儀器距東樹之遠。如丙乙。未求東西弍樹相距之遠。以丙甲邊丙乙邊相加。得弍拾六丈零五寸。為壹率為法相減。餘拾丈零五寸為弍率。與以甲丙乙角。與半圓相減。餘壹百弍拾八度為外角。折半得六拾四度為半外角。其正切弍拾萬零五千零叁拾為叁率。相乘為寔。法除寔求得四率

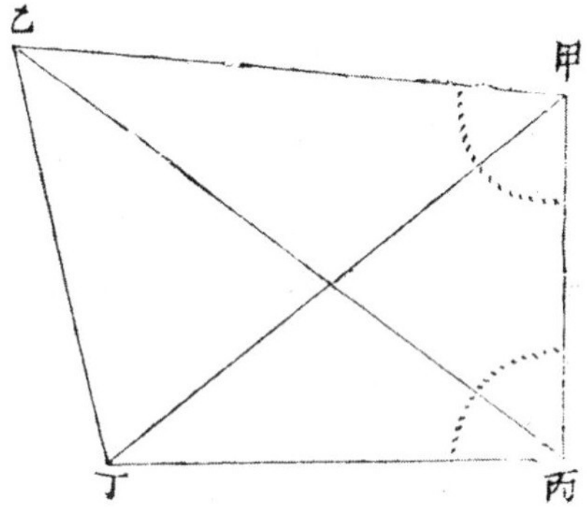

五萬七千壹百五拾八。爲半較角之正切。檢表得弍拾九度四拾五分與半外角相減。餘叁拾四度拾五分爲小角如乙角。與外徑角相加。得九拾叁度四拾五分爲大角如甲角。乃以小角爲對所知之角。其正弦五萬六千弍百八十爲壹率。爲法。甲丙乙角爲對所求之角。其正弦七萬八千八百零壹爲弍率。與甲丙拾叁丈爲所知之邊爲叁率。相乘爲實。法除實求得四率。甲乙即東西弍樹相距之遠也。

氣測比例譜

陳啟沅曰。測量之道。以小測大者。如周公之製指南車。又如西人以器測日月星辰之類是也。以大測小者。如顯微鏡之類是也。更有以小測其大。又變而以大測其小者。風雨錶之類是也。既以物而測天地之氣。復以數而測物之動。真巧於測驗也。如製機汽以錶。以秤而先知其氣之力。而後以氣測其大爐之氣。又如寒暑針。亦用物以測天地寒暑之氣。此皆為氣測之比例。其餘如製南針之法。并電氣之學。亦皆論氣。但此類不以數言。故不錄載此卷耳。

假如有機汽壹座用指力器測得汽桶內每平方寸均力四拾磅扣去全機滯力壹磅半汽桶內徑大七寸推機路長弍尺韝韝每壹分時總行遲速率壹百六拾尺問該機汽得寔馬力若干

答曰七馬力零壹八叁七九弍

法以汽桶內徑七寸。用圓徑新率壹壹叁歸之。得六壹九四七。再以叁五五乘之。得汽桶周弍尺壹寸九分九厘壹毫弍絲。與徑七寸相乘。得壹尺五拾叁寸九拾叁分八拾四厘。四歸得汽桶平方面積叁拾八寸四拾八分四拾六厘。再以均力數四拾磅減去滯力壹磅半。得寔均力叁拾八磅半。與汽桶面積相乘。得壹千四百八拾壹磅六五七壹即七兩八錢八。為內桶積共力。再與轆轆總行率壹百六拾尺相乘。得共能力數弍拾叁萬七千零六拾五磅五壹叁六為寔。以馬力定率叁萬叁千磅為法除之。得七馬力零壹八叁七九弍合問。

馬力率數。轆轆遲速率數。詳載藝學卷中蓋機汽例器繁不能盡錄於此。

今有風雨錶之氣鼓起伏未及竣澈，而當風雨欲來之際，高下上落差至寸餘，問其所差之外針與氣鼓比例若干。

答曰：四千四百八十七倍。

法以展規偃矩之術，借連小輪易大輪之例，而製其器也。假如有句長弍寸，股長八寸，成壹矩形，句尾移壹分，股尾則移四分矣。又如規長壹尺，規心離壹分，展開壹分，規尾則開至壹尺。試思其錶之形。在氣鼓上作壹搖竿。竿長弍寸。氣鼓中與竿之樞紐前壹分相連。若天氣作動之初。氣鼓倘漲壹忽。竿尾則移弍絲。又作壹句股器。句長壹分。股長壹寸五分。以句股方角爲樞紐將句尾繫於前竿尾處。句動弍絲。股尾則移澗叁毫。復設壹小輪爲記度針之中。該輪經大弍分。用小練子繫前股尾而吊於小輪邊。小輪經弍分。其周必六分叁厘有奇。記度針長叁寸。折中則每頭長壹寸五分。即半也。經其大周。即九寸四分弍厘四毫八絲有奇。若照股尾動叁毫推算。小輪則轉弍拾壹份之壹。記度針亦轉廿壹份之壹耳。以弍拾壹份歸之。記度針得四厘四毫八絲七忽有奇。氣鼓漲壹忽。記度針實得四千四百七拾八倍合間。

假如有機汽爐壹個。欲用汽四拾磅。問應開汽盆大小。用秤竿秤砣長大重數若干。　答曰。秤竿長壹尺七寸六分。砣方叁寸六分。秤砣和共重叁百六拾六兩。汽盆大圓徑弍寸七分六厘八毫六絲。

法以四拾磅用拾弍乘。得四百八拾兩。再以生鐵率每方寸得六兩七歸之。得積七拾壹寸六百四拾弍分。開立方。得每邊四寸壹分五厘叁毫弍絲。即與汽盆圓口化方積壹寸用砣壓之。即爲四磅拾之理也。茲照理化。用汽秤砣用方叁寸六分。自乘。再乘。得積四拾六寸六百五拾六分。再以生鉄率乘之。得叁百壹拾弍兩五錢九分。議用秤竿長壹尺七寸六分。計鉄重五拾叁兩四錢壹分。砣秤共和得叁百六拾六兩。又議用汽口拍圓徑弍寸七分八厘六毫八絲九忽。用新率求得方積六寸壹分。秤竿壓汽口之處議在弍寸弍分。再秤竿爲悳以弍寸弍分爲法歸之。得八倍。再以砣秤和共重叁百六拾六兩。八因之。得弍千九百弍拾八兩。再以汽口拾六寸壹分歸之得四百八拾兩又用磅法拾式歸之。
得四拾磅合問。

假如有小爐壹個汽口圓徑式寸壹分四厘零九秤竿長壹尺式寸砣方四寸壓汽在壹寸四分秤竿重叁拾五兩式錢問受汽力若干

答曰九拾式磅零五

法以汽口式寸壹分四厘零九。求得方積叁寸六分。再以砣方自乘再乘。得積六拾四寸。又以生鐵率六兩七錢乘之。得四百式拾八兩八錢與秤竿和共重四百六拾四兩再以竿長壹尺式寸為寔。

以汽壓位壹寸四分為法歸之。得八七五乘之。得叁千九百七拾六兩四錢八分。再以汽口積叁寸六分為法歸之。得壹千壹百零四兩六錢。以磅率壹式歸之。得九拾式磅零五合問。

聲測比例譜

陳啟沅曰。事之至真至確者。莫若親見親聞。乃烟人之親見也。聲人之親聞也。今有先見其烟。而後聞其聲者。將用何法以為之定率乎。茲用放風箏之時。以爆竹繫於風箏之尾首壹次放叁百丈。初見爆烟記其秒數。過式秒之外始聞其聲。次放式百五拾丈。已先聞其聲。方到弍秒。又放弍百八拾丈。亦記其烟起之時。恰合弍秒之數。照扣櫨線弍拾壹丈弍尺。除外計壹秒時。該得壹百弍拾九丈四尺。用測量法亦符合。為與古率畧差數尺。大約仍有風順風逆之不同也

假如有火船壹隻常時每鐘壹點可行四千七百五拾弍丈即西人之八咪也今望見該船放响雞時西人曰喍㖔恰得鐘數兩點零四個息近息近者即中國秒數也及聞响時已到拾六個息近問該船幾時可能到岸　答曰壹刻四分叁拾六秒即

鐘數叄個字四個微利叄拾六個息近

法以拾六個息近。除去四個餘拾弍個。即拾弍秒。再以照上所立聲率。每秒壹百弍拾九丈四尺乘之。得壹千五百五拾弍丈八尺。又以四千七百五拾弍丈為寔。以每點六拾分歸之得每分時行得七拾九丈弍尺。又為法以歸壹千五百五拾弍丈八尺。得壹拾九分六零六。即壹刻四分叄拾六秒。鐘數叄個字四個微利叄拾六個息近合問。

假如有人在山邊放鎗打鳥又有人在村邊望去烟起之時小錶恰在壹點拾個息近即未時初初刻拾秒再多叄秒即聞鎗響聲問與打鳥人相隔若

干　答曰弍里零弍拾八丈弍尺

法以聲率每秒壹百弍拾九丈四尺爲實以叁秒乘之得叁百八拾八丈弍尺以里法壹百八拾丈歸之得弍里零弍拾八丈弍尺。

衡測比例譜

陳啟沅曰。衡測之理。原非有異。蓋或用度之不得。將衡以代之耳。即如西人之用墩數是也。又如貴物。只用兩而不用斤者。金銀是也。又有貴物。而仍用斤兩者。玉桂蘭米等是也。有名同而輕重互異者。西人之論磅數是也。特立數題。使知中西之數。亦壹理云。

假如有洋銀八兩壹錢問該圓數並磅數若干

答曰洋銀壹拾壹員弍角五仙士該磅數弍磅半

法以八兩壹錢為實。以洋銀例柒錢弍分為法歸之。得壹拾壹員弍角五仙士。又為實。又以洋銀磅例四員半。四歸五除歸之。得弍磅半合問。

假如有煤炭弍拾壹萬五千八百八拾斤每墩價銀六員八角五仙問墩數若干　銀數若干

答曰壹百弍十八墩半　該銀八百八十零弍角弍仙半

法以總煤為實。以每斤拾六兩乘之。得叁百四拾五萬四千零八拾兩。以每磅拾弍兩歸之。得弍拾八萬七千八百四拾磅。再以洋例每墩弍千弍百四拾磅歸。得墩數。再以價乘之得銀數合問。 若以總煤用每墩拾六担八拾斤歸之更捷不過錄此俾知例耳

假如有壹大石不知重先知小石重四拾斤求大石

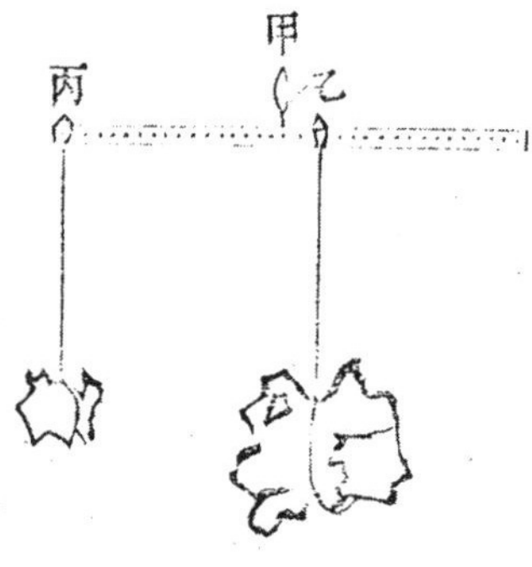

重若干 法以用壹木杆結繫於中甲。如使兩頭皆平。令以小石繫於丙。度至甲。得七尺弍寸。又以大石繫於乙至甲。得壹尺弍寸。杆兩頭亦平。再以

小石四拾斤。與七尺弍寸相乘。得弍百八拾八為實。以大石相隔壹尺弍寸為法除之。得弍百四拾斤。為大石之重數合問。

假如有以秤物之重不足原砣重叁拾弍斤再加砣八斤今秤得重弍百斤問該實重若干　答曰弍

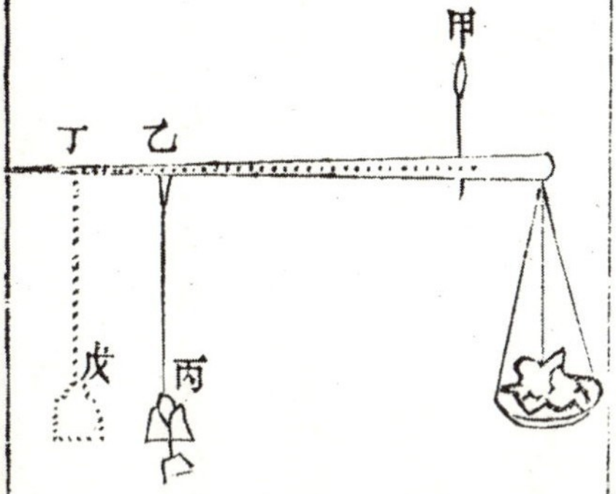

百五拾斤　法以原砣重叁拾弍斤。再加砣八斤。共四拾斤。與今秤得重弍百斤相乘。得八百斤為實。以原砣弍叁拾斤。為法除之。得弍百五拾斤。為物重也合問。

如圖甲至丁秤不足。戊為原砣。再加

砣至乙丙甲份。得斤。弍百爲今秤。與加砣乘之。以原砣爲法除之。卽輕加重之比例也。

假如有秤失去砣欲配砣不知輕重以原物重八拾斤先用砣拾六斤今秤得壹百弍拾斤問原砣重若干　答曰弍拾四斤

法以今秤得壹百弍拾斤。與先用砣拾六斤。相乘爲實。以八拾爲法除之、得弍拾四斤。爲原砣重合問。

水測比例譜

假如有小石山壹座欲知其積問用何法測之

答曰用水斗測得積弍尺零八拾寸

法以木方斗壹個。內桶立方弍尺。注水于內。合其平滿。再以另水濕透小石山之後。放入斗中。待水洩去。將石山取出。度得水下五寸弍分。以平方弍尺自乘。得四尺。再以五寸弍分乘之。得積弍尺零八拾寸合問。

假如有象壹隻欲知其重數若干問何法秤之

答曰五拾六担叁拾斤

法以大船壹隻置象于內繫定。不令其走動。後於船外記其水痕。牽之使上岸。然後用石每担陸續載足水記之處。得五拾六斤担叁拾合問。

假如有石吼壹個其口大度得中徑弍寸弍分六厘然深處有曲節問該深若干　答曰用水四拾八斤叁兩半吼深弍丈零六寸八分

法以水秤過壹百斤。入滿此吼。尚餘五拾壹斤拾弍兩五錢。計入得水四拾八斤叁兩半。伸得七百七拾壹兩五錢。再以吼口弍寸弍分六厘。求得面積四寸零壹分壹拾五厘。以水率九錢叁分乘之。得叁兩七錢叁分零六毫九絲五忽為法。以共水七百七拾壹兩五錢為實。法除實得弍丈零六寸八分合問。

影測比例譜

陳啟沅曰。影測之術。有以影測物者。有以物測影者。影測物。其用小物測影者。其用大影測物者。以日影燈影測物之類是也。物測影者。以日規而測日之時候。以儀器而測天地之蒙氣是也。沅常譜歷象後篇。倣測量之道。製為平水日規盆轉覺蒙氣差尚未符合。何也。蓋日出地未及地平。尚有海水之隔。如西人第谷所定地平上蒙氣差。其門人刻白爾謂失之稍大。至噶西尼又改正之。今既定為叁拾弍分壹拾九秒。竊思蒙氣者。即水氣也。若與海影差同算。則今所定。仍失之大。若既除海差而算則日光未及地之前。則必另立壹差。方爲的確。茲因戲立影測比例故并及之。

假如有魚池壹個深九尺濶壹丈八尺池中有壹石

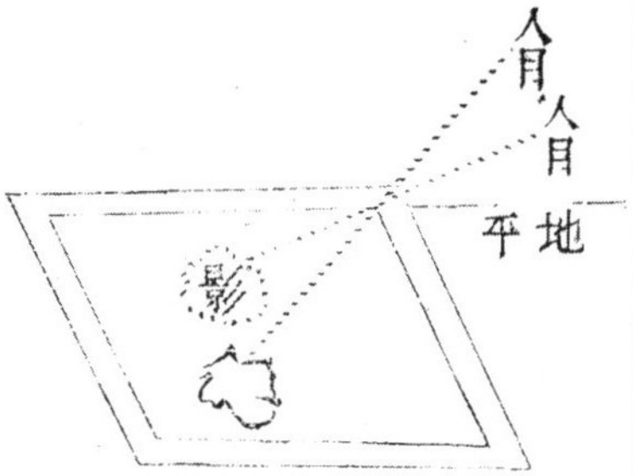

與堤底同平乾池之時人在礁邊行埋四尺人目四尺高望見此石恰與礁邊齊平今水恰滿至平面望之覺石浮高人照坐下弍尺四寸其礁又恰與石齊

平問石映浮高下若干　答曰實映四成浮映六成

法以水滿人目四尺除去水平藏式尺四寸餘壹尺六寸爲實。以四尺爲法歸之。得實映四成。又以九尺爲實。以四成乘之合問。

假如有人立在地上與海邊相隔叁尺式寸而海邊之下六寸是水面水面適有杉木壹條長八尺魚在杉尾下人目高壹尺式寸望去魚與海邊恰值問魚在水下幾尺并問人要企高多少方能用鎗打得魚中　答曰影魚深式尺四寸真魚深六

尺打魚人目弍尺六寸四分

法以叁尺弍寸如乙丙與六寸如丙丁相乘為實。以壹尺弍寸如甲乙為法除之。得壹尺六寸如丁戊。再以八尺如丁己。減去丁戊。餘六尺

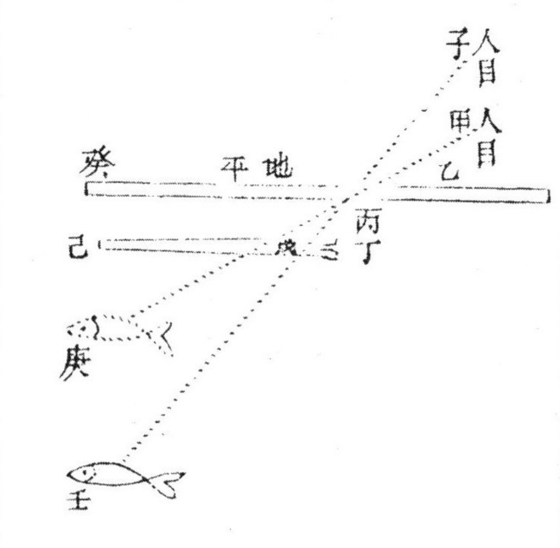

四寸如戊己。又以甲乙丙丁。加得壹尺八寸。相乘為實。以乙丙丁戊。加得四尺八寸。為法除之。得弍尺四寸如己庚為深水之影魚。照前法以水影率四歸之。得眞魚處六尺即己壬。再以癸壬至六尺六寸為句。自癸至丙為股。用大句

股求小句股法。以癸壬六尺六寸爲實。以癸丙八尺爲法歸之。得八寸式分五。又爲實。再以乙丙參尺式寸乘之。得式尺六寸四分。如子乙。人從子乙位向丙海邊打去。即得魚合問

假如有旗杆不知其高以日影測之問高若干

答曰參丈六尺

法以立壹表長五尺。影長參尺。如旗杆影。得長式丈壹尺六寸。與表杆五尺。相乘爲實。以表影得參尺。爲法除之。得參丈六尺。爲旗杆之高合問。

假如有塔壹座不知其高以日影測之問高若干

答曰七丈弍尺

法以立表壹丈影長壹丈弍尺如塔影得長八丈六尺四寸爲實

以表影長壹丈弍尺爲法除之得七丈弍尺爲塔之高合問

鏡測比例譜

陳敬沅曰。鏡測之道。實使兩線相影之理。故影大鏡愈凸則其影愈濶。蓋卽叁角之形。愈展愈開。故近視鏡其心窩。蓋愈收而愈窄也。平鏡斜立。其內影卽斜。故能可以比例物耳。

假如有顯微鏡大六寸鏡心厚四寸六分邊薄如線鏡下物與鏡同大人目在卯處觀鏡下物相離弍尺壹寸問影得物倍數若干　答曰四倍九五四五

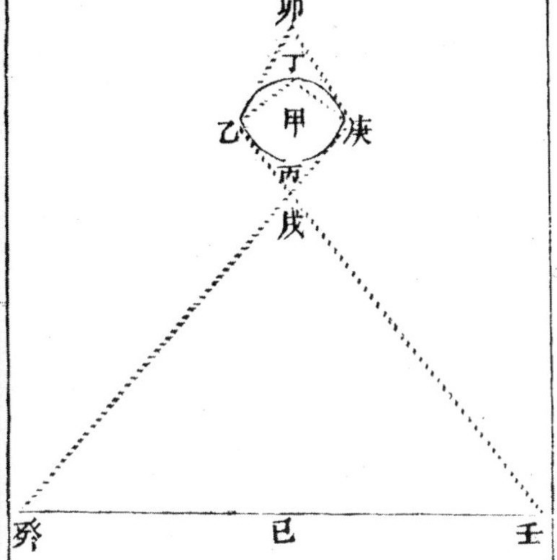

法用矢弦求徑。以半弦叁寸如甲乙。自乘爲實。以甲丁爲矢弍寸叁分如甲乙。爲法除之。得叁寸九分壹釐叁毫不盡如甲戊。再以弍尺壹寸如丙己。加甲丙弍寸叁分。得弍尺叁寸叁分如甲己。內減去甲戊。餘壹尺九寸叁分八厘七毫。如己戊。與六寸。如乙庚。相乘爲實。以叁寸九分壹厘叁毫。如甲戊。爲法除之。得弍尺九寸七分弍厘七毫。如壬癸。再以乙庚除之。得倍數合問。又名映大鏡。若近視鏡其心窩數。卽映大鏡還原耳。故不贅立。

假如有文塔壹座其塔之地心相隔測鏡之處得壹里（里法以壹百八十丈爲壹里）用鏡測之法測得十度其塔頂寶珠照入鏡裏入目望去影得兩寶珠齊平問此塔寶珠去地面若干　答曰叁拾壹丈七尺叁寸壹分五厘

法照卷拾貳。八線表法。以拾度之餘弦表。減去十萬半徑得壹千五壹九弍叁。再以里法乘之。得弍丈七尺叁寸四分六厘。為本象限正矢。加入壹百八十丈。共得壹佰八拾弍丈七尺叁寸四分六厘。為本弧半徑。再以八線表內十度正弦數乘之。得塔高叁拾壹丈七尺叁寸壹分五厘。合問。

假如有支塔壹座。其塔之地心與測量置地之鏡相隔壹佰七拾七丈弍尺六寸五分照里法壹百八拾丈推算用鏡測之法。得拾度。照入鏡裏人目望去影得兩寶珠齊平。問去地若干　答曰叁拾壹丈弍尺五寸六分六厘

法以撿割圓八線表十度。得餘弦數。半徑拾萬減餘

弦得正矢弍丈七尺叁寸四分六厘共得壹佰八十丈。又撿拾度正弦。壹七叁六四八弍。以里法壹八乘之。得叁拾壹丈弍尺五寸六分六厘合問。若欲知其所以然者。以所得之數為勾。再撿拾度餘弦之表。亦以里法乘之。得壹七七弍六五叁八為股。用勾股求弦法。求得勾自乘數九七七。股自乘數叁壹四弍叁。併得叁弍四開方得壹百八拾丈。即合相隔半徑之數也。既得半徑。減去正矢。即相隔之實數也。假如測日月之行度。亦同此理而已。茲將三鏡相展之圖。特繪於後以明之。如欲詳知測日月之理。當求於理氣溯源中。

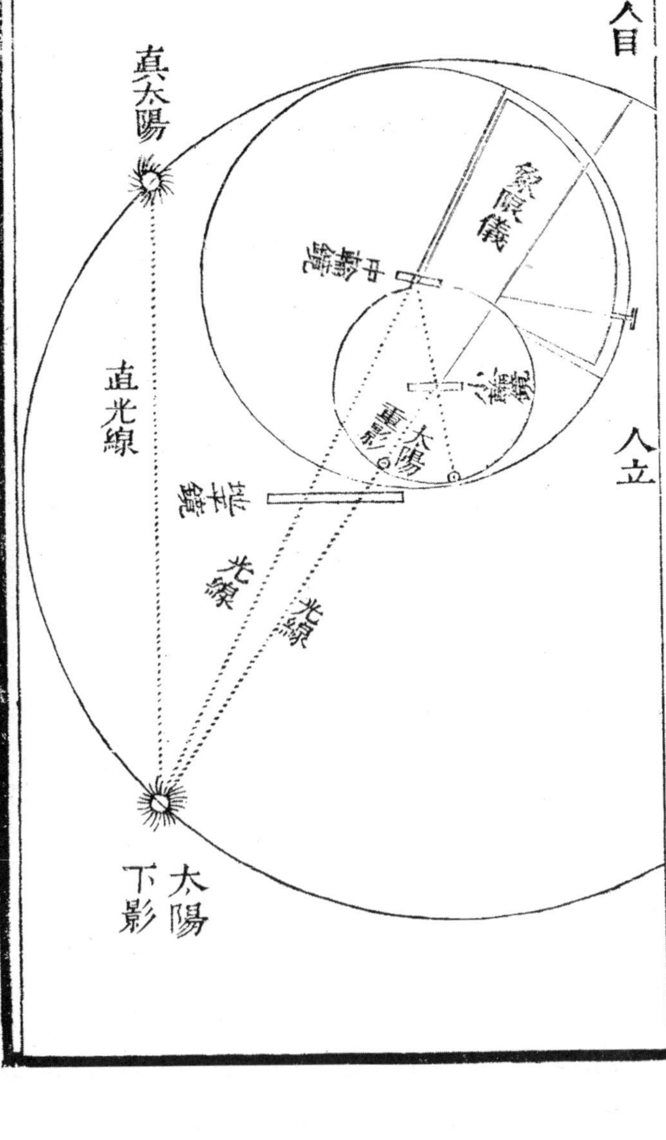

度測比例譜

假如有十六等邊體平底尖體形底每邊拾丈立中高弍拾丈截去上尖八丈問上面十六等邊若干

答曰 四丈

法以底每壹邊拾丈如甲乙為寔。以立中高弍拾丈如丙丁為法除之。得五尺為每丈高濶之差。再以截去上尖八丈如丙戊。相乘之。得四丈為上面十六等之每邊也。合問。

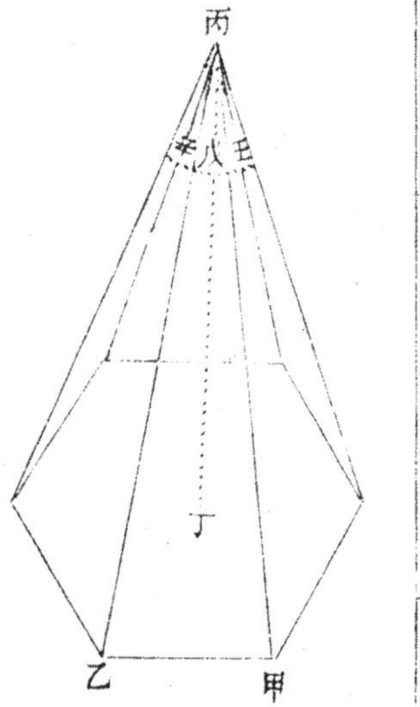

假如有八等邊平底尖體形底每邊拾弍丈立中高弍拾四丈截去上尖頭六丈問斜邊線若干

答曰　弍拾壹丈五尺零零六厘

法先以叁百六拾度此八等邊均八份得四拾五度之正弦七萬零七百壹拾　為股與半徑拾萬相減餘弍萬九千弍百八拾九　為句求得弦七萬六千五百叁拾六　為法以每邊拾弍丈為實法除實得壹拾五丈六尺七寸八分八厘為底外切圓半徑又以每邊拾弍丈與所截去上尖六丈相乘得七拾弍丈為實以立中高弍拾四丈為法除之得叁丈為上面之八

等每壹邊。又照前法求得。上面外切圓半徑叁丈九尺壹寸九分七釐與底半徑相減。餘壹拾壹丈七尺五寸九分壹釐為句。以立中高弍拾四丈。減去截上尖六丈。餘拾八丈為股。用句股求得弦弍拾壹丈五尺零零六釐。為所求斜邊也。合問。

假如有半圓球體形底徑壹拾六丈矢濶八丈問內容正方體形每邊若干

答曰　五丈六尺五寸六分八厘

法以底徑拾六丈。折半得八丈即矢。為內容正方體之對角斜線。以斜線八丈自乘。折半開方。得為內容正方體之邊也合問。

假如有九等邊形每邊四丈問外切圓徑若干答曰

壹拾壹丈六尺九寸五分弍厘

法以叁百六拾度。此九等邊先均拾八份。得弍拾

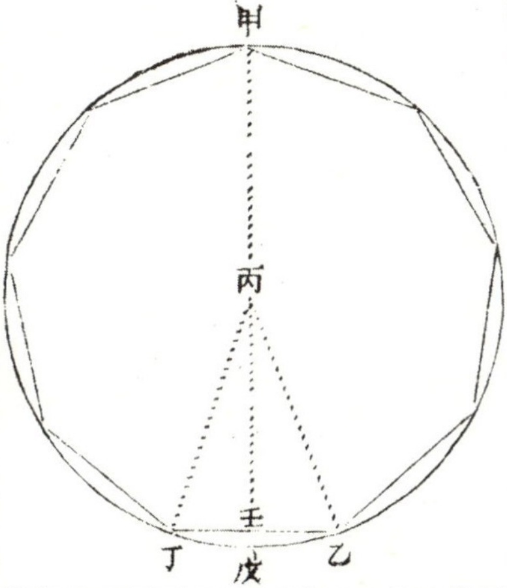

度之正弦。叁萬四千弍百零弍。如乙壬倍之得六萬八千四百零四。為法。以邊四丈為寔。法除寔。得五丈八尺四寸七分六厘。如丙戊倍之。得壹拾壹丈六尺九寸五分弍厘。如甲戊。為外切圓徑。此題以圓

容等邊者。與上題等邊外切圓徑之理仝。比例耳
假如有火船壹隻俑則九拾萬磅西例每磅拾弍両
墩數以弍千弍百四拾磅作壹墩船內貨艙位共
長壹百四拾碼共潤叁拾四碼共高叁碼半西積
例四拾碼作壹磁共該船租銀壹千叁百五拾五元
問墩數若干每墩應承本脚若干又問潤墩數若
干應承本脚若干并問該担數若干脚銀若干
答曰共重墩數四百零壹墩七八五七　承本脚
銀叁元叁毛六　潤墩位四百壹拾六墩半承本

脚銀叁元弍毫四仙壹叁　共担數六千七百五拾担　每担承本脚銀弍毫

法以九拾萬磅爲寔以拾弍両乘得壹千零八拾萬両以斤法壹歸六除得六千七百五拾担爲法除總銀得每担脚弍毫以九拾萬磅爲寔以西例重墩數歸之得重墩數四百零壹墩七八五七又爲法以除總銀得承本脚價叁元叁毫六仙土再以長乘闊又乘高得積壹萬六千六百六拾碼亦以西積例歸之得四百壹拾六墩半爲法以歸總

銀之得叁元弍毫四壹叁。担數碼數。變墩數相比。所差壹毛壹八七合問。

假如有方鐵箱壹個不知其大用厚樹膠壹片糊于案底將鐵箱覆置其上用汽機抽清內氣問鈎能繫重若干　答曰壹百八拾斤

法曰。先度其箱度得高壹寸。大四寸。以大四寸自乘得壹拾六寸為面積。再以高壹寸乘之。得壹拾六寸為體積。再以方寸壓力壹百八拾兩乘之。得弍千八百八拾兩化斤。得壹百八拾斤除

鐵箱重數合問。

假如有木壹條大方壹尺六寸小方壹尺長五尺問

重若干　答曰四百叁拾斤

法以大方壹尺六寸自乘。得式尺五拾六寸又以小方壹尺自乘。

得壹尺。又以大方與小方相乘。得壹尺六拾寸。叁數併得

五尺壹拾六寸叁歸之。得壹尺七拾式寸為面積。再以長五尺乘之。

得八尺六百寸為木體積。又以由小頭截去長五寸應得

大方壹尺零六分。照法算得體積五百叁拾寸零六百分。將此木

秤得重式拾六斤五叁與木體積八尺六百寸相乘為寔。以截

小木體積五百叁拾寸零六百分為法除之。得四百叁拾斤合問。

假如有樹木壹株長六尺大周壹丈零六寸五分小

周七尺壹寸又横枝大周五尺叁寸弍分五厘小周叁尺五寸五分長叁尺問重若干　答曰壹千六百零八斤拾弍兩有餘

法先以大周壹丈零六寸五分。求得圓徑叁尺叁寸九分。又求得面積九尺零弍寸五拾八分七拾五厘。又以小周七尺壹寸求得圓徑弍尺弍寸六分。又求面積四尺零壹寸壹拾五分。又以大徑叁尺叁寸九分。與小徑弍尺弍寸六分相乘。得七尺六拾六寸壹拾四分。以圓率法折之。得六尺零壹寸七拾弍分四拾九厘。叁面積併得拾九尺零五寸四拾六分弍拾四厘。叁歸之。得六尺叁拾五寸壹拾五分四拾壹厘。以長叁尺相乘。得

叁拾八尺壹百零九為體積。又以橫枝大周五尺
寸弍百四拾六分　　　　　　　　　　　　叁寸
弍分求得徑壹尺六寸又求得面積弍尺弍拾五
五厘。求得徑九分五厘、又求得面積寸六拾四分
六拾又以小周叁尺五求得徑壹尺壹求得面積
八厘。寸五分。　寸叁分。
壹尺零零弍拾。又以大徑壹尺六寸與小徑壹尺
八分七拾五厘。九分五厘。　壹寸
叁相乘得壹尺九拾壹寸五　用圓率折之。得壹尺
分　拾叁分五拾厘　五拾
寸零四拾叁　為面積、叁面積併得四尺七拾六寸
分拾弍厘　叁拾六分五拾
五叁歸之。得壹尺五拾八寸七以長叁相乘得四
厘　拾八分八拾五厘。　尺
七百六拾叁寸為橫枝體積。就將截斷秤得壹百
六百六拾五分。　七拾
八斤將此比例、與叁拾八尺壹百零九相乘為寔。
七五。　寸弍百四拾六分

以四尺七百六拾叁寸六百五拾五分爲法除之得壹千四百叁拾斤爲大木重式數併得重合問。

意測比例譜

或謂沅曰以意而測者是無據之率豈可作爲比例乎而不知正因其未能確定之測故以意而比例之是最要之比例也豈可缺乎即如行船忽而順風忽而逆風忽而順水忽而逆水雖已有氣錶先爲之定率若不加以意測豈能準耶故亦謬立數題爲之比例云耳

假如有敵船壹隻議以泵礮擊之因只見其桅而不見其船先以測儀器測得該船相隔之遠九百九拾七丈六尺叁寸零今以壹丈六尺五寸長礮擊之礮口內小徑八寸弍分後內桶大徑九寸零五厘彈子長弍尺四寸半重弍百五拾磅用粗粒藥打去問礮口應離地高若干

答曰平高壹丈零叁寸壹分五厘叁毫

法以船相隔九百九拾七丈六尺叁寸零為股再以試礮率。率詳藝學新篇用礮長壹丈六尺五打遠表。五

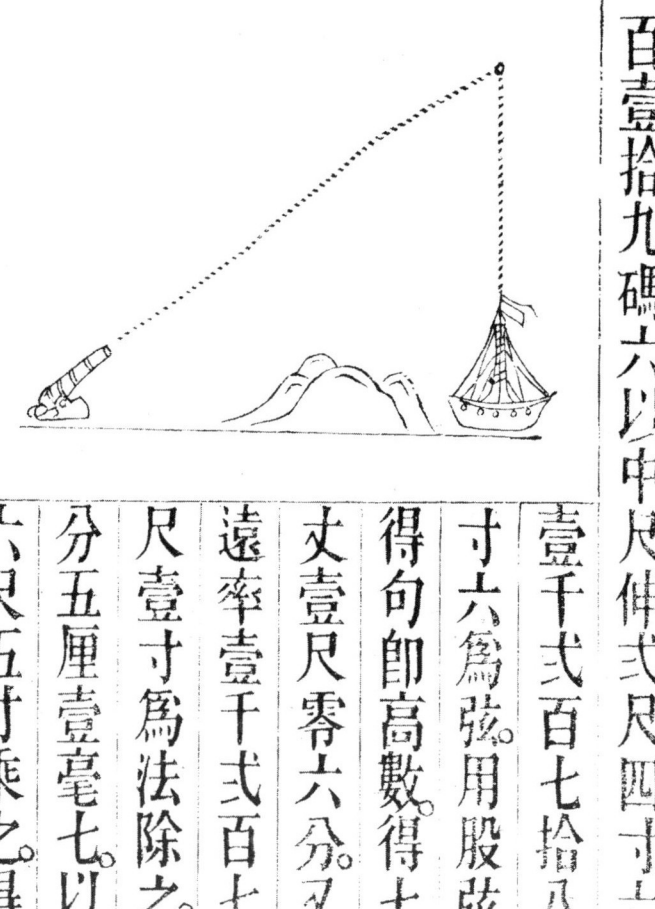

百壹拾九碼六以中尺伸弍尺四寸六分乘之得

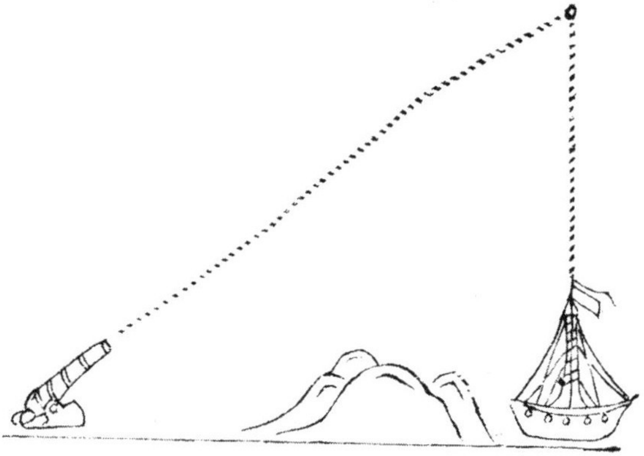

壹千弍百七拾八丈弍尺壹寸六爲弦。用股弦求句法。求得句卽高數。得七百九拾九丈壹尺零六分。又爲寔。以礮遠率壹千弍百七拾八丈弍尺壹寸爲法除之。得六寸弍分五厘壹毫七。以礮長壹丈六尺五寸乘之。得礮口離地平高壹丈零叁寸壹分五厘叁毫合問。

假如有風即要除偏差風之大小。以意度之。故曰意測也如礮彈下墜弧矢數。不用扣除。蓋因礮口內桶大小徑不同。向有定率。即本題之試礮表螺距壹百六拾五寸。內長必壹百四拾寸零六。與內桶大徑九寸零五。小徑八寸弍分恰合。彈長可用弍尺圓寸五分。其重必弍百五拾磅。故合用粗粒鎗藥耳。其遠之碼數雖定爲五百壹拾九碼六。究察其藥之好醜。故即曰意測耳。若論其礮於行遲速處。計壹四零弍略與聲測比例同。

假如有火船來往定例。自東省早八點半鐘啟行。往香港。又定自香港早八點鐘啟行。返省。是日兩船來往在月之初五日拾弍點八個字鐘。相遇而兩船機汽每分時卽西例溫微利俱用弍拾次車頭問兩船何時刻可到。

答曰實測數。快船午後四點鐘四個字零壹個微利四拾弍個息近。慢船午後五點鐘拾壹個字零壹個微利四拾弍個息近到。意測數。快船四點七個字四分。遲船五點叄個字式分。例以每點鐘計六拾分。每壹字計五分定率。法以八點半鐘至拾弍點零八個字伸得弍百五拾分。又以八點鐘至拾弍點鐘零八個字伸得弍百八拾分。弍數相減。餘叁拾分倍之。得六拾分為寔。再以慢船快船相和。共五百叁拾分。為法歸之。得壹分壹叁弍。為遲速較。再以弍百五拾分乘之。得弍拾八分叁。為快數。以減弍百五拾分。餘弍百弍拾壹分七。加入快船前行數弍百八拾分。共五百零壹分七。為全數。以點例收之。得八點鐘零弍拾壹分七。即四個字零。加入開行鐘數計。快船是日四點零四個字壹分七鐘到省又再以弍百八拾分與較壹分壹厘叁弍相乘得叁拾壹分六九六為遲數與弍百八拾分併再加入前行數弍百五拾分共五百六拾壹分六九六鐘例收之得九點弍拾壹分六九六再加入啟行鐘數得遲船是日五點五拾壹分六九六即拾壹個字零到港也然數既有定率蓋是日快船啟行之時約行逆水船壹點半鐘其餘俱順水到省尚差無幾遲船啟行之初俱是逆水計行六點鐘後又得順水故以意測之快船應

加回逆水數壹拾七分零。慢船應加回快數叁拾四分零合問。故曰意測即此之謂也。

算學卷拾叁終

長男陳乃材召三
三男陳錦篔竹君
仝校

陳啟沅算學補遺

南海陳啟沅芷馨補著

男乃 材召三 策蒲軒 仝校

測量遺術

沅前所著算學十叁卷。末及發明橢圓之理。蓋橢圓求積求角等法。皆為推歷之本。故特別著數學須知。刻入理氣溯源式集。俾測星歷為之津梁。但回憶算學中。有新增丈量弧矢準。似於舊法尤為敏捷。為用之量田則可。用之以測量星歷則謬之千里矣。故不嫌贅。別立新法推橢圓之術。比之後編謂西人刻白爾等。用借角求角之法更爲省算。幷將弧矢形求積法。伸明於此。一則使知弧矢田之要。一則爲推星歷之原。補錄於此。曰測量遺術云。

假有橢圓角形。即橢圓之壹象限角高壹千萬濶八百萬。問全積若干。并問再均弍份。大邊弧若干。小邊弧若干。兩邊分界線長若干。又問平行度與實行度之比例。照後篇數。大徑壹千萬。小徑九九九九八五五七壹小餘八五。因差小難見。故特設問明之。

答曰壹撱圓角積共弍百五拾壹萬億叁千弍百七拾四萬壹千弍百

兩邊分界線長九百零叁萬七千壹百八拾八千五千五百八拾百扣

得撱圓之五拾壹度弍拾九分零五秒與大平圓四拾五度同斜線

法以大邊倍之得弍千萬。又以小邊倍之得壹千六百萬。今以邊爲徑。如巳庚未申撱圓體形。大徑與小徑相乘。得叁千弍百萬億。如長方積。即坤戌亥乾。再以方圓比例定率。七八五叁九八壹六弍五通之。得弍五壹叁弍七四壹弍。爲大小徑通得中率之平圓面積。即撱圓面積也。如巳庚未申之共積。再以叁百六拾度分之。均得每壹弧度面積。亦得六九八壹叁壹七。所問壹象限乃九拾度均爲弍。即四拾五度之弧。亦半周四分之壹。以得橢圓面積弍五壹叁弍七四四壹弍。若半圓例之。再以弍千萬之半周率叁壹四壹五九弍六五爲實。圓率徑壹。周叁壹四壹五九弍六五五。今半周得壹千萬。故同。再用四歸之。亦得弍五壹叁弍七四四壹弍。爲壹象限半份之積。如巳甲丁積。亦即乙丁甲積。若以半周率均壹百八拾度。每度應得壹七四五叁弍九弍五。即大徑之弧度。今以大徑弍千萬半之得壹千萬以乘之。亦得七八五叁九八壹六弍五。爲壹象限弧角之虛積。故半之得叁九弍六九九零八壹弍五之實積。即大徑四拾五度平圓積。如甲王

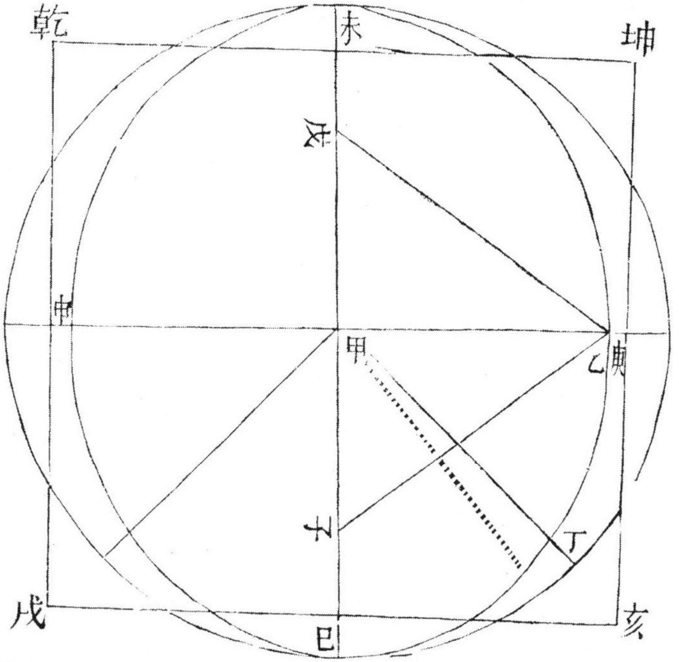

已積所立名法乃所以然之數也若將橢圓全積八歸之即得四拾五度之橢積矣何容贅述茲因以積比例而求平圓橢圓各弧線故畧爲贅解云耳再將平圓弧度面積比例橢圓面積詳後

若求平圓與橢圓比例之法，則先撿八線表四拾五度之正弦。七零七壹零八六。如卯壬。餘弦亦七零七壹零八六。如丑壬。蓋平圓餘弦與橢圓之餘弦。亦必同數。如丁辰與壬卯之比耳。故知丁丑與丁辰之數。然後知甲丁之斜。然必要用句股比例之法以明之。蓋大徑弍拾萬。如己未。半之得壹千萬。如甲己。即甲未。又如戊乙與乙子為弦。而小徑兩冪為股。即甲乙。又如甲中。即為兩腰之小半徑。故先以大徑壹千萬乙戊自乘得壹千萬億。又以小徑為股。甲乙八百萬自乘得六百四拾萬億。以減大徑自乘數。餘叄百六拾萬億。開方得六百萬為句。

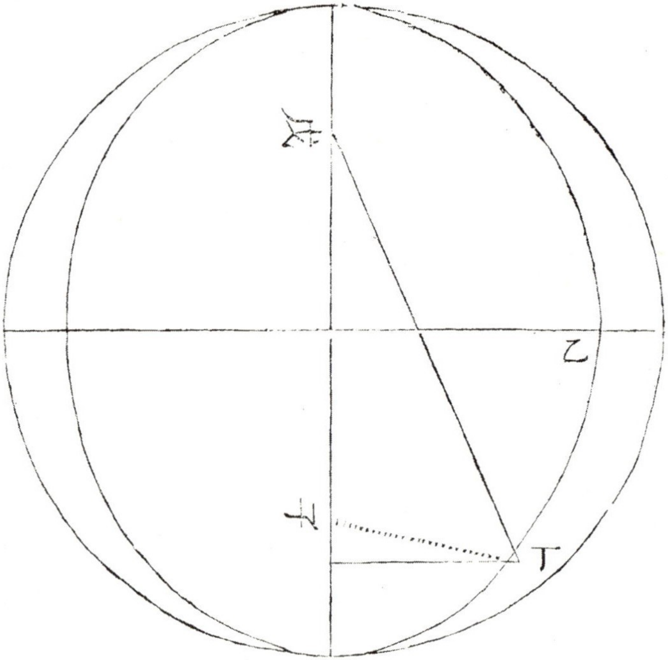

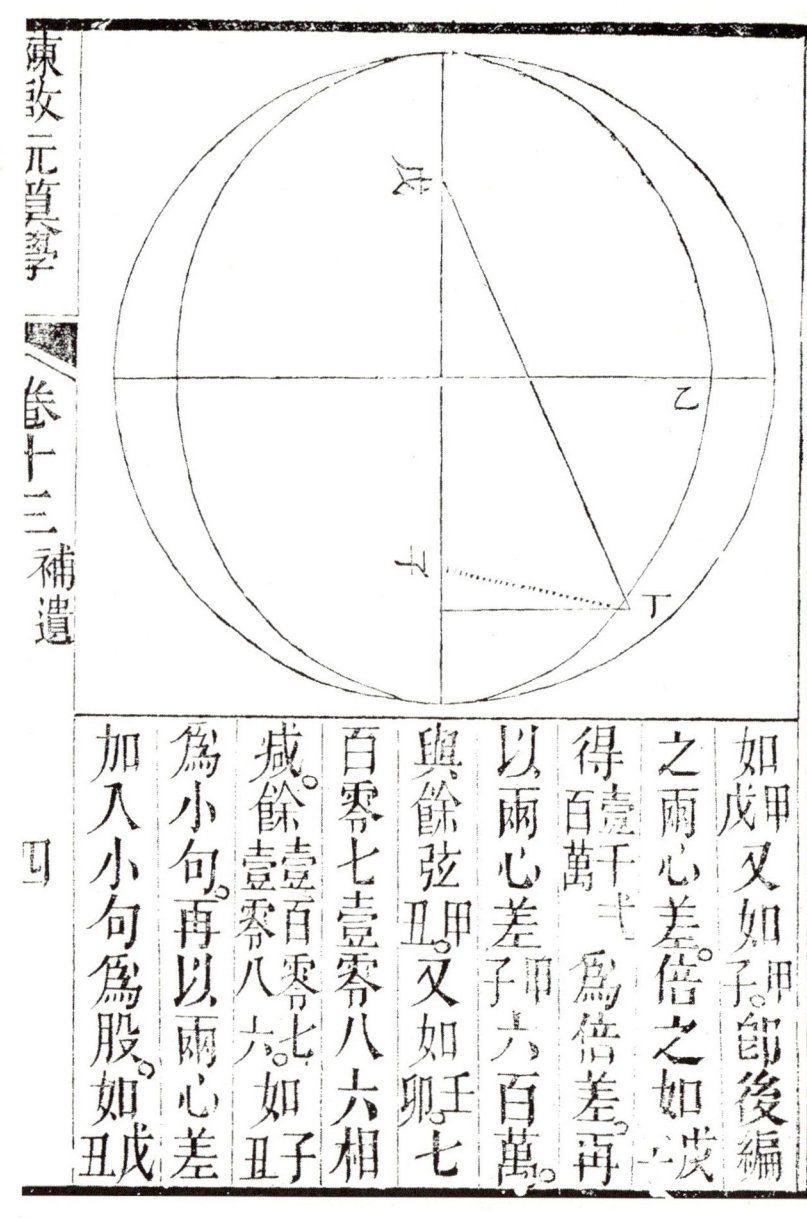

如甲戊又如甲子。節後編之兩心差。倍之如戊子得壹千七百萬為倍差。再以兩心差甲子六百萬。與餘弦甲丑。又如壬卯七百零七壹零八六相減。餘壹百零七壹零八六。如子丑為小句。再以兩心差加入小句為股。如戊丑其得壹千叁百零七壹零八六爲句股和。自乘得壹七零八五叁式八九四式。
又以句弦和式千萬如戊子丁原句股之形。如戊丁丑蓋丁子之句。
比丁丑之度畧長不合橢圓之法故移其線於子位。
則線之長短固合。卽兩心差之數。始與式千萬之數
相等。自乘得四千萬。以句股和自乘數減之。餘式式九壹四六七壹
零七八。半之得壹壹四五七叁叁五五叁九爲實。以句弦和式千萬歸
之。得五七式八六六七七六九五爲大句。如子丁原子丁之線在於子丑。
乃合句股之率。茲移於丁子之位。借爲小斜弦自乘得
叁式八壹七八叁四四壹叁叁叁。又以小句自乘。得壹式四七式式五式壹九叁九六
相減。餘叁壹六七零四零九壹九叁九壹。開方得五六式七六四四六五。爲橢

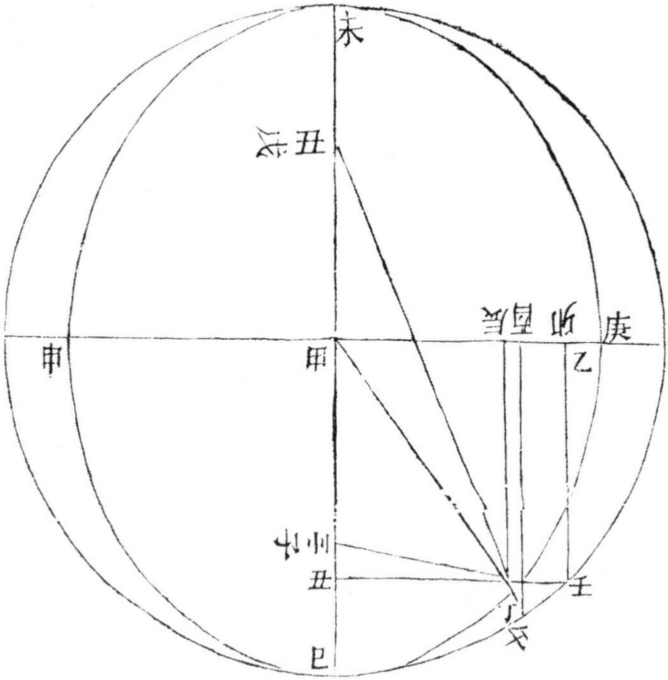

圓四拾五度之餘弦。如丁丑。又以丁丑爲句。甲丑爲股。各自乘。併得八壹六七零六六六四壹叁叁。開方得九零叁七壹八八五五八不盡。爲橢圓四拾五度之半徑。如甲丁。以減大半徑壹千萬。餘九六弍八壹壹四四。爲兩徑差。如丁午。再以平

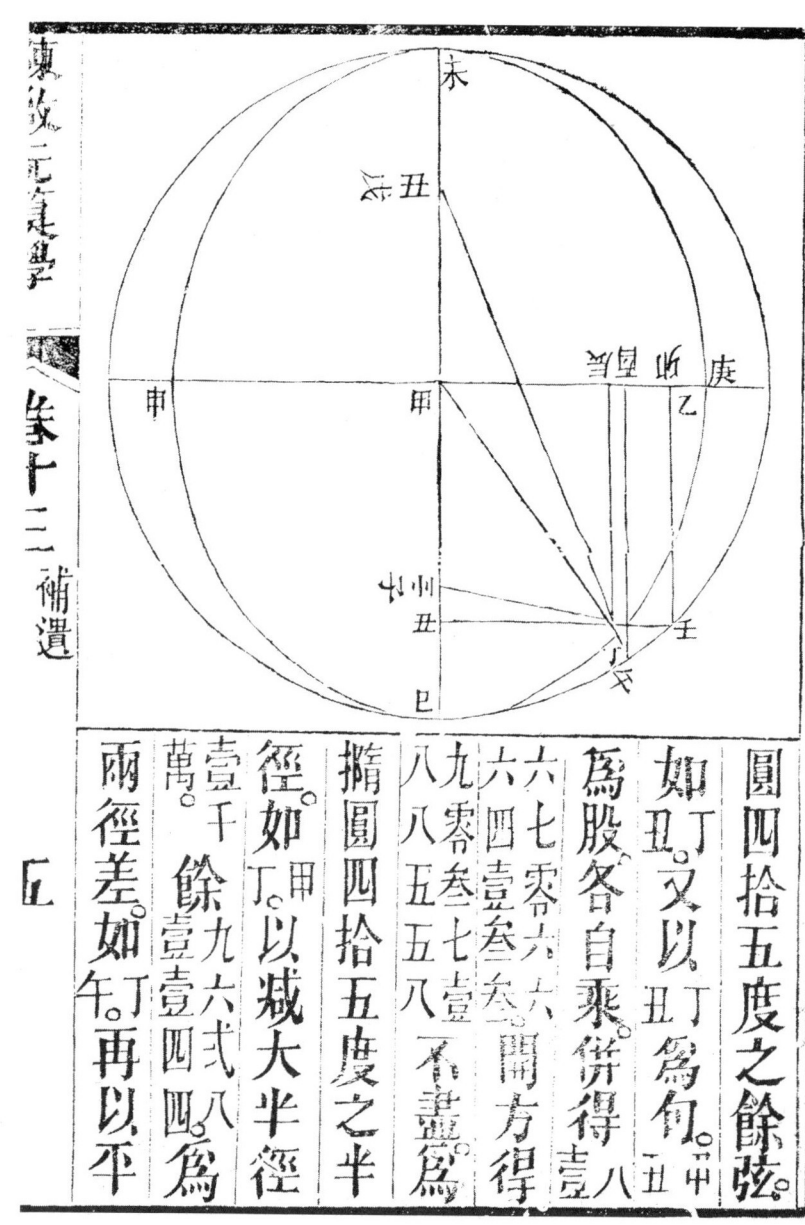

圓正弦爲實以橢圓半徑爲法歸之得七八弍四五爲句弦較又以兩徑差乘之得七五叁叁五壹八壹七四八六六爲正弦差之小股如丙午加入平圓四拾五度之正弦七零壹零八六共得七八弍四四叁七八壹七四八七五如午酉撿表得五拾壹度弍拾九分零五秒小餘五六即平圓庚午壬之弧亦即橢圓乙丁之弧凡推星歷日月實行平行之法俱倣此推其術乃横直兩句股借弦法耳蓋橢圓之理原生於兩句股以其兩半徑爲弦兩心差爲句而得其小半徑之股漸移而弦漸伸縮其股漸短爲短弦之壹邊仍合句股之數故可借爲斜弦而成横直兩句股并與弧度八線畧無小差似與借角求角法更爲便算云

假如有弧矢形。弦八拾丈。矢弍拾丈。問積數若干。

答曰壹千壹百壹拾八丈弍尺九寸四分

法先用弧矢形。弦矢求周法。以弦八拾丈。折半得四拾丈。自乘得壹千六百丈為實。以矢弍拾丈為法除之。得八拾丈。加入矢弍拾丈。共壹百丈。即徑也。復以圓徑壹百丈。折半得五拾丈為法。再以弦長四拾丈。與割圓之理。半徑拾萬相乘得數為實。法除實得八萬為半弧之正弦。檢表得五拾叁度零七分五拾叁秒。倍之壹百零六度壹拾五分四拾六秒。得全弧之

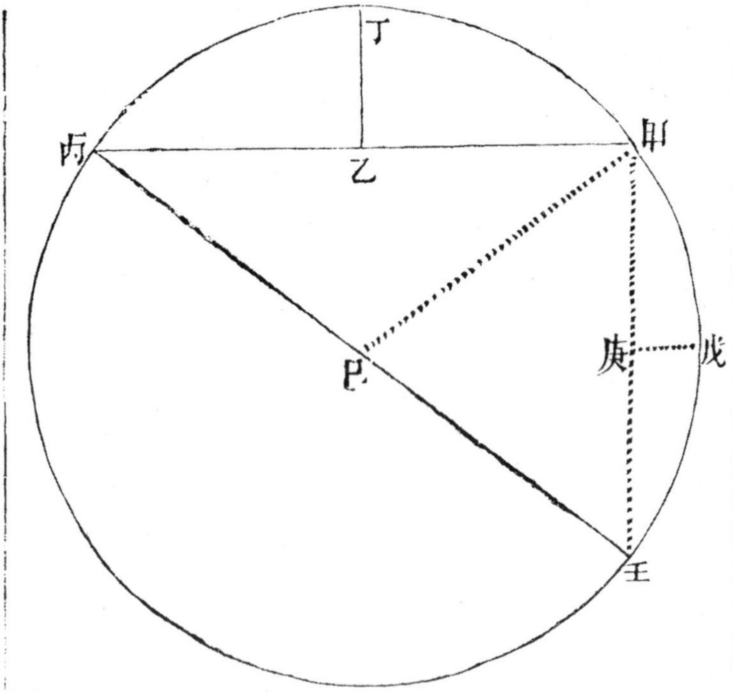

通弦。即甲丙丁。此以正弦比例而得弧度也。又照周天弧度。當化作叁拾八萬弍千五百四拾六秒。即甲丙之弧又以全徑壹百丈。用周徑定率。叁百壹拾四丈壹尺五寸九分弍厘六毫五絲。與上

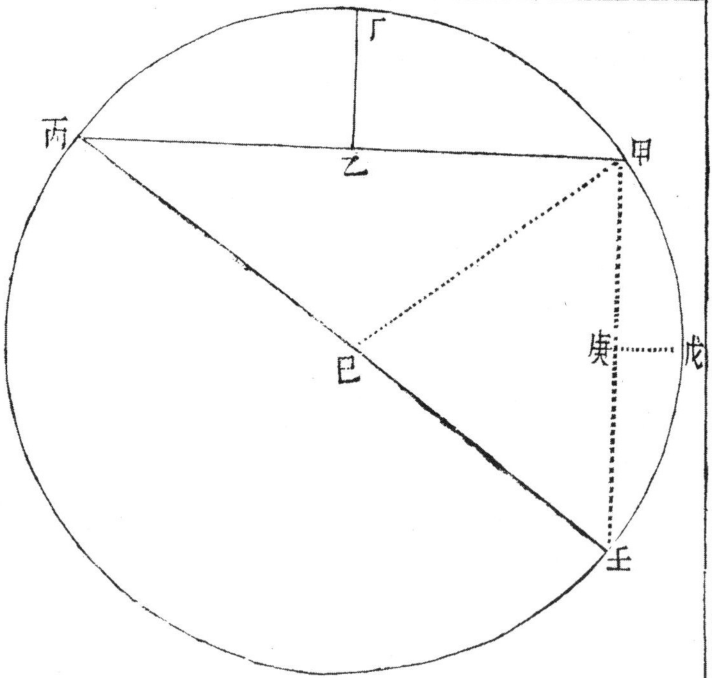

之全弧度秒相乘。得壹千弍百零壹萬貳八千零叁拾六萬零叁千弍百八拾壹秒爲實。再用周天叁百六拾度。化爲秒數。得壹百弍拾九萬六千秒爲法。除實得九拾弍丈七尺叁寸壹分七厘六毫爲全弧之邊數。卽甲丙丁弧。此以弧度伸得丈尺數也。再以

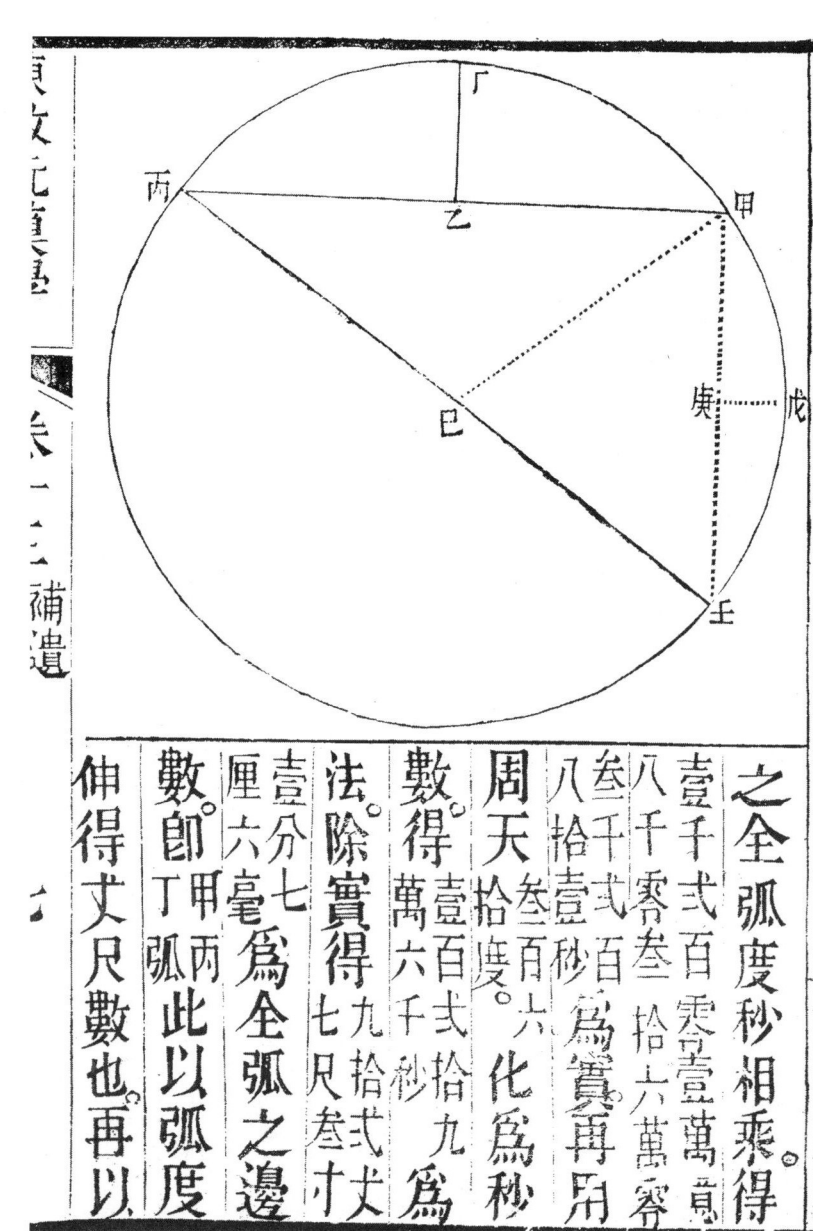

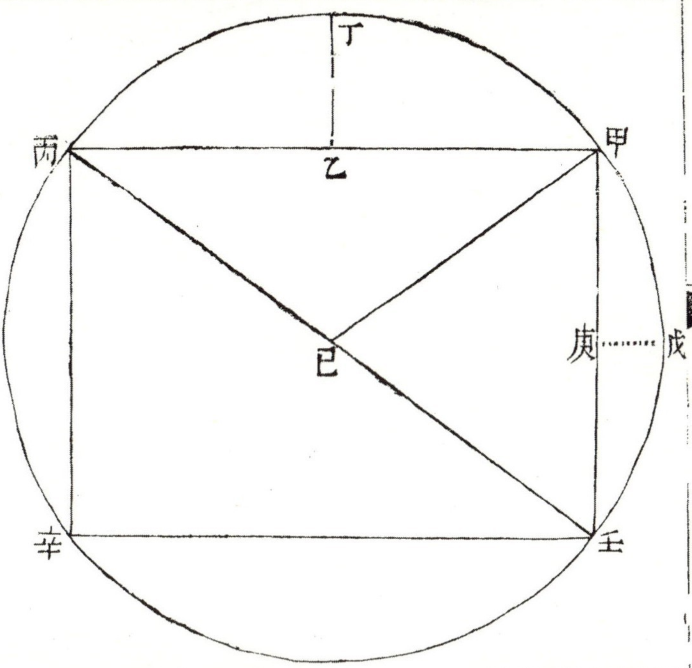

圓積率。七八五叁九八壹六式五與甲丁丙弧邊三八式五四六秒相乘。得叁萬億零零四拾五萬零九式五四七壹七式五為實以壹百式拾九萬六千秒為法歸之得式千叁百壹拾八丈式尺九寸四分為自圓心所分甲丁丙巳之積數。又以半徑五拾丈如巳丙卽如巳丁。

減去矢弍拾丈。卽丁乙餘叁拾丈卽乙巳。與弧弦八拾丈卽甲丙。折半相乘。得壹千弍百丈。卽甲乙丙巳之積。以減甲丁丙巳之餘積。實壹千壹百壹拾八丈弍尺九寸四分爲此弧實積也。若欲知其全圓比例此弧形分合之數。則以兩大弧合兩小弧倂中長方形。復合全圓之積。法再以弧八拾丈爲股。以全徑壹百丈爲弦。卽丙壬。用股弦求句法。求得小弧弦六拾丈。卽甲壬。照前法求得六萬爲小半弧之正弦。撿表得叁拾六度五拾弍分壹拾壹秒。倍之得七拾叁度四拾四分弍拾弍秒卽甲戊壬之小弧度。化作弍拾六萬五千四百六拾弍秒。再以圓周率叁壹四壹五九式六乘之。得八叁叁九七叁四五四七八為實。以周秒數壹式九六為法除之。得六拾四丈叁尺四寸九分八厘為小弧之邊數也。再以圓積率。與小弧度秒相乘為實。又以周天秒數為法歸之。得壹千六百零八丈七尺四寸五分。為自圓心。即甲壬戊己之積數。照上法以半全徑為弦。以甲丙為股。求得甲壬句六拾丈。再以半徑為弦。以甲壬半之。即甲庚為句。求得股四拾丈。即己庚與甲庚相乘。得壹千式百丈。以減甲戊壬己所餘四百零八丈七尺四寸五分。即小弧積中作甲壬丙辛長方形。計積四千八百丈。五共得積七千八百五拾四丈零七寸八。即全圓積圓率比例所差乃正弦耳。

補遺終

西樵歷史文化文獻叢書

陳啟沅算學（三）

（清）陳啟沅 著

广西师范大学出版社
GUANGXI NORMAL UNIVERSITY PRESS
·桂林·

陳啟沅算學卷七

南海息心居士陳啟沅芷馨甫集著
門人順德林寬葆容圖氏校刊
次男　陳簡芳蒲軒甫繪圖

盈朒章第七 朒女六切

賓渠子曰：盈，多也；朒，縮也，少也。設有餘不足者，以求隱雜之數也。隱雜之數不可見，故設顯者推隱雜者。

盈朒歌

算家欲知盈不足，兩家互乘併爲物，併盈不足爲人寔。分率相減餘爲法。法除物寔爲物價。法除人寔人數目。

古法曰。置所出率與盈不足數。

出率	出率
╳	
不足率	盈率

以盈不足互乘所出率併之。共若干爲物實。另併餘不足共若干爲人實。置所出率相減。餘若干爲法。除人寔得人數。除物實得物價。

又法。併盈不足爲人實。以出率相減餘爲法。法除實得人數。卻以出率乘人數。得若干。減盈增不足。卽得物價。

陳啟沅曰。盈朒之章。古算書俱以互乘立算。沅照其所以然之理。變而通之。不拘壹盈壹朒。或兩盈。或兩不足。或盈適足。或不足適足。此五例不用互乘皆可知其人數物價。并得簡捷易算易明。然又不敢廢前人之法。只有詳解於每問之後耳。然互乘之法。非爲無因。但雙套盈朒。非互乘不能等其數。蓋雙套盈朒法與方程大同小異耳。互乘之法。數學精詳。所解亦畧明白。茲再解之。以便學者去取耳。

今有人買物每人出銀五兩盈六兩每人出銀叁兩

不足四兩問人物價各若干　答曰五人　物價銀拾九兩

古法列置出五兩出叁兩╳盈六兩不足四兩先以出五兩互乘不足四兩。得式拾兩。次以出叁兩互乘盈六兩。得壹拾八兩。併式位共叁拾八兩爲物實。另併盈六兩不足四兩。共拾兩爲人寔。却以出五兩內減出叁兩。餘式兩爲法。除人寔。得五爲人數。除物實。得壹拾九兩爲物價。此是盈朒互乘出率併爲實又併盈朒爲人實者。

陳啟沅論曰。又法。以盈六兩。併不足四兩。爲人實。又以出銀叁兩。減去出銀五兩。減餘得銀式兩爲人法。

法除實得五人。再以每人出叁兩乘五人。該銀拾五兩
併不足四兩。共得銀拾九兩合問。或以五人乘出五
兩。減去盈六兩。亦得拾九兩合問。
沅解曰。盈六兩者。是每人出有餘之銀也。不足四兩
者。是因每人出少弍兩。故銀不足也。所以用弍兩為
法。可能知其人數。蓋叁人。每人出少弍兩。則無盈六
兩之數。而又欠四兩。此又可見再有弍人出少銀矣。
以叁人併弍人。故知其五人耳。以五人出五兩。而除
同有餘之銀。卽寔有之銀矣。或以五人每出叁兩。再

補入不足之數。豈不是實有之銀乎。

今有人分物每人分壹拾弍個則盈壹拾弍每人分壹拾四個則不足六問人數及物各若干

答曰九人　物壹百弍拾個

法併盈拾弍。不足六。共壹拾八個為人實。以分拾四減分拾弍。餘弍為法。除人實。得人九。却以分壹拾四個乘人數。共得壹百弍拾六個。內減去不足六個。餘壹百弍拾個。是物數。或置九人以分壹拾弍個乘之。得壹百零八個。內增拾弍亦得物合問。

此是併盈朒為人實。出率相減餘為法。除人。寔是得人數。以分率乘之。或增盈減不足得物數。凡分物則用增盈減不足。若買物者則用減盈增不足。

沅論曰。此問照法而論。每人分拾弍個。與每人分拾四個。是每人差弍個。分少弍個。便有拾弍個剩。分多弍個。便欠六個。多少相比。是共差拾八個矣。照每人差弍個。豈不是九人乎。既知其人數。則照每人分若干。分少者。加有餘之物。分多者。減不足之數。便可知其物數多寡矣。

假如買物每人出錢八文盈叁文每人出錢七文不足四文問人數物價各若干　答曰七人　物價

五拾叁文

法併盈叁文不足四文共七文爲人實以出八文減出七文餘壹文爲法除人實得七人却以出八文乘人數得五拾六文內減盈叁文餘五拾叁文是物價或置七人以出率七文乘之得四拾九文內增不足四文亦得物價合問此因前併盈朒爲人實者是買物也仍前得人數却以出率乘之或減盈增不足即得物價凡買物者倣此

沅曰此問出錢八文與出七文是每人差壹文耳出多壹文便盈叁文出少壹文是不足四文多叁文是叁人之數少四文是四人之數即此可以照推别題

今有人分絹只云每人分八疋盈拾五疋每人分九九疋不足五疋問人絹各若干

答曰弍拾人　絹壹百七拾五疋

古法。列置分八疋分九疋╳盈拾五疋不足五疋先以分八疋。互乘不足五疋得四拾疋。次以分九疋。互乘盈拾五疋得壹百叁拾五疋。併弍位得壹百七拾五疋。爲絹數。又併盈拾五。不足五。共弍拾。爲人數合問。此是分八疋。分九疋。相減餘壹爲法者。雖用歸之數亦如故。故卽併盈朒爲人數。併前五乘弍位爲絹數。

沅曰。照前法。以盈不足併爲人寔。以每人分九疋減去每人分八疋。餘壹疋爲人法。法除寔。得弍拾爲人數。再以人數乘九疋。得壹百八拾疋。減去不足五疋。爲絹數合問。

今有絹壹疋欲作帳幅摺作六幅比舊帳長六寸摺作七幅比舊帳短四寸問絹及舊帳幅長各若干

摺六幅卽六之壹
摺七幅卽七之壹

答曰絹長四丈弍尺舊帳幅長六尺四寸

古法。置絹六幅以長六寸乘之。得叁尺六寸。另置七幅。以短四寸乘。得弍尺八寸。如盈不足。列六幅七幅互乘長叁尺六寸短弍尺八寸以七幅互乘長叁尺六寸。得式丈五尺式寸。又以六幅互乘式尺八寸。得壹丈六尺八寸。併式數。得四丈式尺為絹實。卻以七幅減去六幅餘壹幅為法。除絹實。得絹長數。另併互乘長短。得六尺四寸。為舊帳幅實。仍用前法除之。

陳啟沅曰。照前法。用六幅乘長六寸。得叁尺六寸。再以七幅乘短四寸。得式尺八寸。長短相併。得六尺四寸。是六幅長帳。改作七幅短帳。而恰合舊帳之壹幅也。再將舊帳七幅乘之。得四丈四尺八寸。減去七幅。共短式尺八寸。所餘四丈式尺。卽絹長合問。

今有直田壹塅欲截南頭賣之只云截長六步不足七步截長八步盈九步問截步及原闊若干

答曰截賣五拾五步　原闊八步

古法。列置截六步不足七步✕截八步盈九步先以截六步乘盈九步得五拾四步。次以截八步乘不足七步。得五拾六步。併弍位。共得壹百壹拾步爲截積之實。却以截賣六步八步相減。餘弍步爲法除之。得截積五拾五步。另以不足七步併多九步。共得壹拾六步爲田闊之實。仍以前法弍步除之。得原闊八步合問。

原闊如人數。截長如所出率截積如物數。

陳啟沅曰。照前法亦合問。此題初截六步。不足七步。再改截八步。則又盈餘九步。是則欲截長弍步。其多少之數。已差壹拾六步矣。故知其田形必濶八步也。所以要用盈與不足併之。爲田濶寔。以六步減八步。所餘弍步爲法。法除寔。得田濶八步。以六步乘八步得四拾八步。加入不足七步。故知其共積五拾五步也。如以截八步。乘濶八步。得六拾四步。減去盈九步。亦五拾五步合問

兩盈兩不足歌

兩盈出率互相乘。多減少剩是物情。兩盈相減爲人寔。出率相減法之名。法除物情是物價。法除人寔人數稱。若問算中兩不足。與盈法例壹般行。

法置所出率。與兩盈互乘。各得若干。以少減多。餘爲物寔。另以兩盈相減。餘爲人寔。又以出率相減。餘爲法。除人寔得人數。除物寔得物數。

今有人買物每人出銀叁兩五錢盈六兩每人出叁兩叁錢盈弍兩八錢問人數物價各若干

答曰壹拾六人　物價銀五拾兩

古法。列置出叁兩五錢出叁兩叁錢╳盈六兩盈叁兩八錢先以出叁兩五錢。互乘盈式兩八錢得九兩八錢。次以出叁兩叁錢。互乘盈六兩得壹拾九兩八錢。式數相減。餘拾兩為物寔。另以盈六兩內減盈式兩八錢。餘叁兩式錢為人寔。又以出叁兩五錢內減叁兩叁錢餘式錢為法。除物寔。得五拾兩為物價。以除人寔。得拾六為人數。合問。

陳啟沅論曰。此是兩盈題也。每人出叁兩五錢則盈六兩。出叁兩叁錢。則盈式兩八錢。是則每人出多銀式錢。只以盈多叁兩式錢耳。就以多式錢為法。以除叁兩式錢。便可知是壹拾六人所出之數。再以壹拾六人乘叁兩叁錢。得銀五拾弍兩八錢。減去盈弍兩八錢。得實銀五拾兩合問。

假如買牛每人出銀五兩不足四兩每人出五兩四錢不足弍兩問人數物價各若干

答曰五人　物價弍拾九兩

古法。列置出五兩　出五兩四錢　╳　不足四兩　不足弍兩　先以出五兩乘不足弍兩。得壹拾兩。次以出五兩四錢乘不足四兩得弍拾壹兩六錢。弍數相減。餘壹拾壹兩六錢為物實。另以不足四兩減不足弍兩餘弍兩為人實。又以出五兩四錢內減出五兩餘四錢為法。除物實。得物價弍拾九兩。除人寔得。五爲人數合問。
㳂論曰。此兩不足題也。每人出五兩。則不足四兩。每
人出多四錢。仍不足弍兩。是則不足之銀。爲人寔。以
每出多四錢。爲人法。法除寔得五人。以五兩乘五人。
得銀弍拾五兩。加入不足四兩。得物價弍拾九兩合
問。
假如里長值月每里科出銀五錢依帳設席多銀叁
兩五錢每里科出銀四錢亦多五錢問合用銀及
里數若干　答曰叁拾里　用銀壹拾壹兩五錢

古法。列置

出五錢	多叁兩五錢
出四錢	多五錢

（╳）先以出五錢互乘多五錢。得弍兩五錢。次以出四錢互乘多叁兩五錢。得壹拾四兩。弍數相減。餘壹拾壹兩五錢為用銀寔。另以多叁兩五錢減多五錢餘叁兩為里寔。再以出五錢。減去四錢餘壹錢為法。除銀寔。即銀數。除里寔。即里數合問。

沅曰。此題是兩盈法也。照前法。以科銀四錢。減科銀五錢。餘壹錢為里法。以多五錢。減去多叁兩五錢。寔有銀叁兩。為里寔。法除寔。得里數。以里乘科銀四錢得數。減去多銀五錢。即銀數合問。

假如井不知深先將繩叁摺入井繩長四尺後將繩四摺入井亦長壹尺問井深繩長各若干

答曰井深八尺　繩長叁丈六尺

古法置長四尺以叁摺通之得壹拾弍尺又置長壹尺以四摺通之得四尺乃列叁條四條×長拾弍尺長四尺先以叁條乘四尺得壹拾弍尺又以四條乘長壹拾弍尺得四拾八尺弍數相減餘叁拾六尺為繩寔卻以叁條四條相減餘壹為法除繩寔得繩長另以前通兩盈數相減餘八尺為井寔仍以法壹除之得井深數合問此是叁條四條相減餘壹為法者不必用法除即是

沅曰。此題卽兩盈法也。照沅前法算之合問。無煩解矣。

盈適足不足適足歌

盈與適足數相乘。乘數將來爲物情。盈數自稱爲人寔。弌位各列要分明。出率相減餘爲法。法除物實物價眞。法除人寔爲人數。不足適足壹般行。

法盈適足者。置所出率於上。以盈與適足於下。或以盈數互乘適足出率。得若干爲物寔。另以盈數爲人寔。又以出率相減餘爲法。除人寔得人。除物寔得物。

沉法。以盈數爲人寔。另以出率相減餘爲法。除人寔。得人數若干。卻以適足數乘之。得物數。此捷徑也

假如買物每人出銀弍兩五錢盈六兩每人出弍兩叁錢適足問人數物價各若干

答曰叁拾人　物價銀六拾九兩

古法。列置

出弍兩五錢　盈六兩

×

出弍兩叁錢　適足

只以盈六兩互乘出弍兩叁錢得壹拾叁兩八錢爲物寔。另以盈六兩爲人寔。却以出弍兩五錢。減出弍兩叁錢餘弍錢爲法。除物寔得物價。除人寔得人

數合問。　壹法以盈六兩為人寔。另以出率相減餘式錢為法。除人寔得人。叁拾却以式兩叁錢乘之。得物價。

沅論曰。此盈適足題也。照沅法。以盈數為人寔。以各所出之銀相減餘為法。法除實得人數。以適足之銀乘人數得物價。合問。上數問已詳解。今題亦壹理耳。故無贅解。

假如買物每人出銀七兩不足壹拾四兩。每人出銀九兩適足。問人數物價各若干

答曰七人　物價六拾叁兩

古法列置出七兩出九兩✕不足四兩適足只以不足壹拾四兩互乘出九兩得壹百式拾六兩為物寔。另以不足壹拾四兩為人寔。却以出九兩內減出七兩。餘式兩為法。除物寔。得物價。除人寔。得人數合問。

沅法。以不足壹拾四兩為人寔。以出九兩相減七兩。餘式兩為法。除寔得人七以九兩乘之。得物價。此問是不足適足題也。

陳啟沅曰。此題每人出九兩。適足。每人出少式兩。則不足拾四兩。是乃七人明矣。既得人數。照法可得銀數矣。不贅。

今有米換布七疋多四斗換九疋適足問米布價各若干　答曰米壹石八斗　布疋價米弍斗

古法。置盈適足。以多四斗爲寔。另以九疋減七疋。餘弍疋爲法。除寔得每疋價米弍斗。却以適足九疋乘之。得總米壹石八斗合問。

陳啟沅曰。此題換少布弍疋。即多米四斗。可知其每布壹疋。換米弍斗矣。既知換數。即可知其布米共數也。故無贅解。

盈朒雙套釋義

此章盈不足及兩盈兩不足及盈適足不足適足叁宗皆先賢舊法自劉氏通明吳氏比類始增雙套者用分母子者今皆存于後以便學者

雙套法叁宗布算俱分左右弍行各列上中下叁位俱先以右上左上相乘得若干為乘人率通法以右上乘左中左上乘右中弍數相減餘若干為法除人寔物寔叁宗雙套俱先如此

雙套盈不足法先用前雙套法次以右中得數乘左下以左中得數乘右下兩相併為物寔以前除法除得物數却以右下盈數若干左下不足若干

兩相併爲人率。先以前通法乘之。爲人寔。後仍以前除法除之。得人數。

雙套兩盈法。先用前雙套法。次以右中得數乘左下。左中得數乘右下。弍數相減。餘爲物寔。以前除法。除得物數。卻以右下盈若干。左下盈若干。弍數相減。餘爲人率。先以通法乘之。爲人寔。後仍以前除法除之。得人數。兩不足同。

雙套盈適足法。先用前雙套法。次以右中得數乘左下盈數。就爲物寔。以前除法除之。得物數。卻以左下盈若干爲人率。先以前通法乘爲人寔。後仍以前除法除之。得人數。不足適足同。

假如買物。每八人出銀七兩。盈四兩五。每九人出銀六兩。不足叁兩。問人數物價。

答曰。叁拾六人　物價式拾七兩

古法。此雙套盈不足也。置右上八人。互中出七兩。左上九人。互中出六兩。乘得六拾叁。互下盈四兩五錢。四拾八。互下不足叁兩。先以左上九人右上八人相乘。得七拾式。為乘人率通法。又以左上九人互乘右中七兩。得六拾叁。再以右上八人互乘左中六兩。得四拾八。式數相減。餘拾五。為除人寔。物寔是法。次以左中得數四拾八。互乘右下盈四兩五錢得弍百壹拾六。又以右中得數六拾叁。互乘左下不足叁兩得壹百八拾九。兩相併。共四百零五為物寔。以法拾五除之。得銀弍拾七兩。卻併左下不足叁兩右下盈四兩五錢。得七兩五錢為人寔。卒先以前通法七拾弍乘之。得五百四拾為人寔。後以前法拾五除之。得叁拾六人合問。

陳啟沅曰。雙套盈不足之法。茲照所設問而解之。假如買物。每八人。每出銀七兩。照乘寔五拾六兩銀耳如九人。每人出銀六兩。照乘是五拾四兩銀耳。兩相比較是差弍兩耳。何以多少相比。而差七兩五錢。學者。可于此設想無不得之數也。是則八八九八。出壹次。則差弍兩。八八九八。出弍次。則差四兩。八八九八。出叁次。必差六兩。八八九八。出四次。必差八兩。今差七兩五。而不差八兩學者。又必于此處設想矣。四次八八。是叁拾弍八。四次九八。是叁拾六八。故差八兩。與七兩五不齊耳。則將何以齊之。故要將九。與八相乘。是七拾弍八。八九九八亦七拾弍。是八九之相等也。故再要用盈四兩五錢不足叁兩。併得七兩五為法。而乘七拾弍八。得五百四拾兩銀者。即八人九人出四次而差七両五錢之比例也而又何法以知其幾多人之數蓋八人與九人是差壹人耳故要換轉多人出多銀少人出少銀看其所差若何即將八人出六両乘之得四拾八両九人出七両得六拾叁両兩相比較則差拾五両矣試將初論五拾六両五拾四両比較之數只差弍両今易轉以多人出多以少人出少即差拾五両故以為法而分五百四拾両之銀即得人數叁拾六人矣又何以知其叁拾六人蓋差壹両即是七拾弍人之差七両五錢試將拾五次遞除

之便知其所以然之理也。既知人數，則以四次九人所出之銀得弍拾四兩，加入不足叁兩，豈非弍拾七兩乎。故詳解之。

假如買物每六人出銀九兩多叁兩，每四人出銀七兩多六兩，問人數、物價各若干。

答曰：壹拾弍人　物價壹拾五兩

古法曰：此雙套兩盈也。置右上六人中出九兩，左上四人互中出七兩，乘得叁拾六、四拾弍，互下盈叁兩、下盈六兩。先以左上四人、右上六人相乘得弍拾四，為乘人率通法。又以左上四人互乘右中九兩得叁拾六。再以右上人六互乘左中兩七得四拾弎。弎數相減。餘六。為除人寔物寔法。次以左中得數四拾弎。互乘右下多兩叁得壹百弎拾六。再以右中得數叁拾六。互乘左下多兩六得弎百壹拾六。弎數相減。餘兩九拾。為物實。以前法六除之。得銀壹拾五兩。却以左下多兩六右下多兩叁相減。餘兩叁為人實。率先以前通法弎拾四乘之得七拾弎。為人實。後仍以前法六除之。得壹拾弎人。合問。雙套兩不足法倣此

陳啟沅曰。若論雙套兩盈者。亦同此理耳。茲不嫌嘵。再詳解之。蓋六人與四人是差弎人矣。而出九兩與

出七兩。亦差弍兩。何以竟多叁兩乎。學者故可于此思其法。以明其理也。蓋四六弍拾四耳。六四亦弍拾四耳。故弍拾四者。是四與六同等之數也。而叁與六是壹半之數也。以弍拾四人半之。是拾弍人矣。然由未敢泥爲定率。仍照前法通之。用叁兩以乘弍拾四人得七拾弍兩。是倍其餘銀也。再以六人互乘七兩。得四拾弍人。以四人互乘九兩。得叁拾六人。以減四拾弍。所餘六人。是人之差數。以餘人歸餘銀。故知其得拾弍人。與上用弍拾四人半之之理符合矣。先知

陳啟沅算學　卷十　二十

其人數則照上法固可知其銀數也或變用將拾弍人爲寔以四歸之得叁份以出七兩乘之得弍拾壹兩除盈六兩得拾五兩合問此法更捷

假如買物每叁人出銀五兩少拾兩每五人出銀九兩適足問人數物價各若干

答曰七拾五人　物價壹百叁拾五兩

法曰此雙套盈適足也置右上五人互中出九兩　左上叁人互中出五兩乘得弍拾七互下適足　弍拾五互下盈拾兩先以左上叁人右上五人相乘得拾五爲乘人率通法次以左上叁人互乘右中九兩

得式拾七。再以右上人五互乘左中五兩。得式拾五。式拾式數相減。餘式爲除人𡨋物𡨋法。次以右中得數式拾七。乘左下盈拾兩。得式百七拾兩。即爲物𡨋。以前法式除之得銀壹百叁拾五兩。却以左下盈拾兩。爲人𡨋率。先以前通法拾五乘之。得壹百五拾。爲人𡨋。後仍以前法式除之。得七拾五人。合問。雙套不足適足倣此。

陳啟沅曰。以叁人乘五得拾五兩數。以五人乘叁人。亦得拾五數。是則拾五人之數。必叁人所出幾次與五人所出幾次同等數也。拾五人。是叁人五次之數。

又是五人叁次之數明矣。以五次之五兩。是弍拾五兩。叁次九兩。是弍拾七兩。兩相比較。是差弍兩。而所問是差拾五兩。是五次之拾五兩明矣。故以弍爲法。而歸拾兩之實。得五數。再以拾五次爲法乘之。卽得七拾五人之共數。照壹拾五次之五人。以九兩乘之。得銀數壹百叁拾五兩適足。以七拾五人叁歸之。得弍拾五次之叁人矣。以弍拾五次乘五兩。得壹百弍拾五兩。是不足拾兩矣。是則得銀壹百叁拾五兩。合問。雙套。不足適足法做此。

帶分盈朒歌

取錢買物求盈朒。分子互將分母乘。乘訖都來通物價。以錢併作物之情。互乘物價亦相併。乘子除為錢實名。買率減餘為法則。除來錢物自分明。

假如買田取銀叁分之弍盈叁兩取銀五分之叁不足壹兩問總銀及田價

答曰總銀六拾兩　田價銀叁拾七兩

古法。先以分子弍。互乘五分。得壹拾。以通不足壹兩。得拾兩。

次以分子叁。互乘叁分。得九。以通盈叁兩。得弍拾七兩。如法列位。九。拾。╳ 多弍拾七兩。少壹拾兩。先以拾互乘多壹拾七兩得弍百七拾兩。又以九互乘少拾兩。得九拾兩。併弍位得叄百六拾兩。卻以分子弍叄相乘。得六為法。除之得六拾兩。為銀實。卻以通拾。減餘壹。為法除之。得總銀六拾兩。次以多弍拾七兩。少拾兩。併得叄拾七兩。為田價寔。仍以前法壹除之。得田價叄拾七兩合問。

循齋增法。用兩母叄五相乘。得拾五為共數。取叄之弍。得拾。取五之叄。得九。兩數相減。餘壹為壹率。拾五為弍率。仍不足相併得四兩為叄率。求得四率六拾兩爲總銀。又弍因叄歸之。減盈叄叄兩。餘叄叄拾七兩爲田價。此法乃康熙癸巳午月。梅氏于熱河獅子溝公館作云。

陳啟沅曰。叄分者。總銀之數也。五分者。亦總銀之數也。欲知其總數之等。則以叄與五相乘。得拾五數。叄五壹拾五五矣。五叄亦壹拾五耳。此即總數之相等也。以拾五兩論。叄分之弍。是拾兩。五分之叄。是九兩。兩數相比較。而差其壹。是不足之壹。與比較之壹適符矣。蓋盈叄兩。與不足壹兩。是四倍之數也。故併盈叄與不足壹。共四數。相乘拾五之總等數。得六拾兩爲寔有之銀也。試思叁分之弍。與五分之叁。尚未同等齊數也。今盈與不足。已差四両。今將拾五両。以叁分弍與五分叁相比。只差壹両。則叁拾両。必差弍両。四拾五両。必差叁両。六拾両。必差四両矣。故以盈叁。不足壹。合併爲四。而乘之。可得其總銀六拾両也。既知其總銀。照異乘同除之法。以弍乘之。得壹百弍拾両。照叁分歸之。得四拾両。除之盈叁両價。得田價銀叁拾七両。合問。

帶分兩盈歌 附兩朒 兩朒

數學精詳命爲通分兩盈

取錢買物兩皆盈。分子互乘分母訖。以母通乘物價周。對減盈錢爲物實。物價互乘少減多。乘子除爲錢實。積。率減零餘爲法。行。法實相除盡可識。

假如買鹿取銀六分之四盈弍兩取銀四分之叁盈叁兩五錢問銀數及鹿價

答曰銀壹拾八兩　鹿價拾兩

古法。先以分子四。互乘四分。得拾六。以通盈叁兩五錢。得五拾六兩。次以分子叁。互乘六分。得拾八。以通盈弍兩。得叁拾六。各列位。拾八。拾六。互盈叁拾六。盈五拾六。先以拾六互乘叁拾六。得五百七拾

六兩又以拾八。互乘五拾六。得壹千零八兩。貳位相減。餘四百叄拾

貳兩。却以分子叄四相乘。得拾貳除之。得叄拾六。為銀寔。却

以拾八拾六相減。餘貳為法除之。得銀數壹拾八兩。另以兩

盈叄拾六五拾六相減。餘貳拾為鹿價寔。仍以前法貳除之。

得鹿價拾兩合問。

陳啟沅解曰。銀六分者。是總銀之數也。六之四。除盈

貳兩。所剩。方是鹿之價。銀四分者。亦總銀之數也。四

分之叄。除盈叄兩五錢。所餘亦是鹿價。故要借叄以

倍其六。借四以倍其四。使得拾六與拾八相比。而盈

其式故知其兩數相較之差所以爲法以拾六通盈叁兩五者其總數借倍故其餘數亦借倍耳以拾八通弍兩者亦此法也再以拾六互乘叁拾六以拾八互乘五拾六者然後滿盈交錯都以分子相乘得數爲兩前後之共銀再以盈弍除之故知其總銀以兩盈和相減爲前後共鹿價故亦以盈弍除之得鹿價故所以然之理也沅又論曰此題取銀六分者總銀之數也四分者亦總銀之數也故先要將其六分與四相等六與四相乘均亦弍拾四兩再將弍拾四兩

而取其六分之四。則只得拾六兩。又取其四分之叁。
則得拾八兩。兩數相比。則差弍兩。爲此題取六分四。
則盈弍兩。取四分之叁。則盈叁兩五兩數相比。只差
壹兩五耳。弍兩與壹兩五相比。亦得四分之叁。故將
弍拾四兩。分四份。而取其叁。實得總銀壹拾八兩。既
知總銀。則再將壹拾八兩。以六歸之得拾弍兩。減盈
弍兩。是鹿價也。此法更爲的當。
假如官派銀不知數依例令上等八戶下等五戶納
之不足五兩復令上等六戶下等八戶納之不足

叁兩只云下戶例如上戶例拾分之八問派銀數及各戶則例若干

答曰官派銀六拾五兩　上戶例五兩　下戶例四兩

古法。先置上等戶八以拾因之。得八拾戶。又置下等戶五以八因之。得四拾戶。併之。得壹百式拾戶。次置上等戶六以拾因之。得六拾戶。又置下等戶八以八因之。得六拾四戶。併之。得壹百式拾四戶。各列位。壹百式拾戶。壹百式拾四戶。互不足五兩。不足叁兩。先以壹百式拾戶。互乘不足叁兩。得叁百六拾兩。又以壹百式拾四戶。互乘不足五兩。得六百式拾兩。式位相減。餘式百六拾兩為銀實。

御以五數壹百弍拾。壹百弍拾四。相減。餘四爲法除之。得官派銀六拾五兩另以兩不足五兩。叁兩。相減。餘弍兩爲則例實。仍以前法。四除之。得五錢。以拾四因之。得上等壹戶則例銀五兩。另列五錢。以八因之。得下等壹戶則例銀四兩。合問

陳啟沅曰。先將下戶五戶。八折之。得四拾。與上戶八拾相併。是使其上下戶同等矣。再將下戶八戶折得六拾四。與上戶六拾併。亦得上下戶同等之數也。借以拾言者。因不盡。故以拾倍之。上八下五。得壹百弍拾戶。不足五兩。上六下八。併得壹百弍拾四戶。不足叁兩

兩相比較。多四戸。便能明欠少弍兩。此可知上戸每戸該納五錢矣。以拾倍之者。蓋五戸八折。得四戸耳。前以拾計。故亦以拾因之。該納銀五兩也。下戸該上戸拾分之八。故知其四兩矣。何以要拾因之而得其該數。蓋上戸八。下戸五。是拾叁戸耳。與壹百弍拾戸之比。尚不足拾倍。故欠五兩下戸八上戸十六。共拾四戸與壹百弍拾四戸比。亦不足拾倍。故欠叁兩。再將上戸納五兩。八戸乘之。得四拾兩。下戸納四兩。五戸乘之。得弍拾兩。併不足五兩。合共得官派銀六拾五而。此亦所以然之理。當照思之。

帶分盈適足歌

取錢買物銀適足。子互乘母自相通。却以盈錢爲物實。藏牽留餘作法宗。取錢適足乘盈數。乘子除爲錢實名。如法除之錢可見。不足適足術相同。

假如買木壹根取錢弍分之壹盈四文取錢七分之叁適足問錢數及木價

答曰總錢五拾六文　木價弍拾四文

古法。先以分子壹。互乘七分得七。次以分子叁。互乘式分。得六。以通盈四文。得式拾四文。如盈適足。列位。六七互乘盈式拾四適足。先以盈式拾四文爲木價壹。却以六七相減餘壹爲法除之。得木價式拾四文。次以七互乘盈式拾四。得壹百六拾八。却以分子壹叁相乘。得叁爲法除之。得錢五拾六文合問。

今有苧之蔴不知數只云取蔴八分之叁糶銀拾兩不足式石取蔴叁分之壹糶銀八兩適足問蔴數及每兩該蔴若干

答曰總蔴四拾八石　每銀壹兩該蔴式石

古法。先以分子叁互乘叁分。得九。以通八兩。得七拾弍兩。次以分子壹互乘八分。得八。以通拾兩。得八拾兩。以八通不足弍石。得壹拾六石。如不足適足列位。八拾兩。七拾弍兩。互不足十六。適足。先以七拾弍互乘壹拾六石。得壹千壹百五拾弍。却以分子壹叁相乘。得叁除之。得叁百八拾四石。爲蔴實。却以八拾兩減去七拾弍兩。餘八兩爲法。除得總蔴四拾八石。另以不足壹拾六石。爲銀該芝蔴之實。仍以前法八除之。得每銀壹兩。該蔴弍石合

問。賓渠曰。此取錢買物數條。是帶分母之法。

陳啟沅論曰。盈朒之章。有要互乘而後可知其數者。

有不用互乘亦可立算者。以不用互乘爲捷，而又易明也。此題所謂八分者，蔴之總數已在其中矣。所謂叁分者，亦與八分之總蔴比例。故要將叁乘八，而定其等數。相呼叁八弍拾四兩，八分之叁，叁該得銀九兩。原數糴銀拾兩，不足弍石，置拾兩減去九兩，餘銀壹兩。故知其銀壹兩糴蔴弍石矣。况又糴銀八兩，而適足蔴叁分之壹數，叁分之壹亦得銀八兩，而總銀乘總蔴該得蔴四拾八石合問。此法與上數問同理耳。故不復贅解。學者當變通思而用之。

算學卷七終

陳啟沅算學卷八

南海息心居士陳啟沅芷馨甫集著
門人順德林寬葆容圃氏校刊
次男　陳　蒲軒甫繪圖

方程章

統宗曰。方正也。程數也。以諸物總併爲問。去繁就簡爲主。乃諸物繁冗。諸價錯雜。必須布置行列。或損益加減。同異正負。遇互通乘。求其有等。以少減多。餘物爲法。餘價爲實。法實相除。得壹價以推其餘。若繁雜甚者。次第求之。屈省園先生。畧將統宗詳解所當然之法。與梅勿菴先生。謂舊本沿訛。以和數較數相雜交變。分條別例。以申明之。又每例立論可云補前人之遺缺。上材之人。可壹覽而了然矣。而仍解所當然者多。解所以然者少。沅由恐中材之人未甚了然。故將所以然之理。復贅解如左。并再於各題設問之下。變而解之

柳下居士論曰。方比方也。程法程也。程課也。數有雜糅雜之者。據現在之數。以比方而程課之。則不可知

而可知卽互乘減併之用。諸本方程皆以弍色叁色四色分欵立法。而不分和較。宜其端緒糾紛。而法之滋謬也。故先正其名。其名有四。壹和數。弍較數。叁曰和較雜。四和較交變。和者。無正負。如云某物若干。某物若干。共價若干。以問每物各價者是也。較者。有正負。如云以某物若干。與某物若干。相較多價若干。或少價若干。或相當適足者是也。雜者。半有正負。半無正負。如一行云。某物某物各若干。共價若干。而其又壹行則云。以某物若干。與某物若干。相較差價若干。

或價相當適足者是也。變者或先無正負。而變爲有正負。或先有正負變而無正負。叁色以往。重列減餘。兼用兩行者是也。約法四端。方程之用盡。不論弍色叁色。以至多色。其法盡同。故不必每色立法。以滋紛擾也。

陳啟沅再論方程曰。方程之要。古謂必明何所謂正負。何所謂異同。既明正負異同。然後可知相併相減而爲法。但筆硯壹題。屈氏與梅氏則正負相反故沅有謂必要知其所以然。然後能知和較。知和較。然後

知加減方可移諸他問。即如初學歸除者，偶以寔而
誤用以爲法，蓋亦不知其所以然之故耳。若只徒知
其所當然，即俗云開卷了然，掩卷亡然耳。沅故不嫌
贅。遂於每問之後，層層透解，使學者壹旦豁然，雖弍
色以至多色，則亦何難之有。若只以和較交變四字，
而謂之詳解，沅恐未能盡發其奧旨也。沅故不揣言
昧，將下所立綾絹筆硯數問，變其法，再詳解之，可見
算學壹道，明其所以然，即能頭頭是路矣，非敢自矜
其能，不過多立借借壹法，以開發學者之心思耳。識

着其當諒我乎。但正負弍字。亦由算者命之耳。

和數方程例

方程用互乘對減。與差分貴賤相和法同。但貴賤相和。有總物總價。又有每物每價。不過以帶分之。故難。用匿價分身。變爲換影之術耳。方程則有總物總價。而無每數。又有叁色以至多色。頭緒紛然。自非遞減。何以御之。此古人別立壹章之意也

法曰。弍色者。任以壹色列于上。以壹色列于中。以總價列于下。以列上者爲乘法。左右互乘。又互遍

乘中下得數。乃左右對減。其上壹色。必相若。而減盡。其中壹色。對減必有相差之數。下價對減。亦必有相差之數。於是取其減餘之數以爲用。壹爲法。壹爲宦。以法除宦。而得中壹色每價。乃以中價乘原列中物。得中物總價。以減原列兩色之總價。得上物總價。以原列上物除之。得上壹色每價。（若更以上壹色列于中。依法求之。亦先得上壹色價矣。故上中之位。可以任列也。詳見後。）

設如有錢拾支買得菱角式兩茨菇四兩再有錢拾六支又買得菱角四兩茨菇六兩問菱角及茨菇

每両價若干

答曰蔆角每両壹文芡菇每両錢弍文

法曰。用和數方程例。置先買之蔆角弍両。列左上。次列芡菇四両。爲左中。再列總錢拾文。爲左下。再列後買之蔆角四両。爲右上。次列芡菇六両。爲右中。再列總錢拾六文。爲右下。布列之後。以左上蔆角弍両。互乘右中芡菇六両。得拾弍両。暫記之。再以左上蔆角弍両。乘右下總錢拾六文。得叁拾弍文。再記之。又將右上蔆角四両。互乘左中芡菇四両。

得拾六兩記之。後將右上菱角四兩。乘左下總錢拾文。得四拾文記之。以中層右所乘得茨菰拾弍兩。減去中層左乘得茨菰拾六兩。減餘四兩爲法。再以下層右乘得價叁拾弍文。減去下層左乘得價四拾文。對減所餘之錢八文。爲寔。法除寔。得知中層茨菰價。每兩弍文。再將左中茨菰四兩。該錢八文。以減左下總錢拾文。餘錢弍文。卽是左上菱角共錢。故知菱角價。每兩壹文也。茲將算式立後。復再立論。解其所以然之理。使同學了然胸中。自

可譜其壹以推其弍雖頭緒紛繁亦壹理耳

左菱角弍兩　中茨菰四兩互乘右上得拾六兩　下總錢拾文　以右上菱角四兩乘左下錢得四拾文

對減餘四兩爲法　對減餘錢八文爲實

右菱角四兩　中茨菰六兩互乘左上得拾弍兩　下總錢拾六文　以左上菱角弍兩乘右下錢叁拾弍文

沅論曰方程章比盈朒頭緒更繁學者每每望之生畏而算書只有解所當然之法未及解所以然之理故沅不嫌贅復詳解之方程之法不過先求其貨之相等而知其餘貨之數後求其價之相等而知其餘價之數再以餘貨而分其餘價是以得知其貨每兩

價銀若干耳。或問曰。何以先知其中層貨價。要再除方知其上層貨價者。何也。答曰。汝以上層貨乘中層貨。所餘乃中貨耳。但汝再以上層貨乘下層錢。則相等之價。乃上層價也。減餘之價。豈不是中層之價乎。若以中層貨乘下層錢。則減餘之價。又上層價。兹照立壹算式。以中層貨乘下層錢。使學者更復了然。雖有叁個四個。亦大同小異耳。亦不外同壹理耳。學者所細思之。

左菱角弍両　中茭菇四両　互乘右上得拾六両　下總錢拾文以右中茭菇六両乘左下總錢得拾六文

對減餘四両爲法　對減餘錢四文爲寔

右菱角四両　中茭菇六両　互乘左上得拾弍両　下總錢拾六文以左中茭菇四両乘右下總錢得六拾四文

後法以中層貨乘下層錢故相等之錢乃中層貨之價也。減餘之錢豈不是上層之貨價乎。又上層與中層相乘何以謂之等。蓋借左上層菱角弍両以補中層茭菇四両。方足中右茭菇同數所餘四両即右上菱角之數。故亦可以爲法。

假如有山田叁畝塲地六畝共折輸糧寔田四畝七

分又有山田五畝塲地叁畝共折寔田五畝五分

問田地每畝折實科則各若干

答曰每山田壹畝折實田九分　每地壹畝折實田叁分畝之壹

如法列位

上　中　下

右田叁畝得拾五畝　地六畝得叁拾畝　折寔田四畝七分得弍拾叁畝五分

減盡　減餘弍拾壹畝爲法　減餘七畝爲寔

右田五畝得拾五畝　地叁畝得九畝　折寔田五畝五分得拾六畝五分

先以右上田叁畝遍乘左行得數。次以左上田五畝。

遍乘右行得數。乃相減。上位各得拾五畝。減盡。中
位右得叁拾畝。內減去左行九畝。餘弍拾壹畝爲
法。下位右得折田弍拾叁畝五分。內減去左折田
拾六畝五分。餘七畝爲寔。以法除寔。不滿法。約爲
叁分畝之壹。爲地每畝折寔田之數。地壹畝折田叁分叁厘不盡。卽地叁畝折田壹畝也。就以右行折寔田四畝七分。內減原
地十六畝。折寔田弍畝。餘弍畝七分。以右上田叁畝
除之。得九分。爲山田每畝折寔田之數。
梅氏論曰。以右上田叁畝。遍乘左行。是各叁之也。爲

五畝田者叁。爲叁畝地者叁。則爲折實五畝五分者亦叁也。以左上田五畝遍乘右行。是各五之也。爲叁畝田者五。爲十八畝地者五。則爲折實四畝七分者亦五也。於以對減。而上位田各拾五畝減盡。則其數同也。惟中位地餘弍拾壹畝。在右行。則是右行之地多於左行之地弍拾壹畝也。而下位折實數亦餘七畝。在右行。則是右行折實之數亦多於左行折實之數七畝。合而觀之。則此折實七畝者。正是餘地弍拾壹畝之所折也。此以田地問折數。故以弍拾壹畝爲法。折七畝爲寔也。若以折數問原田地。則須以折七畝爲法。地弍拾壹畝爲寔。蓋法寔須詳問意。不可拘也。

陳啟沅曰。此題照法互乘。左下得拾六畝五分之數者。乃左田拾五畝地九畝之折實共數也。右下得弍拾叁畝五分者。亦右田拾五畝地叁拾畝之折寔共數。今以左下之畝數。减右下之畝數者。即如以左田拾五。併左地九畝。减右田拾五。右地九畝對减之後。所餘弍拾壹畝之數。是右中之浮地也。故以爲法。而左下對減右下所餘之田七畝者。乃右中之浮地也。折寔所得之總數也。故以爲寔。法除寔。故先知浮地每畝折地叁分畝之壹矣。既知浮地每畝折寔之數。則再將左下共寔田五畝五分。減去左中之地。應折寔壹畝。餘四畝五。即是左上田五畝之折寔數。五歸之。故知每田壹畝。得九分矣。合問。此即所以然之理也。學者當細思之。

右和數弍色例叁色四色以至多色凡和數者皆同

今有綾叁尺絹四尺共價四錢八分又綾七尺絹弍

尺共價六錢八分問綾絹各價若干

答曰綾每尺價八分　絹每尺價六分

如法列位

	上	中	下
右	綾叁尺　得弍拾壹	絹四尺　得弍拾八	價四錢八分　得叁両叁錢六分
	減盡	對減餘弍拾弍	對減餘壹両叁錢弍分
左	綾七尺　得弍拾壹	絹弍尺　得六	價六錢八分　得弍両零四分

先以右行綾叁尺。遍乘左行得數。次以左行綾七尺。遍乘右行得數。乃相減。上位綾各得弍拾壹。減

盡中位右得弍拾八。內減去左六。餘弍拾弍爲法。
下位共價右得叁兩叁錢六分。內減左弍兩零四
分。餘壹兩叁錢弍分爲寔。法除寔。得六分爲絹每
尺價。以右行絹四尺乘之得弍錢四分。於共價四
錢八分。內減絹價弍錢四分。仍餘弍錢四分爲綾
價。以右行綾叁尺除之。得綾每尺價八分。合問。
陳啟沅曰。此題用互乘之法。與前題同壹理。以左綾
七尺。互乘右綾叁尺。得弍拾壹尺。又互乘右中絹得
弍拾八尺。亦以左綾七尺。乘右下總銀四錢八分得

共銀叁兩叁錢六分。此共銀即弍拾壹尺綾弍拾八尺絹之共銀也。既七倍其綾。後七倍其絹。所以必七倍其共銀。方可同壹例耳。再將右上綾叁尺。互乘左綾七尺。亦得弍拾壹尺。又互乘左中絹弍尺。得六尺。再以綾叁尺。互乘左下共銀六錢八分。此銀豈不是七尺綾弍尺絹之叁倍價乎。價既叁倍。則弍拾壹尺綾。六尺絹。亦叁倍耳。以叁倍減其七倍。看其所餘之物。是何物。所餘之銀。即何物之價也。明矣。綾叁倍其左。得弍拾壹。七倍其右。亦弍拾壹。故對減無餘。其所餘者絹也。非綾也。故所餘之銀。亦絹價也。非綾也。學者從此可以類推矣。沉又論方程變法通用曰。方程之法。非謂不能變其法以算也。但學者心未能了了。故不能變其法耳。今以比例借倍之法。而畧變以明之。照分上中下叁柱列之。必先求其等以倍之。對減之餘物爲法。對減之餘銀爲實。是法除實。即得餘物之價也。其法另列壹式詳下。如學者細心比例考之。自可舉壹反叁矣。以後各問欲俱用此法變之。又恐亂學者心目。不過作此叁式式爲比例耳。

四倍　右綾叁尺　得數壹拾弍尺　絹四尺　壹拾六尺　價四錢八分　得銀壹兩九錢弍

對減餘四拾四尺　對減盡　對減叁兩五錢弍為寔

八倍　左綾七尺　得數五拾六尺　絹弍尺　壹拾六尺　價六錢八分　得銀五兩四錢四

法以四倍其右。八倍其左。得數對減。上層減餘為法。下減餘為寔。法除寔。得綾價每尺八分合問。解曰何以用八倍四倍之法。蓋因中層絹弍尺。與四尺。是壹倍也。茲用四倍八倍。亦四與八皆壹倍耳。因同比例故可以借倍耳。先倍其綾以右。倍得壹拾弍尺。對減左倍得之五拾六尺。所餘四拾四尺。是左右兩柱綾皆壹拾弍尺矣。其所餘者。不在價相等之價也。中層左右倍之。恰得同數。故對减而無餘矣。下層亦照四倍八倍。亦對减。所餘價叁兩五錢弍。是則上層之餘綾四拾四尺。即下層之餘價共銀也。又何以必要用餘銀。而知其餘綾之價。何不以共銀而均其等綾絹乎。蓋其實有之銀。左右相和。共得銀叁兩八錢四分。而買得左右共絹叁拾弍尺。左右共綾弍拾四尺者。實與前所問是和埋之數耳。焉能知其某等貨價之高低乎。今以四倍八倍之數。特使絹無餘。獨綾有餘。

故所餘之銀。即綾銀耳。既知綾價。則將其原問除去綾銀。便是綃銀矣。又何疑焉。

較數方程例

較數方程。分正負之價。與盈朒畧同。但盈朒章有盈朒。又有出率。方程則但有總物。與盈朒而無出之率。又兼數色。所以不同。負與正對。所以分别同異。蓋對數之所餘。即正數之所欠。故謂之負。與負債之負畧相似。

法曰。任以壹色為正。則以相當之壹色為負。正物之價。多為正價。負物之價。多為負價。正與負為異名。

異名相併。正與正。負與負。爲同名。同名相減。首位同名者。仍其正負不變。首位同名。即可減去。此正法也。首位異名者。變其壹以相從。首位不同名。變而同之。則可以相減。首位既變。則其行所皆從而變。此通法也。蓋必如是則同減異併。始歸畫壹。其法於互乘時。以得數變之。蓋減併只用得數也。

梅氏論曰。和數方程。有減無併。同名故也。較數方程。有減有併。或同名。或異名也。減併者。方程之綱要。正負淆。則同異之名混。而減併皆失矣。今諸本所言正負同異。謬離舛錯。雖加減得數。皆偶合耳。

法曰以壹色列於上以相當之壹色列於中任以壹色爲主以分正負以兩色相較之價列於下以正物爲主而分同異或正物所多之價命之爲正或正物所少之價命之爲負（正物之所少即負物之所多）或正物負物之價兩相若命之適足以上壹位左右互乘遍乘中下以首位爲主而變正負得數對減其上壹位必同名同數而減盡中下兩位或同名或異名異名者併之同名者相減取其減併之數以爲用壹爲法壹爲寔以法除寔得中壹色每價以

原列中物乘之。得中物總價。以與原列下價。同名相減。異名相併。得數。以原列上物。除得上壹色每價。

假如以硯七枚換筆叁矢。硯多價四百八拾文。若以筆九矢換硯叁枚。筆多價壹百八拾文。問筆硯價各若干

答曰筆每矢價五拾文　硯每枚價九拾文

法分正負列位。右行之價。係硯之所多。故與硯同名。左行之價。係筆之所多。故與筆同名

右　硯正七得負弍拾壹　筆負叁得正九　價正四百八拾得負壹千四百四拾

左　硯負叁得負弍拾壹　筆正九得正六拾叁　價正壹百八拾得正壹千弍百六拾

減盡　餘五拾四　併得弍千七百

先以左行硯負叁遍乘右行得數。首位異名。須變硯正變爲負。筆負變爲正。價正變爲負。皆以得數變之。次以右行硯正七遍乘左行得數。右行既變。左行不必再變。乃相減。上位硯各得負式拾壹。減盡。中位筆兩正同名相減。餘五拾四。爲法。下價異名相併。得弍千七百。爲寔。以法除寔。得錢五拾文。爲筆價。以左行筆正九乘之。得四百五拾。內減同名價正壹百八拾。餘弍百七拾。以左硯負叁除之。得九拾。爲硯價。或以右筆負其價壹百五拾。加異名價正四百八拾。共六百叁拾。以右硯七除之。得硯價九拾。

梅氏論曰。兩行硯。皆弍拾壹。則其價同也。惟中位筆數。左行多五拾四枝。則是左筆多價壹千弍百六拾文者。以多此五拾四筆。而右行筆少價壹千四百四拾文者。以少此五拾四筆也。夫右行筆價原少於弍拾壹硯者。壹千四百四拾文。以左行多五拾四筆。而反多於弍拾壹硯者壹千弍百六拾文。是此五拾四筆。既補右行之所少。而仍多此數也。故併右行之所少。與左行之所多。共弍千七百。以爲五拾四筆之價。知筆價。知硯價矣。

若先求硯價者。以硯列中位。筆列上位。如後圖。

右　筆正叁 得弍拾七　硯負七 得六拾叁　價負四百八拾 得四千叁百弍拾

減盡　餘五拾四　併四千八百六拾

左　筆正九 得弍拾七　硯負叁 得九　價正壹百八拾 得五百四拾

先先以左行筆正九。遍乘右行得數。次以右行筆正叁。遍乘左行得數。列位時以兩筆俱爲正。則兩硯同名爲負。左價硯之所少。即筆之所多。故與硯同名爲負。右價硯之所多。故與筆同名爲正。如此可免臨時變易。乃相減筆同名減盡。硯同名相減。餘五拾四爲法。價異名。併得四千八百六拾爲寔。寔如法而壹。得九拾爲硯價。乘左負硯叁。得弍百七拾。異加價正壹百八拾。共四百五拾。以左正筆九除之。得五拾爲筆價。

陳啟沅論曰。互乘之理。已屢言之。無贅解也。今此題先用左上硯叁。互乘右中筆。又互乘硯多價。而又互乘右上硯者。蓋叁倍其多硯價。是借用硯弍拾壹個。筆九枝。而硯多價壹千四百四拾支耳。再以右上硯互乘左硯。左筆。左下筆多之價。亦以硯弍拾壹。筆拾叁。而筆多價壹千弍百六拾耳。今硯與硯對。俱弍拾壹無多少之分。筆與筆對。而筆則多五拾四枝矣。再將其兩價相併。共弍千七百文。俱是筆之價也。無多少之分矣。故以五拾四為法。以除弍千七百文之數。得筆每枝錢五拾文。既知筆價。則以左行筆九枝。照乘得四百五拾文。減去筆多硯價壹百八拾文。餘弍百七拾文。即叁硯之價也。叁歸之得九拾。是壹硯之價合問。

沅又論曰。前問綾絹。以四倍八倍。特使絹之合等數耳。今此題。又不能用四倍八倍矣。左可用弍倍。右可用六倍則筆數可相等矣右硯照六倍得四拾弍左硯弍倍得六以左減右寔存硯得叁拾六中層筆照倍兩便皆拾八個故對減無餘所餘者硯也故以叁拾六爲法下層價亦照倍兩便所得之倍價即叁拾六硯之共價也故爲寔法除寔即得每硯之價既知每硯之價自可以求筆價任以左行硯叁枚照九拾價乘之得弍百七拾文再加入多價壹百八拾文共四百五拾文爲寔以筆九枝爲法歸之得每筆價五拾合問又論曰上問以兩價相減爲寔此問以兩價

相併爲寔何也蓋上問是綾絹共價和數故要兩物之價對減所餘爲寔此問是只言其餘價即是已對減矣左便之價即筆硯對價之餘也右便亦減餘之價也但未知其等故仍用倍法求得其壹件之等留壹件不等之物以其價分之即能知其每價矣學者即於此設想可類推於各題也

和較相雜方程例

論曰方程之用以御雜糅妙在雜與變知其雜則雜而不亂矣知其變則變而不失其常矣諸書所論

俱未及此。故求之甚詳。去之愈遠也。

法曰。凡方程和較雜者。和數從和法列之。不立正負。較數從較法列之。明立正負。其遍乘得數。後在較數行中者。仍其正負之名。在和數行中者。皆從乘法之名。

假如有大小羽扇不知價但云叄其大扇倍其小扇共叄百叄拾文若倍大扇則如六小扇問若干

答曰大扇九拾文小扇叄拾文

法以壹和壹較列位

右行和數也不立正負左行較數也明立正負。

右 大扇叁 得正六 小扇弍 得正四 共叁百叁拾得陸百陸拾

左 大扇正弍 得正六 減盡 小扇負六 得負拾八 併得弍拾弍 適足

梅氏論曰右乘左和乘較也故仍其正負之名左乘右較乘和也得數皆為正從乘法之名乘訖對減大扇同名減盡小扇異名併得弍拾弍為法下位正六百六拾無加減就為實法除實得叁拾文為小扇以左行小扇六乘之得價壹百八拾以大扇弍除之得九拾為大扇。

陳啟沅曰。此題以較比例。而知其和耳。蓋云叁大扇。弍少扇。價共叁百叁拾文。再云弍大扇。六少扇。其價相若。兩相比較。右行大扇多壹把。則可抵小扇四把矣。且左上之大扇弍把。右中小扇則要六。方能足其價。左右兩扇。若此比例。則弍大扇。可抵六小扇。叁倍價明矣。今以互乘之法爲何。蓋以左上大扇弍。而乘其右下價。得六百六拾者。是六大扇。四小扇之共價也。而又以右上大扇叁。再乘左中小扇。而得拾八小扇之數。以併右中小扇四。共弍拾弍小扇以爲法者。

何也蓋所問。已云倍其大扇。則如小扇六。是則已倍其大扇六。則小扇拾八。便可抵其大扇矣。既可抵其六大扇。則六百六拾之價。是弍拾弍小扇之共價也。學者。當細思之。此題若照沅借倍法。右行用拾五倍。左行用五倍。照法算之。亦合問。

假如有江湖兩色船載物不知數但云江船五以較湖船壹則江船多弍千八百石江船叁湖船五則共載弍千八百石問船力若干

答曰江船六百石湖船弍百石

法以壹和壹較列位

右　江船正五得正拾五　湖船負壹得負叁　併式拾八　正式千八百得正八千四百　減餘五千六百

減盡

左　江船叁得正拾五　湖船五得正式拾五　共式千八百得正壹萬四千

如法遍乘減併。江船同減盡。湖船異併得式拾八為法。載物減餘五千六百石為實。法除實。得式百石為湖船數。以湖船數。加右行異名正式千八百石。共叁千石。以右江船五除之得六百為江船數。

陳啟沅曰。已上各所解。已甚明晰。故不容贅解。若用沅借倍法則右行。以拾倍之左行以式倍之則得湖船等。若以六倍其右。拾倍其左。則得江船等也。

和較交變方程例

凡方程叁色以上以減餘重列則有和變較較變和者不可不察也

法曰。和變較者。但和數減餘。有分在兩行者。即變較數也。和既變較。即以較數法列之。其法以壹行之餘數。命為正。以壹行之餘數。命為負。其下餘價以與中位餘物。同在壹行者。即為同名。從其正負而命之。若下價減盡無餘者。命為適足。若減餘只八在壹行者。無變也。只用和數法。較變和者。但視較數減餘。或有壹行內皆正。或皆負者。即變和數。即如和數法列之。不立正負。其較數異倂者。以壹行為主。而以隔行之異名。從本行為同名。若減餘行內有正負者。無變也。只用較數法。若有兩異倂。而壹位左正右負。壹位左負右正。亦仍為較數不變。雖減餘分在兩行。而壹行餘正物。壹行餘負物。亦和數也。何也。隔行之異名。乃同名也。若減餘同名。而分餘於兩行。即仍為較數不變。何也。隔行之同名。乃異名也。若兩異併，皆左正右負，或皆左負右正，亦和數也。和數重列，有俱變爲較者，有只變壹行爲較者。較數重列，有俱變爲和者，有只變壹行爲和者，皆以和較雜列之。若四色以上，有和變較，較復變和者，有較變和，和復變較者，皆以前法御之。

假如衡校弓弩之力，但云神臂弓弍弩九小弓弍共重七百壹拾斤，又有神臂弓叁弩弍小弓八共五百弍拾五斤，又有神臂弓五弩叁小弓弍共五百壹拾五斤，問各力

答曰神臂弓力五拾五斤　弩力六拾斤　小弓力叁拾斤

法以和數列位。凡叁色者，可任以壹行為主，與餘弍行相乘，而減併之。故前後之行，可以互更也。

右神臂叁 中乘得六
弩弍 中乘得四
小弓八 中乘得拾六
力五百弍拾五 中乘壹千零五拾

減盡
減餘中弍拾叁
減餘右拾
減餘中壹千零八拾

中神臂弍 右乘得六 左乘得拾
弩九 右乘弍拾七 左乘四拾五
小弓弍 右乘得六 左乘得拾
力七百壹拾 右乘弍千壹百叁拾 左乘叁千五百五拾

減盡
減餘中叁拾九
減餘中六
減餘中弍千五百弍拾

左神臂五 中乘得拾
弩叁 中乘得六
小弓弍 中乘得四
力五百拾五 中乘壹千零叁拾

先以中行神臂弓弍。偏乘左右行。以中行為主。與左右互乘。取行間易爲減併之用也。次以右行神臂叁。偏乘中行。與中行對減神臂減盡。中弩廿七。內減右弩四。餘廿叁。中行餘也。中小弓六。以減右小弓拾六。餘拾。右行餘也。中力弍千壹百叁拾。內減右力壹千零五拾。餘壹千零八拾。中行餘也。以上減餘。分在兩行。已變較數矣。即用較數法。分正負列之。而以弩與力。命爲同名。弩與力同在中行也。次以左行神臂弓五。徧乘中行。而以中左兩行對減。神臂減盡。中弩四拾五。內減去左行弩六。餘叁拾九。中行小弓拾。內減去左小弓四。餘六。中力叁千五百五拾。內減去左力壹千零叁拾。餘弍千五

百弍拾。 以上減餘俱在中行。仍爲和數也。不分正負

論曰。此和數方程。變爲壹和壹較也。何也。中右兩大弓減盡。則其力相若也。弩相減而餘在中行。是中行之弩力。多於右行也。小弓相減而餘在右行。是右行小弓之力。多於中行也。弩力中多於右。小弓力右多於中。而共力相減。惟中多壹千零八拾斤。則此壹千零八拾斤者。非餘弩餘弓之共數。乃餘弩多於餘弓之較數也。雖欲不分正負。不可得矣。中左對減而餘弩。餘小弓。俱在中行。則中行之餘

九式千五百式拾斤者仍爲餘弩餘小弓之共數無正負之可分也故以此兩減餘者依和較雜法重列而求之

較數　餘弩正式拾叁　得正八百九拾七
小弓負拾　得負叁百九拾
力正壹千零八拾　得正四萬式千壹百式拾

減盡
併得五百式拾八
減餘壹萬五千八百四拾

和數　餘弩叁拾九　得正八百九拾七
小弓六　得正壹百叁拾八
力共式千五百式拾　得正五萬七千九百六拾

左右互乘依和較雜法命其正負較數任以弩爲正則弓爲負力係弩之所多與弩同名爲正左乘右和乘較也故仍其正負右乘左較乘和也故變從乘法之名皆日正乃對減弩減盡小弓異併五百式拾八爲法力

同減餘壹萬五千八百四拾爲寔。法除寔。得叁拾斤。爲小弓力。於左行共力弍千五百弍拾斤。内減六小弓力。壹百八拾斤。餘弍千叁百四拾斤。以左行餘弩叁拾九除之。得六拾斤。爲弩力。乃於原列任取右行八小弓力。弍百四拾斤。弍弩力。壹百弍拾斤。以減共力。五百弍拾五斤。餘壹百六拾五斤。以神臂叁除之。得五拾五斤。爲神臂力。

陳啟沅曰。叁色方程之法。與弍色方程壹理耳。蓋弍色方程者。若以物求價。則先互乘物。使得兩物之相等外所餘壹物以爲法。再求兩價之相等外。所餘之價以爲寔。法除寔。便可先知壹物之價耳。今叁色者。分叁行。照互乘法以中行爲主。與右行相乘。如前式色方程壹樣。與左行相乘。亦如式色方程壹樣。對減之後。所餘之物價則變爲兩行矣。何以變爲兩行。蓋有壹件同等者。不再算矣。只將其對減之餘。再作式色方程。以求其等。然後將減餘物爲法。照以再減之餘價。爲法歸之合問也。茲再將衡校弓力壹問。照沅所變借倍之法。以詳解之。雖四色五色以至多色。

亦同此理耳。但應相加。或相減之法。不可不察也。其理。即如歸除。與因乘之有别也。若誤加爲減。或誤減爲加。則謬之千里矣。故沅謂必明其所以然。方可移御他問云。

叁色方程借倍法

九倍右神臂叁 弍拾七 對減餘弍拾叁　弩弍 壹拾八 對減盡　小弓八 七拾弍 對減餘六拾八　力五百弍拾五 四千七百弍拾五 對減餘叁千叁百零五

弍倍中神臂弍 四　弩九 壹拾八　小弓弍 四　力七百壹拾 壹千四百弍

六倍左神臂五 叁拾 對減餘弍拾六　弩叁 壹拾八 對減盡　小弓弍 壹拾八 對減餘八　力五百壹拾五 叁千零九 對減餘壹千六百七

如法互乘對減。所餘中左神臂弍拾六。把中左小弓八把。共壹千六百七拾斤也。其右中互乘。亦得神臂弍拾叁把。小弓六拾八把。得共力叁千叁百零五斤。故變作弍色方程算之。何難而即得其數乎。茲照派列於下再算。即借拾七倍於左。弍倍於右。使小弓同等。

弍倍右神臂倍四拾六把　撮得弍拾叁　小弓六拾八壹百叁拾六　力叁千叁百零五六千六百壹拾

對減餘叁百九拾六為法　對減盡　對減餘弍萬壹千七百八拾為寔

拾七倍左神臂撮得弍拾六　倍四百四拾弍把　小弓八壹百叁拾六　力壹千六百七弍萬八千叁百九拾

法借拾七倍於左。借弍倍於右。對減所餘。神臂叁百九拾六把為法。所倍之力。亦對減餘弍萬壹千七百八拾爲寔法。除寔。得神臂力五拾五斤。既得神臂之力數。則以右行下共力六千六百壹拾斤。减去神臂四拾六把之共力。弍千五百叁拾斤。所餘四千零八拾斤。乃壹百叁拾六把小弓之力也今以壹歸叁拾六除算之。得小弓每把叁拾斤。神臂小弓兩力俱得。則將原問。神臂弍弩九。小弓弍。共重七百壹拾斤。减去神臂弍。共壹百壹拾斤。小弓弍。共六拾斤。餘五百四拾斤。即九弩之共數也又以九歸之。得弩力每六拾斤合問。雖四色五色俱同壹理。學者。必要細考其所以然之理。即數目繁冗。亦可得也。或問沅曰。何以叁色用九倍。弍倍。六倍之法。沅答曰。蓋將其壹色。使其同等耳。若以弍倍其右行。八倍其中行。左行。則小弓同等。亦必以弩弓神臂。變爲弍色矣。若六倍其左。拾五倍其中。拾倍其右。如此則又神臂同等。弍色。則　以小弓與弩弓矣。今變弍色之左右行。又變倍其小弓。使其同等。則不同等者。只神臂壹色耳。故减餘之物。即神臂弓之數。故以爲法。减餘之力。即神臂之共力也。故爲寔。照此法。則不用知其同名異名之甚矣。

按統宗四色方程歌曰。四色方程寔可誇。須存末位作根芽。若遇奇行須減價。偶行之價要相加。諸書仍訛。又推而至於五色六色。皆云以末位爲主。而自首行以往。皆與之加減至其所以加減者。又皆以行之奇偶。如壹行。叁行。五行。奇數也。則價與末行減。式行。四行。偶數也。則價與末行加。而不言同異名。將奇行者。皆同名乎。偶行者。皆異名乎。未可必也不知彼所設問。各行遞空兩位。勢必挨列。雖云四色。乃四色之有空者耳。非四色之本法也。既挨列矣。餘行之首。壹色皆空。不須乘減。惟末行首位。相對可以互乘。非用末行。乃用上壹色相對之行耳。使上壹色不空者。在中弍行。而末行反空。又當以中行先用矣。雖欲以末行爲主得乎。至於第弍次重列而乘減者。乃首行末行相減之餘也。非專用末行也。若謂之用末行。亦可云用首行矣。且方程之行次。非有定也。其前後可以互居。左右中可以相易。亦何從而定之爲未行乎。未行無定。又安有奇偶之可言。而乃以是爲加減之定法乎。故梅氏有偶加奇減辨。特將瓜梨壹題以定之。而沅謂究不如借倍之法了然易明也。或問　沅曰。借倍之法。能以叁色而作弍色算之。四色而作叁色算之可乎。沅答曰。觀其所問之題如何耳。今就而論之。瓜梨壹題。用借倍法。故不用改爲叁色之例。即弍色之例。亦有别矣。兹試將古書馬牛羊壹題。而先定其式。再後將瓜梨壹題。分作兩法録之。即可見某法便捷也。

古題有馬叁。牛壹。該銀壹百両。又牛四羊壹亦該銀壹百両。又羊五。馬壹。該銀壹百両。問各該價若干。

答曰馬每隻價弍拾六両弍錢弍分九厘五毫。牛每隻弍拾壹両叁錢壹分壹厘五毫。羊每隻壹拾四両七錢五分四厘有畸。

法照分右中左叁行。馬叁。牛壹。居右。牛四。羊壹。居中。羊五。馬壹。居左。用借倍法。四倍其右行馬。得拾弍隻。牛得四隻。倍得共銀四百両。再以拾弍倍其左行羊。得六拾隻。馬得拾弍隻。倍得銀壹千弍百兩。如圖。

四倍右馬叁得拾弍隻　牛壹得四隻　該銀壹百倍得四百兩

中牛四　羊壹　該銀壹百中行原有之銀與左右兩行共倍得銀壹千七百兩

捨弍倍左羊五得六拾隻　馬壹得拾弍隻　該銀壹百倍得壹千弍百兩

列明。倍得馬弍拾四隻。牛四隻。羊六拾壹隻。合共八銀壹千七百兩。今以借左行馬拾弍隻。中行牛四隻。比右行之馬牛同價亦該得銀四百兩。共除去馬弍拾四隻。牛八隻。亦共銀八百兩。外所存得羊

六拾壹隻。該銀九百兩矣。以銀爲寔。以羊爲法歸
之得羊價壹拾四兩七錢五分四厘有奇。先知羊
價。則以中行牛四。羊壹。銀壹百兩。除去羊價。餘銀
以四牛歸之得牛價弍拾壹兩叁錢壹分壹厘五
毫。既知牛價。再將右行馬叁。牛壹。該銀壹百兩。除
去牛價。以叁馬歸之。得馬價弍拾六兩弍錢弍分
九厘五毫合問。

今以此法。而比例瓜梨壹題。便了然矣。

先依梅氏原法列位

假如有瓜弍梨四共價四拾文又梨弍榴七共價四拾文榴四桃七共價叁拾文瓜壹桃八共弍拾四文問各價若干

答曰瓜八文　梨六文　榴四文　桃弍文

甲　瓜弍　梨四　共四拾文

乙　減盡　梨弍　榴七　共四拾文　乙無瓜如叁色　丙無瓜梨如弍色

丙　榴四　桃七　共叁拾文　色皆存之與減餘相對　對減餘八文

丁　瓜壹乘得弍　桃八得拾六　共弍拾四文乘得四拾八文

惟甲丁兩行有瓜。如四色。故先以相乘瓜減盡。甲行梨四。丁行桃拾六。皆無減下價丁行減餘八文。餘數分在兩行。變較數矣。分正負以價與桃同名。同在丁行故也。瓜減盡矣。餘行皆無瓜。則只叁色。故徑以減餘之數。與乙行相對。用和較雜法列之

較數　減餘梨正四　得正八
和數　乙行梨弍　得正八
減盡
榴七　得正弍拾八
桃負拾六　得負卅弍
負八文　得負拾六文
正四拾文　得正壹百六拾文
併得壹百七拾六文

梨同減盡左正榴弍拾八。右負桃叁拾弍。皆無減。價異併壹百七拾六文。左正。右負。隔行之異名。乃同名也。變和數矣。以和數列之。又梨已減盡。只弍色矣。

徑以餘數與丙行列之。

減餘榴廿八 得壹百壹拾弍　桃卅弍 得壹百弍拾八　共壹百七拾六文 得七百零四文
丙行榴四 得壹百壹拾弍　桃七 得壹百九拾六　共叁拾文 得八百四拾文
減盡　餘六拾八　餘壹百叁拾六文

榴減盡。桃餘六拾八爲法。價餘壹百叁拾文爲寔。法除寔。得桃價弍文。以丙行桃七。價拾四文。減共叁拾文。餘拾六。爲四榴價。榴四除之。得榴價四文。以乙行榴七。價弍拾八文。減共四拾文。餘拾弍文。爲弍梨價。半之。得梨價六文。以甲行梨四。共弍拾四文。減共四拾文。餘拾六文。爲弍瓜價。半之。得瓜價八文。

論曰。此和數變爲較數。而較數復變和數也。蓋初次減餘。已變較數。其餘價八文。乃桃多於梨之數。而非其共數也。何以知之。餘數分在兩行故也。何以知桃多於梨。桃與價同在丁行。故同名也。然所用以分正負者。是甲丁兩行之減餘。非但以丁行空位而立負也。又因乙丙瓜位皆空。故用減餘徑與乙行相對。是省式算也。乃徑求也。非專用丁行爲主也。減餘較也。乙行和也。壹和壹較。故有異名相併。而非以偶行故加也也。第弍次減餘則復是和數。何也。其相併壹百七拾六文。乃桃榴之共價。而非其較數。故日復變和數。何以知之。桃榴雖分餘於兩行。而異名。然隔行之異。名。乃同名也。乙行榴正價亦正減餘桃負價亦負兼而用之變爲同名矣至於立負之非。此尤易見。蓋既變和數。無正負矣。雖兩遇空。而無減。豈得謂之立負乎。又因丙行梨亦空。故徑用減餘與之對減是又省壹算。非以丁行對丙行也。而顧日。蓋立負榴於丁行。誤之誤矣。減餘變和。丙行相對。是兩和也。故有減而無併也。豈以奇行之故而減也乎哉。

沅茲以借倍之法解列如左

假如照前題瓜弍梨四共價四拾文又梨弍榴七共價四拾文又榴四桃七共價叁拾文又瓜壹桃八共價弍拾四文　法照列甲乙丙丁四行如前式

仍舊甲瓜弍　梨四　四拾文

弍倍乙梨弍倍得四個　榴七倍得壹拾四個　四拾文倍得八拾文

仍舊丙榴四　桃七　叁拾文

弍倍丁瓜壹倍得弍個　桃八倍得壹拾六個　弍拾四文倍得四拾八文

既已倍定。今以丁行倍得瓜弍。與乙行倍得梨四。而與甲行之比例亦應值錢四拾文也。茲先扣去甲行之錢物。又扣去丁行之瓜。乙行之梨。乙行之錢四拾文。則所剩者。丙行之榴四。桃七。共價叁拾文。又以乙行之剩榴壹拾四個。丁行之剩桃壹拾六個。乙丁兩行之共價。八拾八文。作為戊丙變為弍色以算之。亦照列圖。

叁倍半 丙榴四 倍得壹拾四個 對減盡	桃七 倍得弍拾四個半 對減餘八個半	叁拾文 倍得壹百零五文 對減餘拾七文
戊榴壹拾四個	桃壹拾六	八拾八文

茲再於丙行借叁倍半。倍得榴壹拾四個。桃弍拾四個半。共之價壹百零五文。今以戊行對減。榴則同數減盡。桃對減。只剩丙行之桃八個半。價亦對減亦剩丙行之價拾七文。此拾七文者。即八個半桃之價也。故以價爲寔。以桃爲法歸之。得桃價弍文。既知桃價。則以原列丁行。瓜壹桃八價弍拾四文。除去桃價。即得瓜價八文。再以甲行原列瓜弍。梨四。共價四拾文。減去瓜弍價拾六文。餘弍拾四文。即四梨之價。每六文也。既知梨價。再以乙行梨弍

榴七。共價四拾文。減去弍梨之價拾弍文。餘價弍
拾八文。即七榴之價也。照歸之。得榴價四文。合問。

算學卷八終

陳啟沅算學卷九

南海息心居士陳啟沅芷馨甫集著
門人順德林寬葆容圃氏校刊
次男　陳簡芳藹軒甫繪圖

句股章第九

陳啟沅曰。句股之術。是測量之根本。所以古人疊詳解之。但案所繪各圖。亦半所當然。半所以然耳。沅特將拾叁名義。并容圓容方等。再列圖以解之。若明其原理。雖千變萬化。亦不外如是也。沅猶未敢謂爲壹

定之法。更望後之君子。正　沅　之差。補　沅　之未逮。不獨
沅　之幸。實亦後學之幸也。前人所定生變之數。何以
九倍其勾得弍拾七。九倍其股得叁拾六。九倍其弦
得四拾五者。何也。葢勾與股。只差壹數。股與弦。亦差
壹數。其相差之數。必有自乘。然後能以法命之。惟壹
數自乘得大數之壹耳。恐後學難明其所以然之故。
變壹爲九。使自乘之數。得八拾壹矣。古人之教人。其
苦心如此。今　沅　所繪各圖。何以又將勾叁股四弦五
以例之。因以九變其勾。自乘之數。已七百弍拾九矣。

況股自乘數。得壹千弍百九拾六。而弦數更多。有弍千零弍拾五數。圖之小。焉能以尺寸之積而現於圖。今仍其勾叁。自乘只得九數。股自乘只得拾六數。弦自乘。只得弍拾五數。故可能將其積而繪於圖之面。再將古法。以達明之。沅之用心如是耳。非特更古人之法也。周髀云。折矩以爲勾廣叁股修四。徑隅五。此勾股之權輿。與其仰矩覆矩偃矩以測高深廣遠所用。惟勾與股。而未嘗及於和較。迨劉徽趙友欽等。割圓求周。而有和較之用。西人用六宗叁要。以立八線之表爲句股者五千四百其用宏矣又豈叁四五之所能限哉然則叁四五者乃句股之始事而不能盡句股之蘊也然諸家言句股者設問多不能出句叁股四皆句叁股四之倍數其法往往用之本題則合移之他數則不合如統宗有句股積有句弦較求句者倍積爲實半較爲縱開方得句有積有股弦較求股者叁倍積爲實半較爲縱開方得股按其數乃九倍句叁股四而得者依數求之無不脗合若另設句股數其法舛矣乃偶合耳非通法也大凡句股法先知兩件始

可求其餘件。惟由句叁股四來者。由加幾倍至數拾百倍。只知壹件。卽可以求其餘件。如有句股積。而求句。則九因其積六而壹。開方得句。求股者。置積拾六乘之六而壹。開方得股。求弦者。置積弍拾五乘之。六而壹。開方得弦。無庸帶縱也。此先有積。須以積爲比例。故用開方。若先知句股弦而求諸數。只須用乘除。不必開方。且其句弦較倍之。卽股。股弦較叁倍之。卽句。併乘除俱省。然非通法也。梅氏云。統宗有句股積有句弦較。求句。及有股弦較。求股。弍題不可用。

句股和較名義

橫曰句。直曰股。斜者曰弦。假如句式拾七步。股叁拾六步。弦四拾五步。以句式拾七。股叁拾六。相減其差九。曰較。以句股相併得六拾叁。曰和。以股叁拾六。減弦四拾五。其差九。曰股弦較。以句式拾七。減弦四拾五。其差式拾八。曰句弦較。併句股共六拾叁。減弦四拾五。之差式拾八。則曰弦和較。以弦四拾五。減句股之差九。其差叁拾六。曰弦較較。以股弦相併。得八拾壹。則曰股弦和。以句弦相併。得七拾式。曰句弦和。以句股之差九。併弦共五拾四。則曰弦較和。併句股弦。得壹百零八。曰弦和和倍弦實。卽弦自乘倍之得四千零五拾。減句股和自乘。得叁千九百六拾九。餘八拾壹。爲實。平方開之得九。爲句股較。以前倍弦實減句股較九。自乘得八拾壹。餘叁千九百六拾九。平方開之。得六拾叁。爲句股和。併句弦共七拾弍。除股自乘數。壹千弍百九拾六。得拾八。爲句弦較。卽句弦之差。拾八。除股自乘壹千弍百九拾六。得七拾弍。爲句弦和。併得股弦共八拾壹。以除句自乘七百弍拾九。得九。爲股弦較。卽股弦之差九。除句自乘七百弍拾九。得八拾壹。爲股弦和。以句股和六拾叁。自乘得叁千九百六拾九。減弦自乘弍千零弍拾五。餘壹千九百四拾四。爲實以弦較較叁拾六除之得五拾四為弦較和以弦較和除前實亦得弦較較以句股之差九自乘得八拾壹以減弦自乘弍千零弍拾五餘壹千九百四拾四為實以弦和和壹百零八除之得拾八為弦和較以弦和較除前實亦得弦和和以句弍拾七加股弦較九共叁拾六即弦較較以句弍拾七減股弦較九餘拾八即弦和較以句加弦較和五拾四共八拾壹即股弦和以股叁拾六加句弦較拾八共五拾四即弦較和以股叁拾六減句弦較拾八餘拾八即弦和較以股加弦較較叁拾六共七拾弍即句弦和以句股較九加股弦較

九。共拾八。卽句弦較。以句股較九。減股弦和八拾壹。餘七拾弍。卽句弦和。以句股和六拾參。加股弦較九。共七拾弍。爲句弦和。以股弦和八拾壹。減句股和六拾參。餘拾八。卽句弦較。以句股較九。加句股和六拾參。共七拾弍。半之爲股。以句股和六拾參。減句股較九。餘五拾四。折半爲句。以股弦較九。加股弦和八拾壹。共九拾。半之爲弦。以股弦和八拾壹。減股弦較九。餘七拾弍。半之爲股。以句弦較拾八。加句弦和七拾弍。共九拾。半之爲弦。以句弦和七拾弍。減句弦較拾八。餘五拾四。半之爲句。以弦和較拾八。加弦和和壹百零八。共壹百式拾六。半之爲和。以弦和和壹百零八。減弦和較拾八。餘九拾。半之爲弦。以弦較較叄拾六。加弦較和五拾四。共九拾。半之爲弦。以弦較和五拾四。減弦較較叄拾六。餘拾八。半之爲較。

句股圖解壹

陳啟沅曰。句股之形如矩。若有偏斜。卽爲叄角形矣。

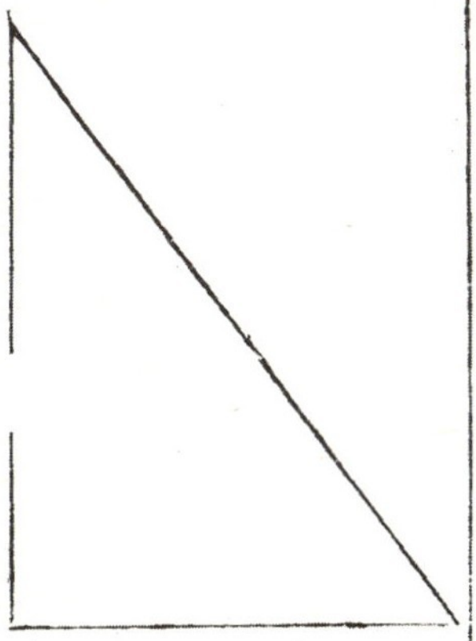

句股之根。古法以句叄。股四。弦五。而定爲總率何也。蓋句叄股四。而弦必五也。句叄弦五。而股必四也。股四弦五。而

句必叁也。故可為壹定之率也。即或有長短不同。亦

句叁股四弦五古圖

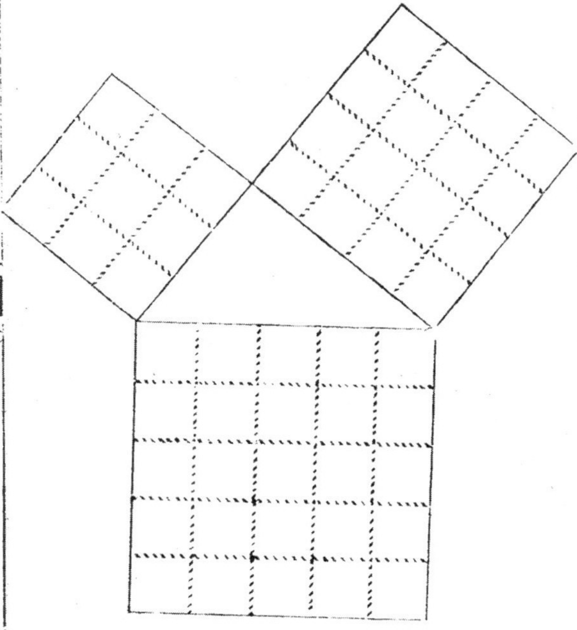

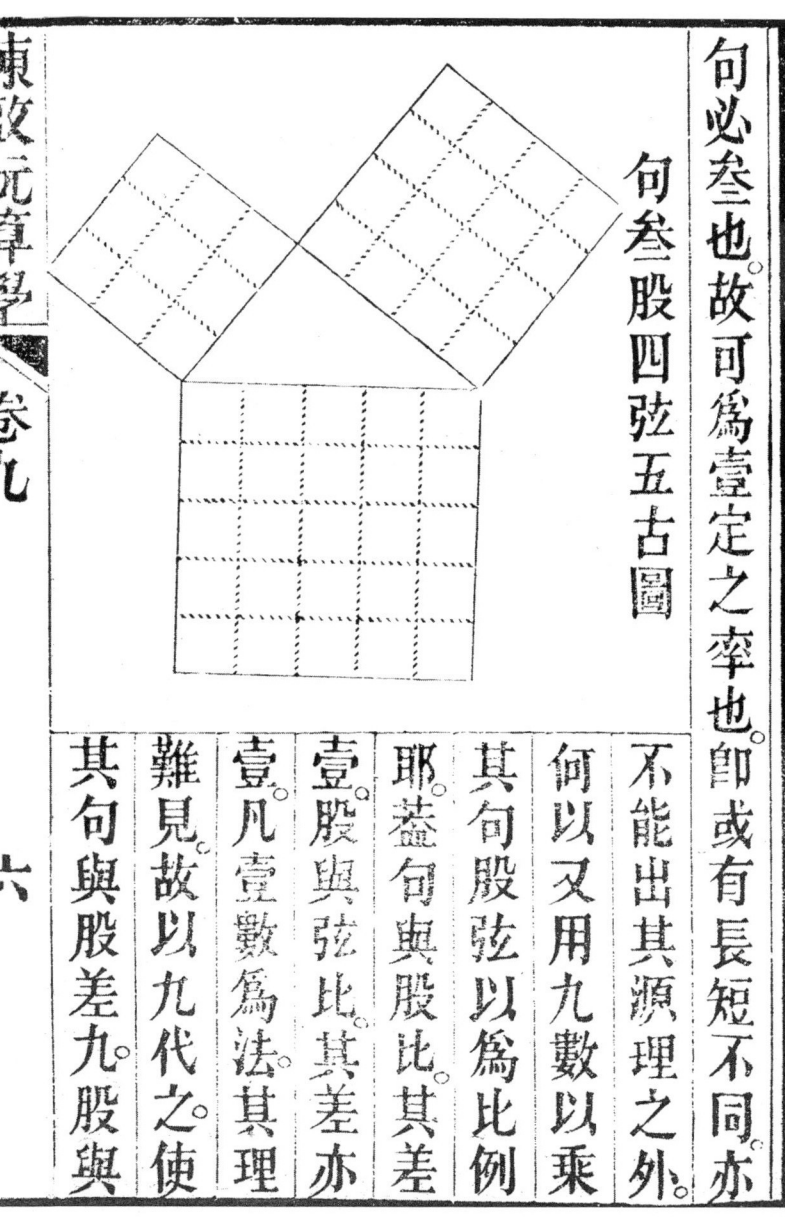

不能出其源理之外。何以又用九數以乘其句股弦以為比例耶。蓋句與股比。其差壹。股與弦比。其差亦壹。凡壹數為法。其理難見。故以九代之。使其句與股差九。股與

弦差亦九。然後立法。方易明白耳。故和較各義皆以弍拾七。叁拾六。四拾五而例之。學者當知其所以然也。

句股弦相求訣

句股求弦各自乘　乘來相併要分明
開方便見弦之數　法術從來有現成
句弦求股要推詳　各自乘來各壹張
以少減多餘作實　實求股數要開方
弦股求句皆壹例　算師熟記勿相忘

句股求弦源理圖

句股求弦法。置句自乘。股自乘。弍數相併。以開平方法算之。得弦數。

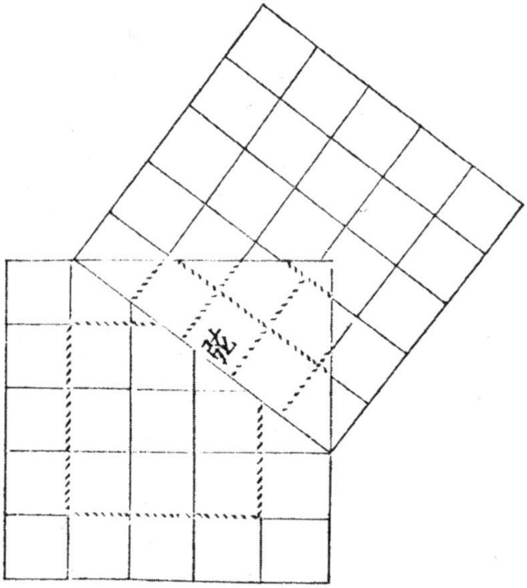

解曰。以句自乘。即圖之中。叁叁如九之積。股自乘。即圖之外圍。四四壹拾六之積。開方即下圖之邊線。故得其弦五。即源理也。

假如有句叁尺股四尺求弦若干　答曰五尺

法以句叁尺自乘。得九尺。以股四尺自乘。得拾六尺。相併得式拾五尺。開平方得五尺。卽弦也。觀前圖自明。

假如句式拾七尺股叁拾六尺問弦若干

答曰弦四拾五尺

法曰。置句式拾七尺。自乘得七百式拾九尺。另以股叁拾六尺。自乘得壹千式百九拾六尺。式數併之。得式千零式拾五尺為實。以開平方法除之。得弦四拾五尺。合問。

句弦求股圖

句弦求股法。置弦自乘數。減句自乘數。所餘之數用開平方法算之。卽得股數。

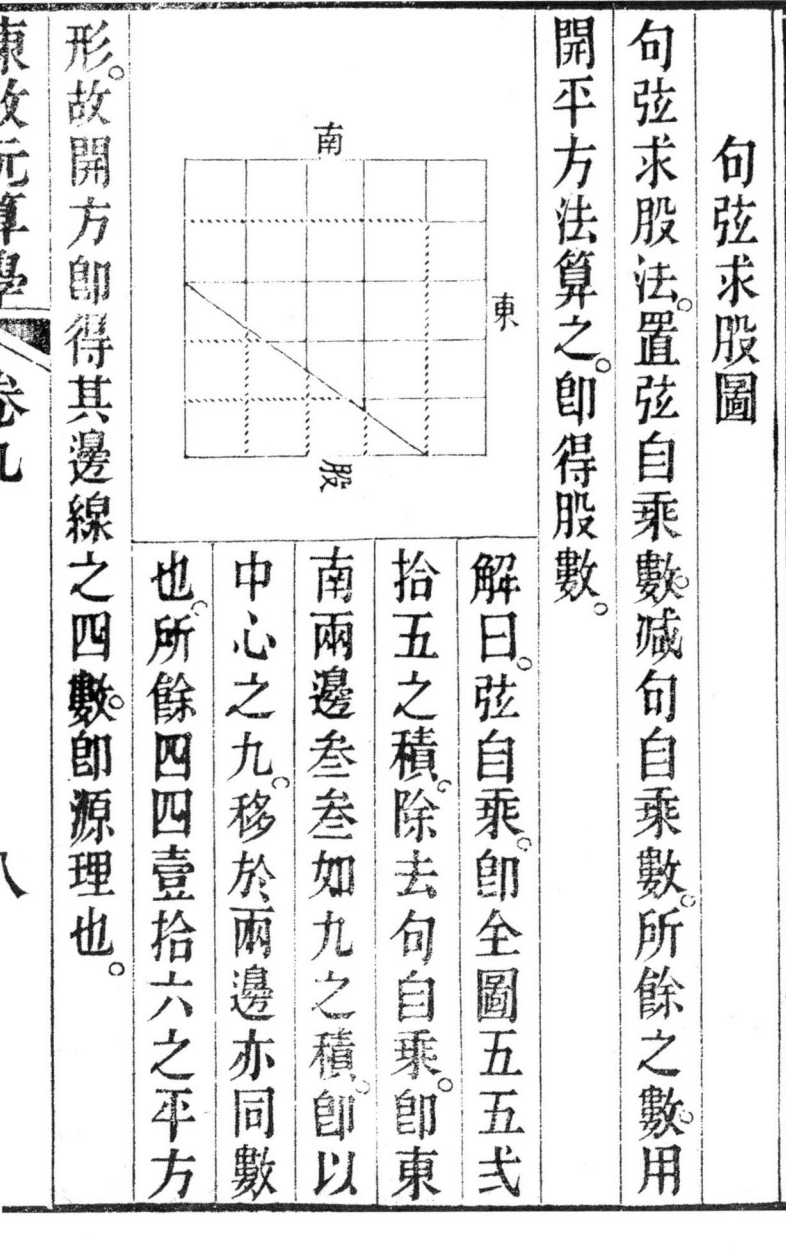

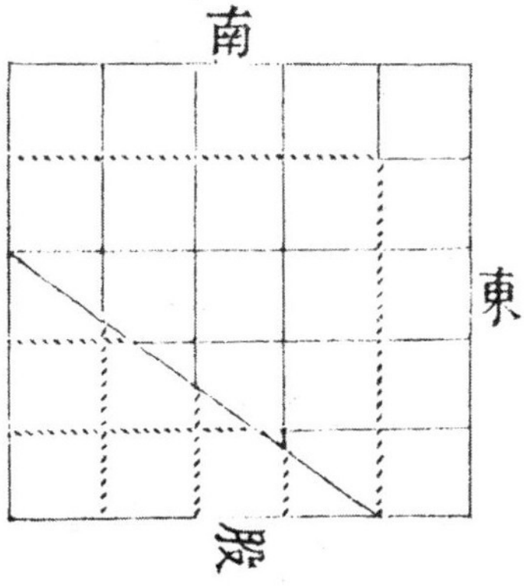

解曰。弦自乘。卽全圖五五式拾五之積。除去句自乘。卽東南兩邊叄叄如九之積。卽以中心之九。移於兩邊亦同數也。所餘四四壹拾六之平方形。故開方卽得其邊線之四數。卽源理也。

假如有句五尺。弦拾叁尺。求股若干　答曰拾弍尺

法以句五尺自乘。得弍拾五尺。以弦拾叁尺。自乘。得壹百六拾九尺。相減。餘壹百四拾四尺。開平方得拾弍尺。即股也。

假如句弍拾七尺弦四拾五尺問股若干

答曰股叁拾六尺

法曰。置弦四拾五尺自乘。得弍千零弍拾五尺。內有壹句壹股自乘之數。另以句自乘。得七百弍拾九尺。弍數相減。餘壹千弍百九拾六尺爲實。是股自乘數。以開平方法除之。得股叁拾六尺合問。

股弦求句圖

股弦求句法。置弦自乘。減股自乘。所餘之數。用開平方法算之。得句數。與句弦求股同理。

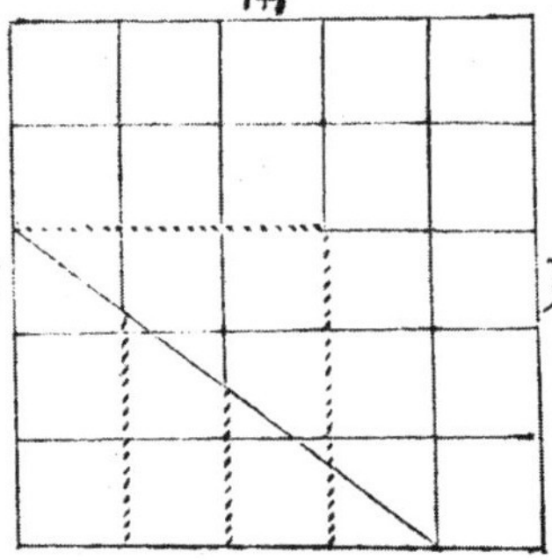

解曰。全圖即弦自乘之積。今以股自乘四四壹拾六積。移于東南橫弍行直弍行。共數壹拾六。所餘者九數。開方即得句之叄數也。觀圖自明。

假如有股弍拾壹尺弦弍拾九尺求句若干

答曰弍拾尺

法以股弍拾壹尺自乘。得四百四拾壹尺。以弦弍拾九尺自乘。得八百四拾壹尺。相減。餘四百尺。開平方得弍拾尺。卽句也。

假如股叁拾六尺弦四拾五尺問句若干

答曰句弍拾七尺

法曰。置弦四拾五尺自乘。得弍千零弍拾五尺。內有壹句壹股自乘數。另以股自乘。得壹千弍百九拾六尺。弍數相減。餘七百弍拾九尺。是句自乘數。以開平方法除之。得句弍拾七尺合問。

句股容方容圓共歌

句股容方法最真　以句乘股實相當
併之句股數爲法　以法除實便知方
句股容圓法可知　句弦股數併爲奇
叁數併來爲法則　句股相乘倍實宜
法除倍實爲圓數　算者詳之不用疑

句股容方圖

假如有句叁拾尺股四拾尺問中容方面徑若干

答曰壹拾七尺壹寸四不盡

法以句叁拾乘股四拾。得千弍數爲實。以句叁併股四。得七數爲法。歸之得容方面徑。壹七壹四有畸。

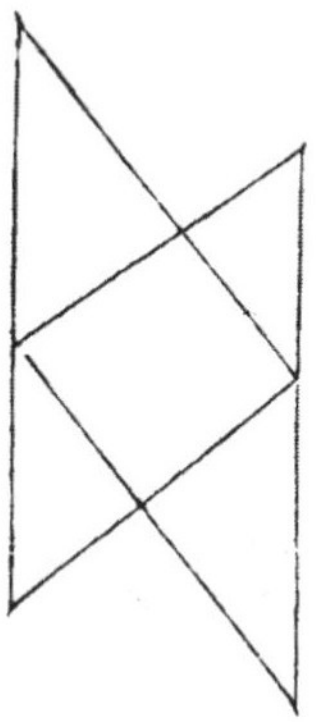

解曰。以句叁乘股四。是倍句股之積。得壹長方形。今以句股和歸之。是將其兩股顚倒相併。而得其中小方形也。觀圖自明。

假如句弍拾七尺股叁拾六尺問中容方面徑若干

答曰中容方面徑壹拾五尺有畸

法曰。置句股相乘。得九百七拾弍尺爲實。另以句弍拾七尺。併股叁拾六尺止六拾叁尺。為法除之。得中容方面徑壹拾五尺。不盡式拾七尺。卽四分式厘八毫。

餘句餘股求容方圖

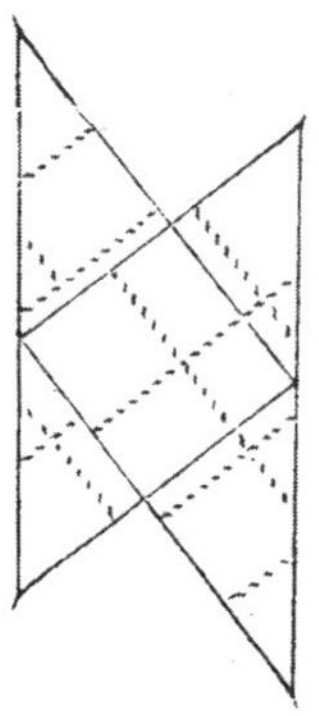

法以餘句乘餘股得數。用開平方法算之。卽得容方之數。

解曰。餘句餘股者。其方積已具於中。故除方之外。然後謂之餘耳。何以又用餘句乘餘股。蓋餘句與餘股相乘。亦長方積耳。試將上容方之數以比例之假如有餘句壹拾弍尺八寸六。餘股弍拾弍尺八寸六。相乘。亦得弍九叁九八。與前四圖之容方邊線。壹七壹四不盡。自乘亦得弍九叁九八之數也。合而觀之。自了然矣。

數理精蘊設問有方城壹座四正有門自南門直行八里有壹塔自西門直行至弍里切城角望見塔問城每面幾何　答曰八里

法以西門外弍里爲餘句。與南門八里爲餘股。相乘得內容方拾六里。開平方得四里。倍之卽爲城每壹面之里數。如圖

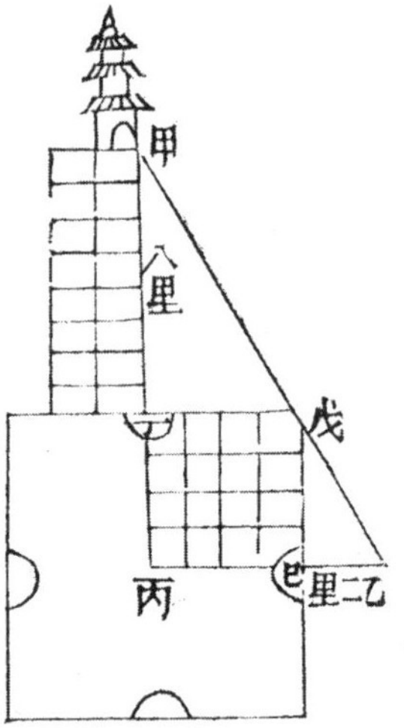

甲乙丙句股形。乙己爲西門外弍里。甲丁爲南門外八里。戊己與戊丁皆爲城每邊之壹半。而甲丁戊句股形。與戊己乙句股形。爲同式。故乙己與己戊之比。同于戊丁與丁甲之比。爲相當比例四率。且戊己與戊丁皆爲壹體。故又爲相連比例叄率。是以乙己首率。與甲丁末率相乘。開方而得戊丁。或戊己。皆爲中率。爲城每邊之

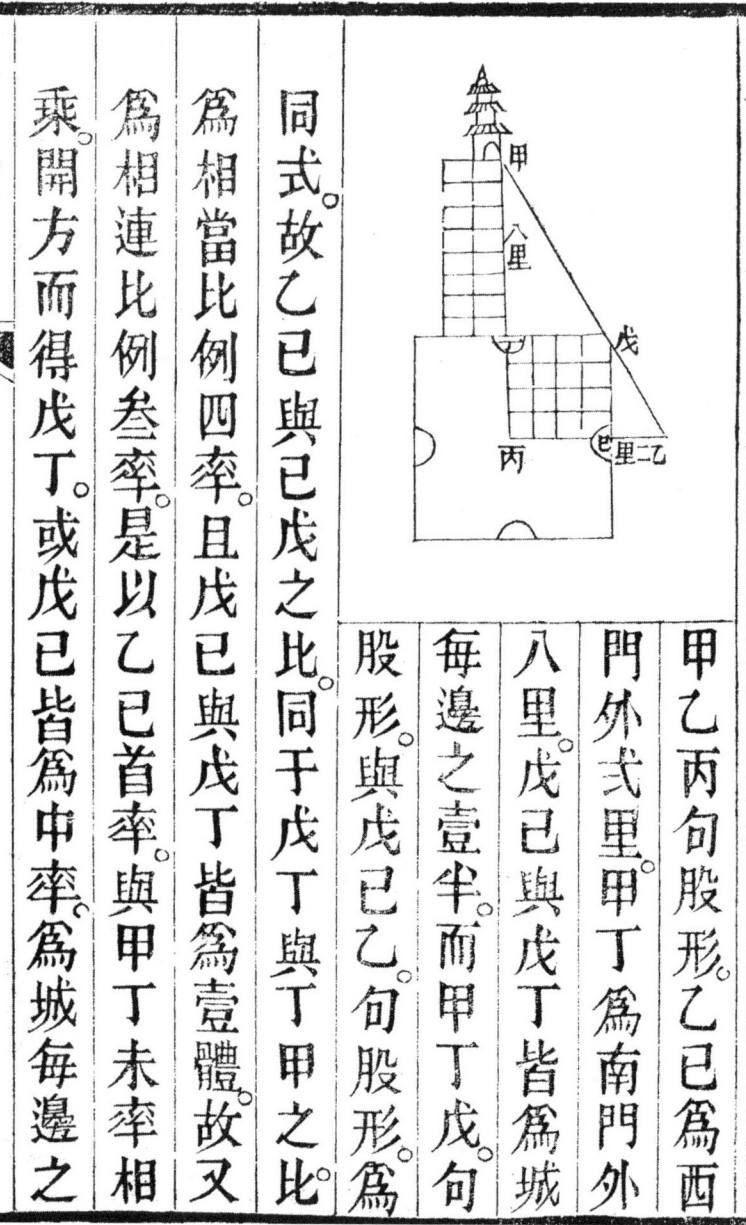

壹半也。

假如勾股玉壹塊股壹尺弍寸句六寸今欲截角爲方取印壹顆問方面若干　答曰四寸

古法曰。置句股相乘。得七拾弍寸爲實。以句股相併。得拾八爲法。除之合問。

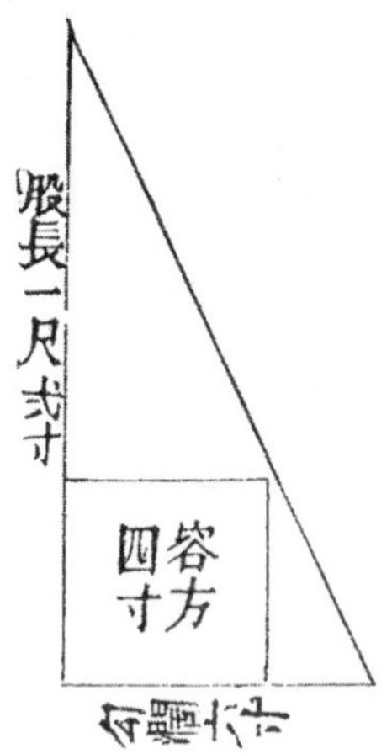

統宗謂以圓徑拾八尺。用壹尺弍寸歸除。得方拾五尺。若以方徑拾五尺。用壹尺弍寸乘之。得圓徑拾八尺。

陳啟沅曰。圓內容方。方內容圓之理。切勿誤爲句股
容方圓之法。其理詳邊線章。
屈氏有句股容長方壹題。茲節錄之。
假如有甲乙丙句股形。內容丁己丙戊長方形。但知
丁戊寬。爲戊丙長四分之壹。從甲至戊。爲四尺。從
乙至己。爲九尺。問長方及句股各幾何。　答曰長
方長拾弍尺濶叁尺股長拾六尺句濶拾弍尺
法以甲戊四尺爲餘股。與乙己九尺爲餘句。相乘得叁拾六尺。爲
內容長方之積。用四歸之。得九尺。開方得叁尺。爲己丙

即長方之濶。以四因之。得拾弍尺。為戊丙。即長方之長。以戊丙拾弍尺。加甲戊四尺。得拾六尺。為股。以己丙叁尺。加乙己九尺。得拾弍尺。為句。如圖丁己乙句股形。與甲戊丁句股形。皆與甲乙丙句股形為同式。故丁己

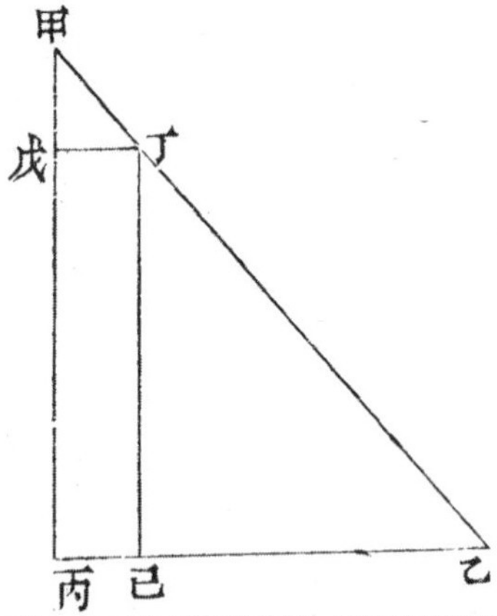

乙句股形之乙己句。與丁己股之比。即同於甲戊丁句股形之丁戊句。與甲戊股之比。而乙己首率。與甲戊四率相乘之數。必與丁己弍率。與丁戊叁率相乘

之數等。是以乙己與甲戊相乘。卽爲丁己丙戊長方形積也。丁戊旣爲戊丙四分之壹。則以四歸之。卽成丁戊線所作之正方形積。故開方得丁戊之濶。又四因之。而得戊丙之長也。旣得丁戊。而丁戊與己丙等。故己丙與乙己相加。得乙丙之句。而戊丙與甲戊相加。得甲丙之股也。梅氏句股闡微拾六題。亦有論及。但無切問。故錄此也。

句股容圓圖

假如有句叁拾尺股四拾尺弦五拾尺問中容圓徑若干　答曰得弍拾尺

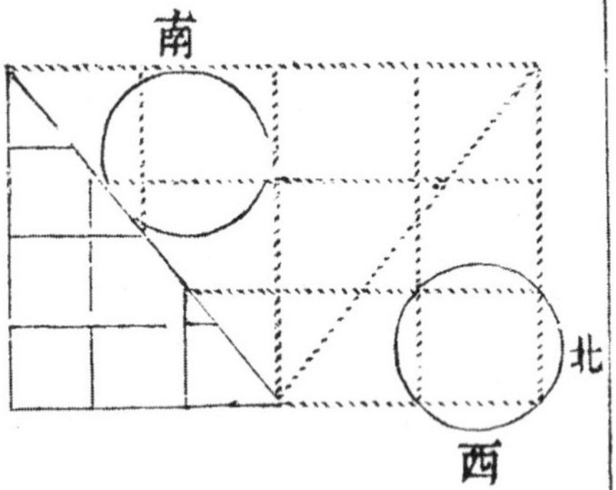

法以句叁拾。乘股四拾。得壹千弍百。倍之得弍千四百數爲實。以句股弦併。共壹百弍拾爲法。除之。得內容圓徑也合問。

沅解曰。以句乘股倍之之理。使成壹長方形。併句股弦以分之。

亦使分六方體。而得方外之圓之徑。借虛補實之法也。試將南之圓。移于西北之圓。觀之自了然矣。

梅氏將鮑氏圖。改作四句股容圓圖。極妙。玆節錄之。

甲乙丙句股形。　求容圓徑卯戌。即丁辛。

法于甲丙弦上。截丁丙如句。乙丙又截甲辛如股。乙甲因得丁辛。即容圓之徑。

試依所截丁丙爲句。作戊丁丙句股形。自丁作弦之垂線至戊。又引乙丙句遇于戊。即成此形。又依所截甲辛爲股。作甲辛氐句股形。自辛作弦之垂線。長出至氐。引甲乙股遇于氐。又作戊戌房句股形。引戊丁股至房。如弦之度。自房作垂線至戌。卽戌。乃自甲。自戌。各爲分角綫。遇于己。成拾字。則己卽容圓心也。又引十字綫透出。而以甲己爲度截之于癸于女。乃自癸作線。與丙戌平行至辰。又自女作辛氐及房戌之垂線。穿而過之。與癸辰線遇于辰。又引氐辛線至癸。引房戌線至女。得女辰。女房。癸辰。癸氐。四線皆

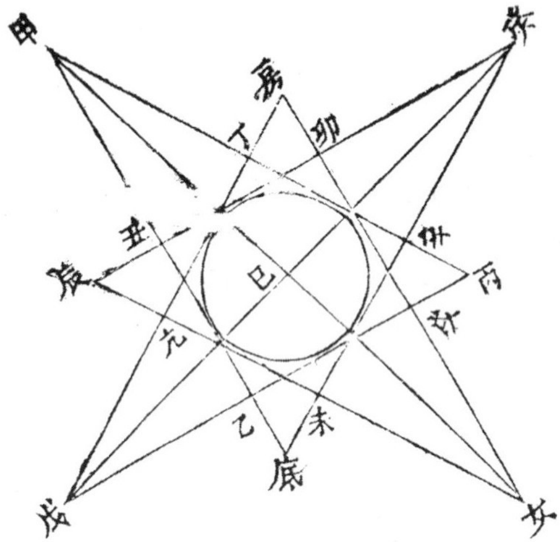

如甲丙弦。女卯。女亢。癸丑。癸未。四線皆如甲乙股。卯辰。房亢。丑氐。辰未。四線皆如乙丙句。又成女卯辰。女亢房。癸未辰。癸丑氐。四句股形。共八句股形。縱橫相疊。並以容圓心已點為心。此同心八句股形。各線相交成正方形。式其壹卯戌丑乙形。依原形之句股而立。其乙方角。即原形之所有也。其壹丁辛亢未形。依原形之弦而立。即所謂弦和較也。此兩形者。皆相等。而其方邊。並與容圓徑等。即容圓徑上之方冪也。

然則何以又爲弦和較。試即以原弦論之。甲丙弦上所截之丁丙即句也。甲辛即股也。句股相併。即重疊此丁辛壹邊是句股和。多于弦之數。古人以弦和較爲容圓徑。蓋此謂也。八句股形。即有相等之八弦。每壹弦上。各有此重疊之線。以成兩四方形。相等之八邊。可以觀矣。因鮑圖改作之彼原有八角形外小句股形。輳成壹等面八角形論但圖欠明顯。

假如句弍拾七尺股叁拾六尺弦四拾五尺問中容圓徑若干　答曰中容圓徑壹拾八尺

古法曰。置句弍拾七尺。股叁拾六尺。相乘。得九百七拾弍尺。倍之。得

句股容圓

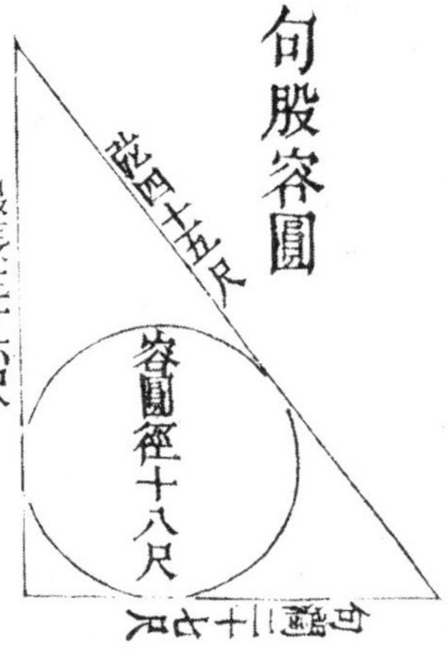

壹千九百四拾四尺為實。併句股弦。共壹百零八為法。除實。得容圓徑壹拾八尺合問。

此句股弦。皆用九折。今得拾八尺。即與上圖式尺九折也。

句弦股較求句弦股總論 附句股弦和理解

陳啟沅曰。假如弦長句若干。是句弦較也。股長句若干。是句股較也。兩較既明。減去兩較同長之餘。便是叁面同長之數。照句叁股四弦五而例之。只云弦長句數弍。股長句數壹。减去兩較。則叁線同長矣。何以又用兩較相乘倍之。開方而知其同長之數。葢句股相較之數。不能出句叁股四弦五之規矩。如句與弦差得多。股與弦比必差得少。句與弦比差得少。股與弦比必差得多。故兩較相乘倍之。開方便知其叁面同和數耳。再加句差是股之長。再加股較是句之濶。又何爲句股和。股弦和之理乎。葢股與弦併得九數。句與弦併得八數。八與九乘得七拾弍數。倍之得壹百四拾四數爲實。以開平方法算之。得句弦股合和

共拾弍數減句叁即股弦和減股四得句弦和減弦五得句股和此即所以然之理茲將各圖繪解於後

股弦較句弦較句股較求句股弦論

陳啟沅曰前論以兩較而求其壹茲論以壹較而求其本身之長其理雖同而法則異葢所因股與弦比也假如句叁股不只四而有多則股與弦更差得少若不及股四則其差更不只差壹數矣故先用句自乘即得股弦同長之九數除去股較自乘之壹數實餘八數乃股之兩倍數也若折半加較壹數即五數

矣。故倍較得弍數以爲法。歸之故得知股之四數耳。若句較求句。亦同此理。假如句與弦相差弍數。先以股自乘得拾六數。卽句弦和埋弍倍之數也。今以較自乘得四數。減之。所減拾弍數。故亦倍較得四數。以爲法。歸之。故亦得句之叁數。若弦較求弦。其理同。其法亦少異矣。蓋弦與句比。或與股比。而弦必在有餘之長數。故用加。而不用減也。假如弦與股差壹數。則以句自乘。而得股弦之和數。故加弦較壹數。而得兩弦之倍數矣。亦用折半。卽知其弦數之五矣。倘不明何爲句弦較。何爲股弦較。則以所差之數。與潤之數相比。式倍半以上者爲股弦較。不足式倍半爲句弦較。此解。卽所以然之理也。并將各圖繪解于後。便更了然。

較求句股弦共歌（較差也股弦差句弦差也）

股較求股句自乘　股較自乘減句盈　減下句餘爲實數　股較倍之爲法行　法實相除爲股數

句較求句壹樣成　弦較求弦句自乘　弦較除之爲實情　仍加弦較須折半　就得弦長數卽成

句弦較股弦較歌（卽句弦差　股弦差）

句弦股較法尤精　兩較相乘加倍明　平方開見弦和數　和加句較股分明　股較加和句可見句弦股和亦同情

句弦較圖

假如有股數四句與弦相較其差數弍問句弦各若干

答曰句叁弦五

法以股四自乘。得壹拾六數。再以句弦較弍。自乘得四數。以少減多。所餘壹拾弍數爲實。再以較弍

倍之爲法。法除實。得叁數爲句。再加較弍。得五數

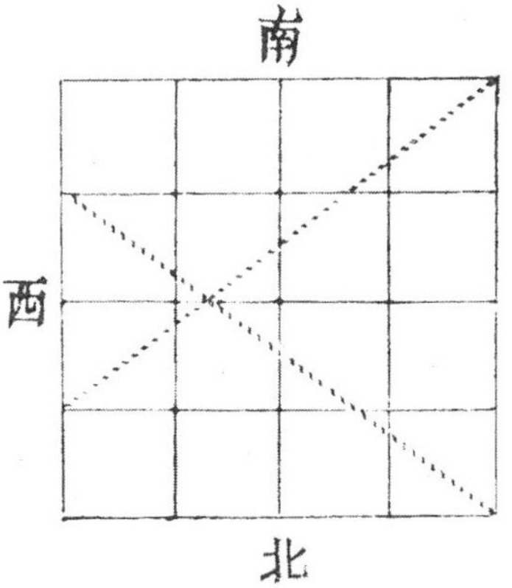

爲弦合問。

全圖拾六。是股自乘之數。西邊之弍數。卽句弦之差。除去南邊四數。卽句弦差之自乘數。所餘西北之拾弍數。以倍較四歸之。卽得邊之句也。

假如股長叁拾六步只云弦多句拾八步問句弦各若干　答曰句弍拾七步　弦四拾五步

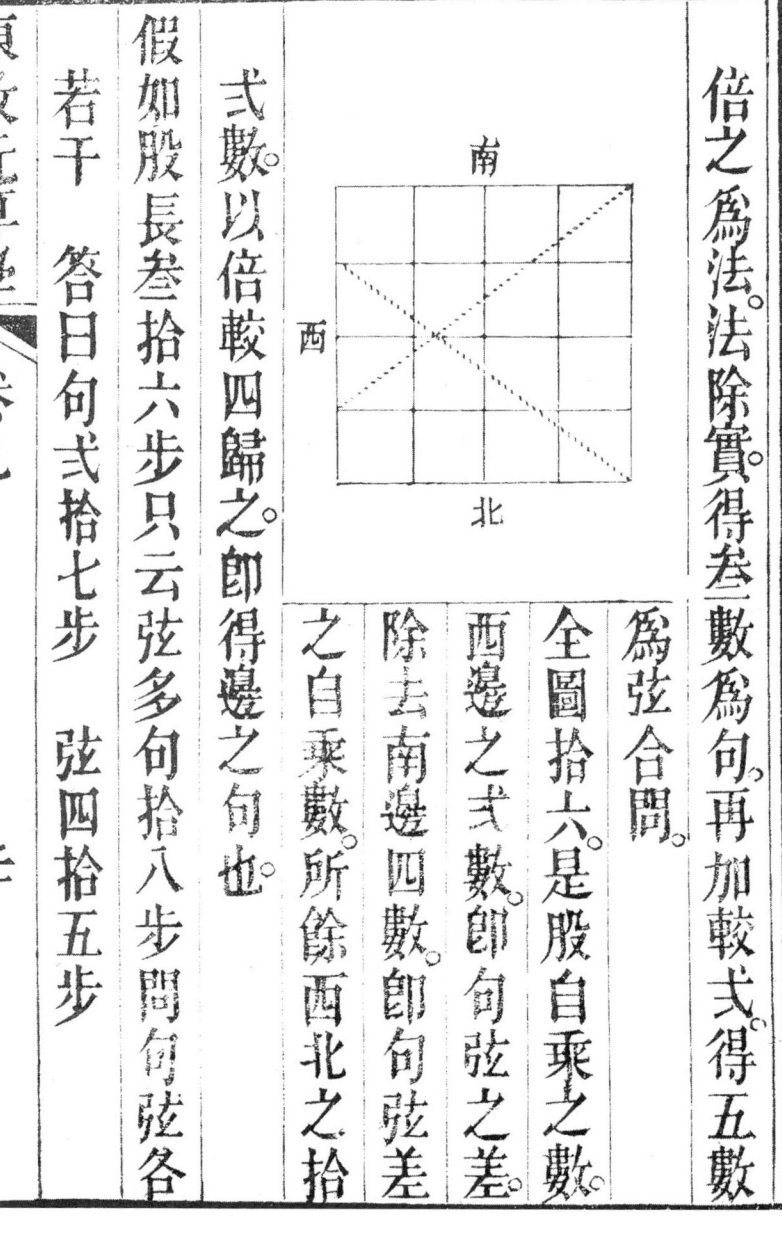

法置股叁拾六步自乘得壹千弍百九拾六步另以弦多句壹拾八步爲句較自乘得叁百弍拾四步弍位相減餘九百七拾弍步爲實倍較拾八得叁拾六步爲法除之得句弍拾七步加較壹拾八步得弦長四拾五步合問即句弦相差也 又法置股自乘爲實以弦較拾八步爲法除之得句弦和仍加弦較共九拾步折半得弦四拾五步內減較餘弍拾七步即句也或名弦較求弦

假如有股叁拾弍尺句弦較拾六尺求句弦各幾何

答曰句弍拾四尺弦四拾尺

法以股叁拾弍尺自乘得壹千零弍拾四尺另以句弦較拾六尺

自乘得弍百五拾六尺相減餘七百六拾八尺爲實倍較得叁拾弍尺爲法除之得弍拾四尺爲句加較得四拾尺爲弦此句較求句法

句股較圖

假如有弦五數股比句多壹數問句股各若干

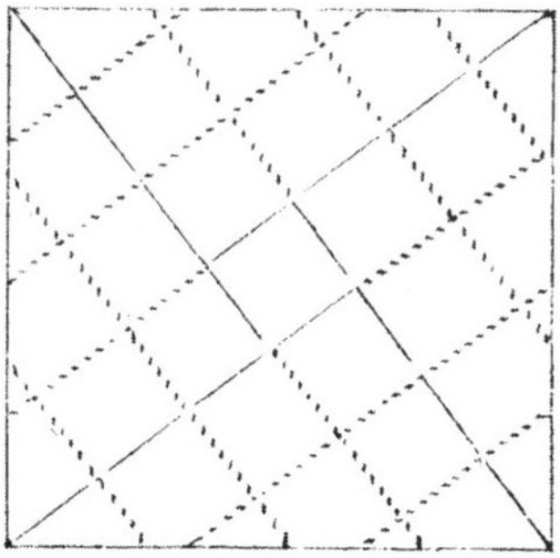

答曰句叁股四

全圖是弦自乘之積中心是句股較自乘之積今以弦自乘之數減中心之較即餘弍拾四數爲四句股邊線之倍

數。加入弦自乘之數。共得四拾九數。以開方算之。得句股和七。加較壹。得八數。半之。卽股也。若以和數減較。半之。卽得句也。

假如弦長四拾五步只云股多句九步問句股各若干　答曰句弍拾七步　股叁拾六步

法置弦四拾五步自乘。得弍千零弍拾五步。另以股多句九步為句股較自乘。得八拾壹步。兩相減。餘壹千九百四拾四步。加入弦自乘。得弍千零弍拾五步。共叁千九百六拾九步為實。以開平方法除之。得句股相和六拾叁步。加入差九步共七拾弍步折半得股叁拾六步內減差九步，餘得句弍拾七步，合問。

假如有弦叁拾四尺，句股較拾四尺，求句股各若干？

答曰：句拾六尺　股叁拾尺

法以弦叁拾四尺自乘，得壹千壹百五拾六尺；又以句股較拾四尺自乘，得壹百九拾六尺；相減，餘九百六拾尺；折半，得四百八拾尺，爲句股相乘之數；乃以句股較拾四尺爲長闊較，用帶縱較數開平方法算之，得闊拾六尺，爲句；得長叁拾尺爲股也。圖解如前。

股弦較圖

假如有句叁數弦多股壹數問股弦各若干

答曰股四弦五

上下弍圖。是句自乘之積。減去中心較自乘之積。

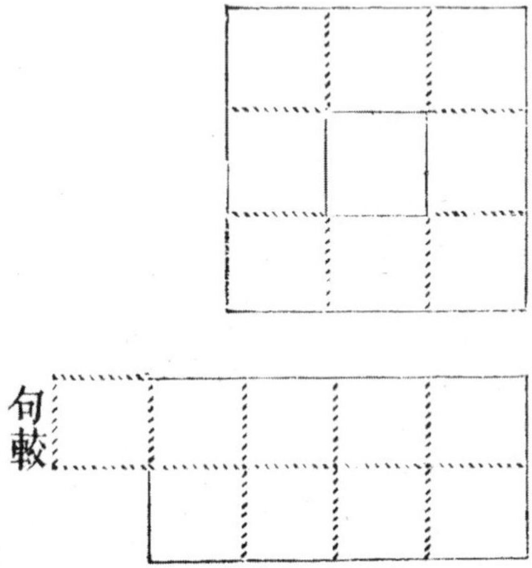

是兩股同和之數也。試觀下圖之積。卽股弦相和之數。故減去股較。卽是兩股和數。故倍較以弍爲法歸之。得壹股之邊線也。如以句自乘加較。卽爲兩弦之倍數。故半之。即得壹弦之邊線矣。壹名股較求股。

又名股弦相差同此理推之可也。

假如句九尺却將弦比股有餘叁尺問弦股若干

答曰弦壹拾五尺　股壹拾弍尺

法曰。以句九尺自乘。得八拾壹尺爲實。以多叁尺爲法除之。

得弍拾七尺。減去多叁尺。餘得弍拾四尺。折半得股長壹拾弍尺。加

入弦多叁尺。得弦壹拾五尺。合問。圖解如前。

假如葭弍莖生池中並根杪齊出水叁尺引葭壹莖

斜去至岸九尺與水適平問水深若干

答曰水深壹丈弍尺

法曰。置去岸九尺為句自乘得八拾壹尺。以出水叁尺為股較。自乘得九尺。以減八拾壹尺。餘七拾弍尺為實。以較叁尺倍作六尺為法除之。得水深壹丈弍尺合問。

水深如股。葭至岸如弦。

假如立木不知其高索不知其長垂索委地弍尺引索去木八尺其索斜挂地適盡問木高索長

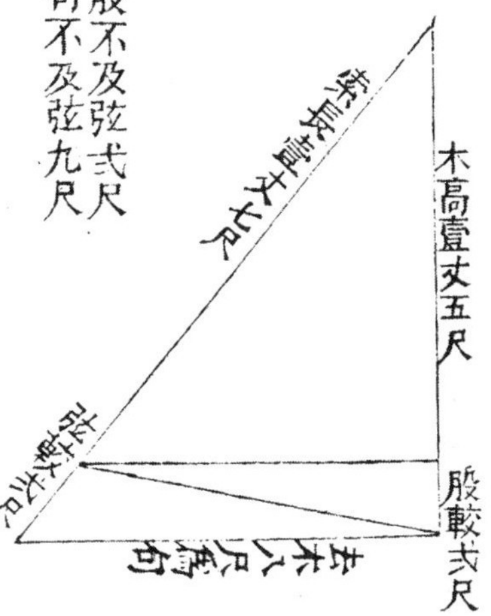

答曰木壹丈五尺索壹丈七尺

法曰置去木八尺爲句自乘得六拾四尺以委地式尺爲股較自乘得四尺以減六拾四尺餘六拾尺爲實以較式尺倍作四尺爲法除之得木高壹丈五尺如股加較式尺得索長壹丈七尺如弦合問。若以弦較求弦法置去木八尺爲句自乘得六拾四爲實以委地式尺如弦較爲法除之得叁拾式尺加弦較式尺共叁拾四尺折半得索長壹丈七尺。如弦。弦內減較弍尺。得木高壹丈五尺。卽股。

句股和圖

假如句股共七數弦只得五數問句股各若干

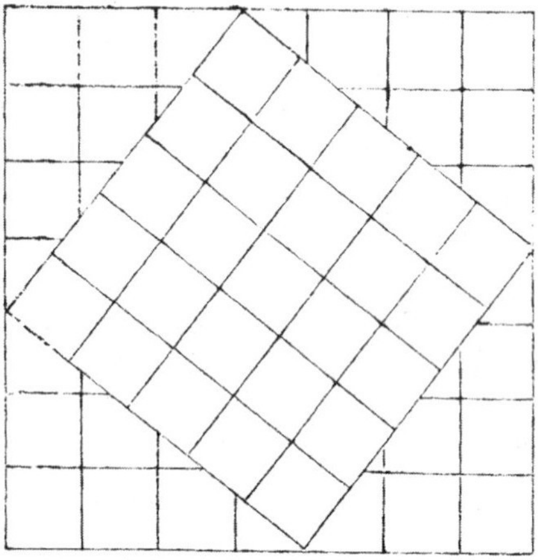

答曰句叁股四

全圖是句叁股四相和。自乘七七四拾九之積。以內圍弦自乘五五弍拾五之積。相減。所餘弍拾四數。是句股自乘之倍數也。今以

餘數相減弦積得句股之差壹以壹加入句股和之七共得八數折半卽得股之長數四再將和數減去股四卽得句叄也

假如弦長四拾五步卽云句股相和六拾叄步問句股若干　答曰句弍拾七步　股叄拾六步

法置弦四拾五步自乘得弍千零弍拾五步另以句股和六拾叄步自乘得叄千九百六拾九步兩相減餘壹千九百四拾四步再減弦自乘得弍千零弍拾五步餘八拾壹步以開平方法除之得句股相差九步加入相和六拾叄步共七拾弍步折半得股叄拾六步內

減差九步。餘得句弍拾七步。合問。此句股相和也。

假如有弦叁拾九尺句股和五拾壹尺求句股各若干

答曰句拾五尺股叁拾六尺

法以句股和五拾壹尺。自乘得弍千六百零壹尺。又以弦叁拾九尺自乘。得壹千五百弍拾壹尺。相減餘壹千零八拾尺。折半得五百四拾尺。為句股相乘之數。用帶縱和數開平方法算之。得濶拾五尺。為句。得長叁拾六尺為股也。

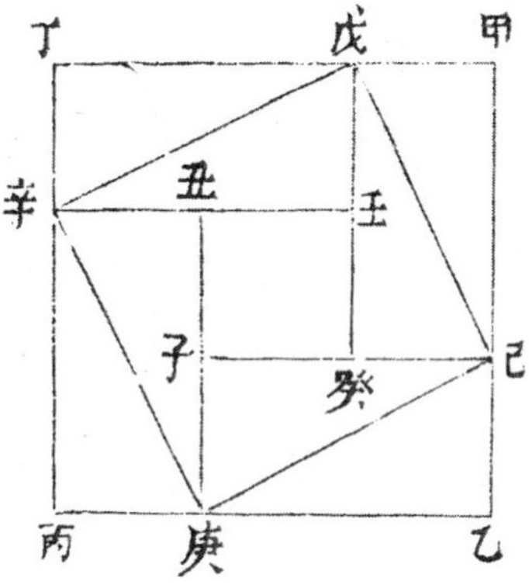

又法。以弦自乘。得壹千五百弍拾壹尺。倍之得叁千零四拾弍尺。另以句股和自乘。得弍千六百零壹尺。相減。餘四百四拾壹尺。開方得弍拾壹尺為句股較。與和數相加。折半得叁拾六尺為股。股內減較。餘拾五尺為句也。此圖亦通。究不如上圖之的。

句弦和圖

假如有股四數句與弦和共八數問句弦數各若干

答曰句叁尺　弦五尺

全圖，是句叁弦五相和。自乘六拾四數之積。減去股自乘壹拾六數之積。即西北兩行共拾六數。所餘四拾八數。半之得弍拾四數。乃兩句股之積也。今以句弦和八數歸之。卽得句數叁之濶，再以和數減句數。卽得弦五也。觀圖自明矣。

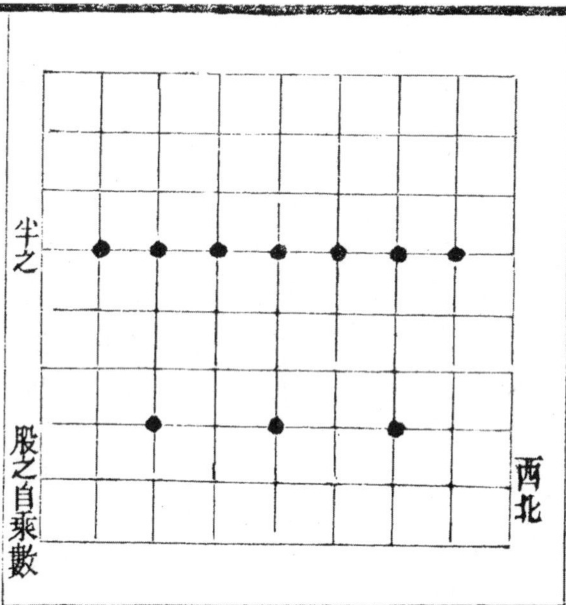

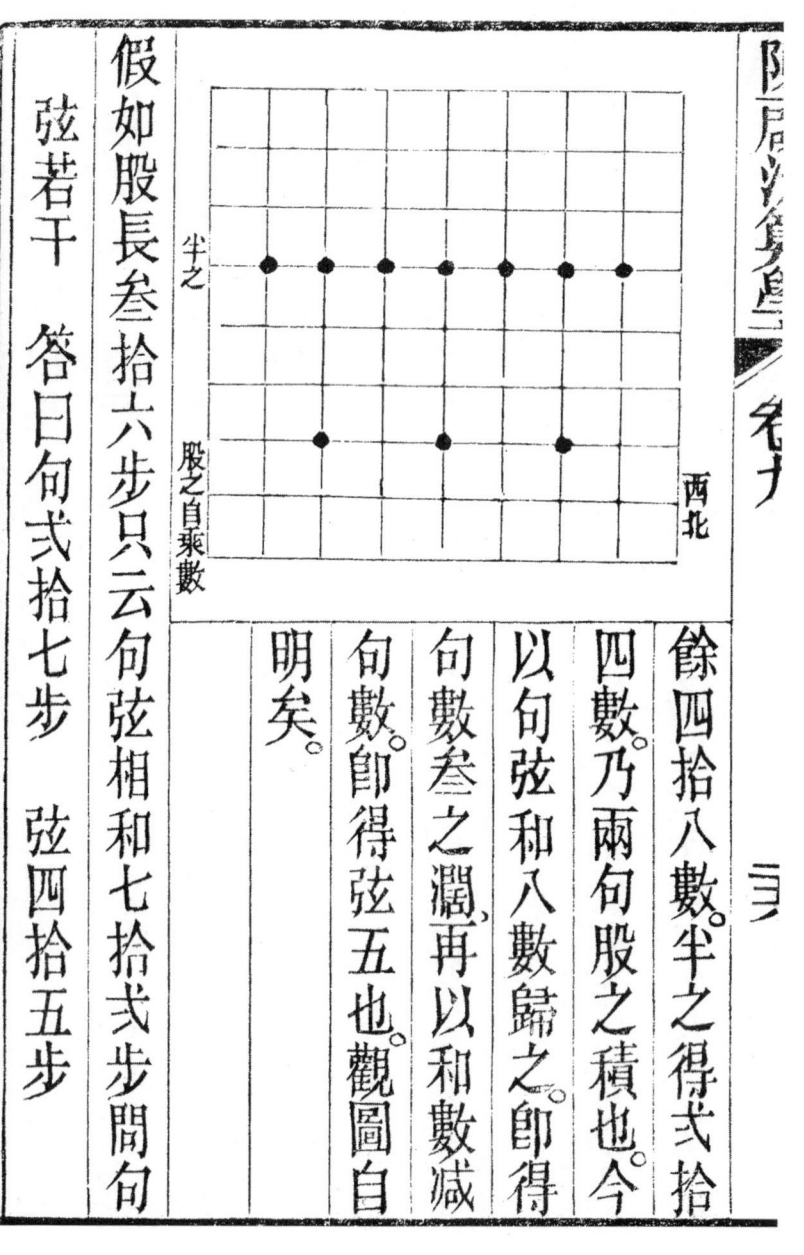

假如股長叁拾六步只云句弦相和七拾弍步問句弦若干　答曰句弍拾七步　弦四拾五步

法置股叁拾六步。自乘得壹千弍百九拾六步。另以句弦和七拾弍步自乘。得五千壹百八拾四步。兩相減。餘叁千八百八拾八步。折半得壹千九百四拾四步為寔。以句弦和七拾弍步為法除之。得句弍拾七步。以減句弦和。餘得弦四拾五步合問。

壹法。以股自乘。得壹千弍百九拾六步為實。以句弦和七拾弍步為法除之。得句弦相差壹拾八步。仍加和七拾弍步共九拾步。折半得弦四拾五步。內減差壹拾八步。餘弍拾七步是句。亦得。此亦句弦和也。

假如有股八尺句弦和拾六尺求句弦各若干

答曰句六尺　弦拾尺

法以股八尺自乘。得六拾四尺。又以句弦和拾六尺自乘。得弍百五拾六尺。相併得叁百弍拾尺。折半得壹百六拾尺。以句弦和拾六尺除之。得拾尺為弦。與和數相減。餘六尺為句。

壹法以股自乘。得六拾四尺。以句弦和除之。得四尺為句弦較。與和數相加。得弍拾尺折半得拾尺為弦。內減較餘六尺為句。

股弦和圖

假如有股弦共數九句只得叁數問股弦各若干

答曰股四弦五

全圖是股弦和數九自乘之積今以句叁自乘之

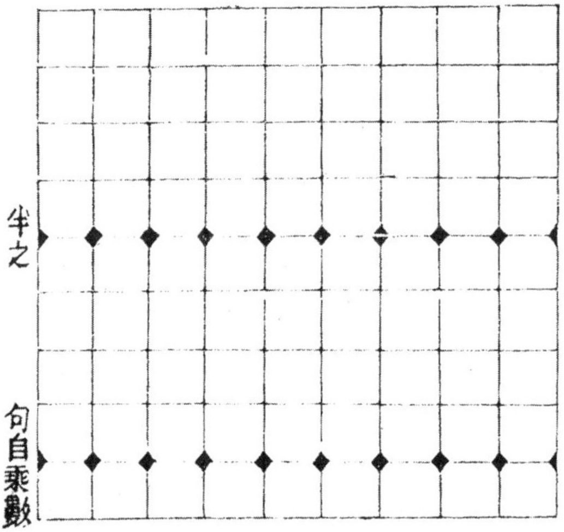

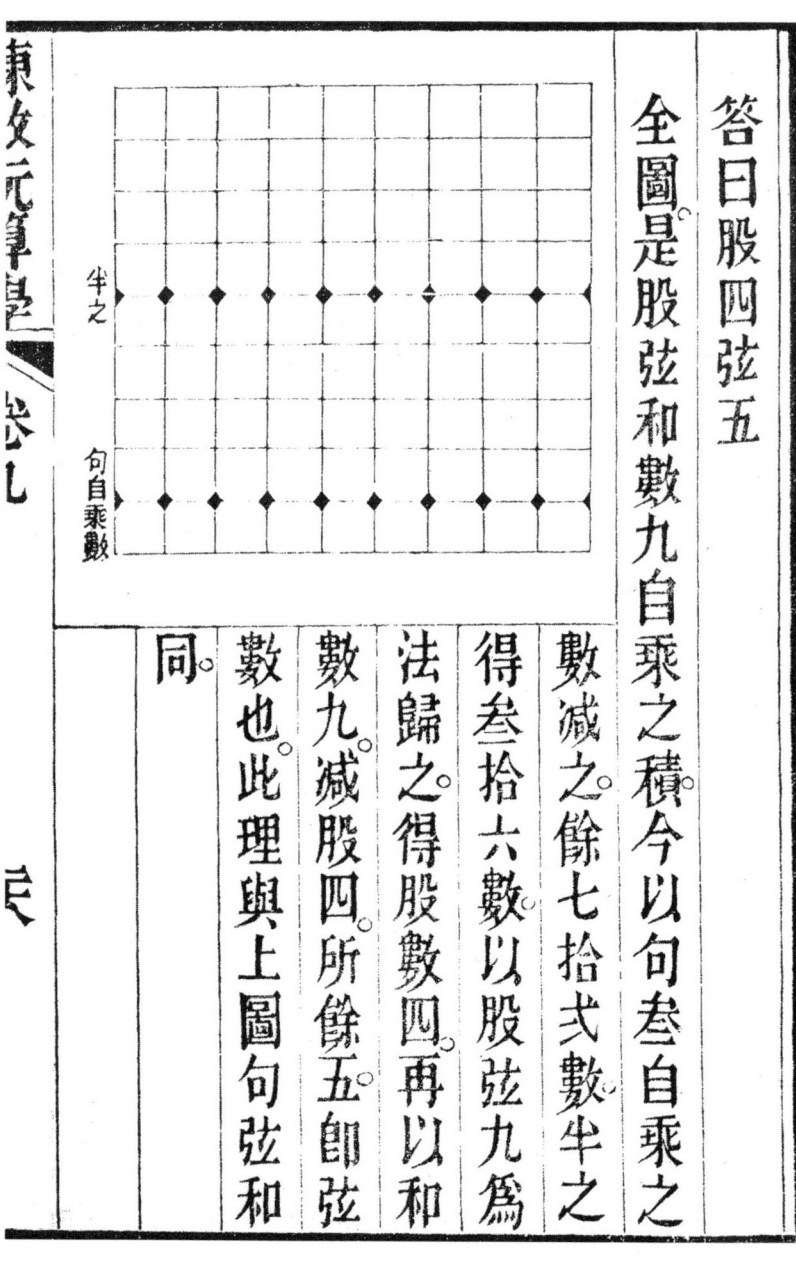

數减之餘七拾弍數半之得叁拾六數以股弦九為法歸之得股數四再以和數九减股四所餘五即弦數也此理與上圖句弦和同

假如句濶弍拾七步只云股弦相和八拾壹步問股弦若干　答曰股叁拾六步　弦四拾五步

法置句弍拾七步自乘得七百弍拾九步置股弦和八拾壹步自乘得六千五百六拾壹步兩相減餘五千八百叁拾弍步折半得弍千九百壹拾六步爲實以股弦和八拾壹步爲法除得股長叁拾六步以減股弦和八拾壹步餘四拾五步是弦合問

假如有句弍拾八尺股弦和九拾八尺求股弦各若干　答曰股四拾五尺　弦五拾叁尺

法以句弍拾八尺自乘得七百八拾四尺又以股弦和九拾八尺自

乘之。得九千六百零四尺。相併得壹萬零叁百八拾八尺。折半得五千壹百九拾四尺。以股弦和九拾八尺除之。得五拾叁尺爲弦。與和數相減。餘四拾五尺爲股。如圖。甲乙丙丁爲股弦和自乘方積。丙戊己丙庚爲弦自乘方積。甲辛戊壬爲股

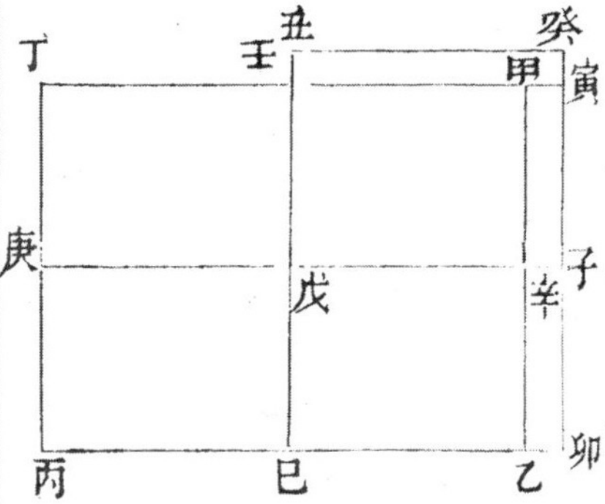

自乘方積。辛乙己戊。與壬戊庚丁。爲股弦相乘弍長方積。句自乘方積。則與癸子辛。甲壬丑。磬折形等。如加甲辛戊壬股自乘方積。

則成癸子戊丑正方形。爲壹句方。壹股方相和之積。而與戊己丙庚壹弦方之積等。今以句自乘磬折形積。加于股弦和自乘方積。內即如將癸寅壬丑長方形。移于子卯乙辛。遂成寅卯丙丁壹大長方形。折半。則餘壬己丙丁壹長方形。其濶即弦。其長即股弦和。故以股弦和除折半之積而得弦也。

壹法。以句自乘。得七百八拾四尺。以股弦和九拾八尺除之得八尺爲股弦較。與股弦和相加。得壹百零六尺。折半得五拾叁尺爲弦。與和數相減。餘四拾五尺爲股。如圖。甲乙丙丁

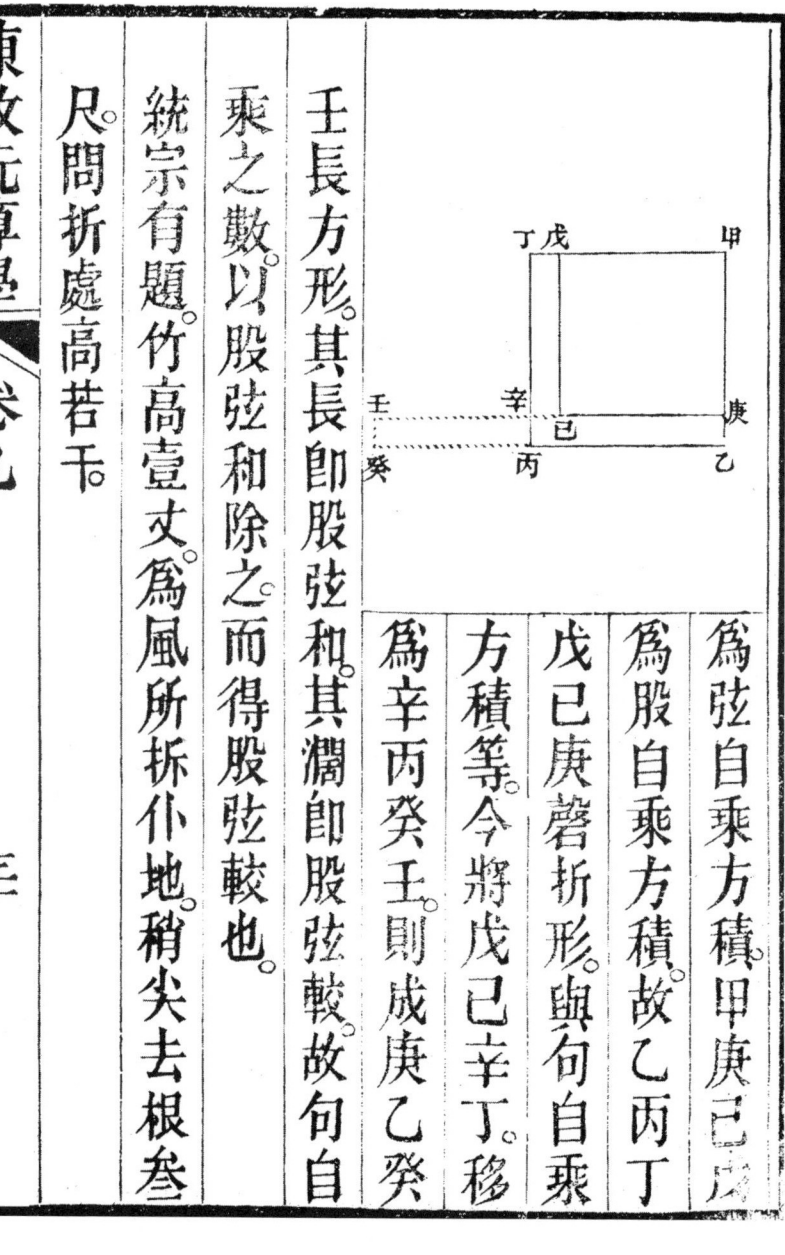

為弦自乘方積甲庚己戊為股自乘方積故乙丙丁戊己庚磬折形與句自乘方積等今將戊己辛丁移為辛丙癸壬則成庚乙癸

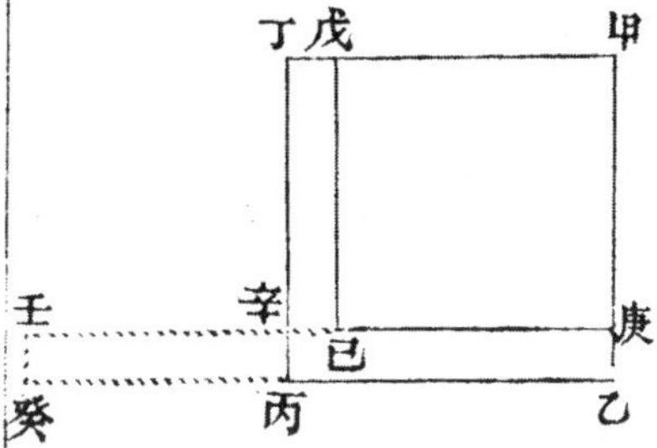

壬長方形其長即股弦和其濶即股弦較故句自乘之數以股弦和除之而得股弦較也

統宗有題竹高壹丈為風所拆仆地稍尖去根叁尺問折處高若干

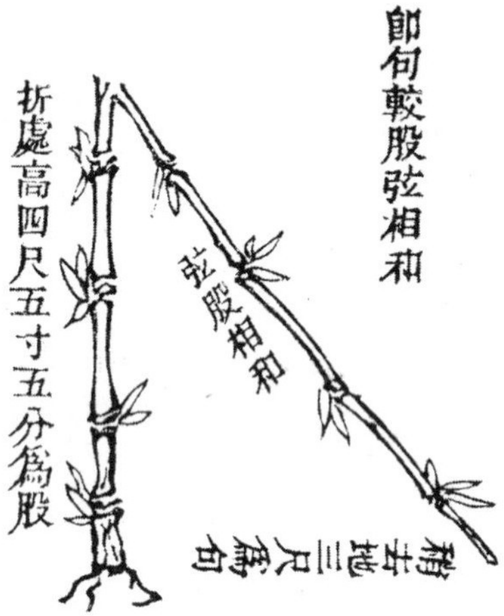

答曰高四尺五寸五分

法置去地叁尺如句。自乘得九尺。另以竹高壹丈如股弦和。爲法除之。得九寸。以減股弦和壹丈。餘九尺壹寸。折半。得四尺五寸五分。如股。即折處也。

弦和和圖

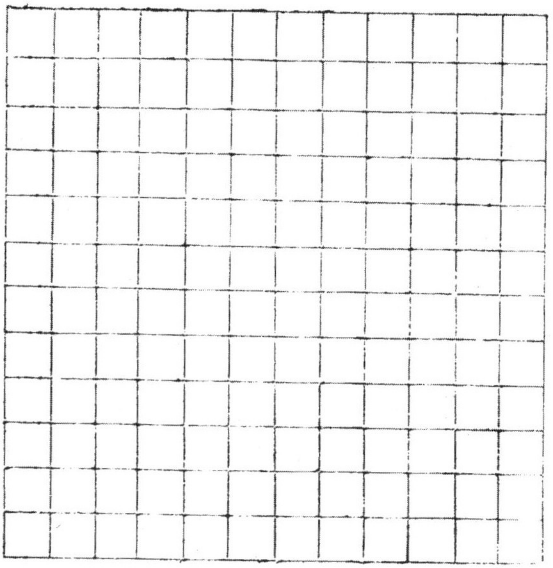

假如有句弦和共八數股弦和共九數問句弦股各若干　答曰句叁股四弦五

法以句弦和八數相乘股弦和九數。得七拾弍數。倍之得壹百四拾四數。卽全圖之積也。今以開平方法算之。得邊線句股弦和共數拾弍。以股弦和減之。得句叁。以句弦和減之。得股四。以句股和減之。得弦五也。合問。

假如句弦和七拾弍步股弦和八拾壹步問句股弦各若干　答曰句弍拾七步　股叁拾六步　弦四拾五步

法以句弦和七拾弍步。股弦和八拾壹步。相乘。得五千八百叁拾叁步。倍得壹萬壹千六百六拾四步。為實。以開平方法。除得句股弦和壹百零八步。以減股弦和八拾壹步。餘得句弍拾七步。又置壹百零八步。內減句弦和七拾弍步，餘得股叁拾六步。又置壹百零八步。

以減句弍拾七步，減股叁拾六步，餘得弦四拾五步。合問。

假如有句股和弍拾壹尺，股弦和弍拾七尺，求句股弦各若干。

答曰：句九尺，股拾弍尺，弦拾五尺。

法以句股和自乘，得四百四拾壹尺。又以股弦和自乘，得七百弍拾九尺。相減，餘弍百八拾八尺。另以句股和與股弦和相減，餘六尺，為句弦較，自乘得叁拾六尺。與前減餘弍百八拾八尺相加，得叁百弍拾四尺。開方得拾八尺，為股。與句弦較之和。內減句弦較六尺，餘拾弍尺，為股。以減句股和，餘九尺為

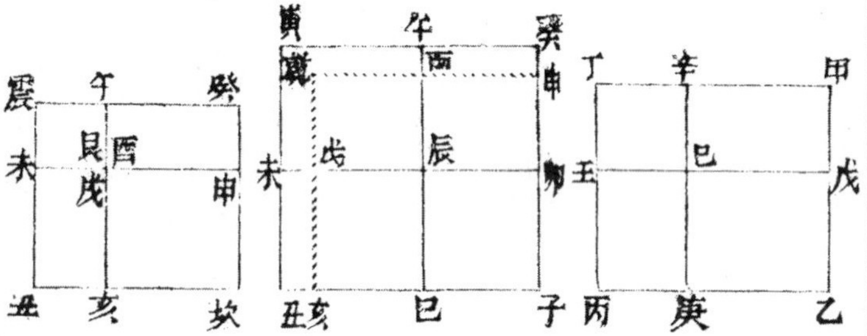

句。以減股弦和。餘拾五尺爲弦也。如圖甲乙丙丁爲句股和自乘方。癸子丑寅爲股弦和自乘方。相減。餘癸申酉午。與戌亥丑未。弍長方。爲句弦較。與股相乘之數。又餘午酉乾戌未寅壹磬折形。爲弦自乘方。內減去句自乘方。所餘股自乘

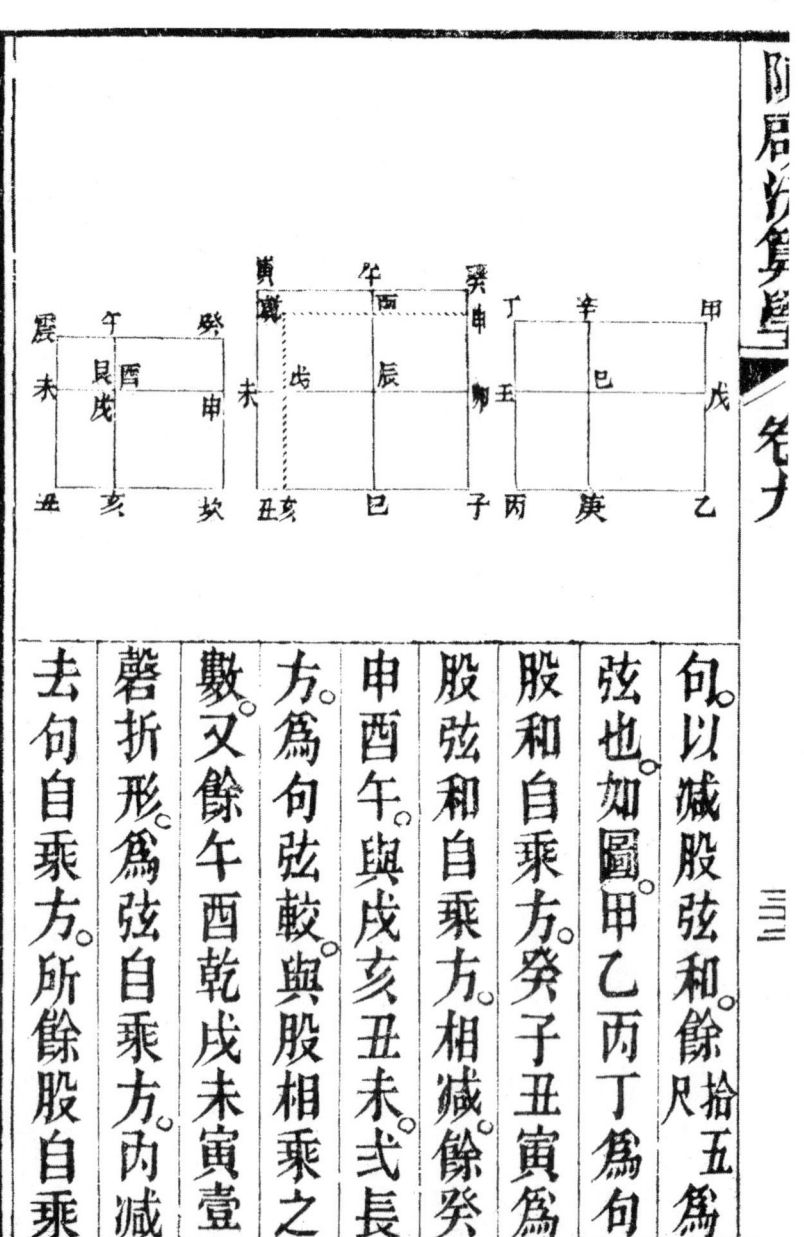

數。如以此股自乘數。作壹申坎亥戌正方。再加癸申酉午。戌亥丑未弍長方。則惟缺午艮未震句弦較自乘壹小方。今以句弦較自乘數加於兩和自乘減餘數。內補成癸坎丑震壹正方。故開方而得癸坎類之每壹邊爲股。與句弦較相和之數也。

假如句弦和弍拾四尺股弦和弍拾七尺求句股弦各若干　答曰句九尺股拾弍尺弦拾五尺

法以句弦和。與股弦和相乘。得六百四拾八尺。倍之得壹千弍百九拾六尺。開方得叁拾六尺爲句股弦總和。於總和內減

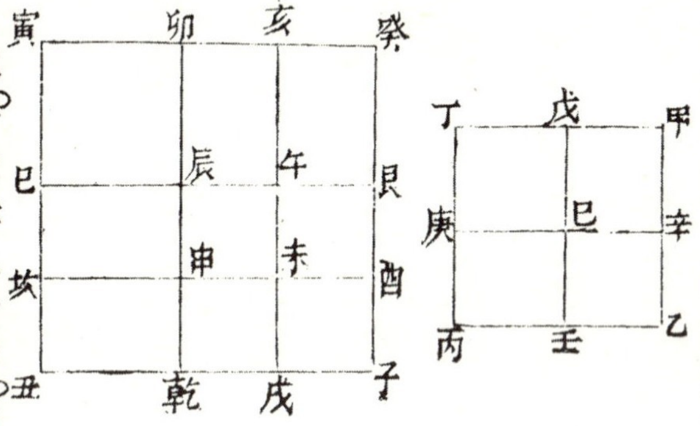

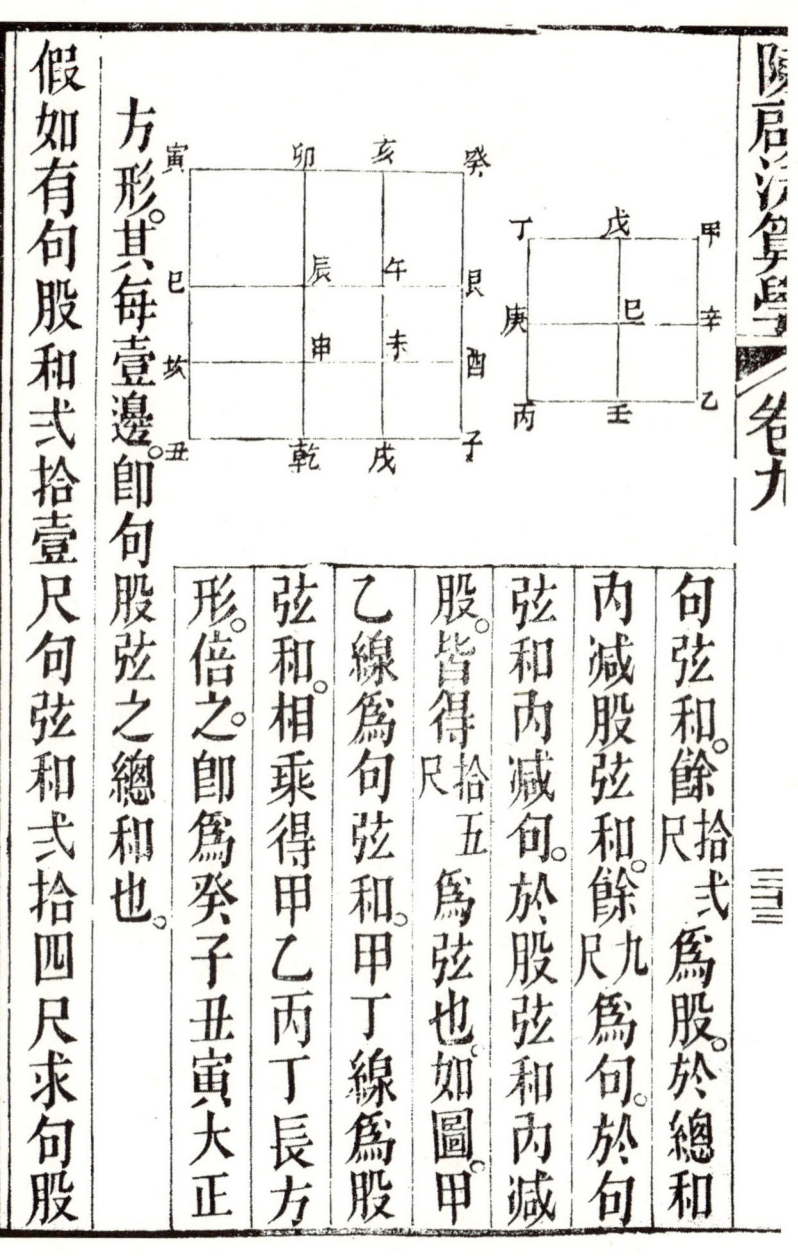

句弦和。餘拾式尺為股。於總和內減股弦和。餘九尺為句。於句弦和內減句。於股弦和內減股。皆得拾五尺為弦也。如圖。甲乙線為句弦和。甲丁線為股弦和。相乘得甲乙丙丁長方形。倍之。卽為癸子丑寅大正方形。其每壹邊。卽句股弦之總和也。

假如有句股和弍拾壹尺句弦和弍拾四尺求句股

弦各若干　答曰句九尺股拾弍尺弦拾五尺

法以句股和自乘得四百四拾壹尺以句弦和自乘得五百七拾六尺相減餘壹百叁拾五尺另以句股和句弦和相減餘叁尺為股弦較自乘得九尺與前減餘壹百叁拾五尺相加得壹百四拾四尺開方得拾弍尺為句與股弦較之和內減股弦較叁尺餘九尺為句於句股和內減之餘拾弍尺為股於句弦和內減之餘拾五尺為弦也

弦和較圖

假如有句股和七數與弦比少弍數問各若干

答曰句叁股四弦五

法以句股和七數減去弦較弍餘五即弦再以句

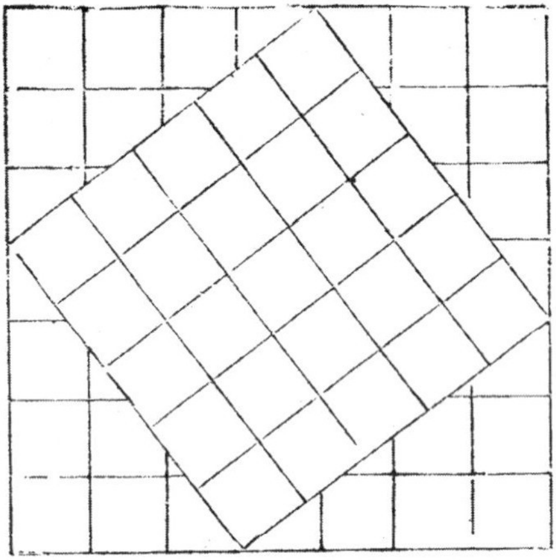

股和數七自乘得四拾九減弦自乘弍拾五餘弍拾四數半之得句弦股和數即兩角之句股形減去弦較弍句股和七餘叁數即句也再以句股和減句即股數也其法其理與句股和畧同

假如有句股和弍拾叁尺弦與句股較之較拾尺求句股弦各若干　答曰句八尺股拾五尺弦拾七尺

法以句股和弍拾叁尺自乘得五百弍拾九尺又以句股和與弦與句股較之較拾尺相加得叁拾叁尺為兩句壹弦之共數。蓋弦與句股較之較為壹句壹股弦較之共數與句股和相加則得兩句壹股壹股弦較而股加股弦較即弦故為兩句壹弦之共數也。自乘得壹千零八拾九尺兩數相減餘五百六拾尺。折半得弍百八拾尺。為長方積。乃以弦與句股較之較拾尺與兩句壹弦之共數叁拾叁尺相加得四拾叁尺為長濶和。用帶縱和數開平方法算之得濶

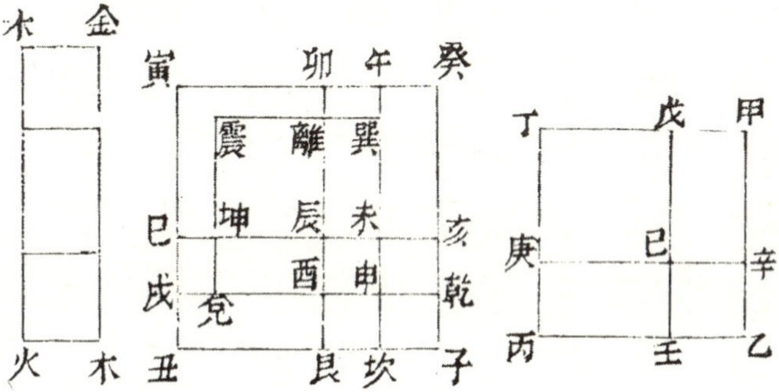

八尺為句。於句股和內減之。餘拾五尺為股。又于股內減句。餘七尺為句股較。與弦與句股較之較相加。得拾七尺。為弦。如圖。甲乙丙丁為句股和自乘方。癸子丑寅為兩句壹弦自乘方相減餘卯離震坤已寅壹磬折形。與句自乘方等。弦自乘方內減股自乘方。則餘句自乘方。又餘午巽離卯。坤兌戌巳。弍小長方。爲股弦較。與句相乘之數。若各補於句自乘方內。卽成句與弦。與句股較之較相乘弍長方。蓋弦與句股較之較。乃弦內減去句股較之餘。然弦內有壹句。壹句股較。壹股弦較。若減去句股較。則所餘爲壹句。壹股弦較矣。今以股弦。較與句相乘之長方。補于句自乘方內。則其長爲壹句。壹股弦較。卽弦與句股較之較。其濶卽句。故爲句與弦與句股較之較相乘之長方也。合計之。則餘句自乘弍正方。句弦相乘弍長方。句與弦與句股較之較相乘弍長方。折半則成金木水火壹長方。其濶卽句。其長爲壹句。壹弦。壹弦與句股較之較。其長濶和。爲兩句壹弦。壹弦與句股較之較。故以弦與句股較之較。與兩句壹弦之共數。相加用帶縱和數開方法算之而得也。

假如有句股和弍拾叁尺弦與句股較之和弍拾四尺求句股弦各若干

答曰句八尺　股拾五尺　弦拾七尺

法以句股和弍拾叁尺自乘得五百弍拾九尺。又與弦與句股較之和弍拾四尺。自乘得五百七拾六尺。兩數相加。得壹千壹百零五尺爲長方積。乃以弦與句股較之和弍拾四尺倍之得

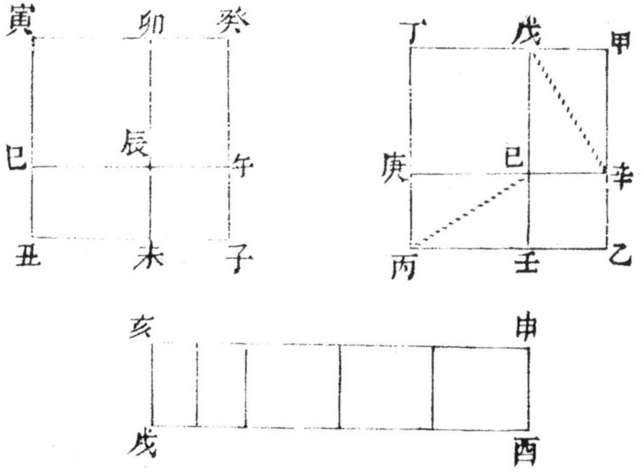

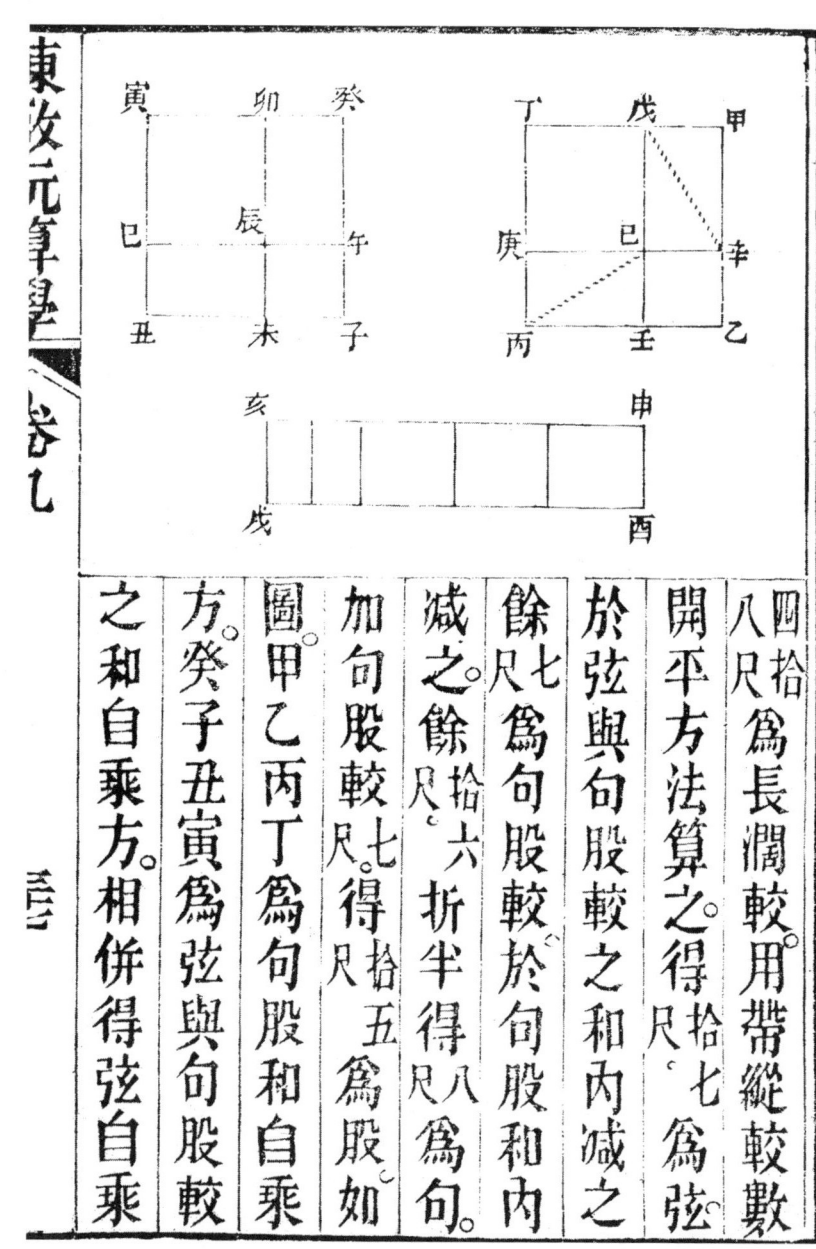

四拾八尺爲長濶較。用帶縱較數開平方法算之。得拾七尺。爲弦。於弦與句股較之和內減之餘七尺。爲句股較。於句股和內減之。餘拾六尺。折半得八尺爲句。加句股較七尺。得拾五尺爲股。如圖。甲乙丙丁爲句股和自乘方。癸子丑寅爲弦與句股較之和自乘方。相併得弦自乘叁正方。句股較與弦相乘弍長方。共爲申酉戌亥壹長方。何也。卯辰巳寅爲壹弦方戊己庚丁。爲股自乘方。辛乙壬己爲句自乘方。併之。得壹弦方。甲辛己戊。己壬庚丙。爲句股相乘弍長方。午子未辰爲句股較自乘方。併之得壹弦方。癸午辰卯。辰未丑己。卽句股較。與弦相乘弍長方。合之爲申酉戌亥壹大長方。其濶卽弦。其長爲叁弦弍句股較其長濶較。爲弍弦弍句股較。故將弦與句股較之和。倍之爲長濶較。用帶縱較數開方法算之而得也。

假如有句弦和弍拾五尺弦與句股較之和弍拾四尺求句股弦各若干

答曰句八尺　股拾五尺

弦拾七尺

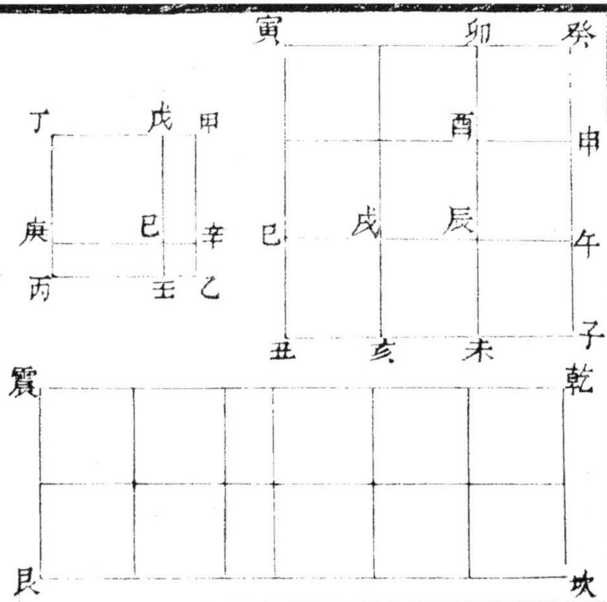

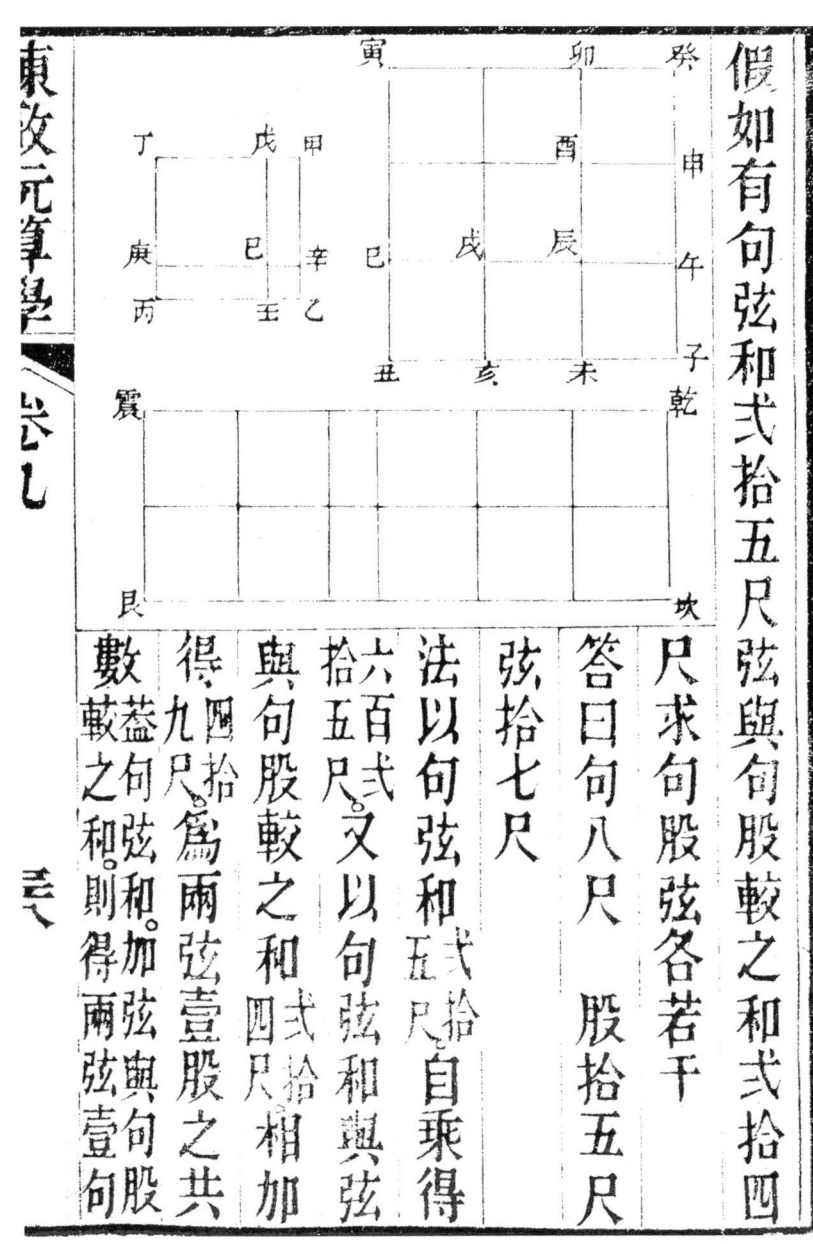

法以句弦和弍拾五尺。自乘得六百弍拾五尺。又以句弦和與弦與句股較之和弍拾四尺。相加得四拾九尺。爲兩弦壹股之共數。蓋句弦和。加弦與句股較之和。則得兩弦壹句壹句股較。而句加句股較即股。故爲兩弦壹股也。自乘得弍千四百零壹尺。兩數相加。得叁千零弍拾六尺。爲長方積。乃以兩弦壹股之共數。倍之。與句弦和相加。得壹百弍拾叁尺。爲長濶和。用帶縱和數開方法算之。得濶叁拾四尺。折半得拾七尺。爲弦於句弦和內減之。餘八尺爲句。又於弦與句股較之和。內減弦餘七尺爲句股較。與句相加得拾五尺爲股。

如圖。甲乙丙丁。爲句弦和自乘方。癸子丑寅爲兩弦壹股自乘方。相併得乾坎艮震壹大長方。其濶即弍弦數。其長爲叁弦壹句弍股數。其長濶和爲

五弦壹句式股數。故將兩弦壹股之共數倍之。與
句弦和相加爲長濶和。用帶縱和數開方法算之。
而得也。

若有股弦和叁拾式尺。弦與句股較之較拾尺。相
求者。亦照此法算之。

弦較和圖

假如有句與股比其數差壹只得弦五數問句與股
各若干

答曰句叁股四

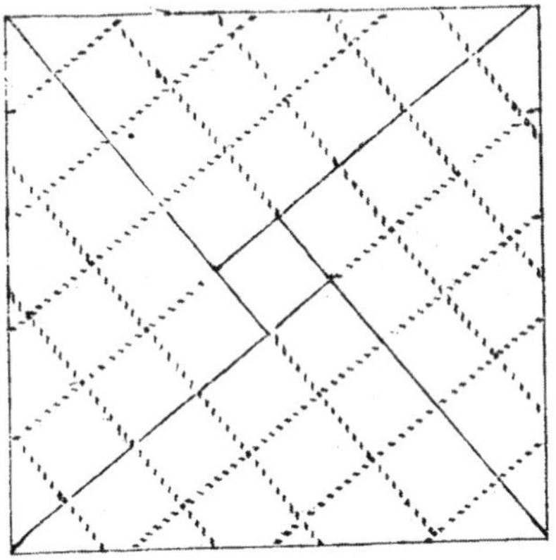

法先以弦五自乘，得弍拾五數。再以差自乘壹數減之。凡壹數自乘皆小數變大數也。餘弍拾四為實。以弦五加較壹，共六數為法歸之，卽得股數四。再以較壹減之，得句也。

假如有股弦較弍尺，弦與句股較之和弍拾四尺，求句股弦若干。

答曰：句八尺　股拾五尺　弦拾七尺

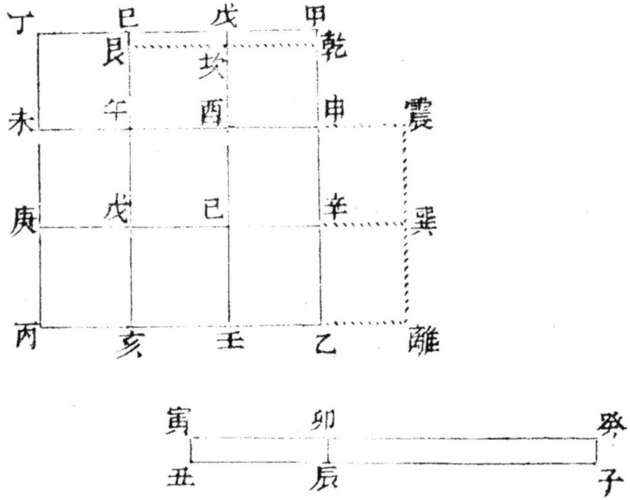

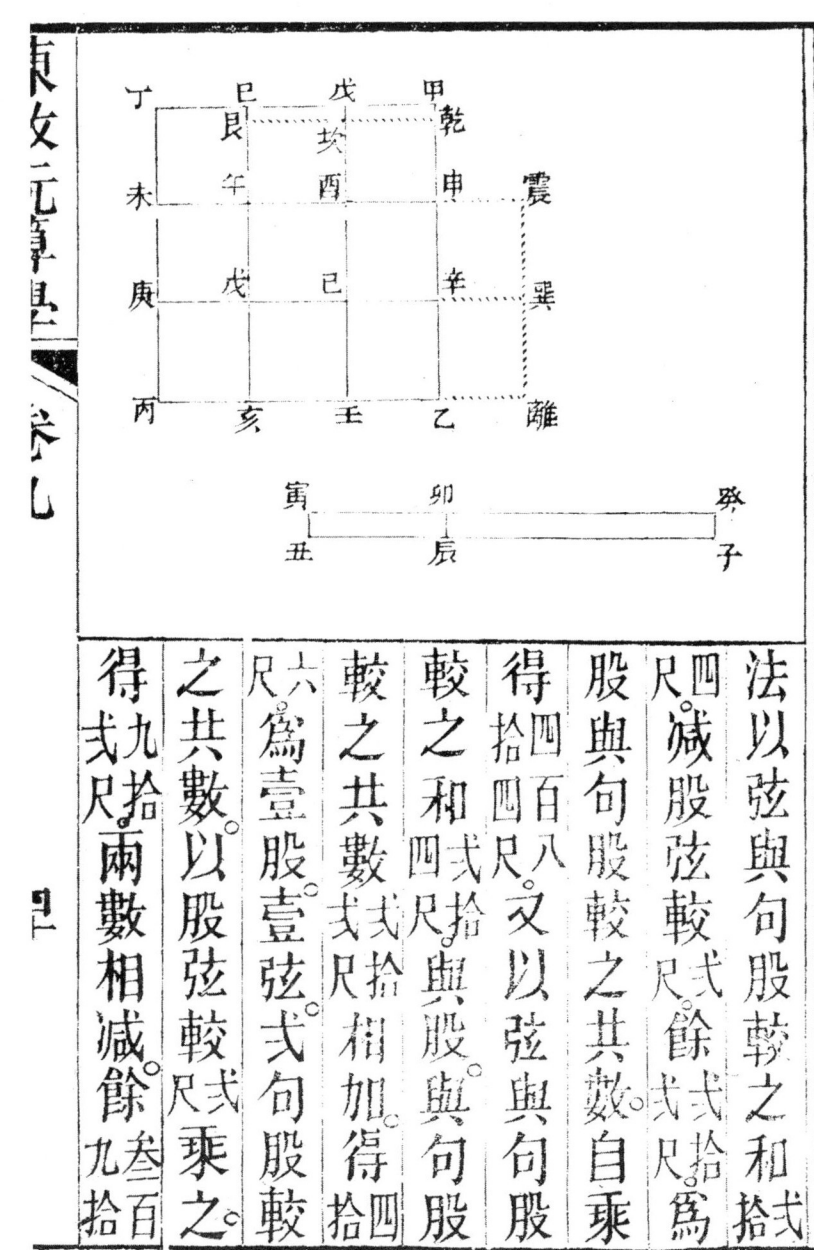

法以弦與句股較之和弍拾四尺。減股弦較弍尺。餘弍拾弍尺。爲股與句股較之共數。自乘得四百八拾四尺。又以弦與句股較之和弍拾四尺。與股。與句股較之共數弍拾弍尺相加。得四拾六尺。爲壹股壹弦弍句股較之共數。以股弦較弍尺乘之。得九拾弍尺。兩數相減。餘叁百九拾弍尺爲長方積。乃以股與句股較之共數倍之。得四拾四尺內減股弦較弍尺餘四拾弍尺爲長闊和。用帶縱和數開方法算之。得闊拾四尺。折半得七尺爲句股較。於弦與句股較之和內減之。餘拾七尺爲弦。於弦內減股弦較弍尺。餘拾五尺爲股。於股內減句股較七尺餘八尺爲句。如圖甲乙丙丁。爲股與句股較相和自乘方。亦卽壹句弍句股較之共數自乘方也。蓋圖以甲辛爲股。辛乙爲句股較。若以甲申爲句。則申辛亦句股較。故爲壹句弍句股較也。癸子丑寅爲股弦較與壹股壹弦弍句股較相乘之長方。今以兩積相減。則於正方形內。減去與癸子辰卯等之已午丁未壹小方。又減去與卯辰丑寅等之甲乾坎戊戌坎艮己之弍小長方所餘酉己庚未。己壬丙庚。弍長方。申辛己酉。辛乙壬己。弍正方。乾申酉坎坎酉午艮。弍長方。試將乾申酉坎。坎酉午艮。弍長方。移于震巽辛申。巽離乙辛。則成震離丙未壹大長方。其濶卽弍句股較。其長卽弍股內少壹股弦較。其長濶和爲弍句股較弍股內少壹股弦較。故以股與句股較之共數倍之。得弍股弍句股較內

減去壹股弦較爲長濶和用帶縱和數開方法算之而得也

弦較較圖

假如有弦比句多弍數復將弦比股多壹數問句弦股各若干

荅曰句叄股四弦五

法以句弦較弍數乘股弦較壹數得弍數倍之得全圖四數之積用開平方法

算之得每邊線弍數加入股弦較壹即得句叁將弍數加入句弦較弍數得四數即股將邊線弍加入兩較共叁數即得弦五合問

假如有句股較七尺弦與句股和之較六尺求句股弦各若干　答曰句八尺股拾五尺弦拾七尺

法以弦與句股和之較六尺自乘得叁拾六尺折半得拾八尺為長方積以句股較七尺為長闊較用帶縱較數開方法算之得闊弍尺為股弦較與弦與句股和之較六尺相加得八尺為句加句股較七尺得拾五尺為股再

加股弦較弍尺○得拾七尺為弦○如圖○甲乙丙丁為弦自乘方○戊己丙庚為股自乘方○甲壬癸辛為句自乘方○戊丑癸子為弦與句股和之較自乘方○其積與壬乙巳

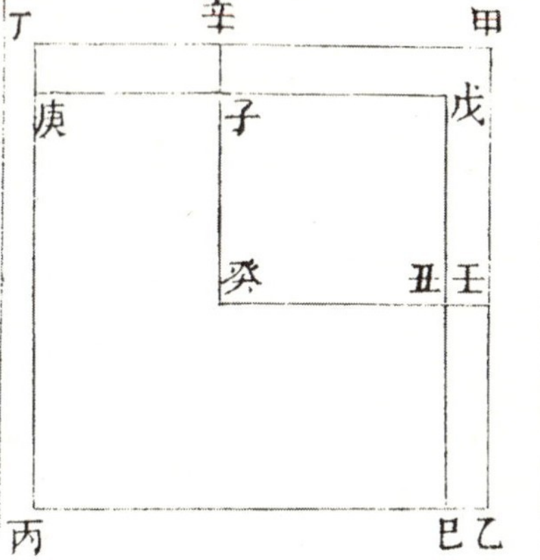

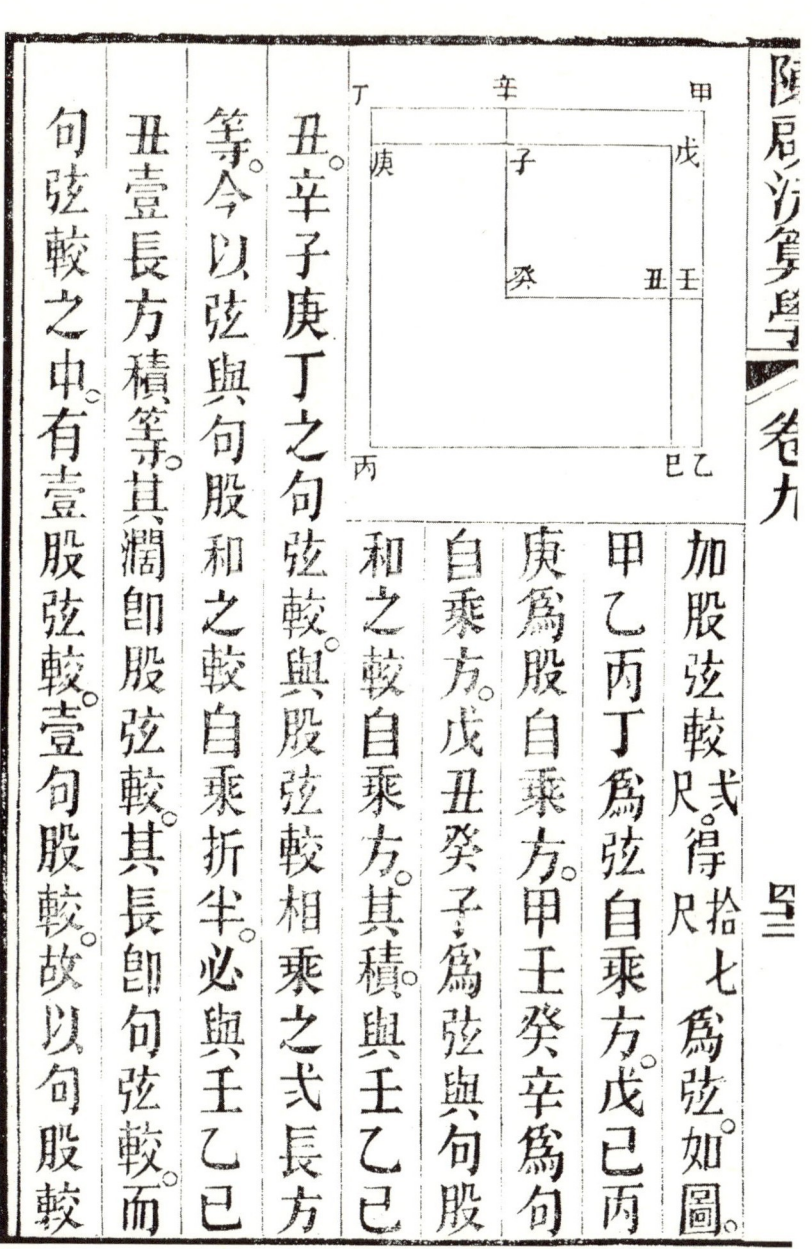

丑辛子庚丁之句弦較與股弦較相乘之弍長方等○今以弦與句股和之較自乘折半○必與壬乙巳丑壹長方積等○其濶卽股弦較○其長卽句弦較○而句弦較之中○有壹股弦較○壹句股較○故以句股較

爲長濶較。用帶縱較數開方法算之。而得也。

假如有句弦較九尺弦與句股較之較拾尺求句股弦各若干　答曰句八尺股拾五尺弦拾七尺

法以弦與句股較之較拾尺。爲句與股弦較之共數。葢弦與句股較之較。乃弦內減去句股較之餘。然弦內有壹句。壹句股較。壹股弦較。減去句股較故餘爲句與股弦較之共數。與句弦較九尺相加。得拾九尺。爲弦與股弦較之共數。葢句加句弦較。卽爲弦也。相併。得弍拾九尺。爲壹句。壹弦。兩股弦較之共數。與句弦較九尺相乘。得弍百六拾壹尺。另以句弦較九尺自乘。得八拾壹尺。兩積相減。餘壹百八拾尺。

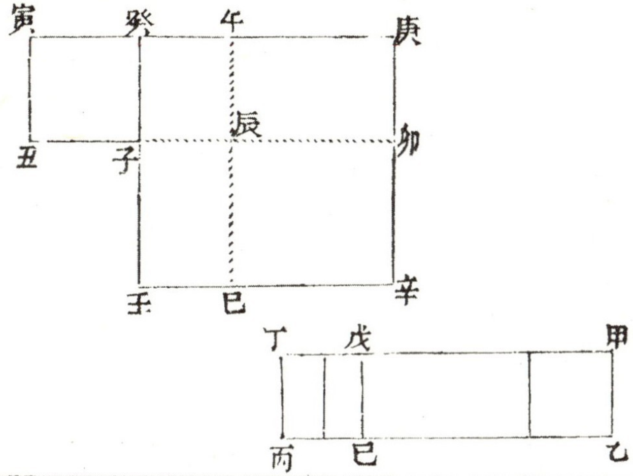

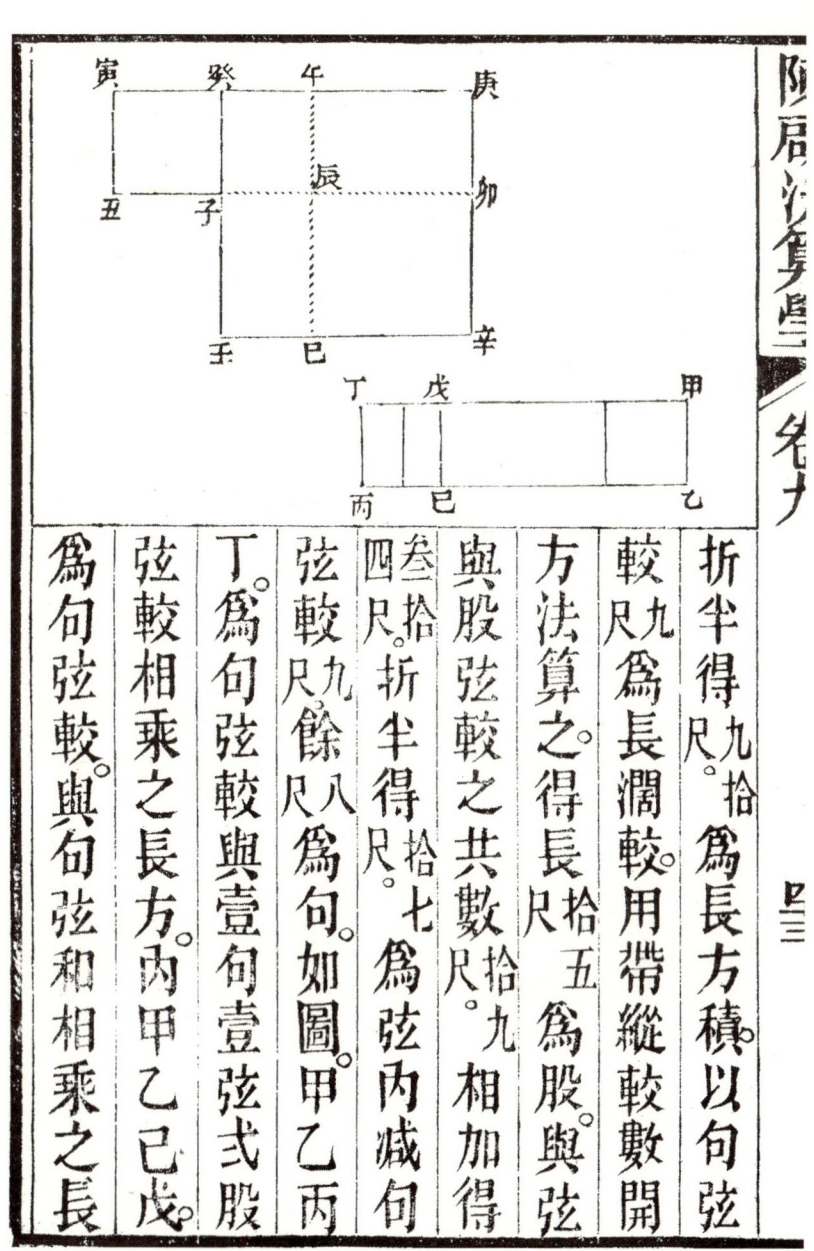

折半得九拾尺。爲長方積。以句弦較九尺爲長濶較。用帶縱較數開方法算之。得長拾五尺爲股。與弦與股弦較之共數拾九尺。相加得叁拾四尺。折半得拾七尺。爲弦。內減句弦較九尺餘八尺爲句。如圖。甲乙丙丁。爲句弦較與壹句壹弦弍股弦較相乘之長方。內甲乙巳戊爲句弦較。與句弦和相乘之長方與庚辛壬癸股自乘方等。凡股自乘方。以句弦較除之。則得句弦和。以句弦和除之。則得句弦較。故其兩積必等也。戊己丙丁。爲句弦較與股弦較相乘之弍長方。與癸子丑寅。弦與句股和之較自乘方等此弍方邊之較。卽句弦較。並見句弦較股弦較求句股弦法中。是以庚辛壬癸股自乘方。內減去卯辛巳辰句弦較自乘方。則餘庚卯辰巳壬癸壹磬折形。折半則餘庚卯子癸壹長方。其濶卽弦與句股和之較。其長卽股。其長濶較。卽句弦較。故以帶縱較數開方法算之而得也。

今將弦比句餘四尺復將弦比股餘弍尺問句股弦各若干　答曰句六尺　股八尺　弦壹丈

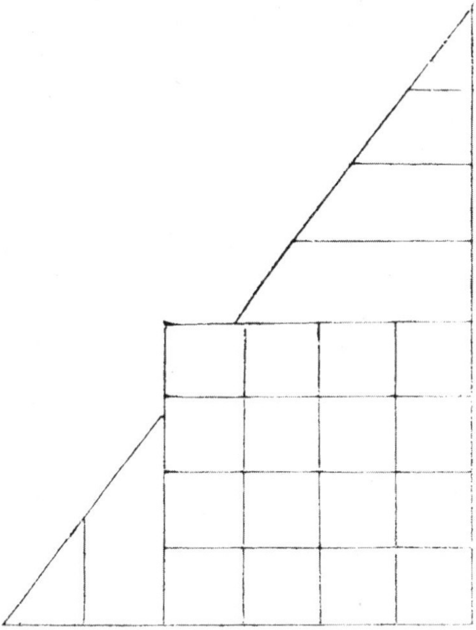

法以句較四尺乘股較弍尺得八尺倍之得壹拾六尺爲實以開平方法除之得四尺加股較弍尺得六尺爲句另以四尺加句較四尺得八尺爲股又加股較弍尺得壹丈爲弦合問

陳啟沅曰。句股之義。雖變化無窮。然亦不外夫理。已上所列叁拾七圖解。其法畧備。但每用倍數開方而得其邊線者。何也。蓋句叁。股四。弦五之積。其數得六。而邊線必共拾弍數。若倍其積。亦得拾弍長方形之數。故將拾弍之數自乘得壹百四拾四數開平方。亦得其邊線之拾弍數也。至夫先知其積而後求其句股之邊線。或用帶縱而求其邊線之數。亦同壹理耳。茲再錄之。

帶縱立方求句股法

今有句股田積叁拾步句不及弦八步問句股弦若干　答曰句五步　股拾弍步　弦拾叁步

法曰。置積倍之。得六拾步。自乘得叁千六百步。以句弦較八步除之。得四百五拾步。半之得弍百弍拾五步。為長立方體積。以句自乘為底。以句加半較為長。以句較八步。折半得四步為縱。用帶縱立方法開之。得五步為句。以句除倍積。得拾弍步為股。以句弦較八步。與句相加。得拾叁步為弦合問。有股弦較。有積求股與此法同

句股積與和較相求法

假如有句股積壹百弍拾尺句拾尺求股弦各若干

答曰股弍拾四尺　弦弍拾六尺

法倍積。得弍百四拾尺為長方形。以句拾尺除之。得股弍拾四尺。用句股求弦法。得弦弍拾六尺。

假如有句股積六拾尺股拾五尺求句弦各若干

答曰句八尺　弦拾七尺

法倍積。得壹百弍拾尺為長方形。以股拾五尺除之。得句八尺。用句股求弦法。得弦拾七尺。

假如有句股積叁拾尺弦拾叁尺求句股各若干

答曰句五尺　股拾弍尺

法以句股積四因之得壹百弍拾尺。

又以弦拾叁尺自乘得壹百六拾九尺。如甲

乙丙丁方。相減餘四拾九尺。如戊己庚辛方。開方

得七尺為句股較。乃以句股積倍

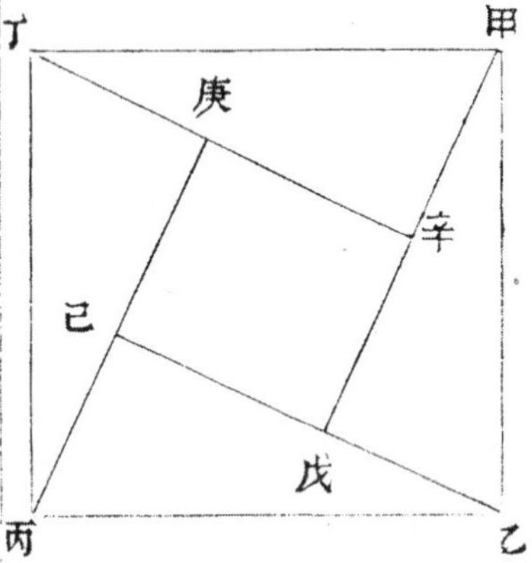

之。得六拾尺為長方形。以句股較七尺為長濶較。用帶

縱較數開方法算之。得濶五尺為句。長拾弍尺為股。

若有句股積。有句股較。求句股弦者。亦照此法算之。

假如有句股積六拾尺句股和弍拾叁尺求句股弦

各若干　答曰句八尺　股拾五尺　弦拾七尺

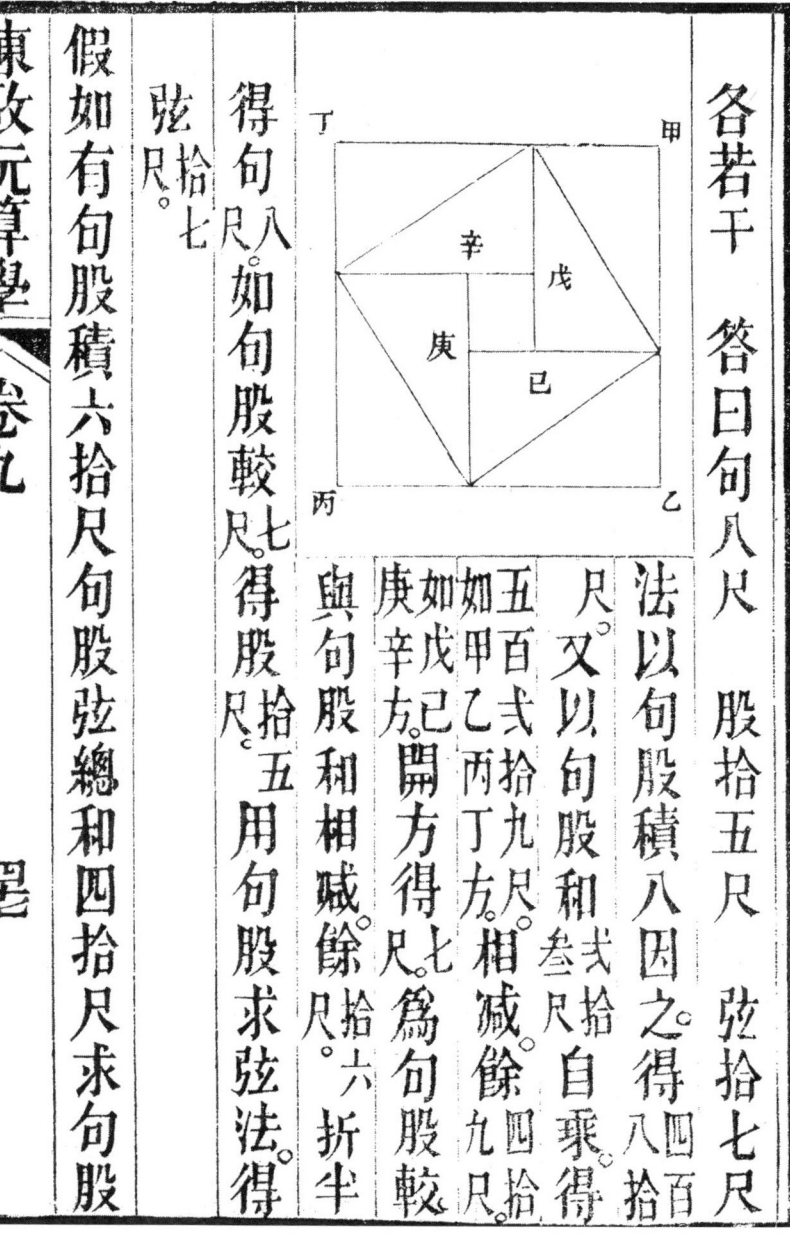

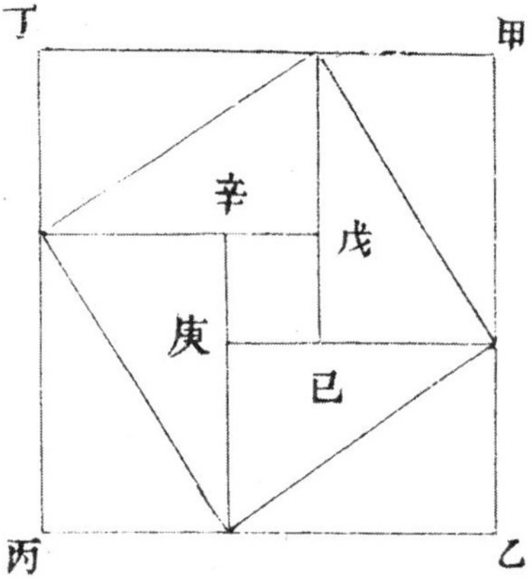

法以句股積八因之。得四百八拾尺。又以句股和弍拾叁尺自乘。得五百弍拾九尺。如甲乙丙丁方。相減餘四拾九尺。如戊己庚辛方。開方得七尺。為句股較。與句股和相減。餘拾六尺。折半得句八尺。如句股較七尺。得股拾五尺。用句股求弦法。得弦拾七尺。

假如有句股積六拾尺句股弦總和四拾尺求句股

弦各若干

答曰句八尺　股拾五尺　弦拾七尺

法以句股積四因之得弍百四拾尺。如辰辛已戊。已癸已庚。弍長方形積。又以總和自乘。得壹千六百尺。如甲乙丙丁。壹大方積。相減餘壹千叁百六拾尺。折半得六百八拾尺。如甲乙丑辰。長方積。盖戊已庚丁句自乘方。與辛壬癸已股自乘方。相併。同子乙丑壬弦自乘方。故減餘折半。適得壹長方積也。以長總和除之。得濶拾七尺爲弦。於總和內減之。餘弍拾叁尺爲句

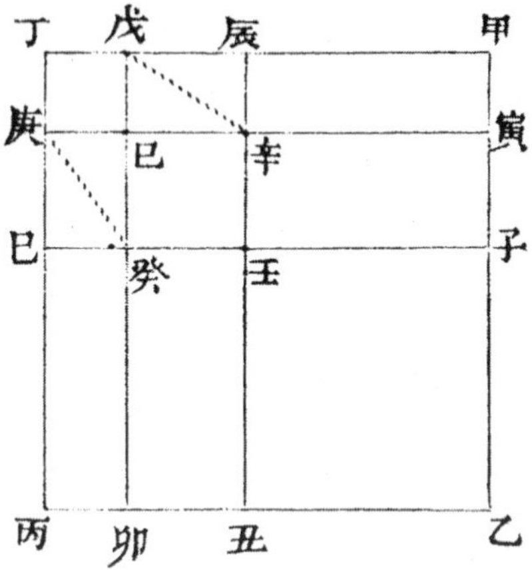

股和。用有弦有句股和求句股法算之。得句八尺。股拾五尺。

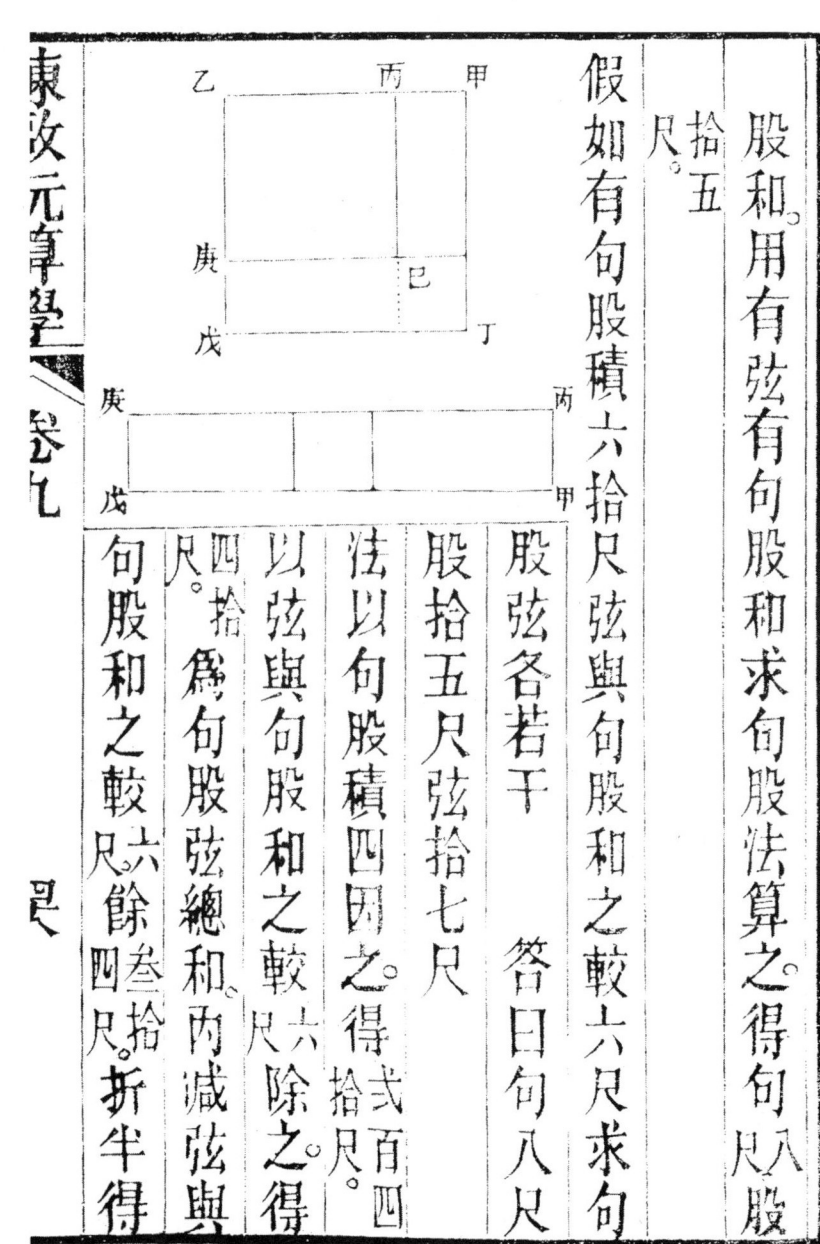

假如有句股積六拾尺弦與句股和之較六尺求句

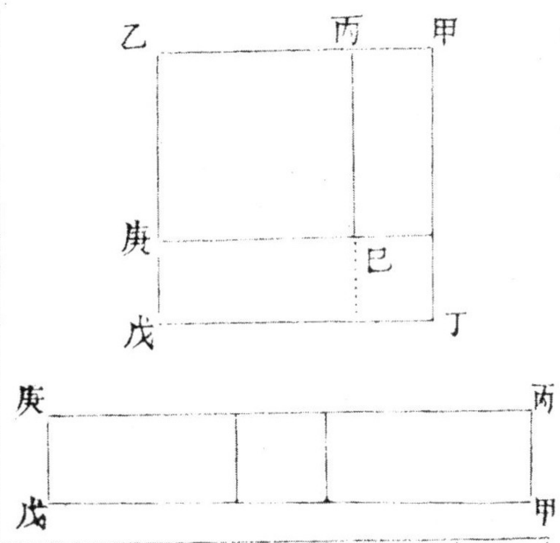

股弦各若干　答曰句八尺

股拾五尺弦拾七尺

法以句股積四因之。得弍百四拾尺。

以弦與句股和之較六尺除之。得四拾尺。為句股弦總和。內減弦與句股和之較六尺。餘叁拾四尺。折半得拾七尺為弦。於總和內減之。餘弐拾叁尺為句股和。用有弦有句股和求句股法算之。得句八尺股拾五尺。如圖甲乙為句股和。丙乙為弦。甲丙為弦與句股和之較。試於甲丁戊乙句股和自乘方內減丙已庚乙弦自乘方。餘甲丁戊庚已丙磬折形。乃與四句股積等。蓋句股和自乘方。內容八句股積。壹句股較自乘方積。弦自乘方內容四句股積。壹句股較自乘方積。弐方相減。所餘磬折形積。與四句股積等也。引而長之。卽如丙甲戊庚長方形。其長卽總和。其濶卽弦與句股和之較。故以濶除之。而得總和也。

假如有句股積六拾尺弦與句股較之和弍拾四尺
求句股弦各若干
答曰句八尺　股拾五尺　弦拾七尺
法以句股積四因之得弍百四拾尺。又以弦與句股較

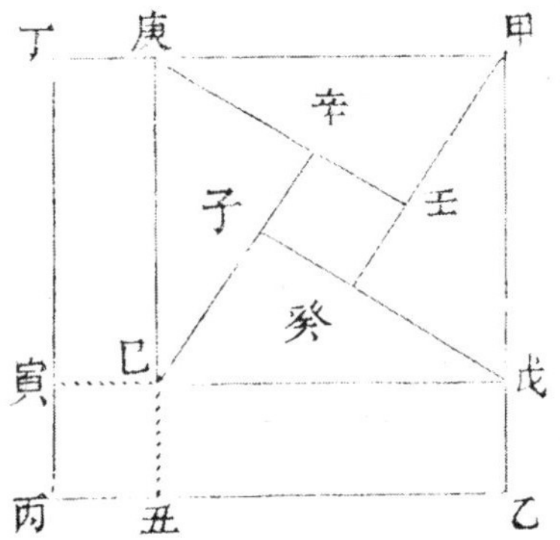

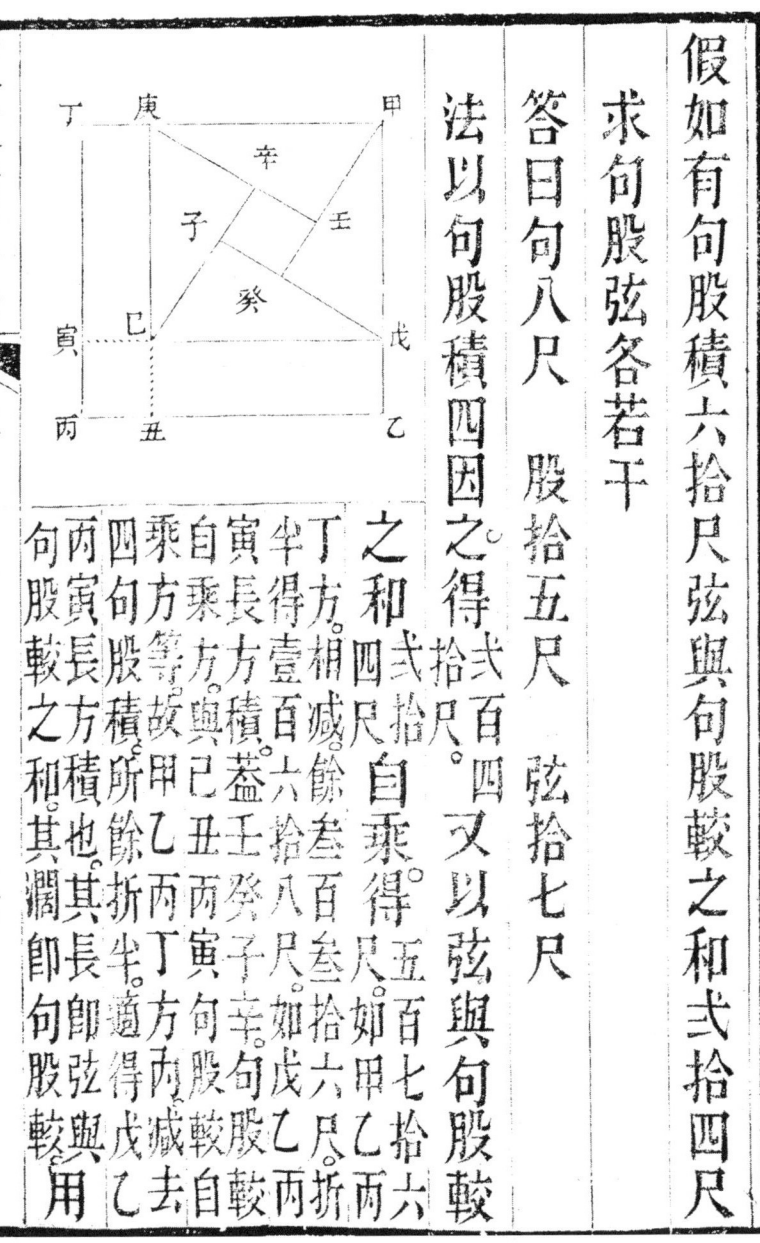

之和弍拾四尺自乘得五百七拾六尺。如甲乙丙
丁方。相減餘叁百叁拾六尺。折
半得壹百六拾八尺。如戊乙丙
寅長方積。蓋壬癸子辛。句股較自
自乘方。與己丑丙寅句股較自
乘方等。故甲乙丙丁方內減去
四句股積。所餘折半。適得戊乙
丙寅長方積也。其長即弦與
句股較之和。其濶即句股較。用

弦與句股較之和弐拾四尺除之。得七尺為句股較。於弦與句股較之和內減之。餘拾七尺為弦。用有弦有句股較求句股法算之。得句八尺。股拾五尺。

假如有句股積六拾尺弦與句股較之較拾尺求句股弦各若干　答曰句八尺股拾五尺弦拾七尺

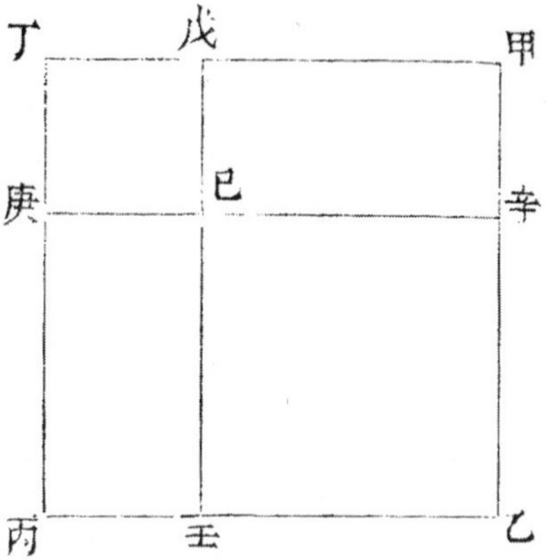

法以句股積。六拾尺四因之。得弐百四拾尺。如甲乙丙庚己戊磬折形積。蓋甲乙丙丁為弦自乘方內容四句股積。壹句股較自乘方積。今戊己庚丁為句股較自乘乘方。故磬折形爲四句股積也。又以弦與句股較之較拾尺自乘。得壹百尺。如辛乙壬已方積。相減。餘壹百四拾尺。折半得七拾尺。如已壬丙庚壹長方積。其濶卽句股較。其長卽弦與句股較之較。以弦與句股較之較拾尺除之。得七尺。爲句股較。與弦與句股較之較拾尺相加。得拾七尺。爲弦。用有弦有句股較求句股法算之。得句八尺。股拾五尺。

假如有句股積六尺。句弦較弍尺。求句股弦各若干。

答曰。句叁尺　股四尺　弦五尺

法。倍句股積。得拾弍尺。如甲丁乙丙小長方積。自乘。得壹百四拾四尺。如戊

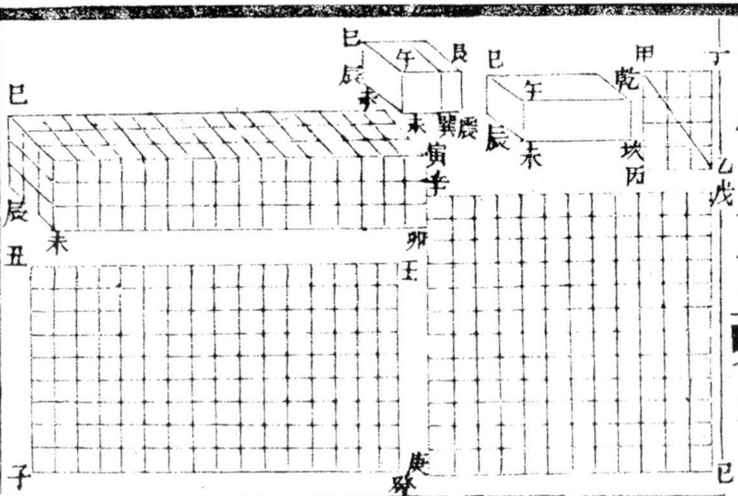

己庚辛大正方積。即如壬癸子丑大長方積。其濶即句自乘數。其長即股自乘數。又即如寅卯辰巳大長方體積。其底爲句自乘數。其長爲股自乘數。其句自乘之底邊。即句與股自乘之長又爲句弦較與句弦和相乘之數。以句弦較弍尺除之。得七拾弍尺。如乾坎辰巳長方體積。其高濶相乘之面積。未減而長得壹半。即爲句弦和。折半得叁拾六尺。如艮震辰巳長方體積。其巳辰高。未辰濶。仍皆爲句與巽未等。其震未長。爲句與半句弦較之共數。震巽爲半句弦較。爰以句弦較折半。得壹尺爲長方體之長。比高闊所多之較。用帶壹縱較數開立方法算之。得高與闊叁尺爲句。如句弦較弍尺得五尺爲弦。以句叁尺除倍積拾弍尺。得四尺爲股。

假如有句股積六尺句弦和八尺求句股弦各若干

答曰句叁尺　股四尺　弦五尺

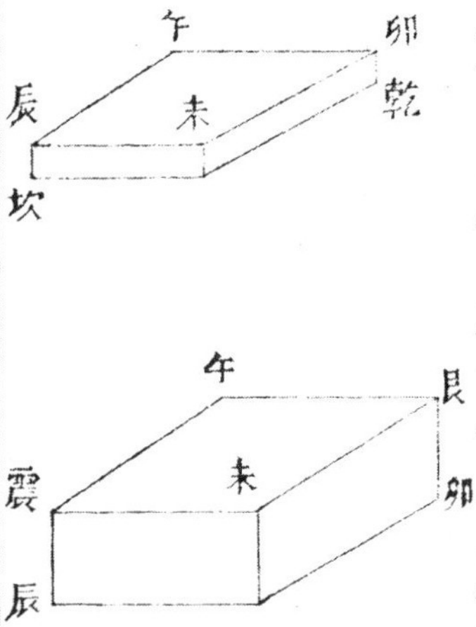

法倍句股積。得拾弍尺。如前甲丁乙丙小方。長自乘。得壹百四拾四尺。如前戊己庚辛大正方積。即如前壬癸子丑大長方積。又即如前寅卯辰巳大長方體積。以句弦和八尺除之。得八拾

尺。如乾卯辰坎扁方體積。其長濶相乘之
面積。未減而高得入分之壹。即爲句弦較。折半得
九尺。如艮卯辰震扁方體積。其卯午長。午辰濶。仍
皆爲句。而艮卯之高。爲半句弦較。其艮卯與卯午。
爲高與長濶之和。即半句弦和、爰以句弦和折半。得四尺爲扁方體
之高。與長濶之和。用帶兩縱相同和數開立方法
算之。得長與濶三尺爲句。於句弦和內減之。餘五尺爲
弦。以句三尺除倍積。拾弍尺。得四尺爲股。
假如有句股積六尺。股弦較壹尺。求句股弦各若干
答曰句叁尺　股四尺　弦五尺
法倍積。得拾弍尺。自乘得壹百四拾四尺。以句股較壹尺除之。

仍得壹百四拾四尺。折半得七拾弍尺。為長方體積。爰以股弦較折半。得五寸為長方體之長。比高闊所多之較。用帶壹縱較數開立方法算之。得高與闊四尺為股。加股弦較壹尺得五尺為弦。以股四尺除倍積拾弍尺。得叄尺為句。圖解同前有積有句弦較條。

假如有句股積六尺股弦和九尺求句股弦各若干

答曰句叄尺　股四尺　弦五尺

法倍積得拾弍尺。自乘得壹百四拾四尺。以股弦和九尺除之。得拾六尺。折半得八尺。為扁方體積。爰以股弦和折半。

得四尺五寸為扁方體之高與長濶之和用帶兩縱相同和數開立方法算之得長與濶四尺為股於股弦和內減之餘五尺為弦以股四尺除倍積拾弍尺得叁尺為句圖解同前有積有句弦和條

正句股比例

假如有正句股面積九拾六尺求句股弦各若干

答曰句拾弍尺　股拾六尺　弦弍拾尺

法以面積九拾六尺用句叁股四之面積六尺除之得拾六尺積大拾六倍者界必大四倍為連比例隔壹位

相加之比例。乃以正句股定分之數。各加四倍。即得各數。

假如有正句股知句自乘股自乘弦自乘共積四百五拾尺求句股弦各若干

答曰句九尺　股拾弍尺　弦拾五尺

法以共積四百五拾尺。用句叄股四弦五各自乘。共積五拾尺除之。得九尺。積大九倍者。界必大叄倍。為連比例隔壹位相加之比例。乃以正句股定分之數。各加叄倍。即得各數。

今有句股田積弍百壹拾步句與弦和共四拾九步

問句股弦若干

答曰句弍拾步　股弍拾壹步　弦弍拾九步

法曰。置積倍之。得四百弍拾步。自乘得壹拾七萬六千四百步。以句弦和四拾九步除之得叁千六百步。半之。得壹千八百步。為扁立方體。以句自乘為底。以半句弦較為高。乃以句弦和四拾九步。折半得弍拾四步半。為扁立方之高。與長之共數。長與闊等。用帶兩縱相同和數立方法開之。得長弍拾步。闊同。為句。以句除倍

積得弍拾壹步爲股以句減和餘弍拾九步爲弦

合問（有積有股弦和求股者與此法同）

海島題解

賓渠子曰魏劉徽註九章重立差著於句股之下以闡世術夫度高測深非句股之法則無可知矣故以重表累矩旁求審察其窺望海島隔水望木是重表也其岸望谷深山望津廣是累矩也以海島去表爲之篇首因以名之實九章之遺法也至唐李淳風而續算草宋楊輝釋名圖解以伸前賢之美本經題目

廣遠。難以引誘學者。今將孫子度影量竿。題問於前。引用詳解。以驗海島之法。亦循循誘人之意也。

假如有立木不知高日影在地長五丈隨立壹竿長壹丈在邊影長壹丈弍尺五寸問立木高若干

答曰木高四丈

法置所立木影長五丈為實。以竿影長壹丈弍尺五寸為法。除之合問。

假如立木不知高日影在地長四丈隨立壹竿長壹丈邊影長八尺問木高若干　答曰木高五丈

法置木影長四丈爲實，以竿影八尺爲法除之，合問。

右即孫子度影量竿法也。姑舉弌問，好學者其觸類詳考焉。

遥望木竿歌

測量須知立表竿。表離該處幾多寬。退行表後叅眸望。望表斜平加壹竿。表數減除人目數。餘表乘遠實相看。退行之数爲法，則法實相除加壹竿。

假如有木不　高。從木脚量遠弌拾五尺，立壹丈表竿，表後退行五尺，用窺穴望表與木斜平，其人窺

穴高四尺問木高若干　答曰木高四尺

法以表高拾尺減所窺尺四餘尺六以乘表竿去木遠式拾五尺得壹百五拾尺為實以退行五尺為法除之得叁拾尺加表高拾尺得木高四丈合問。

股較求高圖

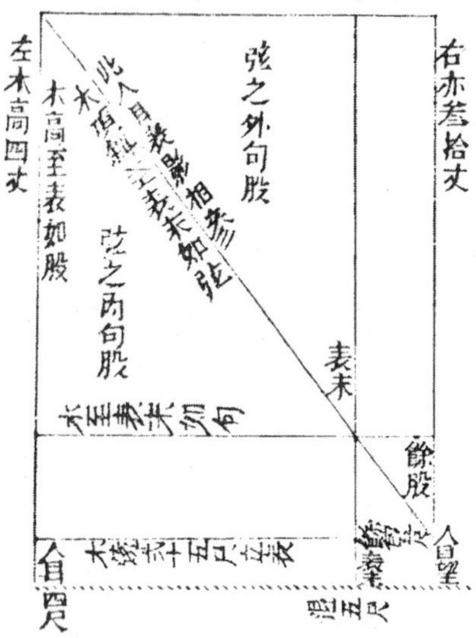

解曰。木高如股是上節叁拾尺。表高拾尺。減人目四尺。餘六尺。是餘股。木至表末如句式拾五尺。表後退行五尺。是餘句。木頂斜至表末如弦。

表末斜至人目。是餘弦。弦內外分兩句股。其句中容橫股中容直弍積皆同。各壹百五拾尺。以餘句五尺除橫積壹百五拾得積外之股。卽木上叁拾尺。加表高拾尺。卽木高四拾尺。以餘股六尺除直積壹百五拾得積外之句。卽木至表弍拾五尺。

還原法曰。置弦內外弍句股。木高四丈。內除人目四尺。餘股各叁丈六尺爲長。以遠弍拾五尺加退後五尺共叁拾尺。爲濶相乘得方積壹千零八拾尺。今復將弦內外弍股各長叁拾尺。弍句各濶弍拾五尺。相乘得方積七百五拾尺。另以下句直長弍拾五尺濶六尺乘之得直積壹百五拾又以右邊股直叁拾尺以濶五尺乘之得直積亦壹百五拾再以餘句五尺乘餘股六尺得積叁拾尺四共亦得壹千零八拾尺較之以合前數而不差也

以上遙望木竿是壹表望木也

今立表叁尺六寸退行弍尺又立表叁尺人目望其高處上表俱與參合自前表相去弍丈五尺問高若干　答曰高壹丈壹尺壹寸

法置遠弍拾五尺加退行弍尺共弍拾七尺以弍表相減餘六寸

又股較求高圖

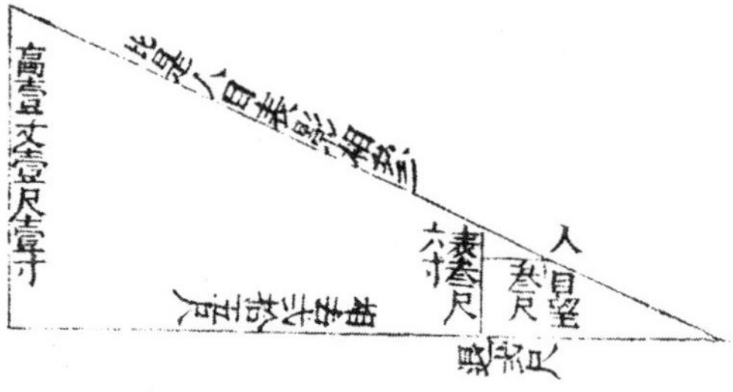

乘之得壹拾六尺弍寸爲實以退行弍尺爲法除之得八尺壹寸。加後表叁尺得壹丈壹尺壹寸合問。若與前法。置前表叁尺六寸減去後表叁尺。卽是人目望數。餘六寸以乘遠去弍丈五尺得壹丈五尺爲實。以退行弍尺爲法。除之得七尺五寸。加前表叁尺六寸。亦得高壹丈壹尺壹寸。

今立表叁尺退行壹尺八寸又立表叁尺六寸人目

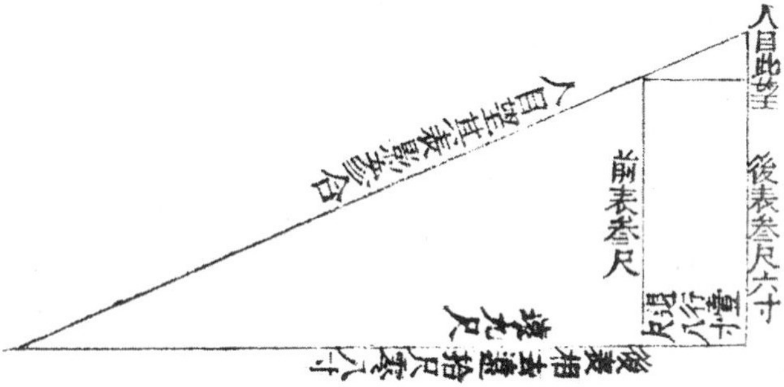

望其弍表俱與遠處參合

問遠若干

答曰拾尺零八寸

法置後表叁尺六寸以退行壹尺八寸乘之得六尺四寸八分為實卻以弍表相減餘六寸為法除之得壹拾尺零八寸為後表相去之遠若置前表叁尺以退行壹尺八寸乘之得五尺四寸為實卻

以弍表相減。餘六寸為法除之。得九尺。卽前表相去之遠也。

屈氏數學。用叄率法。兩題兹節錄之。

假如有壹旗杆欲測其高但知距旗杆之遠為叄丈問得高若干　答曰弍丈八尺

法於距旗杆叄丈處。立壹表高四尺。向前又立壹表高八尺。看弍表端與旗杆頂齊。量弍表間相距。得五尺。乃以五尺為壹率。兩表之高相較。餘四尺為弍率。距旗杆遠叄丈為叄率。推得四率弍丈。加入後表高四尺。卽得旗杆之高。如圖。甲乙爲旗杆之高。乙丙爲距旗杆遠叁丈。丁丙爲後表高四尺。戊巳爲前表高八尺。丙巳爲弍表間相距五尺。戊庚爲弍表之較四尺。丁戊甲

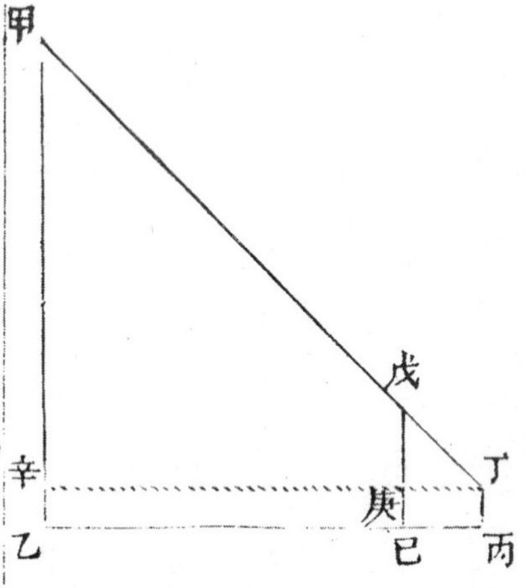

爲人目視線。試與乙丙平行作辛丁線。遂成甲辛丁。戊庚丁。兩句股形。爲同式形。故丁庚與戊庚之比。同於丁辛與甲辛之比。既得甲辛。加與丁丙相等之辛乙。卽得甲乙爲旗杆之高也。

壹法用矩度。矩度之制。必用正方。每邊定壹百分。橫竪俱界線。畫成小方。分自中心所出線。俱平分。每邊壹半對中心所出線。兩邊安定表。取中心安遊表看分數。必以其自中心所出線爲準。定準墜線。以定表看地平遊表看旗杆頂得距地平分四拾分。乃以中心平分距分五拾分。爲壹率。如丁庚。所得距地平分四拾分。爲弍率。如壬庚。距旗杆遠叁丈爲叁率。如丁戊。推得四率。弍丈四尺。如甲戊。加中心距地之高四尺。如丁丙。即如戊己。共得弍丈八尺。如甲乙。即旗杆之高。如圖。

丙丁爲矩度中心距地之高。己庚爲定表所對地平。爲戊辛。壬爲遊表。看旗杆頂甲。其丁庚爲中心

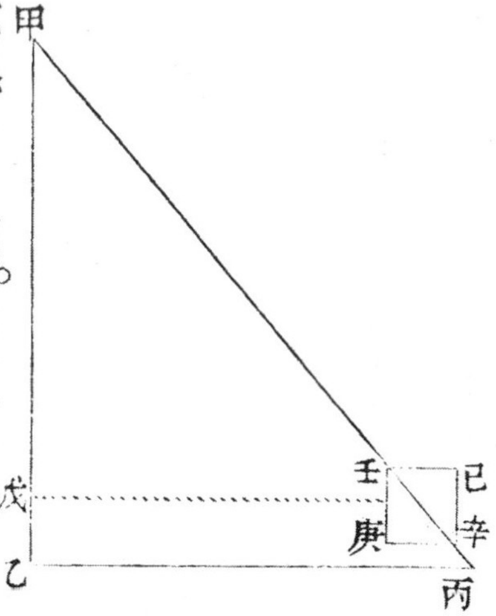

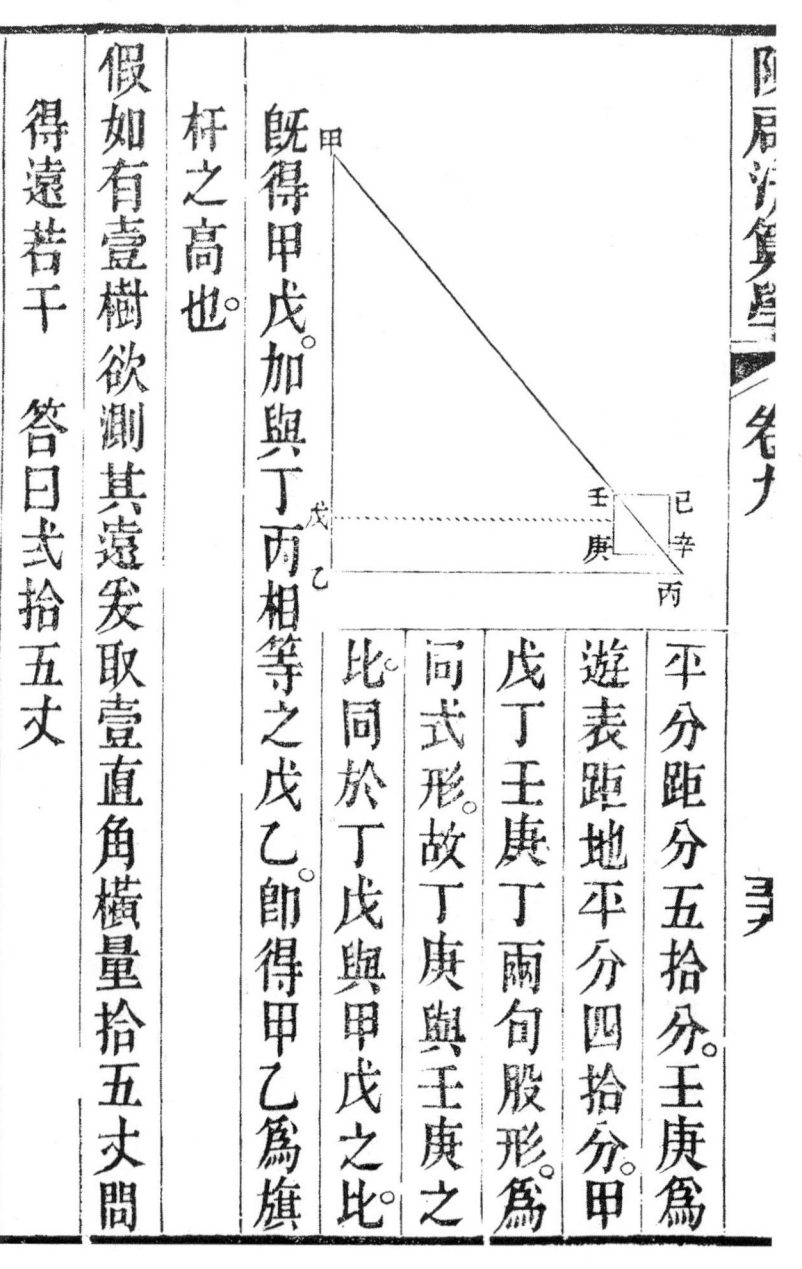

平分距分五拾分。壬庚爲遊表距地平分四拾分。甲戊丁壬庚丁兩句股形。爲同式形。故丁庚與壬庚之比。同於丁戊與甲戊之比。

既得甲戊。加與丁丙相等之戊乙。即得甲乙爲旗杆之高也。

假如有壹樹欲測其遠爰取壹直角橫量拾五丈問得遠若干　答曰弍拾五丈

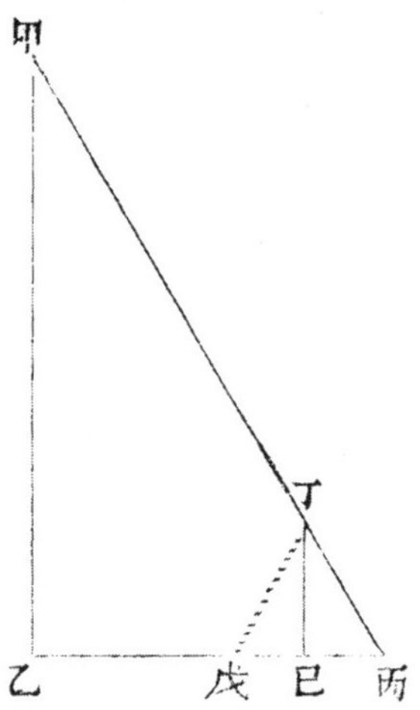

法立壹表於乙。取直角横量拾五丈。至丙。次立壹表於丙。自丙對甲相直。復立壹表於丁。次依丁丙度引至乙丙線。上截乙丙於戊。乃以丙戊折半於巳。遂得丁巳丙句股形。與甲乙丙句股形爲同式形。因是丙巳得叁丈爲壹率。丁巳得五丈爲弍率。丙乙拾五丈爲叁率。推得四率弍拾五丈。卽甲乙之遠也。

壹法用矩度定準直角。以定表對樹。遊表對直角。

立表杆弍。叁處橫量拾五丈。於此處復安矩度。以定表對所立表杆。取直看原處。以遊表看樹。得矩中心平分線叁拾分。

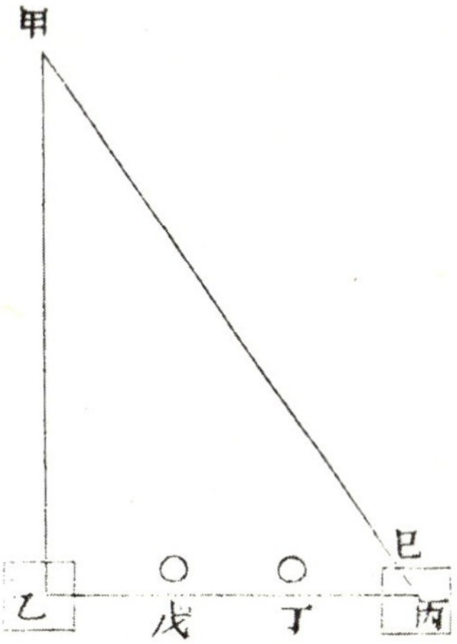

乃以矩中心平分線叁拾分為壹率。如己庚。中心平分距分五拾分。為弍率。如丙己。橫量拾五丈。為叁率。如丙乙。推得四率。弍拾五丈。如甲乙。即離樹之遠。如圖甲為樹。乙為直角。丁戊為所立表杆。丙己庚句股形。與甲乙丙句股形。為同式形。故己庚與己丙之比。同於丙乙與甲乙之比也。

窺望海島歌

望島知高法術奇。立來弍表並高低。表間尺數乘高數。以作實情更不疑。弍表退行相減較。減餘爲法以除之。更將壹表相加併。海島顛高盡可知。另置表間之尺數。以乘前表退行宜。前法除之知隔水。水程遠近不差池。

假如隔水有竿不知其高立弍表各長壹丈前後參直相去壹拾五尺從前表退行五尺人目四尺窺

表與竿齊復從後表退八尺窺之亦與竿齊問竿高隔水各若干

答曰竿高四丈　隔水廣弍丈五尺

法置表高拾尺減人目四尺餘六尺以相去拾五尺乘之得九拾尺為實另以前表退行五尺減去後表退行八尺餘叄尺為法除實得叄拾尺加表高拾尺得竿高四拾尺另置相去壹拾五尺以前表退行五尺乘之得七拾五尺仍以前法叄尺除之得隔水廣弍拾五尺合問

解曰前表乃是第壹圖也以表望木後表是第弍

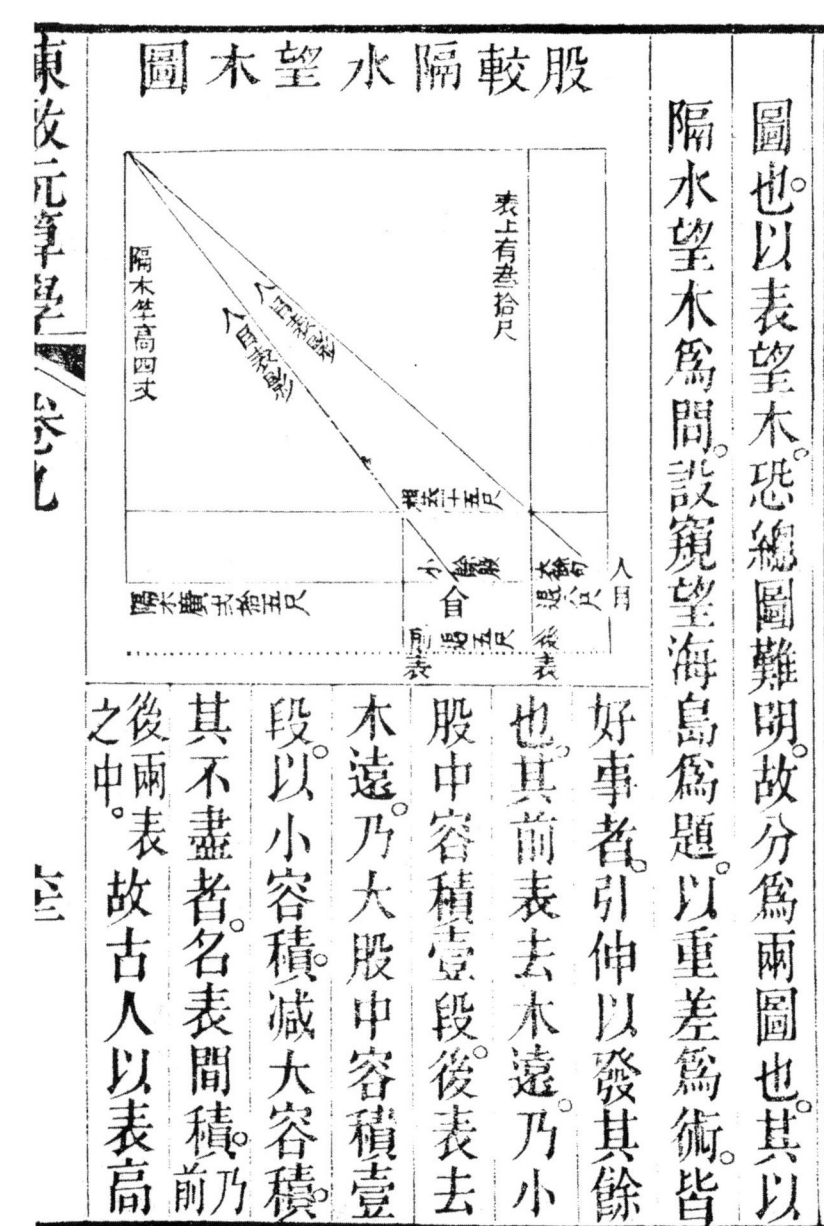

圖也。以表望木。恐總圖難明。故分為兩圖也。其以隔水望木為問。設窺望海島為題。以重差為術。皆

股較隔水望木圖

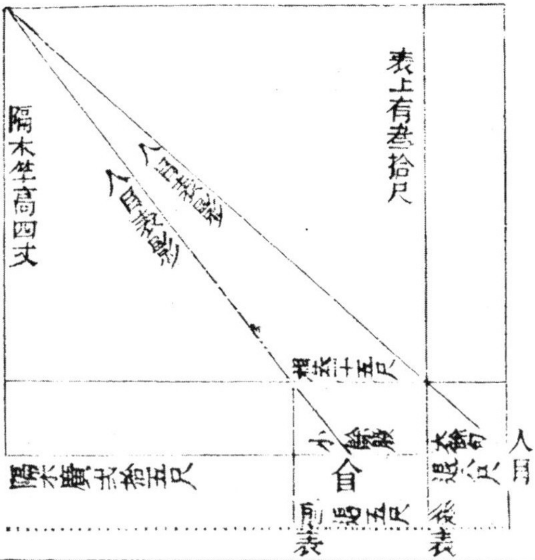

好事者。引伸以發其餘也。其前表去木遠。乃小股中容積壹段。後表去木遠。乃大股中容積壹段。以小容積減大容積。其不盡者名表間積。乃前後兩表之中。故古人以表高

減八目四尺餘六尺乘為實。以前圖小餘股五尺減後圖大

餘股八尺餘叁尺為法。除實得弦外之高。即木上節叁拾

尺。加表高拾尺得木高四拾尺。木是以大小容積相減餘

為實。以大小餘股相減。餘為法。法除實得弦外之高。

加表高拾尺。為木高也。

假如海島不知其高遠立表竿叁丈退行六拾丈又

立短表叁尺八目望其弍表俱與島峯參合復却

退行五百丈又立表叁丈退行六拾弍丈又立表

叁尺八目望其弍表俱與島峯參合問海島高深

窺望海島之圖

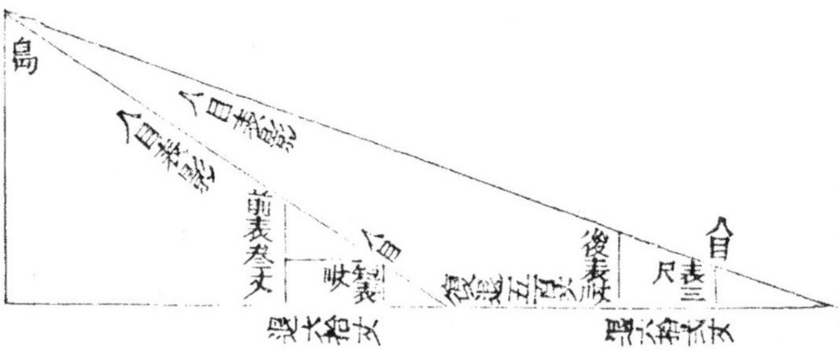

各若干

答曰島高叁里壹百叁拾八丈

遠八拾叁里六丈

法置表高叁丈減去短表叁尺

即是人目數也。餘式拾七尺以

表間相去五百丈乘之。得壹千

叁百五拾丈為實。另置後表退

行六拾式丈減去前表退行六拾

丈。餘式丈為法除之。得六百七拾

五丈加表高叁丈共六百七拾八丈以里法壹百八拾丈為法除之。得島高叁里壹百叁拾八丈。又置表間相去五百丈。以前表退行六拾丈乘之。得叁萬丈為實。亦以所餘弍丈為法除之。得壹萬五千丈。以里法壹百八拾丈為法除之。得島遠八拾叁里六丈合問。

句股重測原理圖

假如有竿不知高遠今以表竿弍丈退後弍丈由地平線斜引望去表竿與高竿齊平又於望處復立表竿弍丈退後叁丈又從地平線望去均與高竿

齊平問高竿高遠若干

答曰高六丈前表至高竿

遠四丈

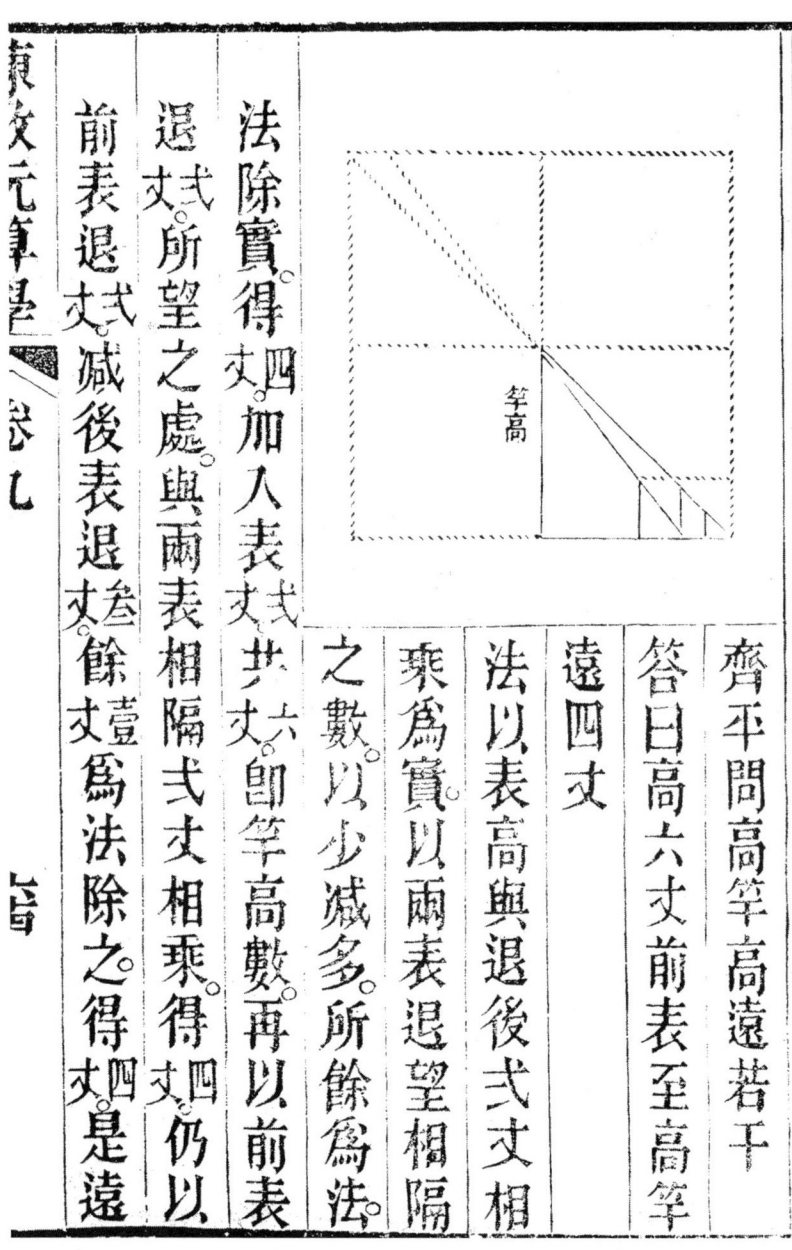

法以表高與退後弍丈相乘爲實以兩表退望相隔之數以少減多所餘爲法

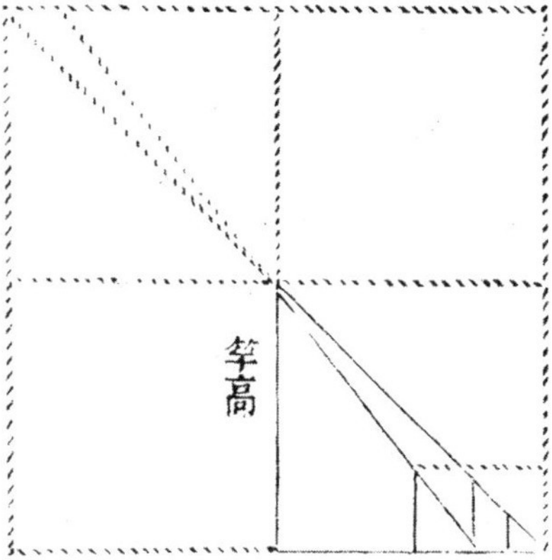

法除實得四丈加入表弍丈共六丈即竿高數再以前表退弍丈所望之處與兩表相隔弍丈相乘得四丈仍以前表退弍丈減後表退叁丈餘壹丈爲法除之得四丈是遠

也。此法與古圖符合。

沅解曰。重測之法。不過以人目作線。引至兩線交加之處爲高耳。何以用表高與弍丈相乘爲實。蓋

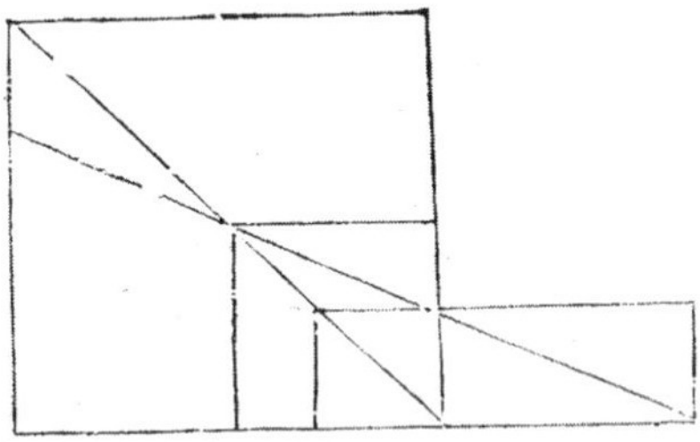

相乘得壹正方形耳。再以兩表相去爲法者。化開其長方之角。與正方相合之處正角。是由其積。而知其邊線也。試將前後弍圖。合而觀之。便可明其比例矣。

算學卷九終

陳啟沅算學卷拾

南海息心居士陳啟沅芷馨甫集著
門人順德林寬葆容圃氏校刊
次男　陳簡芳藹軒甫繪圖

叁角求積章第拾

陳啟沅曰。算學之術。如句股壹章。已言之不盡。句股之外。尚有叁角爲句股之餘。理雖同。而法畧異。茲撮錄另列壹章。俾易檢閱耳。

假如有叁角形。大邊弍拾五丈五尺。小邊拾五丈底

邊叁拾壹丈五尺問中垂線并積若干　答曰

中垂線壹拾弍丈　積壹百八拾九井

法以大邊弍拾五丈五尺如甲丙與小邊拾五丈如甲丁相併得四拾丈零五尺為兩弦和另以大小兩邊弍數相減餘拾丈零五尺為兩弦較如乙丙與兩弦和相乘得四百弍拾五丈弍尺五寸為實以底邊叁拾壹丈五尺如丙丁為法除之得拾叁丈五尺如丙辛為兩句和較與底邊叁拾壹丈五尺為兩句和相減餘拾八丈如辛丁折半得九丈如乙丁為句自乘得八拾壹井又以小邊拾五丈如甲丁為弦自乘得弍百弍拾五井內減句自

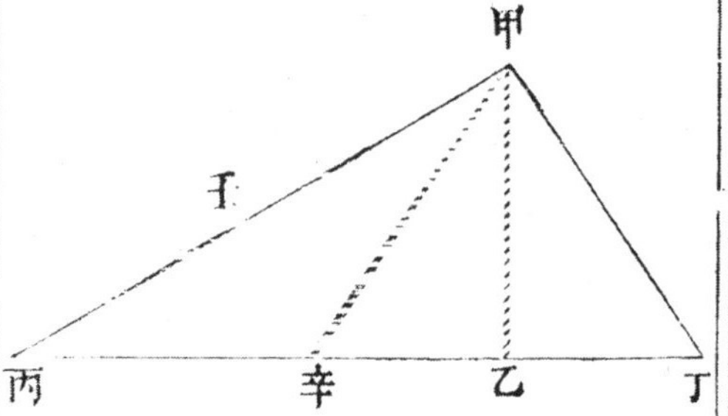

乘數。餘壹百四拾四丈。用開平方法除之。得拾式丈。爲中垂線。如甲乙。

求積法。以中垂線。與底邊叁拾壹丈五尺相乘。折半得積。

又法。以大邊式拾五丈五尺自乘得六百五拾丈零式尺五寸。又以小邊拾五丈。自乘得式百式拾五丈。式數相減。餘四百式拾五丈式尺五寸爲實。以底邊叁拾壹丈五尺爲法除之。得拾叁丈五尺。爲底邊兩句和較。與底邊爲兩句和。叁拾壹丈五尺相減。餘拾八丈。折半。得九丈爲句。照前法以句自乘。得八拾壹井。以小邊拾五丈。爲弦。自乘。得弍百弍拾五井。弍數相減。餘壹百四拾四井。開方得股。拾弍丈。爲中垂線。求積法。以底邊與中垂線相乘。折半得積也。合問。

假如有三角形大邊弍拾六丈四尺小邊弍拾丈底邊叁拾弍丈四尺問先求積并中垂線若干

答曰積弍百六拾叁井七尺叁寸六分壹厘

中垂線壹拾六丈弍尺八寸

法以叁邊線相併。得七拾八丈八尺。折半。得叁拾九丈四尺。爲半

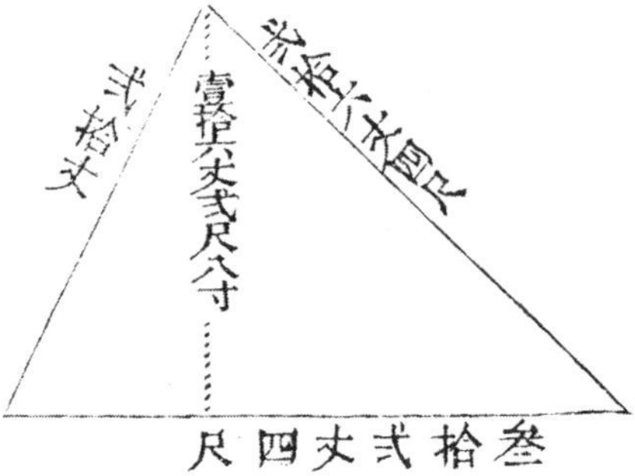

總。與各邊線相減。餘各列壹位爲較。先減底邊。叁拾弍丈四尺。餘七丈。次減大邊弍拾六丈四尺。餘拾叁丈。叁減小邊弍拾丈。餘拾九丈四尺。用叁較連乘法。以底邊較七丈與大邊較拾叁丈相乘得九拾壹丈。又以小邊較拾九丈四尺相乘。得壹千七百六拾五丈四尺。又與半總叁拾九丈四尺相乘。得六萬九千五百五拾六丈七尺六寸。以開平方法除之。得積弍百六拾叁丈七尺叁寸六分壹厘有餘。求垂法。以積倍之。

東汶元算學　卷十　三

得五百弍拾七井四尺七寸弍分弍厘。以底邊線叁拾弍丈四尺除之。得拾六丈弍尺八寸。爲中垂線合問。

新增梯田求各線法

今有梯田共積九百七拾弍井中長叁拾六丈上廣與下廣相較壹拾叁丈弍尺問東南西北各邊線并縱交加兩斜線若干　答曰上廣弍拾丈零四尺。下廣叁拾叁丈六尺。兩邊斜線每邊叁拾六丈六尺。縱裏兩相交加線。每斜長四拾五丈。

法先以積九百七拾弍井爲實。用中長叁拾六丈如甲丙。

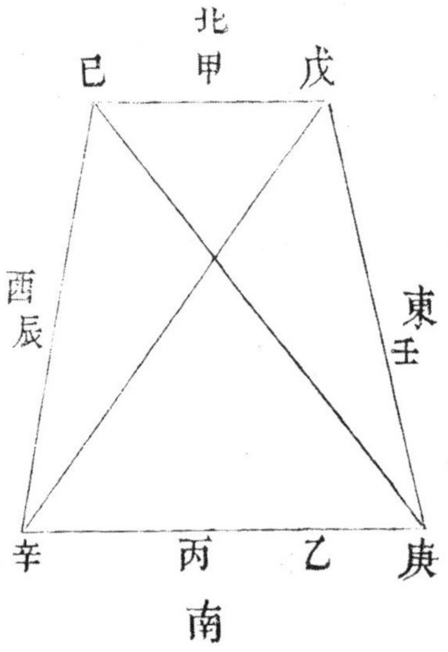

爲法除得。中廣弍拾七丈。如壬辰。卻以較壹拾叁丈弍尺。折半。得六丈六尺。與中廣弍拾七丈相減。餘弍拾丈零四尺。爲上廣。如戊己。又以中廣弍拾七丈。與半較六丈六尺相加。得叁拾叁丈六尺。爲下廣。如庚辛。又求東西邊縱線法。以半較六丈六尺爲句。如庚乙。以中長叁拾六丈爲股。如甲丙即戊乙。用句股求弦。得叁拾六丈六尺。如戊庚即如己辛。再求兩交加線法。以下廣叁拾叁丈六尺。如庚辛。內減半較六丈六尺

如庚弍拾。乙。餘七丈為句。如乙辛以中長叁拾六丈為股。乙。如戊用
句股求弦法。得四拾五丈為兩交加線。如戊辛卽如己庚合問。

梯田均四圭求積并各線法

假如有梯田上廣弍拾丈零四尺下廣叁拾叁丈六尺中長叁拾六丈該積九百七拾弍井問均四圭各積并線若干　答曰下圭正中線弍拾四丈四尺得積叁百七拾六井叁尺弍寸上圭正中線壹拾叁丈六尺得積壹百叁拾八井七尺弍寸兩斜圭每正中埀線壹拾弍丈四尺八寸五分弍厘四

毫五絲九忽斜邊線叁拾六丈六尺兩邊同式等
兩斜圭積四百五拾六井九尺六寸
法以上廣式拾丈零四尺與中長叁拾六丈相乘得七百叁拾四井四尺
歲壹長方形爲實以上廣併下廣得五拾四丈爲法除
之得上圭正線壹拾叁丈六尺如甲乙求積法與上廣如戊己
相乘折半得積如戊己乙又以中長叁拾六丈如甲丙減去
拾叁丈六尺如甲乙餘式拾式丈四尺爲下圭正線如乙丙求積法
與下廣叁拾叁丈六尺如丁庚相乘折半得積如丁庚乙又求
兩斜之大邊線法以下廣叁拾叁丈六尺折半得拾六丈八尺

爲句如丙丁以下圭正線貳拾貳丈四尺爲股如乙丙求得弦貳拾八丈爲大邊也如乙丁又以上圭正線拾叁丈六尺爲股如甲乙以上廣折半得拾丈零貳尺爲句如甲巳求得弦壹拾七丈爲小邊如巳乙又求梯邊縱斜爲底線以下廣減

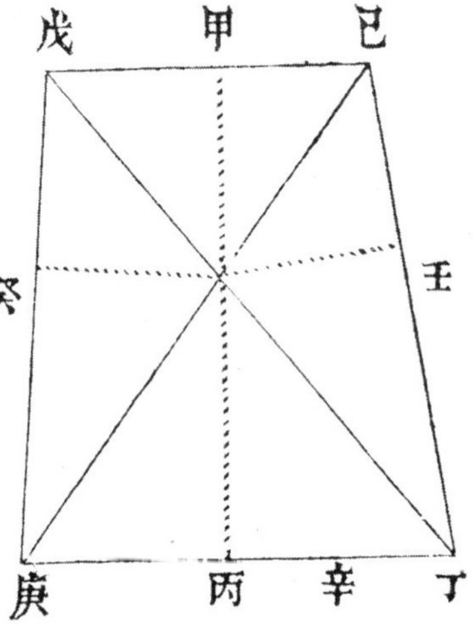

去上廣餘折半得六丈六尺爲句如丁辛以中長叁拾六丈爲股如巳辛求得弦叁拾六丈六尺爲斜圭底線即梯邊如丁巳求斜圭垂線以總

積內。減去上下弍圭積。餘四百五拾六井九尺六寸六。爲兩斜圭積。將爲實。以底線叁拾六丈六尺如己丁爲法除之。得垂線如乙壬。卽如乙癸。用叁角求垂亦得合問。

假如有叁角形每邊拾四步今平分四叁角形等問積并各線若干　答曰每份積弍拾壹步弍分壹厘七毫六絲每邊七步每中垂線六步零六厘弍毫壹絲七忽五微

法以拾四步。爲弦如甲乙。每邊之半七步。如乙巳爲句。求得股。拾弍步壹分弍厘四毫叁絲五忽如甲巳。以每邊之半七步相乘。得

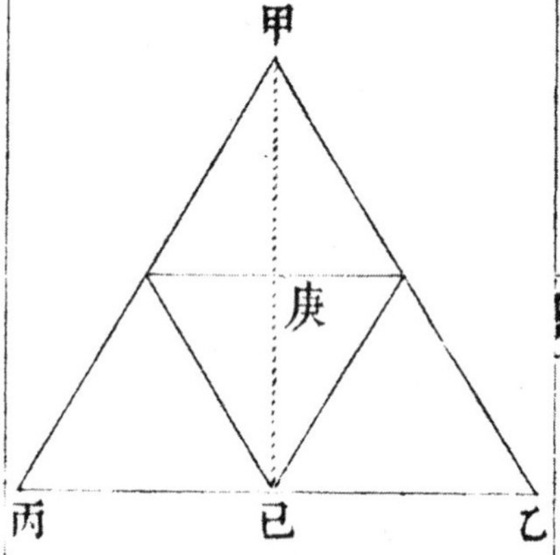

共積八拾四步八分七厘零四絲。均四段歸之。得弍拾壹步弍分壹厘七毫六絲。若以甲巳之中垂線折半。亦得小段中垂線。如甲庚。即如庚巳。若邊線。則九邊同。觀圖自明。

假如叄角田叄面各壹拾四步今平分作叄段俱要四角問中長中濶及積各若干　答曰每段中長八步零八厘弍毫八絲有餘中濶七步積弍拾八步弍分九厘有餘

古法。用叁角形求中垂線法。求得中徑拾式步壹分式厘四毫叁絲有餘。以每面之半七步乘之。得共積八拾四步八分七厘有餘。以叁段歸之。得每段積式拾八步式分九厘有餘。乃以每面之半

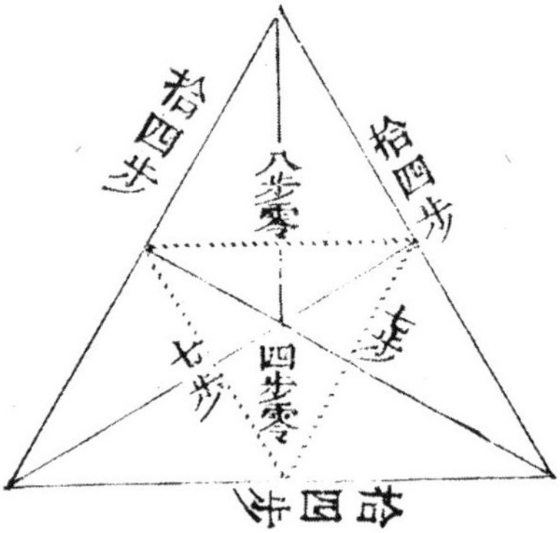

七步為股。取中垂線叁分之壹。四步零四厘壹毫四絲有餘為句。求得弦八步零八厘式毫八絲有餘。卽每段中長數。乃用鈍角叁角形求中垂線法。以中長為底為壹率。以每邊之半與

中垂線叁分之壹。爲兩腰相加。得拾壹步零四釐壹毫四絲爲式率。相減餘式步九分五釐八毫六絲爲叁率。求得四率四步零四釐壹毫五絲。爲底邊之較。與底八步零八釐式毫八絲相減。餘四步零四釐壹毫叁絲折半。得式步零式釐壹毫壹絲爲句。以小腰四步零四釐壹毫四絲爲弦。求得股叁步五分。倍之得七步。爲每段中濶數。○此題是數學精詳所立。經孔鄰叁君覆校。謂該題不宜用叁角求垂線。謂宜用句股求垂線方妥。沅謂皆非捷徑也。既求得下中長爲叁分之壹。自知上中長必叁分之式。況中濶必與半腰同長。自不待求而可知。何則。蓋中濶是叁角形均四分之邊數。必九邊同等耳。故特將叁角形平分四叁角形設問於前。復如圖繪解於後。以申明之。欲明垂線叁分壹理。可查圓容十六等邊便悉。

假如有叁角田每邊拾四步今平分叁段俱要四角問中長中濶并積若干　答曰每段中長八步零八厘弍毫八絲有餘中濶七步積弍拾八步弍分九厘有餘　法照前求得中垂線拾弍步壹分弍厘四毫叁絲有餘如甲戊。與每邊相乘折半。得積八拾四步八分七厘有餘分叁段歸之。得每段積弍拾八步弍分九厘有餘。乃以丙甲乙叁角。甲戊垂線。戊丁比丁甲叁份之壹如

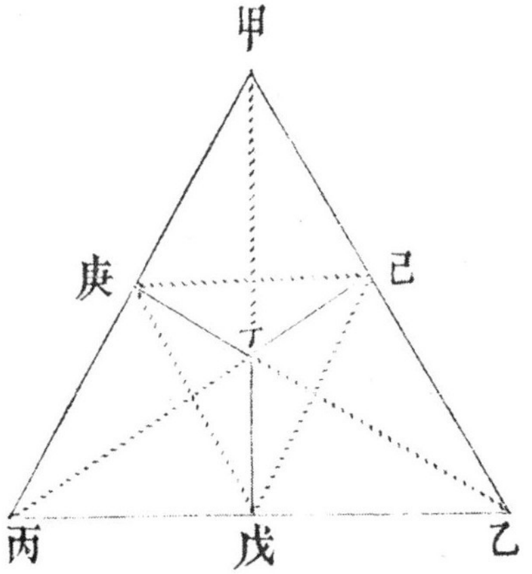

欲作丁戊為句。戊乙為股。求得弦八步零八厘弍毫八絲。如乙丁即中

垂線叁份之弍數。即為中長。如乙丁。即甲丁之比。若中

濶如己戊與乙戊之比。即前四叁角形之邊線同理。

假如甲乙丙丁戊不等邊無直角五邊形面積壹拾

九丈九拾八尺甲乙等弍丈五尺乙丙邊叁丈九

尺丙丁邊六丈丁戊邊壹丈五尺甲戊邊四丈壹

尺自甲角至丙角斜線五丈六尺自甲角至丁角

斜線五丈弍尺今從甲角將面積平分為叁分問

截各邊若干　答曰壹得丙丁邊壹丈零九寸八

分有餘壹得丙丁邊弍丈九尺七寸叁分有餘壹
得丙丁邊壹丈九尺弍寸八分有餘
古法以面積叁歸之。得六丈六拾六尺。為每分應分積數。乃
以甲丙甲丁兩斜線。分為叁叁角形算之。用叁角
形求面積法。求得甲乙丙叁角形。面積四丈弍拾尺。甲
丁戊叁角形。面積弍丈叁拾四尺。俱不足壹分應得之數。
甲丙丁叁角形。面積壹拾叁丈四拾四尺。又過於壹分應得
之數。乃以壹分應得之數。與甲乙丙面積相減。不
足弍丈四拾六尺。應取足于甲丙丁面積內。爰以甲丙丁

原面積壹拾叁丈四拾四尺為壹率。應取足補截積貳丈四拾六尺為貳率。丙丁原邊六丈為叁率。推得四率。壹丈零九寸八分貳釐九毫四絲。為甲丙丁補甲乙丙分數之邊。如丙巳。乃自甲至巳作甲巳線。成甲乙丙巳不等邊四邊形。為第壹分。又以甲丙丁原面積壹拾叁丈四拾四尺為壹率。每份應得六丈六拾六尺為貳率。丙丁原邊六丈為叁率。推得四率。貳丈九尺七寸叁分貳釐壹毫四絲。為甲丙丁應得之邊。如己庚。乃自甲至庚作甲庚線。成甲己庚叁角形。為第貳分。餘甲庚丁戊不等邊四邊形。即第叁分。此叁分之面積。俱相等也。蓋兩形同高者。其面積之比例。同於其底邊之比例。故此法壹率。弍率。皆面與面之比。叁率。四率。皆線與線之比也。若以甲丁戊面積。與每分應分面

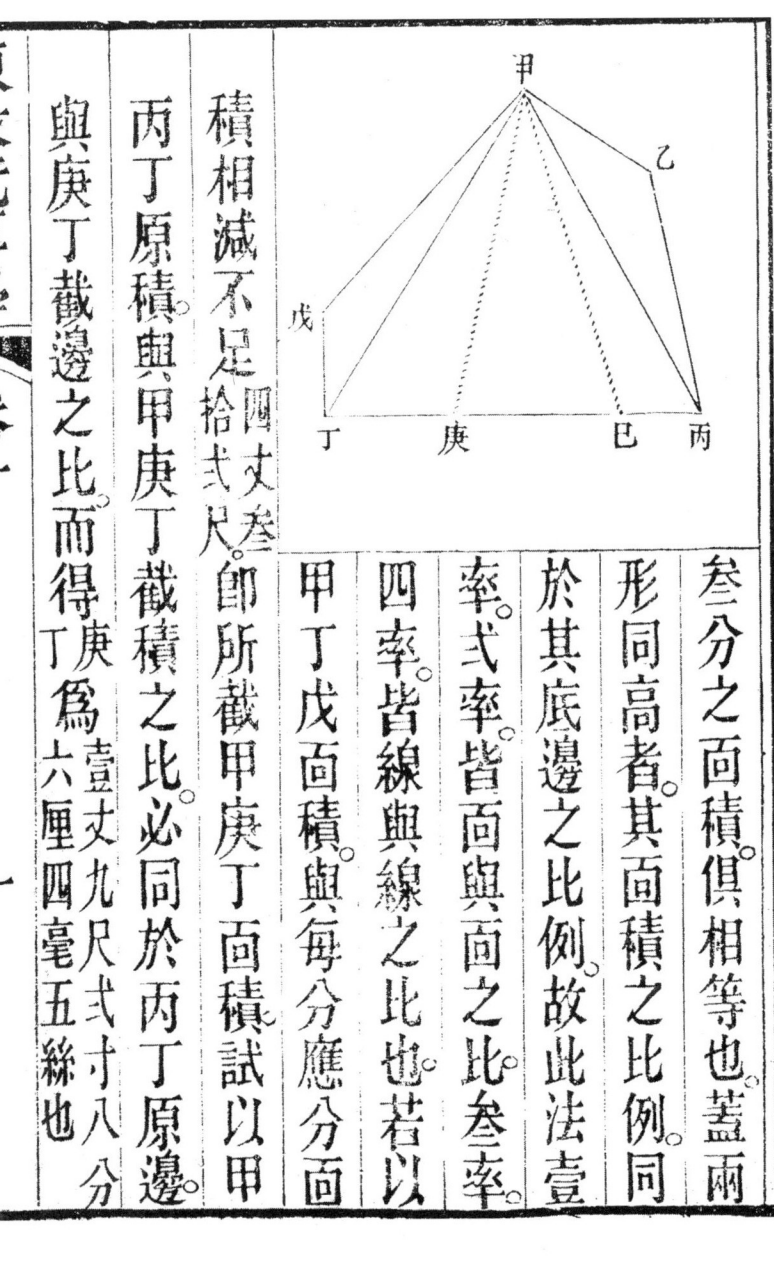

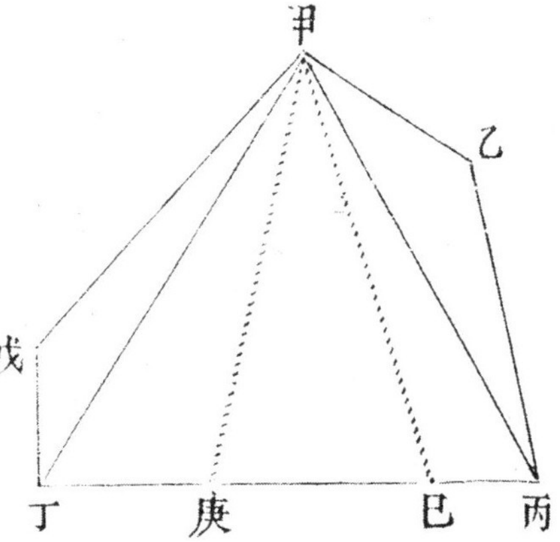

積相減不足四丈叁拾弍尺。即所截甲庚丁面積。試以甲丙丁原積。與甲庚丁截積之比。必同於丙丁原邊與庚丁截邊之比。而得庚丁爲壹丈九尺弍寸八分六釐四毫五絲也。

假如有甲乙丙丁戊不等邊無直角五邊積壹千九百九拾八井甲乙邊弍拾五丈乙丙邊叁拾九丈丙丁邊六拾丈丁戊邊拾五丈甲戊邊四拾壹丈自甲角至丙角斜線五拾六丈自甲角至丁角斜線五拾弍丈今從甲角將積平分叁分問每截各邊若干　答曰壹得丙丁邊拾丈零九尺八寸弍分壹厘壹得丙丁邊弍拾九丈七尺叁寸弍分壹厘壹得丙丁邊拾九丈弍尺八寸五分七厘

法以積叁歸之。得六百六拾六井。為每份應分積數。又以

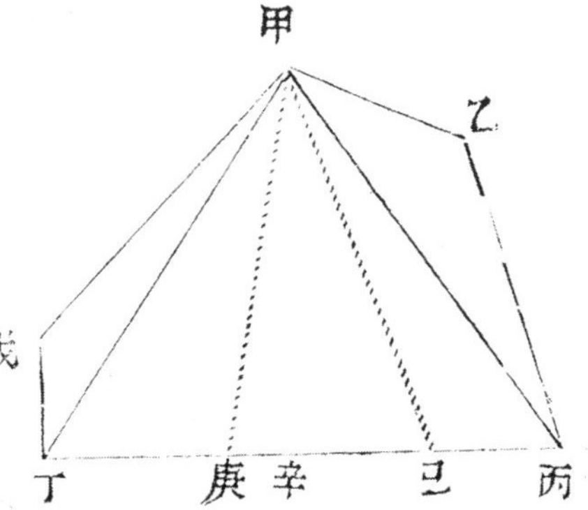

甲丙甲丁兩斜線。分叁叁角算之。用叁角形求積法。求得甲乙丙叁角形。面積四百式拾井。又甲丁戊叁角形。面積式百叁拾四井。俱不足壹分應得之數。甲丙丁叁角形。求得中垂線四拾四丈八尺。如甲辛積壹千叁百四拾四井。又過於壹份應得之數。以壹份應得之數。與甲丙乙積相減。不足式百四拾六井。倍爲實。以中垂線四拾四丈八尺。如甲辛爲法除之。得拾丈零九尺八寸式分壹釐。爲甲丙丁。

補甲乙丙份數之邊。如丙巳成甲乙丙巳不等形。爲第壹份。又以每份應得六百六拾六井倍之爲實。以中垂線四拾四丈八尺爲法除之。得式拾九丈七尺叁寸式分壹厘。如己庚。卽成甲己庚叁角形。爲第式份。餘甲庚丁戊四不等形。卽第叁份之類。俱相等。蓋甲丙丁叁角形。甲辛爲中垂線。以應均積倍之爲實。以中垂線爲法除之。得底線丙丁邊之長短也。合問。

假如有叁角形小邊弍拾丈大邊叁拾四丈底邊四拾弍丈面積叁百叁拾六井今欲平分面積壹半

與原叁角形爲同式形問所截叁邊各若干

答曰截底邊弍拾九丈六尺九寸八分四厘八毫

有餘截小邊壹拾四丈壹尺四寸弍分壹厘叁毫

有餘大邊弍拾四丈零四寸壹分六厘弍毫有餘

法以底邊自乘。得壹千七百六拾四丈與原積折半。得壹百六拾八井相乘。得弍拾九萬六千叁百五拾弍井卽爲實。以原面積叁百叁拾六井爲法除之。得八百八拾弍井開方卽得截底邊長也又以大腰叁拾四丈。與所截底邊長弍拾九丈六尺九寸八分四厘八毫相乘。得壹千零零九丈七尺四寸八分叁厘弍毫爲實。以原底邊四拾弍丈爲法除之。得所截大邊也。又以小邊弎拾丈。與所截底邊長弎拾九丈六尺九寸八分四厘八毫相乘。得五百九拾叁丈九尺六寸九分六厘。實以原底邊四拾弎丈爲法。除得所截小邊也。如圖甲乙

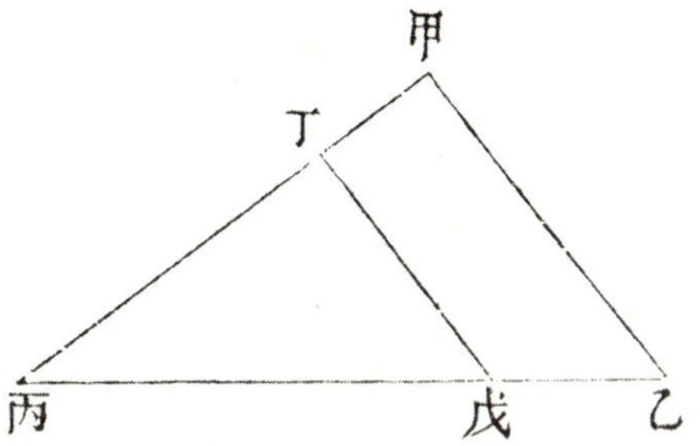

丙叁角形。平分面積壹半。成丁戊丙叁角形。此兩叁角形既爲同式形。則以甲乙丙叁角形之面積。與丁戊丙叁角形之面積比。同於各邊各自乘之正方面積。與所截各邊各自乘之正方面積之

比。故所得也。開方而得也。戊丙既得戊丙則乙丙與甲丙之比。同於戊丙與丁丙之比。又乙丙與甲乙之比。同於戊丙與丁戊之比。俱為相當比例也。若取原積叁分之壹或幾份之幾。則將其積以其份數歸之。比例並同。

又法。以乙丙邊四拾式丈自乘。折半得八百八拾式井。開方得戊丙邊。又以大邊叁拾四丈如甲丙。自乘折半。得五百七拾八井。開方得丁丙邊。又以小邊式拾丈。如甲乙。自乘。折半。得式百井。開方得丁戊邊。此即面與面比。線與線比之理也。

假如有叁角形中垂拾五丈底邊叁拾丈積式百式

拾五丼平均叁份問每份底
邊若干　答曰拾丈
法以乙丙底邊叁拾丈爲實以叁
歸。得拾丈爲每份底邊之數如

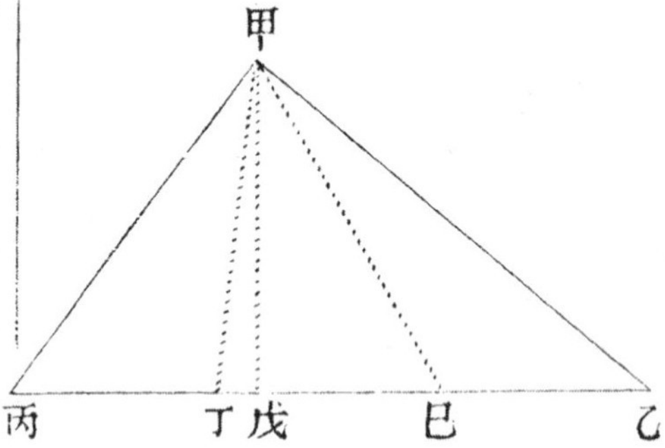

面積之數等。蓋甲乙丙平分叁
段。甲丙丁。甲丁巳。甲乙巳。叁叁角形。同以甲戊
爲高。即爲平行線內同底。叁叁角形。其面積等。故
以得甲乙丙叁角形積之叁分壹。而底邊亦各得叁
分之壹也。如分多小份。倣此類推。

假如有句拾弍丈股拾六丈弦弍拾丈欲自直角對弦界作垂線問垂線并弦分弍段長各若干

答曰垂線九丈六尺大段長拾弍丈八尺小段長七丈弍尺

法以句拾弍丈。與股拾六丈相乘。得壹百九拾弍丈爲實。以弦弍拾丈爲法除之。得九丈六尺爲中垂線也。如圖甲乙丙句股形。作甲丁垂線。則分爲甲丁乙甲丁丙兩句股形。皆與原形爲同式。故原甲乙丙句股形之

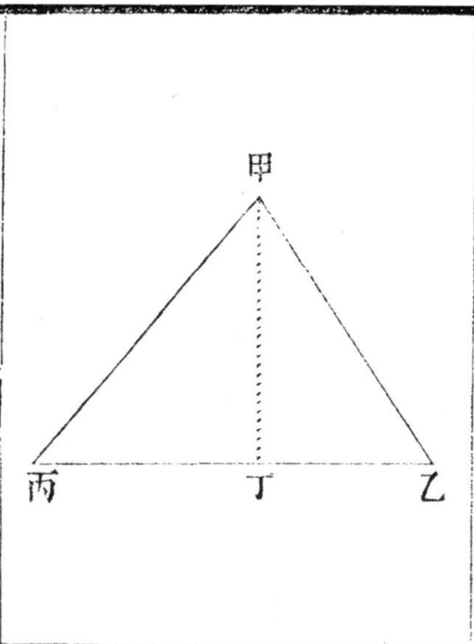

乙丙弦。與甲乙句之比。同於今所分甲丁丙句股形之甲丙弦。與甲丁句之比。為相當比例之垂線也。又以句拾式丈自乘。得壹百四拾四井。以弦式拾丈除之。得七丈式尺。即所分之小界。如丁乙。又以股拾六丈自乘。得式百五拾六井。以弦式拾丈除之。得壹拾式丈八尺。即所分之大界。如丁丙之比例。照理同也。合問。

假如有鈍角叁角形。大邊叁拾七丈。小邊拾五丈。底邊四拾四丈。問求內容方邊若干　答曰九丈四尺式寸八分五厘七毫法先以用求中垂線法。求得中垂線拾弍丈。與底邊線四拾四丈相併。得五拾六丈。如乙癸。為法。以中垂線拾弍丈。如甲丁與底線四拾四丈如乙丙相乘。得五百弍拾八為實。法除

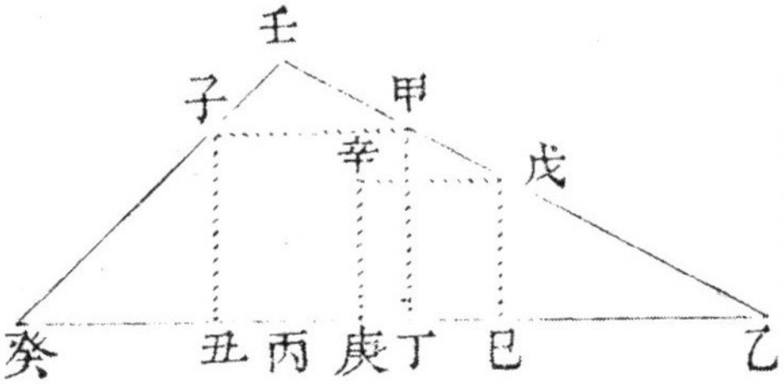

實。得內容方邊。如戊己。如圖甲丁中垂線。將乙丙線引長至癸。作乙癸線。又與甲丙線平行。作壬癸線。又將甲乙線引長作壬乙線。遂成壬癸乙叁角形。與甲丙乙為同式。復與底線平行。作甲子線。與甲丁

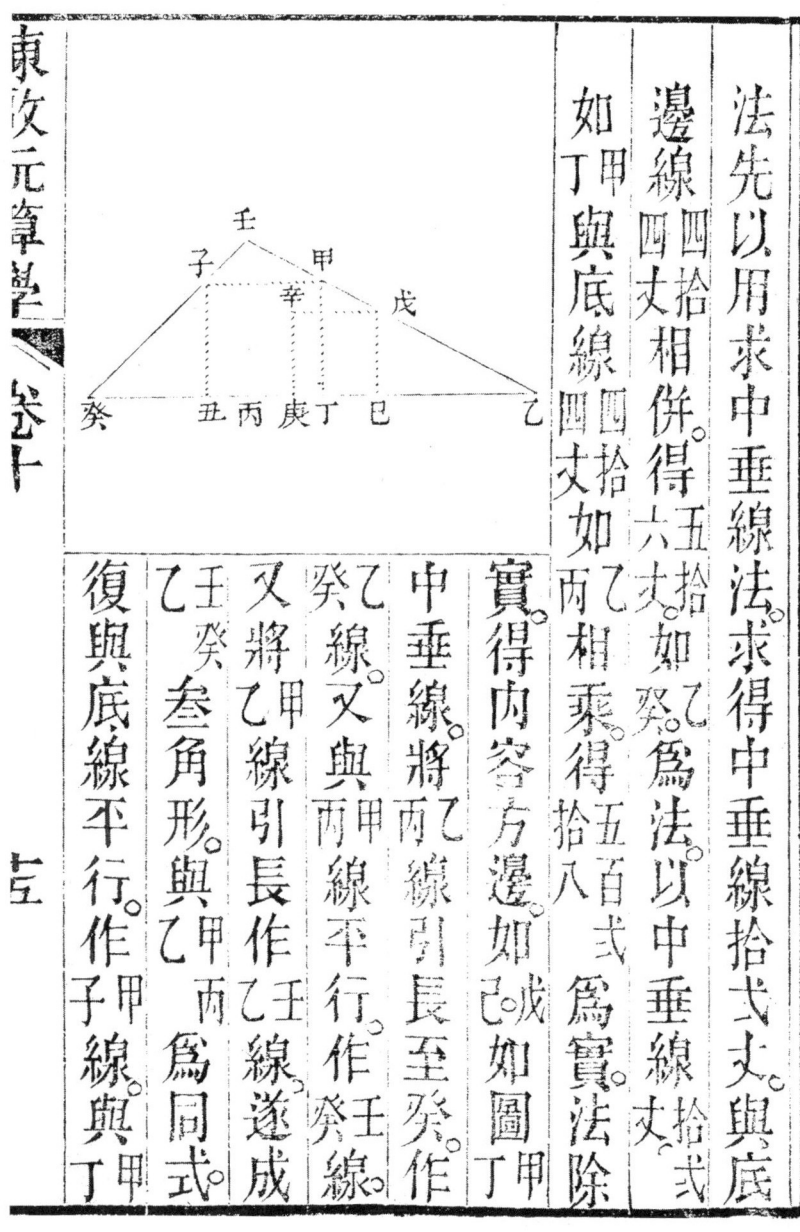

平行。作子丑線。則甲丁丑子正方形。即為乙壬癸叄角形內
容之正方形矣。故乙壬癸之乙癸底。與甲丁方邊之比。同
於甲乙丙之乙丙底。與戊己方邊之比也。合問。
假如有鈍角叄角形大邊拾七丈小邊拾丈底弍拾
壹丈問求外切圓徑若干　答曰弍拾壹丈弍尺
五寸　法先用求中垂線法。求得中垂線八丈如甲丁。
為法。以小邊拾丈如甲乙。與大邊拾七丈如甲丙。相乘。得壹百
七拾并為實。法除實。得為外切圓徑。如甲戊。如圖甲乙丙
叄角形。作切叄角壹圓。自甲角至圓對界。作甲戊全

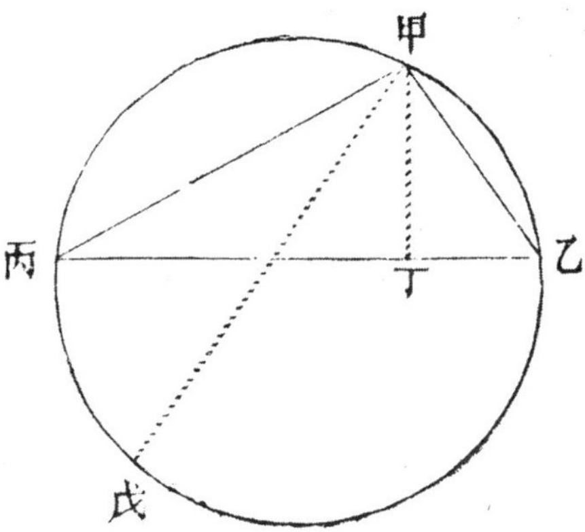

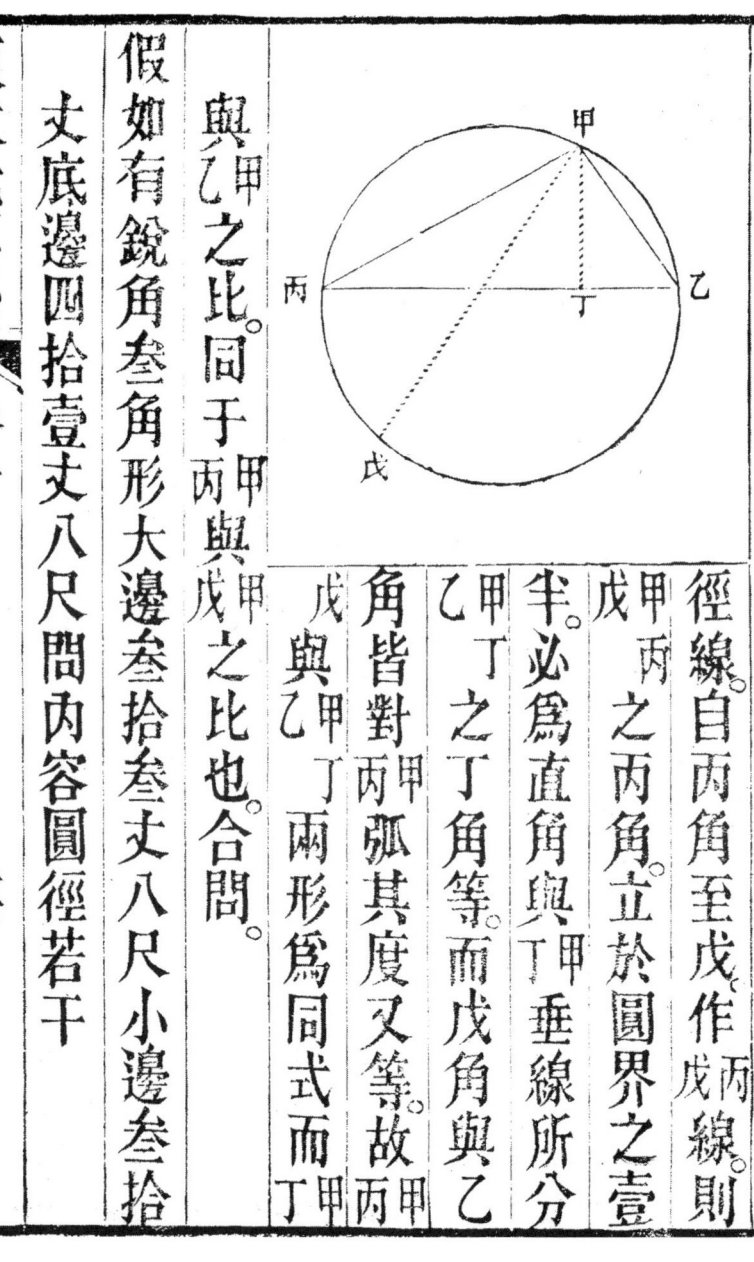

徑線。自丙角至戊，作丙戊線。則甲丙戊之丙角，立於圓界之壹半。必爲直角。與甲丁垂線所分甲乙丁之丁角等。而戊角與乙角皆對甲丙弧。其度又等。故甲丙戊與甲乙丁兩形爲同式。而甲丁與甲乙之比。同于甲丙與甲戊之比也。合問。

假如有鋭角叁角形大邊叁拾叁丈八尺小邊叁拾丈底邊四拾壹丈八尺問內容圓徑若干

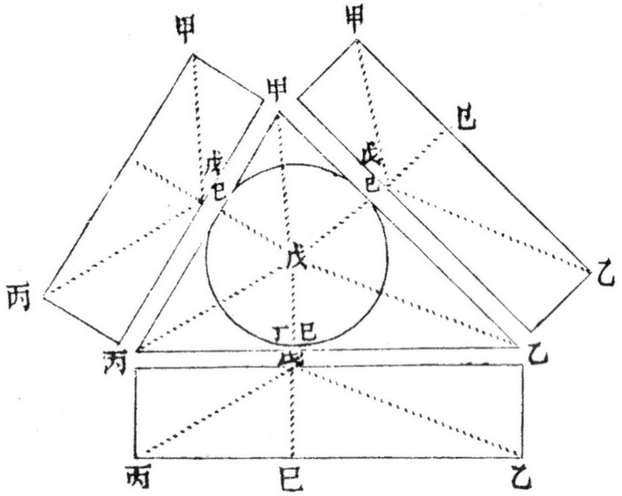

答曰壹拾九丈

法先用求中垂線法求得中垂線弍拾四丈如甲丁與底邊四拾壹丈八尺如丙乙相乘得壹千零零叁幷弍尺如甲乙甲丙乙丙叁長方積為實併叁邊線得壹百零五丈六尺為叁長方之長為法除之得九丈五尺為叁長方之濶即內容圓半徑倍之得全徑如

圖。試自圓之中心。至甲乙丙叁角。各作戊甲。戊乙。戊丙叁線。遂分甲戊乙。甲戊丙。乙戊丙。叁叁角形。其叁邊皆爲叁形之底。而戊己半徑。皆爲叁形之垂線。今乙丙底。與甲丁中垂線相乘。所得之長方積。原比甲乙丙叁角形積。大壹倍。即如將叁形之垂線。各乘其底。所得之長方積。合爲壹大長方也。叁長方之長。雖不同。而濶則壹。故各以長除積而得濶。即半徑者。即如合叁角形之叁邊。除叁角形之倍積。而得半徑也。合問。

又法。用叁較連乘法。以叁邊線相併壹百零五丈六尺折半得五拾弍丈八尺。爲半總。內減去各邊線爲較。各列壹位。先減底邊。餘拾壹丈。次減大邊。餘拾九丈。叁減小邊。餘弍拾弍丈八尺。以拾壹丈與拾九丈相乘。得弍百零九井。又與弍拾弍丈八尺再乘。得四千七百六拾五井弍尺爲實。以半總除之。得九拾井零弍尺五。四因之。得叁百六拾壹井。開方之。得內容圓徑也。

假如有甲丙句弍拾丈。乙甲股弍拾壹丈。乙丙弦弍拾九丈。求容圓徑若干。　答曰。拾弍丈

法以句股和四拾壹丈。與弦相減。餘爲內容圓徑。

解曰。此以弦和較爲容圓徑。如圖從容圓心作半

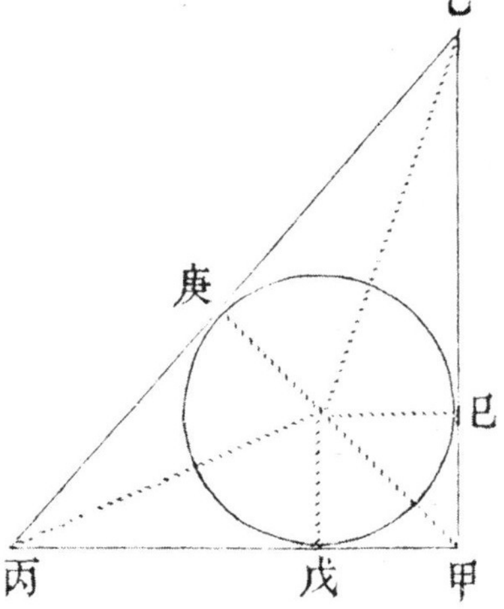

徑至邊。又作分角線至角。成六小句股形。則各角旁之兩線相等。如丙戊丙庚兩線。在丙角旁則相等。乙庚乙巳。在乙角旁。甲戊甲巳。在甲角旁。並兩線相等。其在正方角旁者。甲戊甲巳。乃弦和較也。於乙丙弦內分丙庚以對丙戊。又分乙庚以對乙巳。則其餘爲甲戊及甲巳。此即句股和與乙丙弦相較之數也。然即爲內容圓徑何也。各角旁兩線並自相等。而正方角旁之兩線。又皆與容圓半徑等。正方角旁兩小形之角。皆平分方角之半。則句股自相等。

而甲戊等心戊。甲己等心己。然則弦和較者。正方角旁兩線甲戊甲己之合。即容圓兩半徑心戊心己之合也。故弦和較。即容圓徑也。試以甲戊為半徑作圓則戊心亦半徑。而其全徑癸戊甲。與容圓徑壹心己等。以甲己為半徑作圓。則己心亦半徑。而其全徑辛己甲。與容圓徑戊心壬亦等。

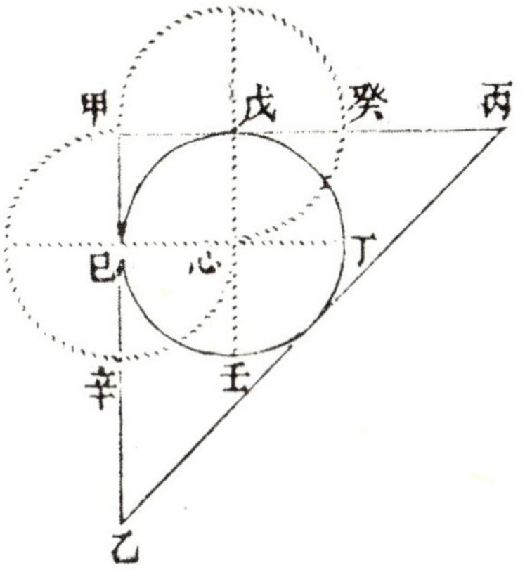

假如有鈍角形甲丁邊六拾八丈甲丙邊四拾丈丁

丙邊叁拾六丈欲配句股形問大句并小句各若干　答曰小句弍拾四丈大句叁拾弍丈

法以甲丁邊爲大形甲乙丁之弦甲丙邊爲小形甲乙丙之弦。兩弦相併得壹百零八丈。爲總。又以兩弦相減餘弍拾八丈爲弦較。與總壹百零八丈相乘得叁千零弍拾四并爲實以句較叁拾六丈爲法。除之得八拾四丈。減去句較叁拾六丈。餘四拾八丈。折半得弍拾四丈。爲小形

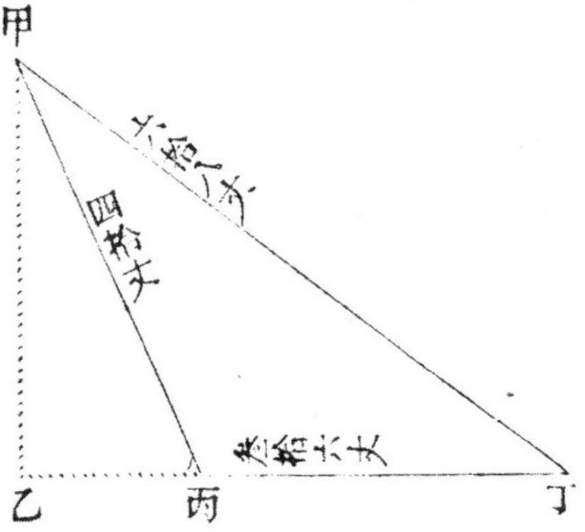

之句。如丙乙。以四拾丈為弦。如甲丙。求得股叁拾弍丈。如乙甲。為大句也。合問。

假如有鈍角形甲乙邊叁拾四丈為大形甲乙丁之弦甲丙邊弍拾丈為甲丙丁小形之弦乙丙邊拾八丈為句較問小句并大句各若干

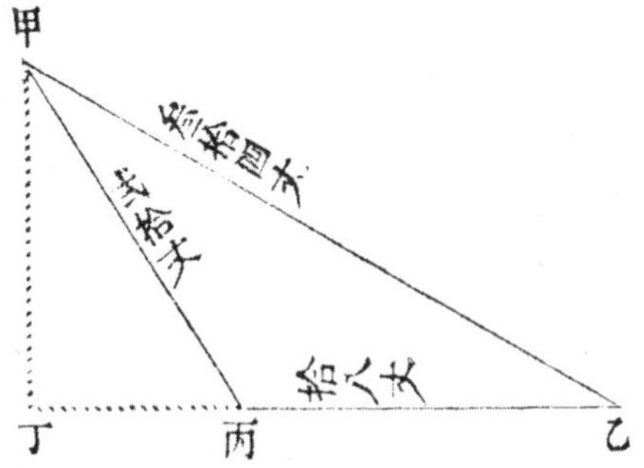

答曰小句拾弍丈大句拾六丈

又增法以句較拾八丈自乘。得叁百弍拾四丈。以小弦弍拾丈自乘。得四百井。式數相併。得七百式拾四井。又以大弦叁拾四丈自乘。得壹千壹百五拾六井。與上數相減。餘四百叁拾式井。折半得式百壹拾六井為實。以句較拾八丈為法除之。得拾式丈。為小句。如丙丁。求大句法。以弦叁拾四丈自乘。得壹千壹百五拾六井。以求得小句拾式丈。與句較拾八丈相併。得叁拾丈。為股自乘。得九百井。式數相減。餘式百五拾六井開方得句拾六丈。如甲丁。為大句合問。

　句股積求容方邊并句股積圖解

陳啟沅曰。梅氏叢書有句股積求容方兩角切。於句股之題。而原題只用底弦除倍積而得對角線。與弦相併。而除倍積。即求得容方徑也。法雖簡捷。爲不定句股兩線長數。又不解明和較各理各法。只繪圖於右。以線解之。使學者難移別題。故特將原圖先繪如左。復設題以比例詳解之。使知所以然之理云。

假如甲乙丙句股形乙丙弦弍拾八尺其積壹百六拾八尺求容方依弦線而以容方之兩角切於句股

法以弦除倍積叁百叁拾六尺得對角線壹拾弍尺與弦相併四拾尺爲法。倍積爲實。法除實。得所求。求到容

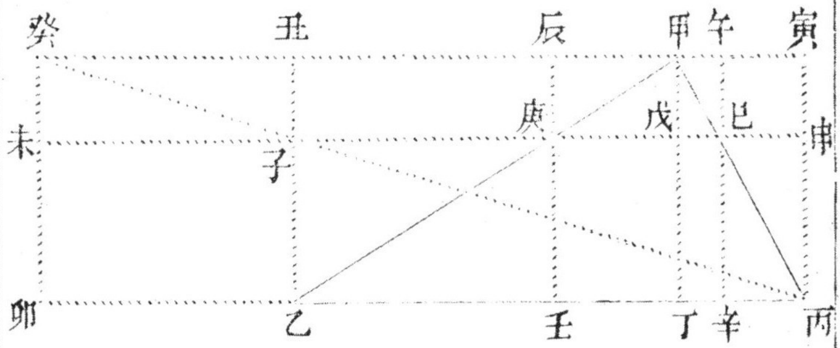

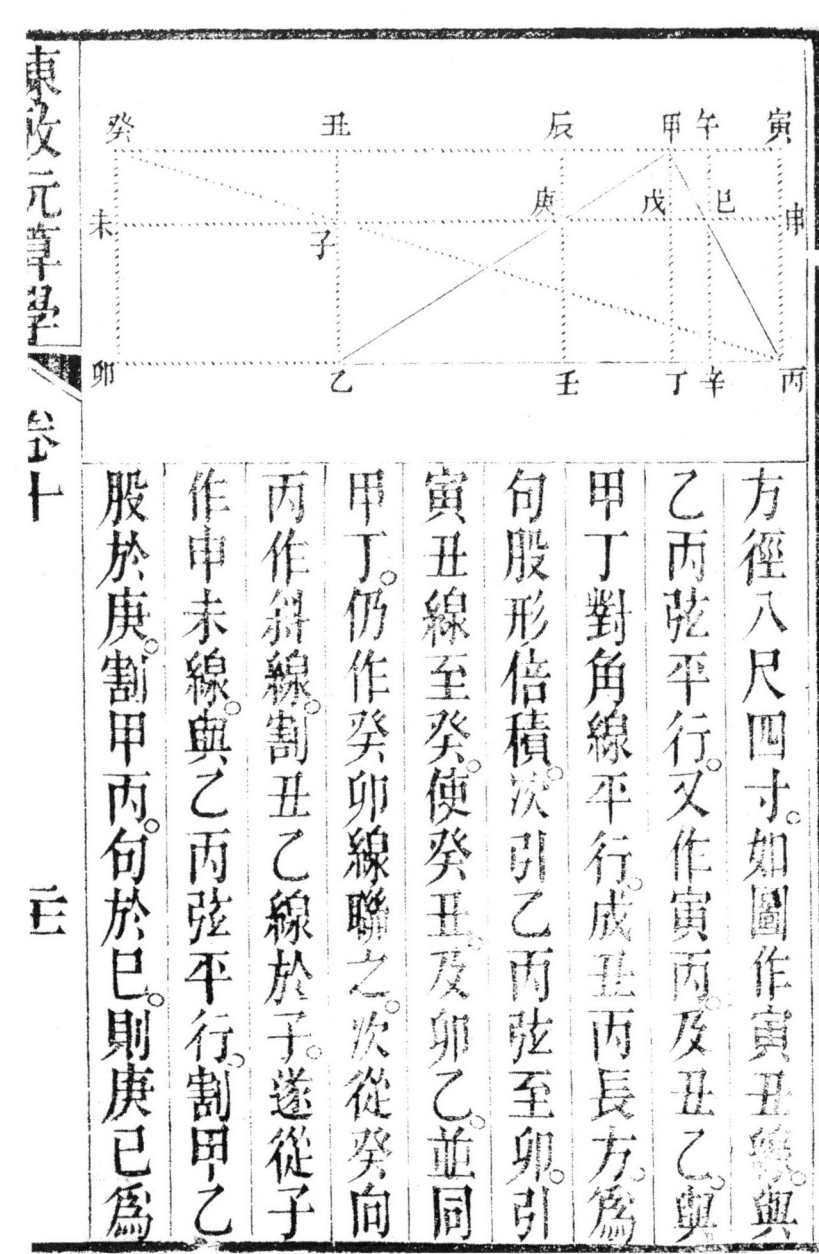

方徑八尺四寸。如圖作寅丑線與乙丙弦平行。又作寅丙及丑乙與甲丁對角線平行。成丑丙長方。為句股形倍積。次引乙丙弦至卯。引寅丑線至癸。使癸丑及卯乙並同甲丁。仍作癸卯線聯之。次從癸向丙作斜線。割丑乙線於子。遂從子作申未線。與乙丙弦平行。割甲乙股於庚。割甲丙句於巳。則庚巳為

東政元算學　卷十　三

容方之壹邊。末從庚作辰壬線。從巳作午辛線。並與甲丁平行。而割乙丙弦於壬。於辛。則辛壬。及庚壬。及巳辛。叁線並與庚巳等。而成正方。如解各線之理。俱以虛補實耳。無贅錄也。

假如有句股形積六拾井邊句八丈邊股拾五丈底弦拾七丈求容方面而兩句股線切於方邊之兩角問所切餘之叁句股形積方積各若干

答曰方積弍拾四井八尺七寸七分八厘九毫九絲四忽五微東句股積六井六尺叁寸四分零九

毫七絲叁忽七微北句股積五井壹尺六寸四分九厘六毫壹絲九忽六微西句股積弍拾叁井叁尺弍寸叁分零四毫零叁忽九微

法以小邊加大邊爲兩弦和以小邊減大邊所餘爲兩弦較以較乘和得壹百六拾壹丈爲實以底邊長七拾丈爲兩句和爲法法除實得九丈四尺七寸零五厘八毫八絲爲兩句較與底線拾七丈相減餘折半得叁丈七尺六寸四分七厘零六絲爲句如巳戊以小邊八丈如甲戊爲弦用句弦求股法得七丈零五寸八分八厘弍毫叁絲五忽爲中垂線如巳甲加入底

線拾七丈。共得式拾四丈零五寸八分八釐式毫叁絲五忽爲法。以倍積得爲實。法除實得四丈九尺八寸七分七釐七毫五絲爲容正方形。如丙子丁申。再以己戊句爲實。以甲巳中垂線爲法除之。得五尺叁寸叁分叁釐叁毫叁絲爲垂線。每壹丈之差數。再以甲巳垂綫減去容方邊。如乙巳餘式丈零七寸壹分零四毫八絲五忽如甲乙與垂線之差五尺叁寸叁分叁釐叁毫叁絲相乘。得壹丈壹尺零四分五釐六毫叁絲。如丙乙。即子巳等。如戊巳與之句相減。餘式丈六尺六寸零壹釐四毫叁絲。如戊子爲東句。與丙子之股相乘。折半得六井六尺叁寸四分零九毫七絲叁忽七微。爲丙戊子之壹東句股積。再以甲乙線式丈零七

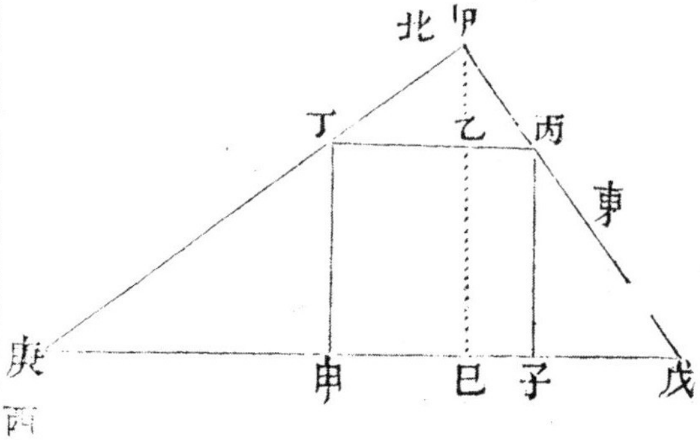

寸壹分零四毫八絲五忽。與丙丁容方邊相乘。折半得五井壹尺六寸四分九厘六毫壹絲九忽六微。為甲丙丁之壹北句股積。又以底邊拾七丈。減去戊子之句。再減子申容方邊長。餘九丈叁尺五寸弍分零八毫弍絲。如申庚為股。與丁申容方邊之句相乘。折半得弍拾叁井叁尺弍寸叁分零四毫零叁忽九微。為丁申庚。壹酉句股積。又以中正方形自乘。得方積弍拾四井八尺七寸七分八厘九毫九絲四忽五微。與叁

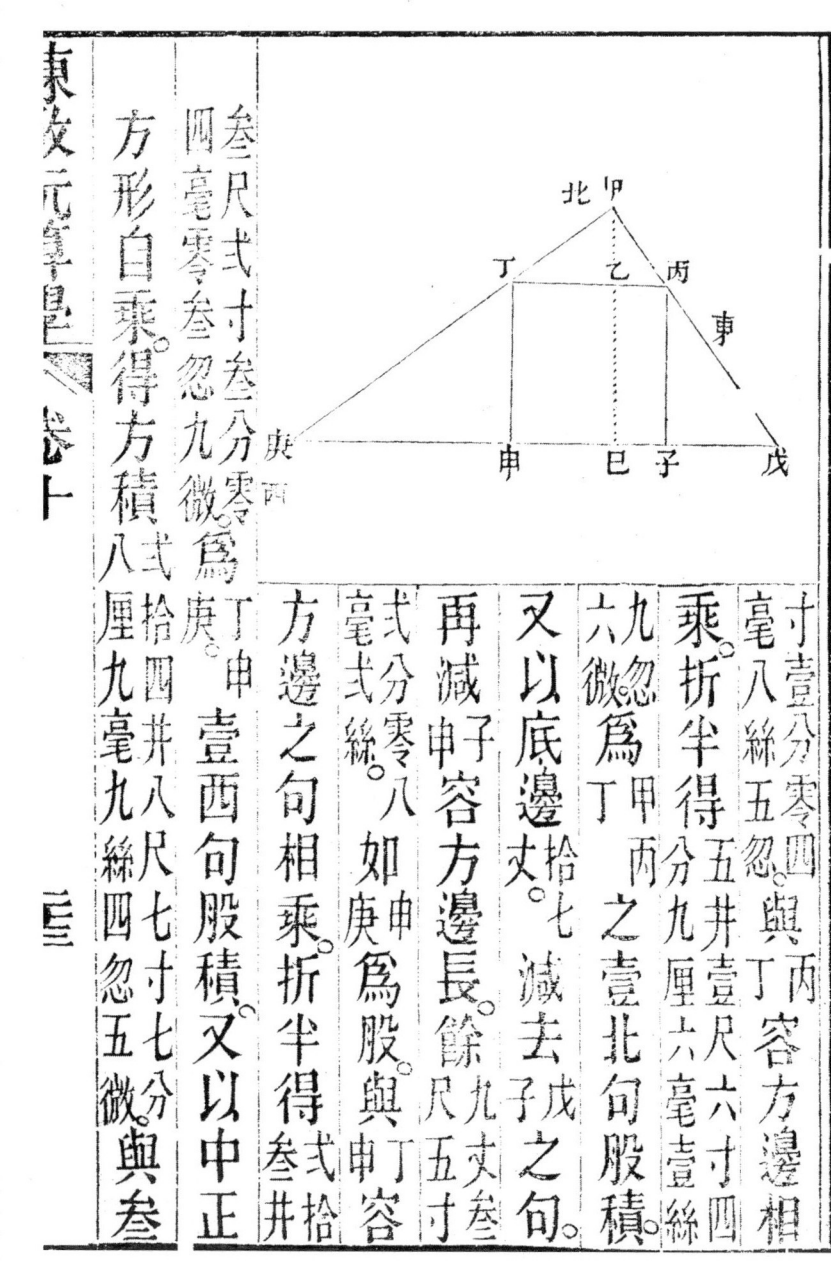

句股積併得全積合問。若只求容方積。不問句股。即以梅氏之法求之更捷。若問各邊。似以此法方合。梅氏之題。是將垂線底而問。若只將句股而問。其法畧異矣。法立後。

假如有句九丈股拾弍丈句股切於兩方之角問容方若干　答曰四丈八尺六寸四分八厘六毫四絲　法以句自乘得八拾壹丈。股自乘得壹百四拾四丈弍數相併得弍百弍拾五丈。開方得弦壹拾五丈。用句股求垂法求得垂線七丈弍尺。與弦相併得弍拾弍丈弍尺爲法。以句與股相乘得壹百零八丈爲實。法除實。得容方邊合問。

叁角形邊線角度相求法八線原理及八線表詳卷拾弍

叁角形有直角者爲句股無直角者作中垂線則亦成兩句股是皆有其式而得其壹或有其叁而分爲弍槩以邊線相求者也至割圓之法則凡叁角形有壹角即有八線皆成句股而可比例以相求故無論角之直與銳鈍要以角度爲準而叁角之度必與兩直角之度等即兩象限角之大者所對之邊亦大角之小者所對之邊亦小凡叁角叁邊而知其叁而餘叁者悉可得若直角則惟知其弍而其餘者亦可得此叁

角之法所由立。而測量之用所由廣也。如知兩角壹邊。求又壹邊者。以對所知之角。與對所求之角爲比。卽如所知之邊。與所求之邊爲比也。知兩邊壹角。求又壹角者。以對所知之邊。與對所求之邊爲比。卽如所知之角。與所求之角爲比也。或所知之壹角在所知兩邊之間。而求又壹角者。則角無所對之邊。而邊無所對之角。必用兩邊之和較。與所知角之外角半弧之切線爲比。而得所求兩角。與所知角之外角半弧之較。既得較而角度亦得矣。又如知叁邊而求叁

角者。則以叁角形求中垂線法。分爲兩直角形。而叁
角自隨而得。若只有三角。則三邊無所約束。不成法
之角度爲虛率。邊線爲實數。有定數而虛率可御。總
以比例四率展轉用之。惟在分合有法。相度得宜耳。
假如甲乙丙直角叁角形乙角爲直角九拾度知丙
角五拾七度丙乙邊五丈求甲乙邊甲丙邊各若
干　答曰甲乙邊七丈六尺九寸九分叁厘有餘
甲丙邊九丈壹尺八寸零叁厘有餘此知兩角壹
邊求又壹邊者　法以丙角五拾七度如己戊。與象限九拾

度相減。餘叁拾叁度如己丁。為甲角。先求甲乙邊。則甲角為對所知角。其正弦五萬四千四百六拾四如巳辛。即如丙庚。為壹率為法。丙角為對所求之角。其正弦八萬叁千八百六拾七。如己庚為弍率。與丙乙所知之邊五丈為叁率。相乘為實。法

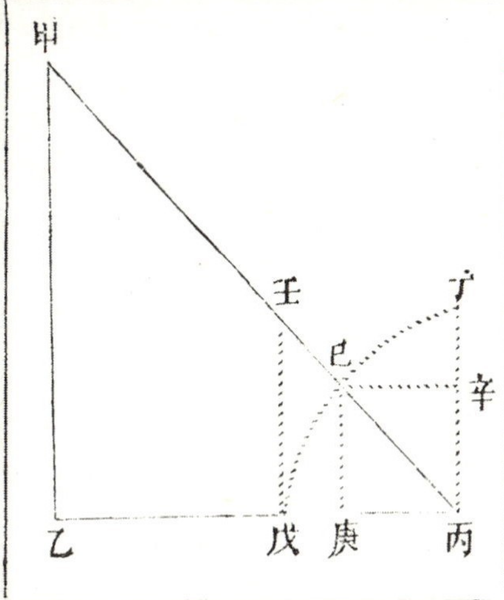

除實。求得四率七丈六尺九寸九分叁厘有餘。即甲乙為所求之邊。若求甲丙之邊。則以乙角為對所求之角。其正弦即半徑拾萬如己丙。為弍率。求得四率。九丈壹尺八寸零叁厘有餘。即甲

丙爲所求之邊。蓋已庚丙與甲乙丙兩句股形爲同式。故丙庚與已庚之比。同於丙乙與甲乙之比。而丙庚與丙巳之比。又同於丙乙與甲丙之比也。

又法。以半徑拾萬。如丙戊。爲壹率。爲法。丙角正切拾五萬叁千九百八拾六。如壬戊。爲弍率。與丙乙邊五丈爲叁率。相乘爲實。法除實。求得四率。亦即甲乙邊。若以丙角正割拾八萬叁千六百零七。如壬丙。爲弍率。求得四率。亦即甲丙邊。蓋壬戊丙與甲乙丙兩句股形。亦爲同式。故丙戊與壬戊之比。同於丙乙與甲乙之比。而丙戊與丙壬之比。又同於丙乙與丙甲之比也。

假如甲乙丙直角叁角形乙角爲直角九拾度知丙角五拾壹度五拾壹分甲丙邊八拾九丈零弍寸弍分求甲乙邊丙乙邊各若干　答曰甲乙邊七拾丈零零六分有餘丙乙邊五拾四丈九尺九寸有餘此亦知兩角壹邊求又壹邊者

法以丙角如己戊。與象限相減。餘叁拾八度零九分。如己丁。爲甲角。先求甲乙邊。則以乙角爲對所知之角。其正弦即半徑拾萬如丙己。爲壹率爲法。丙角爲對所求之角。

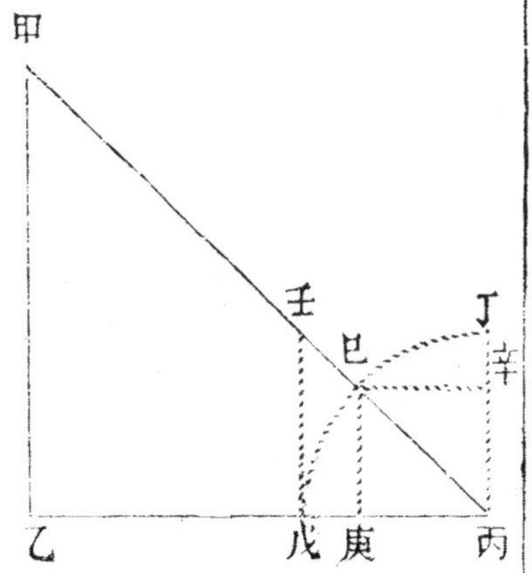

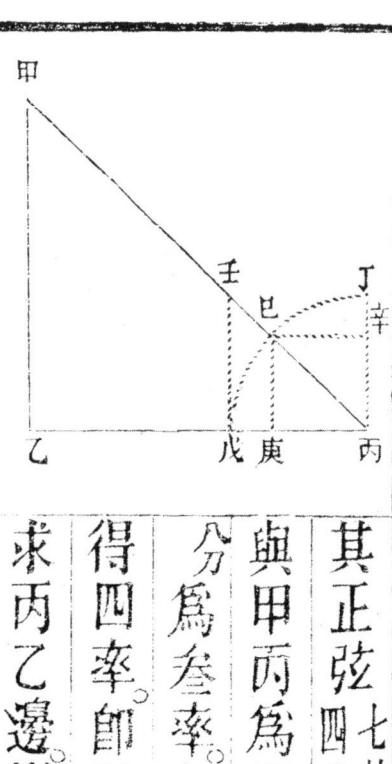

其正弦七萬八千六百。爲弌率。與甲丙爲所知之邊。八拾九丈零弌寸弌八分。爲叁率。相乘爲實。法除實。求得四率。卽甲乙爲所求之邊。若求丙乙邊。則以甲角爲對所求之角。其正弦六萬壹千七百七拾弌。如辛巳。卽如丙庚。爲弌率。求得四率。卽丙乙所求之邊。盍己庚丙與甲乙丙兩句股形爲同式。故巳丙與己庚之比。同於甲丙與甲乙之比。而己丙與庚丙之比。又同於甲丙與乙丙之比也。又法。求甲乙邊。以丙角正割。拾六萬壹千八百八拾五如壬丙為壹率為法。正切拾弍萬七千叁百零六如壬戊為弍率。與甲丙邊數為叁率。相乘為實。法除實。求得四率。亦即甲乙邊。若求丙乙邊。則以半徑拾萬如丙戊為弍率。求得四率。亦即丙乙邊。盍壬戊丙與甲乙丙兩句股形。亦為同式。故壬丙與壬戊之比。同於甲丙與甲乙之比。而壬丙與戊丙之比。又同於甲丙與乙丙之比也。

假如甲乙丙直角叁角形。乙角為直角九拾度。知甲

丙邊壹百零弍丈弍尺丙乙邊四拾八丈求甲角

丙角若干　答曰甲角弍拾八度零壹分丙角六

拾壹度五拾九分此知兩邊壹角求又壹角者

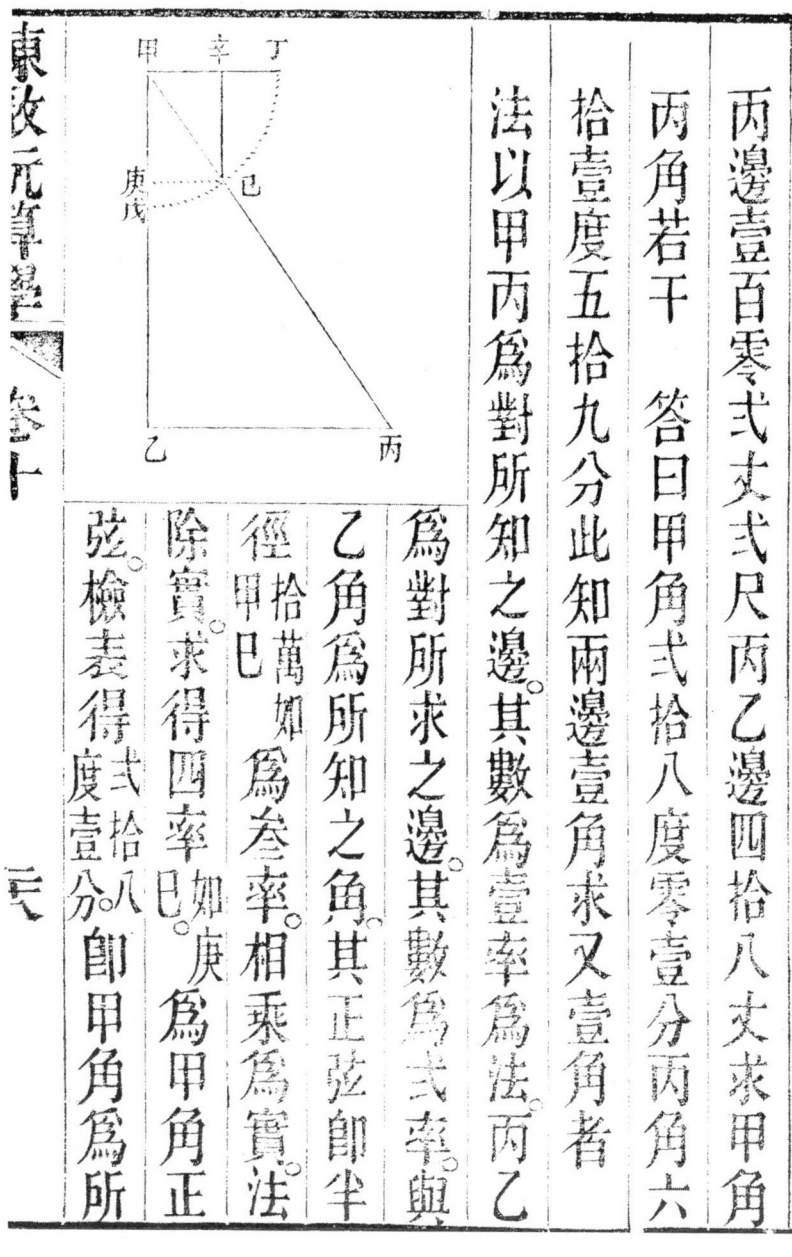

法以甲丙爲對所知之邊。其數爲壹率爲法。丙乙

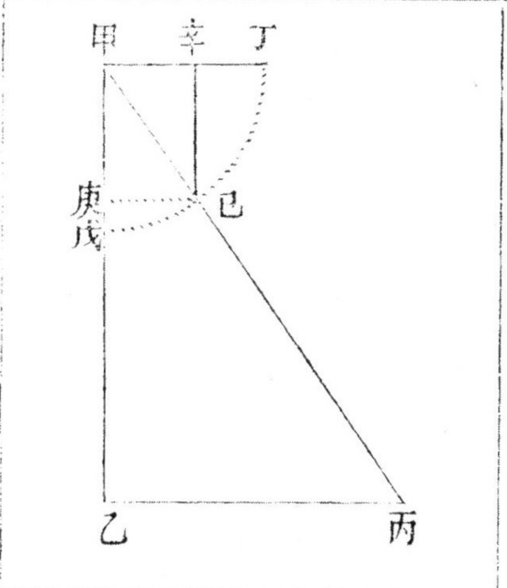

爲對所求之邊。其數爲弍率。與

乙角爲所知之角。其正弦卽半

徑拾萬如甲巳　爲叁率。相乘爲實。法

除實。求得四率。巳如庚　爲甲角正

弦。檢表得弍拾八度壹分。卽甲角爲所

求之角甲角之正弦。卽丙角之餘弦。如檢餘弦數。得六拾壹度五拾九分。卽丙角。萕甲乙丙。與甲庚巳兩句股形爲同式。故甲丙與乙丙之比。同於甲巳與庚巳之比也。　又法。以丙乙邊數壹率爲法。甲丙邊數爲弍率

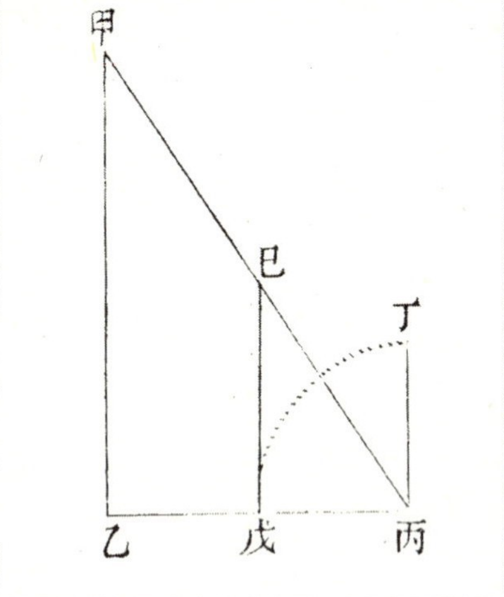

與半徑拾萬如丙戊爲叁率。相乘爲實。法除實。求得四率。弍拾壹萬弍千九百拾六。如巳丙。爲丙角之正割。檢表得六拾壹度五拾九分。卽丙角。丙角之正割。卽甲角之餘割。如檢餘

割數得弍拾八度壹分即甲角盍甲乙丙與己戊丙兩句
股形亦爲同式故乙丙與甲丙之比同於戊丙與
己丙之比也
假如甲乙丙直角三角形乙角爲直角九拾度知甲
乙邊弍拾丈丙乙邊叁拾四丈六尺四寸壹分求
甲角丙角各若干　答曰甲角六拾度丙角叁拾
度此即所知之壹角在所知兩邊之間角無所對
之邊邊無所對之角而求又壹角者法以兩邊數
相加得五拾四丈六尺四寸壹分如丙丁爲兩邊和爲壹率爲法

兩邊數相減。餘拾四丈六尺四寸壹分。如丙戊。為兩邊較。為弍率。與以乙角之外角。九拾度。如甲乙丁角。折半得四拾五度。為半外角。其正切為半徑。拾萬。如甲丁。為叁率。相乘為實。法除實。求得

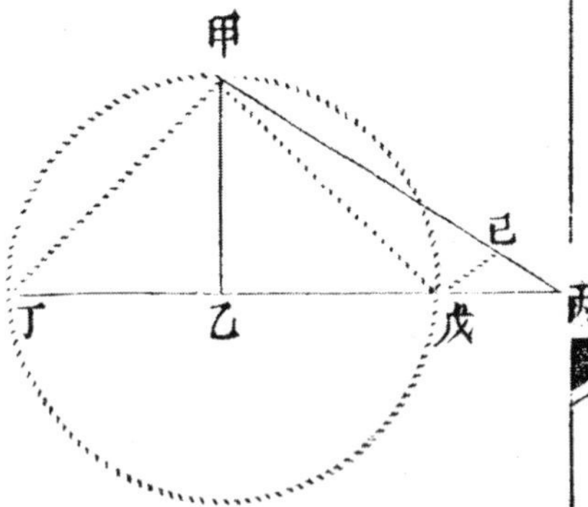

四率。弍拾六萬七千九百四拾八。如己戊。為半較角之正切。檢表得拾五度。為半較角。與半外角相減。餘叁拾度。即丙角。與半外角相加。六拾度。即甲角。蓋丙丁甲。與丙戊己。兩叁角形為同式。故丙丁與甲丁之比。同於丙戊與

巳戊之比也。既得己戊。加減而得餘弍角矣。

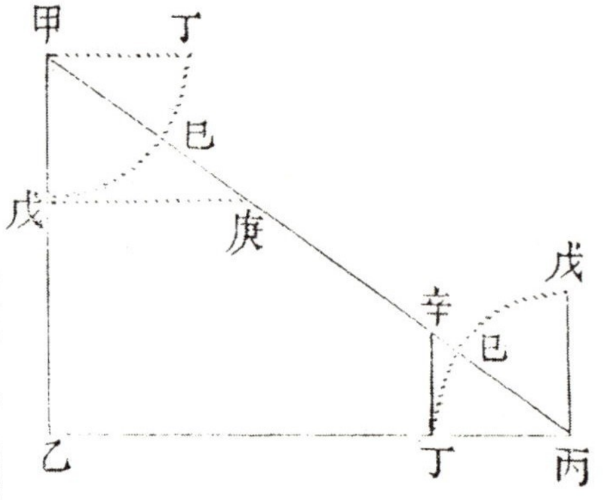

又法。以甲乙邊爲壹率爲法。丙乙邊爲弍率。與半徑拾萬爲叁率。如甲戊。相乘爲實。法除實。求得四率。拾七萬叁千弍百零五。如戊庚。爲甲角之正切。檢表得六拾度。即甲角與象限九拾度相減。餘叁拾度。即丙角。如先求丙角。則以丙乙邊爲壹率爲法。甲乙邊爲弍率。與半徑叁率。如丙丁。相乘爲實。法除實。求得四率。五萬

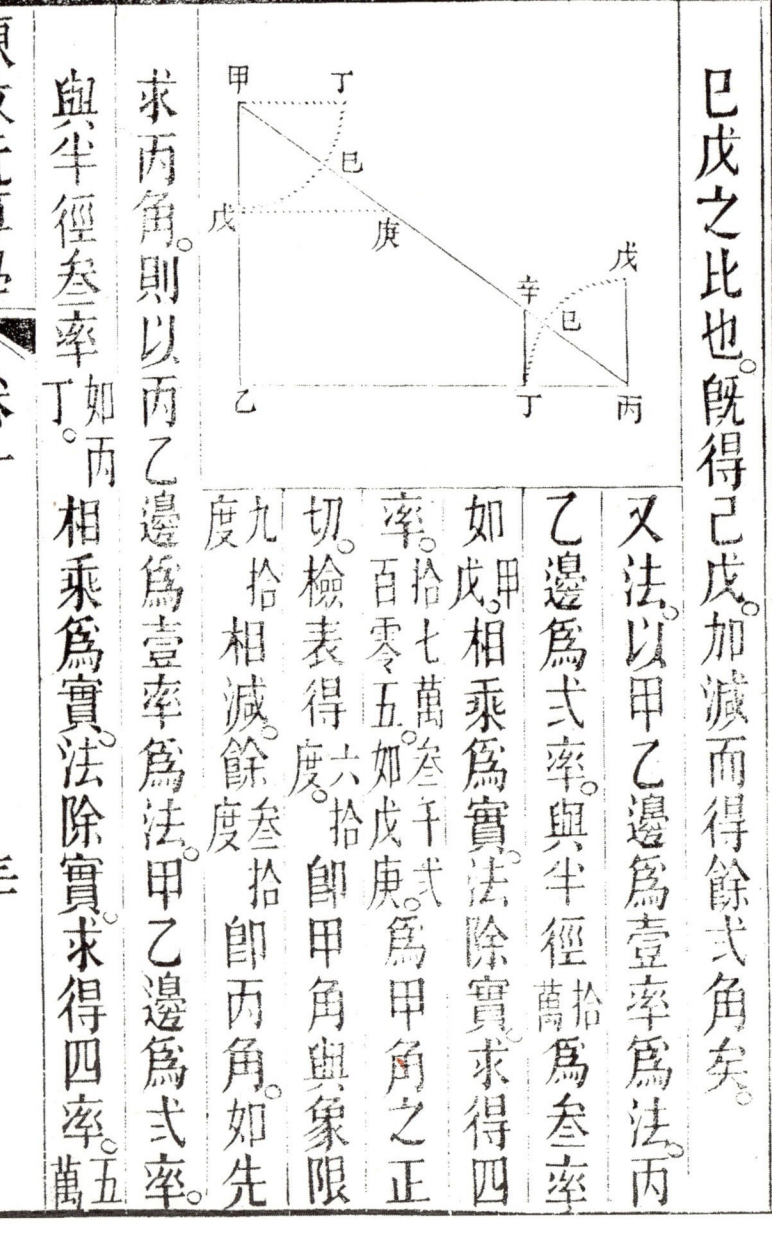

七千七百叁拾五。如辛丁。爲丙角之正切。檢表得叁拾度。卽丙角與象限相減。餘六拾度。卽甲角。蓋甲戊庚與甲乙丙。兩句股形爲同式。故甲乙與丙乙之比。同於甲戊與庚戊之比。而丙丁辛與丙乙甲兩句股形。亦爲同式。故丙乙與甲乙之比。同於丙丁與辛丁之比也。

假如甲乙丙鋭角叁角形。知乙丙邊叁拾弍丈乙角六拾度丙角四拾六度。求甲乙邊甲丙邊各若干

答曰甲乙邊弍拾叁丈九尺四寸六分有餘甲丙

邊弍拾八丈八尺弍寸九分有餘　此知兩角壹邊。求又壹邊者。法以乙角丙角度相加。得壹百零六度。與半圓壹百八拾度相減。餘七拾四度。爲甲角。先求甲丙邊。則以甲角爲對所知之角。其正弦九萬六千壹百弍拾六。如丁戊。即如乙庚庚丙。爲壹率。爲法。以乙角爲對所求之角。其正弦八萬六千六百零叄。如甲子與子丙。爲弍率。與乙丙爲所知之邊。叄拾弍丈。爲叄率。相乘爲實。法除實。求得四率。甲丙爲所求之邊。若求甲乙邊。則以丙角爲對所求之角。其正弦七萬壹千九百叄拾四。如甲丑與丑乙。爲弍率。求得四率。

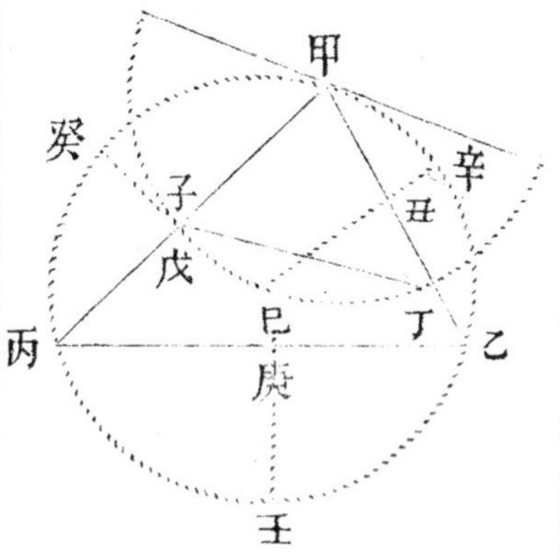

甲乙爲所求之邊。如圖甲乙丙叁角形。作含叁角形之圓。則叁角皆切圓邊。其所對之弧。皆爲本角之倍度。若再作壹以甲角爲心之半圓。則甲角對之丁巳戊弧。卽居乙壬丙弧之半。凡量角度必以角爲圓心。眞度乃見。斯爲眞度。其乙丙弍角亦然。故求甲丙邊者。以乙庚與甲子之比。或庚丙與子丙之比。皆同於乙丙與甲丙之比。求甲乙邊者。以乙庚與甲丑之比。或庚丙與丑乙之比。皆同於丙乙與甲乙之比也。

又法。以乙角餘切（五萬七千七百叁拾五。如戊己。即如壬癸。）與丙角餘切（九萬六千五百六拾九。如庚辛。即如癸子。）相加。得（拾五萬四千叁百零四。如壬子。）爲壹率爲法。以乙角餘割（拾壹萬五千四百七拾。如己乙。即如甲壬。）爲式率。與丙乙邊爲叁率。相乘爲實。法除實。求得四率。即甲乙邊。若以丙角餘割（拾叁萬九千零拾六。如庚丙。即如甲子。）爲式率。則得四率。即甲丙邊。此法蓋以叁角形分爲兩句股。如

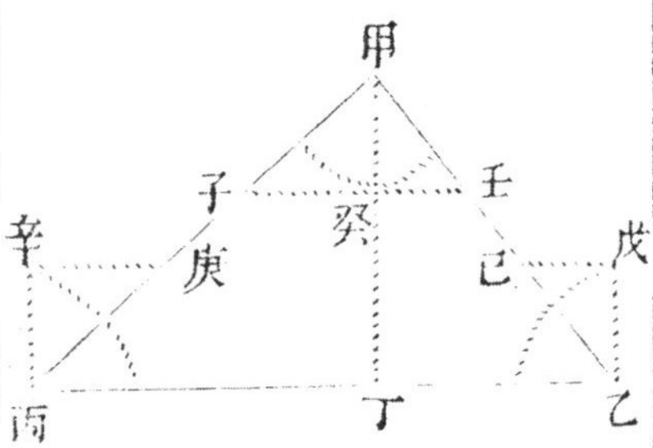

乙角六拾度與象限相減餘叁拾度爲甲丁乙形之甲角又丙角四拾六度與象限相減餘四拾四度爲甲丁丙形之甲角乙角之餘切戊己卽甲丁乙形甲角之正切壬癸乙角之餘割己乙卽甲丁乙形甲角之正割甲壬而丙角之餘切庚辛卽甲丁丙形甲角之正切癸子丙角之餘割庚丙卽甲丁丙形甲角之正割甲子乙角丙角兩餘切相加之數卽兩甲角正切相和之數壬子甚甲癸壬與甲丁乙甲癸子與甲丁丙俱爲同式句股形而甲

壬子。與甲乙丙。亦爲同式三角形。故求甲乙邊者。壬子與甲壬之比。同於乙丙與甲乙之比。求甲丙邊者。壬子與甲子之比。同於乙丙與甲丙之比也。

假如甲乙丙鈍角叁角形知乙角弍拾四度丙角叁拾六度叁拾分乙丙邊七拾九丈零壹寸求甲乙邊甲丙邊若干　答曰甲乙邊五拾叁丈九尺九寸七分甲丙邊叁拾六丈九尺弍寸叁分有餘

此亦知兩角壹邊求又壹邊者法以乙角度與丙角度相加。得六拾度叁拾分與半圓相減。餘壹百拾九度叁拾分爲甲鈍角。先求甲乙邊。則以甲鈍角爲對所知之角。夫甲角既爲鈍角過九拾度。乃用其外角將甲角度與半圓相減。餘六拾度叁拾分爲甲外角。其正弦八萬七千零叁拾六。爲壹率爲法。凡鈍角之外角正弦。即鈍角之正弦也。丙角爲對

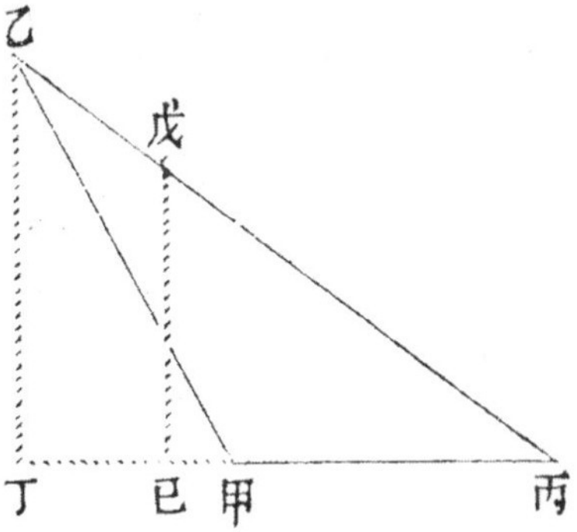

所求之角。其正弦五萬九千四百八拾弍爲弍率。與乙丙爲所知之邊。其數爲叁率。相乘爲實。法除實。求得四率。即甲乙爲所求之邊。若求甲丙邊。則以乙角爲對所求

之角其正弦四萬六百七拾四爲式率。求得四率。即甲丙

爲所求之邊。此法亦有兩角壹邊。但甲爲鈍角。故

用外角正弦。求法畧異。試以求甲乙邊言之。則甲

乙邊爲半徑。於甲角之外作乙丁垂線。則成乙甲

丁之外角。其乙丁垂線。即外角正弦。又按甲乙邊

度。截乙丙邊於戊。使戊丙與甲乙半徑等。作戊己

垂線。即丙角之正弦。夫戊己丙與乙丁丙兩句股

形。爲同式。故乙丁與戊己之比。同於乙丙等與甲

乙之戊丙之比也。其求甲丙邊。用外角正弦。理亦

同若用前題第弍法求之亦得。

假如甲乙丙鈍角叁角形知乙角叁拾叁度叁拾八分四拾秒丙外角五拾五度五拾叁分乙丙邊拾六丈求甲角甲乙邊甲丙邊各若干　答曰甲角弍拾弍度壹拾四分弍拾秒甲乙邊叁拾五丈甲丙邊弍拾叁丈四尺弍寸弍分有餘　此法亦有两角壹邊但先有外角其求角法稍異以乙角度與丙外角角度相減餘即甲角度（丙外角與乙甲弍內角相併之度等故也）其求邊之法與前題同若用第弍法求之亦得。

但壹率須用乙角餘切。與丙外角餘切相減所餘之數耳。

假如甲乙丙鈍角叁角形知丙角壹百壹拾度甲乙邊弍拾弍丈。五尺五寸甲丙邊拾弍丈求甲角乙角及乙丙邊各若干

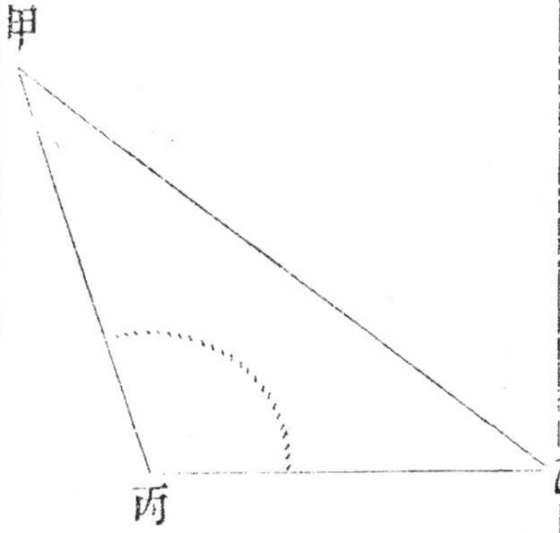

答曰甲角四拾度乙角叁拾度乙丙邊拾五丈四尺弍寸七分

此知兩邊壹角。求又壹角者。法以甲乙邊為對所知之邊。其數

爲壹率。爲法。甲丙邊爲對所求之邊。其數爲弍率。與丙角爲所知之角。其外角七拾度之正弦。九萬叁千九百六拾九爲叁率。相乘爲實。法除實。求得四率五萬爲乙角正弦。檢表得叁拾度。卽乙角與丙角相加。得壹百四拾度。與半圓相減。餘四拾度。卽甲角。旣得甲角。其求邊法亦同前。

假如甲乙丙鈍角叁角形。知甲乙邊壹百弍拾弍尺。甲丙邊壹百壹拾弍尺。乙丙邊壹百五拾尺。求甲乙丙角各若干　答曰甲角七拾九度叁拾六分五拾秒。乙角四拾七度壹拾五分叁拾秒。丙角五拾叁度零七分四拾秒。　此知叁邊而求叁角者。法以乙丙邊爲底。其數爲壹率。爲法。甲乙甲丙爲兩腰。兩數相加。得弍百叁拾四尺。如乙己。爲弍率。與相減。餘拾尺。如庚乙。爲叁率。相乘爲實。法除實。求得四率。拾五尺六寸。如乙戊。爲分底之較。與全底如乙丙。相減。餘壹百叁拾四尺四寸。如戊丙。折半。得六拾七尺弍寸。如丁丙。爲分底之數。乃以甲丙邊爲對

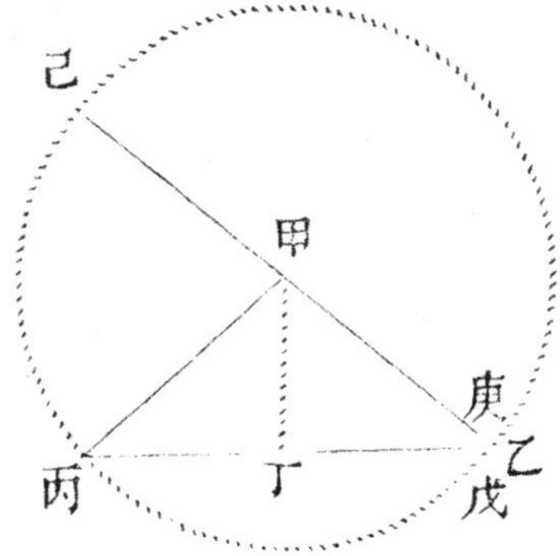

所知之邊。其數爲壹率爲法。丁丙分底爲對所求之邊。其數爲式率。與丁角爲所知之角。其正弦拾萬爲叁率。相乘爲實。法除實。求得四率六。萬爲甲丁丙形。甲分角之正弦。即丙角之餘弦。檢表得五拾叁度零七分四拾秒。爲丙角。既得丙角。則以甲乙邊爲對所知之邊。其數爲壹率爲法。甲丙邊爲對所求之邊。其數爲式率。與丙角所知之角。其正弦七萬九千九百九拾七。爲叁率。相乘爲實。法除實。求得四率。七萬叁千四百四拾。爲乙角之正弦。檢表得四拾七度拾五分叁拾秒。爲乙角。乃併乙丙弍角。共壹百度弍拾叁分拾秒。與半圓相减。餘七拾九度叁拾六分五拾秒。即甲角。如圖。以甲角為心。甲丙小邊為半徑。作壹戊丙己庚圓。截甲乙邊於庚。截丙乙底於戊。將甲乙引長至圓界己。則甲己與甲丙等。乙巳兩腰和。乙庚即兩腰較。乙戊即乙丁。丁丙兩分底之較。故底和乙丙。與邊和乙巳之比。即同於邊較庚乙與底較乙戊之比。為轉比例四率也。

又法。先求丙角。以甲丙邊與乙丙邊相乘。得壹萬六千八百尺。如丙癸倍之。得叁萬叁千六百尺。如丑子壹長方。癸丙卯寅壹大長方。為壹率爲法。以甲丙邊。乙丙邊。各自乘相加。得叁萬五千零四拾四尺。如甲丙戊己及乙丙癸壬式正方。又以甲乙邊自乘。如甲乙辛庚壹正方。與之相減。減去等辰巳午甲之甲丙戊巳壹正方。又減去等庚辛乙午巳辰罄折形之乙壬中未壹小長方。餘式萬零壹百六拾尺。如未辛癸丙壹長方。爲式率。半徑拾萬爲叁率。如丁丙相乘爲實。法除實。求得四率六萬爲甲分角之正弦。即丙角之餘弦。檢表而得丙角。若求乙角。則以甲乙邊與乙丙邊相乘。得數倍之。爲壹率爲法。以甲乙邊。乙丙邊。各自乘相加。內減甲丙邊自乘之數。餘爲式率。與半徑爲叁率相乘爲實。

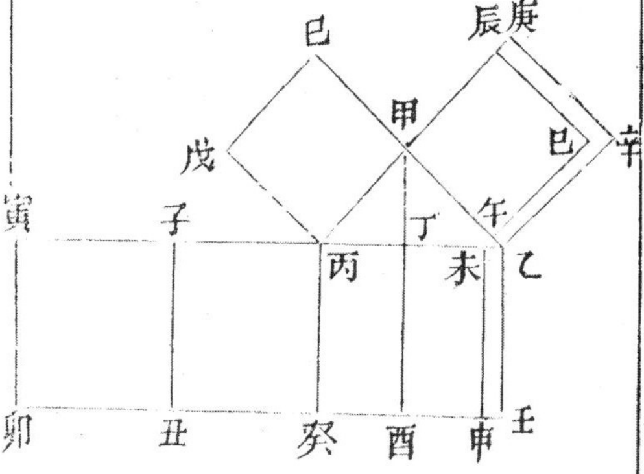

法除實。求得四率。六萬七千八百八拾九。爲甲分角之正弦。即乙角之餘弦。檢表而得乙角。此法益以叁邊面積。互相加減。使面與面比。而得線與線之比也。如甲乙丙叁角形。作壹甲丁垂線。遂分爲兩句股形。又作叁邊之各正方。復作兩邊相乘之長方。則丙癸卯寅之長方。與未申癸丙之長方之比。即同於丙寅邊。與未丙邊之比也又比例之理全與全半與半之比例相同故丙癸卯寅之長方與未申癸丙之長方相比又即同於丙子邊與甲丙邊爲丁角正弦即半徑同與丁丙邊之比也

假如甲乙丙叁角形甲角五拾叁度八分乙丙邊壹丈弍尺弍寸甲乙甲丙兩邊較叁尺八寸求乙角丙角各若干

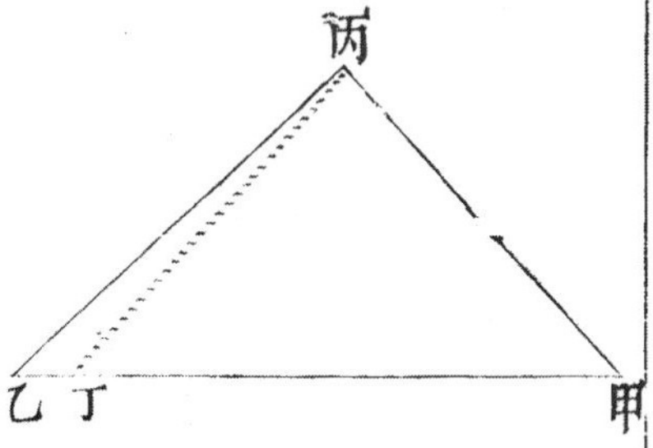

答曰乙角四拾七度拾六分丙角七拾九度叁拾六分　法依[illegible]丙邊度截甲乙邊於丁餘乙丁與兩

邊較。自丙至丁。作丙丁線。成乙丁丙鈍角形。乃以乙丙邊數爲壹率爲法。乙丁邊較爲弍率。與甲角度與半圓相減。餘壹百弍拾六度五拾弍分。折半得六拾叁度弍拾六分。即丁鈍角之外角。與丁丙甲角等。其正弦八萬九千四百四拾壹爲叁率。相乘爲實。法除實。求得四率。弍萬十千八百五拾八爲丙分角正弦。檢表得拾六度拾分。爲丙分角。與丁丙甲角六拾叁度弍拾六分相加。得七拾九度叁拾六分爲丙角。以丙分角與丁外角相減。餘四拾七度拾六分爲乙角。

假如甲乙丙叁角形甲角五拾叁度八分甲丙邊壹

丈弍尺弍寸甲乙乙丙兩邊較弍尺八寸求乙角
丙角若干　答曰乙角四拾七度拾六分丙角七
拾九度叁拾六分　法依乙丙邊度。截甲乙邊於
丁。餘甲丁。卽兩邊較。自丙至丁。作丙丁線。成甲丁

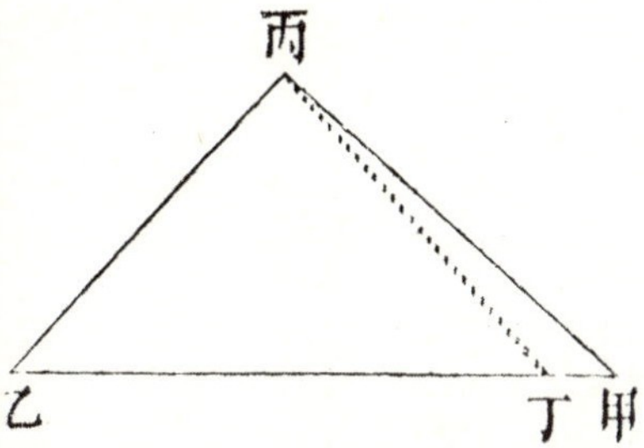

丙鈍角形。乃以甲丁較。與甲丙
邊相加。得壹丈四尺為壹率。為法。相
減。餘八尺四寸為弍率。與甲角半外
角六拾叁度弍拾六分之正切。拾九萬九千九百八
拾六為叁率。相乘為實。法除實。求

得四率。拾壹萬九千九百九拾壹。爲半較角正切。檢表得五拾度、拾式分。爲半較角。與半外角相減。餘拾叁度拾四分。爲丙分角。倍之。與甲角相加。即丙角。併甲角丙角。與半圓相減。餘即乙角。蓋以丙分角與甲角相加。則得丙丁乙角。與丙大分角等。是丙大分角與壹丙小分角。壹甲角之度等。故倍小分角與甲角相加。得丙全角也。

假如甲乙丙叁角形。甲角五拾叁度八分。乙丙邊壹丈弍尺弍寸。甲乙甲丙兩邊和弍丈六尺弍寸。求

丙角乙角各若干　答曰乙角四拾七度拾六分丙角七拾九度叁拾六分　法以甲乙與甲丙相加得丙丁。自乙至丁。作乙丁線。成丁乙丙叁角形。乃以乙丙邊數爲壹率爲法。丁丙兩邊和爲弍率。

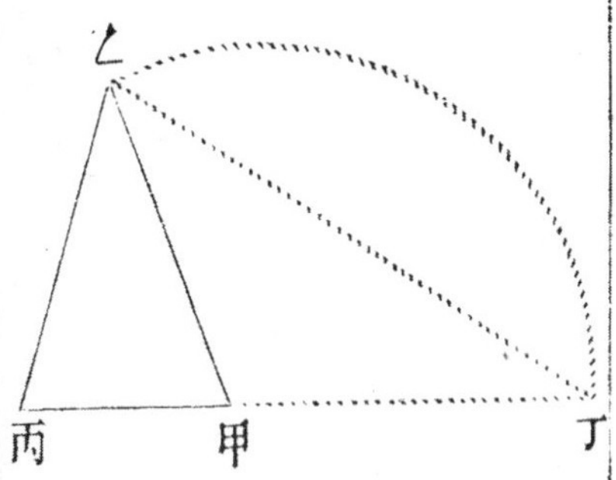

與甲角折半。得弍拾六度叁拾四分即丁角。與甲乙丁角等。其正弦四萬四千七百弍拾四爲叁率。相乘爲實。法除實。求得四率。九萬六千零四拾六。爲丙乙丁角正弦。檢表得七拾叁度五拾分爲丙乙丁角。內減半甲角。弍拾六度叁拾四分。餘即乙角。併甲角乙角。與半圓相減。餘即丙角。

假如甲乙丙叁角形甲角五拾叁度八分甲乙邊壹丈五尺甲丙乙丙兩邊和弍丈叁尺四寸。求乙角

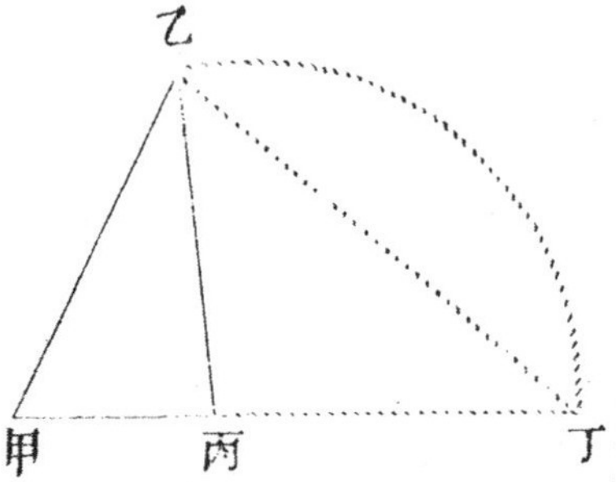

丙角各若干　答曰乙角四拾七度拾六分丙角七拾九度叁拾六分　法以甲丙與乙丙相加得甲丁。自乙至丁。作乙丁線。成甲乙丁叁角形。乃以甲丁兩

邊和。與甲乙邊相加得叁丈八尺四寸。為壹率為法。相減餘四尺八寸為弍率。與甲角與半圓相減。餘壹百弍拾六度五拾弍分。折半得半外角。六拾叁度弍拾六分。其正切拾九萬九千九百八拾六分。為叁率。相乘為實。法除實。求得四率。四萬叁千七百四拾七。為半較角正切。檢表得弍拾叁度叁拾八分為半較角。與半外角相減。餘為丁角。倍之。即丙角。併甲角。丙角。與半周相減。餘即乙角。

算學卷拾終

本書根據廣東省立中山圖書館藏清光緒十五年（1889）惜陰草堂刻本影印

西樵歷史文化文獻叢書

陳啟沅算學（一）

（清）陳啟沅 著

GUANGXI NORMAL UNIVERSITY PRESS
广西师范大学出版社
·桂林·

圖書在版編目（CIP）數據

陳啟沅算學：全 4 册 /（清）陳啟沅著．—桂林：廣西師範大學出版社，2015.11
（西樵歷史文化文獻叢書）
ISBN 978-7-5495-7250-2

Ⅰ．①陳… Ⅱ．①陳… Ⅲ．①古典數學—中國—清代 Ⅳ．①O112

中國版本圖書館 CIP 數據核字（2015）第 228878 號

廣西師範大學出版社出版發行
（廣西桂林市中華路 22 號　郵政編碼：541001
網址：http://www.bbtpress.com）
出版人：何林夏
全國新華書店經銷
廣西大華印刷有限公司印刷
(廣西南寧市高新區科園大道 62 號　郵政編碼：530007)
開本：890 mm × 1 240 mm　1/32
印張：46.875　　字數：300 千字
2015 年 11 月第 1 版　　2015 年 11 月第 1 次印刷
定價：168.00 元（全四册）

《西樵歷史文化文獻叢書》編輯委員會

叢書總序

温春來　梁耀斌

呈現在讀者面前的，是一套圍繞佛山市南海區西樵鎮編修的叢書。爲一個鎮編一套叢書並不出奇，但爲一個鎮編撰一套多達兩三百種圖書的叢書可能就比較罕見了。編者的想法其實挺簡單，就是要全面整理西樵鎮的歷史文化資源，探索一條發掘地方歷史文化資源的有效途徑。最後編成一套規模巨大的叢書，僅僅因爲非如此不足以呈現西樵鎮深厚而複雜的文化底蘊。叢書編者秉持現代學術理念，並非好大喜功之輩。僅僅爲確定叢書框架與大致書目，編委會就組織七八人，研讀各個版本之西樵方志，通過各種途徑檢索全國各大公藏機構之古籍書目，並多次深入西樵鎮各村開展田野調查，總計歷時六月餘之久。隨着調研的深入，編委會益發感覺到面對着的是一片浩瀚無涯的知識與思想的海洋，於是經過反復討論、磋商，決定根據西樵的實際情況，編修一套有品位、有深度、能在當代樹立典範並能夠傳諸後世的大型叢書。

天下之西樵

明嘉靖初年，浙江著名學者方豪在《西樵書院記》中感慨：『西樵者，天下之西樵，非嶺南之西樵也。』① 此話係因當時著名理學家、一代名臣方獻夫而發，有其特定的語境，但卻在無意之間精當地揭示了西樵在整個中華文明與中國歷史進程中的意義。

西樵鎮位於珠江三角洲腹地的佛山市南海區西南部，北距省城廣州 40 多公里，以境内之西樵山而得名。西樵山由第三紀古火山噴發而成，山峰石色絢爛如錦。相傳廣州人前往東南羅浮山采樵，謂之東樵，往西面錦石山采樵，謂之西樵，『南粤名山數二樵』之説長期流傳，在廣西俗語中也有『桂林家家曉，廣東數二樵』之句。珠江三角洲平野數百里，西樵山拔地而起於西江、北江之間，面積約 14 平方公里，中央主峰大科峰海拔 340 餘米。據説過去大科峰上有觀日臺，雞鳴登臨可觀日出，夜間可看到羊城燈火。如今登上大科峰，一覽山下魚塘河涌縱横，闤闠閭閻錯落相間，西、北兩江左右爲帶。②

西樵山幽深秀麗，是廣東著名風景區。然而更值得我們注意的，是以她爲核心的一塊僅有 100 多平方公里的土地，在中國歷史的長時段中，不斷産生出具有標志性意義的文化財富以及能夠成爲某個時代標籤的歷史人物。珠江三角洲是一個發育於海灣内的複合三角洲，其發育包括圍田平原和沙田平原的先後形成過程。西樵山見證了這一過程，並且在這一片廣闊區域的文明起源與演變的歷史中扮演着重要角色。作爲多次噴發後熄滅的古火山丘，組成西樵山山體的岩石種類多樣，其中有華南地區並不多見的霏細岩與燧石，這兩種岩石因石質堅硬等原因，成爲古人類製作石器的理想材料。大約 6000 年前，當今天的珠江三角洲還是洲潭遍佈、一片汪洋的時候，這一片地域的史前人類，就不約而同地彙集到優質石料蘊藏豐富的西樵山，尋找製造生産工具的原料，留下了大量打製、磨製的雙肩石器和大批有人工打擊痕跡的石片。在著名考古學家賈蘭坡

① 方豪：《棠陵文集》（收入《四庫全書存目叢書》集部第 64 册），卷 3，《記·西樵書院記》。
② 參見曾騏《珠江文明的燈塔——南海西樵山考古遺址》，廣州：中山大學出版社，1995 年。

先生看來，當時的西樵山是我國南方最大規模的採石場和新石器製造基地，北方只有山西鵝毛口能與之比肩，因此把它們並列爲中國新石器時代南北兩大石器製造場①，並率先提出了考古學意義上的『西樵山文化』②。以霏細岩雙肩石器爲代表的西樵山石器製造品在珠三角的廣泛分佈，意味着該地區『出現了社會分工與產品交换』③，這些凝聚着人類早期智慧的工具，指引了嶺南農業文明時代的到來，所以有學者將西樵山形象地比喻爲『珠江文明的燈塔』④。除珠江三角洲外，以霏細岩爲原料的西樵山雙肩石器，還廣泛發現於粵西、廣西及東南亞半島的新石器至青銅時期遺址，顯示出瀕臨大海的西樵古遺址，不但是新石器時代南中國文明的一個象徵，而且其影響與意義還可以放到東南亞文明的範圍中去理解。

不過，文字所載的西樵歷史並沒有考古文化那麼久遠。儘管在當地人的歷史記憶中，南越王趙佗陪同漢朝使臣陸賈游山、唐末曹松推廣種茶、南漢開國皇帝之兄劉隱宴遊是很重要的事件，但在留存於世的文獻系統中，西樵作爲重要的書寫對象出現要晚至明代中葉，這與珠江三角洲在經濟、文化上的崛起是一脈相承的。當時，著名理學家湛若水、霍韜以及西樵人方獻夫等在西樵山分別建立了書院，長期在此讀書、講學，他們的許多思想產生或闡釋於西樵的山水之間，例如湛若水在西樵設教，門人記其所言，是爲《樵語》。方獻夫在《西樵遺稿》中談到了他與湛、霍二人在西樵切磋學問的情景：『三（書）院鼎峙，予三人常來往，講學其

① 賈蘭坡、尤玉柱：《山西懷仁鵝毛口石器製造場遺址》，《考古學報》1973年第2期。
② 賈蘭坡：《廣東地區古人類學及考古學研究的未來希望》，《理論與實踐》1960年第3期。
③ 楊式挺：《試論西樵山文化》，《考古學報》1985年第1期。
④ 曾騏：《珠江文明的燈塔——南海西樵山考古遺址》第30—42頁。

間，藏修十餘年。』① 王陽明對三人的論學非常期許，希望他們珍惜機會，時時相聚，爲後世儒林留下千古佳話，他致信湛若水時稱：『叔賢（即方獻夫）志節遠出流俗，渭先（即霍韜）雖未久處，一見知爲忠信之士，乃聞不時一相見，何耶？英賢之生，何幸同時共地，又可虛度光陰，容易失卻此大機會，是使後人而復惜後人也！』② 西樵山與作爲明代思想與學術主流的理學之關係，意味着她已成爲一座具有全國性意義的人文名山，這正是方豪『天下之西樵』的涵義。清人劉子秀亦云：『當湛子講席，五方問業雲集，山中大科之名，幾與嶽麓、白鹿鼎峙，故西樵遂稱道學之山。』③ 方豪同時還稱：『西樵者，非天下之西樵，天下後世之西樵也。』一語道出了人文西樵所具有的長久生命力。這一點方豪也沒有説錯，除上述幾位理學家外，從明中葉迄今，還有衆多知名學者與文章大家，諸如陳白沙、李孔修、龐嵩、何維柏、戚繼光、郭棐、葉春及、李待問、屈大均、袁枚、李調元、温汝適、朱次琦、康有爲、丘逢甲、郭沫若、董必武、秦牧、賀敬之、趙樸初等等，留下了吟詠西樵山的詩、文，今天我們走進西樵山，還可發現 140 多處摩崖石刻，主要分佈在翠岩、九龍岩、金鼠塱、白雲洞等處。與西樵成爲嶺南人文的景觀象徵相應的是山志編修。嘉靖年間，湛若水弟子周學心編纂了最早的《西樵山志》，萬曆年間，霍韜從孫霍尚守以周氏《樵志》『誇誕失實』之故而再修《西樵山志》，清初羅國器又加以重修，這三部方志已佚失，我們今天能看到的是乾隆初年西樵人士馬符録留下的志書。除山志外，直接以西樵山爲主題的書籍尚有成書於清乾隆年間的《西樵遊覽記》、道光年間的《西樵白雲洞志》、光緒年間的《紀遊西樵山記》等。

① 方獻夫：《西樵遺稿》，康熙三十五年（1696）方林鶴重刊本，卷 6，《石泉書院記》。
② 王陽明：《王文成全書》，四庫本，卷 4，《文録・書一・答甘泉二》。
③ 劉子秀：《西樵遊覽記》，道光十三年（1833）補刊本，卷 2，《圖説》。

晚清以降，西樵山及其周邊地區（主要是今天西樵鎮範圍）產生了一批在思想、藝術、實業、學術、武術等方面走在中國最前沿的人物，成爲中國走向近代的一個縮影。維新變法領袖康有爲、一代武術宗師黄飛鴻、民族工業先驅陳啟沅、『中國近代工程之父』詹天佑、清末出洋考察五大臣之一的戴鴻慈、『嶺南第一才女』冼玉清、粤劇大師任劍輝等西樵鄉賢，都成爲具有標志性或象徵性的歷史人物。

事實上，明代諸理學家講學時期的西樵山，已非與世隔絶的修身之地，而是與整個珠江三角洲的開發聯繫在一起的。西樵鎮地處西、北江航道流經地域，是典型的嶺南水鄉，境内河網交錯，河涌多達19條，總長度120多公里，將鎮内各村聯成一片，並可外達佛山、廣州等地。①傳統時期，西樵的許多墟市，正是在這些水邊興起的。今鎮政府所在地官山，在正德、嘉靖年間已發展成爲觀（官）山市，是爲西樵有據可查的第一個墟市。據統計，明清時期，全境共有墟市78個。②西樵山上的石材、茶葉可通過水路和墟市，滿足遠近各方的需求。一直到晚清之前，茶業在西樵都堪稱舉足輕重，清人稱『樵茶甲南海，山民以茶爲業，鬻茶而舉火者萬家』③。當年山上主要的採石地點，後由於地下水浸漫而放棄的石燕岩洞，因生産遺跡完整且水陸結合而受到考古學界重視，成爲繼原始石器製造場之後的又一重大考古遺址。

水網縱横的環境使得珠江三角洲堤圍遍佈，西樵山剛好地處横跨南海、順德兩地的著名大型堤圍——桑園圍中，而且是桑園圍形成的地理基礎之一。歷史時期，西、北江的沙泥沿着西樵山和龍江山、錦屏山等海灣中島嶼或丘陵臺地旁邊逐漸沉積下來。宋代珠江三角洲沖積加快，人們開始零零星星地修築一些『秋欄基』

① 《南海市西樵山旅遊度假區志》，廣州：廣東人民出版社，2009年，第188—192頁。
② 《南海市西樵山旅遊度假區志》，第393頁。
③ 劉子秀：《西樵遊覽記》，卷10，《名賢》。

以阻擋潮水對田地的浸泛，這就是桑園圍修築的起因。[①] 明清時期在桑園圍内發展起了著名的果基、桑基魚塘，使這裡成爲珠江三角洲最爲繁庶之地。不難想象僅僅在幾十年前，西樵山還是被簇擁在一望無涯的桑林魚塘間的景象。如今桑林雖已大都變爲菜地、道路和樓房，但從西樵山山南路下山，走到半山腰放眼望去，尚可看見數萬畝連片的魚塘，這片魚塘現已被評爲聯合國教科文組織保護單位，是珠三角地區面積最大、保護最好、最爲完整的（桑基）魚塘之一。

桑基魚塘在明清時期達於鼎盛，成爲珠三角經濟崛起的一個重要標志，與此相伴生的，是另一個重要産業——繅絲與紡織的興盛。聯繫到這段歷史，由西樵人陳啟沅在自己的家鄉來建立中國第一家近代機器繅絲廠就在情理之中了。開廠之初，陳啟沅招聘的工人，大都來自今西樵鎮的簡村與吉水村一帶，而陳啟沅本人，也深深介入到了西樵的地方事務之中。[②] 從這個層面上看，把西樵視爲近代民族工業的起源地或許並非溢美之辭。但傳統繅絲的從業者數量仍然龐大，據光緒年間南海知縣徐賡陛的描述，當時西樵一帶以紡織爲業的機工有三四萬人。[③] 作爲産生了黃飛鴻這樣深具符號性意義的南拳名家的西樵，武術風氣濃厚，機工們大都習武，並且圍繞錦綸堂組織起來，形成了令官府感到威脅的力量。民國初年，西樵民樂村的程姓村民，對原來只能織單一平紋紗的織機進行改革，運用起綜的小提花和人力扯花方法，發明了馬鞍絲織提花絞綜，首創具有扭眼通花團的新品種——香雲紗，開創莨紗綢類絲織先河。香雲紗輕薄柔軟而富有身骨，深受廣州、上海、南京等地富人喜歡，在歐洲也被視爲珍品。上世紀二三十年代是香雲紗發展的黃金時期，如民樂林村

① 曾少卓：《桑園圍自然背景的變化》，中國水利學會等編《桑園圍暨珠江三角洲水利史討論會論文集》，廣州：廣東科技出版社，1992年，第51頁。

② 陳天傑、陳秋桐：《廣東第一間蒸汽繅絲廠繼昌隆及其創辦人陳啟沅》，載《中華文史資料文庫》第12卷《經濟工商編》，北京：中國文史出版社，1996年，第784—787頁。

③ 徐賡陛：《辦理學堂鄉情形第二稟》，載《皇朝經世文續編》，近代中國史料叢刊本，卷83，《兵政·剿匪下》。

程家一族 600 人，除 1 人務農之外，均以織紗爲業。① 隨着化纖織物的興起，香雲紗因工藝繁複、生產週期長等原因失去了競争力，但作爲重要的非物質文化遺産受到保護。西樵不僅在中國近代紡織史上地位顯赫，而且其影響一直延續至今。1998 年，中國第一家紡織工程技術研發中心在西樵建成。2002 年 12 月，中國紡織工業協會授予西樵『中國面料名鎮』稱號。② 2004 年，西樵成爲全國首個紡織産業升級示範區，國家級紡織檢測研發機構相繼進駐，紡織産業創新平臺不斷完善。③ 據不完全統計，西樵整個紡織行業每年開發的新産品有上萬個。④

除上文提及的武術、香雲紗工藝外，更多的西樵非物質文化遺産是各種信仰與儀式。西樵信仰日衆多，其中較著名者有觀音開庫、觀音誕、大仙誕、北帝誕、師傅誕、婆娘誕、土地誕、龍母誕等。據統計，全鎮共擁有 105 處民間信仰場所，其中除去建築時間不詳者，可以明確斷代的，建於宋代的有 3 所，即百西村六祖廟、西邊三帝廟、牌樓周爺廟；建於元明間的有 1 所，即河溪北帝廟；建於明代的有 2 所，分别是百西村北帝祖廟和百西村洪聖廟；建於清代的廟宇有 28 所；其餘要麼是建於民國，要麼是改革開放後重建，真正的新建信仰場所寥寥無幾。⑤ 除神廟外，西樵的每個自然村落中都分佈着數量不等的祠堂，相較於西樵山上的那些理

①《南海市西樵山旅遊度假區志》，第 323 頁。
②《南海市西樵山旅遊度假區志》，第 303—304 頁。
③《西樵紡織行業加快自主創新能力》，見中國紡織工業協會主辦、中國紡織信息中心承辦之『中國紡織工業信息網』，http://news.ctei.gov.cn/zxzx—lmxx/12495.htm。
④《開發創新走向國際　西樵紡織企業年開發新品上萬個》，見中國紡織工業協會主辦、中國紡織信息中心承辦之『中國紡織工業信息網』，http://news.ctei.gov.cn/zxzx—lmxx/12496.htm。
⑤ 梁耀斌：《廣東省佛山市西樵鎮民間信仰的現狀與管理研究》，中山大學 2011 年碩士學位論文。

學聖地，神靈與祖先無疑更貼近普通百姓的生活。西樵的一些神靈信仰日，如觀音誕、大仙誕，影響遠及珠江三角洲許多地區乃至香港，每年都吸引數十萬人前來朝聖。

傳統文化的基礎工程

上文對西樵的一些初步勾勒，揭示了嶺南歷史與文化的幾個重要面相。進而言之，從整個中華文明與中國歷史進程的角度去看，西樵在不同時期所産生的文化財富與歷史人物，或者具有全國性意義，或者可以放在中華文明統一性與多元化的辯證中去理解，正所謂『西樵者，天下之西樵，非嶺南之西樵也』。不吝人力與物力，將博大精深的西樵文化遺産全面發掘、整理並呈現出來，是當代西樵各界人士以及有志於推動嶺南地方文化建設的學者們的共同責任。這決定了《西樵歷史文化文獻叢書》不是一個簡單的跟風行爲，也不是一個隨便的權宜之計。叢書是展現給世界看的，也是展現給未來看的，我們力圖把這片浩瀚無涯的知識寶庫呈現於世人之前，我們更希望，過了很多年之後，西樵的子孫們，仍然能夠爲這套叢書而感到驕傲，所有對嶺南歷史與文化感興趣的人們，能夠感激這套叢書爲他們做了非常重要的資料積纍。根據這一指導思想，經過反復討論，編委會確定了叢書的基本内容與收録原則，其詳可參見叢書之『編撰凡例』，在此僅作如下補充説明。

叢書尚在方案論證階段，許多知情者就已半開玩笑半認真地名之爲『西樵版四庫全書』，這個有趣的概括非常切合我們對叢書品位的追求，且頗具宣傳效應，是對我們的一種理解和鼓舞。但較之四庫全書編修的時代，當代人對文化與學術的理解顯然更具多元性與平民情懷，那個時代有資格列入『四庫』的，主要是知識精英們創造的文字資料，我們固然會以窮搜極討的態度，不遺餘力地搜集這類資料，但我們同樣重視尋常百姓書寫的文獻，諸如家譜、契約、書信等等，它們現在大都散存於民間，保存狀況非常糟糕，如果不及時搜集，就會逐漸毀損消亡。

能夠體現叢書編者的現代意識的，還有邀請相關領域的專業人士以遵循學術規範爲前提，通過深入田野調查撰寫的描述物質文化遺產、非物質文化遺產的作品。這兩部分內容加上各種歷史文獻，構成了完整的地方傳統文化資源。目前不管是學術界還是地方政府，均尚未有意識地根據這三大類別，對某個地域的傳統文化展開全面系統的發掘、整理與出版工作。在這個意義上，《西樵歷史文化文獻叢書》無疑具有較大開拓性、前瞻性與示範性。叢書編者進而提出了『傳統文化的基礎工程』這一概念，意即拋棄任何功利性的想法，扎扎實實地將地方傳統文化全面發掘並呈現出來，形成能夠促進學術積累並能夠傳諸後世的資料寶庫，在真正體現出一個地方的文化深度與品位的同時，爲相關的文化產業開發提供堅實基礎。希望《西樵歷史文化文獻叢書》的推出，在這個方面能產生積極影響。

高校與地方政府合作的成果

西樵人文底蘊深厚，這是叢書能夠編撰的基礎；西樵鎮地處繁華的珠江三角洲，則使得叢書編撰有了充足的物質保障。然而，這樣浩大的文化工程能夠實施，光憑天時、地利是不夠的，一群志同道合的有心者所表現出來的『人和』也是非常關鍵的因素。

2009年底，西樵鎮黨委和政府就有了整理、出版西樵文獻的想法，次年1月，鎮黨委書記邀請了中山大學歷史學系幾位教授專程到西樵討論此事。通過幾天的考察與交流，幾位鎮領導與中大學者一致認定，以現代學術理念爲指導，爲了全面呈現西樵文化，必須將文獻作者的範圍從精英層面擴展到普通百姓，並且應將物質文化遺產與非物質文化遺產的內容也包括進來，形成一套《西樵歷史文化文獻叢書》。爲了慎重起見，決定由中大歷史學系幾位教授組織力量進行先期調研，確定叢書編撰的可行性與規模。經過6個多月的努力，調研組將成果提交給西樵鎮黨委，由相關領導與學者坐下來反復討論、修改、再討論……，並廣泛徵求西樵地方文化人士的意見，與他們進行座談。歷時兩個多月，逐漸擬定了叢書的編撰凡例與大致書目，並彙報給南海區委、區政府與中山大學校方，得到了高度重視與支持。2010年9月底，簽定了合作協議，組成了《西樵歷史文化文獻叢書》編輯委員會，決定由西樵鎮政府出資並負責協調與聯絡，由中山大學相關學者牽頭，組織研究力量具體實施叢書的編撰工作。

值得一提的是，《西樵歷史文化文獻叢書》是近年來中山大學與南海區政府廣泛合作的重要成果之一，並爲雙方更深入地進行文化領域的合作打下了堅實基礎。2011年6月，中山大學與南海區政府決定在西樵山共建『中山大學嶺南文化研究院』，康有爲當年讀書的三湖書院，經重修後將作爲研究院的辦公場所與教學、研究基地。嶺南文化研究院秉持高水準、國際化、開放式的發展定位，將集科學研究、教學、學術交流、服務地方爲一體，力争建設成爲在國際上有較大影響的嶺南文化研究中心、資料信息中心、學術交流中心、人才培養基地。研究院的成立，是對西樵作爲嶺南文化精粹所在及其在中華文明史中的地位的肯定，編撰《西樵歷史文化文獻叢書》也順理成章地成爲研究院目前最重要的工作之一。

在已超越温飽階段，人民普遍有更高層次追求，同時市場意識又已深入人心的中國當代社會，傳統文化迎來了新一輪的復興態勢。這對地方政府與學術界都是新的機遇，同時也産生了值得思考的問題：如何在直接的經濟利益與謹嚴求真的文化研究之間尋求平衡？我們是追求短期的物質收穫還是長期的區域形象？當各地都在弘揚自己的文化之際，如何將本地的文化建設得具有更大的氣魄和胸襟？《西樵歷史文化文獻叢書》或許可以視爲對這些見仁見智問題的一種回答。

叢書編撰凡例

一、本叢書的『西樵』指的是以今廣東省佛山市南海區西樵鎮爲核心、以文獻形成時的西樵地域概念爲範圍的區域，如今日之丹灶、九江、吉利、龍津、沙頭等地，均根據歷史情況具體處理。

二、本叢書旨在全面發掘並弘揚西樵歷史文化，其基本内容分爲三大類別：（1）歷史文獻（如志乘、家乘、鄉賢寓賢之論著、金石、檔案、民間文書以及紀念鄉賢寓賢之著述等）；（2）非物質文化遺産（如口述史、傳説、民謡與民諺、民俗與民間信仰、生産技藝等）；（3）自然與物質文化遺産（如地貌、景觀、遺址、建築等）。擴展内容分爲兩大類别：（1）有關西樵文化的研究論著；（2）有關西樵的通俗讀物。出版時，分别以《西樵歷史文化文獻叢書·歷史文獻系列》、《西樵歷史文化文獻叢書·非物質文化遺産系列》、《西樵歷史文化文獻叢書·自然與物質文化遺産系列》、《西樵歷史文化文獻叢書·研究論著系列》、《西樵歷史文化文獻叢書·通俗讀物系列》命名。

三、本叢書收録之歷史文獻，其作者應已有蓋棺定論（即於 2010 年 1 月 1 日之前謝世）；如作者爲鄉賢，則其出生地應屬於當時的西樵區域；如作者爲寓賢，則作者曾生活於當時的西樵區域内。

四、鄉賢著述，不論其内容是否直接涉及西樵，但凡該著作具有文化文獻價值，可代表西樵人之文化成就，即收録之；寓賢著述，但凡作者因在西樵活動而有相當知名度且在中國文化史上有一席之地，則其著述内容無論是否與西樵有關，亦收録之；非鄉賢及寓賢之著述，凡較多涉及當時的西樵區域之歷史、文化、景觀者，亦予收録。

五、本叢書所收録紀念鄉賢之論著，遵行本凡例第三條所定之蓋棺定論原則及第一條所定之地域限定，且叢書編者只搜集留存於世的相關紀念文字，不爲鄉賢新撰回憶與懷念文章。

六、本叢書收録之志乘，除此次編修叢書時新編之外，均編修於1949年之前。

七、本叢書收録之家乘，均編修於1949年之前，如係新中國成立後的新修譜，可視情況選擇譜序予以結集出版。地域上，以2010年1月1日之西樵行政區域爲重點，如歷史上屬於西樵地區的百姓願將族譜收入本叢書，亦從其願。

八、本叢書收録之金石、檔案和民間文書，均産生於1949年之前，且其存在地點或作者屬於當時之西樵區域。

九、本叢書整理收録之西樵非物質文化遺産，地域上以2010年1月1日之西樵行政區域爲準，内容包括傳説、民謡、民諺、民俗、信仰、儀式、生産技藝及各行業各戰綫代表人物的口述史等，由專業人員在系統、深入的田野工作基礎上，遵循相關學術規範撰述而成。

十、本叢書整理收録之西樵自然與物質文化遺産，地域上以2010年1月1日之西樵行政區域爲準，由專業人員在深入考察的基礎上，遵循相關學術規範撰述而成。

十一、本叢書之研究论著系列，主要收録研究西樵的專著與單篇論文，以及國内外知名大學的相關博士、碩士論文，由叢書編輯委員會邀請相關專家及高校合作收集整理或撰寫而成。

十二、本叢書組織相關人士，就西樵文化撰寫切合實際且具有較强可讀性和宣傳力度的作品，形成本叢書之通俗讀物系列。

十三、本叢書視文獻性質採取不同編輯方法。原文獻係綫裝古籍或契約者，影印出版，並視情況添加評介、題注、附録等；如係碑刻，採用拓片或照片加文字等方式，並添加説明；如爲民國及之後印行的文獻，或影印出版，或重新録入排版，並視情況補充相關資料；新編書籍採用簡體横排方式。

十四、本叢書撰有《西樵歷史文化文獻叢書書目提要》一冊。

總目

評介

鍾莉

《陳啟沅算學》爲中國近代工業的先驅——南海西樵人陳啟沅編寫的學習心得式著作，除補著的《陳啟沅算學補遺》外，全書共十三卷。其中，《補遺》由長男陳乃材、次男陳簡芳仝校，卷二由長男陳乃材、三男陳錦筼仝校，各卷皆由陳啟沅門人林寬葆容圃氏校刊，而全書的繪圖則出自次男陳簡芳之手。① 現存廣東省立中山圖書館的《陳啟沅算學》爲惜陰草堂藏板，光緒十五年（1889）己丑新刻本，爲木刻本綫裝，凡一十三册。

一、作者簡介

陳啟沅②（1834—1903），字芷馨，號息心居士、息心老人，清廣東南海縣簡村堡簡村鄉（今廣東省佛山

① 據《陳啟沅算學》各卷始、卷終以及補遺署名可知。

② 據《陳啟沅算學》卷一始、卷二終、卷十三終、補遺的署名可知，陳啟沅有長男陳乃材（召三），次男陳簡芳（乃策、蒲軒），三男陳錦筼（竹君）；此外，根據陳作彬先生于 1987 年叙述的家系簡況，陳啟沅兄弟，長成者三人，即二兄啟樞、三兄啟標、啟沅行七。據《南海文史資料》第 10 輯《陳啟沅與南海縣紡織工業史專輯》，1987 年，第 17 頁。陳啟沅尚有五女兩男，共子女十人。

市南海區西樵鎮簡村）人。早年，陳啟沅希冀科舉功名，十四五歲時，兩赴童子試不第。後父歿，隨兄以農桑爲業。17歲協助二兄啟樞在村中設立私塾訓蒙，20歲隨二兄至安南一同經商，38歲歸國，39歲在簡村創辦機器繅絲廠，名曰繼昌隆①。陳啟沅運用自己游歷安南等地學到的技術，親自設計蒸汽繅絲機，將紡織業由手工製作帶向了機械化的生產，推動了當地紡織業的發展。他一生熱心家鄉公益，捐款重修吉水竇，資助羊城崇正善堂和官山普濟善堂。陳啟沅從小篤學，畢生治學甚勤，『平生所得，隨筆記之。』他將親手考究得來的種桑、養蠶和繅絲等經驗知識著成《桑蠶譜》一書，并將其心得寫成《周易理數會通》八卷、《理氣溯源》七卷、《陳啟沅算學》十三卷②。除已刊之作，其尚有《聯吟集》《菊宜譜》《農桑譜略》《驗方拾遺》《藝學新篇》《課兒尺牘》諸稿③，不過迄今未見。

二、編纂背景

中國算書的纂修肇始於戰國，至唐代編纂體例逐漸完備④，宋元時期迅速發展，明代則逐步衰落。在西

① 陳天傑、陳秋桐：《廣州第一間蒸汽繅絲廠繼昌隆及其創辦人陳啟沅》，載《南海文史資料》第10輯《陳啟沅與南海縣紡織工業史專輯》，第26—40頁。

② （宣統）《南海縣志》卷二十一《列傳八陳啟沅》，清宣統二年（1910）刊本，第1705—1709頁。

③ 陳啟沅：《陳啟沅算學·自序》。

④ 唐代已有『算經十書』，包括：《周髀算经》《九章算术》《孙子算经》《五曹算经》《夏侯阳算经》《张丘建算经》《海岛算经》《五经算术》《缀术》《缉古算经》，這十部算經成書后被用作唐代國子監算學館的教科書。

方數學傳入之前，算學方面的最大成就可以説是珠算的發明，明代最重要的數學書則推程大位的《算法統宗》①。《算法統宗》② 集珠算之大成，從理論和實踐上確立了算盤用法，成爲珠算史上的一個里程碑。明萬曆年間，利瑪竇開啟了西方算學傳入中國的工作，《幾何原本》《同文算指》等西方數學著作相繼傳入中國，西方數學的概念和内容逐漸爲中國傳統算學所吸收。清初，國内精治西學者，當屬黄宗羲、王錫闡、梅文鼎諸人。阮元在《疇人傳》卷五曰：『自（梅）征君以來，通數學者後先輩出，而師師相傳，要皆本于梅氏。錢少詹大昕目爲國朝算學第一，夫何愧焉。』③ 清代，民間商業活動對數學的需求，官方算學的需要，加之康熙對西學的濃厚興趣，推動了數理書籍的編撰。康熙五十二年（1713），康熙皇帝主持編纂《律曆淵源》，全書共一百卷，康熙五十三年（1714）十一月《律吕正義》修成，康熙六十一年（1722）六月《數理精蘊》、《曆象考成》成書④。至雍正元年十月（1723）全書一百卷刻成。《數理精蘊》上編五卷以立綱明體，曰數理本原，曰河圖，曰洛書，曰周髀經解，曰幾何原本。被譽爲『通中西之異同，殫天人之微奥』之大作。⑤

① 梁宗巨：《世界數學史簡編》，沈陽：遼寧人民出版社，1980 年。

② 《算法統宗》從初版至民國時期，出現了很多不同的翻刻本、改編本，民間還有各種抄本流傳。明末，日本人毛利重能將《算法統宗》譯成日文，開日本『和算』先河。清初，該書又傳入朝鮮、東南亞和歐洲，成爲東方古代數學的名著。

③ 阮元等撰，彭衛、王原華點校：《疇人傳彙編》，《疇人傳卷第三十八》，揚州：廣陵書社，2008 年，第 437 頁。

④ 王先謙：《東華録》，乾隆一四，光緒丁亥重刻本。

⑤ 夏晶：《『算學』『數學』和『Mathematics』——學科名稱的古今演繹和中西對接》，《武漢大學學報（人文科學版）》2009 年第 6 期，第62 卷。

陳啟沅的算學專著，不管是内容還是術語，都深受中國傳統算學的影響，但又同他的異國經歷、實際需要密切相關。在安南游歷之中，他細心研究外國人的機械化工廠，頗有心得，能計算出蒸汽的力度、蒸汽機的效能。《陳啟沅算學》卷十三中包含十種『測量比例』，其中就有涉及蒸汽鍋爐、蒸汽力度等方面的知識①。陳啟沅于同治十一年（1872）回國，次年（1873）創辦了繼昌隆繅絲廠。繼昌隆設司理一名，司賬一人，行江若干，另設管工、紐絲、大偈等職別，諸多人員的薪金管理、原料收購與成品銷售等問題，確需良好的算學知識才能解決。無疑，繅絲廠所面對的算學問題及其解決方法對促成《陳啟沅算學》成書有莫大的推動作用。陳啟沅在《算學》自序中提到『算學一書，寢饋此者，十數年矣。綜群書之大成，日積月累，編纂一十三卷』。這與同治十三年創辦繅絲廠，至光緒十五年《陳啟沅算學》準備刊行的時間區間剛好吻合。可以説，《陳啟沅算學》一書既是當時環境的産物，同時也是陳啟沅自身的需要及其多年算學經驗累積的結果。

三、基本内容

《陳啟沅算學》以《算法統宗》爲藍本，擇《數理精藴》《算法統宗》《屈氏數學》②《梅氏叢書》等

① 陳天傑、陳秋桐：《廣州第一間蒸汽繅絲廠繼昌隆及其創辦人陳啟沅》，載《南海文史資料》第10輯《陳啟沅與南海縣紡織工業史專輯》，第59頁。

② 《屈氏數學》是指清代屈曾發所著《九數通考》，一名《數學精詳》，凡十三卷。

書精且詳的内容『或稍參自見而解之，或變其法而引明之，或修訂前人謬誤而發明之』①。除卷三將直田容六等面一題進行更正外，其餘各章都是在《算法統宗》的基礎上，以圖示等方法詳解其理與其法，使後學者更易明了。

《陳啟沅算學》除卷首陳啟沅自序、例言、目録、各面邊體比例定率、周髀經解及書後測量遺術，主體内容共十三卷，每一卷幾乎都是單獨成章。卷一卷二介紹了數學名詞、大數、小數和度量衡以及珠算盤式圖、珠算口訣等，并舉例説明用法，所立各問皆爲貿易常用之要。卷三至卷九承襲了《算法統宗》的編排，按『九章』次序列舉各種應用題及解法，依次爲方田章、粟布章，衰分章，少廣章，商功章、均輸章，盈朒章，方程章，勾股章。卷十至卷十三則以三角求積、各形邊綫、割圓各理、測量比例分列四種。因算學前十三卷，未及發明橢圓之理，故卷十三後附測量遺術。橢圓求積求角等法，皆爲推曆之本，所以陳啟沅特別著數學須知，刻入《理氣溯源》貳集。

陳啟沅認爲：『平則初學者易曉，直則初學者易明，故沅所解之語，即使婦人孺子讀之而得知所以然也。』陳啟沅將該書讀者群體視爲初學者，所以該書在文字和言辭方面平易質直。《陳啟沅算學》一書無論是内容還是編排都體現了陳啟沅秉持由淺入深、從簡到繁的思想。該書堅持由易到難、循序漸進的編排原則，按照識數、記數、加減乘除、開方等次序編排，在講珠算運算時，亦按乘、除數的位數由一位到二位，再到

① 陳啟沅：《陳啟沅算學·自序》。

三位及其以上。統宗原書將約分、通分、異乘同除、同乘同除、異乘同乘、開方、開立方各義解于卷首，陳啟沅則分解於每章之首。《數學精詳》將西法幾何原本與各形面積等置于卷首，《陳啟沅算學》一書則將西法幾何原本與各形面積等置于卷末。陳啟沅的算學專著，在設問上也是深受中國傳統算學的影響，同時亦與他的異國經歷、實際需要密切相關。《陳啟沅算學》一書中的應用題多承襲《算法統宗》，卷十三的測量比例等則與他的異國經歷相關，此外書中亦有諸多貼近實際生活類的設問，如卷一『假如有銀三萬六千八百四十兩作貳拾人分之，問每人得銀若干』『假如有米壹萬壹仟四百三拾九石，作叁日食之，問每日食米若干』『假如有綢七萬一千九百三拾丈，每綢一疋以五丈算，問該疋數若干』等等。

受中國傳統算學和近代西學的影響，《陳啟沅算學》一書同時吸收了中西數學的概念和内容。陳啟沅對中西數學有自己的看法，就中西算法的理解，陳啟沅認爲，『凡數學必與算學爲表裏，然數學有不可以理盡者，爲算學能通方程，句股而盡於割圓，故是書以測量比例終焉。即西法之幾何原本、天元代數，亦壹理也，不過西法用筆算，中法用珠算耳。蓋筆算似困於書，而珠算又困於手，中古爲商者，多從珠算，以其利於貿易，但爲仕者，宜從筆算，以其省於隨帶也。惟學筆算可從珠算變其法，甚易。如先筆算然後學珠算略難。故是書皆以珠算爲本，而筆算各法已具《理氣溯源》貳集卷中，茲變換古法設立數圖，附列卷貳之末，以便同學者梯階云。』這也是該書爲何以《算法統宗》爲底本的原因。陳啟沅早年經商，多運用珠算，而《算法統宗》是集珠算的大成者。對於陳啟沅來説，《算法統宗》更爲實用，也更貼近生活實際及其貿易經商的需要。

四、《陳啟沅算學》的價值

中國古代的算書，大多一題一法，而不會通其理。《陳啟沅算學》以《算法統宗》爲基礎，綜合了《數理精蘊》《屈氏數學》《梅氏叢書》等精髓，其由易到難、由淺入深的編排體例以及平直的言語文辭對於初學算學者來説較爲適宜。因《陳啟沅算學》與繼昌隆繅絲廠一定程度的相關性，相較於其他算學書來説，《陳啟沅算學》也體現出其獨特的意義，在於理論與實踐相結合。此外，《陳啟沅算學》一書將算學之題，由淺入深、分門別類、按題立術、演草附圖，雖多抄古本立論，但明其所以然。在《陳啟沅算學》未刊行之前，多是鄰里親友借覽以備考數學，以及學習商功、均輸等與自身相關的數學知識，而前舉欽定的諸書不是一般老百姓能購買得起的①。《陳啟沅算學》实用性頗高，有助於数学的普及推廣。雖歷來很少有人提及或研究《陳啟沅算學》，但這不影響該書自身的價值，惟其價值尚需更進一步的發掘。

① 陳啟沅：《陳啟沅數學・自序》。

陳啟源算學

己丑新刻

陳啟沅算學藏書

惜陰草堂藏板

光緒十五年歲次
己丑息心老人稿

且言理而不言數者聖人也非聖人亦未嘗不言數蓋援理以爲數即數已寓於理之中昔孟子曰天之高也星辰之遠也苟求其故千歲之日至可坐而致也豈非即其理以推其數哉夫士農工商各執一藝九流技術性近者能沉愧

無師曠之聰又復無公輸之巧故平生所得隨筆記之豈敢出以問世然敝帚自珍積慮日久遺失前付梓者僅理氣溯源五種而已至餘所著聯吟集菊宜譜蠶桑譜累驗方捨遺藝學新篇課兒尺牘諸稿皆一時消遣之作惟算學一書

寢饋此者十數年矣綜羣書之大成日積月累編纂一十三卷原期家藏適用何敢災及棗梨然我
朝有考數學新興是以講時道者日益以多焉故親友有知輒來借覽久而失去要冊而均斷兩章若漫漶之篇閱竟飽蠹腹尤爲剝落不堪

惜陰草堂藏板

友人屢勸補其付之梓人初不敢授出以問世無以明學與年進或至老而省得不致貽笑方家誰知力與心違精神將敗不得已於古本補錄稍參己見草之成帙付之剞劂俾初知算學者得為問津是書大旨首導

數理精蘊其次算法統宗屈氏數學
梅氏叢書皆經領會擇其至精且
詳者師其意而變其法刪其繁
而表其奧使閱者一目了然雖星
曆數學之術未及一一詳明然
觸引旁通是貴善悟而已星曆
數學非一二卷可盡其奧遂易其

理氣溯源二集詳載于中俾知算學與數學有所分別而所重世之源推此道者勿笑其妄而惠教焉幸甚幸甚

光緒十有五年歲在己丑夏五月

南海陳啟沅識

例言

先哲有曰文不喜平又日筆不喜直蓋論文而言也爲算學一書是教初學者也故要其文平而直平則初學者易曉直則初學者易明故沅所解之語即使婦人孺子讀之而得知所以然也識者諒之

是書所解似乎大贅上智之人見之必謂我贅而無謂但世間之人中材者多我等亦中材之人方知中材學藝之苦沅猶恐未得了然明白更望後

之君子詳而解之

統宗原書將約分通分異乘同除同乘同除異乘同乘開方開立方各義解于卷首沅每見初學者未入首之時讀之未能了然於胸及至學到此義則已忘卷首所解之要幾無從入手故分解於每章之首俾易矚目非故意更張前人之法也讀者諒之

數學精詳將西法幾何原本列於卷首沅恐初學之人未經入首視之轉覺生畏故與各形面積等

俱錄於末卷如梯階然爲周髀經解是算學之祖故仍錄於卷首不敢置之於後也

卷一卷二所立各問皆貿易常用之要亦與各算書無異但世人多由統宗入首沉思初學時每見各歸句語多有不全似於初學者未免有些未能了了故再立數問俾開學者之心思耳其餘各章多抄古本立論以明其所以然即會觀統宗各算書心未甚明白一覽便能了然未嘗非學算者一捷徑也

卷三上方田章古人所設各問已無剩義似不待贅解沅猶恐下材之人未透其旨故復詳解蓋統宗原書直田五題原欲比例勾股和較各理因設詞未甚明白故亦詳解之非敢特駁前人也又于錢田方周之積增法四歸自乘見積之法而直田容六等面一題錯得甚遠故不得不爲之更正而發明之

卷三下粟布章只照錄古法增加捷法數條而已

卷四衰分章是盈朒方程兩章之根故將所以然

之理剖列淸解使了然於胸自能類推兩章之理所謂由淺入深也

卷五少廣章爲測量之根而開方廉隅之積必先明其物之形而後方知該形之積況商除之法雖與歸除理同而法異故贅解之至分田截積古用借倍法畧覺難明況增折半法似更易明其所以然也

卷六商功均輸兩章多係古法至增加設問者亦近日所需之要也

卷七盈朒章古法俱用互乘只有立法而未有透解所以然之理沅故深求其理而通變之一則簡捷易明仍不敢廢古人之法特于每問之後增立一法而詳解之耳至雙套盈朒本與方程大同小異故贅解之雙套盈朒既明則方程章自當于此可以類推矣

卷八方程章統宗原書設問似有不甚了然梅氏增删之又設方程論謂如此方可趁用而所解者仍所當然之理耳即數學精詳內中有三兩題薄

解其義而猶未詳其所以然之法豈古人皆秘耶

沅特詳解其理并詳解其法又變其法以比例之

今而後學算方程者方得謂迎刃而解矣

卷九勾股章各圖半與數學精詳所繪畧同勾股

之義是書雖詳而猶未詳解其所以然之法沅遂

將十三名義所以然之原理而圖解之使學者更

復了然非爿爲更張也

九章之後以三角求積各形邊線割圓各理測量

比例分別四種皆前人之範圍沅不過贅解之使

學者易明而已豈敢云出前人之見乎

是書共十三卷首遵

數理精藴之要旨其間設問各法多採統宗數學

兩書不過稍參已見而詳解之或變其法而引明

之即梅氏各書亦借以爲訂茲特載明以見不忘

所自云

凡有功於世之書誰不欲公諸同好而每見前人

所出之書坊本翻板必有舛錯皆因校對不眞故

得書者定歸咎著書之人所誤況算學一書更宜

清楚倘差一字則全數皆非故是書凡壹弍叁拾數目之字俱用官板大字作正深望後之翻刻者留心校對實沅之幸也

凡繪各圖不拘大小雖照丈尺縮成然一圖一例勿以兩圖比較作為錯誤用者須知但刻板必要求人難保工人不無小誤不得以差之毫厘為繪者之咎也

凡數學必與算學為表裏然數學有不可以理盡者為算學能通方程句股而盡於割圓故是書以

測量比例終焉即西法之幾何原本天元代數亦壹理也不過西法用筆算中法用珠算耳蓋筆算似困於書而珠算又困於手中古爲商者多從珠算以其利於貿易但爲仕者宜從筆算以其省於隨帶也惟學筆算可從珠算變其法甚易如先筆算然後學珠算畧難故是書皆以珠算爲本而筆算各法已具理氣溯源弍集卷中茲變換古法設立數圖附列卷弍之末以便同學者楷階云

陳啟沅算學目錄

陳啟沅算學　卷首

陳啟沅算學　卷首

周徑定率

徑　壹數

周　叄壹四壹五九弍六五

周徑定率

周　壹數

徑　叄壹八叄零九八八

圓面積與周方積比例定率

圓面　壹數

周方　壹弍五六六八叄七零六弍

圓面積與周方積比例定率

周方　壹數

圓面　七九五七七四七

方斜定率

方　壹數

斜　壹四壹四式壹叁五六

理分中末線定率

全分　壹數

大分　六壹八零叁叁九九

小分　叁八壹九六六零壹

新增理分中末線五數定率

全分　五爲首率

大分　叁零九零壹七

小分　壹九零九八叁

邊線相等面積不同定率

方　壹數

圓　七八五叁九八壹六

叁邊　四叁叁零壹弍七

五邊　壹七弍零四七七四壹

六邊　弍五九八零七六弍

七邊　叁六叁叁九壹弍四

八邊　四八弍八四弍七壹弍

九邊　六壹八壹八弍四弍

拾邊　七六九四弍零八八叁

邊線相等面積不同定率

圓　壹数

方　壹弍七叁弍叁九五四

叁邊　五五壹叁弍八八九
五邊　弍壹九零五七九八六
六邊　叁叁零七九七叁叁四
七邊　四六弍六八四零九八
八邊　六壹四七七四四叁五
九邊　七八七零九四叁零弍
拾邊　九七九六五七零九九

面積相等邊線不同定率

方　壹数

圓　壹壹弍八叁七九壹六

叁邊　壹五壹九六七壹叁七

五邊　七六弍叁八七零五

六邊　六弍零四零叁弍四

七邊　五弍四五八壹弍六

八邊　四五五零八九八五

九邊　四零弍壹九九六叁

拾邊　叁六零五壹零五八

面積相等邊線不同定率

圓　壹數
方　八八六弍弍六九弍
叁邊　壹叁四六七七叁六九
五邊　六七五六四七九叁
六邊　五四九八壹八零五
七邊　四六四八九八零叁
八邊　四零叁叁壹弍八八
九邊　叁五六四四零壹四
拾邊　叁壹九四九四壹八

求圓內各形之壹邊定率

圓徑	壹數
叁邊	八六六零弍五四
方	七零七壹零六七八
五邊	五八七七八五弍五
六邊	五
七邊	四叁叁八八叁七四
八邊	叁八弍六八叁四叁
九邊	叁四弍零弍零壹四

拾邊　叁零九零壹六九九

求圓內各形之面積定率

圓徑方　壹數

叁邊　叁弍四七五九五叁

方　五

五邊　五九四四壹零叁壹

六邊　六四九五壹九零五

七邊　六八四壹零弍五四

八邊　七零七壹零六七八

九邊　七弍叁壹叁六八零六

拾邊　七叁四七叁壹五六八

求圓外各形之壹邊定率

圓徑　壹數

叁邊　壹七叁弍零五零八

方　壹

五邊　七弍六五四弍五弍

六邊　五七七叁五零弍七

七邊　四八壹五七四六弍

八邊　四壹四弍壹叁五六

九邊　叁六叁九七零弍四

拾邊　叁弍四九壹九七

求圓外各形之面積定率

圓徑方　壹数

叁邊　壹弍九九零叁八壹

方　壹

五邊　九零八壹七八壹六

六邊　八六六零弍五四

七邊　八四弍七五五五八

八邊　八弍八四弍七壹弍

九邊　八壹八九叁叁零叁

拾邊　八壹弍弍九九弍四

圓與圓內各形面積定率

圓積　壹數

叁邊　四壹叁四九六六七

方　六叁六六壹九七七

五邊　七五六八弍六七弍

六邊　八弍六九九叁叁四
七邊　八七壹零弍六四壹
八邊　九零零叁壹六叁壹
九邊　九弍零七弍五四弍
拾邊　九叁五四八九弍八

圓與圓外各形面積定率

圓積　壹數
叁邊　壹六五叁九八六六九
方　壹弍七叁弍叁九五四

五邊　壹壹五六叁弍八叁四

六邊　壹壹零弍六五七七九

七邊　壹零七叁零弍九七四

八邊　壹零五四七八六壹七

九邊　壹零四弍六九七九壹

拾邊　壹零叁四弍五壹五弍

邊線相等體積不同定率

立方　壹数

球　五弍叁五九八七七五

四面　壹壹七八五壹壹弍九

八面　四七壹四零四五弍壹

拾弍面　七六八六叁壹壹八九零叁

弍拾面　弍壹八壹六九四九六九

邊線相等體積不同定率

球　壹數

立方　壹九零九八五九叁壹七

四面　弍弍五零七九零七七

八面　九零零叁壹六叁壹七

拾式面　壹四六叁五四七九零五壹

式拾面　四壹六八六七叁零四六叁

體積相等邊線不同定率

立方　壹數

球　壹式四零七零零九八

四面　式零叁九六四八九

八面　壹式八四八九八式九

拾式面　五零七弍弍弍零七

式拾面　七七壹零弍五叁四

體積相等邊線不同定率

球	壹數
立方	八零五九九五九七
四面	壹六四叁九四八八壹
八面	壹零叁五六弍弍八五
拾弍面	四零八八壹八九五
弍拾面	六弍壹四四叁叁弍

求球內各形之壹邊定率

球徑	壹數

四面　八壹六四九九六五八

立方　五七七叁五零式六

八面　七零七壹零六八七八

拾式面　叁五六八式式零九

式拾面　五式五七叁壹式

求球內各形之體積定率

球徑方　壹數

四面　六八四壹五零零式九

立方　壹九式四五零零八六

八面　壹六八六八六八六八六八六八六八六
拾弍面　叁四八壹四五四八弍
弍拾面　叁壹七零壹八八叁叁
求球外各形之壹邊定率
球徑　壹數
四面　弍四四九四八九七四
立方　壹
八面　壹弍弍四七四四八七
拾弍面　四四九零弍七九七

弍拾面　六六壹五八四五叁

求球外各形之體積定率

球徑方　壹數

四面　壹七叁弍零五零八零七

立方　壹

八面　八六六零弍五五四零叁

拾弍面　六九叁七八六叁六七

弍拾面　六叁壹七五六九九九九

球與球內各形體積定率

球積　壹數

四面　壹弍弍五壹七五叁

立方　叁六七五五弍五九

八面　叁壹八叁零九八八五

拾弍面　六六四九零八八九壹

弍拾面　六零五四六壹叁七弍

球與球外各形體積定率

球積　壹數

四面　叁叁零七九七叁叁七弍

立方　壹九零九八五九叁壹七

八面　壹六五叁九八六六八六

拾弍面　壹叁弍五零叁四叁五八

弍拾面　壹弍零六八五六六九九壹

周髀經解

昔者周公問於商高曰竊聞乎大夫善數也請問古者庖犧立周天歷度

周天歷度者分周天三百六十度爲推求歷日之用也按通鑑載庖犧作甲歷又易大傳言庖犧仰以觀於天文俯以察於地理其觀察之時必有度數以紀其法象則歷度始於庖犧無疑矣

夫天不可階而升地不可將尺寸而度請問數從安出

天之高明也。地之博厚。非人力所能及。其歷度之數。不知從何而得也

商高曰。數之法。出於方圓。

萬物之象。不出圓方。萬物之數。不離圓方。河圖者。方之象也。洛書者。圓之象也。太極者。圓之體奇也。四象者。方之體偶也。奇數天也。耦數地也。有天地而萬物於是乎生。有圓方而萬物於是乎定。有奇耦而萬數於乎立矣。

圓出於方。

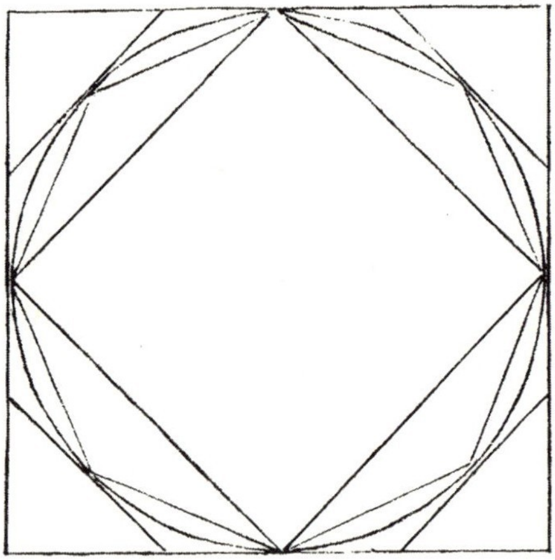

方出於矩

以數而論。出於圓方。以圓方而論。則圓出於方。蓋方易度而圓難測、方有盡而圓無盡。故推圓者。以方度之。以有盡而度無盡也。是以圓周內弦外切。屢求句股。爲無數多邊形。以切近圓界。將合而爲一。而圓周始得。故曰圓出於方也。

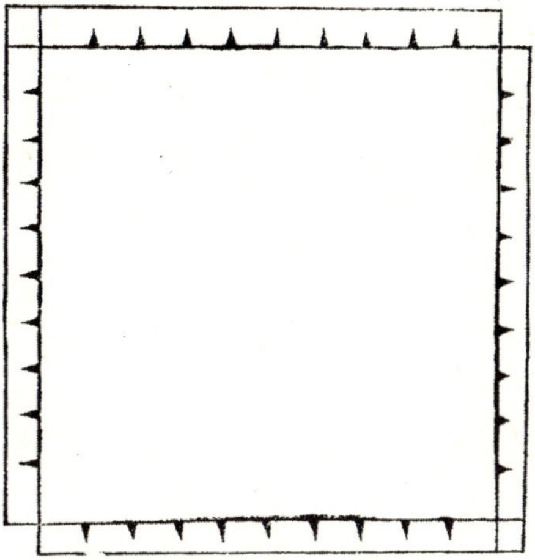

孟子曰。不以規矩。不能成方圓。夫規所以成圓。而矩所以成方也。故凡方形。必出於二矩相合。如矩之二股均者。合之即爲正方。矩之二股。一大一小者。合之則爲長方。蓋因矩之爲形。其角直。其線正。所以能成方體。此又直內方外之理。故曰方出於矩也。

矩出於九九八拾壹。

度圓方者。遞歸於矩。而矩之形、總不外乎弌數。相乘。九九者。數之終。而壹壹乃数之始。言九九而不及他数者。以九九之內。他数俱該也。是以壹壹爲壹。弌弌爲四。叁叁爲九。四四爲壹拾六。五五爲弌拾五。六六爲叁拾六。七七爲四拾九。八八爲六十四。九九爲八拾壹。乃矩之弌股、均平所成之正方也、

壹弌爲弌。壹叁爲叁。壹四爲四。壹五爲五。壹六爲

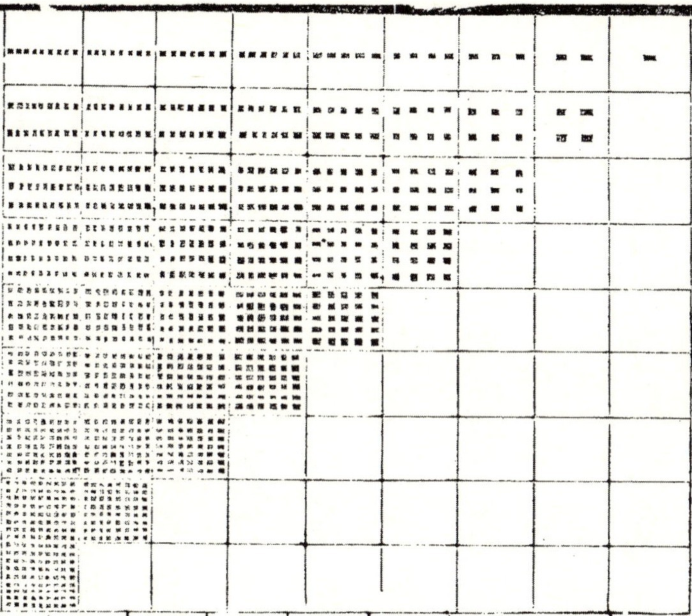

六。壹七爲七。壹八爲八。壹九爲九。形雖未成方。而其理猶存也。弍叄爲六。弍四爲八。弍五壹拾。弍六壹拾弍。弍七壹拾四。弍八壹拾六。弍九壹拾八。叄四壹拾弍。叄五壹拾五。叄六壹拾八叄七弍拾壹。叄八弍拾四。叄九弍拾七。四五弍拾。

四六弍拾四四七弍拾八四八叁拾弍四九叁拾
六八五六叁拾五七叁拾五五八四拾五九四拾五
六七四拾弍六八四拾八六九五拾四七八五拾
六七九六拾叁八九七拾弍乃矩之壹股小壹股
大所成之長方也至於壹百之類雖爲正方乃拾
之相乘拾則仍歸於壹也又如八拾四九拾六之
類乃六七四拾弍六八四拾八之倍不得自立爲
數之本又或拾壹拾叁拾七拾九之類拾壹爲弍
五壹拾之奇拾叁爲弍六壹拾弍之奇拾七爲弍

八壹拾六之奇。不得成正方。亦不得成長方。故不入九九之數也。是以九九之數。爲方之本。而方之形。必合於矩。故曰矩出於九九八拾壹也。

故折矩以爲句廣三。股脩四。徑隅五。

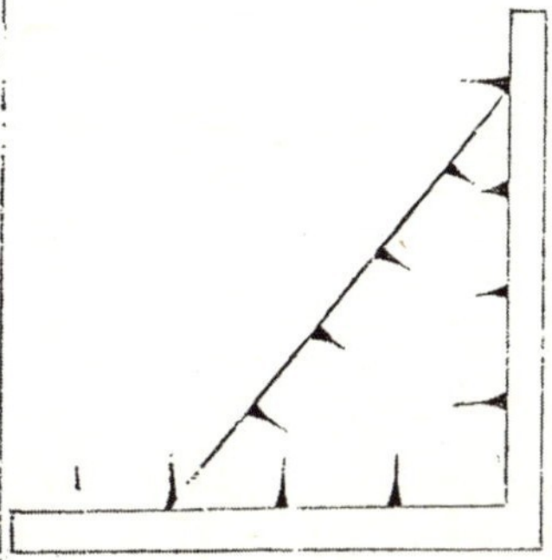

前言圓方之形。此言句股生成之正數也。以弍矩合之。旣爲方形。今以壹矩折之。則爲壹方之兩邊。是以折矩之横者。爲句之廣。折矩之縱者。爲股之長。於句股之末。以斜弦遮之。是爲徑隅。徑直也。隅角也。言自兩角相對直連之也。句之廣必三。股之修必四。而徑隅始得五。此乃自然生成之正分也。易曰。參天兩地而倚數。天數壹參之則爲叁。地數弍兩之則爲四。叁弍合之則爲五。此又句三。股四。弦五之正義也。

既方其外。半其壹矩。

此言句股之面積也。句股以弦連之。不得爲方形。必再合壹矩。乃爲壹長方。所謂方其外者。言弦之外。復加壹矩以成方也。句三股四相乘。得壹拾有弍。即爲兩矩合成之數。半之得六。乃句股之面積。

所謂半其壹矩者也。

環而共盤得成三四五。

此言句股弦相和之数也。環而共盤者。環繞盤於句股弦之周圍。得成叁四五。共之爲壹拾有弍。乃叁数相和總数也。

兩矩共長二拾有五。是爲積矩。

此言句股相求之法也。兩矩者。句與股也。其所以相求者。以句股弦各面積。彼此加減以立法也。句

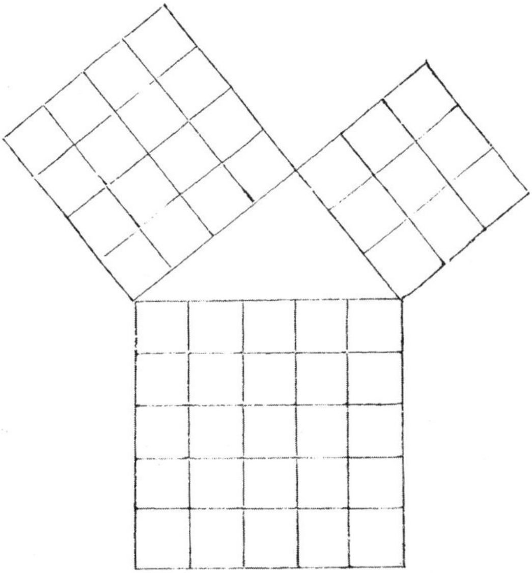

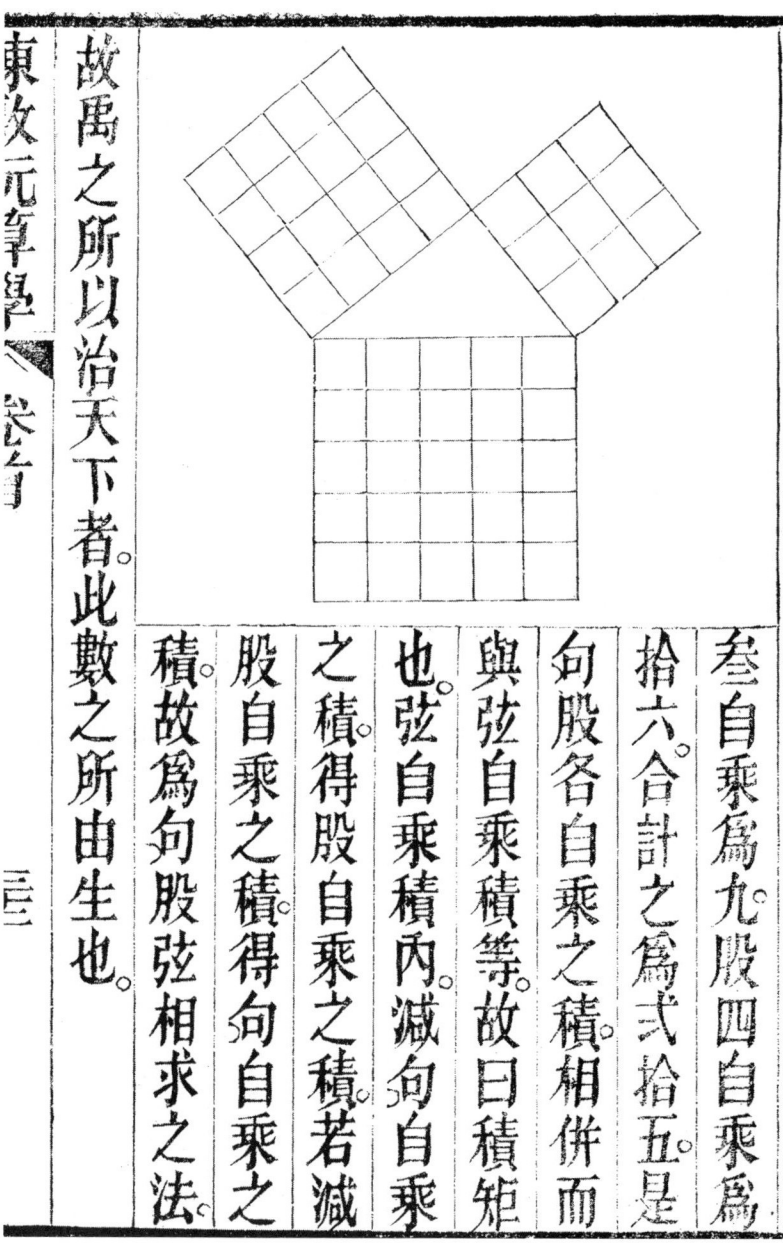

叁自乘爲九股四自乘爲拾六合計之爲式拾五是句股各自乘之積相併而與弦自乘積等故曰積矩也弦自乘積內減句自乘之積得股自乘之積若減股自乘之積得句自乘之積故爲句股弦相求之法

故禹之所以治天下者此數之所由生也

言禹平成之功。昭垂萬古。揆厥所以奏績者。必藉句股以審高下。始得順水之性。而告厥成功。然則禹之所以治水者。非此句股之法所由生乎。

周公曰。大哉言數。請問用矩之道。

商高曰。平矩以正繩。

此言用矩立法。必以正且直也。平矩以正繩有兩義。平置其矩。使矩之角直。以此直角之壹股或横或平。横以度遠。平以度高。復自壹股引繩以度其分。則此分爲我所知。故以所知知推所不知。此繩引長時。必使與直角對正。不論其分之幾何。引之又必令直方能得測度之準。故為平矩以正繩。又平者均平準齊之謂。用矩之道。矩之角正。即直角之謂然後二股得直。以之測高測遠。乃得度其大小之分。此矩既正而所測之度亦正矣。孟子曰。規矩準繩以為方圓平直。繩者。即準之之意。規矩所以度方圓。而準繩所以考平直。故準之以平。繩之以直。始得立法之精微。故曰平矩以正繩也

偃矩以望高。

此用矩測高之法也。偃者仰也。仰矩方可測高。矩之壹股直立在前。壹股定平在下。然後比例推之。蓋平股與立股之比。即所知之遠與所測之高之比也。故仰測而得高。

覆矩以測深。

此用矩測深之法也。覆者俯也。俯矩方可測深。矩之壹股立者在前。壹股平者在上。平股與立股之比。即所知之遠與所測之深之比也。故俯測而得深。

臥矩以知遠。

此用矩測遠之法也。臥者平也。平矩方可測遠。以矩之壹股爲橫向内。壹股爲縱向前。是以橫與縱之比。即所知之度。與所求之遠之比也。故平測之而得遠。

環矩以爲圓。

此用矩爲圓之法也。以矩之壹端爲樞。壹端旋轉爲圓。則成壹圓。環矩者。即旋規之說也。

合矩以爲方。

此用矩爲方之法也。矩二股也。兩矩相合。乃成壹方。即前方出於矩之說也。

方屬地圓屬天。天圓而地方。

前言用矩以測高深廣遠。復用矩以爲圓方。此以圓方屬之天地者。非以形體言。葢以陰陽動靜之理言也。樂記云。著不息者天也。著不動者地也。不息故運而不積。圓之象也。不動故靜而有常。方之理也。且圓之數無盡。而方之數有盡。天不可階而升。測天者。恒於地上度之。是仍以方度圓也。凡數之不盡者必奇。數之可盡者必耦。是以陽爲奇。陰爲耦。此方圓之理數。所以屬乎天地。

方數爲典。以方出圓。

典則也。言圓之數奇零不盡。不可爲則。故惟方數可爲典則。以方出圓者、以方之形度圓之分。從方數中生出圓數。即前圓出於方之說也。如圓徑求積。則以徑自乘之爲正方形。而以方率圓率比例推之即得圓積。是皆以方出圓之理也。

笠以寫天。天青黑。地黃赤。天數之爲笠也。青黑爲表。

丹黃爲裏。以象天地之位。

此卽儀象以表天地之形色也。笠形圓。故以象天。寫象也。青黑天之色。黃赤地之色。天數之爲笠形。則以青黑爲表。丹黃爲裏。以象天地之位。葢取天包地之象也。

是故知地者智。知天者聖。智出於句。句出於矩。夫矩之於數。其裁制萬物。惟所爲耳。

天地之高深廣遠。非聖智不能知。然聖智非由理之自然。亦不能無所憑藉而知也。故明句股之數。

卽可以知地而爲智。知地之數。卽可因地以知天而爲聖矣。故曰智出於句也。然句股之形。又賴矩以成。故矩爲句股之本。而天地之高深廣遠皆賴矩以測。況萬物之大小巨細。豈能外於矩之度分乎。故矩之於數。其裁制萬物。惟其所爲。而無不可也。

周公曰善哉。

以周公之聖。而與之曰善哉。則其得數之本。立法之妙。可謂至矣。是而周髀之義盡矣。

陳啟沅算學卷一

南海息心居士陳啟沅芷馨甫集著

門人順德林寬葆容圃氏校刊

次男　陳簡芳蒲軒甫繪圖

算學提綱拾弍要訣

壹要熟讀九歸歌　弍要熟讀小九數

叁要誦各章歌訣　四要明各歌見解

五要知乘除法實　六要知量度衡畝

七要知諸分母子　八要知長濶堆積

九要知盈朒互隱　拾要知正負行例
拾壹要知勾股弦數　拾弍要知開方各色

節要歌

算學之人須努力。先將九數時時習。呼如下位算爲先。如或身數呼求拾。觀其發問果何如。仔細商量分法實。若然法實既能知。次求定位是爲急。再考九歸及歸除。又將加減細察繹。有能致意用工夫。算學雖深可盡識。

九章名義

數學從來有九歸。方田粟布易詳推。裒分辨別貴和賤。少廣開除圓與方。商功功程術最妙。均平輸送法最巨。盈朒互隱須列位。方程正負要排行。若算高深倂廣遠。好將勾股細思量。

用字須知

以者用也　置者列也　爲者數未定也　得者數已成也

呼者呼其數也　命者言也　首者第壹位也　尾者末位也

身者本位也　率者齊數也　實者所問之物即本數　法者所求之價即樣數也

乘之者九字相生之數也　除者九歸相除之數　因數之單位者　歸入已之數也

加　增添也　減　除少也　乘　数之多位者　歸　歸除先歸後除合名也

除　減去也　積　積成之数也　乘　法實合變数也　如　凡数用之下壹位也

身　本位也　則　法也　左　上邊大位也　右　下邊小位也

縱　直長也　横　廣濶也　廣　方濶也　濶　濶大也

直　長也　面　方面也　高　立起也　深　曲下也

倍　加上本数也　併　式数相合　截　割斷也　分　折也

原　前数也　差　多少不同数也　通　會同其数　變　改換其数

約　量度　中　算盤之中　進　進上前位　逢　偶有数定而合逢

上　脊梁之上又位之左　下　脊梁之下又謂之右　挨　隨身變数也　退　移下後壹位

句 濶也勾字同　股 長也　斜 兩隅相對又不正也　弦 勾股斜曰絃弧矢亦有弦

隅 曲角也　長 直也　周 外圓也　較 以多除少所餘曰較

廉 方直也　方 四面相同　徑 週中之弦　脊 中橫梁隔木

列位 各置位處　折半 減去壹半　還原 復前數也　商除 必與壹商量而除之

相乘 或長濶或銀貨等　自乘 法實數自栴乘　再乘 自乘之而又乘　遍乘 先以壹法遍乘諸數

商總 合用商量之法字繁甲　開方 即自乘還原也　開立 即自乘商乘之還原　中實 即商總下

併率 如二三四五併積於甚數　得合 將此法以算也　得第 乃法皆每下該个之答　相減 如二數以少減多餘是較

互乘 如四隅數背同乃相乘　合得 算數定奪　幾何 與若干相同　比例 譬喻舉隅以其隅之謂

若干 壹爲數幾爲數若算是　和 兩數相合之謂

大數

壹大數之始　拾拾個壹為拾　百拾個拾為百　千拾個百為千

萬拾個千為萬　億萬萬曰億　兆萬萬億曰兆　京萬萬兆曰京

垓萬萬京曰垓　秭萬萬垓曰秭　穰　溝

澗　正　載　極

恒河沙　阿僧祇　那由他　不可思議

無量數自京垓以下。世之罕用。故以垓秭兩字。未及考究的確。亦不可廢。姑存之。按孟子註其麗不億之億。為拾萬進也。或有謂有小中大之分。未知孰是。以拾進為小。以萬進為中。以自乘進曰大云。

小數

分拾釐爲分　釐拾毫爲釐　毫拾絲爲毫　絲十忽爲絲

忽拾微　微拾纖　纖拾沙　沙拾塵

塵萬萬埃今作拾埃　埃萬萬渺今亦作拾渺　渺　漠

模糊　逡巡　須臾　瞬息

彈指　剎那　六德　虛空

清淨

度所以分别長短之法也。始由黃鍾而生。黃鍾之管其長積秬黍。中者九拾粒。壹粒爲壹分。拾分爲寸。拾寸爲尺。拾尺爲丈。拾丈爲引。古法四丈爲疋。五丈爲端。今無定則。

丈 拾尺爲丈　尺 拾寸　寸 拾分　分 拾厘

厘　毫　絲　忽

疋 古四丈今無定式　端 古五丈

衡所以分别輕重之法也。始由黄鍾而生。中可容黍壹千弍百粒。是爲勺。勺重拾弍銖。兩勺則數弍拾四銖。爲壹兩。拾六兩爲壹斤。

斤 拾六兩　兩 古用弍拾四銖今計拾錢　銖　纍

黍 今則兩以後用分厘毫絲忽　鈞 叁拾斤　石 古四鈞爲石今計百弍拾斤今有用六拾斤　引 弍百斤

秤 古十五斤又謂之両

量所以别多寡之法也。始由黄鍾而生。其管可容秬黍壹千弍百粒爲勺。拾勺爲合。拾合爲升。拾升爲斗。拾斗爲石。○漢書律歷志。六拾四黍爲圭。四圭爲撮。未知孰是。

石拾斗　斗拾升　升拾合　合拾勺

勺拾秒　秒拾撮　撮拾圭　圭六粟

粟即壹粒之粟　斛壹石。五斗或貳拾五升　釜六斗四升　庾拾六斗

秉拾六斛　斛說文斗也。儀禮聘禮。拾斗曰斛。

ム所以分別田畝廣狹長濶遠近之法也

畝橫壹步。直弍百四拾步。即長六拾丈。濶壹丈也。若以方計。積六百尺。即今之謂六拾井也。今之計稅畝。以拾分爲畝。分以下。用釐毫絲忽小數計之。步方積五尺。弍拾四步爲分。井方平壹丈。古無此法。

釐積六尺。釐以下。俱照小數所載毫絲忽計。毫拾絲　絲拾忽　分分之數不同。畝之下。長壹丈濶壹丈。名曰分。即六井也。井下之分。長壹丈濶壹分。曰分。步之下亦有分。

微　纖　沙　塵

角四分爲角　頃百畝　里叁百六拾步。即壹百八拾丈也。

秝法

宮叁拾度　度六拾分　分六拾秒　秒以下有日小餘有日微纖忽芒塵俱以六拾收之

日法拾式時

時八刻。有上四刻。下四刻。初初刻。初壹刻。初式刻。初叁刻。爲上四刻。正初刻。正壹刻。正式刻。正叁刻。爲下四刻。

刻拾五分　分分以下秒同前以六拾数收之。

諸物輕重率

謂長濶高每方平壹寸算之○沉以古尺今碼考之恰合用今尺宜照加之

赤金 拾六兩八錢	紋銀 九兩	水銀 拾弍兩弍錢八分	紅銅 七兩五錢
白銅 六兩九錢八分	黃銅 六兩八錢	鋼 六兩七錢叁分	生鐵 六兩七錢
熟鐵 六兩七錢叁分	高錫 六兩叁錢	花錫 七兩六錢	低鉛 六兩
黑鉛 九兩九錢叁分	白玉 弍兩六錢	金珀 八錢	白瑪瑙 弍兩叁錢
紅瑪瑙 弍兩弍錢	硨磲 壹兩五錢弍分	青石 弍兩八錢八分	白石 弍兩五錢
紅石 弍兩五錢六分	象牙 壹兩五錢四分	牛角 壹兩九錢	沉香 八錢弍分
白檀 八錢叁分	紫檀 壹兩零弍分	花梨 八錢七分	楠木 四錢八分
黃楊 七錢五分	烏梅 壹兩壹錢	油 八錢叁分	水 九錢叁分

已上各物輕重率。恭抄于

數理精蘊。然權之輕重。度之長短。尤未有明定也。但

將屈氏數學所錄古尺今尺。似與

會典所刻之式有異。茲照

會典各式。恭錄如左。

度

古尺橫黍度

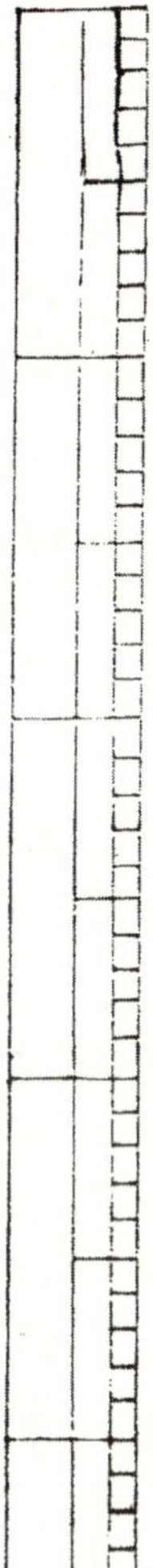

今尺縱黍度

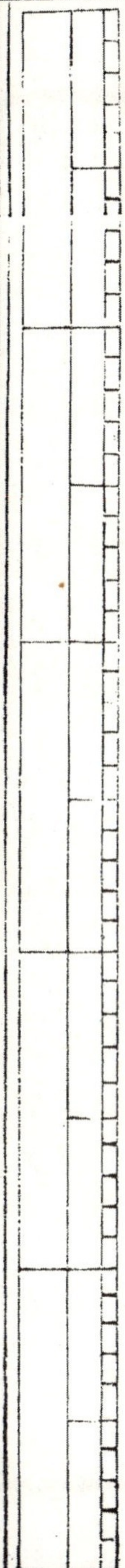

會典曰。以絫黍定分寸之率。壹黍之廣度爲壹分。橫絫拾黍。得古尺壹寸。壹黍之縱度爲壹分。直絫拾黍。得今尺壹寸。今尺八寸壹分。當古尺拾寸。今尺七寸弍分九厘。當古尺九寸。卽黃鐘之長拾寸爲尺。拾尺爲丈。拾丈爲引。總以尺該之。

權

會典曰。以寸法定輕重之率。鑄金爲方。上下四旁。均壹寸。各按其質求之。赤金方寸。得拾有六两八錢。白金方寸。得九兩。紅銅方寸得七两五錢。黃銅方寸。得六兩八錢。黑鉛方寸。得九兩九錢叁分。倭鉛方寸。得六兩。輕重之準既得。乃隨大小之用。制以爲權。其形圓。其制以黃銅。由部定式。

法碼

體積	中徑	面徑	高
七拾叁寸五五百弍拾	五寸九分八厘八毛	五寸弍分八厘四毛	弍寸八分壹厘八毛

	體積	中徑	面徑	高
百兩	九分四百壹拾壹釐七百六拾五毫	八絲六忽五微六纖	弍絲九忽弍微叁纖	弍絲八忽九微七纖
壹百兩	壹拾四寸七百零五分八百八拾弍釐弍百五拾弍毫	弍寸五分零弍毛叁絲零九微八纖	叁寸零七釐零弍絲七忽叁微四纖	壹寸六分四釐八毫五絲四忽
壹拾	壹寸四百七拾分五百八拾八釐弍百弍	壹寸六分弍釐五毫六絲弍忽八微弍纖	壹寸四分叁釐四毫弍絲七忽七微八纖	七分六釐壹毫零壹絲弍忽壹微五纖

両 拾五毛

量

會典曰。以寸法定容積之率。

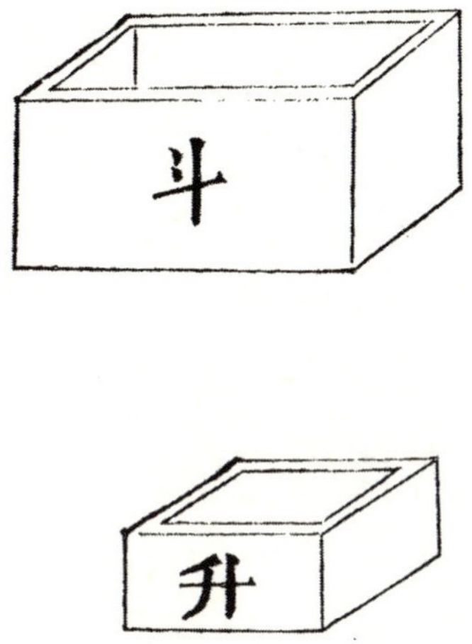

升方積叁拾壹寸六百分。面底方四寸。深壹寸九分七厘五毛。

斗方積叁百壹拾六寸。面底方八寸。深四寸九分叁厘七毫五絲。

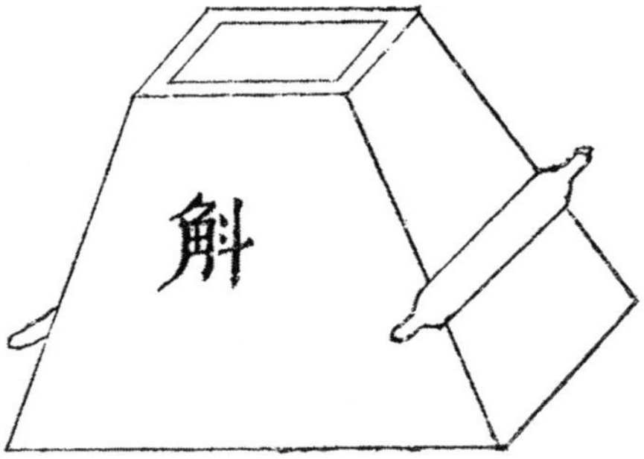

斛方積壹千五百八拾寸。口方六寸六分。底方壹尺六寸。深壹尺壹寸七分。兩斛爲石。容積叁千壹百六拾寸。各得容量之準。斛之制。由部定式云。

分別法實左右圖

右

法

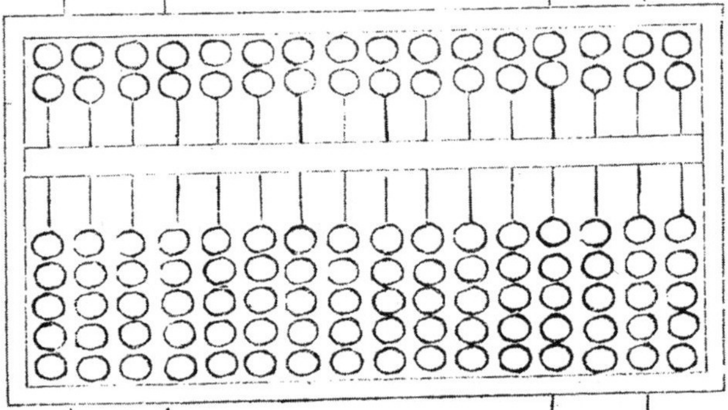

法爲母

靜

左

實

實爲子

動

定算盤位次左實右法論

按洛書數左叁。右七。以理而推。法當居右。壹爲數之始。以七而算。自壹而下生叁。叁變而爲四。下又生弍。弍之下又生六。六又變而爲八。下又生四。四又變而爲五。下又生五。五又變而爲七。下又生壹。還爲原數。取其變而復原。故可以爲法。壹數以叁而算只得壹叁之數耳。故以左爲實。此乃不易之位也。

九九上法解

便蒙通用。所以教初學手法。使其手算精熟。而後撥盤快捷。并知應加應除而成全數。又名九九八拾壹法。特立此以為初學之梯階。使其知第壹位。第弍位。照加上便可成全大數。又使其知盤子既滿。必要湊成拾數進于上位。以後方能再加。又何以名之九九八拾壹。因其第壹行加九遍則得九數。添八第弍行加九遍之拾八數。共得壹拾零八數。再添入叁行之加九遍。是弍拾七數。共併得弍行拾數。壹行七數。照次每行加之。便湊合八行拾數壹行壹數。故名之曰。九九八拾壹。假使照加至拾遍。則全變作壹弍叁四五六七八九九矣。亦生生不已之數也。

起首　壹上壹（在第一行上子只）　弍上弍（在弍行上子弍只）　叁上叁　四上四

五上五　六上六　七上七　八上八

九上九自第壹遍起。照第壹行加壹。第弍行加弍。第叁行加叁。每遍照加。加至九遍自可成。

弍遍　壹上壹　弍上弍　叁下五落弍（即是叁上叁耳。不過將樑上之五子。相換。下遍方有得加也。餘倣此）

四下五落壹（即四上四耳。五除壹。便是四數。餘倣此解。）五起五進壹（即五上五。兩五便成拾數也。進于上位。下遍方有盤子加。）

六上壹起五進壹（即六位加六。四六合便成拾。故起五下要加回壹。方是除四成拾數。）七上弍起五

進壹即七合叁而成拾数。八除弍進壹即弍八成拾之数。九除壹進壹即九合壹成拾数每遍照加俱

照此解。學者細思之

叁遍　壹上壹　弍下五除叁　叁上叁　四除

六進壹　五下五即五上五也　六上六　七除

叁進壹　八除弍進壹　九除壹進壹

四遍　壹上壹　弍上弍　叁除七進壹即叁合七成拾之数　四下

五落壹五去壹而存四　五起五進壹　六除四進壹

七除叁進壹七合叁成拾数餘倣此。　八上叁起五進壹起五下加還叁。便是除弍耳。

九除壹進壹

五遍 壹下五落四 弍除八進壹 叁下五落弍
四除六進壹 五上五 六上壹起五進壹
七上七 八除弍進壹 九除壹進壹
六遍 壹上壹 弍上弍 叁除七進壹 四下
五落壹 五起五進壹 六上六 七除
叁進壹 八除弍進壹 九除壹進壹
七遍 壹上壹 弍下五落叁 叁上叁 四除
六進壹 五上五 六除四進壹 七上
弍起五進壹 八除弍進壹 九除壹進壹

八遍　壹上壹　弍上弍　叁下五落弍　四下五落壹　五起五進壹　六上壹起五進壹　七除叁進壹　八除弍進壹　九除壹進壹

九遍　壹上壹　弍上弍　叁上叁　四上四　五上五　六上六　七上七　八上八　九除壹進壹

九九合數解生。此是九字相生數也。合而多之。故謂之又名小九數。合數者。是相併之數也。故因乘數必

要用之。何以歸除數亦要用此。所謂頭壹度是歸
有盆子記其該分得若干。而第弍位。第叄位不能
同記于盆。故要照第壹位之分數。每份該分若干
除之。便可與頭壹位幾何。第弍叄位即同壹樣。何
以又呼九九數除之。方得。因弍叄位未知該分幾
份。如第壹位是弍數。第弍位是六份。則要呼弍六
除去壹拾弍。便是第弍位每份亦是弍數也。凡初
學者。必要先明其理。而後因乘歸除皆可以通用
矣餘皆倣此。

壹因

壹因者是壹人所出之數。其法原不在立。爲歸除亦要呼此。故不可廢

壹壹如壹 算法。將本位去壹。下位加壹。故古歌曰。遇如須下位。即此理也。 壹弍如弍 本位去弍。下位加弍。凡有呼如字者。俱倣此。

壹叁如叁 壹四如四 壹五如五

壹六如六 壹七如七 壹八如八

壹九如九

弍因

弍壹如弍 同上。壹弍如弍解。不過壹因則呼壹弍如弍。弍因則呼弍壹如弍耳。 弍弍如四 本位去弍。下位加四。即是兩人每合錢弍文。復四文。餘倣此推。

弍叁如六 本位去叁。下位加六。解法與弍弍如四同。 弍四如八

弍五得壹 本位變五爲拾。即訣云。言拾就本身。 弍六八壹拾弍 本位變六爲壹。下位加弍。即是兩人各科錢六文。共得拾弍文耳。

陳啟沅算學　卷一　十四

弍七壹拾四（解同前）　弍八壹拾六　弍九壹拾八

叁因　叁壹如叁（以下各因解俱照前）　叁弍如六　叁叁如九

叁四壹拾弍　叁五壹拾五　叁六壹拾八

叁七弍拾壹　叁八弍拾四　叁九弍拾七

四因　四壹如四　四弍如八　四叁壹拾弍

四四壹拾六　四五得弍拾　四六弍拾四

四七弍拾八　四八叁拾弍　四九叁拾六

五因　五壹如五　五弍得壹拾　五叁壹拾五

五四得弍拾　五五弍拾五　五六得叁拾

五七叁拾五　五八得四拾　五九四拾五

六因　六六壹如六　六弍壹拾弍　六叁壹拾八

六四弍拾四　六五得叁拾　六六叁拾六

六七四拾弍　六八四拾八　六九五拾四

七因　七七壹如七　七弍壹拾四　七叁弍拾壹

七四弍拾八　七五叁拾五　七六四拾弍

七七四拾九　七八五拾六　七九六拾叁

八因　八八壹如八　八弍壹拾六　八叁弍拾四

八四叁拾弍　八五得四拾　八六四拾八

八七五拾六　八八六拾四　八九七拾弍

九因

九九壹如九　九弍壹拾八　九叁弍拾七

九四叁拾六　九五四拾五　九六五拾四

九七六拾叁　九八七拾弍　九九八拾壹

九歸歌論

歸者。分數也。古用商除。不如歸除之快捷。惟開方法。仍用商除。餘外皆用歸除。學者故宜熟記。不可與九因數訣亂。若果呼因爲歸。則差之毫厘。謬之千里矣。首要熟讀。次要明其解法。而後可以學歸除。歸除既通。雖九章雜算。自能思則得之。算法雖深。無非亦壹理耳。兹將九歸註解明白。使學者壹目了然。自可由淺入深。

九歸歌訣解注附

壹歸古不立此法。因壹歸是原數。不必歸也。爲歸除亦要用此。故姑立之。并詳註解清楚。使初學者易於入手云。

逢壹進壹本位去壹進壹于左。即歸因歌有云逢如須隔位也。其用法即係拾文錢拾人分。是每人壹文。可以不用分。爲拾五人分弍拾文。則要先將錢拾文分與拾人進于上位記數。然後方能將所餘之錢拾文除去五文。作爲分五人。方是每人得壹文。尚剩五文。記于下位再分。凡逢幾進幾。俱同此意。學者可細思而明之

逢弍進弍 解同前 逢叁進叁 逢四進四

逢五進五 逢六進六 逢七進七

逢八進八 逢九進九

弍歸

弍壹添作五 解曰如弍人分錢拾文則每人得五文耳凡分數弍份分壹數俱呼此算法本位變壹為五如弍人分錢拾弍文亦先分拾文後分弍文

逢弍進壹拾 解曰如弍人分錢弍拾文每人拾文算法本位去弍進壹于左位餘倣此

逢四進弍 凡弍份分有四數則呼此是每份得弍數

逢六進叁 凡分弍份有六數亦是每份得叁數即此可以類推細思可也

逢八進四 凡有逢字者俱照上解是舉壹隅而叁隅之類

發明 凡弍歸有叁數先用逢弍進壹再用弍壹添作五如有五數先用逢四進弍再用弍壹添作五如有七數先用逢六進叁再用弍壹添作五如有九數先用逢八進四再用弍壹添作五弍歸之數于此盡矣歸除亦不外此不過先用歸而後用小九數除之耳其法立下

叁歸

叁壹叁拾壹 解曰如叁人分錢壹百文則每份得叁拾所餘拾文記于下位再分餘倣此算法本位加弍成叁下位加壹零此是不盡数也故答埋下位再分爲

千皆同。叁弍變作六拾弍 其意與叁壹叁拾壹同。不過是叁人分弍拾。餘弍文記于下位。句法不同。而其立法則同壹弍耳。即可以類推。○

算法本位加四成六。下位加弍餘皆類此。逢叁進壹拾 是叁人分叁份。每人各壹耳。與逢弍進壹仝。餘倣此。逢六進弍拾

學者于所記真逢六進叁。是弍歸逢六進弍。是叁歸。不可乱記。逢九進叁拾 意仝上

發明 凡叁歸有四數。則照先分叁。後分壹。如有五數。先分叁。後分弍。有七數。先分六。再分壹。有八數。先分六。再分弍。叁歸亦由而盡也。

四歸 四壹弍拾弍 是四份之壹數。見觧與叁歸同意。學者可類推得之 四弍添作五 是四份分弍之数。每份得五也

四叁變作七拾弍 是四份分叁数。每份得七餘弍 逢四進壹拾 逢四進壹是四歸逢四進弍是弍歸學者切不可悞用。是每份各得壹也 逢八進弍拾 是四份分八數。每份得弍數也

發明 凡四歸有五數。則照先分四。再分壹。有六數。先分四。再分弍。有七數。先分四。再分叁。有九數。先分八。後分壹。

五歸 五壹倍作弍 觧曰。是五份分壹之數。何為作弍。是將其原數。壹再加壹而成弍。故謂之倍。亦是每得弍數也。五弍倍作四

五叁倍作六（五份分叁數每份各得其六解仝前）　五四倍作八（是五份分四數各得其八倍法解法同前）

逢五進壹（解同意）

發明（凡五歸有六數先分五再分壹七數先分五再分式有八數先分五再分叁有九數先分五再分四五歸于此而盡）

六歸

六壹下加四（解曰是六人分錢拾文則每人先分壹文故本位之子不動是記每人壹文之數也下加四者是所剩之四文留于下位再分○算法照解）

六式變作叁拾式（其意與叁壹叁拾壹叁式六拾式同解學者可以因此類推無容贅解也以下七歸八歸亦仝此理學者可不思乎○算法照解）

六叁添作五（意與四式添作五同解）　六四變作六拾四

六五變作八拾式　逢六進壹拾

發明（以下六七八歸俱仝前解凡分不盡之數或分之或答埋分之即歌訣云歸如不盡答添行之謂也已後無容贅解）

七歸

七壹下加叁（其解法與六壹下加四同如有壹百錢六人分之是剩四拾七人分之是剩叁拾亦是記于下位再分耳餘倣此解○算法本位不動下位加叁）

七式下加六（解同前）　七叁變作四拾式

七四變作五拾五　七五變作七拾壹

七六變作八拾四　逢七進壹

八歸　八壹下加弍　八弍下加四　八叁下加六

八四添作五　八五變作六拾弍　八六變作七拾四　八七變作八拾六　逢八進壹

發明　凡八歸所立之句俱照前意推之可以無容贅解也。

九歸　九壹下加壹是九份分拾文之数　九弍下加弍解同上　九叁下加叁

九四下加四　九五下加五　九六下加六

九七下加七　九八下加八　逢九進壹

九歸初步

凡九歸。九因。歸除。因乘者。俱是將九歸歌。九因合數。式則之訣。見數呼數。爲必要知是分數。或是合數。方無誤用也。

歸因總歌

歸從頭上起凡歸起手必由左手起算　因從足下生凡因起計必從右手便起計

逢如須隔位凡九歸有逢字。則照九歸歌所立之法。去本位之字。進于上位。凡九因有如字則照九因合數所立之法。去本位之字。照法加于下位。

言拾在本身凡九歸九因算時有呼拾字者。即在本身照法計之。如九歸叁壹叁拾壹。便是有拾字。九因如弍五得壹拾。亦是有拾字。其餘倣此。

逢零再隔位

零如下式根

歸法歌

九歸之法乃分平（九歸之法乃分平数不是合数）算法從來有現成

數若有多歸作拾（数若足歸照九歸歌之法歸之）歸如不盡答添行（分架能盡答堪作之子歸之）

又歌

學者如何算九歸　先從實上左頭推

逢進起身須進上　下加次位以施爲

兹將九歸設立八問。布算於後。以爲初學者梯階。

即此可類推矣。上層圈是所問之子。下層圈是計定之子。以後皆同。

假如有銀叁萬六千八百四拾両作弍拾人分之問

每人得銀若干　答曰壹千八百四拾弍両

○法曰置銀叁萬六千八百四拾両爲寔以弍拾人

爲法歸之合問　凡弍歸之数。不外如是。但算者必要認眞大小数。假如弍人分。或弍百人分。算法則全爲每人所得之数。則不同矣。故要認眞大小数。餘問皆同。

法　〔三八〕

逢四進弍　〔四十〕　本位去四進弍于左

逢八進四　〔八百〕　本位去八進四于左〔三百〕

逢六進叁（亭） 本位去六進叁于左（四拾）

寔（起呼）弍壹添作五（叁萬） 本位加四成五

逢弍進壹 本位起弍進壹于左（八百）

即所謂先從寔上左頭推也（壹亭）分得

弍歸還原用弍因

（起呼） 凡因必在右手起計（四萬）

弍弍如四（貳萬） 本位去弍下位加四（八百）

弍四如八（四拾） 本位去四下位加八（亭）

弍八壹拾六（八百） 本位去七下位加六（叁萬）合得

弍壹如弍（壹亭） 本位去壹下位加弍

假如有米壹萬壹千四百叁拾九石作叁日食之問

每日食米若干　答曰叁千八百壹拾叁石

法曰置米壹萬壹千四百叁拾九石爲寔以叁日

爲法歸之合問

法　（叁百）

逢九進叁　（九石）　本位去九進叁于左

逢叁進壹　（叁拾）　本位去叁進壹于左（叁石）

逢六進弍　（四百）　本位去六進弍于左（壹拾）

叁弍六弍拾　（壹千）　本位加四下位加弍（六百）

定〔起呼〕叁壹叁叁拾壹 〔壹萬〕 本位加弍下位加壹〔叁千〕分得

叁歸還原用叁因 〔九百〕

〔起呼〕叁叁如九 〔叁百〕 本位去叁下位加九〔叁拾〕

叁壹如叁 〔壹叁百〕 本位去壹下位加叁〔四百〕

叁八弍拾四 〔百〕 本位去六下位加四〔拾〕

叁叁如九 〔拾〕 本位先去叁下位除壹後加回壹子本位〔壹萬〕合得

假如有秧弍百壹拾六井叁尺弍寸以四拾工八揷之問每工揷得秧若干 答曰五井四尺零八分

法曰以秧弍百壹拾六井叁尺弍寸爲㙦以四拾工人爲法歸之合

丈量法以方平壹丈爲壹井以壹尺爲壹尺

法 〔四丈〕

逢四進壹拾 〔弍寸〕 本位去四進壹于左

四叁七拾弍 〔叁尺〕 本位加四下位加弍 〔分〕

逢八進弍拾 〔六井〕 本位去八進弍于左 〔零〕

四壹弍拾弍 〔壹拾〕 本位加壹下位加弍 〔四尺〕

㙦〔起四〕四弍添作五 〔弍百〕 本位加叁成五 〔五井〕分得

四歸還原用四因 〔弍寸〕

〔提〕四八叁拾弍　〔分〕本位去五下位加弍〔叁尺〕

〔零〕　〔六丼〕

四四壹拾六　〔四尺〕本位去叁下位加六〔壹拾〕

四五中弍　〔弄〕本位去叁爲弍〔弍百〕合得

假如有綢七萬壹千九百叁拾丈每綢壹疋以五丈算問該疋數若干答曰壹萬四千叁百八拾六疋

法曰置總綢七萬壹千九百叁拾爲寔以每疋五丈爲法歸之合問

法　〔叓〕

五叁倍作六 〔叁拾〕 本位加叁為六 〔六定〕

五四倍作八 本位再加四成八
逢五進壹拾 〔九百〕 本位先起五進壹于左 〔八拾〕

五壹倍作弍 〔壹千〕 本位加壹為弍 〔叁百〕

寔〔起呼〕五弍倍作四 本位再加弍成四
逢五進壹拾 〔七萬〕 本位先起五進壹于左 〔四千〕

〔壹萬〕分得

五歸還原用五因

〔起呼〕五六中叁拾 〔六定〕 本位去叁成叁 〔叁拾叁〕

五八中四拾 〔八拾〕 本位去四成四 〔九百〕

五叁壹拾五 〔叁百〕 本位去弍下位加五 〔壹千〕

五四中式　（四千）　本位去弍成弍　（壹萬）

五壹如五　（壹萬）　本位去壹下位加五

假如有倉壹間共存油叁萬弍千弍百壹拾四斤每

油壹坪載淨油六斤問該坪數若干

答曰五千叁百六拾九坪

法曰置總油叁萬弍千弍百壹拾四斤爲寔以每

坪六斤爲法歸之合問

法　（六斤）

逢六進壹拾　（四斤）　本位去六進壹於左

六五八拾弍　壹拾　本位加叁下位加弍　九拾

六四六拾四　弍百　本位加弍下位加四　六拾

六弍叁拾弍　弍千　本位加壹下位加弍　叁百

寔起呼六八叁漆作五　叁萬　本位加弍為五　五千得

六歸還原用六因　四斤

起呼六九五拾四　九拾　本位去四下位加四　壹拾

六六叁拾六　六拾　本位去叁下位加六再將下位起四進回壹于本位　弍百

六叁壹拾八　叁百　本位去弍下位空八再將下位起弍進回壹于本位　壹千

六五中叁拾（叁十）　本位去弍成叁（[illegible]叁）

假如有銀壹萬零弍百壹拾壹兩六錢每銀七錢找錢壹千文問該得錢若干

答曰壹萬四千五百八拾八貫壹千文為壹貫

法曰置總銀壹萬零弍百壹拾壹兩六錢為寔以每千七錢為法歸之合問

法（七錢）

逢七進壹拾（六錢）　本位去七進壹于左

七五七拾壹（壹兩）　本位加弍下位加壹（貫）

七六八拾四 〔壹拾〕 本位加弍下位加四 〔八拾〕

七四五拾五 〔弍百〕 本位加壹下位加五 〔五百〕

七叁四拾弍 〔零〕 本位加壹下位加弍 〔四千〕

寔〔起呼〕七壹下加叁 〔壹盡〕 本位不動下位加叁 〔壹叁分得〕

七歸還原用七因 〔六錢〕

〔起呼〕七八五拾六 〔八員〕 本位去叁下位加六 〔壹〕

七八五拾六 〔八拾〕 本位去叁下位加六寔將下位起五進壹于本位 〔壹拾〕

七五叁拾五 〔五百〕 本位去弍下位加五寔將下位起五進壹于本位 〔弍百〕

七四弍拾八 〔四千〕 本位去弍下位加八寔將下位起弍進回壹于本位〔壹百〕

七壹如七 〔壹萬〕 本位去七下位加壹寔將下位起叁進回壹于本位〔壹萬〕得

假如有塩五萬零叁百叁拾弍包每塩八包換油壹坪問換得油若干 答曰六千弍百九拾壹坪半

法曰置總塩五萬零叁百叁拾弍包爲寔以八包爲法歸之合問

法 〔包〕

八四添作五 〔弍包〕 本位加壹成五 〔五〕此字作半

八壹下加弍 〔叁拾〕 本位不動下位加弍

逢八進壹拾 本位去八進壹于左 〔壹坪〕

八七八拾六（叄百）本位加壹下位加六（九拾）

八弍下加四（零）本位不動下位加四（弍百）

寔（起呼）八五六拾弍（壹萬）本位加壹下位加弍（六千）（得）

八歸還原用八因

（起呼）八五中四拾（五）本位去壹為四（弍百）

八壹如八（壹千）本位去壹下位加八（叄拾）

八九七拾弍（九拾）本位去弍下位加弍（叄百）

八弍壹拾六（弍百）本位去壹下位加六（零）

八六四拾八（六千）本位去弍下位加八（壹萬）（得）

假如有蚕茧弍百六拾壹箔每茧九箔繅得絲壹斤

問共繅得絲若干　答曰弍拾九斤

法曰置總蚕茧弍百六拾壹箔爲寔以每斤九箔

爲法歸之合問

法　〔九箔〕

逢九進壹拾　〔壹箔〕　本位去九進壹于左

九八下加八　〔六拾〕　本位不動下位加八　〔九斤〕

寔〔總箔〕九弍下加弍　〔弍百〕　本位不動下位加弍　〔弍拾〕得

九歸還原用九因　〔壹箔〕

九九八拾壹（九斤）　本位去壹下位加壹（六拾）

九弍壹拾八（貳拾）　本位去壹下位加八　下位起弍進回壹於本位（貳百）會得

已上設立八問。即九歸歌所立之法也。學者。由此而推。便能由淺入深矣。其還原之數。即因數也。茲再立八問以因數。使其用歸還原。便可知合數用分數還原。分數又用合數還原。此壹定之理也。爲因數不用分法。寬總以位數小者爲法。便易于立算。即因乘之法。亦猶是耳

九因比類

此八問。只立算法。不立算式。使其知與上八問比類。便是舉壹隅。便可以叁隅反。此之謂也。

因法歌

合數九因須記熟

起手先從末位推右便爲末位。即尾位也。是在實之末位起。法仍從首位而呼。以法首位對實末位相呼而起便合矣。

言拾就身如下位下位者。下壹位也。逢如須下位。逢零如須隔式位算者。必須認真方無錯悞。

若要還原用九歸

假如兩人合伴每位科本銀壹千八百四拾弍兩問共科得銀若干　答曰叁千六百八拾四両

法曰置總銀每位壹千八百四拾弍兩爲寔以弍
八爲法因之合問
弍弍如四　弍四如八　弍八壹拾六
弍壹如弍
弍因還原用弍歸　以總銀爲寔以弍八爲法歸之還原
逢弍進壹　弍壹添作五　逢六進叄
逢八進四　逢四進弍
假如每日食米弍石六斗四升共食壹月問食米若
干　答曰七拾九石弍斗

法曰以每日用食米弍石六斗四升爲寔以壹月

爲法先將壹月乘法叁拾日就以叁因計之合問

叁四壹拾弍　叁六壹拾八　叁弍如六

叁因還原用叁歸　以總米爲寔以叁歸爲法還回原数

逢六進弍　叁壹叁拾壹　逢九進叁

叁壹叁拾壹　逢叁進壹

假如有銀七錢弍分五厘每銀壹分買麵餅四個問

該餅若干　答曰弍百九拾個

法曰置總銀七錢弍分五厘爲寔以每分四個爲

法因之合問

四五中弍　四弍如八　四七弍拾八

四因還原用四歸

四弍添作五　逢八進弍　四壹弍拾弍

四弍添作五

假如有白豆弍百四拾六石九斗每石價銀五錢問該銀若干　答曰壹百弍拾叁両四錢五分

法曰置總豆弍百四拾六石九斗爲寔以銀五錢爲法因之合問

五九四拾五　五六中叁　五四中弍

五弍得壹拾

五因還原用五歸　以總銀爲寔以價銀五錢爲法歸之還原

五壹倍作弍　五弍倍作四　五叁倍作六

五四倍作八　逢五進壹

假如有杉木弍萬叁千五百六拾九條每條價銀六分問共該銀若干

答曰壹千四百壹拾四兩壹錢四分

法曰置木弍萬叁千五百六拾九條爲寔以每條

六分爲法因之合問

六九五拾四　六六六叄拾六　六五中叄

六叄壹拾八　六弍壹拾弍

六因還原用六歸

六壹下加四　逢六進壹　六弍叄拾弍

六叄添作五　六四六拾四　六五八拾弍

逢六進壹拾

假如有粮米弍萬叄千四百五拾七石九斗每石科

銀七錢問共該銀若干

答曰壹萬六千四百弍拾兩零五錢叁分

法曰置粮米爲寔以每石七錢爲法因之合問

七九六拾叁　七七四拾九　七五叁拾五

七四弍拾八　七叁弍拾壹　七弍壹拾四

七因還原用七歸

七壹下加叁　逢七進壹拾　七弍下加六

逢七進壹拾　七叁四拾弍　七四五拾五

七五七拾壹　七六八拾四　逢七進壹拾

假如有軍人壹百叁拾四萬五千六百七拾九名每

各給米八斗問米若干

答曰壹百零七萬六千五百四拾叁石弍斗

法曰置軍八爲寔以每各給米八斗爲法因之合問

八九七拾弍　八七五拾六　八六四拾八

八五中四　八四叁拾弍　八叁弍拾四

八壹如八

八因還原用八歸

八壹下加弍　八弍下加四　逢八進壹拾

八叁下加六　逢八進壹拾　八四添作五

八五六拾弍　八六七拾四　八七八拾六

逢八進壹拾

假如有濕穀壹千弍百叁拾四石五斗六升七合九勺每石晒得乾穀九斗問該乾穀若干

荅曰壹千壹百壹拾壹石壹斗壹升壹合壹勺壹抄

法曰置濕穀爲寔以乾穀九斗爲法因之合問

九九八拾壹　九七六拾叁　九六五拾四

九五四拾五　九四叁拾六　九叁弍拾七

九弍壹拾八　九壹如九

九因還原用九歸

九壹下加壹　九弍下加弍　九叁下加叁

九四下加四　九五下加五　九六下加六

九七下加七　九八下加八　逢九進壹拾

算學卷壹終

光緒十三年刻

海南陳硤原算學

陳啟沅算學卷弍

南海息心居士陳啟沅芷馨甫集著

門人順德林寬葆容圃氏校刊

次男　陳簡芳蒲軒甫繪圖

歸除因乘總論

歸除者。亦分數耳。然位數多者。非歸除之法。無以立算。其法仍將法實分清。後將法首位。呼九歸歌分之。再將法次位。對己所分之數。呼小九數除之。或不足歸。或有歸無除。則照下所立之撞歸法。又起壹還原法立算。細心考究自可類推。撞歸法起壹還原法詳後。還原則用因乘。因乘者亦合數耳。然位數多者非因乘法。亦無從立算。其法先將法首位對實末位呼小九數起。再將實末位對法弍位。仍呼小九數。不拘幾位。總至法末位止。是爲破頭乘。乘法有四。曰留頭乘。曰隔位乘。曰捲尾乘。究不如破頭乘之快捷也。故四法俱立之。以備採取其法立後。

歌曰

惟有歸除法更奇算學中惟歸除最要

將身歸了次除之先將本位呼九歸歌歸之次將小九數除之

有歸若是無除數即本位有子可歸次位無子可除如有銀拾兩作五拾弍八分之用五歸五壹倍作弍已盡無子可除之類

起壹還將原數施即將下所立起壹還原法行之即如五歸就起壹下還五如弍歸起壹下還弍

若遇本歸歸不得若壹歸只得壹子弍歸只得弍子下位無子可除之謂故不能歸也如有銀弍拾兩作弍拾弍人分之類

撞歸之法莫教遲即將下所立撞歸法行之仍不足除再用起壹還原

有人識得其中意

算學雖深可盡知

撞歸法已有歸而無除者即當用之

（壹歸）見壹無除作九壹本位加八湊成九子下位加壹解曰本位變成九子下位之壹子亦同此數豈不是合成壹大子耳

弍歸見弍無除作九弍　本位加七。湊成九子。下位加弍。○解曰本位纔成之九子是弍份的弍九壹拾八。合埋下加之弍子。亦弍大子

叁歸見叁無除作九叁　本位加六。下位加叁。○解曰叁歸是叁份之數叁九弍拾七。併下叁子便是叁大子還原之數也餘倣此。

四歸見四無除作九四　本位加五。下位加四。○解同前　前學者可變通思之爲要

五歸見五無除作九五　本位加四。下位加五。解見前。

六歸見六無除作九六　本位加叁。下位加六。

七歸見七無除作九七　本位加弍。下位加七。

八歸見八無除作九八　本位加壹。下位加八。

九歸見九無除作九九　本位不動。下位加九。

起壹還原法

壹歸起壹下還壹本位起壹下還壹起式下還式。

弍歸起壹下還弍本位起壹下還弍起式下還四。

叁歸起壹下還叁本位起壹下還叁起式下還六。

四歸起壹下還四本位起壹下還四起式下還八。

五歸起壹下還五本位起壹下還五起式下還拾。

六歸起壹下還六本位起壹下還六。

七歸起壹下還七本位起壹下還七。

八歸起壹下還八本位起壹下還八。

九歸起壹下還九本位起壹下還九。

歸除定式

假如有銀弍百四拾叁兩糴米每斗價銀五分四厘

問共該米若干　答曰四百五拾石

法曰。置總銀爲實。以每斗五分四厘爲法。歸除之合問。

解曰。凡歸除者。俱是分數耳。其法不過將銀弍百四拾叁両。分五千四百份。便能知每份多少。即每斗該銀若干。既知其斗價。則石價。升價。均可照因。凡歸除法。皆同此理。學者可從此類推。無容多贅也。餘做此

四釐除

即五歸四除

法五分歸

上層圈是原數分子　弍層圈是下加添入搭埋之數　叁層圈是分定所得之數

餘皆做此

叁両　七両

四五除弍拾　本位去弍恰盡

逢五進壹拾　本位去五進壹子左　五分之叁是斗銀是若干

〔四拾〕〔弍拾〕五弍倍作四　變弍爲四
四四除壹拾六　本位去弍下位加四　〔五拾〕是拾石五拾兩外是百石

實〔弍百〕〔盡〕五弍倍作四　變弍爲四　得〔四百〕分　故百兩之下是四百石也。

〔起呼〕凡歸除。俱從實首位對呼法首位起歸之。餘皆倣此

還原用五四乘　今所立者。即破頭乘也。留頭乘。從後乘。弍法立後。總不如破頭乘之快捷也。○所立之式。以暗碼記。由左傍丨起先算再至右傍丨。復又將左傍〡算。而又計至右傍〡止。而再〢再多再立〤餘倣此。

〔四釐〕

法〔五分〕

[illegible]丨五四得弍拾〢丨本位加弍成七　〢凡成乘數足拾子。必要去拾進壹于左。　〔叁百〕

〔五拾〕丨五五弍拾五丨本位去叁留弍下位加五
〢四四壹拾六〢本位加壹下位加六　〔四拾〕

實〔四百〕〢四五得弍拾〢本位去弍留弍　〔弍百〕

凡乘法俱從實末位起。對呼法首位算。順計至法末位止。是爲壹度。再挨次而左。順計而右。使其相生之數。得不亂云耳。

假如有銀弍百六拾五両叁錢弍分作拾弍人分之問每人該銀若干　答曰弍拾弍両壹錢壹分

法曰置銀爲實以拾弍人爲法歸除之合問　此問。假如壹百弍拾人分之。則每人是弍両弍錢壹分壹厘。若此學者。又何由而

弍入除　即壹歸弍除

法壹歸

尾實弍分盡壹弍如除弍　本位去弍恰盡

叁毫壹錢逢壹進壹拾　本位去壹進壹于左
壹式如除式　本位去式留壹　辦此必將銀之首位是百

五兩壹兩逢壹進壹拾　本位去壹進壹于左　壹分兩。之首位
式式如除四　本位去式留壹　是拾以百

六拾式拾逢式進式拾　本位去式進式于左　壹錢兩分拾八。豈
式式如除四　本位去四留式　不是每人之

首式百壹盆逢式進式拾　本位去式進式于左　式兩數是拾數也。
實　學者以此認。

起呼　　　　　　八分得式拾斷無錯矣。餘法照此因之。

還原用壹式乘　所立暗碼使學者知先後之分。故特於度度註明。總要記得計時必先從丨字左便起再計川字右便尾再川再四
再五。亦同壹式用意。學者可細思之。勿亂為要。餘皆倣此。

式八

法壹拾　　式分

丨壹式如式　本位不動下位加式　叁錢

尾（壹分）〡一壹壹如壹　本位去壹下位加壹（五兩）
　　　　　〢一壹弍如弍　本位不動下位加弍

（壹錢）〢一壹壹如壹　本位去壹下位加壹（六拾）
　　　　〣二弍弍如四　本位不動下位加四

（弍兩）〣一壹弍如弍　本位去弍下位加弍　合
　　　　〤〢弍弍如四　本位不動下位加四　得（弍百）

實（弍拾）〤〡壹弍如弍　本位去弍下位加弍

假如有銀壹百弍拾九兩九錢六分買得生紬壹拾九疋問每疋該價若干　答曰六兩八錢四分

法曰。置銀爲實。以紬壹拾九疋爲法。歸除之合問。

（九疋）除　即壹歸九除

法（壹拾）歸

六分

九錢叁錢四九除叁拾六　本位去叁下位去六恰盡

逢四進四　本位去四進四于左

九兩八九除七拾弍　本位去七下位去弍　四分

弍拾六拾見壹無除作九壹無除起壹還壹。本位變爲八下位加壹　八錢

六八九除五拾四　本位去五下位去四

實壹百九兩無除起叁還叁　本位去叁下位加叁　八分

見壹無除作九壹本位加八下位加壹　得六兩

還原用壹九乘

假如有紬壹拾九疋每疋價銀六兩八錢四分。問該銀若干。即照此壹九乘算之便合，亦不過合數以分還原之理。冝學者明之。

九疋

即壹九乘　六分

法壹拾

｜四九叁拾六　本位加叁下位加六　九錢

東政元算學　卷二　六

（四分）丨四壹如四　本位起四下位加四（九四）

〢八九七拾弍　本位去叁進壹于左下位加弍

（八錢）〣八壹如八　本位起八下位加八（弍拾）

〣六九五拾四　本位起五進壹于左下位加四

實（六兩）〣六壹如六　本位去六下位加六得（合壹）

假如有銀弍拾六兩六錢買豬弍拾八隻問每豬壹隻該銀若干　答曰九錢五分

法曰。置銀為實。以豬為法。歸除之。合問。

（八分）除

自丨弍歸八除

法（弍拾）歸

（六錢）五八除四拾　本位去盡恰合

〔六両〕〔壹錢〕弍壹添作五　本位變壹爲五　〔五分〕

八九除七拾弍　本位去壹下位除弍

實〔弍拾〕〔盡〕見弍無除作九弍　本位加七下位加弍得〔八分〕〔九錢〕

還原用弍八乘

〔八分〕即弍八乘

法〔弍拾〕

丨五八得四拾　本位加四　〔六錢〕

〔五分〕丨起五弍得壹拾　本位變五爲壹

川九八七拾弍　本位加七下位加弍　〔六両〕

實〔九錢〕川九弍壹拾八　本位去八留壹下位加八

下位起弍進壹于本位　〔弍拾〕

假如有金弍兩八錢叁分五厘作金珠四百零五顆

問每顆該重若干　答曰七厘

法曰。置總金爲實。以珠數四百零五顆爲法歸之

合問。假如是四千〇五拾顆、則每顆七毫、又何由而知壹定之數。今以顆數是厘。拾數是分、百數是錢、則每百顆是七錢、四七弍而八錢、以此推而知其顆是七厘耳。餘倣此而推可也、

（五顆）除

（零）零即四歸〇五除

法（四置）歸

（五厘）恰盡　本位去盡

（叁）（盡）五七除叁拾五　本位去叁下位去五

（八錢）（盡）逢八進弍拾　本位去八進壹于左

實(貳兩)(壹錢)四弍添作五　變弍爲五　得(八分七釐)

還原用四零五乘　訣云遇如須下位遇零須隔

(五釐)　位遇零如須隔弍位此即謂

(零)　遇零須隔位也學者可於此推之

法(四百)

(五釐)

七五叄拾五　本位加叄下位加五(叄分)

(八錢)

實(七釐)七四弍拾八　本位去五下位加八(弍兩)

假如有銀弍両弍錢五分弍厘買得夏布五丈六尺叁寸問每尺布該銀若干　答曰四分

法曰。置銀爲實。以總布爲法。歸除之合問。

〔叁寸〕除

〔六尺〕除即五歸六叁除

法〔五丈〕歸

〔弍厘〕盡

〔五分〕四叁除壹拾弍　本位去壹下位去弍恰盡

〔弍錢〕六四除弍拾四　本位去弍下位去四

實貳兩五貳倍作四　變貳爲四　得分四分

還原用五六叁乘

叁寸　假如有布五丈六尺叁寸每布壹尺該銀四分則以布爲實以

六尺　即五六叁乘　銀四分爲法乘之亦得且更易算何也因乘不用分法實故耳

法五丈　但還原不得不如是方易明白也特此

貳釐

四叁壹拾貳　本位加壹下位加貳　五分

四六貳拾四　本位加貳下位加四　貳錢

實四分四五得貳拾　本位變貳爲四　得合貳兩

起

[illegible]算學　卷二　九

假如有銀壹百零九兩七錢弍分五厘共買得杉木五百七拾條問每杉壹條該銀若干

答曰壹錢九分弍厘五毫

法曰。置銀爲實。以杉木爲法。歸除之合問。

〔七拾〕即五歸七除

法〔五百〕

〔五厘〕恰盡

〔弍分〕五七除叁拾五　逢五進壹拾　本位去叁下位去五五　本位起五進壹于左　恰盡

〔七錢〕五弍倍作四　弍七除壹拾四　本位加弍成四　本位起弍下位加六〔弍分〕

九兩　五壹倍作弍　本位加壹成弍
　　　九七除六拾叄　本位去六下位去叄　弍厘

零　見五無除作九五　本位添四成九
　　壹七如除七　本位不動下位去七　六分

實壹錢　無除起壹下還五　本位起壹下位加五
　　　　五壹倍作弍　本位變爲弍　壹錢

還原用五七乘

五拾柒　即五七乘
法五百

丨五七叄拾五　本位加叄下位加五
　　　　　　　本位起六進壹于左　弍分

五毫　丨五五弍拾五　本位去叄下位加五
　　　川弍七壹拾四　本位加壹下位加四　七錢

壹毫

貳釐　〢式五得壹拾
〣九七六拾叁
本位去壹留壹
本位起四進壹于左下位加叁
尙

九分　〣九五四拾五
乂壹七如七
本位去五下位加五
本位不動下位加七
零

實　壹錢　乂壹五如五
本位起五進壹于本位
本位去壹下位加五
壹百
合
得

假如有鴨七拾五隻賣得銀四兩八錢問每鴨壹隻

賣得銀若干　答曰六分四厘

法曰。置銀爲實。以鴨爲法。歸除之合問。

五隻　即七歸五除

法　七拾　四五除式拾
七叁四拾式
本位去式恰盡
右位加式本位加壹

〔八錢〕六五除叁　本位去叁
逢七進壹拾　本位去七進壹于左〔四釐〕

實〔四兩〕七四變作五拾五本位加壹下位加五〔叁分〕合得

還原用七五乘

〔覆〕

法〔七五〕

〡四五中弍拾　本位起八進壹于左

〡四七弍拾八　本位去弍下位加八〔八錢〕
〔四釐〕〣六五得叁拾　本位加叁

實〔叁分〕〣六七四拾弍　本位去弍下位加弍〔四兩〕

假如有錢五千六百四拾文買梨壹萬六千九百弍拾枚問每錢壹文買梨若干　答曰叁枚

法曰。置梨爲實。以錢爲法。歸除之合問。

(參)除

(六百)除即五歸六八四除

法(五千)歸

(弍拾)恰盡

(九百)叁四除壹拾弍　本位去壹下位去弍

(六千)叁六除壹拾八　本位去壹下位去八

逢五進壹拾　本位去五進壹于左

實（壹萬）五壹倍作弍　變壹為弍　得分（參枚）

還原用五六四乘

（圖）

（六百）

法（五千）　（弍拾枚）

參四壹拾弍　本位加壹下位加弍（九百）

參六壹拾八　本位加壹下位加八（六千）

實（壹萬）參五壹拾五　本位去弍下位加五合得（壹萬）

假如有銀五萬五千叁百八拾五兩作壹千零零七

人分之問每人該銀若干　答曰五拾五兩

法曰。置銀爲實。以人爲法。歸除之合問。

（天）除

零零零零即壹零零七除

法（零零）歸

（五兩）恰盡

（八拾）五七除叁拾五ㄨ　本位去叁下位去五

（叁百）五七除叁拾五刂　本位去叁下位去五

〔五千〕逢五進五川 除可在隔壹位八拾之位除之 本位去五上位加五

實〔五萬〕逢五進五丨 除可在隔壹位叁百之處除之 本位去五上位加五 〔五両〕

得八分〔五拾〕

還原用壹零零七乘

〔七八〕

〔零〕

〔零〕

法〔壹〕 〔五両〕

丨五七叁拾五 隔位加叁下隔位加五加五 〔八拾〕

〢五七叁拾五　隔位加叁下隔位加五（叁百）

（五兩）〡五壹如五　本位去五下位加五（五千）

實（五拾）〢五壹如五　本位去五下位加五（五萬）合得

乘法辨明

按因與乘。其法壹也。單位曰因。位數多曰乘。即歸除還原之數。合數也。又折數也。折而少之。故謂之折。其法有四。特立圖式。分辯詳解之。壹曰破頭乘。壹曰捲尾乘。壹曰隔位乘。壹曰留頭乘。究不如破頭乘之捷。凡乘法。必要先呼實。後呼法。法是不動之子。有質可存。實是動變之數。無跡可尋。故先呼實。使其移至下位推算易記云爾。捲尾乘。則由下而上。實之原首位未動。似呼子難亂。惟其錯必在或零。或如之位。又犯遲滯之弊。古云。壹法立。壹弊生。偕然。今四法俱立之。以備學者採取可也。

假如有布叁百四拾五丈每丈價銀六錢叁分八厘

問共該銀若干

答曰弍百弍拾兩零壹錢壹分

法曰。置布爲實。以銀爲法。乘之合問。即六叁八乘

留頭乘圖式先註明句算。應先應後。再附列圖式。使學者易明。統宗俱用留頭乘

〡起五叁壹拾五　〡二五八得四拾　〡三五六得叁拾

〢起四叁壹拾弍　〢二四八叁拾弍　〢三四六弍拾四

〣叁叁如九　〣二叁八弍拾四　〣三叁六壹拾八

（六釐）

（三分）

法（六錢）

〡二五八得四拾　本位加四

〡起五叁壹拾五　本位加壹下位加五

〢四八叁拾弍　本位加四下位去八（壹兩）

尾（叏）

丄三五丄六得叁拾　本位變五爲叁（壹錢）

〣一四叁壹拾式　本位加壹下位加式

〣二叁八式拾四　本位加叁下位加丄六（兩零）

本位翻叁之後全拾數壹去拾變壹于左

（四拾）〢三四丄六式拾四　本位去式下位加四（貳拾）

〣一叁叁如九　下位去九本位加壹

實（叁百）〣三叁丄六壹拾八　本位去壹下位去式（貳百）

撥尾乘圖式

九因合數。奇法俱同。但分先後不同。則加減有異。爲合得之數。亦壹式耳。

〡起 五八得四拾　〡二 五叁壹拾五　〡三 五丄六得叁拾

〢一 四八叁拾式　〢二 四叁壹拾式　〢三 四丄六式拾四

〣一 叁八式拾四　〣二 叁叁如九　〣三 叁丄六壹拾八

尾（仝）

（三分）

法（六錢）

〡起五八得四拾　本位加四

〡二五叁壹拾五　本位加壹下位加五

〢一四八叁拾弍　本位加四下位去八

〡三五六得叁拾　本位去弍留叁

〢二四叁壹拾弍　本位加壹下位加弍

尾（五丈）

〣一叁八弍拾四　本位去七下位去六進壹于左

〢三四六弍拾四　本位去弍下位加四

（四拾）

〣二叁叁如九　本位加壹下位去壹

實（叁佰）

〣三叁六壹拾八　本位去壹下位去弍

隔位乘圖式

此法與前圖隔位乘壹様句[illegible]
子則隔壹位[illegible]減之[illegible]不同

〔分厘〕

〔三分〕

法〔六錢〕

丨起五八得四拾　本位加四　〔壹毫〕

丄二五叁壹拾五　本位加壹下位加五
〢一四八叁拾式　本位加四下位去八　〔壹錢〕

丄二五六得叁拾　本位加叁上位去五
〢一四叁壹拾式　本位加壹下位去式　〔零〕

川一叁八式拾四　上位加壹本位去七下位去六

〔叁〕
〣二四六式拾四　上位去四本位加式下位加四
〣一叁叁如九　本位加壹下位去壹　〔式拾〕

〔四拾〕
川二叁六壹拾八　上位去叁本位加式下位去式　〔式百〕

實　叁百

破頭乘圖式即上所立歸除還原
之法也今人多用之

句起法　〡一　五六得叁拾　〡二　五叁壹拾五　〡三　五八得四拾

〢一　四六弍拾四　〢二　四叁壹拾弍　〢三　四八叁拾弍

〣一　叁六壹拾八　〣二　叁叁如九　〣三　叁八弍拾四

八厘

叁分

法　六錢

〡三　五八得四拾　本位加四　壹分

[illegible] 丄二 五叁壹拾五 本位加壹下位加五（壹拾五）
川三 四八叁拾弍 本位加叁下位加弍

（五六）丨 起五六得叁拾 本位去弍留弍
川二 四叁壹拾弍 本位加壹下位加弍（零）
川三 叁八弍拾四 本位去七下位去四上位加壹

（四拾）川一 四六弍拾四 本位去弍留弍下位加四（六拾）
川二 叁叁如九 本位加壹下位去壹

實（叁百）川一 叁六壹拾八 本位去壹下位去弍（弍百）

還原俱用六八歸叁八除留頭。搖尾。隔位。乘俱同此還原。

六弍叁拾弍 叁叁如除九 叁八除弍拾四

六弍叁拾弍 逢六進壹拾 四叁除壹拾弍

四八除叁拾弍 六叁添作五 五叁除壹拾五

東浚元算學 卷二 七

五八除四拾

假如有田弍干叁百四拾五畝每畝應納粮米叁升弍合壹勺問該粮若干

答曰七拾五石弍斗七升四合五勺

法曰。置田爲實。以粮米爲法。乘之合問。

五叁壹拾五　五弍得壹拾　五壹如除五

四叁壹拾弍　四弍如八　四壹如四

叁叁如九　叁弍如六　叁壹如叁

弍叁如六　弍弍如四　弍壹如弍

還原用叁歸弍壹除

逢六進弍　弍弍如除四　弍壹如除弍

叁壹叁拾壹　叁弍如除六　叁壹如除叁

叁壹叁拾壹　逢叁進壹　四弍如除八

四壹如除四　叁壹叁拾壹　逢六進弍

五弍中除壹　五壹如除五

假如有穀叁拾八担五拾斤每穀壹担出米六拾八斤問得米若干　答曰弍拾六担壹拾八斤

法曰。置穀爲實。以每担穀出米六拾八斤爲法。乘之合問。

此問即所謂折數也。折而少之。故謂之折。學者可於此類推。毋庸多立也。

五六中叁拾　五八得四拾　八六四拾八

八八六拾四　叁六壹拾八　叁八弍拾四

還原用六歸八除

六弍叁拾弍　叁八除弍拾四　六五八拾弍

八八除六拾四　六叁添作五　五八除四拾

衡法須知論

衡法者。即斤兩數也。貿易中之至要。歸除因乘既通。即要學衡法。方知斤兩之數。其法實左右。與歸因壹弍。但要將斤通兩。將兩通斤。方能見其全數。茲將截兩爲斤歌之下。解明其所以然。使學者深知用意。省費心思耳。

衡法斤秤訣

斤如求兩身加六假如五斤就五六加叁拾即八拾兩減六留身兩見斤如八拾兩五六減叁拾知五斤

論銖叁百八拾四叁百八拾四銖是壹斤之數六拾四分爲壹斤

弍拾四銖爲壹両　叁拾弍両壹裹名

壹秤斤該壹拾五　弍秤併之爲壹鈞

截両爲斤歌又名日化小斤。其法卽以拾六両分作拾份。而得其小斤之數。故拾両乃拾六両之六份弍五也。弍両是拾六之壹份弍五也。

(一)退六弍五　凡壹數化小斤。必退下壹位而記六弍五之子。蓋壹両不足拾六份之壹。故要下壹位記數者。所以用壹退字。卽如壹拾両。又不足百六両拾份之壹也。

(二)壹弍五　謂弍両乃拾六両之拾份得壹份弍五矣。弍拾両作壹斤弍五。

(三)壹八七五　如叁両是拾六両之拾份得壹份八七五也。如叁百両是拾八斤七五。

(四)弍五　四両是拾六両之四份壹耳。弍五者亦拾両之四份壹。故以四爲弍份五。

(五)叁壹弍五　解同前。凡化小斤之數。不拘両數拾數百數千數皆同此推。

(六)叁七五　解同前。試將六弍五之數加六次卽得叁七五矣。

(七)四叁七五　解同前。

(八)五　五者拾之半也。八両乃拾六両之半。故化作五。卽如八拾両亦五斤也。

(九)五六弍五　解同前。是以九両化之是拾六両若以四叁七五加五六弍五復成拾。

〔拾〕六弍五拾兩與壹兩同，叫因壹兩不足壹份數。拾可足六份弍五。〔拾壹〕六八七五解同前。試以五兩小斤合埋六八七五，又成拾數矣。

〔拾弍〕七五拾弍兩是拾六兩四份之叁，乃拾數四份之叁。故七五。〔拾叁〕八壹弍五解同上。無贅解也。

〔拾四〕八七五拾四兩乃拾六兩之八份七五。合多壹弍五，便成拾數矣。〔拾五〕九叁七五乃拾五兩之拾份九份叁七五也。試加六弍五于下，便足拾數。

古有截兩成斤歌。沆曰：此古法也，不敢廢。今人少用之。

〔壹〕退拾五　〔弍〕退拾四　〔叁〕退拾叁　〔四〕退拾弍

〔五〕退拾壹　〔六〕退拾　〔七〕退九　〔八〕退八

〔九〕退七　〔拾〕退六　〔拾壹〕退五　〔拾弍〕退四

〔拾叁〕退三　〔拾四〕退弍　〔拾五〕退壹

賓渠子曰：嘗見算者遇斤下帶兩，用法各不相同。

有將兩數化爲壹弍五者。又有將兩隔位疊數而除拾六加斤者。俱不合式。雖兼歸除。甚非意也。予觀算盤梁上弍子爲拾。梁下五子。共有拾五兩。論壹斤論數拾六兩。欠壹兩。故曰壹退拾五以成壹斤之數。但貨物不拘用秤者。不拘法實。斤下有兩數。切不可隔位。必須挨斤之次。設如五斤拾弍兩。若兼歸除爲法。或爲實。就以拾弍兩本身梁上除去壹子。餘作七。另將下位加五。即爲七五。然後用法乘除。即不差也。如除畢。斤下仍有零數。必須從

尾位起。用加六法。逐位逆上加之。至斤下止。便知某斤某兩矣。切不可加於斤上。學者慎之

假如有銅器壹拾五斤半問該兩若干

答曰弍百四拾八兩　此即問斤求兩身加六之法也

法曰置銅器拾五斤半為實。從實末位加六答埋合問。又用壹六乘之亦得。

從實末位起呼半斤五六加叁。本位五加五。叁成八。斤次呼五六加叁。本位五加叁成八拾又次呼壹六加六。本位不動只加六于下位

下位六除四進壹于本位成弍。

假如有棉樹六百弍拾株每株得花四兩問共該花若干觔得斤數若干　答曰弍千四百八拾兩該斤壹百五拾五斤

法曰置總樹爲實。以花四兩爲法乘之。得弍千四百八拾兩。若用歸除法。以壹歸六除。得壹百五拾五斤合問。即所謂問兩求斤壹六除也。若以撞法則以弍千四百八拾兩爲實。先將實末位八。呼八五。將本位去　再將實中四　呼四弍五。本位去弍叁成五。下位去五　又將

實首弍呼弍壹弍五。本位去壹留壹。下位加弍再下弍位加五。亦合壹
百五拾五斤合問。
假如有麝香壹百兩乳香壹千兩芸香壹萬兩問各
斤數若干　答曰麝香六斤四兩　乳香六拾弍
斤八兩　芸香六百弍拾五斤
先列麝香壹百兩。起呼壹六弍五。即得六斤弍五。再以斤下之
弍五。用六加通之。先通五〇呼五六加叁。合成八數。再用弍。
亦加六通之。呼弍六加壹拾弍。共合得四兩。連上
不動斤六之數。大共合得六斤四兩。合問。

再列乳香壹千兩。呼又壹六弍五。卽得六拾弍斤半。再以斤下之五。用加六通之。○　呼五六加叄。合成八數。卽知六拾弍斤八兩。合問。

又列芸香壹萬兩。亦呼壹六弍五。卽得六百弍拾五斤。斤下無兩。故不必加。合問。

還原五六加叄　弍六加壹拾弍　六六加叄拾六

合還萬兩。以壹六乘亦得。

假如有冬菇每斤價銀叄錢八分問每兩價銀若干

答曰弍分叄厘七毫五絲　此斤價求兩價法也

法曰。置斤價叁錢八分爲實。以截兩法通之。合問。用壹歸六除亦得。

〔分〕起八五　本位去叁變爲五

〔錢〕叁壹八七五　本位去弍留壹。下位去弍。進回壹于本位。又下壹位加七。再壹位加五。

還原用壹六乘　不贅立

假如有土絲每兩價銀壹錢八分五厘問每斤價銀若干　答曰每斤價銀弍兩九錢六分　此即兩價求斤價法

法曰。置價銀壹錢八分五厘爲實。以壹六乘之即得。○又置斤法身加六爲實。以價壹錢八分五厘爲法乘之亦得。

假如有黃蜡五百叁拾五斤七兩每兩價銀八厘九

毫問該銀若干　答曰七拾六兩弍錢四分六厘叁毫　此是斤下帶兩斤問兩價法也。

法曰。置蜡五百叁拾五斤先用加十六法。得八千五百六拾兩。再加八七兩。共得八千五百六拾七兩為實。以價八厘九毫為法。乘之合問。

斤

假如有鮑魚弍百壹拾八斤四兩每兩價銀五錢弍分問該銀若干　答曰壹百壹拾叁兩四錢九分

此是斤下帶兩兩求斤價法也

法曰置鮑魚數斤以上不動將四兩化作弍五共併得

弍百壹拾八斤弍五爲實以價五錢弍分爲法乘之合問

假如有銀壹員買火肉六斤四兩問每斤該銀若干

洋銀每員七錢弍分　答曰每斤價銀壹錢壹分五厘弍毫

此是成員洋銀買物法也。亦斤下帶兩求斤價法。

法曰。置銀壹員七錢弍分乘之爲實。以六斤四兩。將四兩化作弍五。共併六弍五爲法。除之合問。

假如有銀照前買肉照前問每兩該銀若干　答曰七厘弍毫　此是洋銀買物斤下帶兩求兩價法

法曰。置肉六斤四兩原位加六。共成壹百兩爲實。

以銀壹員弍七乘之爲法。以法除實歸之合問。

用洋銀買賣觔兩捷零法

法曰不拘銀數多少。每觔銀數若干。以四五折卽得每兩銀數也。

假如有元茶。每斤價銀六六員弍毫。問每兩價銀若干。

法以六六員弍毫爲實。用四五折。卽得每兩該銀弍錢七分九厘合問。此法。要成員斗乃合。如係兩數價銀不合。

以上各問。衡中畧備。過半。學者於此類推。亦足貿易應酬。若欲窮其奧旨。可於粟布章求之可也。

加減總辯

加減式法即與歸除因乘同理加法只留頭壹位不動使其無陞降之位耳專於歸因則壹律易明無雜但其法與筆算畧同故仍立之以爲筆算之梯階耳既明歸因便可壹目了然矣加法者合數也如首位有壹數便於次位對呼加之不動其本位之子言拾就身加拾言如次位加如亦從末位起算用減法還原減法者分數也如法之首位有壹數則不用呼逢進只於定位處留足其本身之

數。然後對呼首減去之。言拾。就身除。言如隔位除。

亦從實首起。加法還原耳。

加法歌曰

加法仍從下位先　如因位數或多焉

拾歸本位零居次　壹拾添如法更元

假如有珍珠弍百六拾八顆粒也每顆價銀壹兩壹錢

問該銀若干　答曰弍百九拾四兩八錢

法曰置銖爲實。以每顆價除價首壹兩。即以次價

壹錢爲法。從末位加起。次第而上。○加法者隨母

留身增添謂之加。不動首位之數。只以次位餘數加之。與乘畧同。乘則動首位。加則不動首位之分別耳。用減法還原。歸除亦得。

法壹錢壹兩　為加不動

■起壹八加八　小九數有壹八如八。故于下位加之。即所謂前如次位加如矣。餘皆倣此。　八錢

八釐　壹六加六　六上壹起五進壹于左　四兩

六拾　壹弍加弍　併七共成九　九拾

實弍百　合得弍百

還原用減法　即定身除也

法壹兩為減 不動

八錢　壹八減去八　本位去盡

四兩　八

九拾七　壹六減去六下還四　本位去壹下還四本位實留六
　　　　壹弍減去弍　本位去弍留七

八顆

拾

實貳百

假如今有絹九丈八八尺每尺價銀壹兩叁錢五分問共該銀若干　答曰壹百叁拾弍兩叁錢

法曰置絹為實以每尺除價壹兩不動只以叁錢五分為法加之合問

叁錢五分為加

壹兩不動

[illegible]起五八加四拾　本位加四　叁錢

八尺叁八加式拾四　本位加式下位加四

五九加四拾五　本位起八進壹于左下位起五進回壹于本位　貳兩

實九尺六叁九加式拾七　本位起八進壹于左下位起叁進回壹于本位　叁兩

合得壹兩

還原用減法

叁錢五分

壹兩

（叁錢）（八）五八除四拾　本位去四拾盡

（弍兩）（五拾叁）叁八除弍拾四　本位去弍下位去四（八尺）

九五除四拾五　本位去五下位還五

（叁拾）（拾叁）本位多壹數起壹下還拾

叁九除弍拾七　本位起叁下位加叁（九丈）

（實）（壹）壹數不足減起壹下成拾

減法歌曰

減法須知先定身　得其身數始爲眞

法中有壹何曾用　身外除零妙入神

假如有米壹千零叁拾八石作壹百七拾叁人分之

問每人該米若干　答曰六石

叁八減

七拾減

法壹百不動

八石

叁拾壹六叁除壹拾八　本位去壹下位去八

零拾六七除四拾弍　本位去四下位去弍

本位定六　合得六石

實壹

壹數不足減起壹下還拾

還原用加法　解見前不贅立

五總畧論　異乘同除　同乘異除　異乘同乘　異除同除　同乘同除

此五欵者是歸除通變之法也或因數應先除後乘惟內中應盡而不能盡故變爲先乘而後除之是借用之術也故曰異乘同除或因數之相比有大小之分以價分貨而難盡則先以價乘貨而後以貨分貨亦變通法也故曰同乘異除或應以少乘多後再以多乘多其數繁今變作先以多乘多然後以少乘多其數簡故曰異乘同乘或應兩次除而後知其每數今變作先乘之而後以共除之

亦因繁就簡法也故曰異除同除又或因分除分乘而繁今變作疊除疊乘而簡故曰同乘同除耳學者顧名思義可也茲再每款詳解于後使學者更復了然

異乘同除

統宗曰異乘同除者乘除並用九章之樞要也異者何也言異名也同者何也言同名也假如以粟易布則粟與粟爲同名布與粟爲異名何以爲異乘同除也主乎今有之物以爲然也假有先有粟若干易布若干今復有粟若干將以易布則當以先所易之數

例之是先有之布與今有之粟異名也則用以乘是謂異乘先有之粟與今有之粟同名也則用以除是謂同除皆用以乘除今粟故曰主乎今有以爲言也

古圖

原物與今物同名以除

原價與今物異名以乘

古法有四隅　今有壹隅空　空當作虛

歌曰

異名斜乘了　同名兑位除

其以異乘以同除何也本宜以原總物除總價而得每物之價乘以每物之價乘今有之總物而得

今有之總價。然除有不盡。則不可以乘。故易爲先乘而後除。其理不異。而用甚便矣

陳啟沅曰。乘異乘同除壹法。實歸除通變之要術也若不明其所以然之理。焉能以法命之乎。茲以至淺至易之問。而詳解以比例之。

假如有京布壹疋長弍丈。該銀七錢。有客交來銀壹錢七分五厘。問應與布若干　答曰五尺

論曰。歸除之法。以京布弍丈爲實。以銀七錢爲法。除實。計得每銀壹錢。得布弍尺八寸五分七厘不盡

再將客銀壹錢七分五厘用乘法乘之得共布四尺九寸九分九厘七毛五絲是先知其每數而後知其數故先歸而後乘也今所謂異乘同除之法先以客錢壹錢七分五厘乘原布弍拾尺得浮布叁拾五尺再以原價七錢歸之得實布五尺合問何以謂之浮布蓋叁拾五尺之布比弍拾尺之布所多之數即壹錢七分五厘之銀比壹錢之銀數所多之銀與所多之布同比例也即原銀之七份壹是浮價之壹份七五矣蓋不應先乘而先乘之

故曰異乘除則先後不同而仍用七歸以歸之故曰同除蓋九七歸多有不盡之數今用借根比例之法而得厘毫皆盡不亦妙乎豈非歸除通變之術乎學者切勿泥爲七歸方始有用卽弍叁歸亦可用也照此思之自能了然于心也

沅又論曰前問已經至淺而易由恐下材之人尚不能明再立壹問以例之假如雇得壹奴每月工錢七拾文只用九日問該工錢若干正法以錢七拾文爲實以壹月叁拾日用叁歸之所得之錢卽每日之數

也再以九日乘之。得共錢合問。今所問以叁歸之而不能盡。改用先乘後除之法。將錢七拾爲實。以九因之。得浮錢六百叁拾文。再以叁拾日歸之。得錢弍拾壹文合問。蓋六百叁拾錢壹月之工價。每月得錢弍拾壹文。即七拾錢壹月之九日也。餘倣此推。

假如原有豆壹百零八石價銀叁拾六両今有豆壹百叁拾五石問價若干　答曰四拾五両

法以今豆壹百叁拾五石。以原豆價叁拾六両乘之。得四千八百六拾両爲實。以原豆壹百零八石

爲法除之得四拾五兩爲今一豆應有之價此以物

求價也若還原則以價求物

假如原有銀四拾五兩買一豆壹百叁拾五石今有銀

叁拾六兩問豆若干　答曰壹百零八石

法以一豆壹百叁拾五石乘今有銀叁拾六兩得四

千八百六拾石爲實以價四拾五兩爲法除之得

壹百零八石合問

梅氏曰按異乘同除先有叁件而求壹件故曰古

法有四隅今有壹隅虛也然乘除算術未有非以

叄件求壹件者。以交易明之。如以銀兑錢。有銀若干。兑錢若干。問銀每両該錢若干。此每両銀即今有之壹件。因其爲壹。故省乘耳。又如每銀壹両兑錢若干。今有銀若干。問該兑錢若干。此每銀壹両即原有之壹件。因其爲壹。故省除耳。以此推之。無往不然。西人有叄率法。即異乘同除之理。然彼以比例言之甚明暢。附詳于後。

西人叄率法實四率也。以先知之叄率。而求第四率。故名叄率法。

其法以先有之弍件爲壹率弍率。以今有之壹件與所求之壹件爲叁率四率。弍率叁率常相乘爲實。壹率常爲法除之。而得四率。其前兩率之比例。與後兩率之比例。故可以互乘。

假如壹率是叁。弍率是四。叁率是九。四率必爲拾弍。何也。叁與四之比例。若九與拾弍。並叁分加壹之比例也。若互用之。以四率爲壹率。則拾弍與九之比例。若四與叁。並四分減壹之比例也。凡言比例等者。皆如是。

凡弍叁相乘。與壹四相乘等積。此立法之根。如弍

率四。與叁率九相乘。得叁拾六。以壹率叁。與四率
拾式相乘。亦叁拾六。故以叁除叁拾六。得拾式。以
拾式除叁拾六。亦復得叁。與四率交互。錯綜求之。
莫不皆然。試將前所設異乘同除之例。依叁率法
列之。

壹率原有一豆八石（壹百零） 若以壹率與四率相
式率原價叁拾六兩 相乘得四千 乘。亦必得四千八百
叁率今一豆（壹百叁拾五石） 八百六拾兩 六拾兩。故壹率與四
四率今價四拾五兩 率。可以互求。

辦法實

叁率法。恒以壹率爲法矣。然何以定其爲壹率也。訣曰。已知之叁件中。必有兩件同名。如價與價、物與物之類。卽以此同名之兩件。審其孰先者。則首率也。首率定則法實不誤矣。

重測法叁率有疊用兩次者。故謂之重測。卽兩個異乘同除。

假如有夏布四拾五丈。欲換棉布。但云每夏布叁丈。價貳錢。棉布七丈。價七錢五分。問換棉布若干。

答曰。貳拾八丈。

陳啟沅曰。歸除正法。先要夏布每丈之價。方能知其四拾五丈之共銀。再要將棉布七丈以分開七份半。方知棉布每銀壹錢。得棉布若干。換得夏布多少也。今夏布價弍錢叁。歸之不能盡。棉布七丈。七歸五除。又不能盡。故要用異乘同除。重乘之法以盡之。其法有弍立後。

法先求今夏布價　　重列求棉布數

壹率夏布叁丈　爲法除　壹率棉布價七錢五分　爲法除

弍率價弍錢　乘爲實　弍率棉布七丈

乘爲實　叁率今夏布四拾五丈　乘爲實　叁率今價

叁兩　乘爲實　四率今夏布價叁兩　除得數　四

率棉布式拾八丈　除得數

梅氏曰。此因棉夏布。各有其價。故先用叁率法。求得

四率叁兩。爲夏布四拾五丈之價。亦即所換棉布之

價也。故用棉布原價原數。與今價用叁率法求之。即

得所換之棉布矣。

按統宗以夏布價乘夏布。復以棉布乘之爲實。又

以原夏布乘棉布價爲法。法除實。得今換之棉布。

此併乘除法也。今以叁率作兩層列之。其理益明。

陳啟沅曰。異乘同除又法。以夏布四拾五丈。以夏布價弍錢因之。得銀九兩。即夏布共丈九拾銀之數以叁丈爲法歸之。得叁兩。即夏布四拾五之實銀也。再以棉布七丈乘之。得棉布浮數弍百壹拾丈。再以棉布價七錢五分歸之。得棉布實數弍拾八丈。今得弍拾八丈之數。即弍百壹拾丈七份半之壹份也。蓋因棉布七丈。七歸五除不能盡。借以比例耳。試與正法合而思之則了然矣。

同乘異除

以先有之弍件相乘爲實。以今有之壹件爲法除之。而得所求之壹件也。

假如有布幔壹具用布拾六丈五尺布濶弍尺今有布濶壹尺五寸如式作幔該用布若干　答曰弍拾弍丈

法以布拾六丈五尺。以濶弍尺乘之。先有之弍件。得叁拾叁丈爲實。以今布濶壹尺五寸。爲法除之。今有之壹件得弍拾弍丈合問。

假如用秤稱物錘重弍拾壹兩（即壹斤五兩也）物重秤不能稱加壹重拾九兩之錘稱之得八拾四斤問其物實重若干　答曰壹百六拾斤

法以兩鎚共重四拾兩。與稱重八拾四斤相乘。得（叁叁六）爲實。以本錘重弍拾壹兩。爲法除之。得實重壹百六拾斤。合問。

異乘同乘

假如織錦每人日織八尺弍寸五分今有五拾六人共織弍拾七日問共織若干　答曰壹萬弍千四

百七拾四尺

法以五拾六人乘二拾七日得壹千五百壹拾弍工再以日織八尺弍寸五分乘之得壹萬弍千四百七拾四尺合問

異除同除

假如有客拾五人住拾弍日用米叁石六斗問每客每日用米若干　答曰弍升

法以米叁石六斗爲實以拾五人乘拾弍日得壹百八拾人爲法除之得弍升合問

按此。不過併兩次除爲壹次除。謂之併除可耳。

同乘同除

假如以羊換鵞原有羊式隻換鴨六拾隻每鴨九拾隻換雞叁拾隻每雞式拾隻換鵞八隻今有羊五隻問換鵞若干　答曰式拾隻

法置換鴨六拾隻。以換雞叁拾隻乘之。得壹千八百隻。又以換鵞八隻乘之。得壹萬四千四百隻　再以今有羊五隻乘之。得七萬式千隻　爲實。又置原鴨九拾隻。以原羊式隻乘之。得壹百八拾隻。又以原雞式拾隻乘之。得叁拾六百隻爲法。法除實。得鶩弍拾隻。合問。

梅氏曰。此法以叁率法解之。則昭如列眉。蓋合叁次。叁率爲壹次也。

壹率　羊弍隻　鴨九拾隻　雞弍拾隻

壹　弍率　鴨六拾隻　弍　雞叁拾隻　叁　鶩八隻

次　叁率　羊五隻　次　鴨壹百五拾隻　次　雞五拾隻

四率　鴨壹百五拾隻　雞五拾隻　鶩弍拾隻

壹率叁千六百隻　以叁個壹率相乘爲壹率

合（即兩數相）式率壹萬四千四百隻　以叁個式率相乘爲式率

之（乘之謂）叁率今有羊五隻　即以第壹次之叁率爲叁率

四率今換鵞弍拾隻　所得四率與第叁次同

陳啟沅曰。西人叁率法原與歸除各等同理。既明歸

除等。似可以不必學也。但仍明其所以然爲佳。因西

法測量。俱以叁率法佈算。故要明其理。方能了然也。

義會新法論

陳啟沅曰。義會之設。始自麗公。今廣東盛行。有命曰月會。曰年會。曰百子會。曰千益會。皆以本息同還之法也。每見世之聯會。或無業作按。則勢不能投領。欲將其所投之銀。和息按供。而又無法以算之。遂至束手無策。又或欲出息銀若干。至投會竟無術以定其息數。茲特立壹投會法。名曰到捲珠簾金蟬退殼。俾世之人得以按會投會之用。未嘗無小補云

本息同還法歌。又名通法

本息同除法若何　拾數爲實即通和

拾添息數以爲法　法實相除不盡多

絲忽進將毫作算　便能通法永無訛

解曰。假如有銀拾兩。每兩每月息銀八厘。本息相和。

應本銀若干。應息銀若干。

法曰。以拾兩爲實。以拾兩零八錢爲法歸之。得九

弍五九弍五。即爲通法矣。試將九兩弍錢五分九

厘弍毫五絲。照八厘算息。即得息銀七錢四分零

七毫四絲。連本息同和。即得九兩九錢九分九厘

九毫九絲。進多壹絲。即成拾兩之數故也。不拘銀
數多少。即照通算歸之便合。
今有年會壹個。共友叁拾位。每位科銀壹拾五兩。照
數供還。例以每年供壹次。茲有於第弍拾四會投
執得。因無業按。議例以週息八厘算。問本利扣抵
存供。該扣供銀若干。　答曰該扣存供銀六拾九
兩叁錢四分弍厘
法先以尾叁拾會。供銀壹拾五兩爲實。用壹零八
除之。得存供銀壹拾叁兩八錢八分八厘。該息壹

両壹錢壹分弍厘。　第弍拾九會將存供銀加壹
拾五両。共得弍拾八両八錢八分八厘。又爲實以
壹零八爲法。除得弍拾六両七錢四分八厘。該息
銀弍両壹錢四分。　弍拾八會照加壹拾五両。共
得四拾壹両七錢四分八厘。又爲實。照法壹零八
除得叁拾八両六錢五分五厘。該息銀叁両零九
分叁。　弍拾七會照加共得五拾叁両六錢五分
五厘。又爲實。照法除得四拾九両六錢八分該息
叁両九錢九分五厘。　弍拾六會。照加。共得六拾

四両六錢八分。又爲實。照法除得五拾九両八錢八分九厘該息四両七錢九分壹厘。弍拾五會照加。共得七拾四両八錢八分九厘。又爲實。照法除得本利扣抵存供銀。六拾九両叁錢四分弍厘。該息銀五両五錢四分七厘除留存供銀之外。所剩之銀。交執會之人合問。并列次遞執會留存供銀。

弍拾四會執存供銀六拾九両叁錢四分弍厘

弍拾五會執存供銀五拾九両八錢八分九厘

弍拾六會執存供銀四拾九両六錢八分

貳拾七會執存供銀叁拾八両六錢五分五厘
貳拾八會執存供銀貳拾六両七錢四分八厘
貳拾九會執存供銀壹拾叁両八錢八分八厘連息合共足供銀拾五両合問
又法用通分法亦得　法以壹拾數爲實用壹零八爲法除得九貳五九貳五卽爲通法以次遞折之合問　卽照下執會問奉利之題是也
今有月會壹個共友壹拾六位每位科銀拾両例以六個月爲期至期照數供還現以養得八份至滿會之日應收回銀八拾両欲於第九會投執議每

兩每月息銀六厘算。問每位該奉利若干。　答曰

叁兩九錢零七厘七毫壹絲弍忽五微。大份應供

銀拾兩正。

小份應養銀六兩零九分弍厘弍毫八七五

法以本銀拾兩爲實。再以拾兩加八六個月息銀叁

錢六分。共得壹拾兩零叁錢六六爲法除之。得九六

五弍五五爲通法。不盡。置第拾六會爲滿應收前養

過銀八拾兩。加照例供銀拾兩。得九拾兩。以通法

折得八拾六兩八錢七分弍厘五毫。六個月息銀

叁兩壹錢弍分七厘五毫　拾五會又以通得八
拾六兩八錢七分弍厘五毛加入拾兩得九拾六
兩八錢七分弍厘五毛又以通法折得九拾叁兩
五錢零六厘弍毛該息銀叁兩叁錢六分六厘叁
毛　拾四會以通折實加入拾兩得壹百零叁兩
五錢零六厘弍毛照通法折得九拾九兩九錢零
九厘四毛該息銀叁兩五錢九分六厘八毛　拾
叁會照通折實加入拾兩得壹百零九兩九錢零
九厘四毛照法通得壹百零六兩零九厘該息銀

叁兩八錢壹分九厘四毛　拾弍會照通折實加
入拾兩得壹百壹拾六兩零九分照通法折實得
壹百壹拾弍兩零五分五厘九毛該息四兩零叁
分四厘壹毛　拾壹會照通折實加入拾兩得壹
百弍拾弍兩零五分五厘九毛照通法折實得壹
百壹拾七兩八錢壹分四厘五毫該息四兩弍錢
四分壹厘四毛　拾會照通折實加入拾兩得壹
百弍拾七兩八錢壹分四厘五毛照通法折實得
壹百弍拾叁兩叁錢七分叁厘該息四兩四錢四

分壹厘五毫　九會照通折實加入拾両得壹百
叁拾叁両叁錢七分叁厘照通法折實得壹百弍
拾八両七錢叁分八厘叁毫該息銀四両六錢叁
分四厘六毫將開投總銀壹百六拾両內除去壹
百弍拾八両七錢叁分八厘叁毫餘叁拾壹両弍
錢六分壹厘七毫即小份八份之共得利也合問

今有月會壹個。共友壹拾弍位。每位科銀拾両。照數
供還。例以四個月爲期。茲有於第八會投得。因無
業作按。例以每両每月息銀六厘算。本利扣抵存

供問該扣存供銀若干。答曰叁拾七兩七錢壹分

法以尾拾弍會供銀拾兩爲實。以四個月因息六厘。得弍錢四分。加拾兩。得壹零弍四爲法。除得存供銀九兩七錢六分五厘。該息弍錢叁分五厘。

拾壹會將存供銀九兩七錢六分五厘加拾兩得壹拾九兩七錢六分五厘又爲實以壹零弍四爲法除之得壹拾九兩叁錢零弍厘該息銀四錢六分叁厘　拾會將存供銀壹拾九兩叁錢零弍厘

加拾両得弍拾九両叁錢零弍厘又爲實以壹零弍四爲法除得弍拾八両六錢壹分五厘該息銀六錢八分七厘　九會照加拾両得叁拾八両六錢壹分五厘又爲實以壹零弍四爲法除得叁拾七両七錢壹分爲存供銀也該息銀九錢零五厘

第八會執存供銀叁拾七両七錢壹分

第九會執存供銀弍拾八両六錢壹分壹厘

第拾會執存供銀壹拾九両叁錢零弍厘

第拾壹會執存供銀九両七錢六分五厘連息合共足供銀拾両

附錄筆算新式

陳啟沅曰。夫算一道也。而有筆籌珠之分焉。世俗未悉其理。以爲西人另有壹總奇技異能。而不知別無他術。蓋西人之用者筆算。中國所用者珠算而已。筆算則以筆墨記其數。籌算則以竹籌記其數。珠算則以木珠記其數耳。故所立之法畧異。其理則一。兹將筆算新式畧具其數。欵附於卷末。俾欲習筆算者譜而學之。舉一可以反三也。蓋推星曆。用筆算似有墨蹟可尋。故理氣溯源二集推曆法等。俱用筆算故耳。

筆算埋數式

假如有銀叁兩六錢又柒錢弍分又壹兩伍錢四分又六錢八分問合共銀若干　答曰共銀六兩五錢四分

埋數格式

兩	錢	分
〣	⊥	〇
〇	〧	〢
〡	〥	〤
	⊥	〨
╱〤	〢╱〤	〡╱〤
六兩	五錢	四分

法從右下先呼八。再呼四合得錢貳。又呼弍。合得壹錢四分。記書斜格。〡╱〤又呼中下六。合中中五。得兩壹。又呼七。得兩八。又呼六。得弍兩四錢。亦記書中斜格。〢╱〤再呼左中壹。合左上叁。得四兩。亦記斜格。╱〤然後將左

四兩合中式兩得六兩又將中四錢合右壹錢得五錢再書右下四分共得六兩五錢四分合問餘倣此

筆算因乘歌

筆算因乘　自左而右　法實相呼　記書格首

首次相乘　卽爲次偶　順次以下　遞書於後

照埋得數　添乘如舊　相呼之數。亦照珠算之九字相生數。必要分清

筆算因乘格式

與古法鋪地錦畧同稍變其格

如月小得二十九日每日通爲九拾六刻每刻通爲壹拾五分問刻數分數各若干

答曰式仟七百八拾四刻　四萬壹仟七百六拾分

算法任以一行爲實。如以式拾九日爲實。則式爲實首。九爲實次。法首對實首相呼得數。爲首行。實首與法次相呼爲式行。實次與法首相呼得數亦爲

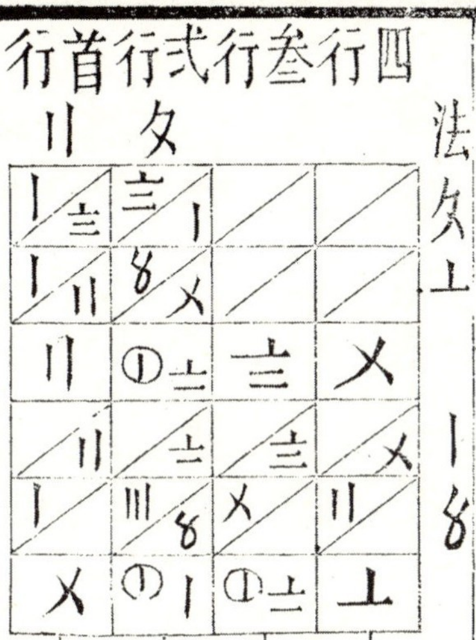

式行。實次與法次相呼得數爲叁行。餘倣此。　算俱呼小九數。由左而右。續行書記而定。照前埋數法埋之。則合問矣理同珠算。所異者、珠算足

數則進壹於左。筆算則俟算楚然後埋之耳。

起呼式九壹拾八記書斜格九九八拾壹弍六壹拾弍

九六五拾四如有斜格相接。卽爲同行。同行

滿拾以外者。用○去其拾數。搭埋上行加入埋數。

不拘數之位數多少。總歸在斜格看。餘倣此推。

筆算歸除歌

筆算歸除　次第而起　下壹上四　右三左弍

撞歸本位　逢進左移　起壹還原　用角記之

分餘之數　下格答施　既明珠算　可照操持

假如有銀壹萬弍仟叁百四拾五兩六錢七分八厘九毫作弍人分之問每人該銀若干

答曰六仟壹百七拾弍兩八錢叁分九厘四毫五

法照填銀數於格已歸者圈去之進記左行歸除數照寫以厶記其傍再歸再圈

寔 壹萬弍仟叁百四拾五兩六錢七分八厘九毫 填格照此

歸式法

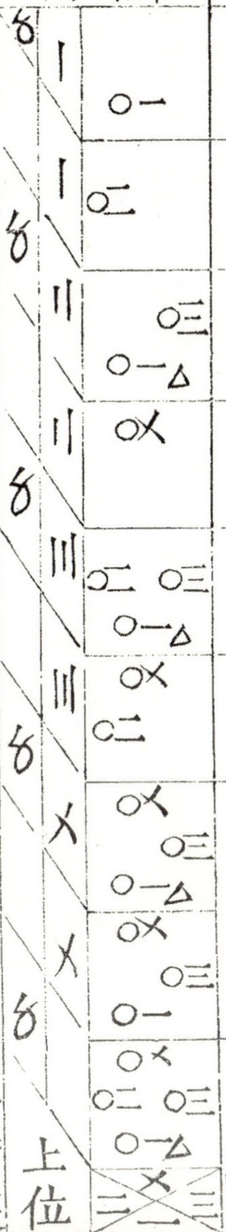

上位

〦千〡百〧拾〢兩〨錢〣分〩厘〤毫〥絲合得之数

九歸句語。無容贅錄。如三數呼。逢弍進壹。則以圓圈圈了三字。加回一字。再呼弍壹添作五。再用圈圈其一字。皆記於左位。細觀是圖。自能了然。卽歸除并開方各法。其理亦同。玆再分立數題以明之。

假如有銀柒錢弍分糴米六斗八升七合六勺問每銀壹錢糴米若干　答曰九升五合五勺

寔　六斗八升七合六勺

法將總米塡寫格內。照前法呼九歸歌續度圈去進于左位不盡之數荅埋下格。再歸再除。合問。

塡格式

四式　叁　壹

除式

七歸

法　夂廾　五合　ㄠ勺

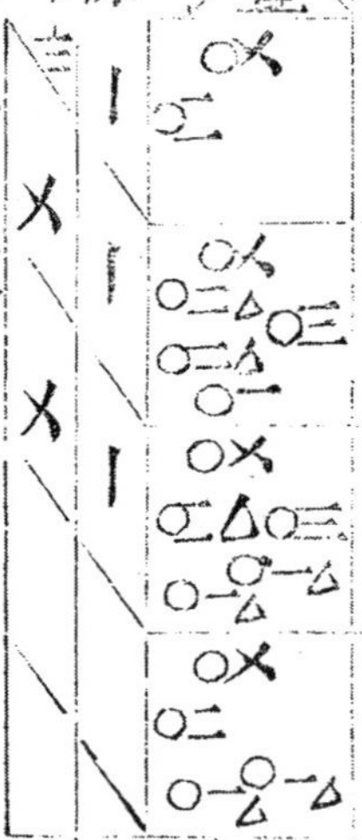

假如有士絲五拾六担四拾斤共沽得銀壹萬五仟壹百壹拾五兩弍錢問每担該銀若干

答曰弍兩六錢八分　法以總銀爲實書於格之右以共絲爲法書於格之左格内照銀數填寫必照歌訣分清上下左右數目以便照九歸歌

銀爲寔	四 叁 壹 弍	川	川兩	貨爲法
壹萬	○一	丄	丄錢	五拾
五千	○三 ○二 ○一厶	亖	亖分	六担
壹百	○㐅㐅 ○三 ○一厶 ○一厶			四拾
壹拾	○㐅厶 ○二厶 ○一		分得	斤
五兩	○三 ○二 ○二厶 ○一	此格隨呼隨進	之數	
弍錢	○二	之數故必分填		

先歸之。次照呼小九數除之。如歸得壹位。照圖壹度。除剩之數。照書下格。再歸除之合問。餘倣此

陳啟沅曰。筆算之法。照前數題。細心推求。雖九章不外是也。爲開方之法。必要另立壹格。方能推算。惟本書開方各法。載在卷五少廣章。原欲將筆算開方附在少廣。但覺散漫無歸。茲錄於此。初學者未習商除。必難了當。但欲深明此術者。必先於卷五透推其理。再習筆算。更易明也。原夫既習珠算。何用假求。但開方之用。每苦珠盤太繁。易於混亂。故

陳啟沅算學　卷二

能兼通筆算者。不無少補云。

筆算平方歌

筆算開方　格分左右　中塡總數　商除其首

次用歸除　法倍商首　倍得爲歸　廉隅內有

續層歸之　左奇右偶　折右符左　平方不謬

假如有方田共積六百七拾弍井四尺問每方邊各

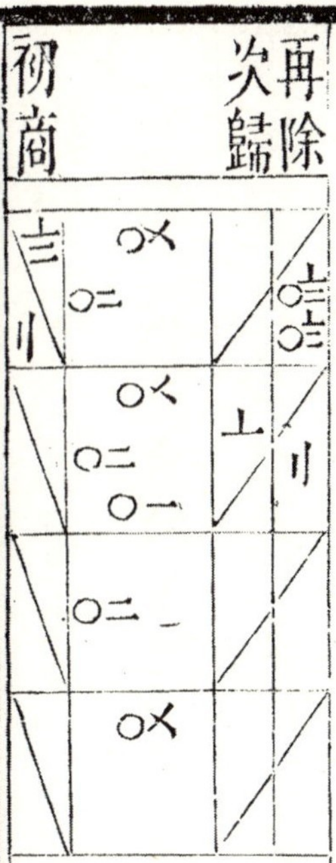

若干　答曰捌拾弍丈

法照珠算開方商除法。

將共積照上例塡寫格

中。以初商八。拾。呼八八除六百四井。先記書八於右上。再記書於左上。次將右上八倍之。得壹拾六爲下法。次將餘積弍拾弍井四尺。呼歸除法歸之。置積爲實。以壹歸六弍除之。呼逢弍進弍。記書左上。次呼弍六除壹拾弍。亦記弍于左下。呼弍弍如除四恰盡。以左行得八弍。即爲平方每邊之數也。合問。若欲知其左右兩行同數否。則將至尾所記之弍亦倍之。盡將左行用五折之。即得左右兩行皆八拾弍丈矣。餘倣此算。

假如有方田共積五萬九仟叁百零六丈八尺六寸零九厘問每方邊各若干　答曰貳百四拾叁丈五尺叁寸

法照前譜商除問方法呼算。先將共積填寫格中。

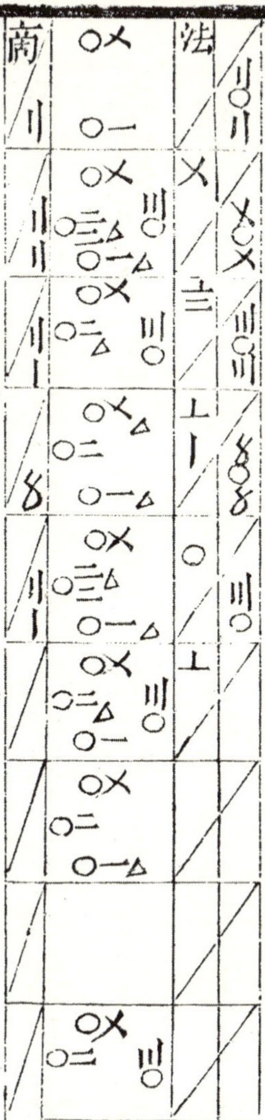

初商貳百。呼貳

貳除去四萬記書貳于左。再記書貳于右。以下法倍右貳得四數。為法以歸。減餘之積。呼四壹貳拾貳先圈去首位之壹。加寫弍于次位。又記書弍于左次位。則中格次位共有壹拾數故要呼逢八進弍。再圈去八。再記書弍于左次。共得四數。則右之次位亦書四。故對呼四四除去壹拾六。故要將中次格圈去弍仟。加還四數于叁位。便商得兩位矣。所餘積壹仟七百零六丈八尺六寸零九厘叁商之。亦先以四數爲法。遞而歸除之。則合問矣。既明珠算。自能了然。無容贅解也。

筆算之術。加減乘除。皆不及珠算之妙。獨開立方壹法甚佳。因開立方法。必要層層剖清。乃不混亂。茲照西人之法。詳立於左。若欲透其理。可查少廣章便悉。

筆算立方歌

少廣章另有開立方歌訣互相參看便了然矣

立方筆算最繁難　是在深明表裏間　自乘再乘方是積　初商大數次根還　次商叁面平廉積　長廉高數與平闕　再有壹小隅方積　便合周方六面環　細查初商方表外　次第分明便不艱

立方初商表

凡初商先得大立方之數。其餘爲平廉。長廉。小方隅共積。故次商之

立方邊數	壹	式	叁	四	五	六	七	八	九
立方積數	壹	八	〢〧	〦〤	〡〢〥	〢〡〦	〣〤〣	〥〡〢	〧〢〩

假如有立方體積九百弍拾叁萬四仟五百四拾丈零八尺問立方邊若干　答曰四拾五丈弍尺

法先查表內可商四拾尺爲大方積。減去六百四拾萬。所餘弍百八拾叁萬四仟五百四拾丈零八尺爲次商積。解曰。茲已知得大方邊四拾萬。故叁平廉之邊必與方邊同數故將四數自乘。得壹仟六百丈爲壹平廉面積。再以叁平廉乘之。得四仟八百丈爲叁平廉面積。次商其商若商六。則要弍百八拾八萬。另叁長廉小隅未足。故商五。得弍百四拾萬。以減次商積。再以次商五數自乘。得弍拾五丈爲壹長廉共積。再以叁長廉乘之。得壹百萬。以方邊四乘之。得叁百萬丈。爲叁長廉共積。亦以減次商積。

尚欠壹小方隅則以次商五自乘再乘得壹拾弍萬五仟丈爲壹小方隅共積亦以減次商積所餘壹拾弍萬弍仟零四拾丈零八尺爲叁商積叁商之形亦有叁平廉叁長廉壹小方隅以護次商叁面其平廉邊必與次商之四拾五丈同數叁商其所餘之厚耳圖具少廣章其法亦照前將叁平廉四拾五丈之邊數自乘得弍百零弍丈五尺爲壹平廉面積再以叁平廉乘之得六百零七拾五尺爲叁平廉面積可商弍尺弍乘之得壹拾弍萬壹仟五百丈以減叁商共積既知平廉之厚弍尺則長廉亦以弍尺自乘得四尺方面再以四尺乘長四拾五丈得百八拾丈爲壹長廉積再以叁長廉乘得五百四丈尚有小隅則以弍尺自乘得四尺再乘得八尺共減餘積合問

商得多少用自乘再乘遞減總積減盡合

初商自乘再乘

法式

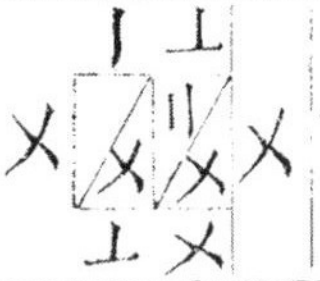

初商方積

叁平廉法

平廉總積

叁長廉法

長廉總積

方隅自乘再乘

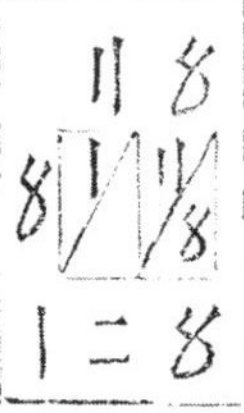

叁商平廉面積

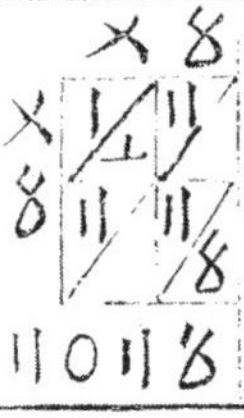

叁平廉叁商平

面積

廉厚共

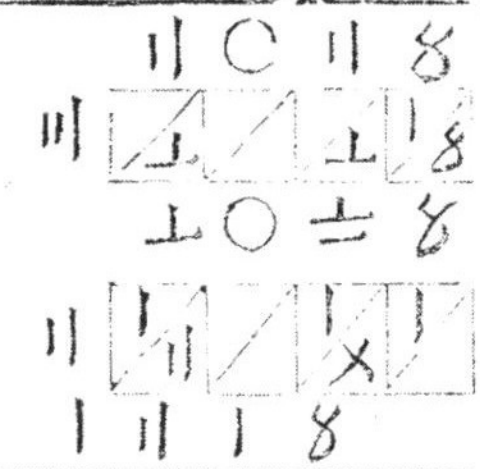

叁商壹長廉

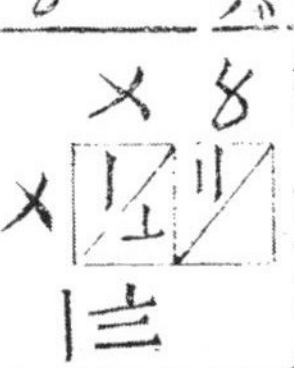

叁商叁長廉共積

叁商小隅積

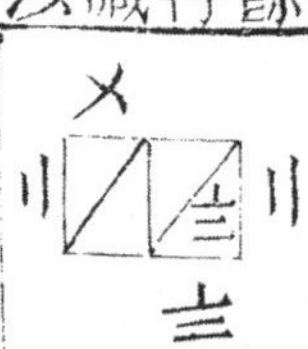

總積	〩百	〢十	〣萬	〤	〥	〤	〇	〨	
初商	〦百	〤十	〇萬	〇	以	減	總	積	
減餘	〢百	〨十	〣萬	〤	〥	〤	〇	〨	
次商叁平廉共	〢百	〤十	〇萬		以	減	餘	積	
再餘	〇	〤十	〣萬	〤	〥	〤	〇	〨	
次商叁長廉共	〇	〣十	〇萬	〇	以	減	再	餘	
次商方隅共積	〇	〇	〡萬	〢	〥	亦	減	餘	
再減餘商叁積	〇	〡十	〢萬	〢	〇	〤	〇	〨	
叁商叁平廉共	〇	〡十	〢萬	〡	〥				
叁商叁長廉共	〇	〇	〇	〇	〥百	〤十	亦減	再餘	
叁商小隅積	〇	〇	〇	〇	〇	〇	〇	〨	
	以	減	再	餘	恰	盡	尺		

右各圖所商乘數左橫行乃遞減之數

東文元算學　卷二　筆算附　五三

陳啟沅曰。西人恒用筆算。乃加減乘除四法。前題已具減乘除叁法矣。蓋西法所用除者。是商除耳。中學既有歸除。而仍用商者何也。因開方各術。有實而無法。非商除不得故也。西法恒用異乘同除。即四率法是也。若九章各理。透澈明白。即天元代數各法。何難了然。若欲深明開方之理。細查少廣章。互相參看。無不明矣。

長男陳乃材召三
三男陳錦篔竹君　仝校

算學卷貳終

陳啟沅算學卷叁上

南海息心居士陳啟沅芷馨甫集著
門人順德林寬葆容圃氏校刊
次男　陳簡芳蒲軒甫繪圖

方田章第壹　凡勾股割方割圓求積。沅俱載在勾股章。使學者由淺入深易明也。

賓渠子曰。此章以田疇界域之形狀。求畝步之積實。以廣總而求方。直。圭。梭。梯。斜等形以周徑而求圓田。碗田。環田。

按田之形狀甚多。具載難盡。學者不必執泥。在于臨場機變。必須截盈補虛。裨尖減大。以合規式。但田中央先取出方直。勾股。圭梭。等形。另積旁餘。併而爲壹。然後用乘法除之。用少廣章開平等法還原。始爲精密之術焉。

丈量田地總歌

古者量田較闊長。全憑繩尺以牽量。壹形雖有壹般法。惟有方田法易詳。若見喎邪并凹凸。直須裨補取其方。却將乘實爲田積。弍四除之畝數詳。凡積步問畝。弍四歸除畝問積步。弍四乘法。

又歌 此古歌也仍未盡合

方自乘之積步明。直田長闊互相乘。勾股圭梭乘折半。圓田周徑折半乘。周自乘之拾弍約。徑自乘之七五乘。周徑相乘四歸是。碗田亚田同上乘。環田內外周相併。折半須將徑步乘。梯斜兩頭相併折。長乘便見積分明。叁廣倍中加弍闊。四歸得步以長乘。弧矢弦長併矢步。半之又用矢相乘。牛角眉田長步併。折半還將半徑乘。弍不等併東西步。折半仍將闊步乘。舥船叁闊同相併。叁歸得步以長乘。四不等田分兩段。壹爲勾股壹斜形。田形不壹須推類。弍四除之數數明。周徑宜用新率。徑壹壹三。周三五五。弧矢弦法。宜用弧度相求之法。

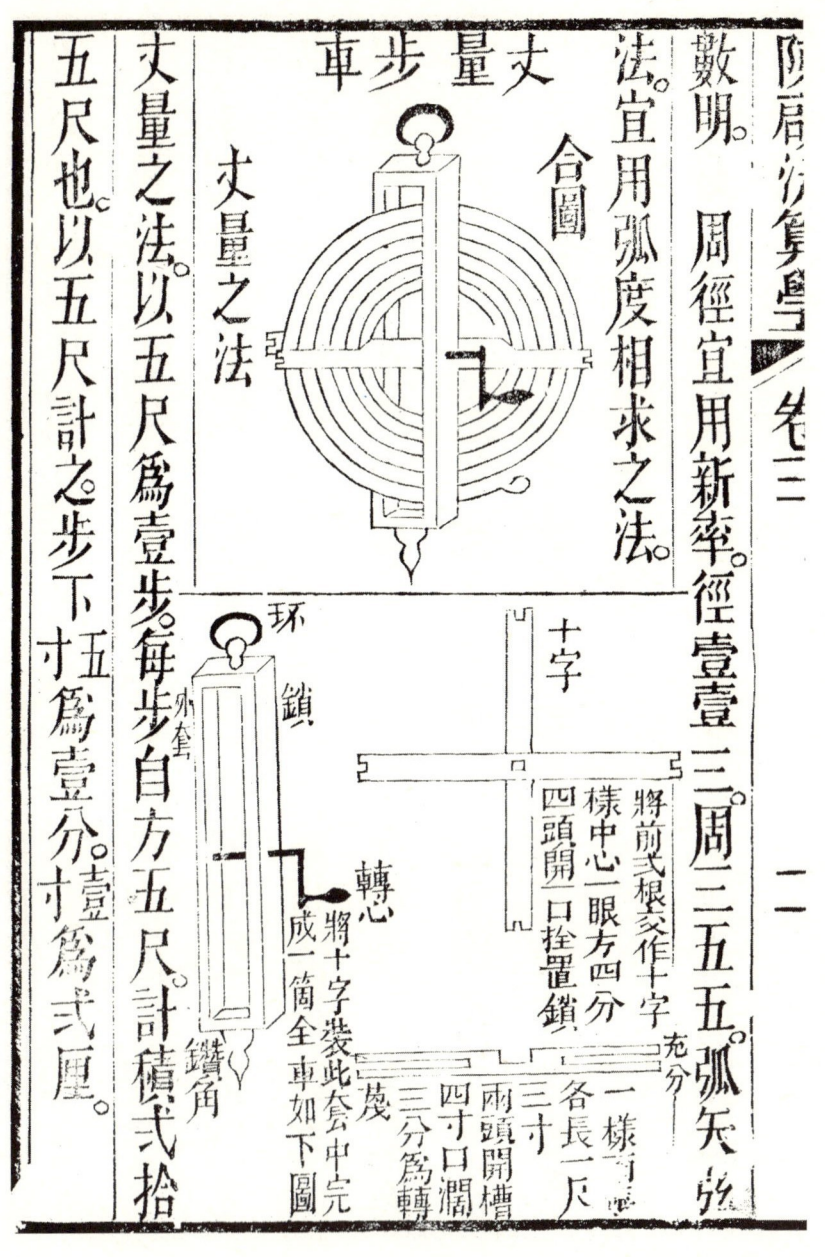

合圖

丈量步車

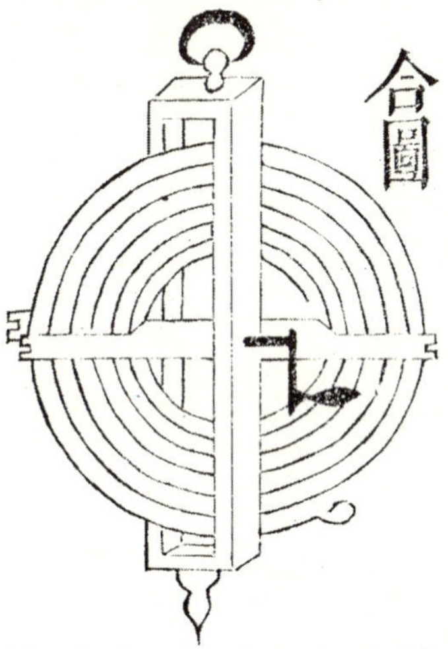

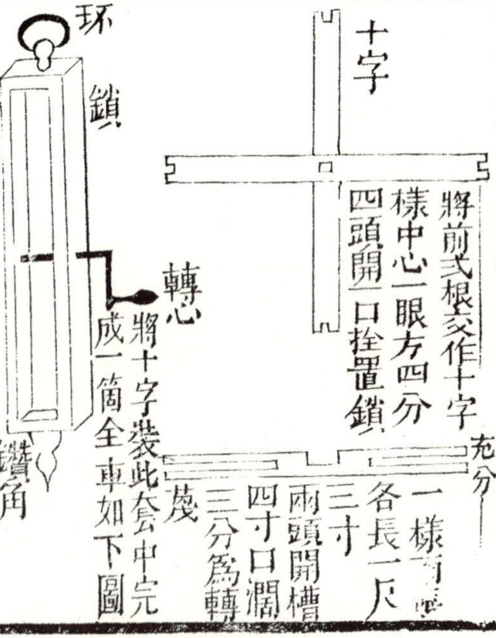

丈量之法。以五尺爲壹步。每步自方五尺。計積弍拾五尺也。以五尺計之。步下五寸爲壹分。壹寸爲弍厘。

陳啟沅曰丈量之法。古以步算。今廣東省皆以井算。平方壹丈爲壹井。長壹丈闊壹尺爲壹尺。平方壹尺作壹寸。寸以下亦以分釐計。六拾井爲壹畝。畝以下亦曰分。曰釐。曰毫。曰絲。曰忽。曰微。曰纖。曰沙。曰塵。曰埃。四步爲井。所立之法。仍以步算。不敢失古人之圍範耳。內中設立數問者。使知現時之用。得以譜之。凡以井計者。用六歸見畝。凡以步計者。用式歸四除見畝。古法計積以步算。平方五尺作壹步。立方五尺亦作壹步。廣東今以井算。立方四步作五井。立方八步作拾井

前圖合下段叁式爲壹成完車。如上段式套外缺

兩邊裝拾字內空僅容拾字轉動其兩旁木比拾字空長以便兩頭橫木插爲合榫上可釘環下釘鑽脚下橫木鑿壹偏眼後高前低出篋上橫木之下鑿壹眼合拾字四頭開口處用拴置鎖拾字中心如墨斗其轉心作叁折方根圓柄裝定拾字中心以便收放卽似紡車之形其篋擇嫩竹節平直者油以明油接頭處紮以銅絲篋上逐寸寫字每寸爲式釐式寸爲四叁寸爲六四寸爲八不必釐字五寸爲壹分自壹分至九分俱用分字五尺爲壹步依

次而增。至叁拾步以上。或四拾步以下可止。又壹式。只用拾字內中開槽。留頭不通。中用木圓餅轉篾。篾篾雖不散。但篾篾轉動挨擦。損壞甚速。不如前制篾在拾字。拾字轉動。其篾安靜。故難壞也。

方圓定則九圖此大畧也。所以然之理。詳于勾股章。免亂學者心思耳。勾股用法詳見後

周三徑一

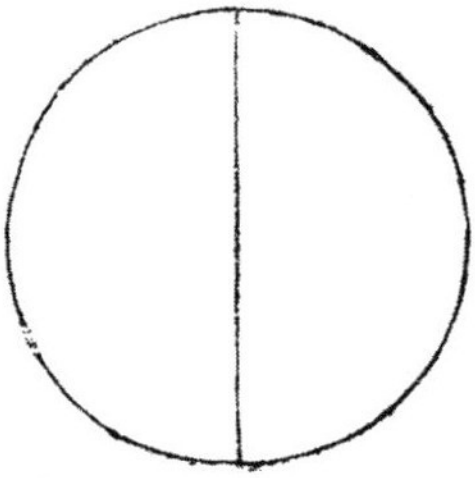

方五斜七

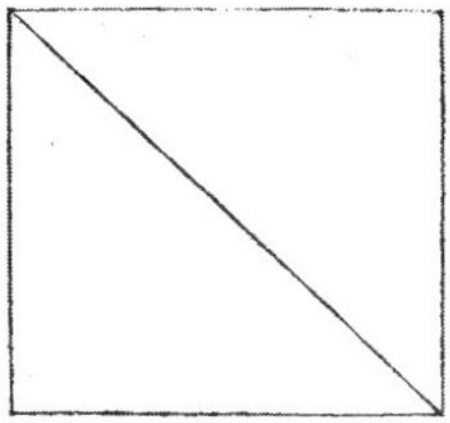

正六面七

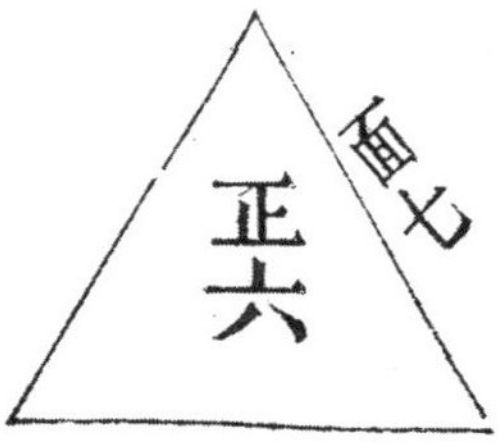

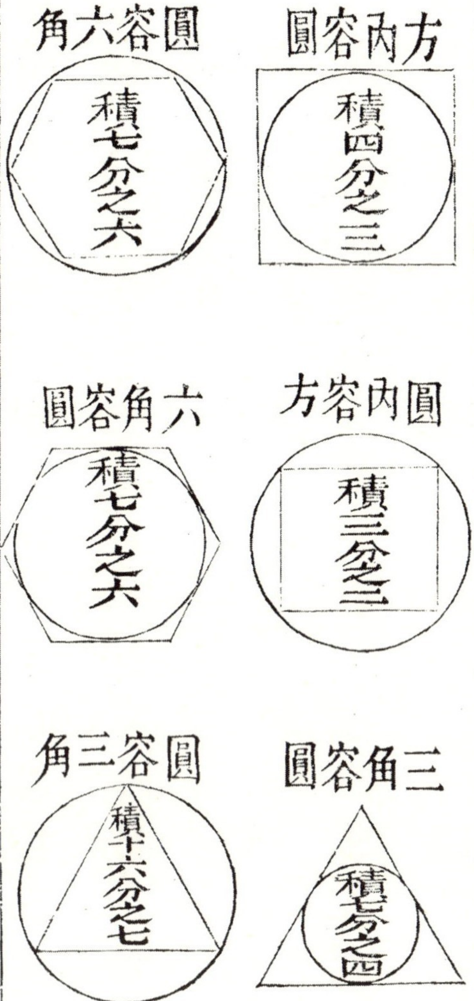

假如今有方田壹坵長闊各五拾步問稅積若干

答曰積弍千五百步稅拾畝零四分壹厘六六毫六絲

古法曰。置長五拾步。以闊亦五拾步乘之。得積弍千五百步為實。以畝法式歸四除得稅。拾畝零四分壹厘六毫六絲。

定位法。先從原實首位數幾拾起。
順下至幾步止。下壹位定法首拾數
逆數陞上至實首位。合得式千。順
下卽是五百也。後倣此。

假如方田斜量東南角至西北角西南角至東北角各斜七拾步問積

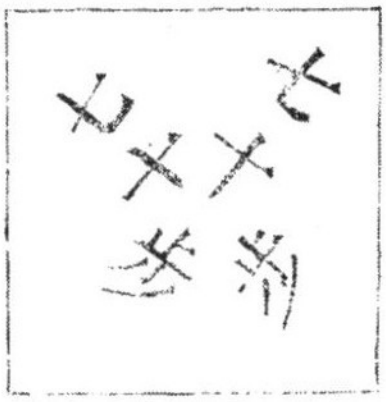

若干　答曰積式千四百五拾步
法曰。置斜弦七拾步自乘。得四千九百步。
折半得式千四百五拾步。合問。照積用式歸四除得稅

假如直田長六拾步闊叁拾弍步問積若干

答曰積壹千九百弍拾步

法曰。置長六拾步。以闊叁拾弍步乘之得積壹千九百弍拾步合問。

直田形

假如圓田徑五拾六步周壹百六拾八步問積若干

答曰弍千叁百五拾弍步

圓田形

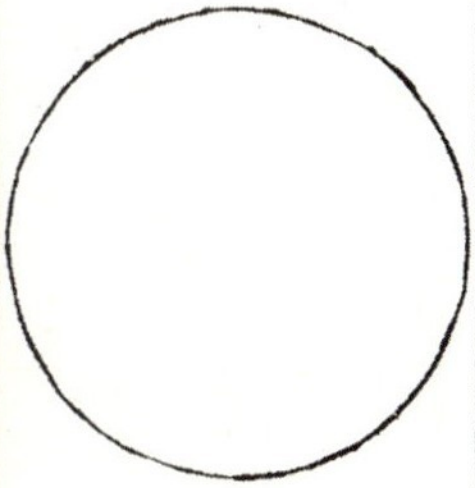

古法曰。以徑問積。置徑五拾六步自乘。得叁千壹百叁拾六步。又以七五乘之。得積弍千叁百五拾弍步合問。若周徑問積步。置周壹百六拾

圓田積稅宜用新率方準蓋徑壹周不止叁也若照新率周當作壹百七拾八步弍五方合周徑相乘四歸應得積弍千四百五拾四步半有奇

八步以圓徑五拾六步乘之再以四歸之亦得若周問積以周自乘用拾弍除之亦得

假如有覆月田弦長五拾六步矢闊弍拾八步問積步若干

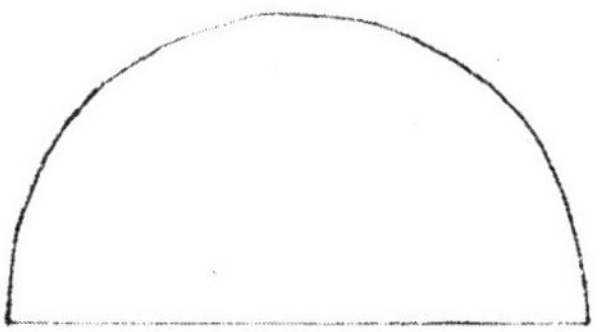

覆月形

荅曰古法壹千壹百七拾六步新法壹千弍百叁拾壹步半合問

古法置弦併矢共八拾四步折半與矢相乘得積又法以弦矢相乘另以矢自乘併之折半亦得新法與古法所以然之理詳解割圓各理章

增新法以七零八與矢相乘得數再以矢歸除弦得倍減原底壹倍弍餘照加倍得倍又與前數相乘得數併入弦矢共折半又以矢乘之得積合問

陳啟沅曰。古者丈量圓田。以徑自乘數。七五折之。得積。而不知用七八五叁九有奇。始合圓積之數。計圓積百步。已差四步七。況弧矢田。矢愈短而差愈多。故特謬增壹法。雖覆月以至尺寸之矢。亦差無幾矣。

新法。以七零八為定率。與矢相乘得數。假如矢八步。乘得五六六四數。再以矢為法。以弦為實。歸之得倍數。如弦叁拾弍步。矢歸之。得四倍。減原底壹倍。餘叁倍。照加得六倍。以乘五六六四。得叁步叁九八四。併入矢八步。弦叁拾弍步。共四拾叁步叁九八四。半之得弍拾壹步六九九弍。再以矢乘之。得壹百七拾叁步五九九叁六合積。餘倣此推。

古有弧矢田弦長四十步矢闊八步問積步若干

古答曰壹百九拾弍步　新法得弍百壹拾步零壹弍四八

古法曰。置弦矢併。得四拾八步。折半得弍拾四步。又以矢八步乘之。得積。合問。

照新法。以七零八率。與矢相乘得數。再以矢除弦。得五倍。減底相加。得八倍。與前數乘。併矢弦半之得數。再乘矢得積。合問。

古有弧矢田弦長四拾步矢闊八步問圓徑比例前田

統宗定五拾六步　梅氏定五拾八步

再設圓田容直田。各求積步以相考。設圓徑五拾八步。周壹百七拾四步。內容直田壹坵。橫四拾步。直四拾弍步。橫弧矢田弍坵。各弦四拾步。矢八步。直弧矢田弍坵。各弦四拾弍步。矢九步。

容直田圖

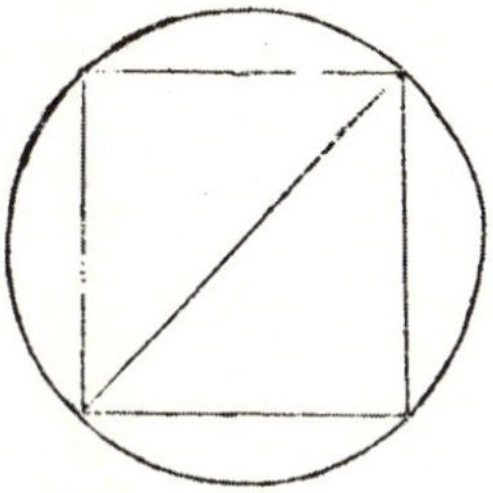

古法。以半徑弍拾九步。乘半周八拾七步。得弍千五百弍拾叁步。為圓田共積。外照前古法。求得橫弧矢弍坵。共積叁百八拾四步。又求得直弧矢田弍坵。共積四百五拾九步。直田積。橫直相乘。

得壹千六百八拾步。併直弧矢共積。亦得弍千五百弍拾叁步。符合。陳啟沅曰。統宗執方五斜七。改古圖爲五拾六步。悔氏用直田勾股求弦法。求得弦長五拾八步。以訂其誤。可知五拾六步之徑。必不能容四拾八步之方明矣。然尤未詳五拾八步之徑。必非壹百七拾四步之周。若照新率則周必壹百七拾五步九叁。以徑自乘之。再乘七八五叁九八。其全圓共積弍千六百四拾弍步。方合。想因求弧矢法未善。故亦聽之。茲將新增弦矢求積法。詳之。照前題橫弧矢弍坵共積四百弍拾步零弍四九六。再以直弧矢九步。與七零八率相乘。得六叁七弍。再以矢九步歸弦四拾弍步。得四倍六六六六減原底壹倍實叁倍六六六六六六。再加倍。得七倍叁叁弍六與矢相乘。得五五步六九八八併弦矢半之。得弍拾八步叁五再以矢乘。得弍百五拾五步壹五爲壹弧矢。弍垃共。得五百壹拾步零叁。併直田積壹千六百八拾步。五共得弍千六百壹拾步有奇。如此。可與新率差無幾也

假如圭田中長六十步下闊三十二步問該積若干

答曰九百六十步

古法曰置長六十步以闊叁十弍步乘之得壹千九百弍拾步折半得積九百六拾步合問

圭形乃直田之半故用折半之法

梭形則是弍圭合壹也。若以半闊乘中長亦得。

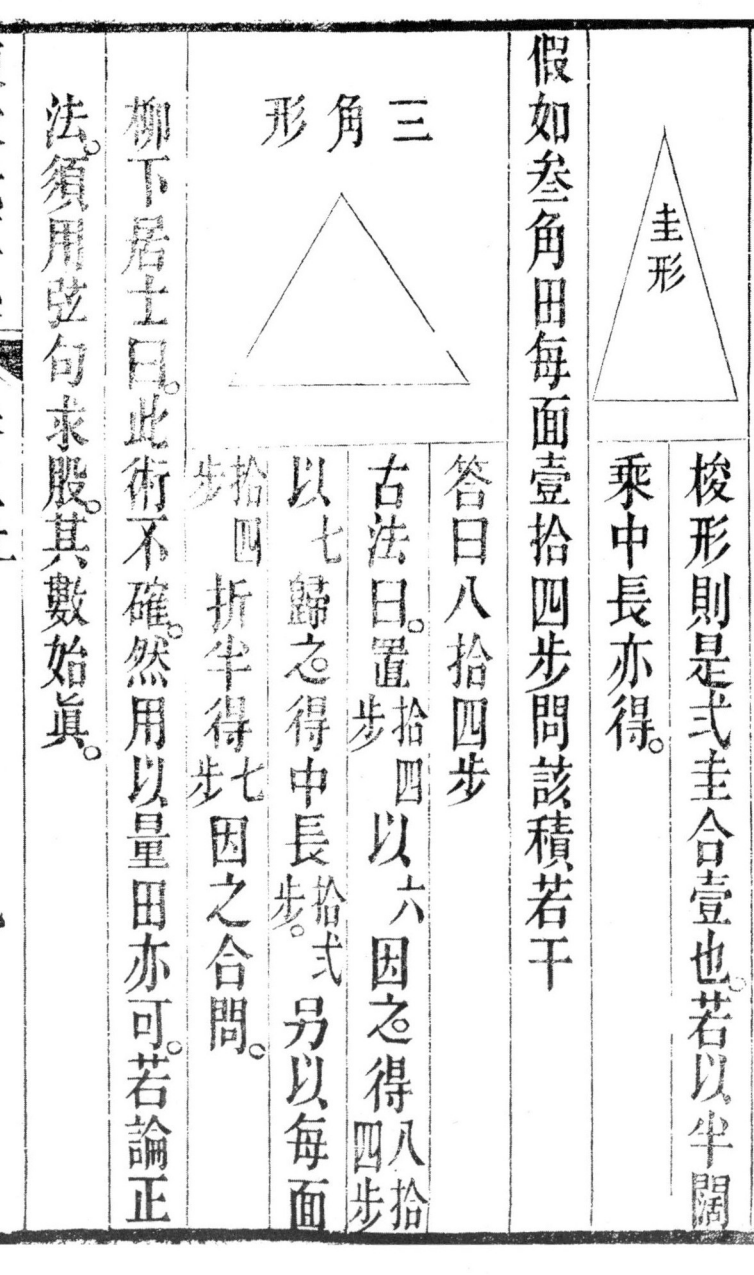

假如叁角田每面壹拾四步問該積若干

三角形

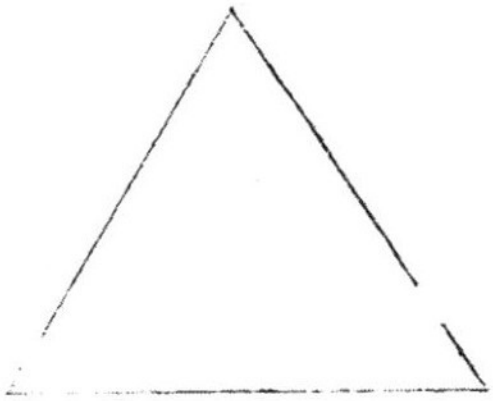

答曰八拾四步

古法曰。置拾四步以六因之得八拾四步以七歸之得中長拾弍步。另以每面拾四步折半得七步因之合問。

柳下居士曰。此術不確。然用以量田亦可。若論正法。須用弦句求股。其數始眞。

陳啟沅曰。此田叁角同數。法以壹面折半得七步爲兩勾。以壹勾自乘。得四拾九。再以壹面拾四步自乘。得壹百九拾六。以四拾九減之。餘壹百四拾七。開方得壹拾弍步壹弍不盡爲股。即叁角垂線之中線也。即以七乘之。得八拾四步八四。即兩勾股和埋之積數。合問。

假如梭田中長五拾弍步中廣壹拾弍步問積若干

答曰叁百壹拾弍步

古法曰。置長五拾弍步。以廣拾弍步乘之。得六百弍拾四步。折半得積叁百壹拾弍步。合問。

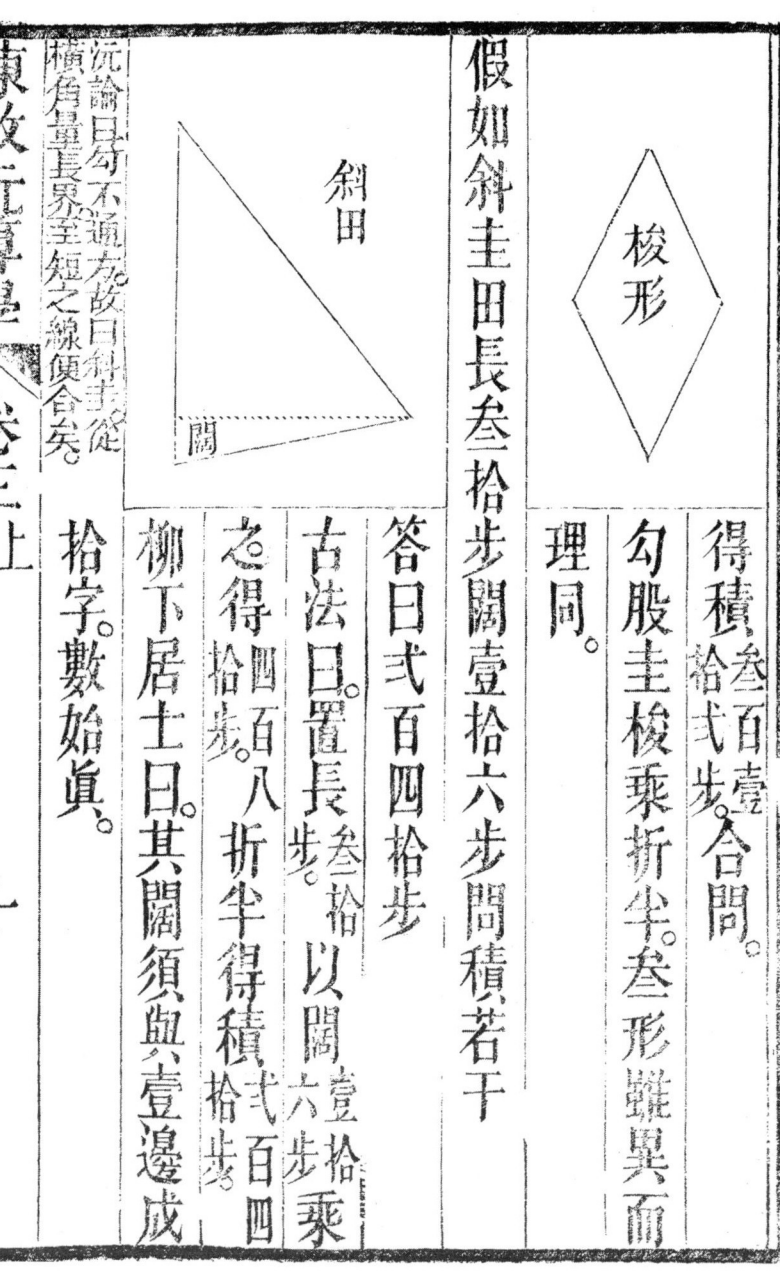

勾股圭梭乘折半。叁形雖異而理同。

假如斜圭田長叁拾步闊壹拾六步問積若干

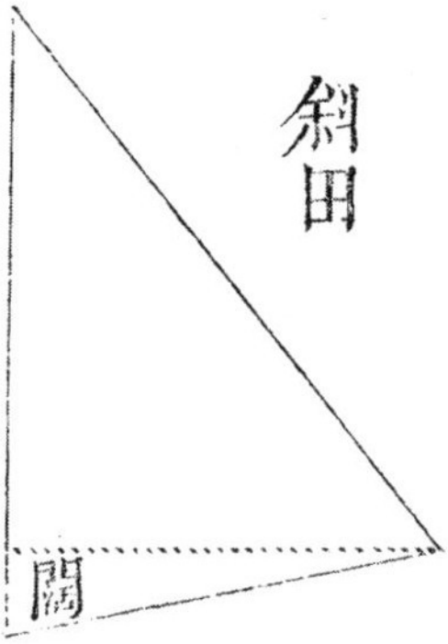

沅論曰奇不通方。故曰斜圭。從横角量長界至短之線便合矣。

答曰弍百四拾步

古法曰。置長叁拾步。以闊壹拾六步乘之得四百八拾步。折半得積弍百四拾步。

柳下居士曰。其闊須與壹邊成拾字。數始真。

陳啟沅曰此闊線在鈍角之尖橫度置至短之處即叁角垂線之正處若謂徒知成拾字形之的仍無法以求之亦無用也故特于勾股章論叁角之理叁角求垂線之法甚詳因各算書未有詳解其理也

假如梯田上廣弍拾步下廣叁拾步中長四拾五步問積若干

答曰壹千壹百弍拾五步

古法曰置弍廣併之得五拾步折半得弍拾五步以中長四拾五步乘之得積合問

壹法併弍廣以乘長折半亦得

假如斜田南廣叁拾步北廣四拾式步縱六拾四步問積若干

答曰式千叁百零四步

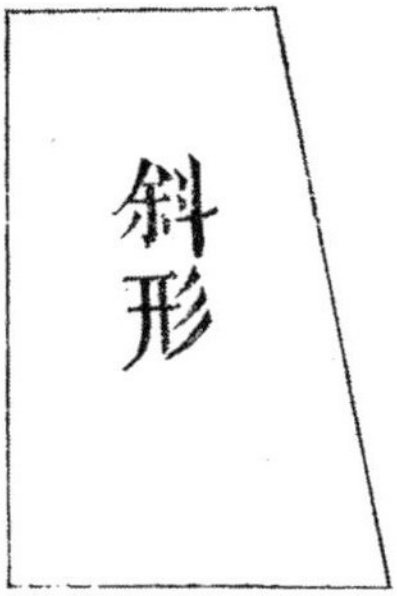

古法置南北廣併得七拾式步折半得叁拾六步以縱六拾四步乘之得積合問

柳下居士曰縱邊須與北廣成拾字積始眞

陳啟沅曰斜方之積若四面俱量清不拘成拾字與否其積皆同試用竹四條皆同長數布之於地雖任布其斜正其積數亦同蓋有四角以限之若只量南

北中。非合曲尺不可。豈同叁角之論乎。即叁角法。亦要叁面度淸。方可以垂線求之。况四角乎。大位先生。亦壹時未及贅明耳。栁下先生。謂縱邊與北廣成拾字形始眞。若南廣不成拾字形。亦是叁不等田。豈能度叁面而得其積乎。

假如眉田上周四拾步下周叁拾步徑八步問積若干

答曰壹百四拾步 古法曰。置上下貳周相倂。得七拾步。折半得叁拾五步。另以徑八步折半得四步乘之得積合問

眉形

假如牛角田中依灣長拾七步五分闊八步問積若干

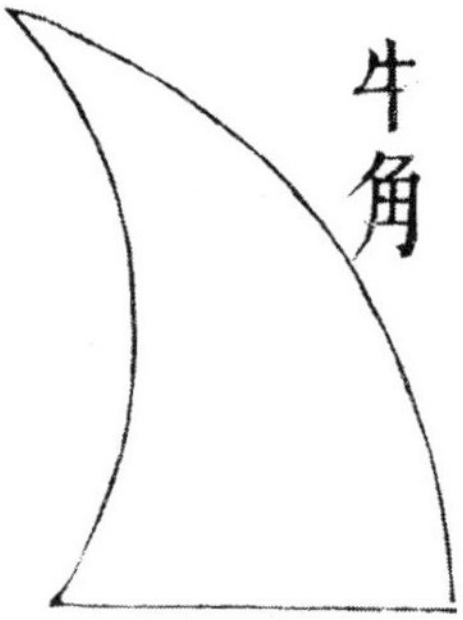

答曰七拾步

古法曰。置中長壹拾七步五分。以廣八步折半得四步乘之得積。合問。

或量內外灣併之。折半。另以半闊乘之亦得。

假如欖形中長四拾步闊壹拾六步問積若干

答曰叁百八拾四步

古法曰。置長四拾步如弧弦。以半闊八步如矢。併得四拾八步。

折半得弍拾四步。又以矢步八乘之。得壹百九拾弍步。即壹弧矢之積。倍之。得欖形積合問。此形仍要照上弧矢田七零八準始眞

假如叁廣田南廣弍拾六步北廣五拾四步中廣壹拾八步長八拾六步問積若干

答曰弍千四百九拾四步

古法曰。併南北弍廣折半。得四拾步。加中廣共五拾八步。以長乘之。得四千九百八拾八步。折半得積。合問。

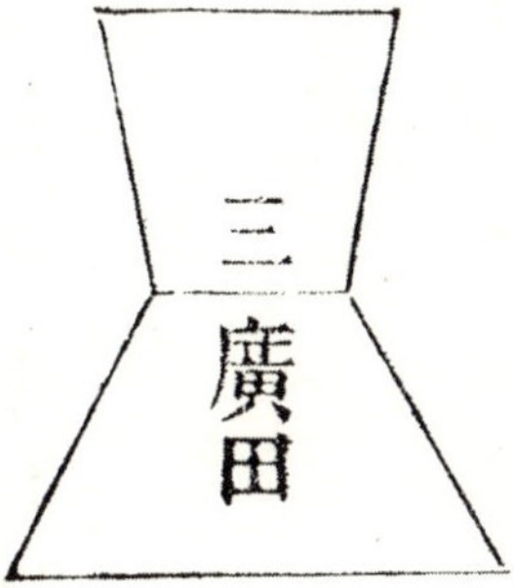

壹法。倍中廣。併南北弍廣。共壹百壹拾六步。以四歸之得弍拾九步。以長乘之。亦得。

按叁廣田。乃是弍段梯田之併。必其叁廣相去俱停。乃可以叁廣法算。或上段長。下段短。或上段短。下段長。並不可用叁廣法。當以弍梯算而併之。乃爲無弊。

按鼓田。枚鼓田。又有箭筈箭翎田亦要叁廣相去俱停。可用叁廣法。若不停者。亦只以弍梯。或弍斜算。而併之是也。

假如勾股田股長六拾步勾闊叁拾弍步問積若干

答曰九百六拾步

古法曰。置股長六拾步。以勾闊叁拾弍步

乘之。得壹千九百弍拾步。折半得九百六拾步

合問。

勾股田

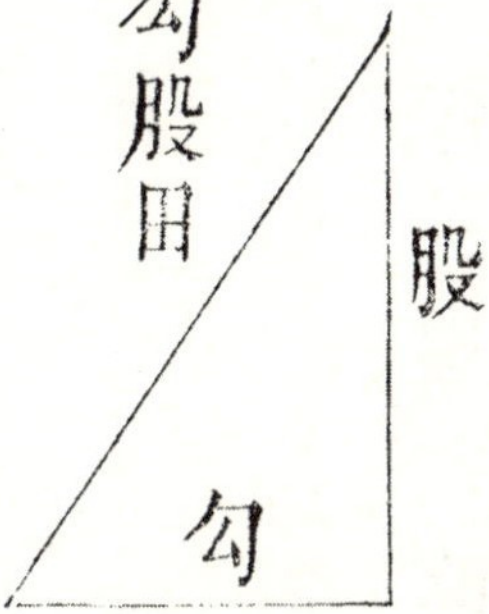

陳啟沅曰。量田之法。勾股居其半。每見世間之丈量者。多以叁角而誤為勾股。是知勾股之皮毛。而未明叁角之要法也。若直線以銳角為勾股。則是以少作多。若以鈍角為勾股。是以多作少。即畧明其合曲尺

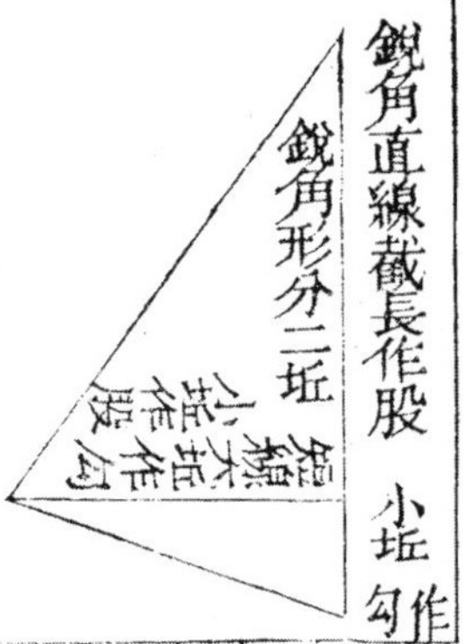

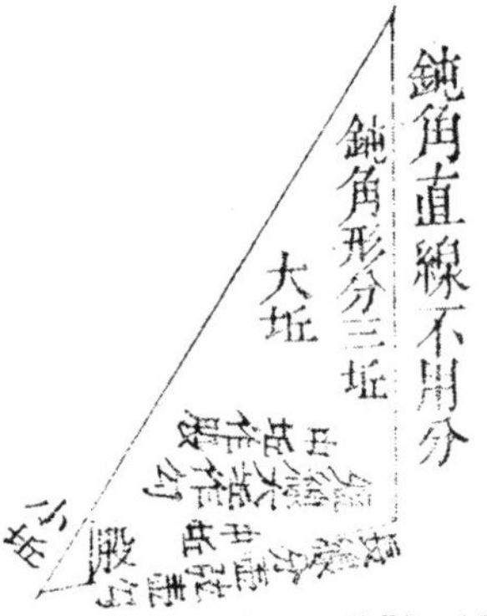

形。方合勾股之法。及至量田時。究未得知其合曲尺否。俗云。得方未得法。此之謂也。茲將勾股量田訣并兩叁角形。繪列于後。以待高明訂正。

若將鈍角直引至弦。亦可作兩勾股。不過設此以比例耳。

假如直田廣縱相和九拾弍步兩隅斜去六拾八步

問積若干　答曰壹千九百弍拾步此如勾股和

詳勾股章下四題同

古法曰。置斜六拾八步自乘。得四千六百弍拾四步。另以相和九拾弍步自乘。得八千四百六拾四步。以少減多。餘叁千八百四拾步。折半

得積壹千九百弍拾步。合問。

假如直田縱長六拾步廣斜相和壹百步問積若干

答曰壹千九百弍拾步　此如勾弦和

古法曰。置廣斜壹百步。自乘得壹萬步。又以縱六拾步自

乘。得叁千六百步。以少減多。餘六千四百步。折半得叁千弍百步

爲實以和步壹百爲法除之得廣叁拾式步以乘縱六拾步得積合問。

增又法以縱自乘得叁千六百步爲實以和步壹百爲法除之得叁拾六步爲廣斜較以較減和餘六拾四步半之得叁拾式步爲廣廣乘縱得積壹千九百式拾步合問。

假如直田兩隅斜距六拾八步縱多廣式拾八步問積若干

答曰壹千九百式拾步　此如勾股較

古法曰置斜六拾八步自乘得四千六百式拾四步又以縱多廣式拾八步自乘得七百八拾四步以少減多餘叁千八百四拾步折半

得積合問。

假如直田廣叁拾弍步斜多縱八步問積若干

答曰壹千九百弍拾步　此如股弦差

古法曰。置廣叁拾弍步自乘。得壹千零弍拾四步。　另以多八步自乘。得六拾四步。以少減多。餘九百六拾步。為實。倍多八步作壹拾六步為法除之。得長六拾步。以廣叁拾弍步乘之得積合問。

假如直田縱六拾六步斜多廣叁拾六步問積若干

答曰壹千九百弍拾步　此如勾弦較

古法曰。以縱自乘。得叁千六百步。又以較自乘得壹千弍百九拾六步。相減。餘弍千叁百零四步爲實。倍較作七拾弍步爲法除之。得廣叁拾弍步以乘縱得積。合問。

陳啟沅曰。統宗所立直田五問。原欲以比例勾股和較之理。但丈量田地之法。方田。直田。勾股等。非合曲尺線。斷難使其無差。況以隅斜。而與縱廣相和。豈能作不易之法乎。其初問縱廣相和。尚有兩隅以限之。尚可使其合曲尺線。以後四題。有日廣斜相和。有日縱斜相和。是得壹隅斜和之耳。豈能使其兩縱同長。兩廣同闊乎。玆將原田形繪列于後。並將初問所以然之理。而詳解之。初問既能了然。則後之四問。便可知其比例矣。非敢發前人之疏忽。若不辯明其理。轉使後人不知前人之用意。更為深悞耳。後四題所以然。詳勾股章。

原式

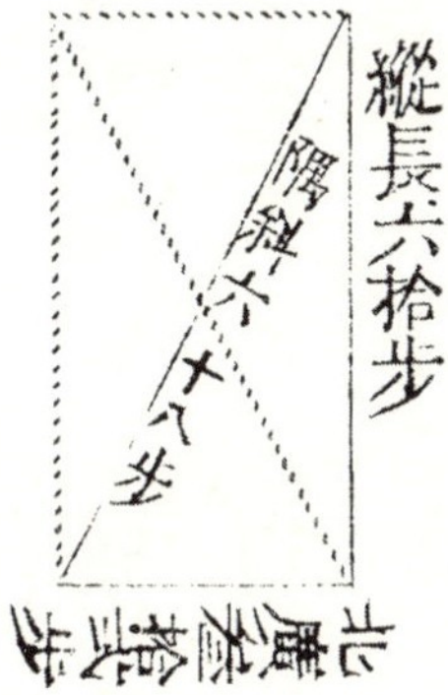

原題謂兩隅斜去六拾八步。學者或誤為兩斜和矣。必要立明兩隅斜。各六拾八步。第弍問謂廣斜相和壹百步。必要謂廣斜和各壹百步。第四問必要書兩斜多兩縱各八步。第五問則要立兩斜多兩廣。各叁拾六步。方合。若只以壹邊立問。焉能使其兩邊同樣乎。必要有兩斜交加線以限之。方能成曲尺形也。

照第壹問原題。縱廣相和九拾弍步。兩隅斜六拾八

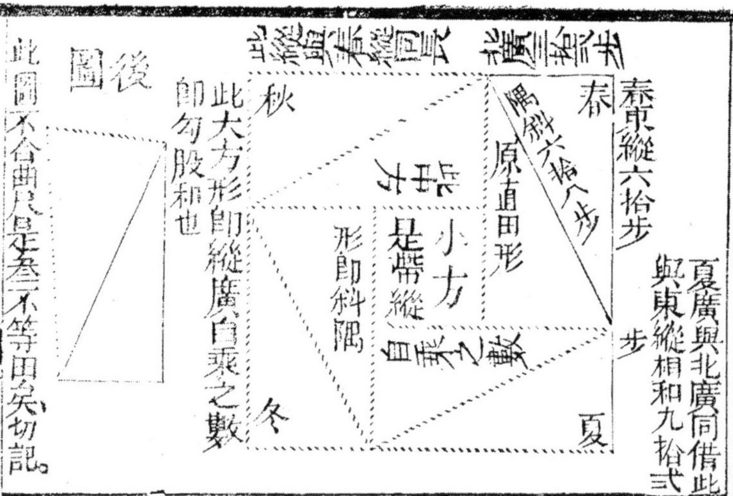

步。該積壹千九百弍拾步。問長闊若干。今以法用勾股和。照圖移北廣之叁拾弍步。置於夏廣處。卽縱廣相和之數也。自乘卽得壹大方形。除去斜隅自乘之中方形。所餘之田。卽春夏秋冬四股勾也。折半之。豈不是所存兩勾股耳。兩勾股合埋。卽得壹直田之形矣。卽直田之積矣。若論勾股田。四歸之。即得壹勾股矣。故要合曲尺方可作直田形耳。假令此田。北廣與東縱成曲尺形。而南廣與西縱不合曲尺。則其積故不合。而其算法又不同矣。試觀後圖自明。量直田者。豈能以此爲定例也。

假如錢田外周弍拾七步。徑叁步。內方塘如錢眼。周壹拾弍步。問積若干

答曰五拾壹步四分步之叁步之叁即是七分五厘也

古法曰。置外周弍拾七步自乘。得七百弍拾九步。以圓法壹拾弍步除之。得全積六拾步零七分五厘。又以內方周壹拾弍步自乘。得

錢田

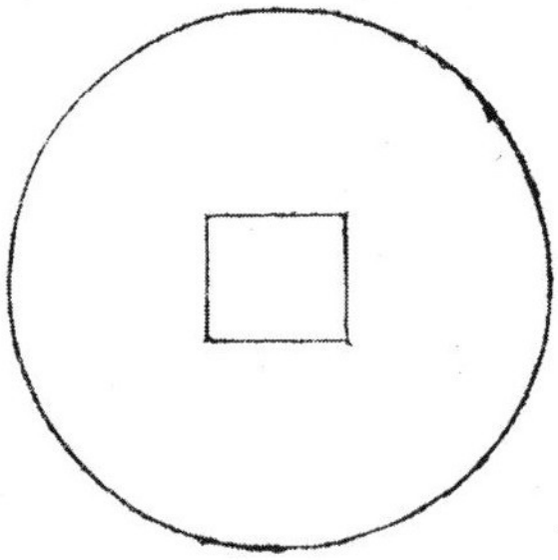

壹百四拾四步。以方周法拾六除之得方塘積九步以減全積。餘五拾壹步七分五厘為錢田積合問。沅曰錢田之論統宗雖更正然仍周叁徑壹耳必用新率乃合法詳割圓各理章

陳敬沅曰。此錢田。明吳信民先生既立其法。馬傑則以束法改之。及至宥溪子。又復正之。亦皆前人多不將所以然之理教人。至有是誤也。圓周自乘以拾弍除之何也。蓋圓積得方約四份之叁。故用拾弍約之耳。假如平田長拾丈。闊拾丈。自乘得壹千尺。即壹百

井也。今圓徑亦拾丈。自乘亦一千尺。古歌曰。徑自乘之七五乘。即七五折也。七百五尺。即壹千尺約四份叁耳。歌又曰。周自乘之拾弍約。蓋徑拾丈則周叁拾丈矣。自乘得九千尺。以拾弍除之。亦得七百五拾尺。故亦同方積四份之叁也。歌又曰。周徑相乘四歸是。照徑拾丈。周叁拾丈乘得積叁千尺。四歸之。亦七百五拾尺。亦四份之叁。此圓法所以然之理也。雖徑壹周叁。尚有畸零。然丈量田畝。所差亦無幾耳。故歷古用之不疑。至若方周用拾六之法。蓋方邊壹尺。四邊共必四尺。今以方周自乘。四四得壹拾六尺。即以拾六歸之。豈不是實得積壹尺乎。此所以然之理也。馬傑之用束法謬矣。今此題。方周拾弍步。是每邊叁步矣。拾弍步照法自乘。得壹百四拾四步。故以拾六除之。得方塍積九步。合問。或用方周以四歸之。先得其每邊之數。然後將其所得之數自乘見積。該法易明更捷。但奇零數多。不如用拾六法之妙。

今有直田長壹拾四步。闊七步。計積九拾八步。問內容弧矢田壹段。積併弍角餘積若干

答曰弧矢積七拾叁步半　弍角積弍拾四步半

古法曰。置長壹拾四步爲弧弦。以闊七步爲矢。相併得弍拾壹步。折半得壹拾步零五分。又以矢七步乘之。得弧矢積七拾叁步五分。以減直積九拾八步。餘弍拾四步五分。是弍角餘積。

直內容弧矢

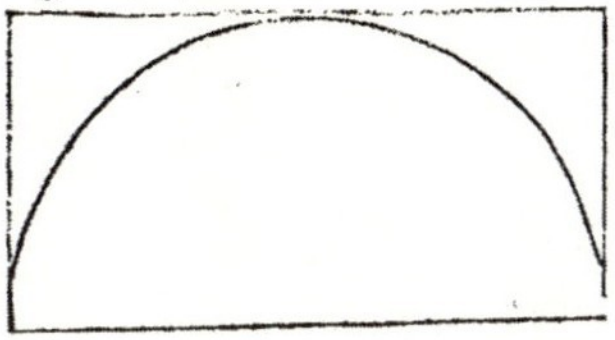

按此所容者。乃半圓。非弧矢也。

今有直田長弍拾步闊拾八步計積叁百六拾步內容六等面田壹段每面拾步問六等面田積併四角餘積各若干　答曰六等面積弍百七拾步

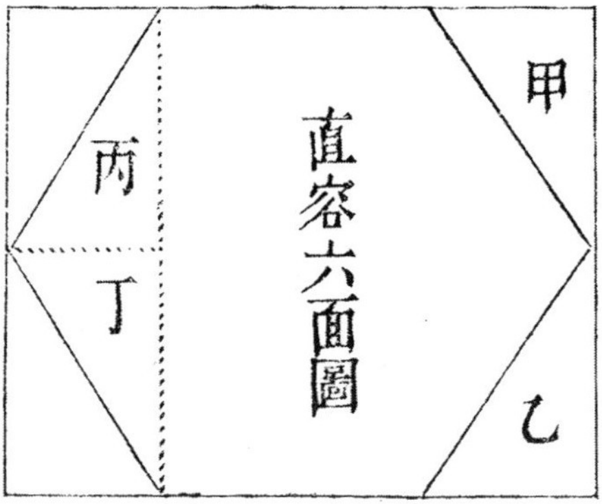

四角餘積九拾步此古答皆有差照後論方合

古法曰置中長弍拾步減去半面闊五步餘長壹拾五步以通闊壹拾八步乘之得六等面田積弍百七拾步另以角外餘長九步以餘闊五步折半得弍步五分

乘之得壹角弍拾弍步五分。以四因之得四角餘積九拾步。

併入六等面積弍百七拾步。共合直田總積也。

陳啟沅曰。直田容六角之問。照算似甚合法。若將勾股求弦法。以求其六角之長。斷不合六面各拾步之數。試將長弍拾步。除去壹面長拾步。餘兩角各五步為勾。以闊拾八步半之為股。用勾自乘得弍拾五步。股自乘得八拾壹步。相併共壹百零六步。開方得弦長拾步零弍九五六。是則兩面拾步。四面不合拾步矣。照此問用屢求勾股之法。求得每面壹拾步零弍叁六各積皆合矣。法以兩句壹弦和。先將勾五步弦拾步。共拾五步。用勾弦和自乘得弍百弍拾五步。又以股九步自乘得八拾壹步。弍數相減。餘壹百四拾四步。折半之得七拾弍步。用勾弦和拾五步除之。求得勾闊四步八。照算。弦應得壹拾步零弍。兩勾壹弦和。共得壹拾九步八。尚欠弍分。方足弍拾步。再將弍分爲實。以勾四步八半之。爲法歸之。得八弍。加入勾闊。共得四步八八弍。兩勾合長九步七六四。求得弦六面長各壹拾步零弍叁六。雖有零餘不盡。亦不至如此之差也。照乘四角勾股共積。八拾七步八七六。中田上八等面積。式百七拾式步壹式四。合問。

假如方田壹段面方拾七步計積式百八拾九步內容八等面田壹段。每面闊七步問八等面田積併四角餘積各若干　答曰八等面田積式百叁拾九步　四角餘積五拾步

古法曰。方田內容八等面田。其四角皆成等邊勾股形。俱以八等面之邊爲弦。今用方斜相求法以每邊七步。五因七歸之。得五步爲勾股形之股。即

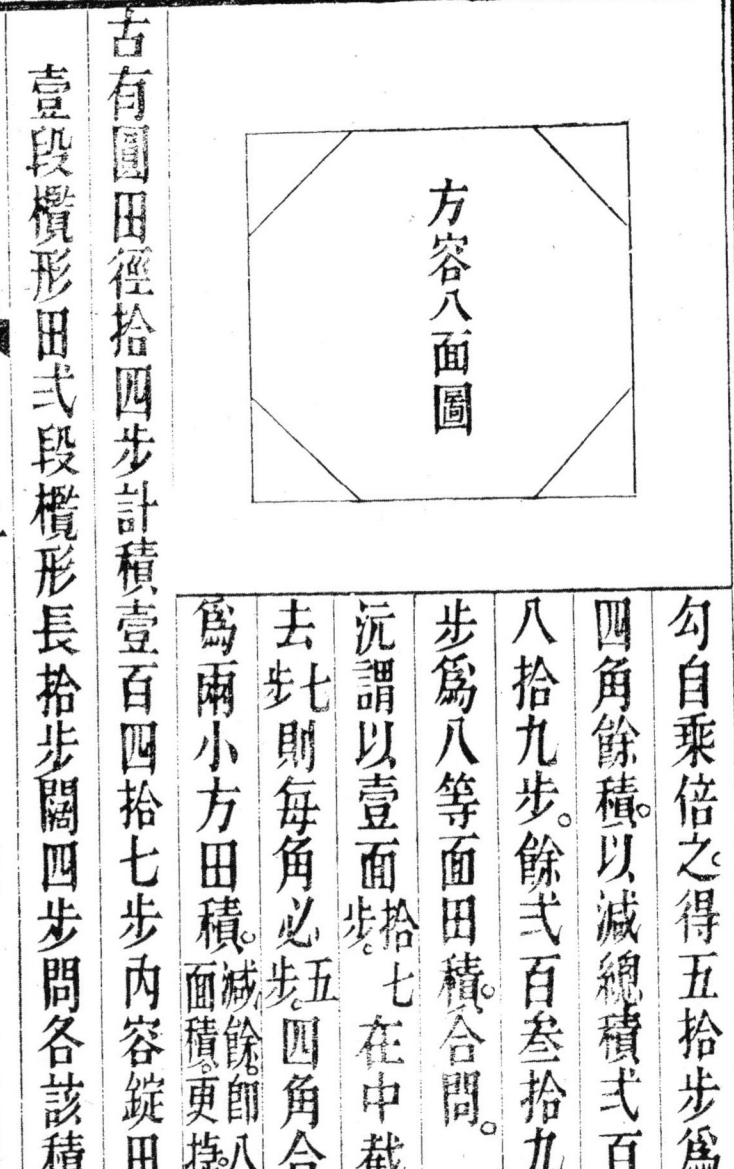

勾自乘倍之。得五拾步爲四角餘積。以減總積弍百八拾九步。餘弍百叁拾九步爲八等面田積。合問。

沉謂以壹面步拾七在中截去七步則每角必五步。四角合爲兩小方田積。減餘。即八面積。更捷。

古有圓田徑拾四步。計積壹百四拾七步。內容鏇田壹段欖形田弍段欖形長拾步闊四步問各該積

若干古謂錠田九拾八步兩欖皆謂四拾八步梅謂錠田壹百步

古法。以錠田長拾四步自乘。折半得九拾八步。再以兩腰

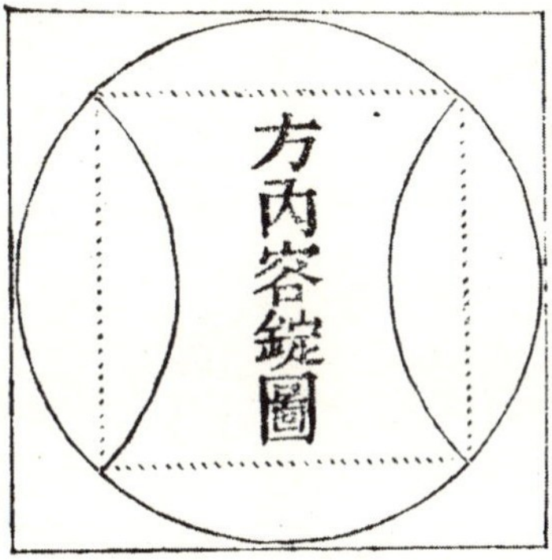

外欖田長拾步加半闊弍步共壹拾弍步。以闊四步乘。得餘積四拾八步。加入錠田爲圓田共積。既與原題不符。梅氏截上下有餘。補兩腰不足。中作容拾步方田。得壹百步。外作四

弧矢田。每段壹拾弍步。合共得積壹百四拾八步。亦與原積不

合。何也。蓋拾四步之徑。必不能容拾步之方田也。而拾步弦之弧矢田。又不止四拾八步之積。故照前圖。特設壹題。比例以明之。

假如圓田徑長壹拾四丈壹尺四寸弍分弍圓周四拾四丈四尺弍寸九分內容錠田壹埏欖形田弍埏欖形長拾丈闊四丈壹尺四寸弍分弍合共圓田積壹百五拾七井零七問錠欖田積各若干

答曰錠田積壹百井　兩欖形積五拾五井八尺七寸

法以欖形長拾步截上下有餘。補兩腰不足。作容拾丈方田。自乘得壹百井。再截作四弧矢形。弦拾丈。矢弍丈零七寸壹分壹。以新增七零八率與矢相乘。得壹尺四寸六分六厘叁四。又以弦拾丈為實。以矢為法歸之。得四倍八弍八叁。減原底壹倍實得叁倍八弍八叁。照倍加得九倍六五六六。與壹尺四寸六分六厘叁四相乘得壹丈四尺壹寸六分。加入弦矢。共得壹拾叁丈四尺八分七厘壹。半之。得六丈七尺四寸叁分五厘五。再以矢乘之。得壹拾叁井九尺六寸七分。是壹弧矢之積。又四乘之。得五拾五井八尺七寸。併方田積。共得壹百五拾五井八尺七寸。仍與原積差壹井弍尺。蓋有奇零不盡之數所差耳。若照古法求之。則差七井。雖量田恐亦難用。蓋所差者。俱在四弧矢處。四弧矢之積。乃五拾餘井之地。而差七井。實未足九成之數。豈可用乎。已後各題仍用古法。何也。蓋使初學者略易明白。欲深明其理者。可於三角章割圓章求之。無不備矣。

假如有圓田徑六步。周拾八步。問積若干。

答曰弍拾七步。

陳啟沅曰。上上則論徑壹必周叁有奇。今所設問。何以復用徑壹周叁。蓋世人量圓。必有微差。故仍古例耳。

古法曰。徑六步。是壹個六。周拾八步。是叁個六。故曰周叁徑壹也。

其方積叁拾六步。是四個九。其圓積弍拾七步。是叁個九。其圓外剩九。是壹個九。故曰。圓居方四份之叁也。圓叁象天。方四象地。

徑求積法。置徑六步。如方面自乘。得方積叁拾六步。用叁因得壹百零八步。是叁個方積。合四個圓積。故用四歸之。得壹個圓積。弍拾七步。

周求積法。置周拾八步。如大方面。自乘。得叁百弍拾四步。是九個小方積。每積叁拾六步。正合拾弍個圓田積。故用拾弍除之得壹個圓積弍拾七步。

周徑求積法。置徑六步。是壹個六。與周拾八。是叁個六。相乘得數。即如前徑自乘。以叁因數同。故仍用四歸得積弍拾七步。

半周求積法。置半周九步。自乘得八拾壹步。如叁個圓積。故用叁歸得圓積。亦弍拾七步。

半徑求積法。置半徑叁步。自乘得九步。如方田積之四分之壹。即圓之叁分之壹。故用叁因之得圓積。

半周半徑求積法。置半周九步。以半徑叁步相乘。得圓積弍拾七步。如方積之四分之叁。正合圓田之積。

若問圓田外四角剩積法。置壹角長闊各叁步。折半。得壹步五分。自乘得壹角剩積弍步弍分五厘。以四因得四角剩積廿八九步也。以上求積之法。皆周叁徑壹之率。古時張丘建等。皆用之。後劉徽祖沖之等。因古率疏闊。又各立周徑之率。今列於後。

徽率　徑百尺　周叁百壹拾四

密率　徑七尺　周弍拾弍尺

智率　徑拾尺　周叁拾弍尺

柳下居士曰。元趙友欽用屢求勾股之術。得徑壹。則周叁壹四壹五九二六五不盡。視諸家為密。蓋徽率。只用叁位。則周失之弱。密率智率之周。則失

之强。但趙率位多。又不便於用。數理精藴之率。故定爲徑壹壹叁。周叁五五。斯爲盡美盡善也

假如方內容圓方邊拾四步積壹百九拾六步問圓積并四角積若干　答曰圓積壹百四拾七步四角積四拾九步　古法曰。置方積壹百九拾六步。以七五乘之得圓積壹百四拾七步合問。方邊卽圓徑又置方積以弍五乘之得四拾九步。爲四角積也。或於方積內減圓

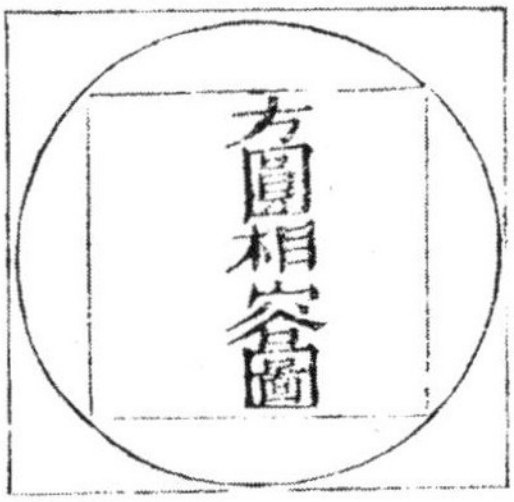

積。所得亦同。

解曰。圓積得方積四分之叁。故用七五乘。或用叁因四歸。所得亦同。　四角得方積四分之壹。竟用四歸。所得更捷。　又圓內容方。圓徑即方之斜。

圓徑自乘折半積。得方積。

假如圓田周四拾八步中有圓池周弍拾四步成圓環形環徑四步問環積及池積各若干

答曰環積壹百四拾四步　池積四拾八步

古法曰。以外周四拾八步。自乘得弍千叁百零四

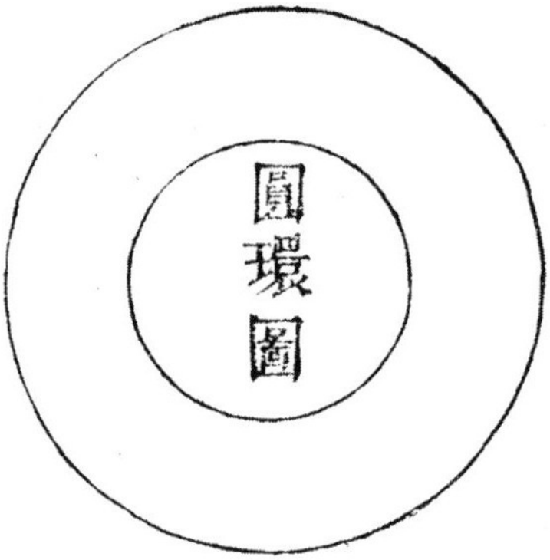

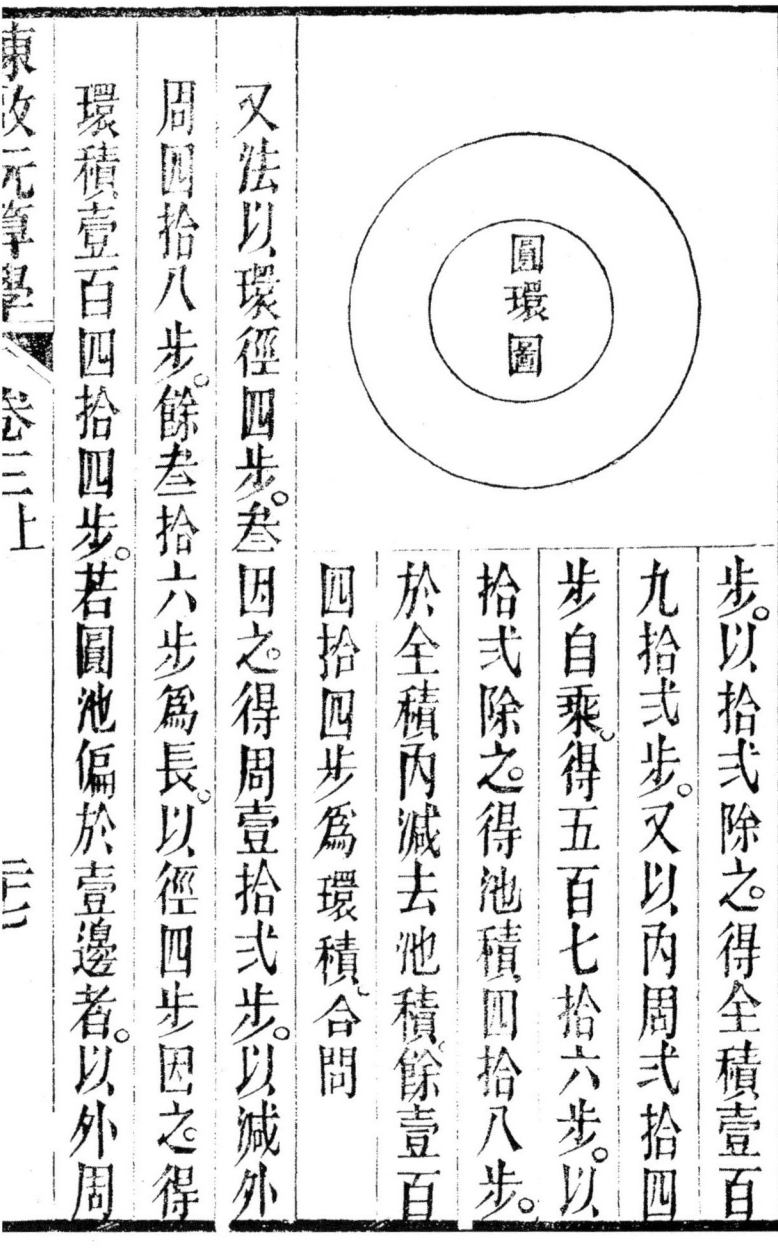

步以拾弍除之得全積壹百九拾弍步又以內周弍拾四步自乘得五百七拾六步以拾弍除之得池積四拾八步於全積內減去池積餘壹百四拾四步爲環積合問

又法以環徑四步叅因之得周壹拾弍步以減外周四拾八步餘叅拾六步爲長以徑四步因之得環積壹百四拾四步若圓池偏於壹邊者以外周

自乘得弍千叁百零四步。又以內周自乘。得五百七拾六步。兩數相減。餘壹千七百弍拾八步。以拾弍除之。卽得環積壹百四拾四步。

若以內周外周問徑者。置外周四拾八步。減內周弍拾四步。餘弍拾四步。以六除之。得徑四步。

若以內周併徑問外周者。置徑以六因之得數與內周相併。卽是外周。

若以外周併徑問內周者。置徑以六因之得數與外周相減。餘爲內周。

或方田內有方池。成方環。則內外方各自乘。相減餘即環積。

假如四不等田壹坵截作叁段量之壹段直田長四拾步闊弍拾八步南邊勾股壹段股長叁拾弍步勾闊拾步東邊勾股壹段股長四拾步勾闊四步問共積若干　答曰叁共積壹千叁百六拾步

古法曰。先置直田長四拾步。以闊弍拾八步乘之得直田積壹千壹百弍拾步

又置南勾股壹段股叁拾弍步以勾拾步乘之半折得積壹百六拾步。再置東勾股壹段股四拾步以勾闊四步乘之半折得積八拾步。叁共併積壹千叁百六拾步。若依古法，南邊依斜弦量比股多壹步五分弍厘，東邊依斜弦量比股多弍分。總合積多地弍拾七步弍分七厘。今考較，以切算法爲當。

假如歪田可切作叁不等形量之，形內復作弍對角線截成叁角形叁。上下兩叁角形同底長叁拾六步，徑上拾五步弍分，下拾弍步八分，左叁角底弍拾弍步，徑壹拾弍步，問積若干。

答曰：共積六百叁拾六步

歪形一

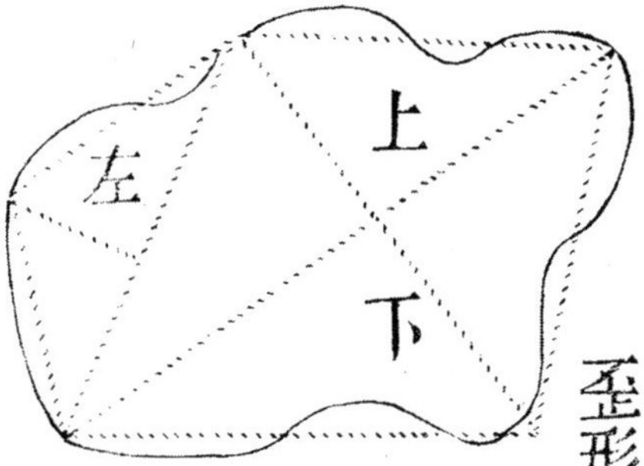

古法曰。先置上下兩叁角形徑併之得弍拾八步。折半得壹拾四步。以乘長叁拾六步。得積五百零四步。又置左叁角形。長弍拾弍步。以徑拾弍步乘之。折半得積壹百叁拾弍步。併兩積得六百三拾六步。合問。

假如歪田。可截作倒順弍圭。量之。倒圭底長弍拾弍步。闊八步。順圭底長壹拾弍步。闊六步。問共積若干。

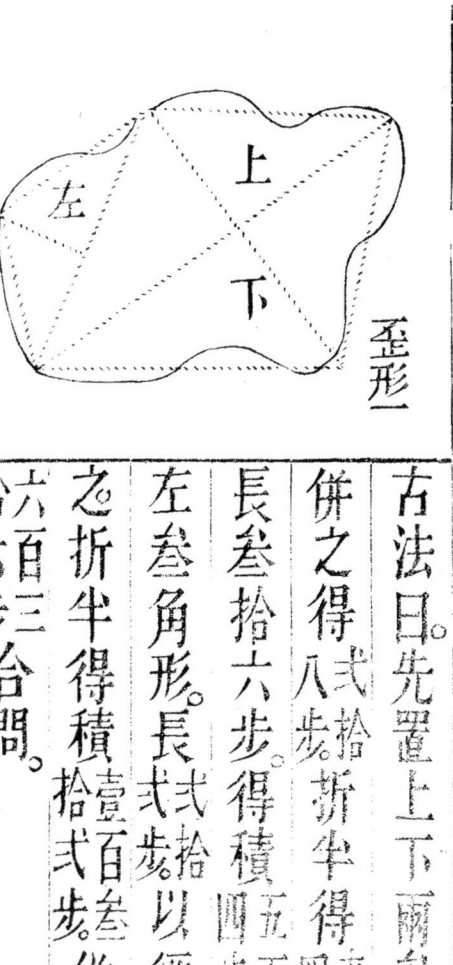

答曰。共積壹百弍拾四步

古法曰。置倒圭底長弍拾弍步。以半闊四步乘之。得積八拾八步。又置順圭底長壹拾弍步。以半闊叁步乘之。得積叁拾六步。併兩積得壹百弍拾四步合問。

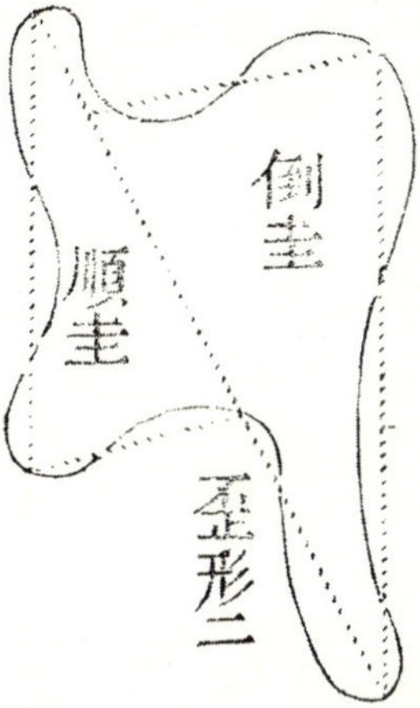

假如歪田切作叁圭形量之。東西弍圭同底。長弍拾六步。徑東八步。西拾弍步。北圭底拾四步。徑五步。問共積若干。　答曰弍百九拾五步

古法曰。置東西弍圭。合底弍拾六步。以兩徑併之。共弍拾步。折半得拾步。乘之得積弍百六拾步。又

歪形三

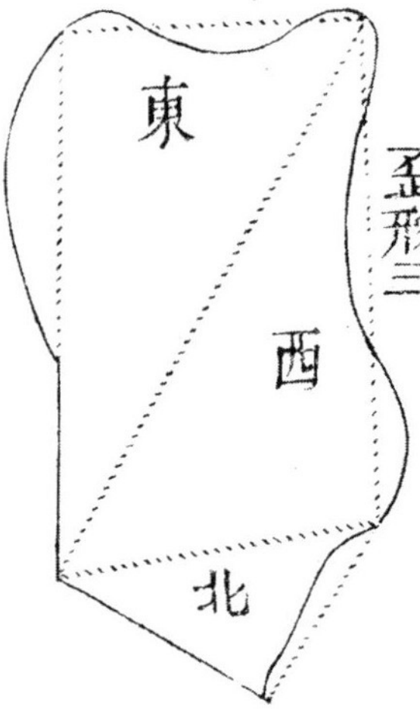

置北圭底拾四步。以徑五步乘之。得七拾步。折半得積叁拾五步。併兩積共得弍百九拾五步。合問。

假如歪田切作四叁角。壹弧矢量之。東西兩叁角形同底。長拾六步。東徑六步。西徑八步。南叁角形底拾步。徑四步。北叁角形底拾弍步。徑四步。弧矢形

弦八步。矢弍步。問積若干。

答曰共積壹百六拾六步

古法曰。置東西兩叁角形。共底拾六步。併兩徑東六步西八步。折半得七步乘之得積壹百壹拾弍步。

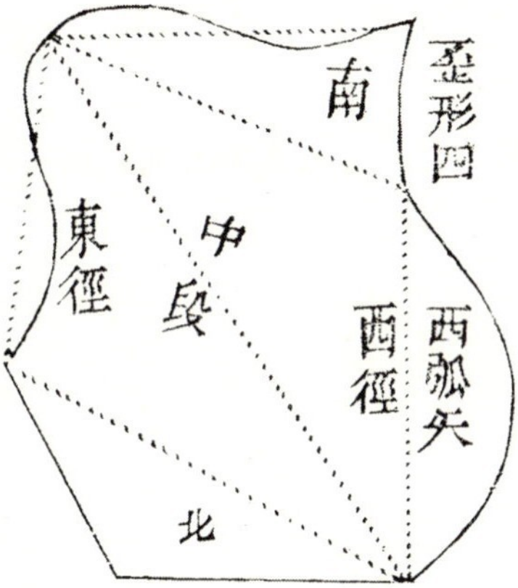

置南叁角形底拾步。以半徑弍步乘之。得弍拾步。

置北叁角形底拾弍步。以半徑弍步乘之得弍拾四步。

置弧矢形。弦八步。加矢弍

步。共拾步。折半以矢式步。乘之得積拾步。併四積共壹百六拾六步。合問。

假如歪田切作四叁角式弧矢量之。東北叁角形。底八步。徑六步。東叁角形。底六步。徑四步。東南叁角形。底拾八步。徑八步。西叁角形。底式拾四步。徑拾式步。南弧矢形。弦八步。矢式步。北弧矢形。弦拾四步。矢式步。問積若干。

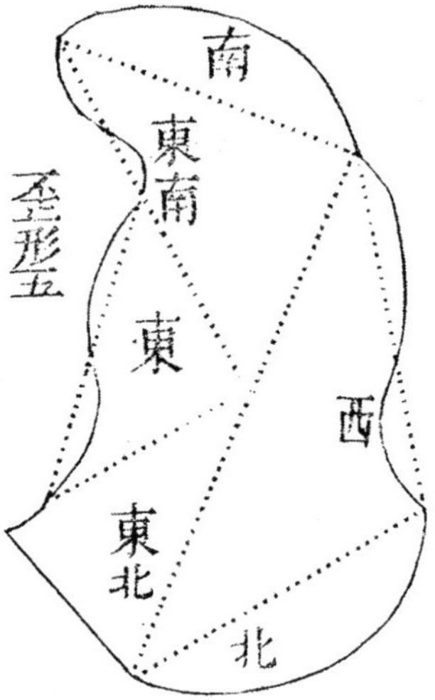

答曰共積式百七拾八步

古法曰。置東北叁角形。底八步。以半徑叁步乘之。得積弍拾四步。　又置東叁角形。底六步。以半徑弍步乘之。得積拾弍步。　又置東南叁角形。底拾八步。以半徑四步乘之。得積七拾弍步。　又置西叁角形。底弍拾四步。以半徑六步乘之。得積壹百四拾四步。　又置南弧矢形。弦八步。加矢弍步。折半。以矢乘之。得積拾步。　又置北弧矢形。弦拾四步。加矢弍步。折半。以矢乘之。得積拾六步。併六積共弍百七拾八步合問。

假如今有田壹坵。南東兩邊成曲尺形。西北兩邊不

同長闊如何量法　答曰可作壹勾股形。壹斜田形。　茲照量得東邊弍拾弍丈六尺。南邊壹拾六丈四尺。在北頭東邊截四丈四尺。恰合勾股直線。量得弍拾丈零弍尺問照省井數并稅畝各若干。

答曰。斜田積叁百叁拾叁井零六連勾股共叁百

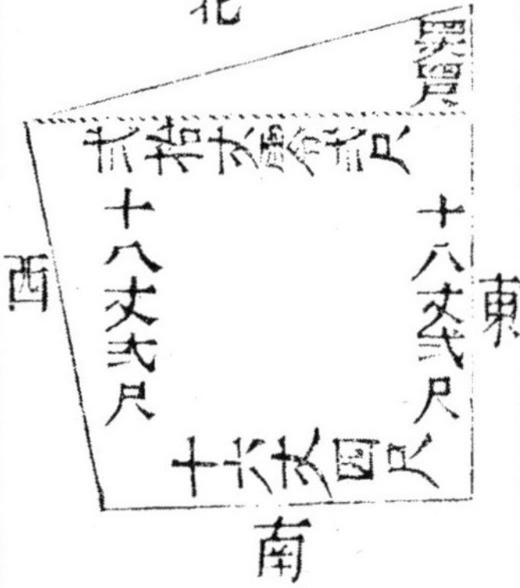

七拾七井五尺。該稅六畝弍分九厘壹毫六絲六忽六微六纖六沙六塵不盡四厘。此四厘。是井數之厘也。

法曰。先將東邊弍拾弍丈六尺。除去截勾四丈四尺。尚存壹拾八丈弍尺。爲斜田縱線。再將截股弍拾丈零弍尺。加入南邊廣線壹拾六丈四尺。共叁拾六丈六尺。半之。得壹拾八丈叁尺。與縱相乘。得叁百叁拾叁井零六寸爲斜積。再將截勾四丈四尺半之。得弍丈弍尺。與截股弍拾丈弍尺相乘。得勾股田積得四拾四井四尺四寸。合共積叁百七拾七井五尺。用六六歸之合問。

假如有叁角田壹坵叁邊不同問應如何量法

答曰。以至長壹邊。截爲兩勾股。鈍角引直長處至短之線。即合曲尺。若只量叁邊。則以叁角求垂線法。亦作兩勾股。

茲設議叁角形大邊長壹拾六丈弍尺。小邊壹拾弍丈。平底壹拾八丈弍尺。與垂線拾丈零四尺七寸九分六。折半相乘。得積九拾五丈六叁尺六寸四分叁厘六毫。合問。

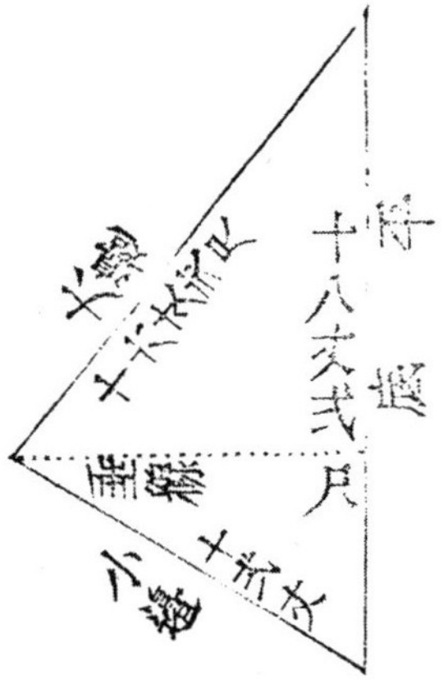

若用求垂線法。以小大邊自乘之數相減。餘數爲實。以平底爲法除之。得底邊較。

與底線相減。餘數折半爲勾。以小邊爲弦。用勾弦求股法。得垂線壹拾丈零四尺七寸九分六釐。折半與底邊相乘得積也。六歸之。即得稅畝數。求垂線之理。詳叁角章。

假如有基塘壹個各邊皆凹凸問量法如何方準

答曰。先將壹邊無偏凹者爲正線。餘照曲尺線四面用界線作成壹直田。得積。再將所凹之處。或用勾股。或用斜田。或用弧矢。或用圭梭。照法割之。除去所割之積。即基塘之實積合問。

陳啟沅論曰。丈量田地之法。嘗見西人所用器具。以勝于前式。而覺有準繩也。丈尺則用鐵線練爲之。每尺碼壹條。拾條相連。以代丈竿。或度太長闊地。則用五拾[口石]相連。而成壹條。割方切角。則製拾字望筒。其形如茶葉磚。覆磚口向下。戴在木竿之頂。其身開拾字望罅。用人目于罅望去。先求正方形。餘割作勾股。弧斜各等形。丈量之術。可云盡善矣。茲將圖式繪于左。以備用者。照式製造云。

望筒式

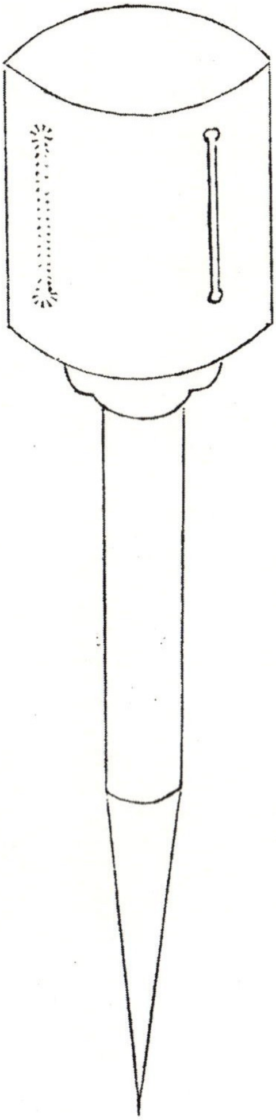

筒用銅爲之竿用木爲之下鑲鉄嘴

鉄綫尺

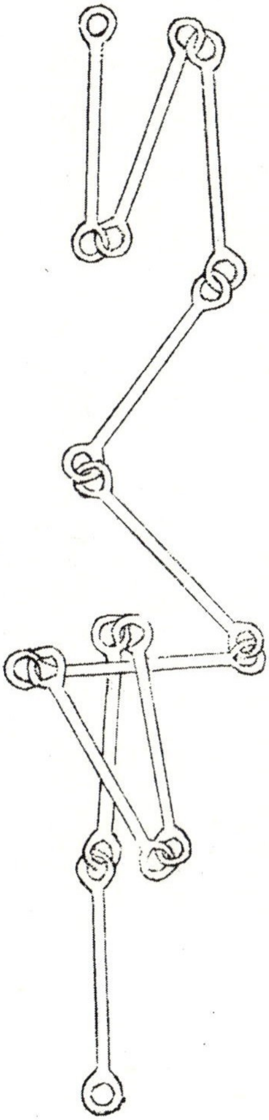

記限鉄針式條簪于頭尾圓以記數也

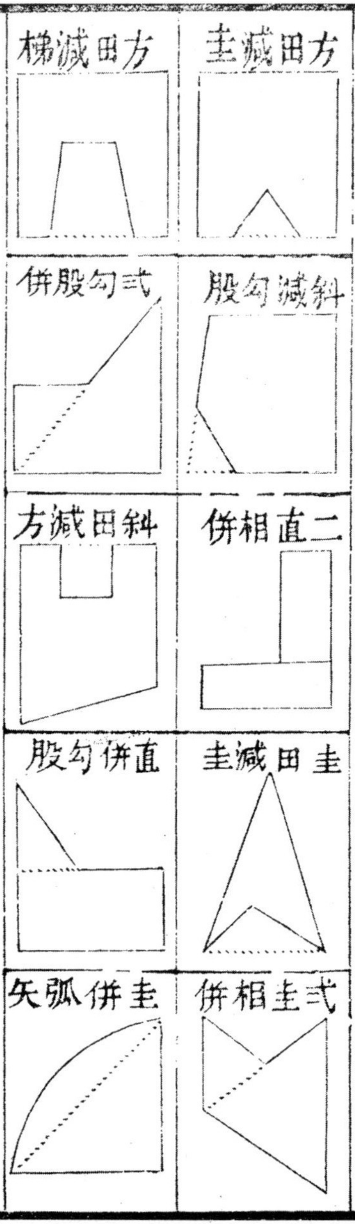

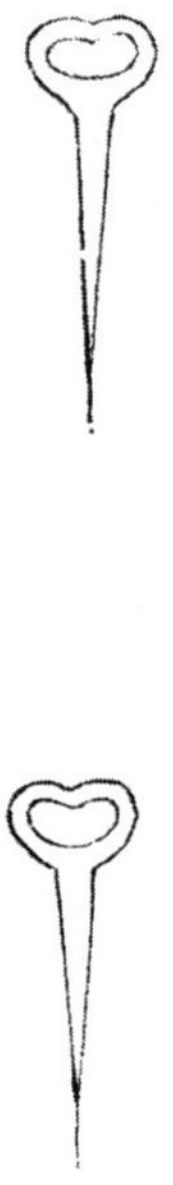

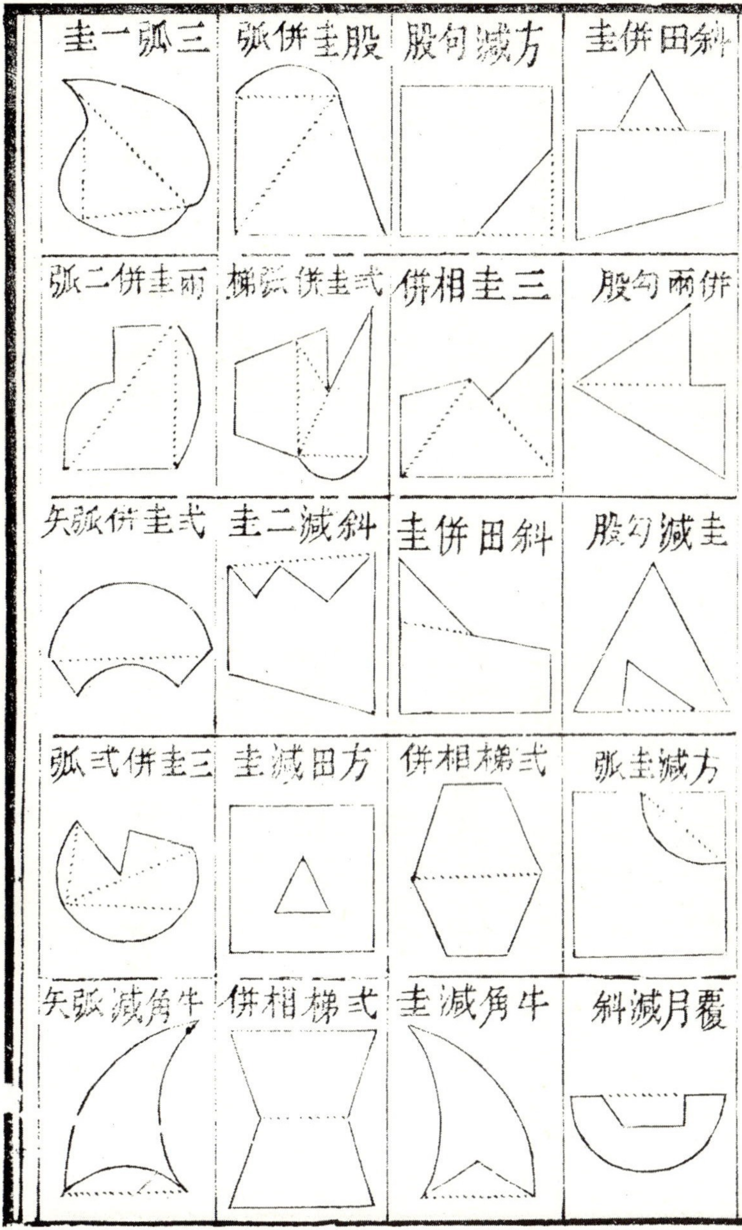
斜田併圭
方減勾股
股圭併弧
三弧一圭
併兩勾股
三圭相併
式圭併弧梯
兩圭併二弧
圭減勾股
斜田併圭
斜減二圭
式圭併弧矢
方減圭弧
式梯相併
方田減圭
三圭併式弧
覆月減斜
牛角減圭
式梯相併
牛角減弧矢

陳啟沅算學　卷三　三三

右量田地之法。舉此數條。已見大意。若截作幾段。湊形以例其餘。如蛇。碗。丘。扇。輞。盆。瓜。罄。欹。側者形狀極多。難以壹壹盡述。考較其數多不准的。悉悞學者。故盡刪去不錄。今纂集直指圖形具之於前。以爲通變之術。截而量之。或併。或減。以求實積。倘遇基地有房屋者。必須取其方直算積。於共積內減除。則形可窮。而數可盡。學者詳玩形勢。理何異焉。

凡圖形內。用點斷節。以爲繩索耕形定式之辨。

凡量田地。有以周圍步數算而計積者。其謬已甚。試舉方直弍形較之。其方田每面叁步。計積九步。其直田長四步。闊弍步。計積八步。論周圍。俱各壹拾弍步。弍者。小數較之而差壹步。何况於大者乎。

解曰　方者。中藏壹步而無周。直者。外周多而無隱。

方圍實

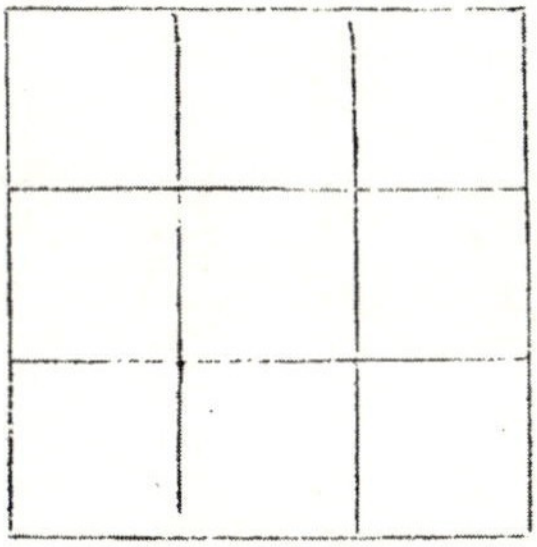

直圍虛

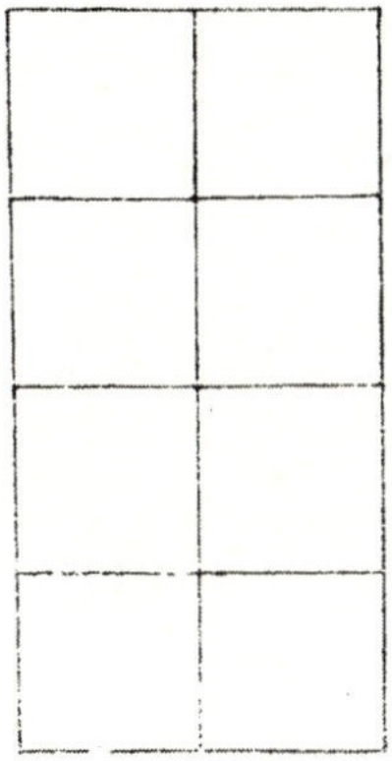

方圓論說

賓渠子曰。世之習算者。咸以方五斜七。圍叁徑壹爲準。殊不知方五則斜七有奇。徑壹則圍叁有奇。故古人立法。有勾叁股四弦五之論。而不能使方斜爲壹定之法。有割圓矢弦之論。而不能使方圓爲壹定之法。試以勾股法求之。勾股各自乘。併爲弦實。平方開之。此施之於長直方則可。若壹整方。勾五股五。各自乘。併得五拾。平方開之。得七。而又多壹算矣。割圓之法。求矢。求弦。固是至於求弧背。則恐未盡也。何以知之。試以平圓徑拾寸者例之。中心割開。矢闊五寸。自乘得弍拾五寸。以徑除之。得弍寸五分。爲半背弦差。倍之得五寸。以加弦。得壹拾五寸。與圓叁徑壹之論正合。然徑壹則圓叁有奇。奇數則不能盡矣。以是知弧背之說。猶未盡也。不特是也。凡平圓壹拾弍立圓叁拾六。皆不過取其大較耳。或曰。密率徑七則圓弍拾弍。徽率徑五拾。則圓壹百五拾七。何不取弍術。酌之。以立壹定之法。曰。弍術以圓爲方。以方爲圓。皆不可。但其還原。與原數不合。數多則散漫難收。故筭稱者。止用徑壹圍叄。亦勢之不得已也。曰。秝家以徑壹圍叄。立法則其數似猶未精。然郭守敬之秝。至今行之無弊。何也。曰。秝家以萬分爲度。秒以下。皆不錄。縱有小差。不出於壹度之中。况所謂黃赤道弧背度。乃測驗而得。止以徑壹圍叄。定其平差立差耳。雖然行之日久。安保其不差也。窃嘗思之。天地之道。陰陽而已。方圓天地也。方象法地。靜而有質。故可以象數求之。圓象法天。動而無形。故不可以象數求之。方體本靜。而中斜者。乃動而生陽者也。圓體本動。而中心之徑。乃靜而根陰者也。天外陽而內陰。陰陽交錯。而萬物化生。其機正合於畸零不齊之處。上智不能測。巧秝不能盡者也。向使天地之道。俱可以限量求之。則化機有盡。而不能生萬物矣。余因論方圓之法。而併著其理如此。

分母用約分法

今有直田廣弍步弍拾分步之九縱九拾七步四拾九分步之四拾七問該積若干　答曰壹畝

古法曰。置廣弍步。以分母弍拾通之。得四拾。加分子九。

共四拾九。另以縱九拾七步以分母四拾九通之加分子四拾七。共四千八百。以乘廣四拾九。得式拾叁萬五千式百為實。又以分母式拾乘四拾九。得九百八拾為法除之得式百四拾步。以畝法除之合問。

今有圭田廣五步式分步之壹縱八步叁分步之式問該積若干　荅曰式拾叁步六分步之五

古法曰置廣五步以分母式通之加分子壹。共拾壹。另置縱八步以分母叁通之加分子式。共式拾六。與廣拾壹相乘。得式百八拾六。折半得壹百四拾叁為實。以分母

式分叁分相乘。得六分。為法除之。得式拾叁步。餘實五。以法命之。得六分之五

今有圓田徑六步拾叁分步之拾式周圍式拾步四拾壹分步之叁拾式問積若干　答曰叁拾六步

古法徑求積。置徑六步。以分母拾叁通之。加分子拾式共九拾自乘。得八千壹百。又以分母拾叁。減分子拾式。餘壹以乘分子拾式。併前共得八千壹百壹拾式。以叁因。四歸之。得六千零八拾四為實。以分母拾叁自乘。得壹百六拾九。為法除之合

問。　若以周求積。置周式拾步。以分母四拾壹通之加

分子叁拾弍。共八百五拾弍。自乘。得七拾弍萬五千九百零四步。又以分母四拾壹。減分子叁拾弍。餘九。以乘分子叁拾弍。得弍百八拾八。併入前數。共七拾弍萬六千壹百九拾弍。以圓法拾弍除之。得六萬零五百壹拾六為實。以分母四拾壹自乘。得壹千六百八拾壹。為法除之合問。此題周徑已有微差。姑存之耳。

今有環田內周七拾弍步四分步之叁外周壹百壹拾叁步弍分步之壹經拾弍步叁分步之壹問積若干

答曰四畝六分五厘四分步之壹

古法曰。并內外周共壹百七拾五步。以內周叁。乘外周弍分。

得六分。另以外周壹。乘內周四分。得四分。併之得拾。却以分母式分四分相乘。得八爲法。除拾得壹步式分五厘。併前共得壹百七拾六步式分五厘。折半得八拾八步壹分式厘五毫爲實。却以徑拾式步。以分母三通之。加分子式。共叁拾八。爲法乘之。得叁千叁百四拾八步七分五厘。又以分母叁除之。得壹千壹百壹拾六步式分五厘。以畝法除之。得四畝六分五厘。不盡步下式分五厘。以法約之得四分步之壹。

今有方田面方拾式步四分步之式。問積若干。

答曰壹百五拾六步式分五厘

古法曰。置拾弍步。以分母四通之。得四拾八分。加分子弍。共得五拾分。自乘得弍千五百分。爲實。另以分母四。自乘得壹拾六。爲法除之。合問。此合問方不盡。已上皆雙分子母法。

今有直田長壹拾五步之四。闊叁步五分步之四。問積若干。

答曰五拾七步

古法曰。置闊叁步。以分母五通之。得拾五。加分子四。共拾九。另置長拾五步。以分母五通之。得七拾五。弍數相乘。得壹千四百弍拾五。爲實。另以分母五自乘。得弍拾五。爲法除之。合問。此準分母子法今有四不等田壹坵分作兩斜圭量之東長弍拾丈北圭垂線壹拾弍丈西長弍拾四丈南圭垂線壹拾四丈問積若干　答曰北圭該積壹百弍拾井南圭該積壹百六拾八井

該田積弍百八拾八井該稅四畝八分

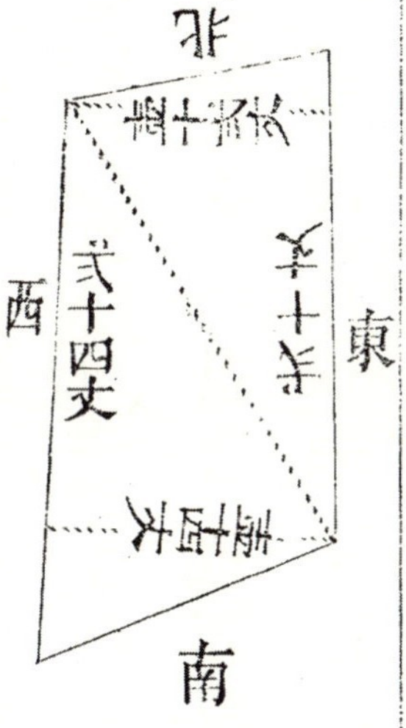

法以北圭垂線拾弍丈。半之六丈。與東長弍拾丈相乘。得壹百弍拾井。再以南圭垂線拾四丈。半之七丈。

與西長弍拾四丈相乘。得壹百六拾八井。兩圭相
併。合壹形。該積弍百八拾八井合問。
今有五不等田壹坵如何量法分作叁斜圭量之東
長五拾丈北圭垂線弍拾八丈西長四拾丈西圭
垂線八丈南圭垂線弍拾丈問該積若干　答曰
壹千弍百六拾井　該稅弍拾壹畝
法先以東長五拾丈。與北垂線弍拾八丈折半拾
四丈相乘。得七百井。再以西長四拾丈。與西垂線
八丈折半四丈相乘。得壹百六拾井。以南垂線弍

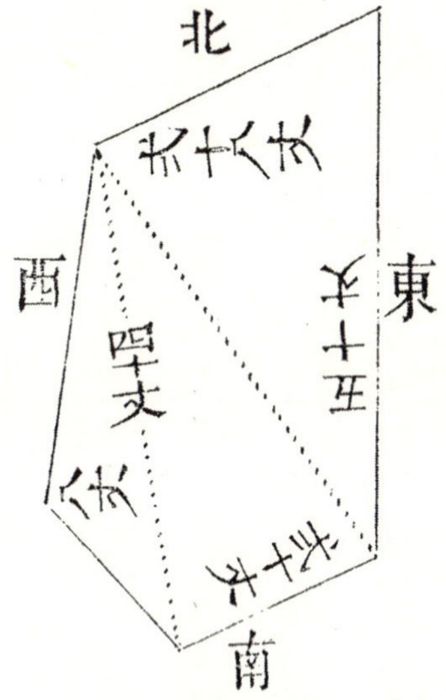

拾丈折半拾丈與西長四拾丈相乘得四百丼叁圭併合壹形該積壹千弍百六拾丼合問

算學卷三上終

陳啟沅算學卷叁下

南海息心居士陳啟沅芷馨甫集著
門人順德林寬葆容圃氏校刊
次男　陳　蒲軒甫繪圖

粟布章第弍

賓渠子曰。粟是米也。布是錢也。以粟稻等率求米之精粗。以斛斗求糧之多寡。以丈尺求帛之長短。以斤兩求物之重輕。以御變易。

今有穀八百六拾八石五斗礱爲糙米四百壹拾六

石八斗八升問每穀壹石礱米若干　答曰糙米

四斗八升

古法曰。置糙米爲實。以穀數爲法除之卽得。

今有糙米四百壹拾六石八斗八升舂作白米叁百

叁拾叁石五斗零四合問糙米每石得白米若干

答曰白米八斗

古法曰。置白米數爲實。以糙米數爲法除之卽得。

今有糯米弍百壹拾六石每糯米壹石換粳米壹石

五斗問該粳米若干　答曰叁百弍拾四石

古法曰。置糯米爲實。以每石加五爲法加之。或用壹五乘法亦得。

假如原借人小麥四百五拾六石今將白米照依時價估折還之其麥每石價四錢五分白米每石價七錢五分問該還白米若干　答曰弍百七拾叁石六斗

古法曰。置麥數。以麥價乘之。得弍百零五兩弍錢爲實却以米價七錢五分爲法除之。即得。

今有芝麻四百五拾六石易換米豆只云芝麻叁斗

換米五斗米五斗換豆七斗問米豆各若干　答
曰米七百六拾石　豆壹千零六拾四石
古法曰置芝蔴爲實以叁斗歸之得壹百五拾弍以米五斗因之得米七百六拾石若換豆即以米用五歸之仍得壹百五拾弍以豆七斗因之得豆壹千零六拾四石合問

假如原借九色金五拾兩今還八色金問該若干
答曰八色金五拾六兩弍錢五分
古法曰置九色金五拾兩以九因之得赤金四拾五兩爲實却以今還八色除之即得

假如原摘八色金五拾兩用價銀弍百兩今又換九色金四拾兩問該銀若干　答曰銀壹百八拾両

古法曰。置九色金四拾兩。以九因之。得赤金叁拾六兩以價弍百兩因之。得七千弍百兩為實。另置八色金五拾兩。以八因之。得赤金四拾兩為法。除之即得。

官糧帶耗

今有正米弍百壹拾弍石每石加耗七升問該耗米若干　答曰壹拾四石八斗四升

古法曰。置正米為實。以耗米七升為法。因之即得。

今有米壹拾四石八斗四升每石耗米七升問該正米若干　答曰弍百壹拾弍石

古法曰。置總米爲實。以每石耗米七升爲法。除即得。

今有官糧弍千七百六拾五石九斗五升每正米壹石帶耗米七升問正米耗米各若干　答曰正米弍千五百八拾五石　耗米壹百八拾石零九斗五升

古法曰。置正耗糧爲實。以耗米七升。併正米壹石。

共壹石七升爲法除之得正米弍千五百八拾五石爲實以耗七升因之得耗米合問 若要見正耗共米隔位加七即得

盤量倉窖歌 此古法也圓窖有差仍不敢廢故將新法錄於各形邊線卷中

方倉長用闊相乘惟有圓倉周自行各再以高乘見積圜圓拾弍壹中分尖堆法用叁拾六倚壁須分拾八停內角聚時如九壹外角叁九甚分明若還方窖兼圓窖上下周方各自乘乘了另將上乘下併叁爲壹再乘深如叁而壹爲方積叁拾六分圜積成解法

却將除見數壹升壹合數皆明。

古斛法。以積方弍尺五寸爲壹石。謂長壹尺。闊壹尺。高弍尺五寸是也。解曰。斛有大小。尺有長短。古之度量。與今不同。未有定則。故也。若校今時斛法。可將板四塊。四圍同闊。作井字樣式。內用今尺橫直各量壹尺。上下皆同。四旁用物擠住不動。傾米壹石於內。米上以平爲度。却用尺量高若干。定爲斛法除之得積米之數也。此乃本處斛斗之積。若別處斛斗大小不同。但較壹石。即得彼處斛積也。

今有方倉方壹拾五尺高壹拾五尺問積米若干

答曰壹千叁百五拾石

古法曰。置方壹拾五尺自乘。得弍百弍拾五尺。再以高壹拾五尺乘之。得叁千叁百七拾五尺爲實。以斛法弍尺五寸除之合問。

今有長倉長弍拾八尺闊壹拾八尺高壹拾弍尺問積米若干　答曰弍千四百壹拾九石弍斗

古法曰。置弍拾八尺。以闊壹拾八尺先乘之。得五百零四尺。又以高壹拾弍尺乘之。得六千零四拾

八尺爲實以斛法除之合問

今有圓倉周叁拾六尺高八尺問積米若干　答曰

叁百四拾五石六斗

古法曰置周叁拾六尺自乘得壹千弍百九拾六尺以高八尺乘之

得壹萬零叁百六拾八尺以圓法拾弍除之得積八百六拾四尺爲實

以斛法除之卽得

今有平地堆米下周弍丈四尺高九尺問積米若干

答曰五拾七石六斗

古法曰置下周弍丈四尺自乘得五百七拾六石以高九尺乘之

得五千壹百八拾四尺。却以尖堆率叁拾六除之。得壹百四拾四尺為實。以斛法式尺五寸為法。除之合問。

陳泗源云。尖堆得圓倉叁之壹。故圓率用拾式。此用叁拾六。其比例為叁拾六與拾式。若叁與壹也。

今有倚壁堆米下周六拾尺高拾式尺問米若干

答曰九百六拾石

古法曰。置下周六拾尺自乘。得叁千六百尺。又以高拾式尺乘之。得四萬叁千式百尺。用倚壁率拾八除之。得積式千四百尺為實。以斛法除之合問。

陳泗源云倚壁堆是尖堆之半其除率宜倍叁拾六作七拾弍而乃用拾八者以半圓周自乘只得全圓自乘四分之壹也故以四除七拾弍爲拾八梅氏謂積只壹半其除率亦用壹半故半叁拾六爲拾八如倚壁內角得尖堆四之壹故除率爲九亦四分叁拾六之壹又如倚壁外角得尖堆四之叁其除率爲弍拾七亦叁拾六四分之叁也理甚易見似不必多此曲折

今有倚壁內角堆米下周叁拾尺高拾弍尺問積米

若干　答曰四百八拾石

古法曰。置下周叁拾尺自乘。得九百尺。以高壹拾貳尺乘之。得壹萬零八百尺用內角率九除之。得壹千貳百尺爲實。以斛法除之合問。

今有倚壁外角堆米下周九拾尺高拾貳尺問積米若干　答曰壹千四百四拾石

古法曰。置下周九拾尺自乘。得八千壹百尺。又以高拾貳尺乘之。得九萬七千貳百尺。用外角率貳拾七除之。得叁千六百尺爲實。以斛法貳尺五寸除之合問。

以上圓倉等五條。可併兩次爲壹次除。

假如原法圓倉以周自乘。又以高乘。用圓率拾弍除之爲實。又以斛法弍尺五除之得積。今以圓率乘斛法。得六七五除之得數。並同此捷法。餘倣此。

今有方窖上方六尺下方八尺深壹拾弍尺問積米若干　答曰弍百叁拾六石八斗

古法曰。置上方六尺自乘。得叁拾六尺。另置下方八尺自乘。得六拾四尺。又以上方六尺乘下方八尺得四拾八尺。併叁位共得壹百四拾八尺。以深壹拾弍尺乘之得壹千七百七拾六尺。用叁除之

得五百九拾弍尺為實以斛法除之合問。

勿菴又法。以上方乘下方兩叁之又以上下方相較之數。自之合兩數以乘深為實。叁倍斛法以除之見積。

今有圓窖上周壹拾八尺下周弍拾四尺深壹拾弍尺問積米若干　答曰壹百七拾七石六斗

古法曰。置上周壹拾八尺自乘得叁百弍拾四尺。另置下周弍拾四尺自乘得五百七拾六尺。又以上周壹拾八尺乘下周弍拾四尺得四百叁拾弍尺。併叁位共得壹千叁百叁拾弍尺。以深壹拾弍尺乘之得

壹萬五千九百八拾四尺為實用圓率叁拾六除之得四百四拾四尺以斛法除之合問

今有船倉南頭面廣六尺腰廣六尺五寸底廣五尺北頭面廣七尺腰廣七尺五底廣六尺深弍尺四寸長九尺問載米若干　答曰五拾六石壹斗六升

古法曰以南頭腰廣倍之併入面廣底廣共弍拾四尺以四除之得六尺另以北頭腰廣倍之併入面廣底廣共弍拾八尺以四除之得七尺併弍數共壹拾叁尺折半得

六尺五寸以深弍尺四寸乘。得壹拾五尺六寸。以長乘得壹百四拾尺零四寸

為實。以斛法除之合問。

今有蘆蓆弍領長闊相同先以蓆壹領作圓較之盛米弍石五斗問蓆弍領為壹圓盛米　答曰盛米拾石

古法曰。置蓆弍領自乘。得四領為實。以較圓米弍石五斗為法乘之合問。

今有蓆叁領作壹圓亦用壹蓆較數同前問盛米若干　答曰弍拾弍石五斗

古法曰。置蓆叁領自乘。得九領以較米弍石五斗乘之合問。

今有米拾石欲用蓆圍盛之先以壹蓆作圍較數盛米弍石五斗問該用蓆若干　答曰弍領

古法曰。置米拾石以較米弍石五斗除之得四領爲實以平方開之得弍領作圍合問。

今有米弍拾弍石五斗欲用蓆圍盛之亦以壹蓆較數同前問該用蓆若干　答曰叁領

古法曰。置總米爲實。以較米弍石五斗爲法除之得九領又爲實。以平方開之得叁領合問。

賓渠子曰。蓆求盛米法。如蓆壹領。長四尺。作壹囤。四面各方壹尺也。若弍領共長八尺。作壹大囤。是每面方有弍尺。以每面計小囤弍個。共該四小囤。故以弍蓆自乘得四。却以壹小囤米數乘之是也。餘倣此。視蓆若相等。取壹領較之。不問盛幾石幾斗。就以此爲法。

各處鹽塲散堆量算斤引法。每方壹尺。積鹽四拾斤。每引叁百斤。

今有鹽壹堆。長壹丈五尺。闊壹丈弍尺。高六尺五寸。問該斤引各若干

答曰。四萬六千八百斤　壹百五拾六引

古法曰。置長壹丈五尺以闊壹丈弍尺乘之得壹百八拾尺。又以高六尺五寸乘之得壹千壹百七拾尺。又以每尺四拾斤乘之得鹽重四萬六千八百斤爲實。以每引叄百斤爲法除之得壹百五拾六引。若問包以包數除之。

今有金壹拾弍斤半問該兩若干　答曰弍百兩

古法曰。此是斤求兩。置金壹拾弍斤半爲實。以六爲法加之或用拾六乘法亦同。

定位只認原斤位得拾兩。依次求之。卽得。今列布算於後。

半起　先呼五六加叄　不動本身。加叄爲八兩。

弍斤　次呼弍六加壹拾弍　本身加壹。更於下位加弍兩

壹拾　又次呼壹六加如六　不動本身。只於下位加六

今有銀四百叁拾弍兩問該斤若干　答曰弍拾七

斤

古法曰。此是兩求斤。置銀四百叁拾弍兩爲實。以截兩法

通之。定位只認拾兩上得斤。依次陞上即得。

弍兩起　先呼弍壹弍五　變本弍爲壹。更于下位加弍。又下位加五

叁拾　次呼叁壹八七五　變本身叁爲壹。更于下位加八七五。

四百　又次呼四弍五　變本身四爲弍。更于下位加五。

壹法或用拾六兩除之亦得。

今有心紅每斤價銀叁錢八分問每兩價若干　答曰每兩該銀弍分叁厘七毫五絲

古法曰。置銀叁錢八分以截兩爲斤法變之卽壹退六弍五。或用拾六除之亦同。

八分起　八五　本身八去叁變爲五

叁錢　叁壹八七五　變本身叁作壹下位挨次加八七五

今有水銀每兩價銀壹分八厘五毫問每斤價若干

答曰每斤弍錢九分六厘

古法曰每斤拾六兩以每兩價壹分八厘五毫乘之即得。

壹法置每兩價壹分八厘五毫以加六法加之。五六加叁拾六八加四拾八。壹六加六亦得。

今有靛花壹拾八斤每兩價錢壹拾弍文問該錢若干　答曰叁千四百五拾六文

古法曰此是斤問兩價置靛花壹拾八斤用加六法得弍百八拾八兩爲實以價錢壹拾弍文爲法乘之合問。

今有黃蠟五百叁拾五斤七兩每兩價八厘九毫問該銀若干　答曰七拾六兩弍錢四分六厘叁毫

古法曰。此是斤問兩價。置蠟五百叄拾五斤。用加六法得數。併入零七兩。共八千五百六拾七兩為寔。以價八厘九毫為法乘之合問。

今有大靑四百叄拾弍斤壹兩每斤價銀弍兩問該銀若干　答曰八百六拾四兩壹錢弍分五厘

古法曰。此是斤下帶兩求價。以後同。置靑四百叄拾弍斤不動。以斤下壹兩用截兩歌通之。將壹兩退位作六弍五。併得四百叄拾弍斤零六弍五為實。以斤價為法乘之合問。

今有杏仁弍百壹拾八斤四兩每斤價五錢弍分問

該銀若干　答曰壹百壹拾叁兩四錢九分

古法曰。置斤以上不動。只將四兩化作貳五。併入斤共六貳百壹拾八斤貳五為實。以價五錢貳分為法乘之合問。

今有棗七拾八斤貳兩每斤換粟貳斤四兩問共換粟若干　答曰該粟壹百七拾五斤壹拾貳兩五錢

古法曰。置棗七拾八斤不動。將貳兩化為壹貳五。併得七拾八斤壹貳五為實。另以貳斤不動。將四兩化作貳五。併得貳斤貳五為法乘之得壹百七拾五斤七八壹貳五。卻將斤下零七八壹貳五。用加六法加之得壹拾貳兩五錢合問。

今有生漆叁百七拾七斤每斤曬得熟漆四兩問該熟漆若干　答曰九拾四斤四兩

古法曰置生漆為實以曬熟漆四兩化作弍五為法乘之得九拾四斤弍五却將弍五用加六法得四兩合問

假如原買大絲壹斤用價七錢六分五厘今又買六兩問該價銀若干　答曰弍錢八分六厘八毫七絲五忽

古法曰置今大絲六兩化為叁七五為實以每斤七錢六分五厘為法乘之合問

假如原有銀壹錢買豬肉四斤今只有銀叁分五厘

問肉若干　答曰該肉壹斤六兩四錢

古法曰。置銀叁分五厘為實。以每銀壹錢肉四斤為法乘之。

得壹斤四。此斤下之四。是拾分斤之數也。當每兩用

加六法。四式兩六加四錢共得壹斤六兩四錢合問。

假如原有銀式錢叁分買白銅壹拾叁兩今買五斤

式兩該銀若干　答曰壹兩四錢五分零七毫七絲

古法曰。置今買銅五斤式兩。以斤求兩法加之。只加斤不加兩

五六。加叁拾。共得八拾式兩。以原銀式錢叁分乘之。得壹拾八兩八錢叁

六分爲實。以原銅壹拾叁兩爲法除之合問。　此乃是異乘同除之法。

假如原有銀七錢五分買墨弍斤四兩今有銀弍錢四分問墨若干　答曰該墨壹拾壹兩五錢弍分

古法曰。置今有銀弍錢四分。以原買墨弍斤四兩。可將四兩化爲弍五。共弍斤弍五爲法乘之。得五拾四爲實。以原銀七錢五分爲法除之。得七弍此乃拾分斤之數。可用加六法加之。弍六加壹拾弍。六七加四拾弍。共成壹拾壹兩五錢弍分合問。

此亦是異乘同除之法。

今有木香壹拾弍斤價銀四兩叁錢弍分問每兩價

若干　答曰弍分弍厘五毫

古法曰。置銀四兩叁錢弍分爲實。以木香壹拾弍斤爲法除之。

每斤得價叁錢六分。以兩求斤法呼之。六叁七五。叁壹

八七五合問。　若用拾六歸除亦得。

今有棉花壹百五拾七斤半每花八斤拾弍兩換布

壹疋問該布若干　答曰壹拾八疋

古法曰。置花壹百五拾七斤半爲實。以八斤拾弍兩。先將拾弍兩。

化作七五。共八斤七五爲法除之卽得。

今有豬壹口因無大秤以小秤稱之不及原秤錘重壹斤拾兩又加秤錘壹斤四兩八錢稱得六拾七斤問該正數若干　答曰實重壹百弍拾斤九兩六錢

右法曰。置原秤錘弍拾六兩。又加錘弍拾兩八錢。共四拾六兩八錢。以共稱豬六拾七斤乘之。得叄千壹百叄拾五斤六。為實。另以原秤錘弍拾六兩為法。除之。得壹弍零六。乃壹百弍拾斤。實數六。乃斤下拾分之數。用加六法。加得九兩六錢。合問。

假如原秤稱買八斤弍兩因失去錘今欲將錘配秤不知輕重另將別錘重弍斤五兩稱之原物只得

六斤問原錘重若干　答曰原錘重壹斤拾壹兩

叁錢弍分叁厘

古法曰。置後錘稱物六斤。以加六法通之得九拾六兩。以後錘叁拾七兩乘之為寔。另以原物八斤弍兩。亦用加六法通之得壹百叁拾兩為法除之得弍拾七兩叁錢弍分叁厘合問。

今有菜子弍百五拾斤換油八拾八斤問百斤拾斤壹斤壹兩各該油若干

答曰

百斤該油叁拾五斤叁兩弍錢　拾斤該油叁斤八兩叁錢弍分

壹斤該油五兩六錢叁分弍厘　壹兩該油叁錢五分弍厘

古法曰。置油八拾八斤為寔。以菜子弍百五拾斤為法除之得數叁五弍為寔。聽從活變而用加六之法。遇斤拾百以上不可加。但從兩以下加之。即得各數。

今有銅壹千零五拾六銖。問該斤兩若干　答曰弍斤拾弍兩

古法曰。此是銖求斤兩。置銅壹千零五拾六為寔。以銖法叁百八拾四除之。得弍斤。餘弍百八拾八銖。另以弍拾四銖除之。得壹拾弍兩合問。

煉鎔銅鐵礦

今有銅壹經入爐每拾斤得八斤今叁經入爐得七拾五斤壹拾叁兩四錢四分問原生銅若干　答曰壹百四拾八斤弍兩

古法曰。置銅七拾五斤。加六併入零兩錢。其得壹千弍百壹拾叁兩四錢四分爲寔。另置八斤自乘。得六拾四。再乘得五百壹拾弍。爲法除之。得弍千叁百七拾兩。以斤法拾六除之。得壹百四拾八斤壹弍五。却將壹弍五加六。爲弍兩。合問。

壹法。置銅變作兩數。以八歸叁次亦得。

今有鐵壹經入爐每拾斤得七斤今叁經入爐得鐵

七拾九斤壹拾兩零九錢叁分壹厘問原生鐵若干　答曰弍百叁拾弍斤五兩

古法曰。置鐵七拾九斤。加六。併入零兩錢。共壹千弍百七拾四兩九錢叁分壹厘為寔。另以七斤自乘得四拾九。再乘得叁百四拾叁為法。除寔得叁千七百壹拾七兩。以斤法除之。得弍百叁拾弍斤叁壹弍五。却將叁壹弍五加六為五兩合問。

今有煉礦為銀初次入爐每叁兩煉得弍兩第弍次入爐每七兩煉得五兩第叁次入爐每五兩煉得四兩凡叁次入爐煉到足色銀壹拾六兩問原礦

若干　答曰四拾弍両

古法曰。以每炎鍊得弍両五両四両相乘。得四拾両為法。另以入爐叁両七両五両五両相乘。得壹百零五両。以乘壹拾六両得壹千六百八拾両為寔。以法除之。得原礦四拾弍両合問。

今有紗壹拾弍疋弍丈六尺賣鈔弍百六拾五貫每疋四丈弍尺問每尺該鈔若干　答曰五百文

古法曰。置鈔弍百六拾五貫為寔。以紗壹拾弍疋用疋法四丈弍尺乘之。加入零弍丈六尺共得五百叁拾尺為法除之合問。

今有布叁疋弍丈八尺每疋價銀弍錢四分問該銀

若干　答曰八錢八分八厘

古法曰。以疋下式丈八尺。用疋法四丈歸之。得七分。併入叁疋

共叁疋七分為實。以價式錢四分為法乘之合問。

假如原借人布壹疋長四丈闊式尺今將狹布闊壹

尺八寸算還問該長若干　答曰四丈四尺九分

尺之四

古法曰。置布長四丈以闊式尺乘之。得八拾尺。為寔。以今

布壹尺八寸為法除之。得四拾四尺。不盡八。以法寔皆折半

命之。曰九分尺之四。合問。

此是借寬還窄也

假如原有銀弍拾叁兩買布七拾五疋每疋長四丈闊弍尺今要依布闊壹尺六寸者長與前同依數照前扣減問價若干　答曰四兩六錢

古法曰。置銀爲寔。另置布七拾五疋。以每疋丈四通之得叁百丈。以闊弍尺乘之得六千尺。爲法。除實得尺價叁厘八毫叁絲叁忽叁。另以闊弍尺減去壹尺六寸。餘闊四寸。以乘叁千尺。得壹千弍百尺。爲不及數。以尺價叁八叁叁叁叁乘之得退還銀四兩六錢合問。

假如原買布長弍百四拾八尺闊弍尺壹寸今無原布却將狹布長弍百八拾尺抵算問還布之闊若干　答曰壹尺八寸六分

古法曰○置原長以原闊乘爲實○以今長爲法除之合問○

就物抽分

今有米叁千五百石每石脚價五分因無存銀却將原米扣銀准還照原米價每石六錢五分扣算還脚問主脚各若干　答曰主米叁千弍百五拾石

脚米弍百五拾石

古法曰置米叄千五百石。以脚價五分乘之得壹百七拾五兩。是脚銀數爲實。却將米價六錢五分併脚價五分共七錢爲法。除實得脚價米弍百五拾石。以減總米叄千五百石。餘叄千弍百五拾石爲主米。合問。

今有白羅六拾七丈五尺于內抽壹丈七尺五寸買顏色作染只染得紅羅六丈弍尺五寸問各該若干

答曰 紅羅五拾弍丈七尺叄寸四分叄厘七毫五絲

買顏色羅壹拾四丈七尺六寸五分六

厘弍毫五絲

古法曰。置總羅六拾七丈五尺。以染紅羅六丈弍尺五寸乘之。得四百弍拾壹丈八尺七寸五分為實。以染紅羅六丈弍尺五寸。併入顏色羅壹丈七尺五寸。共得八丈為法除之。得紅羅五拾弍丈七尺叁寸四分叁厘七毫五絲。以減總羅。餘得顏色羅合問。

今有絲四拾叁斤拾弍兩織絹每疋用絲壹斤與織工絲四兩問各該若干　答曰織成絹叁拾五疋　織工絲八斤拾弍兩

古法曰。置絲四拾叁不動斤下拾弍兩化為七五併共四拾

叁斤七五。以織工絲四兩化爲式五乘之得拾斤零九叁七五爲實。另將織絹絲併織工絲。共壹斤式五爲法除之得八斤七五。却將七五用加六法加之爲拾式兩。共八斤拾式兩爲織工絲。以減總絲。餘爲織絹絲叁拾五斤。每疋用絲壹斤。即叁拾五疋合問。

壹法。置絲四拾叁斤拾式兩。以斤通兩。共七百兩。以織工絲四兩乘之。得式千八百兩爲實。以每疋絲壹拾六兩加入織工絲四兩共式拾兩爲法除之。得織工絲壹百四拾兩。通斤得八斤拾式兩。以減總絲。餘得叁拾五斤。每疋用壹斤。即叁拾五疋合

問。

假如有金不足色欲鍊成上等好金第壹次入爐煆去叁分之壹第弍次煆去四分之壹第叁次煆去五分之壹第四次煆去六分之壹方得上等好金弍拾七兩問原金若干　答曰五百四拾兩

法借叁分四分五分六分。俱分得盡之十六為原金總差。此數叁分之壹。得弍拾。其四分之壹。得壹拾五。其五分之壹。得壹拾弍。其六分之壹。得壹拾。併之得五拾七。與原借數六拾相減。餘叁為壹率。得上等好金弍拾七兩

爲式率。總衰拾六爲叁率。求得四率。即原金數。此法

因原金鎔銷四次。所存式拾七兩。故借衰中亦減

去四次之數。所餘爲叁衰。以叁衰與式拾七兩之

比。即六拾衰與五百四拾兩之比也。此用借衰法。

假如有金不足色欲鍊成上好金初次入爐煆去叁

分之壹第式次煆去四分之壹第叁次煆去五分

之壹第四次煆去六分之壹鍊得上好金式拾七

兩問原金重若干　答曰五百四拾兩

法以叁四五六相乘。得叁百六拾爲原金差。此數叁分

之壹。得壹百式四分之壹。得九拾五分之壹。得七式拾六分之壹。得六拾四。共併得叁百拾式四。與原差相減。餘拾八為法。以得上好金式拾七兩與總差叁百六拾相乘。得九千七百式拾兩為實。法除實。得五百四拾兩合問。

現在中外通商。各洋貨進口零沽不少。惟洋貨交易斤兩。俱用戍員七式乘算。茲有捷零法。并將斤兩定例。俾得便於貿易耳。

今有洋沙壹大包。內四拾扎。共重叁百斤。每百斤價銀式拾五員。問每扎價銀若干。

答曰每扎價銀壹兩叁錢五分

法以價弍拾五員爲實。用五四率折之。得壹兩叁錢五分。此法何用五四率折之。以洋沙壹大包。叁百斤爲實。以每包四拾扎爲法。除得每扎七斤半。以壹員弍七折。得五四。率法耳。

又洋藥例定價。每件以叁斤爲率。古法以價銀在位。以用叁斤爲法。除得每斤價若干。然後再以問斤求兩之法。方知每兩價該銀若干。

今有洋藥壹件重四拾六兩每叁斤該價銀壹拾五

員問該銀若干　答曰壹拾両零叁錢五分

法以洋藥四拾六両爲實。用價拾五員乘之。再用率壹五

折之。即得。此法何用壹五率折之法。以壹員弍七爲實。

以壹件四拾八両除之。得壹五爲率法。以洋藥両數用價

乘。再用率法乘之。即得耳。即如七錢弍銀。四弍物四拾八両。照法歸之。即得

每両壹分五厘銀也。餘倣此。

算學卷叁下終

陳啟沅算學卷肆

南海息心居士陳啟沅芷馨甫集著
門人順德林寬葆容圃氏校刊
次男　陳簡芳蒲軒甫繪圖

衰分章第叁

賓渠子曰。衰者等也。物之混者。求其等而分之。以物之多寡求出稅。以入戶等第求差徭。以物價求貴賤高低者也。

古法曰。各列置衰。排列所求等次之謂也。副併共若干爲法

以所分物總乘未併者。是前列裒。各自爲實。以法除之合問。可約者約分之。不盡者以法命之。

壹法置所分物爲實。併各裒爲法除之。得壹裒。以乘各裒

陳啟沅曰。裒分之法。共約有拾四名義。但不拘何法。必要先知其差。然後方能以某法命之。故曰。欲求其差。必先求其等。此一定不易之理也。假如合率差分之理。高價物壹停。低價物弍停。則將低價倍之。和其價而均其銀。是即弍物而作叁物。即所謂求其等也不拘物之停數多寡。物之五停則以五倍其價。餘倣

此推可也。如四上六差分之用加五以求各衰者。何也。四加五即六也。是相等也。弍入差分者。用四因以求各衰。亦用四個弍。便與八相等耳。叁七差分之法。何以要叁次叁因爲首衰。弍拾壹爲次衰何也。蓋叁歸多有不盡之數。若數之多位。必先叁歸。其次然後七因。以求其第叁位之等。以叁歸其七。焉能得盡。故以九爲首衰者。弍拾壹爲次衰者。叁倍之耳。此借根之法也。故曰。不盡者以法命之。折半差分者。何以用壹弍四八而遞加以爲衰。蓋壹即弍半也。弍即四半也。

如遞加挨次差分。則以壹弍叁四五而遞加為良。此淺而易明耳。為帶分母子差分之法。非用通分法互乘之。不能以齊其數。所謂欲求其差。先求其等也。故再詳解於後。至如互和減半差分之法。故必要分奇偶方易於互和。易於減半也。匿價差分者。先以高價之物若干。乘得所多之銀若干。除出餘銀。平均之。是高低同等矣。再將除出之價。加入回高價之物。便可知矣。何匿之有。貴賤差分之法。先以高價乘之。其總銀不足之數。即低價之物數也。如先以低價乘總物。

所餘之銀。卽高價之物數也。均可通用。至貴賤相和。非互乘不能以等之。先求其等所剩之餘以法歸之。故知其差也。故亦詳解於後。衰分之法。於此盡矣。至如物不知總壹法。雖有或可通者。究不能壹律知之。只作消譴可矣。

合率差分

今有銀壹千弍百両買綾絹要絹壹停綾弍停其綾每疋價叁両六錢絹每疋價弍両四錢問弍色疋價各若干　答曰綾弍百五拾疋價九百両　絹壹百

弍拾五疋價叁百兩

古法曰置銀壹千弍百兩為實另置綾價以弍因之得七兩弍錢併入絹價弍兩四錢共九兩六錢為法除之得絹壹百弍拾五疋併之得綾弍百五拾疋　各以原價乘之合問

今有銀壹百弍拾壹兩壹錢七分五厘糴米麥豆要米壹分麥弍分豆叁分其米每斗九分弍厘麥每斗八分五厘豆每斗叁分六厘問各色及價若干

答曰米叁拾弍石七斗五升價叁拾兩零壹錢叁分　麥六拾五石五斗價五拾五兩六錢七分五厘　豆九拾八石弍斗五升價叁拾五兩叁錢七分

古法曰置總銀爲實。另麥價以弍因之。得壹錢七分。又置豆價。以叁因得壹錢零八釐。米價九分弍釐。併叁價得叁錢七分爲法。除實得米數。弍因得麥數。叁因得豆數。各以原價乘之。得各價合問。　又法。先得米數。倍之得麥數。加五。即豆數。合問。

今有鰥寡孤獨四貧民共給米弍拾四石。其鰥者四分。寡者五分。孤者七分。獨者九分。問四民各該若干

答曰：鰥叁石八斗四升　寡四石八斗　孤六石七斗弍升　獨八石六斗四升

古法曰。置米爲實。另置鰥四寡五孤七獨九併之共式拾五爲法。除實得九斗六升爲壹裒之數。以各自裒因之。合問。

今有甲乙丙丁四人各出本鏹七兩五錢甲銀八色乙銀七色丙銀六色丁銀四色共叁拾兩入爐傾成壹錠合夥不成各分散問各該若干　答曰甲銀九兩六錢　乙銀八兩四錢　丙銀七兩式錢　丁銀四兩八錢

古法曰。併四人各出七兩五錢共叁拾兩。爲法。另以四人各原銀折作足色紋銀。甲得六兩。乙得五兩式錢五分。丙得

四兩五錢。丁得叁兩。四共併得足色銀壹拾八兩七錢五分。為寔。以法除之。寔得六式五色。就以此為法。以除各人折過足色銀。得分六式五色銀數。合問。增法。以各色和為法。除共銀。得壹弍。以乘各色合問。

今有張叁出本銀拾九兩六錢四分。李四出本銀拾弍兩叁錢六分。共本叁拾弍兩。營運折了七兩。問各折若干。

答曰：張折銀四兩弍錢九分六厘弍毫五絲　李折銀弍兩七錢零叁厘七毫五絲

古法曰。置折銀七兩為寔。以共銀叁拾弍兩為法除之。得弍錢壹分八厘七毫五絲。乃是壹兩折數。就以此乘各人原本。得

各折數合問。

今有叁色金共八式拾兩內九色四兩七色七兩五色九兩欲銷壹處問成色若干　答曰六五成色

古法曰置九色四兩以九因得叁兩六錢七色七兩以七因得四兩九錢五色九兩以五因得四兩五錢併叁位折赤金壹拾叁兩為實以原金式拾兩為法除之合問。

今有壹人將桃式百七拾五個壹人將梨式百式拾個各欲換西瓜其瓜每個錢式拾七文半桃每個叁文半梨每個八文問各換瓜若干　答曰桃主

換瓜叄拾五個　梨主換瓜六拾四個
古法曰。置桃數。以價叄文半。乘得九百六拾貳文半爲寔。以
瓜價爲法除之。得瓜換桃數。置梨數以價八文因之。
得壹千七百六拾文爲寔。以瓜價爲法除之。得梨換瓜數
合問。
今有官米七拾叄石貳斗令叄等八戸出之上等貳
拾五戸每戸五分中等四拾戸每戸叄分下等六
拾戸每戸壹分問各等戸米若干
答曰上等每戸壹石貳斗共叄拾石

中等每戶七斗式升共式拾八石八斗

下等每戶式斗四升共壹拾四石四斗

古法曰。置總米為實。另置上等式拾五戶。五因得壹百式拾五。中等四拾戶。叁因得壹百式拾。下等六拾戶。得六拾。叁共併得叁百零五。為法除之。得式斗四升。是下等壹戶所出之數。叁因得七斗式升。是中等壹戶所出之數。五因得壹石式斗。是上等壹戶所出之數。各以戶數乘之。得各等共數合問。

今有軍式萬五千式百名共支米麥豆叁色只云四

八支米叁石七八支豆八石九九八支麥五石問各該若干　答曰米壹萬八千九百石　麥壹萬四千石　豆式萬八千八百石

古法曰置軍數列叁位壹位以叁因得七萬五千六百以四除得米壹萬八千九百石壹位以五因得壹拾式萬六千以九除得麥壹萬四千石壹位以八因得式拾萬零壹千六百以七除得豆式萬八千八百石合問

今有官田壹頃叁拾八畝每畝科正米式斗今要七分本色米叁分折納細絲每米壹石折絲壹斤問

各綢若干　答曰米壹拾九石叁斗弍升　絲八斤四兩四錢八分

古法曰。置田數以正米弍斗乘得弍拾七石六斗。置列弍位。壹位以七乘。得米數。壹位以叁乘。得八石弍斗八升。以石變斤零弍八。用加六得兩錢之數。合問。

四六差分　即六因四歸也

古法曰。各以四爲首。用加五以求各裒。首位四。就身加五得六。又加五得九。又加五得拾叁裒五分。又加五得弍拾裒零弍分五厘。如位數多者。各加五以生各裒。做此。壹法以首位爲四。用四歸六因以求各裒。然

不如加五之捷也。
弍位者。四六併得拾。叁位者。四九六併得拾九。四位者。四六
九壹拾叁袁五分。併得叁拾弍袁五分。五位者。四六九拾叁袁五分。弍拾袁弍分五
厘。併得五拾弍袁七分五厘。各副併為法。除寔得壹袁以乘
各袁合問。
今有金四千兩令弍等金戸四六納之問各該若干
答曰上戸弍千四百兩　下戸壹千六百兩
古法曰。置總金為寔。以六因得上戸納數。以四因
得下戸納數。

今有米壹千五百五拾八石令甲乙丙叁人四六納之問各該若干

答曰甲七百叁拾八石 乙四百九拾弍石 丙叁百弍拾八石

古法曰。置米爲寔。列丙四乙六甲九副併共得壹拾九哀爲法。除寔得八拾弍石爲壹哀以乘各人哀數即出納數也。

今將前米令甲乙丙丁四等人一戶作四六出納問各該若干古本不列答曰沅增法以丁之四哀乘總米再以併哀歸之得丁數加五得丙數又加五得乙數又加五得甲數似更盡。

古法曰。置米爲寔。列丁四丙六乙九甲拾叁哀五分。副併共得叁拾弍哀五分爲法除之。得若干乃爲壹哀之數。以四因得

丁所該納數。以乘各人裒數。合得各人所納數也。

今有米叄百八拾五石五斗弍升，令弍等人戶四六出之。甲上等弍拾六戶，乙下等四拾戶。問上下各若干。

答曰：上等每戶七石叄斗弍升，共壹百九拾石零叄斗弍升。

下等每戶四石八斗八升，共壹百九拾五石弍斗。

古法曰：置米爲寔。另以上等弍拾六戶六因之，得壹百五拾六。又以下等四拾戶四因之，得壹百六拾裒。弍共併得叄百壹拾六裒爲法。除寔得壹石弍斗弍升爲壹裒。以六因得七石叄斗

式升是上等壹戶出數另以壹裒數四因之得四石八斗八升是下等壹戶出數各以戶數乘之合問。

式八差分

古法曰。各以式爲首。用四因以求各裒。首位式以四因得八裒。又四四因得叁拾式裒。又四四因得壹百式拾八裒。又四因得五百壹拾式裒。如位數多者。各以四四因以生各裒。

壹法。以首爲式。用式歸八因以求各裒。然不如四因徑捷也。

式位者。式八併得拾。叁位者。式八叁拾式。叁共併得四拾式

四位者。弍八叁拾弍壹百弍拾八。四共併得壹百七拾。五位者。弍八叁拾弍壹百弍拾八五百壹拾弍。五共併得六百八拾弍。為法除寔得壹分衰數以乘各衰。

今有金叁千兩令弍等人戶弍八納之問各該若干

答曰上戶弍千四百兩　下戶六百兩

古法曰。置總金列弍位為寔。壹位以八因得上戶所納之數。壹位以弍因得下戶所納之數。

若令叁等人戶作弍八出之。

古法曰。置總金為寔。列丙弍乙八甲叁拾弍。叁共併得四拾弍衰。

爲法除實。得若干爲壹衰之數。以爲法。則以式衰因得若干爲丙出金之數。又以八衰因得若干爲乙出金之數。又以叁拾式衰乘之。得若干爲甲出金之數。合問。

若令四等人戸。式八出納。只加第四衰壹百式拾八。四共併得壹百七拾衰。爲法除實。得壹衰之數。以乘各衰卽得。

叁七差分

古法曰。各以叁爲首。卽以叁因。或又叁因。再叁因

務求得宜爲首衰。乃用叁歸七因以求各首衰。然叁歸則必有不盡。故屢叁因其首位。則除之得盡。所謂得宜也。弍位者。首位叁次位七。併得拾。叁位者首位叁。卽以叁因得九爲丙衰。卻以九用叁歸七因。得弍拾壹爲乙衰。又以弍拾壹用叁歸七因。得四拾九爲甲衰。叁位併得七拾九衰。四位者首位叁。以叁因得九。又叁因得弍拾七。爲丁衰。卻以弍拾七用叁歸七因。得六拾叁爲丙衰。又以六拾叁用叁歸七因。得壹百四拾七爲乙衰。又以壹百四拾七用叁歸七因。得叁百四拾叁爲甲衰。併之得五百八拾衰。

五位者。首位叁。以叁因又叁因再叁因。得八拾壹為戊衰。却以戊衰用叁歸七因。得壹百八拾九為丁衰。又以丁衰用叁歸七因。得四百四拾壹為丙衰。又以丙衰用叁歸七因。得壹千零弍拾九為乙衰。又以乙衰用叁歸七因。得弍千四百零壹為甲衰。併之。得四千壹百四拾壹衰。各以副併為法。除寔得壹衰數。以乘各衰。如位數多者。皆以叁因首位。用叁歸七因以求下位衰數。

今有金叁千兩令休績兩縣金戶叁七上納問各該若干　答曰休寧縣弍千壹百兩　績溪縣九百兩

古法曰置總金爲實以七因得休邑數以叁因得績邑數合問

今有銀四百九拾七兩七錢令甲乙丙叁人叁七分之問各若干　答曰甲叁百零八兩七錢　乙壹百叁拾式兩叁錢　丙五拾六兩七錢

古法曰置總銀爲實列丙九乙式拾壹甲四拾九副併得七拾九衰爲法除實得六兩叁錢爲壹衰數以乘各衰得各人數合問

若令四人作叁七分之

置總銀爲實。列丁弍拾七丙六拾叁乙壹百四拾七甲叁百四拾叁。副併得五百八拾裒爲法。除實得若干爲壹裒之數。以乘各裒得各人數。

若令五人作叁七分之。

置總銀爲實。列戊八拾壹丁壹百八拾九丙四百四拾壹乙壹千零弍拾九甲弍千四百零壹。副併得四千壹百四拾壹裒。爲法。除實得若干爲壹裒之數。即以此爲法乘各裒得數合問。

折半裒分

古法曰。以所分物折半爲裒。弍位者。壹弍併得叁。叁

位者。壹式四併得七。四位者。壹式四八併得拾五。五位者。壹式
四八拾六。併得叁拾壹。各副併為法除寔。

今有銀六百七拾式兩令叁等人作折半分之問各
若干　答曰甲叁百八拾四兩　乙壹百九拾式兩　丙九拾六兩
古法曰。置總銀為寔。以甲四乙式丙壹併得七為法。除得
九拾六兩為丙所得數。以式因得乙數。以四因得甲數
合問。

今有女子善織初日遲次日加倍第叁日轉速倍增
第四日又倍增織成絹六八丈七尺五寸問各日織

若干　答曰初日四尺五寸　次日九尺　第叁日壹丈八尺

第四日叁丈六尺

古法曰置絹爲寔列壹弍四八併得拾五爲法除寔得初日織四尺五寸倍之得次日數又倍得第叁日數又倍之得第四日數合問

遞減挨次差分

古法曰置所分物者挨次爲寔各列置寔叁位者壹弍叁　併得六　四位者壹弍叁四　併得拾　五位者壹弍叁四五

併得拾五　六位者壹弍叁四五六　併得弍拾壹　各副併爲法除

實即得。

今有絹七百弍拾疋令甲乙丙叁人依等揆次分之問各若干　答曰甲叁百六拾疋　乙弍百四拾疋　丙壹百弍拾疋

古法曰。置絹爲寔以甲叁乙弍丙壹併得六爲法。除寔得壹百弍拾疋爲丙所得數。以弍因得乙數。以叁因得甲數。合問。

今有銀九拾弍兩分給四子依等揆次分之問各若干　答曰長子叁拾六兩八錢　次子弍拾七兩六錢　叁子壹拾

八兩四錢　四子九兩弍錢

古法曰。置總銀為寔。以長子四。次子叁。叁子弍。四子壹。副併得拾衰為法。除寔得九兩弍錢。為四子所得數。自下而上。各加九兩弍錢。合問。

今有金八兩壹錢。挨次造套杯五個。各重若干。答曰大號弍兩七錢　弍號弍兩壹錢六分　叁號壹兩六錢弍分　四號壹兩零八分　五號五錢四分

古法曰。置金為實。以五四叁弍壹副併得壹拾五衰。為法除寔得五錢四分。為五號杯重數。自下而上。各加五錢四分。合

問。

今有糧壹千壹百叁拾四石合五等人戶挨次上納壹等弍拾四戶弍等叁拾叁戶叁等四拾弍戶四等五拾壹戶五等六拾戶問各若干

答曰壹等每戶拾石零五斗 共弍百五拾弍石 弍等每戶八石四斗 共弍百七拾七石弍斗 叁等每戶六石叁斗 共弍百六拾四石六斗 四等每戶四石弍斗 共弍百壹拾四石弍斗 五等每戶弍石壹斗 共壹百弍拾六石

古法曰。置糧爲寔。第五等戶不動。將四等戶數以

弍因得若干。又將叁等戶數。以叁因得若干。再將弍等戶數。以四因得若干。又將壹等戶數。以五因得若干。併五等數。共得五百四拾裒爲法。除實得弍石壹斗是第五等壹戶所出數。以弍因得四等壹戶所出數。以叁因得叁等壹戶所出數。以四因得弍等壹戶所出數。以五因得壹等壹戶所出數。各以戶乘之合問。

今有米弍百四拾石合甲乙丙丁戊五人遞差分之要將甲乙弍人數與丙丁戊叁人數同。問各該若

干。答曰甲六拾四石乙五拾六石丙四拾八石丁四拾石戊叁拾弍石

古法曰置總米爲實列甲五乙四丙叁丁弍戊壹乃併甲五乙四得九又併丙叁丁弍戊壹得十六滅九餘叁却於五人裒内各增叁甲得八乙得七丙得六丁得五戊得四副併得叁拾裒爲法除實得八石爲壹裒以乘各人後增裒數得各人所得數合問。

勿菴增法曰置總米五除之得丙數又半總米叁除之得丁數以丁數減丙數得遞差八石以差加

丙得乙。加乙得甲。減丁得戊。

或七人分者。要將甲乙丙叁人數。與丁戊己庚四

人數同。

又如叁人分。要將甲得數。與乙丙弍人所得數同。

俱如前法。

今有金六拾兩令甲乙丙叁人依等遞差五兩問各

若干　答曰甲弍拾五兩　乙弍拾兩　丙壹拾五兩

古法曰。置金六拾兩　丙減差甲多丙拾兩。乙多丙五兩。共

壹拾五兩。餘四拾五兩爲寔。以叁人爲法除之。得丙金壹拾五兩

加五兩得弍拾兩為乙所得。又加五兩為甲所得。合問。

增古法曰。置總金叁分之卽乙數。以五兩加之得甲。減之得丙。

今有俸米叁百零五石。令五等官依品遞差拾叁石分之。問各若干。

答曰。正壹品八拾七石。從壹品七拾四石。正弍品六拾壹石

從弍品四拾八石。正叁品叁拾五石。

古法曰。置五等於上。又列五等減壹。餘四以乘五得弍拾。折半得壹拾。為實。以每等差拾叁石乘之。得壹百叁拾

陳啟沅算學　卷四　廿

以減總米叁百零五石。餘壹百七拾五石。卻以五等除之。得叁拾五石。是第五等正叁品俸。加拾叁是第四等從弍品俸。又加拾叁是正弍品俸。各品遞加拾叁合問。

古增法曰。只用五除總米。即正弍品數。以拾叁石加減之。即得各品數。

陳啟沅曰。此法照上挨次遞加遞減之法。為正法。以四等官多五等官拾叁石。叁等多五等弍拾六石。弍等官多五等官叁拾九石。壹等官多五等官五拾弍石。併之。共壹百叁拾石。以減總米。餘壹百七拾五石

爲實。以五等歸之。各得叁拾五石。即第五等所得。再照等數加入合問。上所立者。捷法也。

今有官米弍百六拾五石令叁等人戶出之上等弍拾戶每戶多中等七斗中等五拾戶每戶多下等五斗下等壹百壹拾戶問每戶所出及逐等各若干

答曰上等每戶弍石四斗共四拾八石　中等每戶壹石七斗共八拾五石　下等每戶壹石弍斗共壹百叁拾弍石

古法曰。置中等五拾戶以每戶多下等五斗因之。得弍拾

東文元算學　卷四　六

五石。又置上等弍拾戶。以每戶多中等七斗。多下等五斗。共壹石弍斗乘之。得弍拾四石。併弍數。共四拾九石。以減總米。餘弍百壹拾六石。為實。併叁等戶數。共壹百八拾為法。除實。得壹石弍斗。是下等壹戶所出數。加五斗。得壹石七斗。是中等壹戶所出數。又加七斗。得弍石四斗。是上等壹戶所出數。各以戶數乘之。合問。

帶分母子差分

今有營兵馬步各半馬軍七人給褲布四拾八尺步軍十六人給襖布九拾弍尺今共給布壹拾弍萬五

千八百式拾尺問各若干　答曰馬步軍各五千六百七拾八人　襖布八萬六千九百四拾尺　褌布叁萬八千八百八拾尺

古法曰置分母子互乘。七八六八互四拾八九拾式。以七八乘九拾式尺得六百四拾四尺。又以六八乘四拾八尺得式百八拾八尺。併之得九百叁拾式尺為法。置布壹拾式萬五千八百式拾尺。却以六八七八相乘得四拾式乘之。得五百式拾八萬四千四百四拾尺為寔。以法除之得軍數。各五千六百七拾八人。以四拾八乘。又七歸之得褌布。以九拾式乘軍數。用六歸之得襖布合問。

梅氏論曰。此是軍四拾式人共給布九百叁拾式尺也。

陳啟沅算學　卷四

蓋四拾式人。是為七人者六也。故其給褲布亦得六個四拾八尺

也。其為六人者則七也。故其給襖布亦得七個九拾式尺也。

併此七個九拾式六個四拾八以除共布得若干。數便知馬步

軍之為四拾式者。亦若干也。當與後支絹條參看。

又論曰。此通分法也。大衍術曰。凡母數不同者。母

互乘子為寔。又以母相乘為法。謂此也。

陳啟沅曰。統宗此法。是所當然之數也。梅氏欲以所

以然之數詳之。此說解也。據謂四拾式人。是七人者

六也。六人者七也。故知其誤矣。假如有馬步軍各半。

馬軍弍人。給布四丈。步軍叁人。給布拾弍丈。合共給布叁拾六丈。照前法互乘。弍人乘拾弍丈。得弍拾四丈。叁人乘四丈。得拾弍丈。併得叁拾六丈。弍人乘叁人。得六人。是馬步軍各六人也。以此比例。前數是馬步軍各四拾弍人。共得布九百叁拾弍尺也。先知其等數。故知其該數。

今有兵叁千四百七拾四名。每叁名支衫絹七拾尺。每四名支裙絹五拾尺。問各絹數若干。按支絹太少。不足爲衫裙乃設例。非寔數也。

答曰共絹壹拾弍萬四千四百八拾五尺。衫絹八萬

壹千零六拾尺裙絹四萬叁千四百弍拾五尺

古法曰。置叁人。四人。及七拾尺。五拾尺。以叁人互乘五拾得壹百五拾。以四人互乘七拾得弍百八拾。併之。共四百叁拾。以乘兵士。得壹百四拾九萬叁千八百弍拾。為寔。又以叁四相乘。得拾弍為法。除寔得總絹數。置兵士總以七拾因之。又叁歸之。得衫絹數。以五拾因之又四歸之。得裙絹數。合問。

論曰。此是軍拾弍人用絹四百叁拾尺也。此以軍數求絹數。故以軍拾弍為法。絹四百叁拾乘為寔。是前條是以布數求軍數。故以布九百叁拾弍為法。

以軍數四拾弍乘爲寔。其理同。但要詳分法寔。

又論曰。此例宜先求衫裙絹數。併之。卽得總絹。可省互乘。

陳啟沅曰。梅氏既誤解於前問。再以此問比例。則更誤矣。前問非互乘。不能知其等數。此問用互乘。則爲捷法耳。假令用共兵之數。以叁歸之。卽得其份數。爲實。以七拾尺因之。卽得衫絹共數。又用四歸。以分共兵。亦得裙之份數。再用五拾尺因之。亦得裙絹之共數。裙衫絹併。便得共絹。合問。何用互乘。用互乘者。卽

異乘同除之類。非前法之比例也。故發明之。

今有昆仲叁人。季年得伯兄四分之叁。仲年得伯兄六分之五。比季多八歲。問叁人歲數各若干。答曰：長兄九拾六歲。次兄八拾歲。季弟七拾弍歲。

古法曰。置分母六四及子五叁。以母四互乘子五。得弍拾。為次兄之分。又以母六互乘子叁。得拾八。為小弟之分。又以母四六相乘。得弍拾四。為長兄之分。乃以弍拾減去拾八。餘弍為法。以長兄分弍拾四。用八乘之。得壹百九拾弍為實。以法弍除之。得九拾六。即長兄之歲。以次兄

分拾式用八乘之得壹百六拾為實以法式除之得拾八卽

爲兄之歲以季弟分拾八亦用八乘之得壹百四拾四為

實以法式除之得七拾卽季弟之歲合問

陳敬沅曰四分者是伯比季之數六分者是伯比仲

之數故以四六互乘卽爲伯之全數叁比六是季之

差四比五是仲之差以差除差故以所餘之式爲法

以齊其數用八乘者因仲多季八歲亦不能齊借多

八倍以齊之爲實以法除實卽得昆仲之年數合問

沅再解曰四分者是伯之總年也六分者是仲之總

年也。四與六相乘。得弍拾四數。然則弍拾四數。是伯仲之總年同比例也。今季弟只得伯兄四分之叁。照仲應得拾八數。而仲多季弟八年。弍拾四數減去八年。只得拾六矣。相比寔欠弍年不合。故以弍為法。使齊其數也。何則。蓋以弍拾四年則欠弍年。四拾八年則欠四年矣。七拾弍年則欠六年矣。九拾六年恰欠八年。故知其長兄九拾六歲矣。以九拾六均作六分。而仲得其五分。照乘之。豈不是八拾歲乎。再減多季弟八年。即得七拾弍歲矣。合問。

今有七人差等均錢甲乙均七拾七文戊己庚均七拾五文問丙丁各若干　答曰甲四拾文　乙叁拾七文　丙叁拾四文　丁叁拾壹文　戊式拾八文　己式拾五文　庚式拾式文

古法曰。置式人叁人及七拾七七拾五文。令母互乘子。以式人乘七拾五文得壹百五拾。以叁人乘七拾七文。得式百叁拾壹文。以少減多。餘八拾壹為壹差之實。併分母式人叁人得五。折半得式人半。以減總七人。餘四人半。却以分母式人叁人乘。得六。以乘四人半。得式拾七為壹差之法。除實八拾壹。得叁文為壹差數。置甲乙均七拾七文。加叁文共八拾文。折半得四拾文。為甲得

數。遞減叁文合問。

沅又法。以戊己庚共錢七拾五文。照叁分歸之。得均數弍拾五文。是先所得之數。再以甲乙兩人乘之。得五拾文。以減甲乙總錢七拾七文。餘弍拾七文。為實。以七人差為法歸之。得齊數叁。得不盡之數六。是甲乙兩人之共差數。半之得每人差叁數。照遞減之合問。假如以別題例之。若戊己庚亦七拾五文。甲乙則九拾五文。問丙丁若干。法照前以叁歸之。得弍拾五數。以減九拾五文。餘七拾文。照七份歸之。得拾文。為己上下之差。半之。得五文。照已遞加減之。亦合問。

互和減半差分

法以壹叁五七九爲奇衰。弍四六八拾爲耦衰。叁位者。用叁五七。併得拾五。四位者用弍四六八。併得弍拾。五位者。用壹叁五七九。併得弍拾五。按位數併而爲法。除實得首尾弍人共數。於内減首多或尾少數。餘數折半得數。加首多或尾少數爲首數。

叁位者。互和首尾弍人數折半得中壹人數。四位者。不可折半。照前求首尾數。乃取所多或所少數。叁之壹。從末位遞加之。五位者。照前求得首

尾弍人數如甲戊折半得中壹人數如丙互和甲丙數折半得乙數互和丙戊數折半得丁數如位數多者皆按奇偶間位取衷併而爲法

今有白米壹百八拾石令甲乙丙叁人從上互和減半分之只云甲多丙米叁拾六石問各得米若干

答曰甲七拾八石　乙六拾石　丙四拾弍石

古法曰置米壹百八拾石爲實以叁五七併得壹石五斗爲法除實得壹百弍拾石乃甲丙弍人首尾共數於丙減甲多叁拾六石餘八拾四石折半得丙米四拾弍石加多叁拾六石得甲米

七拾八石。互和甲丙米折半。得乙米六拾石。合問。

增法。置甲多丙叁拾六石。半之得乙多丙拾八石。

併之得五拾四石。以減總米。餘壹百弍拾六石。用

叁歸得四拾弍石。爲丙米數。加叁拾六石。得甲數。

加拾八石。得乙數。

今有銀弍百四拾兩。令甲乙丙丁四人從上互和減

半分之。只云甲多丁壹拾八兩。問各該若干　答

曰甲六拾九兩　乙六拾叁兩　丙五拾七兩　丁五拾壹兩

古法曰。置銀爲實。以弍四六八併得弍兩爲法。除實得

壹百式拾乃甲丁首尾式人共數。於內減甲多拾八兩。餘壹百零式兩。折半得丁銀五拾壹兩。加多拾八兩。得甲銀六拾九兩。又置甲多拾八兩。叄歸之。得六兩。以加丁銀。得丙銀五拾七兩。以加丙銀。得乙銀六拾叄兩。合問。

增法。置甲多丁拾八兩。叄歸之。得六兩。爲丙多於丁之數。倍之。得乙多丁拾式兩。併叄數。得叄拾六兩。以減總銀。餘式百零四兩。用四除。得丁銀五拾壹兩。遞加六兩。即得上叄位數。

今有五人均銀四拾兩。內甲得拾兩四錢。戊得五兩。

六錢問乙丙丁次第均之各該若干　答曰乙九兩弍錢　丙八兩　丁六兩八錢

古法曰併甲戊共壹拾六兩折半得丙銀八兩又併甲丙共壹拾八兩四錢折半得乙銀九兩弍錢又併丙戊共壹拾叁兩六錢折半得丁銀六兩八錢合問

論曰四六叁七等差分與拾分之六拾分之七相似而實不同試以四六論之如有銀拾兩令甲乙弍人四六分之則甲得六兩乙得四兩矣如令其作拾分之六分之則須將銀拾兩分爲拾六分每

分六錢弍分五厘。甲得拾分爲六兩弍錢五分。乙得六分。爲叁兩七錢五分也。因世俗多誤以四六爲拾分之六。故復論之。而設拾分之幾之例於後。

今有絹四百七拾丈零壹尺八寸四分。令叁等人戶作拾分之六出之。上等弍拾五戶。中等叁拾戶。下等四拾八戶。問每戶各若干

答曰上等每戶七丈八尺　共壹百九拾五丈

中等每戶四丈六尺八寸　共壹百四拾丈零四尺

下等每戶弍丈八尺零八分　共壹百叁拾四丈七尺八寸四分

古法曰。置總絹爲寔。另置上等戶數以壹百因之。得

弍千五百裒。中等戶數以六拾因之得壹千八百裒。下等戶數以叁拾六乘之得壹千七百弍拾八裒。併叁裒共六千零弍拾八為法。除實得七丈八尺是上等壹戶所出。以六因得中等壹戶所出。再以六因得下等壹戶所出。各以戶數乘之合問。拾分之六。即用六因以生各裒。拾分之七以後倣此。

沅曰。假如拾分之七定率。壹等定率壹萬以七因之得七千。為弍等定率。又七因之得四千九百。為叁等定率。又七因之得叁千四百叁拾。為四等定率。若再多等遞折之而為裒便合。

今有官米弍百弍拾五石叁斗六升令五等八戶作拾分之八出之壹等四戶弍等八戶叁等拾五戶四等四拾壹戶五等壹百弍拾戶問每戶逐等各若干　答曰

壹等　四戶每戶弍石五斗　共拾石

弍等　八戶每戶弍石　共壹拾六石

叁等拾五戶每戶壹石六斗　共弍拾四石

四等四拾壹戶每戶壹石弍斗八升　共五拾弍石四斗八升

五等壹百廿戶每戶壹石零弍升四合　共壹百弍拾弍石八斗八升

解曰。壹等定率以八因之。得八千。爲弍等率。又八因之。得六千四。爲叁等率。又八因之。得五千壹百弍拾。爲四等率。又八因之。得四千零九拾六。爲五等率。此即拾分八折數定率。

古法曰。置總米爲實。另置第壹等四尺。以壹萬因之。得四萬。又將第弍等八尺。以八千因之。得六萬四千。第叁等拾五尺。以六千四百乘之。得九萬六千。第四等四拾壹尺。以五千壹百弍拾乘之。得弍拾萬零九千九百弍拾。第五等壹百弍拾尺。以四千零九拾六乘之。得四拾九萬壹千五百弍拾。併五位。共九拾萬零壹千四百四拾衰。爲法。除實

得弐勺五抄為壹裒數。即以此乘壹等裒壹萬每戶該米弐石五斗。以八因得弐石。是第弐等壹戶所出。又八因得壹石六斗。是叁等壹戶數。又八因得壹石弐斗八升。是四等壹戶數。又以八因。得壹石零弐升四合。是五等壹戶數。各以戶數乘之合問。

拾分之八。故以八因生各裒。亦遞以八因而得各等戶數也。

假如有絲叁百六拾九斤原本各人以八折遞減出之問甲乙丙丁四人各出若干

答曰甲壹百弐拾五斤　乙壹百斤　丙八拾斤　丁六拾四斤

法列各裒甲壹千乙八百丙六百四拾丁五百壹拾弍副併得弍千九百五拾弍爲法另以所分絲叄百六拾九斤乘各裒甲壹千得叄拾六萬九千乙八百得弍拾九萬五千弍百丙六百四拾得弍拾叄萬六千壹百六拾丁五百壹拾弍得壹拾八萬八千九百弍拾八各爲寔以法除之得各人絲合問

匿價差分歌

匿價分身法更奇。多乘高物以爲寔。得價減總餘又列。共物除餘低價知。低價添多爲高價。各乘各物不差池。學者能知此般算。叄四物價也相宜。

今有銀壹萬七千六百九拾兩買馬騾壹千匹要馬

七百匹騾叁百匹其馬價多騾價七兩七錢問各價若干　答曰馬每疋價弍拾兩　騾每疋價壹拾弍兩叁錢

古法曰。置馬七百匹　以多七兩七錢乘之。得五千叁百九拾兩　以減總銀。餘壹萬弍千叁百兩。　以馬騾壹千為法除之。得騾壹拾弍兩叁錢。加多七兩七錢為馬價合問。

今有銀弍千九百弍拾八兩共買綾壹百五拾疋羅叁百疋絹四百五拾疋只云綾每疋比羅價多四錢七分羅每疋比絹價多壹兩叁錢五分問叁物

疋價若干　答曰綾價每疋四兩叁錢弍分　羅價每疋叁兩八錢五分　絹價每疋弍兩五錢

古法曰。列羅叁百疋。以多絹價壹兩叁錢五分乘得四百零五兩。

又列綾壹百五拾疋。以弍項多價共壹兩八錢弍分。乘得弍百七拾叁兩併之。得六百七拾八兩以減總銀。餘弍千弍百五拾兩爲寔。併

綾羅絹共九百疋爲法除之。得弍兩五錢爲每疋絹價。加

多壹兩叁錢五分。得羅每疋價叁兩八錢五分。又加多四錢七分。得綾

每疋價四兩叁錢弍分。合問。

今有綾七尺羅九尺其價適等只云羅每尺比綾每

尺少錢叁拾六文問各價若干　答曰綾每尺壹百六拾式文　羅每尺壹百式拾六文

古法曰。置羅九尺以少價叁拾六文乘之。得叁百式拾四文爲寔。另以綾七尺羅九尺相減。餘式尺爲法。除寔得綾每尺價壹百六拾式文。置綾七尺。以叁拾六文乘之。得式百五拾式文爲寔。仍用前法式尺除之。得羅每尺價壹百式拾六文合問。

陳啟沅曰。此羅九尺。共少價叁百式拾四文。是羅多綾式尺之價也。式歸之。故知綾價每尺壹百六拾式文。若再以綾七尺乘之。得每物總錢壹千壹百叁拾

四丈以羅九尺歸之亦得羅價每尺壹百弍拾六文合問。

今有金九塊銀拾壹塊稱之適等交換弍塊則餘金比換銀多壹拾叁兩問金銀各重若干　答曰金壹塊重叁拾五兩七錢五分金九塊共重叁百弍拾壹兩七錢五分　銀壹塊重弍拾九兩弍錢五分銀拾壹塊共重叁百弍拾壹兩七錢五分

古法曰列金重壹拾叁兩折半得六兩五錢乘金九塊得五拾八兩五錢為寔以金九銀拾壹相減餘弍為法除寔是得銀每塊重數置銀拾壹塊以六兩五錢乘之得七拾壹兩五錢為寔仍

用前式爲法除之得金每塊重數合問。

貴賤差分歌

差分貴賤法尤精。高價先乘共物情。却用都錢減今數。餘留爲寔甚分明。別將式價也相減。用此餘錢爲法行。除了先爲低物數。自餘高物數方成。

今有米麥五百石共價銀四百零五兩七錢只云米每石價八錢六分麥每石價七錢式分五厘問米麥各若干　答曰米叁百式拾石　銀式百七拾五兩式錢　麥壹百八拾石　銀壹百叁拾兩零五錢

古法曰。置米麥五百石。以米價八錢六分乘之。得四百叁拾兩。以減共價。餘式拾四兩叁錢爲實。以麥價減米價。餘壹錢叁分五厘爲法。除實得壹百八拾石爲麥數。於五百石內減之。餘叁百式拾石即米數。各以原價乘合問。

陳啟沅曰。又法以麥價七錢式分五厘乘米麥共五百石。得銀叁百六拾式兩五錢。減總銀。所餘銀四拾叁兩式錢。即米與麥相比較之溢價也。故以麥價減米價。餘壹錢叁分五厘爲法。歸之。得米數叁百式拾石。於五百石內減之。餘即麥數。合問。

今有銀五拾五兩五錢共買銅錫鐵八萬叁千零五拾兩但言每銅壹百叁拾兩錫壹百五拾兩鐵壹百七拾兩其價銀俱壹錢問叁色各若干此叁色差分也

答曰銅弍萬四千七百兩價銀壹拾九兩錫弍萬七千七百五拾兩

價銀壹拾八兩五錢鐵叁萬零六百兩價銀壹拾八兩

古法曰。置總銀叁歸之。得壹拾八兩五錢。約錫爲中。定爲錫價。乃以每錢買壹百五拾兩乘之。得弍萬七千七百五拾兩爲錫數。以減總物。餘五萬五千叁百兩。又以錫價減總銀餘叁拾七兩。乃以銅壹百叁拾兩乘之。得四萬八千壹百。以鐵五萬五千叁百。

餘七千式百爲寔另以銅鐵數相減餘四拾爲法除寔得鐵價壹拾八兩。以減叁拾七兩。餘壹拾九兩卽銅價又各以每錢買數乘之合問。

今有綾羅紗絹壹百六拾疋共價九拾叁兩綾每疋價九錢羅每疋七錢紗每疋五錢絹每疋叁錢問四色各若干　此四色差分也

答曰

綾叁拾五疋　該銀叁拾壹兩五錢　羅四拾疋　該銀式拾八兩

紗四拾疋　該銀式拾兩　絹四拾五疋　該銀壹拾叁兩五錢

古法曰。先以壹百六拾疋。四除之得四拾疋。定爲中式色。

陳啟沅算學　卷四　三

羅紗及價。却於壹百六拾疋內減羅紗各四拾疋。餘八拾疋。又於共價九拾叁兩。內減羅價式拾八兩。紗價式拾兩。以貴賤差分算之。置餘八拾疋。以綾價九錢乘得七拾式兩。減去四拾五兩。餘式拾七兩爲寔。以綾價九錢減絹價叁錢。餘六錢爲法。法除寔得四拾五疋爲絹數。以減八拾疋。餘叁拾五疋爲綾數。各以原價乘之合問。

訣曰。叁色。四色。差分之法。俱先定中等。留首尾式色。以貴賤差分法算之。不拘五六七八九色者。倣此。

仙人換影歌 又曰貴賤相和

貴賤相和換影仙。賤物互乘貴價錢。貴物互乘賤價訖。相減餘爲長法。然。先使總賤乘賤物。後用總物乘賤錢。式數相減餘爲寔。長法除之。短法言。貴物貴價各乘短。物價分明皆得全。總內減貴餘爲賤。不遇知音不與傳。

今有錢四千九百九拾五文。共買桃李五千個。只云錢壹拾壹文買桃九個。錢四文買李七個。問桃李各若干。　答曰桃叁千弍百八拾五個錢四千零壹拾五文　李壹千七百

壹拾錢九百八
五個錢拾文

古法曰。列九個拾壹文 ╳ 七個四文 五千個四千九百九拾五文。先以上拾壹互乘中七個。得七拾七。又以九個乘四文。得叁拾六。以少減多。餘四拾壹為長法。若求桃數價者。以中下互乘置總錢以七個乘。得叁萬四千九百六拾五。另置總菓以四文乘之。得式萬。以減叁萬四千九百六拾五。餘壹萬四千九百六拾五。為寔。以長法四拾壹除之。得叁百六拾五。為短法。列式位。壹位以九個乘。得堯叁千式百八拾五個。壹位以拾壹文乘。得桃價四千零壹拾五文。以減總內所餘。即堯數價也。若求李數價以

上下互乘訖，置總錢以九個乘之，又置總菓以拾壹文乘之，弍數相減，餘壹萬零零零四拾五爲寔，仍以長法四拾壹除之，得弍百四拾五爲短法，列弍位，壹以七個乘得李數，壹以四文乘得李價，合問。

訣曰：求菓者以李價求之，求李者以菓價求之，餘倣此。

陳啟沅曰：貴賤相和之法，互乘以求其等價，互乘所餘之價即可以爲法，即如買物以價爲法耳。互乘以少減多何也？所減之數即餘數之同等也，至其所餘

數即所謂求其差也。總錢互乘物。亦求其等耳。茲將以設立壹問。與上所立之問。互相比例。則可了然而明白矣。

今有錢拾五文。共買柰李拾六個。只云錢拾壹文。買柰九個。錢四文。買李七個。照下所立法。拾壹互乘七個。得七拾七。又以九個乘四文。得叁拾六。以少減多。餘四拾壹。即價差也。再以總錢拾五。乘賤物七個。得數壹百零五文。以四文乘總菓拾六。得六拾四數。以少減多。所餘亦四拾壹。故謂之等。又以

總錢拾五乘貴物九個得壹百叁拾五再以總菓拾六乘貴價拾壹得壹百七拾六以少减多所餘亦四拾壹數故亦相等也以此類推即知其所以然矣何則再列其互乘之式而詳解之

上一

右拾壹文　中九個互乘得叁拾六數

互乘

左四文　中七個互乘得七拾七數

對减餘四拾壹爲法

中作

右七個　總菓五千個　互乘得弍萬

互乘

左四文　總錢四千九百九拾五文　互乘得叁萬四千九百六拾五

對减餘壹萬四千九百六拾五爲寔

沅論曰此互乘之法者是借倍法耳試思將右行四

倍其菓七倍其錢以菓減錢所餘四拾壹錢也又試
將左行拾壹倍其菓九倍其錢對減亦餘四拾壹菓
也錢菓相等故爲法今以總錢五千亦四倍之以總
果七倍之以菓減錢所餘壹萬四千九百六拾五乃
果數也錢數亦同故以爲寔將法除寔故知得叁百
六拾五分之所問錢果數耳錢每次拾壹文弍次弍
拾弍文果每次九個弍次拾八個照計叁百六拾五
次之果豈不是叁千弍百八拾五個之甦乎叁百六
拾五次之錢拾壹文豈不是四千零壹拾五乎除去

桃數。即李數。除去桃價。即李價也。此即所以然之理。

若明此理。將來盈朒。方程章。畧易入首矣。

今有牛羊壹百隻共價壹百六拾八兩只云牛叁隻銀壹拾弍兩羊四隻銀壹兩五錢問牛羊及價各若干　答曰牛叁拾六隻銀壹百四拾四兩　羊六拾四隻銀弍拾四兩

古法曰。列牛叁拾弍兩╳羊四壹兩五錢　壹百隻壹百六拾八兩　先以上牛貴價壹拾弍兩互乘賤物。羊四隻得四拾八兩。又以貴物牛叁互乘賤物。羊價壹兩五錢得四兩五錢。以減四拾八兩。餘四拾叁兩五錢為長法。次以中羊四隻互乘總價壹百六拾八兩得六百七拾弍。又

置總物壹百隻以賤價壹兩五錢乘之。得壹百五拾以減六百七拾弍。餘五百弍拾弍為寔。以長法四拾叁兩五錢除之。得壹拾弍為短法。列弍位。壹以貴物牛叁乘之。得牛叁拾六隻。壹以牛貴價壹拾弍兩乘之。得牛價壹百四拾四兩以減總銀。餘得羊價合問。

今有大小魚壹百斤共價八錢七分五厘只云大魚弍斤價四分小魚七斤價五分問大小魚及價各若干　答曰大魚壹拾弍斤半銀弍錢五分　小魚八拾七斤半銀六錢弍分五厘

古法曰。列大魚弍斤價四分╳小魚七斤價五分總魚壹百斤銀八錢七分五厘先以上大魚價四分互乘中小魚七斤。得弍錢八分。又以大魚弍斤互乘小魚價五分。得壹錢以少減多。餘壹錢八分為長法。次以中小魚七斤互乘下總價。得六兩壹錢弍分五厘。又以小魚價五分互乘總魚壹百斤。得五兩以少減多。餘壹兩壹錢弍分五厘為實。以長法除之。得六分弍厘五毫為短法。列弍位壹位以弍斤乘之。得大魚壹拾弍斤半。壹位以四分乘之。得大魚價弍錢五分。於總魚壹百斤。減去大魚。餘得小魚。合問。若求小魚者。置總價以大魚弍斤乘之。得壹兩七錢五分。又置總魚壹百

斤。以貴價四分乘之。得四兩。以少減多。餘弍兩弍錢五分。仍用前長法壹錢八分除之。得壹錢弍分五厘爲短法。列弍位。壹位以七斤乘之。得小魚八拾七斤半。壹位以五分乘之。得小魚價六錢弍分五厘合問。

今有圓木大小弍根大頭木徑壹尺弍寸梢徑八寸長弍丈五尺小木頭徑壹尺梢徑七寸長弍丈共價銀四拾九兩零八分問各價若干　答曰大木叁拾壹兩弍錢　小木壹拾七兩八錢八分

古法曰。先置大木頭徑壹尺弍寸自乘。得壹百四拾四寸。又將

梢徑八寸自乘。得六拾四寸併之得弍百零八寸。以長弍丈五尺乘之。得積五萬弍千寸。又置小木頭徑壹尺自乘得壹百寸。梢徑七寸自乘。得四拾九寸併之。得壹百四拾九寸。以長弍丈乘之。得積弍萬八百寸。併大小積共八萬壹千八百寸爲法。以除原價四拾九兩零八分。每寸派得六毫。卽用爲法。各乘大小積合問。沅曰。此題是用浮積而求得其銀數。切勿誤爲寔積。

今有石方叁寸。石中有玉。共重壹拾弍斤拾五兩。只云玉方壹寸重壹拾弍兩。石方壹寸重叁兩。問玉石各重若干　答曰。玉壹拾四寸重壹拾斤零八兩　石壹拾叁寸

東波沅算學　卷四　三

重弍斤七兩

古法曰。置方叁寸自乘。得九寸。再乘得弍拾七寸。以玉率重壹拾弍兩乘之。得叁百弍拾四兩。減共重壹拾弍斤拾五兩。即弍百零七兩。餘壹百壹拾七兩為賤寔。以貴賤率玉拾弍兩石叁兩相減。餘九兩為法。除寔得石壹拾叁寸。減共積弍拾七寸。餘得玉壹拾四寸。以玉率壹拾弍兩乘之。得壹百六拾八兩。另以石壹拾叁寸。用石率叁兩乘之。得叁拾九兩。各以斤法通之。得斤數合問。

今有客叁次出外為商俱得合利每次歸還銀叁百兩叁次本利恰盡問原本若干　答曰弍百六拾

式兩五錢

古法曰。置銀叁百兩。折半得壹百五拾。又加叁百得四百五拾。又

折半得式百式拾五兩。又加叁百得五百式拾五兩。又折半得原本

式百六拾式兩五錢合問。

物不知總 又云韓信點兵

孫子歌曰。叁人同行七拾稀。五樹梅花廿壹枝。七子

團圓正半月。除百零五便知期。

今有物不知數只云叁數剩式個五數剩叁個七數

剩式個問共若干 答曰共式拾叁個

古法曰。列叁五七遞乘。以叁乘五得壹拾五。又以七乘之。得壹百零五。為滿法數。列位另以叁乘五得壹拾五。為七數剩壹之衰。又以叁乘七得弍拾壹。為五數剩壹之衰。又以五乘七得叁拾五。倍作七拾。以叁除之餘壹。故用七拾為叁數剩壹之衰。其叁數剩弍者。以叁衰七拾因之。得壹百四拾。五數剩叁者。以五衰弍拾壹乘之。得六拾叁。七數剩弍者。以七衰拾五乘之。得叁拾。併叁數得弍百叁拾叁。內除滿法數壹百零五兩次。餘弍拾叁。合問。

陳啟沅曰。此法作消謎則可。蓋其數多有重者也。壹百零五爲滿法數。弍百壹亦滿法。叁百壹拾五亦滿法。又七子與壹百壹拾弍同數。弍百壹拾七亦同。即以多數而言。七百四拾弍亦同。壹千零五拾七亦同。壹法而重拾餘條。非壹定之數。故不能用也。

今有客至不知其數只云叁人共飯四人共羹通共用碗叁百零壹隻問客併羹飯碗各若干　答曰

客五百壹拾六人　羹壹百弍拾九碗　飯壹百七拾弍碗

古法曰。置碗叁百零壹隻以叁人因之得九百零叁爲寔併

叁四人共七八人爲法除之。得羹碗壹百弍拾九隻。又以四因之。得客五百壹拾六人。以叁除之。得飯碗數。合問。

論曰。此是碗七隻供拾弍客也。求羹碗法宜以拾弍乘。七除。得客數。又四除之。得羹碗也。今只以叁因。不用拾弍乘。即如以四除之也。故徑得羹碗。

今有客不知數。只云弍人共飯。叁人共羹。四人共肉。通共用碗六十五隻。問客若干。　答曰。客六拾人。

古法曰。以弍叁四人維乘併之。得弍拾六爲法。另以弍乘叁得六。又四乘之。得弍拾四。以乘碗六拾五。得壹千五百六拾

爲是法除盡是得客數合問此是式拾六個碗供式拾四個客也
陳啟沅曰衰分之法說者謂貿易場中畧爲罕用沅
特再設數問是貿易恒用之要豈真罕用也耶
今有繭壹拾萬分叁等上等每萬價銀叁兩中等每
萬價銀式兩四錢下等每萬價銀式兩欲買各等
繭銀同數問各等繭該數及銀若干　答曰
上等該繭式萬六千六百六拾六個六四
中等該繭叁萬叁千叁百叁拾叁個叁叁
下等該繭叁萬九千九百九拾九個九五

照分得上中下各該銀七兩九錢九分九厘九毫
九絲等
法以置拾萬爲寔以叁歸之得叁萬叁千叁百叁拾
叁個叁叁叁爲中等繭以中等繭價弍兩四錢乘之
得七兩九錢九分九厘九毫九絲爲銀等再以爲
寔以上價叁兩爲法除得上等弍萬六千六百六
拾六個六六四爲上等繭再將銀爲寔以下價弍兩
爲法除得叁萬九千九百九拾九個九五爲下繭
再以上繭乘上價中繭乘中價下繭乘下價各得

銀七兩九錢九分九厘九毫九絲合問。

今有銀弍拾六兩欲買白綢兩等皆同長數上綢價每尺叁錢下綢價每尺弍錢零五厘問每等該綢若干該銀若干　答曰每等綢五丈壹尺四寸八分五厘　上等該銀壹拾五兩四錢四分五厘五毫　下等該銀壹拾兩零五錢五分四厘四毫

法以總銀弍拾六兩爲實。用上價叁錢。併下價弍錢零五厘。共五錢零五厘。爲法除之。得五丈壹尺四寸八分五厘。以各等價乘之。得銀合問。

今有藥丸拾萬個總價銀弍拾六兩上等丸價每萬叁兩中等丸價每萬銀弍兩叁錢下等丸價每萬壹兩八錢　問各該丸若干該銀若干　答曰

上等該丸五萬七千八百九拾五個　該銀壹拾七兩叁錢六分八厘五毫　中等該丸弍萬壹千零五拾弍個半銀四兩八錢四分弍厘零七絲　下等該丸弍萬壹千零五拾弍個半銀叁兩七錢八分九厘四毫五絲

法以上價叁兩。乘總丸。得叁拾兩。減去總銀弍拾六

兩。除四兩爲寔。再以中價弍兩叁錢。併下價壹兩
八錢。得四兩壹錢。折半。得弍兩零五分。與上價叁
兩相減。餘九錢五分爲法。除寔。得四萬弍千壹百
零五個。爲中下兩等之丸。折半之。得每各中下丸
弍萬壹千零五拾弍個半。以中價弍兩叁錢乘之。
得四兩八錢四分弍厘零七絲。又以下價壹兩八
錢乘之。得叁兩七錢八分九厘四毫五絲。再以中
下兩等丸。與總丸拾萬相減。餘五萬七千八百九
拾五個。爲上等丸。以上價叁兩乘之。得壹拾七兩

叁錢六分八厘五毫。併叁等。共得總九拾萬。又併叁等該價。得原共銀弍拾六両合。問。

今有銅錢七千五百五拾文換銀五両淨錢每銀壹錢換錢壹百四拾八文行錢每銀壹錢換錢壹百六拾文　問淨錢行錢并該銀各若干　答曰

淨錢該銀叁両七錢五分該錢五千五百五拾文

行錢該銀壹両弍錢五分該錢弍千文

法以總錢七千五百五拾文為實。以總銀五両為法除之。得每銀壹錢。換錢壹百五拾壹文。內減去換

淨錢壹四八餘叁文爲高價有餘之差再以壹五壹與行錢壹六相減餘九文爲低價不足之差法用異乘同除術以總銀五兩與餘差叁乘之得壹拾五兩爲寔以弍差相併得壹弍爲法除之得壹兩弍錢五分爲低價之銀用壹六乘之得弍千文爲行錢與總錢七千五百五拾文相減餘五千五百五拾文即淨錢用壹四八除之得叁兩七錢五分合問

又法以行錢伸得每千價銀六錢弍分五厘再以淨

錢仲得每千價銀六錢七分五厘六七五。兩數相減。餘五分零六七五爲法。再以行錢價六錢弍分五厘。與總錢七千五百五拾文相乘。得四兩七錢壹分八厘七五。與總銀五兩相減。餘弍錢八分壹厘弍五爲寔。法寔相除。得五千五百五拾文爲淨錢。與總錢七千五百五拾文相減。餘弍千爲行錢。各與原價乘之得銀合問。

新增衰分商除法

假如有桔橙柑柚四物。不知其價。只云用壹桔價自

陳啟沅算學

乘之價以乘相價。又將桔價以乘橙價。并取壹柚價和埋。其叁物價得弍拾六文。若以叁桔價照乘橙柚價。亦併壹柚價。則其叁物和價。共得錢壹百零八文。問柑橙柚價各若干。

答曰橙價五文　柑價九文　柚價拾弍文

法以壹百零八文。減去弍拾六文。所餘八拾弍文爲左實。再以叁桔自乘數。得九文爲右實。以弍拾六文爲中實。右實與左實商除。柑價九九除去八拾壹文。所餘壹文。加回弍拾六文。共弍拾七文是

橙柚和價又將中實照減柑價九文。所餘壹拾七文。亦橙柚和價也。再以右實桔原價叁數左右相呼。叁五除壹拾五文。即橙價也。所餘壹拾弍文。即柚價。又將中實壹拾七文。減去橙價五文。亦餘柚價壹拾弍文合問。

算學卷肆終

陳啟沅算學卷五上

南海息心居士陳啟沅芷馨甫集著
門人順德林寬葆容圃氏校刊
次男　陳簡芳蒲軒甫繪圖

少廣章第四上

賓渠子曰。此章如田截縱之多。益廣之少。故曰少廣。如方田還原之意。以方法除積羃而求方。以圓法除方寔而求圓。所註開平方。平圓。頭緒繁冗。初學者難。今註釋簡明於後。

開平方認初商歌

壹百壹拾定無疑。壹千叁拾有零餘。九千九九不離拾。壹萬纔爲壹百推。

栁下居士曰。測量句股。全恃開方。開方有平。有立。而平之用博。平方者。方面自乘之積。開者。以積求方面之數也。此另爲壹種。有寔無法。約積而定初商。次商以後。仍可用歸除。壹百壹拾定無疑者。如積壹百步。可約方面拾步。已無疑矣。壹千叁拾有零餘者。積壹千步。可約方面叁拾步有零也。九千

九九不離拾者。如積九千步。約方面九拾步。自乘

九九八拾壹也。壹萬纔爲壹百推者。積壹萬。方面

纔百步自乘得壹萬步也。

陳啟沅曰。開方之要。凡測量幷句股求積。各等均皆

用此。故大小數必認眞。勿使將大作小。盖歸除數目。

以還原數覆之。雖錯亦易立見。爲商除還原。必要自

乘數。方見其錯。而立方則要自乘再乘。然後還得原

數。間有不盡之數。更難復其原數矣。故先約之。後再

商之更妙。

初商表自乘積

初商位	單	拾	百	千	萬
一	壹	壹百	壹萬	壹百萬	壹億
二	四	四百	四萬	四百萬	四億
三	九	九百	九萬	九百萬	九億
四	壹拾六	壹千六百	壹拾六萬	壹千六百萬	壹拾六億
五	弍拾五	弍千五百	弍拾五萬	弍千五百萬	弍拾五億
六	叁拾六	叁千六百	叁拾六萬	叁千六百萬	叁拾六億
七	四拾九	四千九百	四拾九萬	四千九百萬	四拾九億

八 六拾四	六千四百	六拾四萬	六千四百萬	六拾四億
九 八拾壹	八千壹百	八拾壹萬	八千壹百萬	八拾壹億

右表。與認初商歌互相發明。但前歌初商數。僅百。而此表至萬可足用也。上層自壹至九。為初商之數。前壹行自單至萬。為初商之位。第弍層至五層所列者。為初商自乘之積也。用法縱橫查之。視今有積數。與表數相同者。乃直視其上所對之數。即應商之數。復橫視其所對之位。即初商之位也。如今有之數。不能與表數相同。則取其小於本數者。

用之則商數退壹行。如有數六拾。不及六拾四。其小於六拾四者。爲四拾九。其上對者。爲七。橫對者爲單。則定初商爲七步也。餘倣此。

開平方法

古法曰。置積爲寔。列于算盤之中。居中壹段也。自積之單位起每兩位爲壹段。積有幾段則知商有幾次。至積首壹段取爲初商寔。首段有兩位以兩位爲初商寔只壹位即以壹位爲初商寔。約初商寔入初商表取之最便。以定初商數。既得初商數。置壹位於盤左。名曰上商。以在積數之上故。亦置壹位於盤右。名曰下法。以在積數

之下故。以下法與上商相呼除實。實盡即以初商爲平
方壹面數。實不盡者。以待次商。
次商法倍下法爲廉法。以歸除實。而定次商數。既得
次商數。置壹位於初商之次。亦置壹位於廉法之次。
爲隅法。以廉隅法與續商相呼除實。實盡即合初商。
次商兩位爲平方壹面數。實不盡以待叁商。　叁商
法。倍次商隅法。續於次商廉法下。共爲叁商廉法。以
歸餘實。而定叁商數。既得叁商數。置壹位於初商次
商之次。亦置壹位於叁商廉法之次。爲隅法。以廉隅

法與叁商相呼除寔。寔盡即合。叁次商數。爲平方壹面數。寔不盡。以待四商。四商以上。其法並同叁商。命分法。若已開至單位。而寔有不盡。或未開至單位而寔少不能成壹數者。皆以法命之。其法倍商得數加隅壹爲分母。不盡之數。爲分子。命爲幾分之幾。還原法。以開得平方數自乘。有不盡者。以不盡之數加入之。即合原積也。

開方求廉率作法本原圖

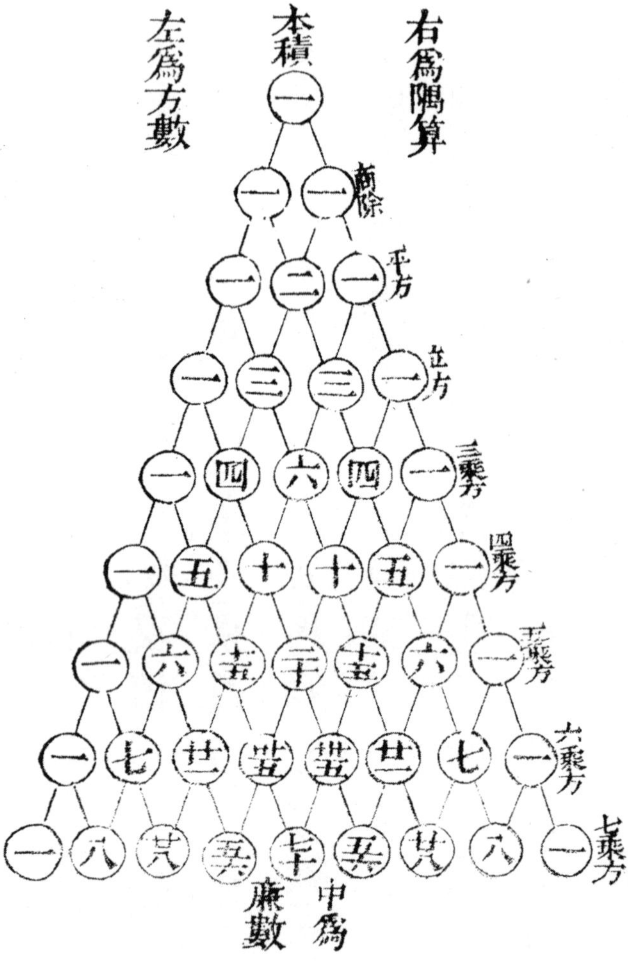
本積
左為方數
右為隅算
一
一 一
商除
一 二 一
平方
一 三 三 一
立方
一 四 六 四 一
三乘方
一 五 十 十 五 一
四乘方
一 六 十五 二十 十五 六 一
五乘方
一 七 二十一 三十五 三十五 二十一 七 一
六乘方
一 八 二十八 五十六 七十 五十六 二十八 八 一
七乘方
中為廉數

賈憲子曰。此圖載吳氏九章比類。自平方至五乘方。其卻何作用。並未註明。今依圖自上〔一 一〕弍得弍為平方率。又併〔一 二 一 三 三〕得叁叁為立方率。又併〔一 三 三 一 四 六 四〕得四六四為叁乘方率。向下屢求以至多乘方。皆取自然生率之妙。又註云。左衺為積數。右衺為隅算。中藏者皆廉。以廉乘商方。命實而除之。

按統宗此說頗能顯其自然遞生之妙。至其註曰。左衺乃積數。右衺乃隅數。中藏者皆廉數。語尚有未盡。然者蓋圖中每層所列者皆方與廉隅之數。

而非積也。凡開方壹位除盡者，無廉隅也。廉隅皆生於次商，次商以後，自平方以至多乘方，其方與隅只壹圖，左右所列之壹皆方隅之數也。左爲方右爲隅至於廉則不然。每增壹乘，其廉亦增而多，且非壹等。如平方只弍廉，立方則有平廉叁、長廉叁，共六廉，而分弍等。叁乘方，則有第壹廉四，第弍廉六，第叁廉四，其廉既多難以分別故以次第名之共拾四廉，而分叁等。四乘方，則有第壹廉五，第弍廉拾，第叁廉拾，第四廉五，共叁拾廉，而分四等。五乘方以下，其廉愈多，其

等亦遞增。觀圖自明。故曰。圖中所列。皆方與廉隅之數。而非積也。其皆廉云者。殆亦未明其爲廉之數乎。

疑形辨

陳啓沅曰。算學之用。其博以測量爲最。而測量之要首在開方。開方既明。然後將此可推彼矣。其法原無他異。用自乘還原之數。爲平方。用自乘再乘還原之數。爲立方耳。所難者。有寔而無法。故要商量而後除之。學者當明其物之形。然後能明其所以然之理。當思古人既立法以教人。更繪圖以明之。用心可謂苦

矣。沅少年初學此術。及至叁乘方之理。心甚疑之。蓋方積之理。自有壹定之形。平方之形。是四邊線同長。高厚則異。謂之平方。長濶高厚皆如其數。謂之立方。獨長方之形有式。長濶厚叁數不同。曰長方。厚濶同數。獨長過於厚濶。亦曰長方。今於叁乘方。四乘方等形。百思不得其狀。遍查各算書。俱於叁面積之理言之。并未另繪圖。又未有詳其所以然之理。豈即長方之謂歟。試以數明之。假如有木每邊式尺。自乘得積四尺。是平方面之積。再以式尺乘之。得八尺。亦是立

方之積。若又以弍尺乘之。得壹拾六尺。然其積雖有。而其形則何由而設想乎。若謂其爲長方形。則用高四尺。以乘平方。亦得壹拾六尺數之積。何多設此壹法。以亂學者心目乎。細思古人。必有壹定之法。但不知其何所指耳。若謂其形乃叁立方之樣。則其積弍

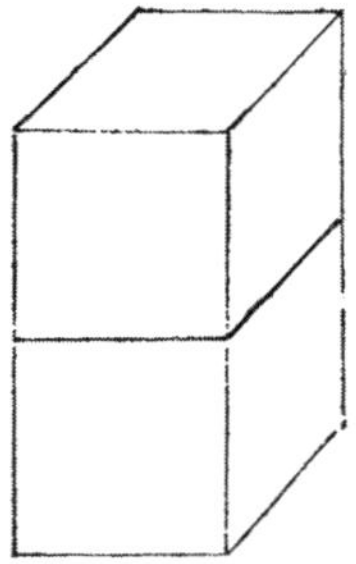

次開平方不足。又謂還原用叁次乘。本與下所問六拾七壹面合積。而其形之積。又與叁乘之積不合。若

設算其形之積。當先用叁歸之爲寔。然後用開立方之法。商除之便合。即如以廿積分作叁份。開得壹份立方形。即得叁份立方也。若云四乘方其形。必如圖樣算法。先置廿積。以四歸之爲寔。然後開方式矣。即

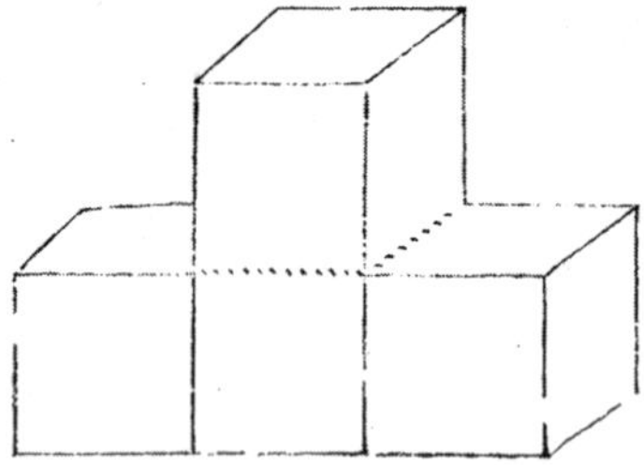

得其邊線之數。雖五六乘方。照此可以類推。此術是沅謬議者。幸精此術者。另圖以明之。不獨沅之幸。寔後之學者皆大幸也。

假如有平方積叁百弍拾四步平方開之問每若干

答曰每面壹拾八步

右𨚗下	中實	左𨚗上
壹弍廉法 八隅法	四步 弍拾六 叁百弍	壹初商 八次商

此古法沅法畧異

法置寔於盤中。自寔尾單回步起。合兩位為壹段。共有兩段。弍拾四步為壹段。叁百為壹段。法首積有兩段宜商兩次。初商是拾。即以叁百為初商寔。乃以叁百入初商表視表數有小於叁百者。壹百也。隨直視壹百之上對者。壹為應商

之數橫視旁豎行與壹百相對者拾爲初商之位
即定初商爲壹拾兩列之壹置盤左上商之位壹
置盤右下法之位乃上下相呼壹壹如壹除寔壹
百餘弍百弍拾四爲次商寔次倍下法壹作弍爲
廉法以歸餘寔弍呼弍歸見弍無除作九弍可商
九步然不足除隅寔改商八步爲次商兩列之壹
列于盤左初商拾步之次壹列于盤右廉法弍拾
之次爲隅法乃以廉法弍與次商八相呼弍八壹
拾六於餘寔弍百內除壹百六拾仍餘四拾歸於

次位。改次位之式爲六。又以隅法八。與次商八相呼。八八六拾四。除寔恰盡。共商得壹拾八步合問。壹方。兩廉。壹隅。合爲壹大正方形。長濶皆壹拾八步。

甲爲初商方形。長濶皆拾步。

次商廉隅圖

乙廉	丁隅
甲方	丙廉

乙丙爲次商廉。長皆拾步。與初商等。濶皆八步。即次商數。

丁爲次商隅。長濶皆八步。即次商數。

假如圍棊盤共叁百六拾壹著問每面若干　答曰

每面壹拾九

法置叁百六拾壹於盤中。合實尾六拾壹爲壹段。實首叁百爲壹段。即以叁百爲初商實。約商壹拾步爲初商。置於實左。亦置壹位於實右。爲下法。左右相呼。壹壹除壹。除實壹百。餘弍百六拾。壹爲次商實。次倍下法壹拾爲弍拾。爲廉法。以歸餘實。呼弍歸。見弍無除作九弍。乃商九爲次商。置于初商壹拾之次。亦置壹位于廉法弍拾之次。爲隅法。共

弍拾九皆與次商九相呼。弍九除寔壹百八拾。九九除寔八拾壹。恰盡。開得每面壹拾九合問。

今有方田積弍拾萬零七千九百叁拾六步問平方壹面若干　答曰四百五拾六步

法置方積爲寔。自寔尾合兩位計之。至寔首弍拾萬爲第叁段。即取寔首弍拾萬爲初商之寔。約商四百爲初商。列於盤左。亦置四百於盤右。爲下法。與上商相呼。四四除寔壹拾六萬。餘寔四萬七千九百叁拾六步。爲次商寔。即倍下法四百。作八百爲廉法。以歸次商寔。呼

八四添作五。遂商五拾列于初商四百之下。亦置五拾於廉法八百之下。爲隅法。共八百五拾。皆與次商五拾相呼。先呼五八除寔四萬。又呼五五除寔弍千五百。餘寔五千四百叁拾六步。爲叁商寔。又倍初次商四百五拾。共得九百爲叁商廉法。以歸餘寔。呼九五下加五。逢九進壹拾。遂商六步列於初次商四百五拾之下。亦置六步於廉法九百之下。共九百零六。皆與左叁商六相呼。先呼六九除寔五千四百。又呼六六除寔叁拾六步。恰盡合問。

今有方田積七萬壹千八百弍拾四步問平方壹面

若干　答曰每壹面方弍百六拾八步

法置方田積爲實自實尾合兩位計之至實首七萬爲第叄段即以七萬爲初商實初商弍百列於盤左亦置弍百於盤右爲下法左右相呼弍弍如四除實四萬餘實叄萬壹千八百弍拾四步爲次商實即倍下法弍百作四百爲廉法以歸餘實呼四叄七拾弍可商七因不足隅積改商六拾爲次商列於初商弍百之下亦置六拾於廉法四百之下爲隅法共四百六拾皆與次商六拾相呼先呼四六弍拾四除積弍萬四千又呼六八六叄拾六

除積叁千六百。餘實四千弍百弍拾四步。爲叁商實。却倍初商次商弍百六拾。得五百弍拾。爲叁商廉法。以歸餘實。呼五四倍作八。倍爲叁商。置於初商次商下。亦置八於廉法五百弍拾之下。皆與叁商八步相呼。先呼五八得四拾。除積四千。又呼弍八壹拾六。除實壹百六拾。又呼八八六拾四。除實六拾四。恰盡合問。

三商廉隅圖

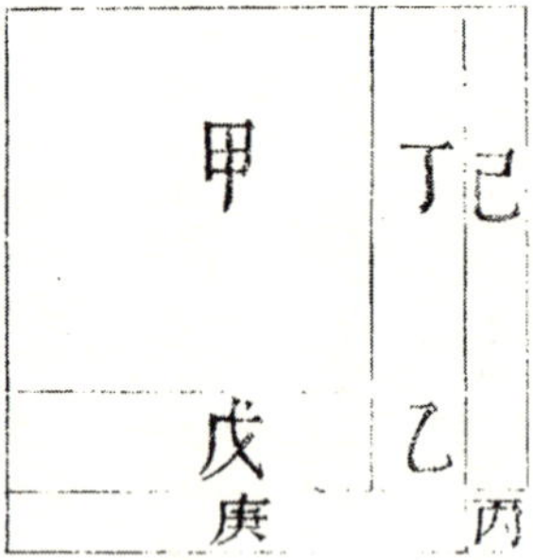

甲爲初商方。長闊皆弍百步。

丁戊爲次商弍廉。各長弍百步。

與初商等。各濶六拾步。與次商等。乙爲次商隅。長濶皆與次商等。己庚爲叁商弍廉。各長弍百六拾步。與初商次商等。各濶八步。與叁商等。丙爲叁商隅。長濶皆與叁商等。

今有平方積四百九拾步平方開之問每面若干

答曰弍拾弍步又四拾五分步之六

法置積于盤中。積尾單數空即合九空爲壹段積首四百爲壹段。即以四百爲初商寔商弍拾步列於寔左。亦置弍拾於寔右。爲下法。左右相呼。弍弍

如四除寔四百步。餘寔九拾步。爲次商寔。即倍下法弍拾步。作四拾步爲廉法。以歸餘寔。呼逢八進弍拾。商弍步爲次商。置於初商弍拾之次。亦置弍步於廉法四拾之次。爲隅法。共四拾弍步。與次商弍步相呼。先呼弍四如八除寔八拾步。次呼弍弍如四除寔四步。餘寔六步。此已開至單位而有餘寔。不能成壹整數。以法命之。倍初次商弍拾弍步。得四拾四步。加隅壹。共四拾五步。爲分母。不盡之六步爲分子。命爲四拾五分步之六。

解曰。餘寔若滿得四拾五分。即成壹整數。可商弍

東文元算程　卷之五上　十三

拾叁步矣。今只六步。是四拾五分步中而得六步。故以四拾五爲分母。六步爲分子。命爲四拾五分步之六也。

帶縱開平方法

法先列縱于積右。既得初商。以初商與縱相併爲下法。而與初商相乘。除積而定初商。求次商法。倍方而不倍縱。或以初商加入下法爲廉法。以廉法除積。而定次商。仍以次商加入廉法內。與次商相乘除積。開得商數爲潤。潤加縱爲長。

平方帶縱較數歌

平方帶縱法更奇　四因積步不須疑

縱多自乘如因積　又用開方法除之

再以縱多併開積　折半方爲長數施

若問濶步知多少　將長減却縱多基

今有買果樹不知樹數亦不知樹價但知每株樹價爲樹共價之六倍另每株脚錢六文今樹價脚錢共叁千六百文問樹數并每株樹價各若干

答曰樹弍拾四株每株樹價壹百四拾四文

法以其錢六倍因之。得式萬壹千六百文。為長方積。四因之。得八萬六千四百文。以脚錢六文為縱較。自乘得叁拾六文。併入四因數。得八萬六千四百叁拾六文。開方之。得式百九拾四文。併較六文。得叁百文。折半得壹百五拾文。內減較六文。餘壹百四拾四文。為樹每株之價。六歸之。得式拾四為樹數。此法。以樹數為濶。樹價與脚價為長。成長方形。因每株之價。為樹數之六倍。是長為濶之六倍。又多六文。故六倍其積。則長比濶多六文。而以帶縱開平方法算之。得濶為樹價。六歸之。得樹數也。

又法以共錢六六因之。得弍萬壹千六百文。爲長方積。廊錢六文。爲縱較。爰以縱多六文。折半得叄文。爲半較。自乘得九文。與六六因所得之錢相加。得弍萬壹千六百零九文。開平方。得壹百四拾七文。爲半和。內減半較叄文。得壹百四拾四文。爲樹每株之價。六歸之。得弍拾四。爲樹數。

平方長濶相和歌

長濶相和欲識情　四因積步莫畸零
和步自乘減去積　餘以開方差步名
却將和步加差步　折半當爲長數成

要知濶步如何見　長步減差濶便明

今有錢四千七百六拾文買果樹不知數但知樹之共數與每株之價相和得壹百七拾四問樹數并價各若干　答曰樹叁拾四株每株價壹百四拾文

法以錢四千七百六拾文。四因之。得壹萬九千零四拾。又以相和壹百七拾四自乘。得叁萬零弍百七拾六文。與四因之數相減。餘壹萬壹千弍百叁拾六文。開方得壹百零六文。為長濶之較。併和數折半。得壹百四拾文。為長。減較壹百零六文。餘叁拾四文為樹數。即濶此法比較數為問者。亦在加減之異。蓋壹則

用較自乘。與四因數相加。開方而得和。壹則用和自乘。與四因數相減。開方而得較也。

又法。以壹百七拾四。折半得八拾七。爲半和。自乘得七千五百六拾九。與總錢相減。餘弍千八百零九。開方得五拾叁。爲半較。於半和減半較。餘叁拾四。爲樹數。於半和加半較。得壹百四拾。爲樹價也。

假如有大小工共弍拾八名中霄共用壹百九拾弍文大工每名九文小工每名四文問大小工各若干　答曰　大工壹拾六名　用錢壹百四拾四文

東文元算學　卷五上　十六

小工壹拾弍名用錢四拾八文

法以共工八弍拾八爲長濶和。折半得拾四爲半和。自乘得壹百九拾六。與中霄錢相減。餘四個開方得弍爲半較。於半和減半較。餘拾弍即小工與濶同。於半和加半較。得拾六。即大工與長同。

又法。以共錢壹百九拾弍文四因得七百六拾八文另以大小工和自乘得七百八拾四文。弍數相減。餘拾六。開方之得四。爲大小工之較。與大小工和相加得數折半得拾六名。爲大工即長。內減較四。餘拾弍名。爲小工即濶。亦得。

今有田積壹千七百五拾步只云長比濶多壹拾五步問長濶各若干　答曰長五拾步　濶叁拾五步

法置積爲寔以多壹拾五步爲縱列於下位以法除之初商叁拾於寔左下法亦置叁拾加於縱上共得四拾五步與上商相呼叁四壹拾弍除寔壹千弍百呼叁五壹拾五除寔壹百五拾又以初商叁拾倍作六拾加縱多拾五共得七拾爲下法次商五列于初商之次下法亦置五五。于下法之下共八拾皆與次商五相呼五八得四拾除寔四百恰盡得濶叁拾五步加多壹拾五步爲長合問。

又法名減積開平方

置田積爲寔亦置不及拾五步於寔右爲減積商叁拾
置於寔左亦置叁拾於寔右爲下法以乘減積壹拾五步
得四百五拾步以減原寔餘寔壹千叁百步即以初商叁拾與
下法叁拾相呼叁叁減積九百餘寔四百又以方法叁拾倍
作六拾爲廉法次商五步置於初商叁拾之次亦置五步於
寔右以乘減積壹拾五步得七拾五步以減餘積仍餘寔叁百
式拾五步卻以下位廉法六拾併入次商五步共六拾五步皆與
次商五步相呼五六除寔叁百又五五除式拾五步得廣叁拾

五步合問。

四因積步法

今有直田積壹千七百五拾步長比濶多壹拾五步問該長濶各若干　答曰長五拾步。濶叁拾五步

古法曰。置積壹千七百五拾步。以四因之得七千步。另以縱多壹拾五步自乘。得式百式拾五步。相併共得七千式百式拾五爲寔。以開平方法除之。約商八拾於左。亦置八拾於右。左右相呼。八八除寔六千四百步。餘寔八百式拾五步。即以下法八拾倍之。得壹百六拾步。爲法歸除之。呼逢五進五於初商

八拾之宂。共得八拾五步。下法亦置五於壹百六拾之下。共壹百六拾五步。左五對右六相呼。五六除寔叁百步。又左五對右五呼。五五除寔式拾五步恰盡。得左商八拾五步。如長闊相和之步。加入縱壹拾五步。共得壹百步。折半得五拾爲長。於內減去縱多壹拾五步。餘叁拾五步即闊數。

減縱開平方法

設如有長方池其面積四拾八步其長闊相和壹拾四步問長闊各若干　答曰長八步闊六步

法用減縱法開之。置積四拾八步於盤中。置和縱

拾四步於積右爲減縱約寔商六八步置於積左爲法
以六步減和縱拾四步餘八步與商數六八步相呼
六八四拾八除寔盡則商得六八步爲池之濶其餘
縱八步即池之長也

又法將積數四拾八步四因之得壹百九拾弍步
以和縱拾四步自乘得壹百九拾六步兩數相減
餘四步平方開之得弍步爲長濶較以較加和得
拾六步折半得八步爲長以較減和餘拾弍步折
半得六八步爲濶也

設如有直田積壹千九百弍拾步長濶相和九拾弍步問長濶各若干　答曰長六拾步濶叁拾弍步

法置田積壹千九百弍拾步為寔以相和九拾弍步列於寔右為減縱。上商叁拾以減和九拾弍步。餘縱六拾弍步。與上商叁拾相呼。叁六除寔壹千八百。又呼弍叁除六拾。餘寔六拾。又以上商叁拾再減餘縱六拾弍。仍餘縱叁拾弍。次商弍又減縱弍。餘縱叁拾。與次商弍相呼。叁弍除寔六拾。恰盡。合問。

又法。置積以四因之。得七千六百八拾步。又以和九拾弍

步自乘。得八千四百六拾四步。兩積相減。餘七百八拾四步爲寔。以
開平方法除之。得濶相差式拾八步。加入和步九拾式步。共
壹百式拾步。折半得長六拾步。內減差步式拾八。餘得濶叄拾
式步。合問。

今有直田積八百六拾四步。只云濶不及長壹拾式
步。問長濶各若干。　答曰。長叄拾六步。濶式拾四
步

法。置積爲寔。以不及拾式列于右。爲帶縱開平方法
除之。初商式拾于左。下法亦置式拾。加于縱上。共叄拾式。

皆與上商弍拾相呼除寔六百四拾餘寔弍百弍拾四。却以下法初商弍拾倍之。加縱共五拾弍。次商四於初商弍拾之次下法亦置四於倍方之次共五拾六。皆與左次商四相呼除寔恰盡得濶弍拾四步。加差壹拾弍步。得長叁拾六步。

帶縱開方圖

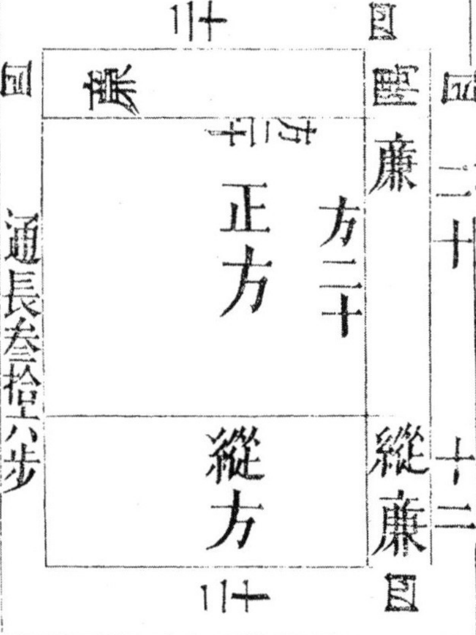

又法以縱較拾弍步折半。得六步為半較。自乘得叁拾六步。加入積得九百步。開方得叁拾步。為半和。於半和減半較餘弍拾四步為闊。於半和加半較。得叁拾六步為長。亦得。此法更捷。

今有直田積八百六拾四步只云長濶相差壹拾弍步問長濶相和若干　答曰長濶相和六拾步

古法曰置田積以四因得叁千四百五拾六步另以差壹拾弍步自乘得壹百四拾四步併四因積共叁千六百步乃是相和之積用開平方法除之得長濶相和六拾步合問

解曰四因積者乃是四長濶積居邊共叁千四百五拾六步却以相差壹拾弍步自乘得壹百四拾四步補中得相和積叁千六百步以開平方法除之得長濶相和六拾步也

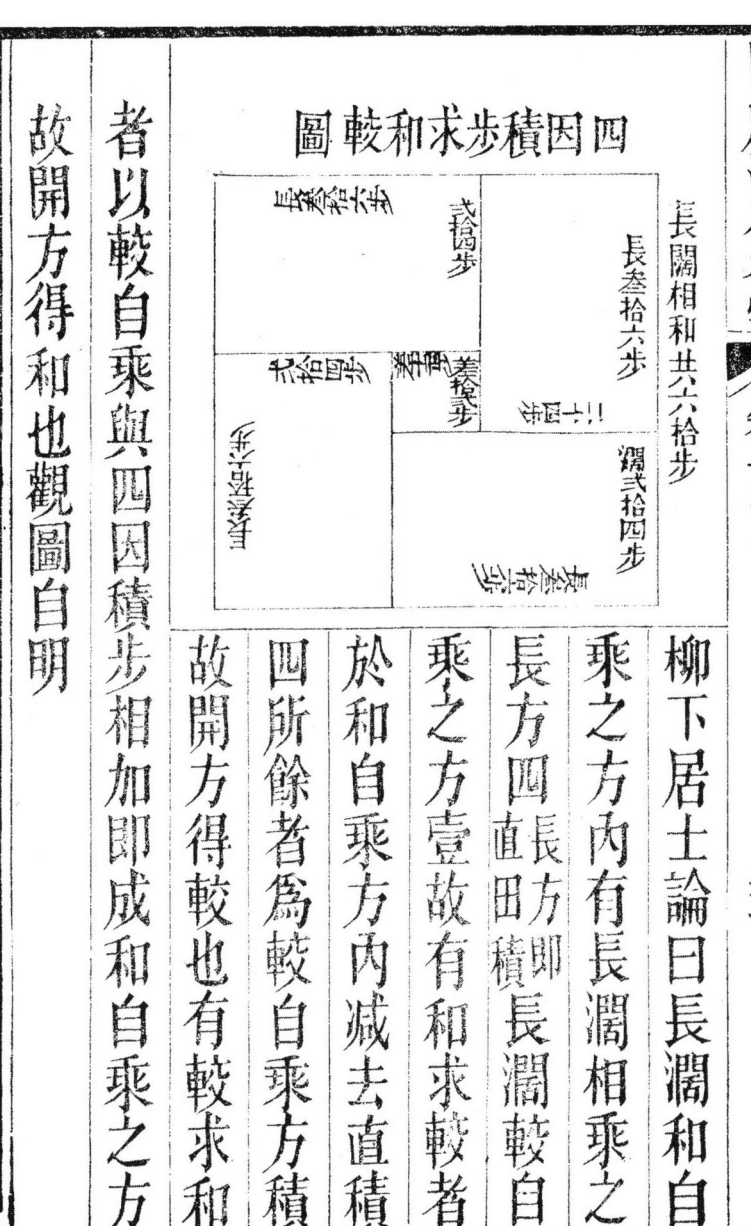

柳下居士論曰長濶和自乘之方內有長濶相乘之長方四（長方即直田積）長濶較自乘之方壹故有和求較者於和自乘方內減去直積四所餘者爲較自乘方積故開方得較也有較求和者以較自乘與四因積步相加即成和自乘之方故開方得和也觀圖自明

四因積步求和較圖

今有直田積八百六拾四步只云長濶相和六拾步

問長濶各若干　答曰長叁拾六步濶貳拾四步

法置積爲寔。以相和六拾步置於右爲減縱。上商貳拾於左。即將右縱減去上商貳拾。餘四拾。與上商貳拾相呼。除寔八百。餘寔六拾四步。又以上商貳拾再減餘縱四拾。仍餘縱貳拾。次商四步。亦減餘縱四步。仍餘縱拾六。與次商四步相呼。除寔盡。得濶貳拾四步。以減相和六拾步。得長叁拾

減縱開方圖

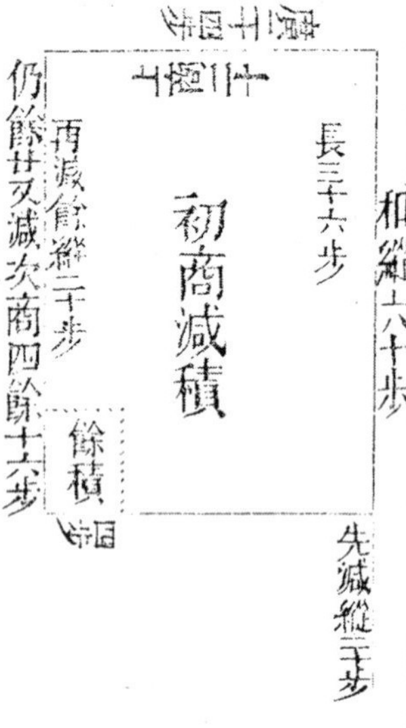

六步合問。

解曰。若不益積便用減縱。或有不可益積者。須用減縱之術。此是先問濶用此。若先問長則當用減縱翻積法。如後

縱翻積法。如後

法。置積為寔。以減縱翻積開平方法除之。上商叁拾

減縱翻積之圖

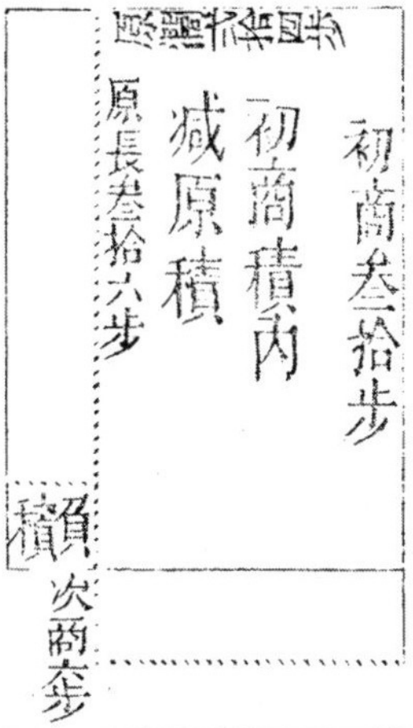

以減和縱六拾。餘叁拾。與上商叁拾相呼。合除積玖百。而積不足除。乃用翻法於九百內除原積八百六拾四。餘負積

叁拾六爲實。再置上商叁拾。以減餘縱叁拾減盡。次
商六步下法。亦置六爲隅法。與次商六相呼。六六
叁拾六。除負積恰盡。得長叁拾六步合問。

開平方通分法

今有積壹千五百九拾步六拾四分步之壹　問開平方壹面
若干　答曰叁拾九步八分步之七　即八分七釐五毫
法置積壹千五百九拾步。以分母六拾四分乘之。加入分子壹
共得壹拾萬零壹千七百六拾壹分。平方開之。得面方叁百壹拾九分爲
實。另以分母六拾四開平方。得八分。爲法除之。得方面

陳啓沅算學　卷五　三三

叁拾九步。不盡七。命之曰八分步之七。

今有方田壹段面方四步壹拾八分步之壹拾七問弦積步各若干　答曰斜弦七步方積弍拾四步五分

法置四步。以分母壹拾八乘之。加入分子壹拾七。共得八拾九步。自乘得七千九百弍拾壹步。另以分母分子相減餘壹。以乘分子拾七如故。併前共得七千九百叁拾八步為寔。另以分母拾八。自乘得叁百弍拾四。為法除之。得弍拾四步五分為方積。倍之得四拾九步。以開平方法除之。得斜弦七步。

論曰。凡方面下有零分數。求積者倣此。

今有大小方田弍段相併共積四百步只云大方田邊比小方田邊多四步問大小方邊併積各若干

答曰大方邊壹拾六步積弍百五拾六步　小方邊壹拾弍步積壹百四拾四步

法置共積。另置大方田邊多小方田邊四步。自乘得壹拾六步。以減共積四百步。餘積叁百八拾四步。折半得壹百九拾弍步。為寔。另置大方邊多小方邊四步。為縱方。以帶縱開平方法除之。得小方邊壹拾弍步加四步得大方邊壹拾六步。

數度衍算學　卷二五上　三百

大小兩方相合之圖

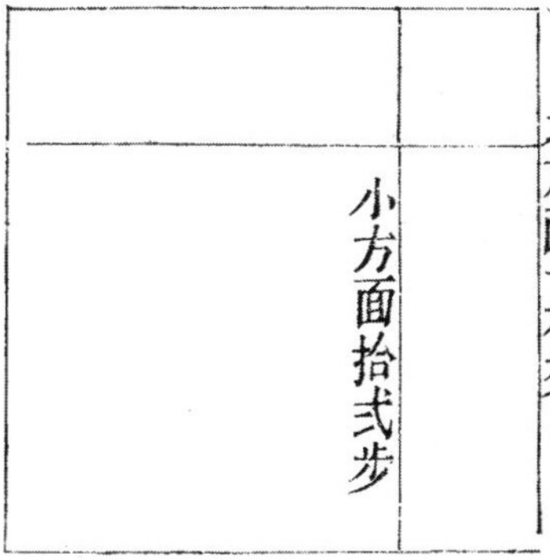

各以方邊自乘。得各積合

問。

解曰。共積是壹段大方積。壹段小方積。其大方積內有壹段小方積。壹段大小兩方相差之自乘積。如隅。又弍段。大小兩方相差乘小方之長濶積。如廉。今於共積內減去自乘數折半。餘積是壹段小方積。壹段長方廉積。以差四步為縱平方開之。求出壹段小方面數。加多步為

大方數也

今有大中小方田叁段併積八百步只云大方田邊比中邊多四步中方田邊比小田邊多四步問各方邊及積若干　答曰大方邊式拾步積四百步　中方邊拾六步積式百五拾六步　小方邊壹拾式步積壹百四拾四步

法置共積。另以大方邊多小方邊八步。自乘得六拾四步。又以中方邊多小方邊四步。自乘得壹拾六步。併式數共八拾步。以減共積八百步。餘積七百式拾步。以叁歸之。得式百四拾步爲寔。以大方邊多小方邊八步爲縱。用帶縱開

平方法除之得小方邊式拾步。加多四步。得中方邊拾六步。又加多四步。得大方邊式拾步。各以方邊自乘。得各積合問。若四段則用四歸。五段則用五歸。

大小叁方總圖

今有方田壹段圓田壹段共積式百五拾式步只云方面圓徑適等問方圓徑各若干　答曰方面圓徑各壹拾式步

法置共積。以四因得壹千零零八步。併方四圓叁共七。為法除

之。得壹百四拾四步。以平方開之。得方面壹拾弍步。圓徑亦同。

解曰。四因方圓共積得四個方積。四個圓積。其四個圓積。恰折得叁個方積。故用七除。得壹個方積。以開平方。得方圓徑舊法。四因積得壹千零八步為實。以平方開之。併方四圓叁共七為隅。於下法初商壹拾以

隅七乘得七拾為方法。與上商壹拾相呼。除寔七百。餘寔叁百零八步。另倍方法得壹百四拾為廉法。次商弍步。以隅七乘得

拾四。併入廉法壹百四拾四。共壹百五拾四。與次商式步相呼。除實恰盡。亦開得壹拾式步合問。

平圓法歌

平圓之法若求周。拾式乘積數可求。求徑四因叁而壹開平方法以除收。

古法曰。問外周者。置積若干。以圓法拾式乘得若干爲寔。以開平方法除之得周。若要還原如圓田。以外周自乘。又以拾式除見積若周下原有不盡數者。以以周自乘。併入不盡。以拾式除見積。問徑者。置積若

千以四因叁歸得若干為寔以平方開之得徑其

圓居方四分之叁故用四因叁歸之若要還原如

圓田以徑自乘併入不盡數以叁因四歸之見積

今有圓田積弍千叁百五拾弍步問平原周若干

答曰周壹百六拾八步

古法曰置圓田積步以拾弍乘之得弍萬八千弍百弍拾四步為

寔以開平方法除之即得

今有圓田積弍千叁百五拾弍步問平圓徑若干

答曰徑五拾六步

古法曰。置積步四因叁歸。得叁千壹百叁拾六步爲寔。以開平方法除之即得。

今有圓積五萬四千欲爲平圓問徑若干　答曰徑弍百六拾八又五百叁拾七分之壹百七拾六

古法曰。置積數四因叁歸。得七萬弍千爲寔。以開平方法除之即得。

方圓叁稜總歌

方圓叁稜求周數。各減總壹分明布。拾六乘方帶縱八拾弍。乘圓加縱六拾八。叁稜添縱九。俱用帶縱開

方術倍方不倍縱開除何愁外周不知數

還原束法

四方之束添八乘拾六歸除數頗明圓束外周加六湊乘來拾弍法除清叁角加九乘周數拾八歸除不差爭各要臨時添壹數即中心也束積推詳數可成

今有箭八拾壹根束爲正方問外周若干　答曰外周叁拾弍根

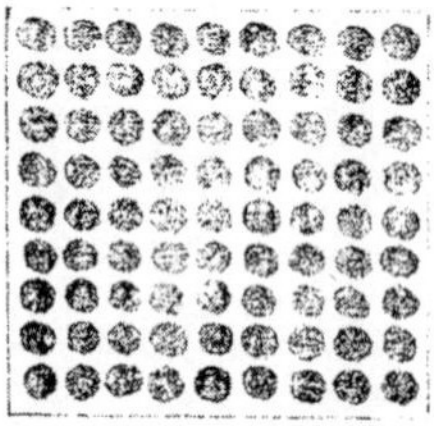

古法曰○○○○○○○○○此是八周包壹也置方箭八拾壹根減去中心壹根餘

八拾根。以方束法六拾乘之。得壹千弍百八拾根爲寔。列于中。以八爲縱列於右。用帶縱平方開之。初商叁拾置於寔左。亦置叁拾於右縱八之上。共叁拾八。左右對呼。叁叁除寔九百。又呼叁八除弍百四拾。即以下法叁拾倍作六拾。不倍縱八。共六拾八。次商弍于左。初商叁拾之次。下法亦置弍於倍方之次。共得七拾弍。左七對右七。呼七七除寔壹百四拾。恰盡。得周叁拾弍根。合問。

今有箭壹方束外周叁拾弍根。問總積若干。　答曰

八拾壹根

法置外周弍叁拾於左。亦置弍叁拾於右。加內周八共六
拾四相乘得壹千弍百八拾爲寔。以方束法拾六除之。得八拾。加
上中心壹。共得八拾壹根。合問。凡方物乃是八周包壹
數也。自內之外。每層加八。故以八歸。外周即知層
自外之內。每層減八。

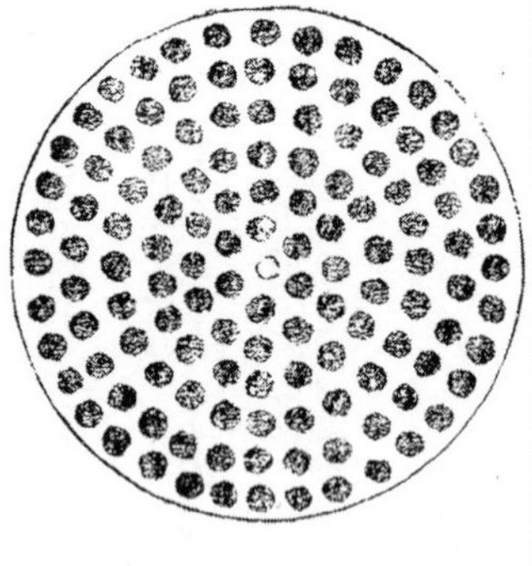

今有箭壹百弍拾七根束爲正圓問外周若干
答曰外周叁拾六根
古法曰。此是六周包壹也。置圓箭
壹百弍拾七根。減去中心壹。餘壹百弍拾六根。
以圓束法弍拾乘之。得壹千五百壹拾弍根

爲寔。以縱六列於右。用帶縱平方開之。初商叁拾於左。下法亦置叁拾於右。縱六之上。共叁拾六。左右相呼。叁叁除寔九百。又呼叁六除寔壹百八拾。即以右位初商叁拾倍作六拾不倍縱六。共六拾六。次商六於初商叁拾之次。下法亦置六於倍方之次。共七拾弍。左右對呼。六七除寔四拾弍。又呼弍六除寔壹拾弍。恰盡。得周叁拾六。合問。

今有箭壹圍。束外周叁拾六根。問總積若干　答曰

壹百弍拾七根

法置外周六叄拾於左。亦置六叄拾於右。加內周六六共四拾式。相乘得壹千五百壹拾式爲寔。以圓束法式拾除之。得壹百式拾六。加中心壹合問。凡圓物乃是六周包壹。故以六歸外周即知層數也。自內之外。每層加六。自外之內。每層減六。

今有叄稜物九拾壹個問外周若干　答曰外周叄拾六個

古法曰。

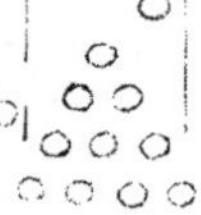

此是九周包壹也。置叄稜物九拾壹個減去中心壹個餘九拾個以束法拾八乘之得壹千六百式拾個爲寔。以九爲縱列於右。用帶縱開平方法除之。初商叄拾於左。

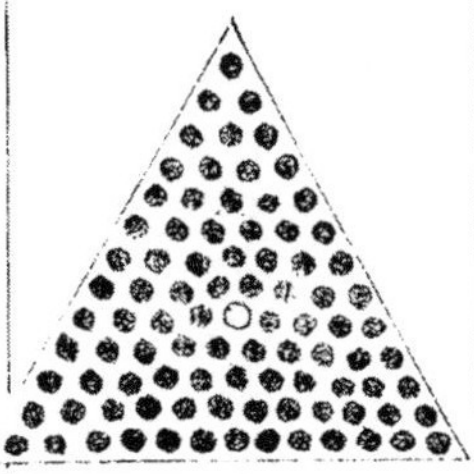

下法亦置叁拾於右縱九之上共叁拾九。左右相呼。叁叁除寔九百。又呼叁九除寔弍百七拾。餘寔四百五拾另以初商叁拾倍作六拾。不倍縱共九。六拾次商六個於左。初商叁拾之次。下法亦置六於倍縱方之次共七拾五。以左六對右七呼。六七除寔四百弍拾。又呼五六除寔叁拾。恰盡得叁拾六合問。

今有叁稜物外周叁拾六個問總積若干　答曰九拾壹個

法置外周叁拾六於左。亦置叁拾六於右。加內周九。共四拾五。相乘得壹千六百弍拾為寔。以東法拾八除之。得九拾。加內心壹。合問。凡叁稜物乃是九周包壹。故以九歸外周即知層數也。自內之外每層加九。自外之內每層減九。

假如方箭束積六拾四根。問外周若干　答曰外周弍拾八根

法以方束積為寔。以開平方法除之。得壹面方八根。郄減去壹根。得七根。以四因得外周弍拾八根。

若前方箭積八拾壹根。以箭為寔。平方開之。得壹

面方九根。却減去壹根。得八根。以四因得外周叁拾弍根。亦同。

開立方認初商歌

壹千定拾定無疑。叁萬纔爲叁拾餘。九拾九萬不離拾。百萬方爲壹百推。古法以平方五尺作壹步。立方五尺亦作壹步。

解曰。謂如積壹千步。約商壹拾步。如積叁萬步。即約商叁拾步。積九拾九萬步。即約商九拾步。積壹百萬步。即約商壹百步也。有寔無法。故曰約之。

商壹步者自積壹步起至七步止　商弍步者自積八步起至弍拾六步止

商叁步者自積弍拾七步起至六拾叁止　商四步者自積六拾四步起至壹百弍拾四止

商五步者　自乘積壹百弍拾五步　至弍百壹拾五步

商六步者　自乘積弍百壹拾六步　至叁百四拾弍步

商七步者　自乘積叁百四拾叁步　至五百壹拾壹步

商八步者　自乘積五百壹拾弍步　至七百弍拾八步

商九步者　自乘積七百弍拾九步　至九百九拾九步

商拾步者　自乘積壹千步　至七千步

商弍拾步者　自乘積八千步　至弍萬六千步

商叁拾步者　自乘積弍萬七千步　至六萬步

商四拾步者　自乘積六萬四千步　至壹拾弍萬步

商五拾步者　自乘積壹拾弍萬五千步　至弍拾壹萬步

商六拾步者　自乘積弍拾壹萬六千步　至叁拾四萬步

商七拾步者　自乘積叁拾四萬叁千步　至五拾壹萬步

商八拾步者　自乘積五拾壹萬弍千步　至七拾弍萬步

商九拾步者　自乘積七拾弍萬九千步　至九拾九萬步

商壹百步者　自乘積壹百萬步　至七百萬步

已上皆言初商首位之積。以所商自乘再乘之數。

卷五上　三三

次商用法不同。

開立方法

法置積於盤中為實。從實尾單位起。其叁位為壹段。有幾段。知商幾次。取寔最上之壹段為初商寔。既約寔以定初商。寔壹位者。商壹弍。寔弍位者。商叁四。寔叁位者。商五至九。既得初商自乘再乘以除寔。餘為次商寔。初商副置叁位為次商用。壹置寔左。壹置寔右。自乘而叁之為方法。壹置右下。叁之為泛廉。用方法約餘寔而定次商。既得次商。亦置叁位壹置初商之次。壹乘泛廉為廉法。壹自乘為隅法。乃

以方法。廉法。隅法。併爲壹數。以次商相呼而除餘積。恰盡者。即合初次兩商。爲開得方面數。積有不盡者。視原積。若只兩段。只應商兩次。其餘積。以法命之。若原積有叁段。應商叁次。則按次商之法。以求叁商。其餘積若少不足商壹整數者。亦以法命之。

命分法　以商得數自乘而叁之。又以商得數叁之。併兩數加壹數。共爲分母。不盡之數爲分子。命爲幾分之幾。

還原法　以立方面數。自乘再乘見積。若原有不盡

之數。加入之。即合原數。

今有立積叁千叁百七拾五尺問立方面若干

答曰壹拾五尺

古法。置積於盤中爲寔。自寔尾至叁百叁位合爲壹段。寔首叁千壹位爲壹段。即以叁千爲初商寔。積有兩段。應商兩次。初商是拾。約商壹拾。副置叁位。壹置寔左。壹置寔右。壹置右下。以初商壹拾自乘得壹百。再乘得壹千。除寔。餘弍千叁百七拾五尺爲次商寔。以寔左初商壹拾自乘而叁之。得叁百爲方法。又以右下初商壹拾。叁因之

得叁拾爲泛廉以方法約餘寔定次商五尺亦置叁位壹置初商壹拾之次壹乘泛廉叁拾得壹百五拾爲廉法壹自乘得弍拾五尺爲隅法併方法叁百廉法壹百五拾隅法弍拾五共四百七拾五尺與次商五尺相呼除寔恰盡凡開得立方壹拾五尺合問

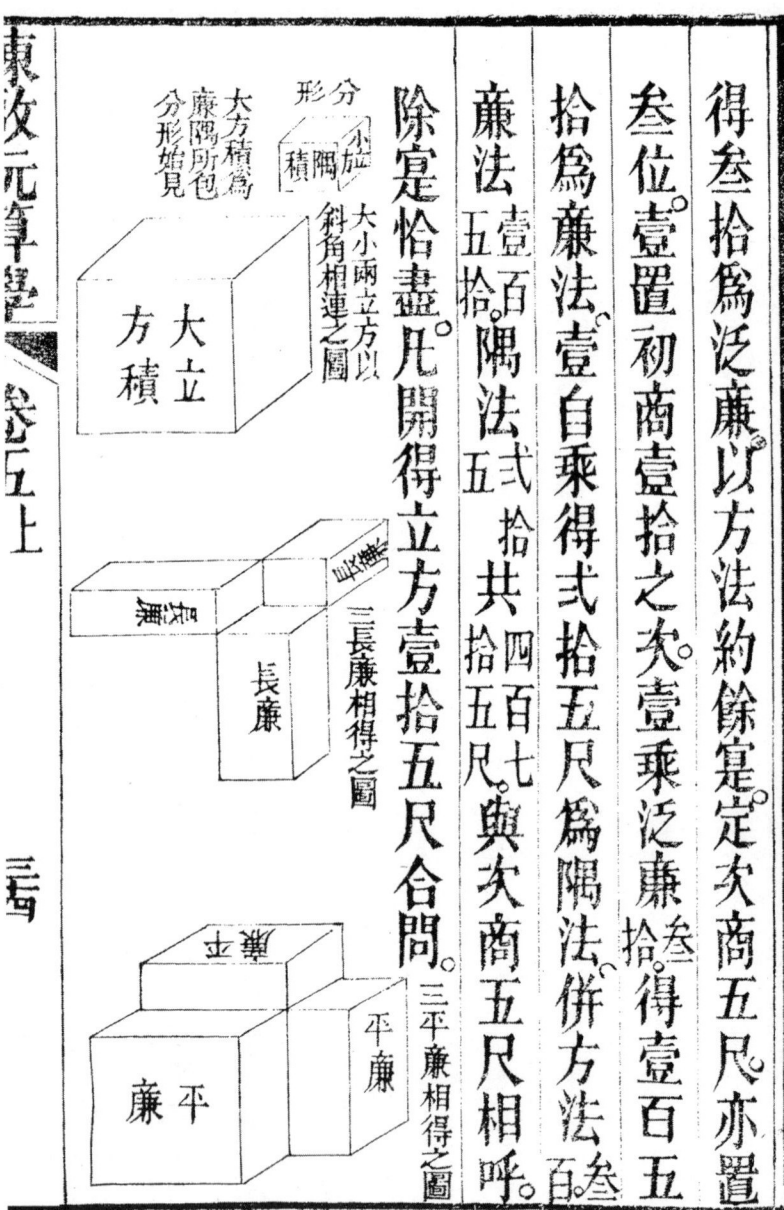

三平廉相得之圖

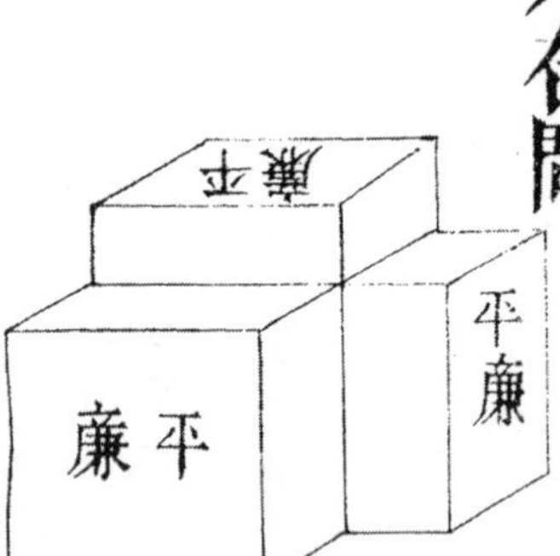

三長廉相得之圖

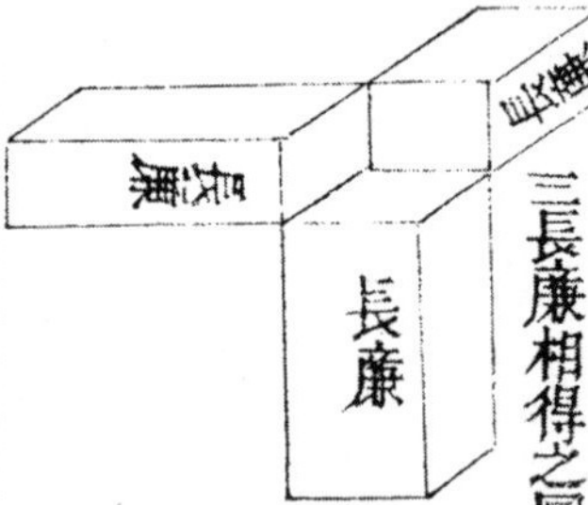

大小兩立方以斜角相連之圖

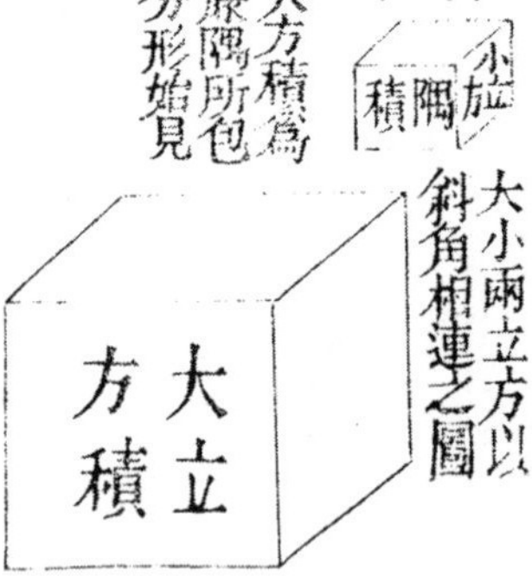

次商總圖

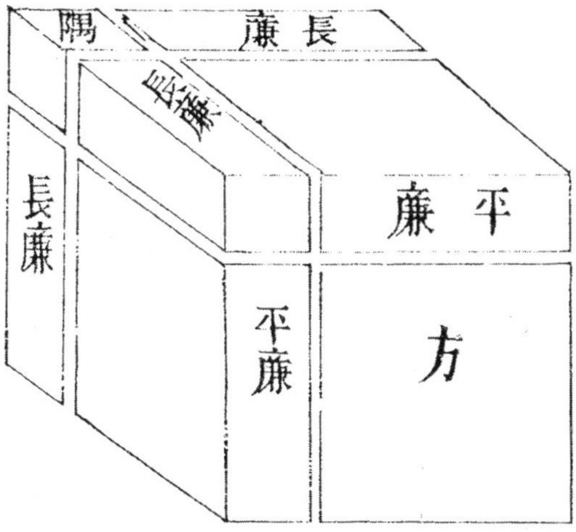

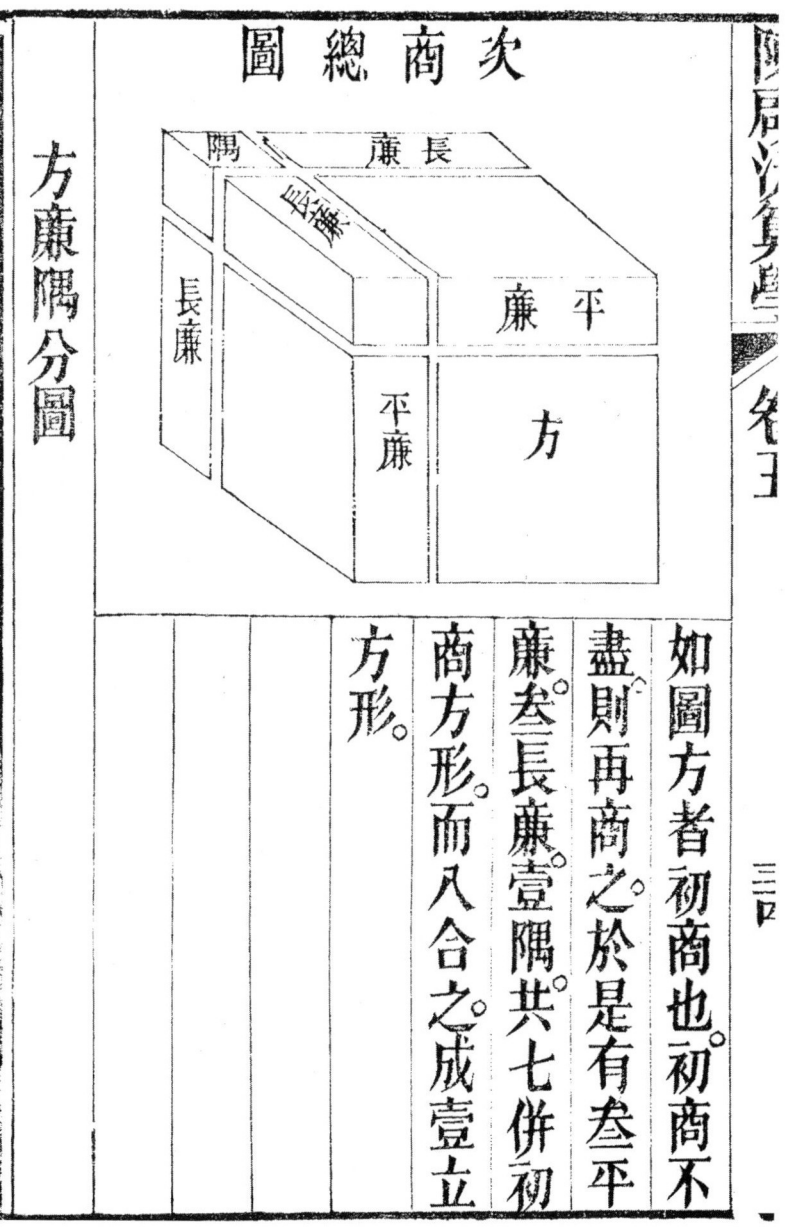

如圖方者初商也。初商不盡則再商之。於是有叁平廉叁長廉壹隅共七併初商方形而入合之成壹立方形。

方廉隅分圖

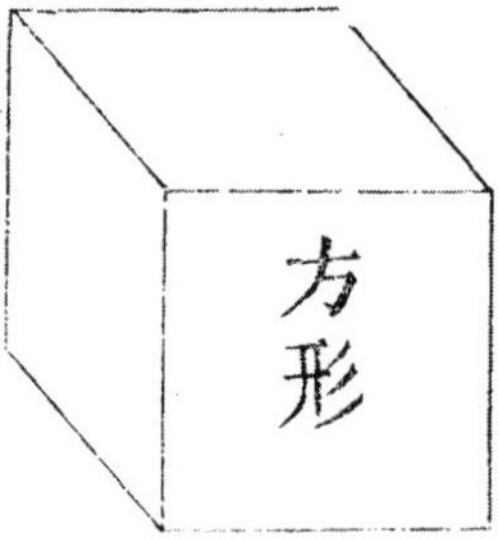

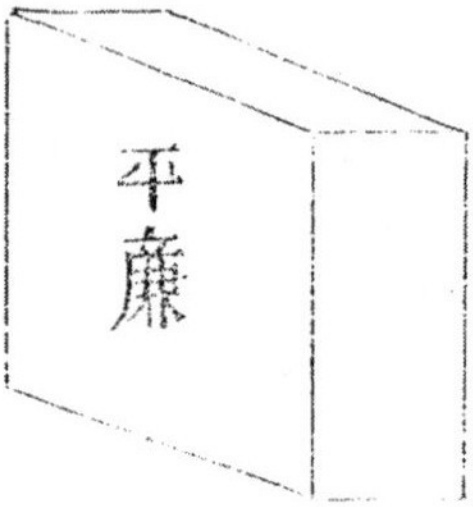

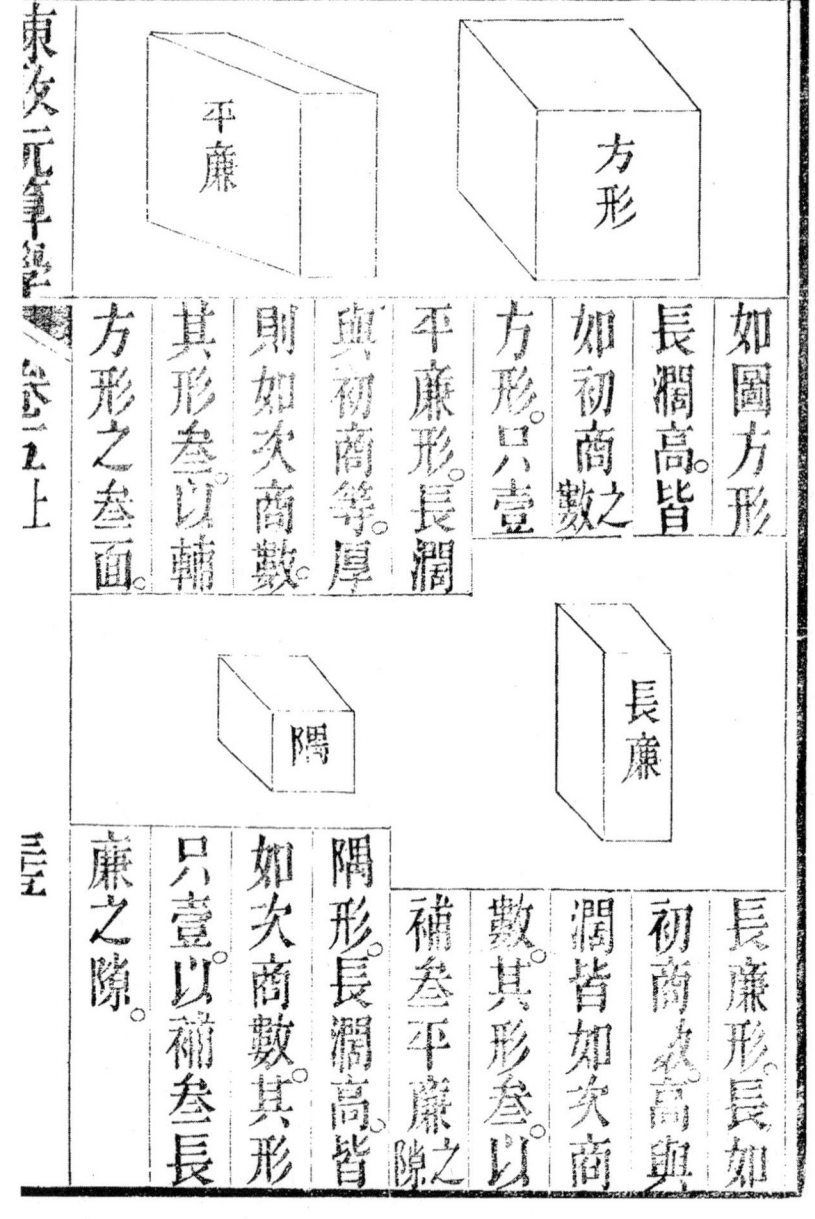

如圖方形長濶高皆如初商數之方形。只壹平廉形。長濶與初商等。厚則如次商數。其形叁。以輔方形之叁面。

長廉形。長如初商。高與濶皆如次商數。其形叁。以補叁平廉之隙。隅形。長濶高皆如次商數。其形只壹。以補叁長廉之隙。

今有正方體積叁千叁百七拾五尺開立方問邊若干　答曰壹拾五尺

沅法以積爲寔約初商拾尺自乘得壹百尺再乘得壹千尺與原積相減餘式千叁百七拾尺爲寔以初商拾尺自乘得壹百尺叁因得叁百尺爲法方次商五尺呼五叁除壹千五百尺餘八百七拾五尺以初商拾尺與次商五尺相乘得五拾尺叁因之得壹百五拾尺爲次商叁長廉面積又以次商五尺自乘得式拾五尺爲次商壹小隅面積併叁長廉壹小隅面積得壹百七拾五尺再以次商五尺爲高相乘之得八百七拾五尺

與餘積減恰盡合問。

今有立積壹百九拾五萬叁千壹百弍拾五尺問立方面若干　答曰壹百弍拾五尺

古法置積于盤中爲寔。自寔尾五尺起。計叁位爲壹段。五尺至壹百爲壹段。叁千至九拾萬爲壹段。寔首壹百萬爲壹段。寔首壹百萬爲第叁段。積有叁段。應商叁次。初商是百。即以壹百萬爲初商寔。約商壹百。踰躐叁位。壹置寔左。壹置寔右。壹置右下。以初商壹百自乘再乘。得壹百萬。除寔盡。餘九拾五萬叁千。爲次商寔。以寔右初商壹百。自乘而叁之。得叁萬

東文元算學　卷五上　三

爲方法。又以右下初商壹百叄之。得叄百爲泛廉。以方法約餘寔。或用叄歸亦可。可商叄拾。因尚有廉隅。恐寔不足除。只商弍拾爲次商。亦置叄位。壹置初商壹百之次。壹乘泛廉叄百。得六千爲廉法。壹自乘得四百爲隅法。併方法叄萬廉法六千隅法四百。共叄萬六千四百尺。與次商弍拾相呼。除寔七拾弍萬八千尺。仍餘弍拾弍萬五千壹百弍拾。爲叄商寔。以寔右初商合次商共壹百弍拾五尺。

自乘而叄之。得四萬叄千弍百尺。爲方法。以初商合次商共壹百弍拾叄之。得叄百六拾爲泛廉。以方法約寔。或用四歸亦可

商五尺為叁商。亦置叁位。壹置初次商壹百式拾之次。

壹乘泛廉叁百六拾得壹千八百為廉法。壹自乘得式拾五為

隅法。併方法四萬叁千式百、廉法壹千八百、隅法式拾五，共四萬

五千零式拾五尺。與叁商五尺相呼。除寔盡。凡開得

立方每面壹百式拾五尺合問。

今有立積壹百九拾五萬叁千壹百式拾五尺問立

方每邊若干　答曰壹百式拾五尺

泝法以積為寔。約初商壹百尺。自乘得壹萬尺。再乘得壹百

萬尺與原積相減。餘九拾五萬叁千壹百式拾五尺為寔。以初商壹百

尺。自乘得壹萬尺。叄因得叄萬尺。爲方法。次商式拾尺。呼式叄
除六拾萬尺。餘叄拾五萬叄千壹百式拾五尺。爲實。以初商壹百尺。與次
商式拾尺。相乘之得式千尺。叄因之得六千尺。爲次商叄長
廉面積。又以次商式拾尺。自乘得四百尺。爲次商壹小
隅面積。併叄長廉壹小隅面積六千四百尺。再以次商
式拾尺。爲高相乘之得拾式萬八千尺。與餘積相減。餘式拾式萬
五千壹百式拾五尺。爲實。又將前方法叄萬尺不動。將初商壹百
尺。與次商式拾尺。相乘之得式千尺。用六因之得壹萬式千
尺。爲廉法。又以次商式拾尺。自乘得四百尺。用叄因之。

得壹千弍百尺。為隅法。方廉隅之法。叁其併得四萬叁千弍百尺。為總法除之。得叁商五尺。又餘九千壹百弍拾五尺。為實。以初次兩商壹百弍拾尺。用叁商五尺相乘之。得六百尺。叁因之得壹千八百尺。為叁長廉面積。再以叁商五尺自乘得弍拾五尺。為壹小隅面積。併叁長廉壹小隅面積。壹千八百弍拾五尺。以叁商五尺為高。相乘之。得九千壹百弍拾五尺與積相減恰盡

今有方體積壹百九拾七萬五千七百壹拾壹尺五百壹拾寸零五百九拾弍分。開立方。問每邊若干

答曰。壹百弍拾五尺四寸八分

沅法以積爲實。其壹百九拾萬尺爲初商積。可商壹百尺。定初商壹百尺。自乘壹萬尺。再乘壹百萬尺。與原積相減。餘九拾七萬五千七百壹拾壹尺五百壹拾寸零五五百九拾弍分爲實。以初商壹百尺自乘壹萬尺。叁因得叁萬尺爲法。方次商弍拾尺。除六拾萬尺。呼叁弍。餘叁拾七萬五千七百壹拾壹尺五百壹拾寸零五五百九拾弍分爲實。以初商壹百尺與次商弍拾尺相乘。得弍千尺。叁因得六千尺。爲次商叁長廉面積。又以次商弍拾尺自乘。得四百尺。爲次商壹小隅面積。併叁長廉。其得面積六千四百尺。以次商爲高。弍拾尺相乘之。得壹拾弍萬八千尺。與積相減。餘弍拾四萬七千七百

壹拾壹尺五百壹拾寸零五百九拾弍分為寔。此商得兩度也。○又以前方法

叁萬尺不動。以初商壹萬尺。與次商弍拾尺。相乘得弍千尺。

六因得壹萬弍千尺為廉法。又以次商弍拾尺。自乘得四百

尺。叁因得壹千弍百尺。為隅法。併方廉隅叁法。共得四萬

叁千弍百尺。為方法。叁商五尺如前法乘得數除之。餘叁萬壹千七百壹拾壹尺五百

壹拾寸零五百九拾弍分為寔。以初次兩商壹百弍拾尺。與叁商五尺。

相乘得六百尺。叁因得壹千八百尺。為叁長廉面積。又以

叁商五尺。自乘得弍拾五尺。為壹小隅面積。併叁長廉。共

面積壹千八百弍拾五尺。與叁商為高五尺相乘。得九千壹百弍拾五尺。

與餘積相減。餘弍萬弍千五百八拾六尺五百壹拾寸零五百九拾弍分爲寔。此商得叁度也。○又將前方法四萬叁千弍百尺不動。以初次兩商共壹百弍拾尺與叁商五尺相乘。得六百尺。六因得叁千六百尺爲廉法。又以叁商五尺自乘。得弍拾五尺。叁因得七拾五尺爲隅法。併方廉隅叁法。共得四萬六千八百七拾五尺。爲法方四商四寸。如前相乘。得數減之。餘叁千八百叁拾六尺五百壹拾寸零五百九拾弍分爲寔。又以初次叁商共壹百弍拾五尺。與四商四寸相乘。得五拾尺。叁因得壹百五拾尺。爲叁長廉面積。又以四商四寸自乘。得壹拾六寸。爲小隅面積。併叁長廉共得面積壹百五拾尺零

壹拾六寸與四商爲高四寸相乘之得六拾尺零零六拾四寸與餘

積相減餘叁千七百七拾六尺四百四拾六寸五百九拾式分爲寔此商得四度也

又將前方法四萬六千八百七拾五尺不動以初次叁商共壹百

式拾五尺與四商四寸相乘得五拾尺六因得叁百尺爲廉法

又以四商四寸自乘得壹拾六寸叁因得四拾八寸爲隅法併

方廉隅叁法共得四萬七千壹百七拾五尺四拾八寸爲方法五商八分

如前相乘式尺四百零八寸得數減之餘壹百九拾式分爲寔又以初次叁

四商共壹百式拾五尺四寸與五商八分相乘之得壹拾尺零零叁寸式

拾分叁因得叁拾尺零零九寸六拾分爲叁長廉面積又以五商

八分自乘。得六拾四分。爲壹小隅面積。併廉隅。共面積得叁拾尺零壹拾寸零弍拾四分。與五商爲高八分相乘之。得弍尺四百零八寸壹百九拾弍分。與積相減恰盡合問。以下開立方法俱倣此推

陳啟沅曰。予見世之學算者。至開方之法。似有難色。再至開立方之法。則更畏其曲折太繁。難以搆思。皆因未深明其立方之形耳。故不嫌贅續層剖而解之。夫立方者。是長闊厚六面同數。故先用自乘得平面之積。再以高再乘得立方共積耳。因開方先知其共積。有實而無法。商量可能每邊得多少而後剖之。故

曰商除假如有立方物壹件每邊長濶高厚皆壹百式拾五尺四寸八分照自乘再乘得壹百九拾七萬五千七百壹拾壹尺五百壹拾寸零五百九拾式分即前設立壹題是也為算者未知其方邊能商多少為方邊之數故要將認商歌而約之有曰百萬方為壹百推是也故初商方邊為第壹層壹百尺自乘為壹萬尺再乘為壹百萬尺減去共積除外尚剩之積為次商實用第式層剖之則有叁平廉叁長廉壹小方隅以護大方之叁面壹角觀前圖自明故次商式拾尺者要知平廉

與大方同數。故叁平廉面積為叁萬尺。矣。用次商者。商
其高耳。故商弍拾尺。則六拾萬尺。矣。若商多拾尺。則其積不足
叁長廉矣。而叁長廉之長。與大方邊同數。其高厚則
與平廉之厚同數。故將次商弍拾尺。與大邊百尺。相乘得
弍千尺。叁長廉併六千尺。為面積。又以弍拾尺。為高再乘得
壹拾弍萬尺。以減餘積。又將壹角之小方隅。每方弍拾尺。自
乘得四百尺。再乘高弍拾尺。得八千尺。亦減餘積。減餘尚剩
之數。弍拾四萬七千七百壹拾壹尺五百壹拾寸零五百九拾弍分為叁商積。○用
第叁層剖之。叁商之形。亦有叁平廉。叁長廉。壹小方

隅。以護次商叁面合爲大方形。而叁平廉之方面。必與次商之平廉面邊壹百尺合長廉橫式拾尺。是兩邊俱壹百式拾尺。又兩邊是長廉之長邊壹百尺。小方隅之邊方式拾尺。亦壹百式拾尺。故叁商平廉之方面。得壹百四拾四尺。然有叁平廉。故以叁因爲廉法與壹百四拾四尺相乘。得四萬叁千式百尺矣。故叁商其厚耳。可商五尺。蓋以五尺乘四萬叁千式百尺。得式拾壹萬六千尺。與積相減所餘叁萬壹千七百壹拾壹尺五百壹拾式寸零五百九拾式分。尚欠叁長廉壹小方隅。然後成立方之體。而叁長廉之長。必與平廉之邊同。壹百式拾尺之長。其高厚亦必五尺矣。故壹百式拾尺乘濶五尺。得六百尺。

爲壹長廉積叁因之得壹千八百尺爲叁長廉面積而小方隅必方五尺自乘得弍拾五尺爲壹小隅面積併叁長廉共面積壹千八百弍拾五尺再以高五尺相乘得九千壹百弍拾五尺與餘積相減餘弍萬弍千五百八拾六尺五百壹拾寸零五百九拾弍分爲四商之積

○用第四層剖之四商之形與次商叁商共壹式耳不過其平廉必濶而薄其長廉必長而薄耳無容贅解矣其四商之法又將叁商平廉之邊壹百弍拾五尺而合長廉之積共壹百弍拾五尺四寸爲平廉方邊自乘得壹千五百六拾弍尺五百寸爲平廉面積叁平廉照因得四千六百五拾七尺五百寸

故亦四商其厚爲四寸。與平廉面積相乘得壹萬八千七百五拾
尺。與餘積相減。餘叁千八百叁拾六尺五百壹拾寸零五百九拾弍分爲餘實。
亦要再除叁長廉壹小隅。後足成壹大方形。故長廉
與平廉之邊同數。亦壹百弍拾五尺。亦乘濶四寸。得五百寸。爲壹
長廉面積。叁長廉因之。得壹尺五百寸。又以高四寸濶四寸自
乘得拾六寸。爲小方隅面積。併叁長廉共面積壹尺五百寸零
壹拾六分。與高四寸再乘。得六拾尺零零六拾四寸矣。此壹段宜深明其數何以用四
寸乘壹尺五百寸零壹拾六分。始能謂之六拾尺。有奇蓋高壹尺。厚壹尺。濶壹尺。然後謂之壹尺。再
與餘積相減。所餘叁千七百七拾六尺四百四拾六寸五百九拾弍分爲五商

實○剖四層尚有餘積則用第五層剖之蓋五商之形與四商同式不過叁平廉更濶而扁叁長廉更長而細小隅則四方皆細矣亦以四商平廉邊與四商長廉濶爲五商平廉之方邊也每邊壹百弍拾五尺四寸自乘得壹萬五千七百弍拾五尺零壹拾六分爲壹平廉面積叁廉因之得四萬七千壹百七拾五尺四拾八分以五商其高得八分乘得叁千七百七拾四尺零叁拾八寸四百分以減餘積剩弍尺四百零八寸壹百九拾弍分爲餘實以減叁長廉壹小隅積故長廉亦與方邊同數長壹百弍拾五尺四寸與五商八分相乘得壹拾尺零零叁寸弍拾分爲壹長廉面積

叁因之得叁拾尺零零九寸六拾分為叁長廉面積又以高八分自乘得六拾四分與叁長廉共得叁拾尺零壹拾寸零弍拾四分與五商高再乘得弍尺四百零八寸壹百九拾弍分恰合原積也此法雖與前法及古法畧各有異而其理則壹也可見算術非獨壹法可算若明其理則頭頭是路故特分叁法以明之并將五商開立方全圖繪錄如左

初商之式只壹立方形週圍邊線皆同其數

次商之式則有壹正方體即初商之全體叁平廉體如扁方形

叁長廉體如戒方樣　壹方隅體四邊同數

叁商之式亦有
壹正方體即次商之全體
叁平廉體其平面必包過次商之全體壹面叁廉皆同
叁長廉體長與次商邊同
壹小方隅體合共八件
四商五商之式亦
如叁商之理同

算學卷五上終

五商開立方圖

少廣章第五下

立圓法歌

立圓問徑法何如。拾六乘積九歸除。得數又將爲實
積。立方開見更何如。立圓若問周圍數。積用四拾八
乘之。乘爲實積用開立。不患周圍數不知。

古法曰。問周若置積若干。以四拾八乘之。得若干爲
實。以開立方法除之。得周。若要還原。以周自乘再
乘。以四拾八除之。見積。若問徑置積若干。以拾六乘之
得若干。又九歸之。得若干爲實。以開立方法除之

得徑。若要還原。以徑自乘再乘。以九因拾六除之見
積。若徑下原有不盡者。或周徑自乘再乘併入。不
盡數。周。以四拾八除徑。以九因拾六除之見積。凡問周
問徑。遇有餘積不盡者。依開立方法命之。

今有積六萬叁千弍百零八尺欲爲立圓問徑若干

答曰徑四拾八尺

法置積以拾六乘之。又用九歸之。得壹拾壹萬弍千叁百六拾九尺
爲實。以立方法開之。得四拾八尺合問。

柳下居士曰。此題如法開之。得徑四拾八尺。餘積

壹千七百七拾七尺。不盡。以法命之。爲七千零五拾七分尺之壹千七百七拾七。統宗開得四拾八尺積盡者誤也。又置積拾六乘九歸得壹拾壹萬弍千叁百六拾九。統宗之數亦誤今正之。

今有積六萬弍千弍百零八尺欲爲立圓問周若干

答曰周壹百四拾四尺

法置積以四拾八乘之。得弍百九拾八萬五千九百八拾四尺爲實。以開立方法除之。得壹百四拾四尺合問。

陳啟沅曰。開立圓術。依新率比例。開立圓法與立方

之理也。茲將照立壹問亦正之。

今有積六萬叁千弍百零八尺欲爲立圓問球徑若干答曰四拾九尺四寸弍分有餘

法以積六萬叁千弍百零八尺用球徑方邊相等。球積方積不同之定率比例。方積壹九零九八五九叁壹七相乘。得壹拾弍萬零七百壹拾八尺叁百八拾七寸七百零八分九百叁拾六厘爲實。如立方開之。其積拾弍萬。可初商四拾尺。自乘得壹千六百尺。再乘得六萬四千尺。與積相減。餘五萬六千七百壹拾八尺叁百八拾七寸七百零八分九百叁拾六厘爲實。以初商四拾尺自乘。得壹千六百尺。叁因得

四千八百尺爲方法除之。得次商九尺。餘壹萬叁千五百壹拾八尺三百八拾七寸七百零八分九百叁拾六厘爲實。以初商四拾尺與次商九尺相乘。得叁百六拾尺。叁因得壹千零八拾尺。爲叁長廉。又以次商九尺自乘。得八拾壹尺。爲壹小隅。併叁長廉。得壹千壹百六拾壹尺爲面積。以次商九尺爲高相乘。得壹萬零四百四拾九尺。與積相減。餘叁千零六拾九尺叁百八拾七寸七百零八分九百叁拾六厘爲實。此商兩度也。又將前方法四千八百尺不動。又以初商四拾尺與次商九尺相乘。得叁百六拾尺。六因得弍千壹百六拾尺。爲廉法。又以次商九尺自乘。得八拾壹尺。叁因得弍百四拾叁尺。爲隅法。

併方廉隅叁法。得七千弍百零叁尺。爲方法除之。得三商四寸。餘壹百八拾八尺壹百八拾七寸七百零八分九百叁拾六厘爲實。以初次商四拾九尺。以叁商四寸相乘。得壹拾九尺六拾寸。叁因得五拾八尺八拾寸。爲叁長廉。又以叁商四寸自乘。得壹拾六寸。爲壹小隅。併叁長廉。得五拾八尺九拾六寸。爲面積。以叁商四寸爲高相乘。得弍拾叁尺五百八拾四寸。與積相減。餘壹百六拾四尺六百零叁寸七百零八分九百叁拾六厘爲寔。此商得叁度也。又將前方法七千弍百零叁尺不動。以初次商四拾九尺。與叁商四寸相乘。得壹拾九尺六拾寸。六因之。得壹百壹拾七尺六拾寸。爲廉法。又以叁商四寸自乘。

得壹拾六寸。叁因得四拾八寸。爲隅法。併方廉隅叁法。得七千叁百弍拾壹尺零八寸。爲方法除之。得四商弍分。餘壹拾八尺壹百八拾弍寸壹百零八分九百叁拾六厘爲實。以初次叁商四拾九尺四寸與四商弍分相乘。得九拾八寸八拾分。叁因得弍尺九拾六寸四拾分。爲叁長廉。又以四商弍分自乘。得四分爲壹小隅。併叁長廉得弍尺九拾六寸四拾四分。爲面積。以四商爲高弍分相乘。得五拾九寸弍百八拾八分。與積相減。餘壹拾八尺壹百弍拾弍寸八百弍拾分零九百叁拾六厘不盡。餘倣此。

開立方帶縱法

今有方倉存米五百壹拾八石四斗方比高多叁尺

問方高各若干　答曰方壹丈弍尺高九尺

古法置米五百壹拾八石四斗以斛法弍尺五寸乘之得積壹千弍百九拾六尺為實以開立方帶縱除之以方多叁尺自乘得九尺為縱方再置叁尺倍之得六尺為縱廉約積壹千商拾尺今有縱方只商九尺置于實前另以九尺自乘得八拾壹尺加入縱方九尺共九拾尺為方法另以縱廉六尺用九尺乘之得五拾四尺為廉法弍法併共壹百四拾四尺于右下以所商九尺相呼壹九除九又呼四九除叁拾六又四九除叁拾

六尺。實盡。以商九尺為高。加入多方叁尺。得方倉壹拾貳尺合

問。此帶兩縱相同之扁立方先求高。

今有帶縱立方積壹千貳百九拾六尺方比高多叁

尺問方高各若干　答曰方壹丈貳尺高九尺

法以積為實。如開立法商之。約初商九尺列于左而。

以加縱叁尺。得闊壹拾貳尺。自乘壹百四拾四尺。以初商九尺再乘

之。得壹千貳百九拾六尺。與積相減恰盡。

今有立方積壹千七百八拾七萬五千尺只云高闊

相等長多闊叁拾六尺問立方高闊及長若干

答曰長弍百八拾六尺　闊弍百五拾尺　高弍百五拾尺

古法置積壹千七百八拾七萬五千尺為實以開立方帶縱法除之初商約得弍百尺自乘四萬尺再乘得八百萬尺又約弍百五拾尺自乘得六萬弍千五百尺再以弍百五拾尺乘之得壹千五百六拾弍萬五千尺減去積餘積弍百弍拾五萬尺為實另置長多叁拾六尺以所商弍百五拾尺乘之得九千尺再以弍百五拾尺乘之得弍百弍拾五萬尺除實恰盡得闊弍百五拾尺加入長多叁拾六尺其弍百八拾六尺為長數合問此帶壹縱之長立方先求闊

今有帶縱立方積壹千七百八拾七萬五千尺其高

闊相等長比闊多叁拾六尺問高闊長各若干
答曰高與闊弍百五拾尺長弍百八拾六尺
沉法以積爲實如立方開之其壹千七百萬尺爲初商積可
初商弍百尺列於左爲初商之高與闊加縱多叁拾六尺
得弍百叁拾六尺爲初商之長以初商之高與闊弍百尺自
乘得四萬尺又以初商之長弍百叁拾六尺再乘得九百四拾四萬
尺與積相減餘八百四拾叁萬五千尺爲實以初商之高與
闊弍百尺自乘得四萬尺爲壹方廉再以初商之高與
闊弍百尺與初商之長弍百叁拾六尺相乘得四萬七千弍百尺倍

之得九萬四千四百尺。為兩方廉。兩廉相併。得壹拾叁萬四千四百尺。為方法除之。得次商五拾尺。列於左。餘壹百七拾壹萬五千尺為實。又以初商之高與闊式百尺倍之。得四百尺。為兩長廉。與初商之長式百叁拾六尺相併。得六百叁拾六尺。以次商五拾尺相乘之。得叁萬壹千八百尺。為叁長廉面積。又以次商五拾尺自乘。得式千五百尺。為壹小方隅面積。併叁長廉面積共叁萬四千叁百尺。與次商五拾尺。為高相乘。得壹百七拾壹萬五千尺。與積相減恰盡。左商式百五拾尺。為高與闊加縱多叁拾六尺。得式百八拾六尺。為長。合問。

今有立方積弍萬九千八百零八尺高比方不及壹丈叁尺問高方各若干　答曰高弍丈叁尺　方叁丈六尺

古法。置積弍萬九千八百零八尺為實。以開立方帶縱法除之。約實弍萬商叁拾尺。自乘得九百尺。再以叁拾尺乘之得弍萬七千尺。又約商叁拾六尺。自乘得壹千弍百九拾六尺。另置叁拾六尺。減不及壹拾叁尺。餘弍拾叁尺。乘之得弍萬九千八百零八尺。除實盡。得方叁拾六尺。高弍拾叁尺。合問。此亦帶兩縱相同之扁立方先求方。

今有帶縱立方積弍萬九千八百零八尺高比方不及長壹丈叁尺問高方各若干　答曰高弍丈叁

只方叁丈六尺

沅法以積爲實如立方減縱商之其叁萬爲初商積可商叁拾尺。爲初商之方叁拾尺。列於左減縱拾叁尺。得七拾尺。爲初商之高以初商之方叁拾尺自乘得九百尺以初商之高拾七尺。再乘得壹萬五千叁百尺。與原積相減餘壹萬四千五百零八尺爲實以初商之方叁拾尺自乘得九百尺爲壹方廉又初商之高拾七尺。與初商之方叁拾尺相乘得五百壹拾尺。倍之得壹千零弍拾尺。爲兩方廉併方廉共得壹千九百弍拾尺。爲方廉法除之得次商六尺列于左餘弍千

九百八拾八尺。又以初商之方叁拾尺。倍之得六拾尺。與次商
六尺相乘得叁百六拾尺。為兩長廉面積。又以初商之高
拾七尺與次商六尺相乘。得壹百零式尺。為壹長廉。又以次
商六尺自乘。得叁拾六尺。為壹小方隅面積。併叁長廉壹
小隅。共得四百九拾八尺。為面積。以次商六尺為高相乘得
式千九百八拾八尺。與積相減恰盡。左商之叁拾六尺為方。減高
不及拾叁尺。餘式拾叁尺為高也。其為減縱立方法倣此
今有帶兩縱不同立方積叁萬九千六百九拾五尺
八百七拾式寸。闊比高多八尺。長比闊多拾六尺

東文元算學　卷之五下

闊高闊長各若干　答曰高弍拾四尺八寸闊叁
拾弍尺八寸長四拾八尺八寸
搶法以積爲實如立方法商之其叁萬爲初商積可
商叁拾尺加入縱多所得初商積大於原積萬餘乃
退商弍拾尺列於左初商之高加八尺得弍拾八尺爲初商
之闊再加拾六尺得四拾四尺爲初商之長以初商之高
弍拾尺與闊弍拾八尺相乘得五百六拾尺再以初商之長四拾
四尺相乘得弍萬四千六百四拾尺與原積相減餘壹萬五千零五拾五
尺八百七拾弍寸爲實以初商之高弍拾尺與闊弍拾八尺相乘

得五百六拾尺。為壹方廉如乙形。又以初商之高二拾尺。與長四拾四尺相乘。得八百八拾尺。為壹方廉如丙形。又以初商之闊二拾八尺。與長四拾四尺相乘。得壹千二百叁拾二尺。為壹方廉如丁形。併叁方廉。得二千六百七拾二尺。為方廉法除之。得次商四尺。列於左。餘四千叁百六拾七尺八百七拾二寸為實。又以初商之高二拾尺。與次商四尺相乘。得八拾尺。為壹長廉如戊形。以初商之闊二拾八尺。與次商四尺相乘。得壹百壹拾二尺。為壹長廉如己形。以初商之長四拾四尺。與次商四尺相乘。得壹百七拾六尺。為壹長廉如庚形。又再以次商四尺。自乘之得

乙

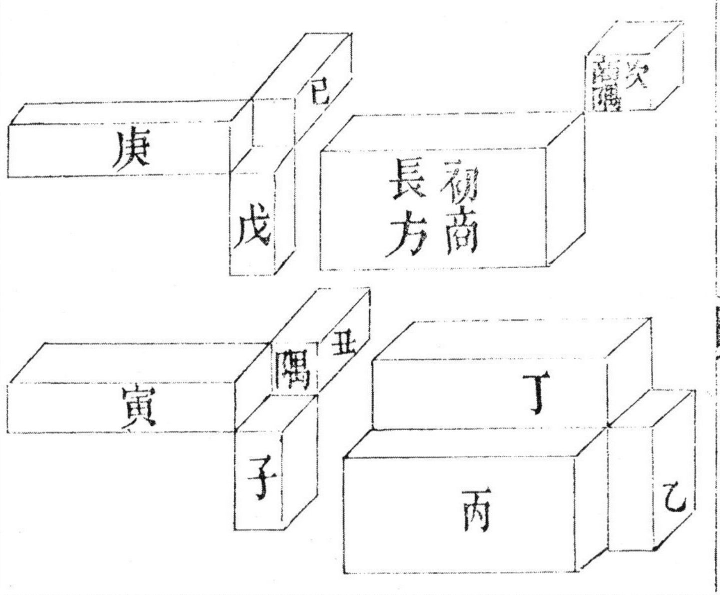

壹拾六尺。為壹小方隅面積。併叁長廉面積。得叁百八拾四尺。以次商四尺。為高相乘。得壹千五百叁拾六尺。與積相減。餘式千八百叁拾壹尺八百七拾式寸。為實。將前方廉法式千六百七拾式尺不動。以初商式拾尺。與次商四尺相乘。得八拾尺。倍之。得壹百六拾尺。為廉法如子形。又以初商闊式拾八尺與

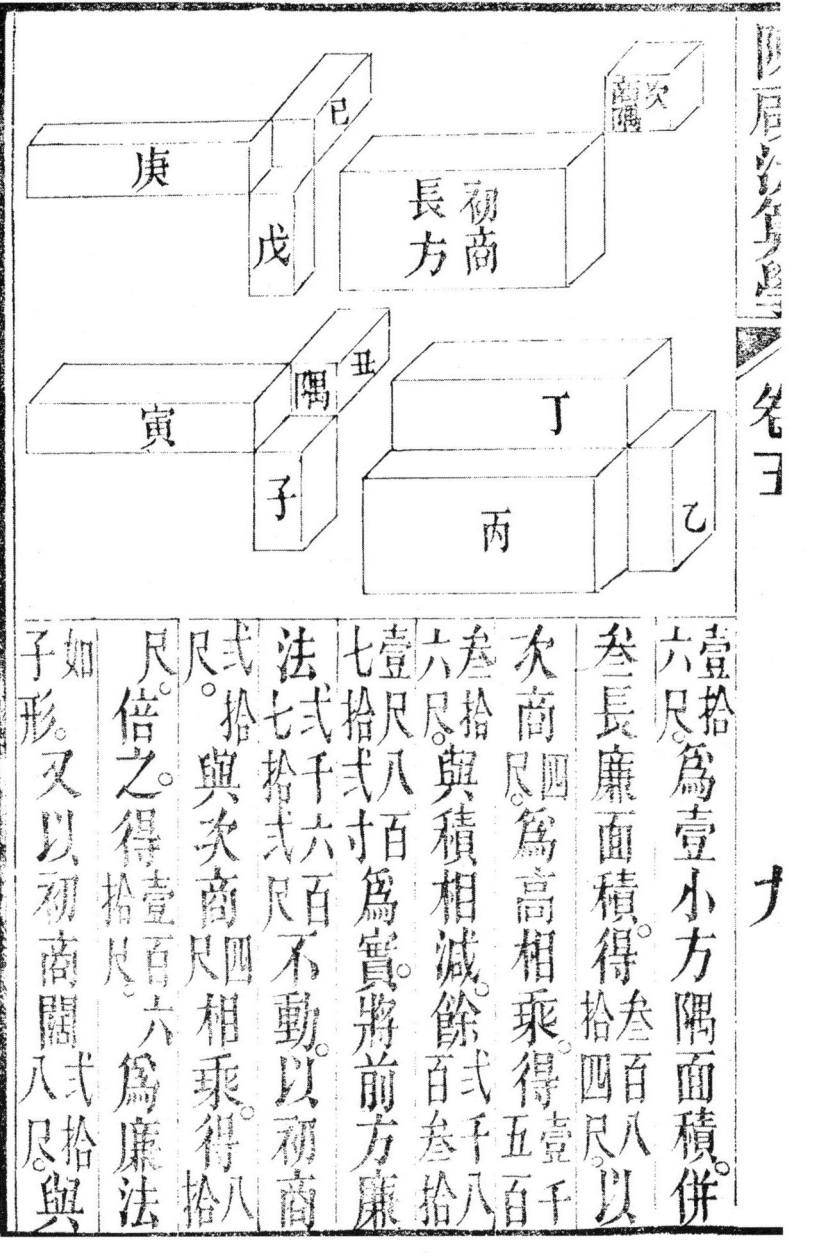

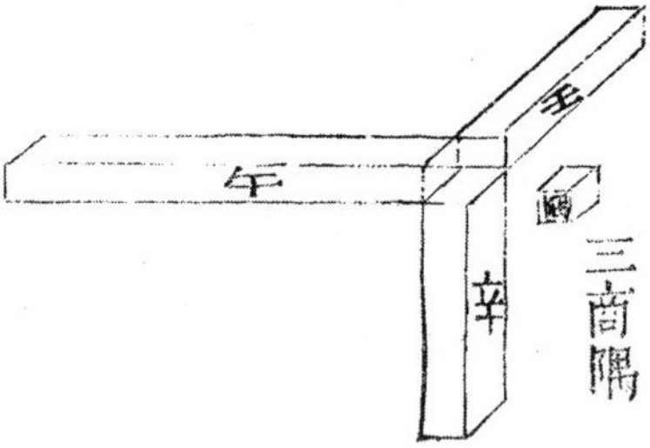

次商四尺相乘得壹百壹拾弍尺倍之得弍百弍拾四尺為廉法如丑形又以初商長四拾四尺與次商四尺相乘得壹百七拾六尺倍之得叁百五拾弍尺為廉如寅形以次商四尺自乘得拾六尺叁因得四拾八尺為隅法併方廉長廉隅共得叁千四百五拾六尺為方法除之得叁商八寸列于左餘六拾七尺零七拾弍寸為實又以初次兩商之高弍拾四尺與叁商八寸相乘得弍拾九尺弍拾寸為長廉如辛形又以初次兩

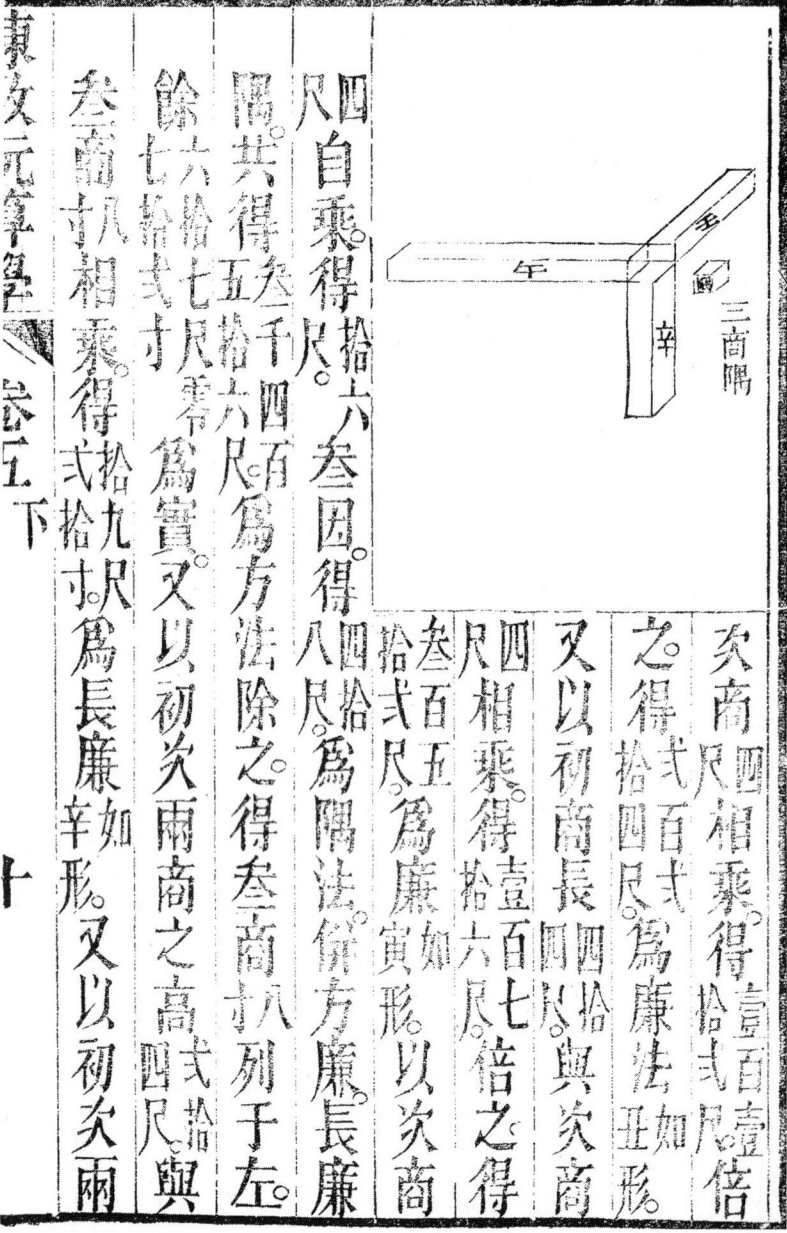

商之闊叁拾弍尺八寸與叁商八寸相乘。得弍拾五尺六拾寸。為壹長
廉如壬形。又以初次兩商之長四拾八尺與叁商八寸相乘
得叁拾八尺四拾寸。為壹長廉如午形。又以叁商八寸自乘。得
六拾四寸。為壹小方隅面。併叁長廉壹小隅。共得八拾叁尺
四寸為面積。與叁商八寸為高相乘。得六拾七尺零七拾弍寸。
與積相減恰盡。左商之弍拾四尺八寸。為高。高加八縱闊比
高多八尺。得叁拾弍尺八寸為闊。再加八縱長比闊多拾六尺。
得四拾八尺八寸為長。合問。

今有甃河河長壹段該挑積六萬五千六百六拾四尺
闊比深多四尺長比闊多叁百弍拾六尺問深闊
長各若干　答曰深拾弍尺　闊拾六尺　長叁百四拾弍尺
法以積尺爲實用帶兩縱不同立方商之其六萬五千尺
爲初商積可商四拾尺因長縱甚多故取商小數定
初商拾尺列於左爲初商之深加多四尺得拾四尺爲初
商之闊再加多叁百弍拾六尺得叁百四拾尺爲初商之長以
初商之深拾尺與初商之闊拾四尺相乘得壹百四拾尺再
與初商之長叁百四拾尺相乘得四萬七千六百尺與原積相

減。餘壹萬八千零六拾四尺。以初商之深拾尺。與初商之闊拾四尺。相乘。得壹百四拾尺。為壹方廉。又以初商之闊拾四尺。與初商之長叁百四拾尺。相乘。得四千七百六拾尺。為壹長方廉。又以初商之深拾尺。與初商之長叁百四拾尺。相乘。得叁千四百尺。為壹長方廉。併叁方廉。得八千叁百尺。為方廉法除之。得次商弍尺。列於左。餘壹千四百六拾四尺。為實。以初商之深拾尺。與次商弍尺。相乘。得弍拾尺。為壹長廉。又以初商之闊拾四尺。與次商弍尺。相乘。得弍拾八尺。為壹長廉。又以初商之長叁百四拾尺。與次商弍尺。相乘。得六百八拾尺。

壹長廉。又以次商式尺自乘。得四尺。爲壹小隅。併叁

長廉。壹小隅。得七百叁拾式尺。爲面積。與次商式尺。爲高相

乘。得壹千四百六拾四尺。與積相減恰盡。左商之拾式尺。爲鑿

河之深。加多四尺。得式拾六尺。爲闊。再加多叁百式拾六尺。得叁百

四拾式尺。爲長也。合問。

開立方帶縱和數法

今有帶壹縱和數立方積叁千五百式拾八尺。高與

闊相等。長與闊和叁拾式尺。問長闊高各若干

答曰長壹拾八尺高與闊拾四尺

法以積爲實如立方開之其積叁千爲初商積可商拾尺以拾尺列於左爲初商之高與闊與和叁拾弍尺相減餘弍拾弍尺爲初商之長以初商之高與闊拾尺自乘得壹百尺與初商之長弍拾弍尺再乘之得弍千弍百尺與原積相減餘積壹千叁百弍拾八尺再以初商之長弍拾弍尺與闊拾尺相乘得弍百弍拾尺倍之得四百四拾尺爲方廉法除之得次商弍尺因須益積爲初商之長背須減去次商數故畧取大數定次商四尺列于左再以初商拾尺自乘

得壹百尺。又以次商四尺乘之。得四百尺。以減次商之廉。加入餘積壹千叁百弍拾八尺。得壹千七百弍拾八尺。爲次商弍方廉壹長廉。共積爲實。以初商之長弍拾弍尺。減去次商四尺。餘拾八尺。爲初次商之長。與初商之高與闊拾尺相乘。得壹百八拾尺。倍之。得叁百六拾尺。爲廉弍方面積。又以初次兩商之長拾八尺。與次商四尺相乘。得七拾弍尺。爲壹長廉面積。併合弍方廉。壹長廉。得四百叁拾弍尺。爲面積。以次商四尺爲高相乘之。得壹千七百弍拾八尺。與積相減恰盡。左商得拾四尺。爲高與闊。與和叁拾弍尺相減。餘拾八尺。爲長

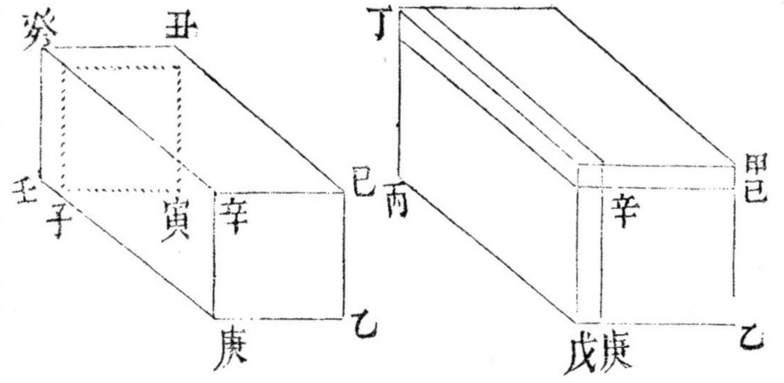

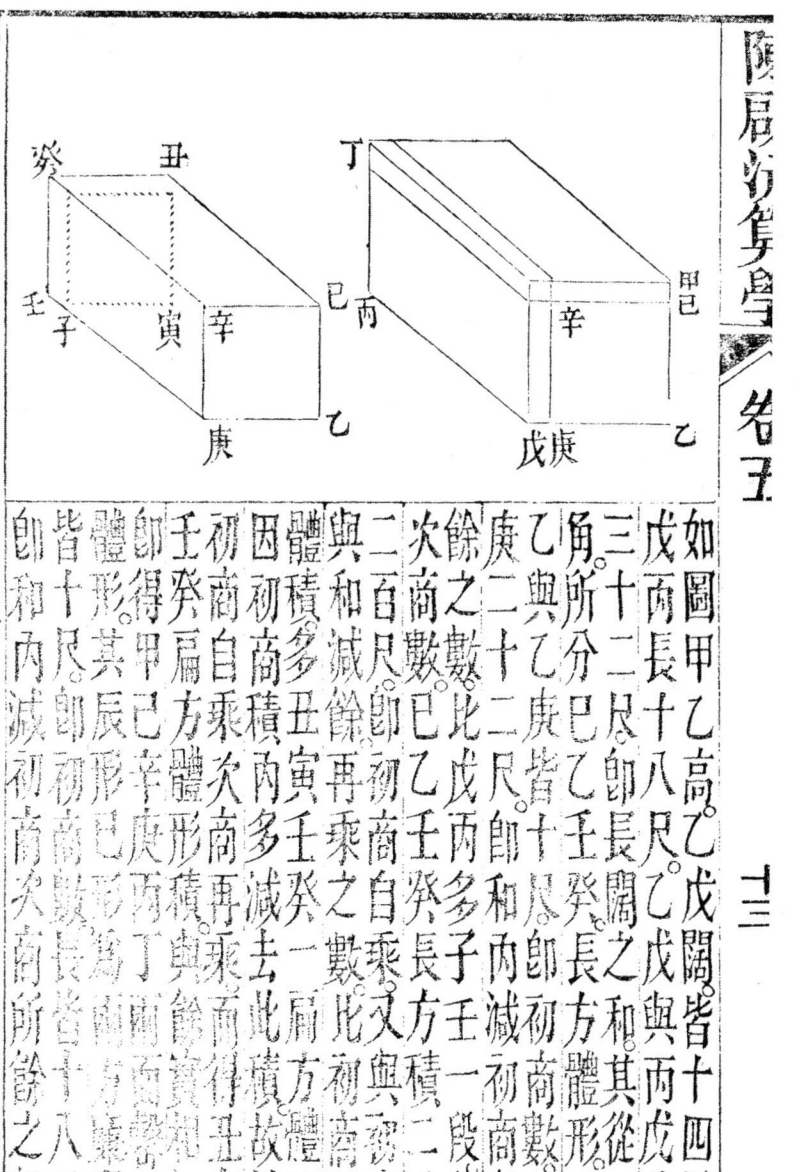

如圖甲乙高。乙戊闊。皆十四尺。戊丙長十八尺。乙戊與丙戊共三十二尺。即長闊之和。其從一角。所分巳乙壬癸長方體形。巳乙與乙庚皆十尺。即初商數。壬庚二十二尺。即和內減初商所餘之數。比戊丙多子壬一段。即次商數。巳乙壬癸長方積二千二百尺。即初商自乘。又與初商與和減餘。再乘之數。比初商原體積多丑寅壬癸一扁方體形。因初商積內多減去此積。故以初商自乘次商再乘。所得丑寅壬癸扁方體形積。與餘實相加。即得甲巳辛庚丙丁兩面磬折體形。其辰形巳形為兩面方廉闊皆十尺。即初商數。長皆十八尺。即和內減初商次商所餘之數。

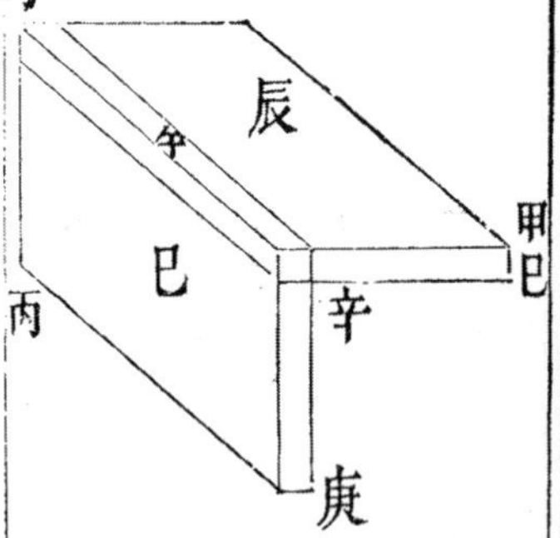

厚皆四尺。即次商數。午形爲一長廉。長十八尺。與方廉同闊。與厚皆四尺。亦即次商數。合二方廉一長廉。成兩面磬折體形。附於長方體之兩面。而成甲乙丙丁之總長方體也。

今有帶壹縱和數立方積五萬四千弍百七拾弍尺
高與闊相等長與闊和八百五拾六尺問高闊長
各若干　答曰高與闊八尺長八百四拾八尺
法以積爲實。如立方開之。其積五萬四千尺。爲初商積。
可商叁拾尺。而和數甚多。按法相乘。過大於原積。爰

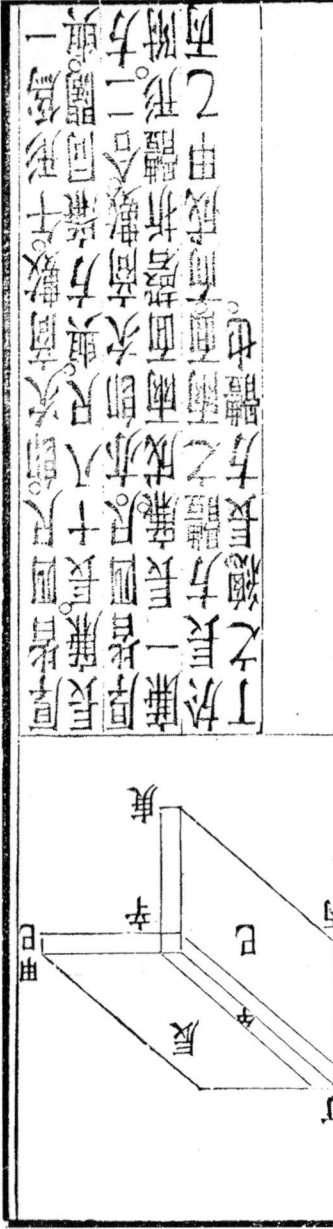

以和數爲法除原積六拾弍尺有餘用開平方約商足八尺以八尺列於左爲高與闊與和數八百五拾六尺相減餘八百四拾八尺爲長以高與闊八尺自乘得六拾四尺以長再乘得五萬四千弍百七拾弍尺與積相減恰盡左商之八尺爲高與闊等與和相減餘爲長也其法因帶縱甚長高與闊甚少故以和除原積而得高與闊自乘之壹面積之所差無幾故用開方商之爲高與闊與和相減卽長也

今有帶兩縱和數立方積壹萬叁千叁百弍拾八尺

高與闊和四拾弍尺高與長和四拾八尺問高闊
長各若干　答曰高拾四尺闊弍拾八尺長叁拾四尺
法以積爲實如立方開之其積壹萬叁千爲初商積
可商弍拾尺因得於少半和之數乃以退商拾尺列於
左爲初商之高與高闊和相減餘叁拾弍尺爲初商之
闊又以高拾尺與高長和相減餘叁拾八尺爲初商之長
以初商之闊叁拾弍尺與初商之高拾尺相乘得叁百弍拾尺
再以初商之長叁拾八尺乘之得壹萬弍千壹百六拾尺與原積
相減餘壹千壹百六拾八尺爲長方廉積其厚卽次商之數

其長與闊比初商之長與闊各少壹次商之數再以初商之長叁拾八尺與初商之闊叁拾式尺相乘得壹千式百壹拾六尺以除餘不足壹尺因須益積爲初商之長闊尚須減去次商之數故取畧大數定次商四尺列于左而以初商之闊叁拾式尺減去次商四尺餘式拾八尺爲初次兩商之闊又以初商之長叁拾八尺減去次商四尺餘叁拾四尺爲初次兩商之長以初次兩商之闊式拾八尺與初商之高拾尺相乘得式百八拾尺又以初次兩商之長叁拾四尺與初商之高拾尺相乘得叁百四拾尺兩數相併得六百

式拾尺。又以次商四尺再乘得式千四百八拾尺。為式方廉積。
又以次商四尺自乘得拾六尺。以初商拾尺再乘得壹百六拾
尺。為壹長廉積。併式方廉壹長廉積。共式千六百四拾尺。
為減去次商之廉。加入餘積。得叁千八百零八尺。為次商
壹方廉積為實。又以初次兩商之闊式拾八尺與初次
兩商之長叁拾四尺相乘得九百五拾式尺。為面積。與次商四尺
為高相乘得叁千八百零八尺。與積相減恰盡。左商之四拾
尺。為高。與闊和四拾式尺相減。餘式拾八尺。為闊。又以高與
長和四拾八尺。減去高拾四尺。餘叁拾四尺。為長。合問。如圖甲乙高十

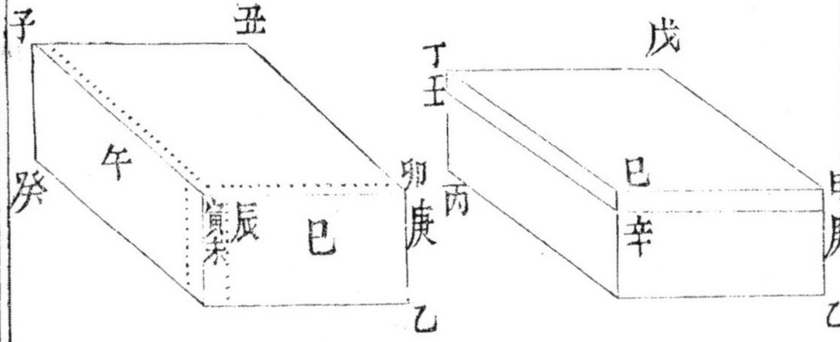

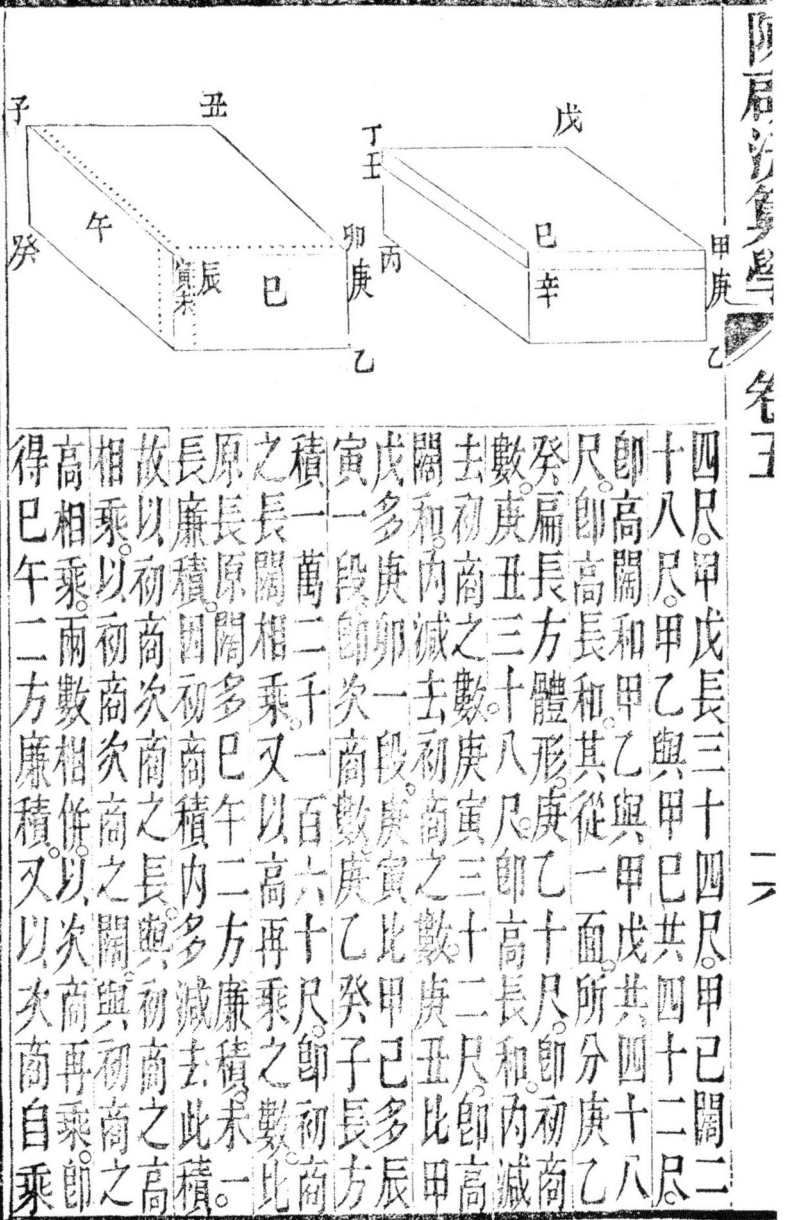

四尺。甲戊長三十四尺。甲巳闊二十八尺。甲乙與甲巳共四十二尺。卽高闊和。甲乙與甲戊共四十八尺。卽高長和。其從一面所分庚乙癸扁長方體形。庚乙十尺。卽初商數。庚丑三十八尺。卽高長和內減去初商之數。庚寅三十二尺。卽高闊和內減去初商之數。庚丑比甲戊多庚卯一段。庚寅比甲巳多辰寅一段。卽次商數。庚乙癸子長方積一萬二千一百六十尺。卽初商之長闊相乘。又以高再乘之數。比原長原闊多巳午二方廉積。未一長廉積。因初商積內多減去此積。故以初商次商之長與初商之高相乘。以初商次商之闊與初商之高相乘。兩數相併。以次商再乘。卽得巳午二方廉積。又以次商自乘

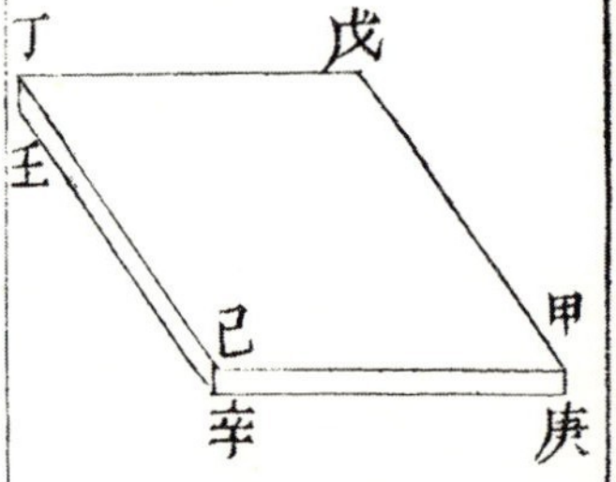

以初商之高再乘即得末一長廉積與餘積相加即得甲庚辛壬丁戊一扁長方體形其甲乙闊二十八尺即高闊和內減去初商次商之數甲戊長三十四尺即高長和內減去初商次商之數甲庚厚四尺即次商數附於初商扁長方體一面成甲乙丙丁之總扁長方體

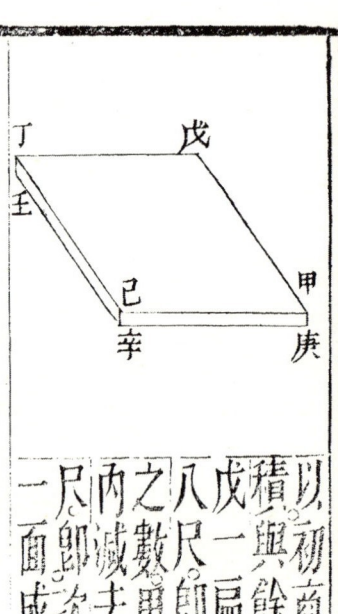

今有帶兩縱相同和數立方積四千八百六拾四尺長與闊相等高與闊和叁拾五尺問高闊長各若干　答曰高壹拾九尺長與闊拾六尺

法以積爲實如立方開之其四千尺爲初商積可商拾尺以拾尺列於左爲初商之長與闊與高闊和叁拾五尺

餘式拾五尺。爲初商之高。再以初商之闊。與長拾尺。自乘。
得壹百尺。又以初商之高式拾五尺再乘。得式千五百尺。與原
積相減。餘式千叁百六拾四尺。以初商之高與闊相乘。倍之。
得五百尺。爲法。除次商四尺。因須益積爲初商之高。倚
須減去次商。故取畧大數商六尺。列於左。以初商之
高式拾五尺。減去次商六尺。餘拾九尺。爲初次兩商之高。以
初商之長與闊拾尺。自乘。得壹百尺。以次商六尺再乘。得
六百尺。爲壹方廉積。爲減去次商之廉。加入餘積。得
式千九百六拾四尺。爲實。又以初商兩商之高拾九尺。倍之。得

叁拾八尺與初商之闊拾尺相乘得叁百八拾尺為兩方廉面積又以初次兩商之高拾九尺與次商六尺相乘得壹百壹拾四尺為壹長廉面積併合兩方廉壹長廉得四百九拾四尺為面積以次商六尺為高相乘之得弍千九百六拾四尺與積相減恰盡左商之拾六尺為長與闊與和相減餘拾九尺為高也合問如圖甲乙高拾九尺甲戊長甲己闊俱拾六尺甲己與甲乙共叁拾五尺即高與闊之和其從壹面所分庚乙高方癸子體形卯乙拾尺之長與闊即初商數丑庚與丑乙皆弍拾五尺即和內減去初商之數庚乙高方癸子積弍千五百尺即初商與

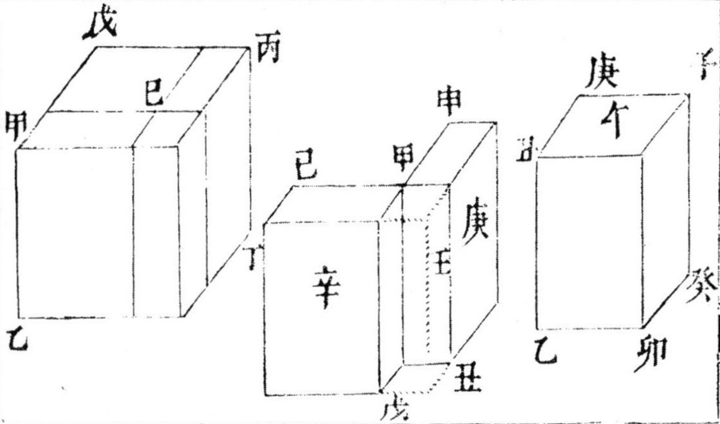

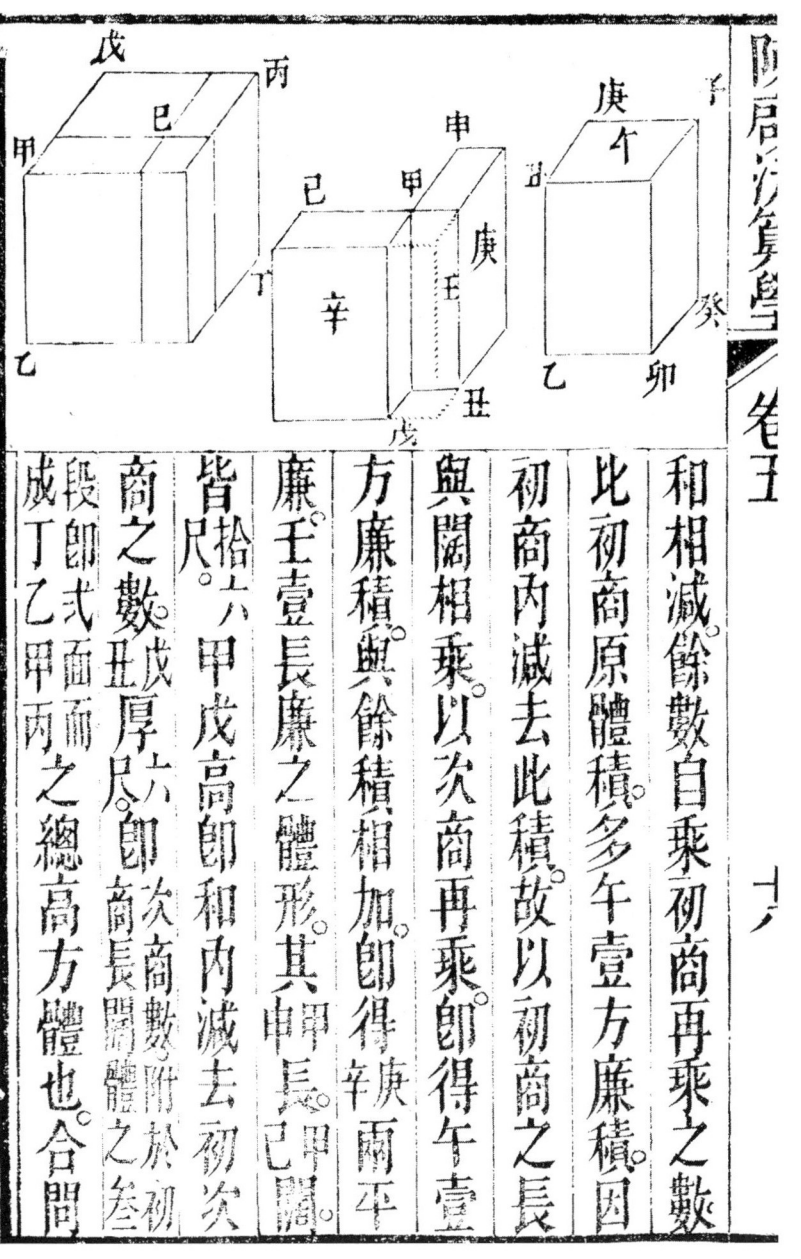

和相減餘數自乘初商再乘之數比初商原體積多午壹方廉積因初商内減去此積故以初商之長與闊相乘以次商再乘即得午壹方廉積與餘積相加即得庚辛兩平廉壬壹長廉之體形其甲長甲闊己皆拾六尺甲戊高即和内減去初次商之數丑戊厚六尺即次商數附於初商長闊體之叁段即式面而成丁乙甲丙之總高方體也合問

今有帶兩縱相同和數立方積壹萬四千八百七拾
弍尺長與闊相等高與闊和四拾八尺問高問長
各若干　答曰高弍拾尺長與闊弍拾六尺
法以積爲實如立方開之其壹萬四千尺爲初商積可
商弍拾尺列於左爲初商之闊與長與高闊和相減
餘弍拾八尺爲初商之高乃以初商之長與闊弍拾尺自
乘得四百尺與初商之高弍拾八尺再乘得壹萬壹千弍百尺與
原積相減餘叁千六百七拾弍尺以初商之闊與長弍拾尺與
初商之高弍拾八尺相乘倍之得壹千壹百弍拾尺爲法除次

商叁尺。因須益積爲初商之高。尚須減去次商。故取大數定次商六尺。列於左。而以初商之高式拾八尺。減去次商六尺。餘式拾式尺。即爲初次兩商之高。又以初商之長與闊式拾尺。自乘。得四百尺。與次商六尺。再乘。得式千四百尺。爲壹方廉。爲減次商之廉。加入餘積得六千零七拾式尺。爲次商兩方廉壹長廉積。爲實。又以初商之長與闊式拾尺。與初次兩商之高式拾式尺。相乘。得四百四拾尺。以次商六尺。乘之。得式千六百四拾尺。倍之。得五千式百八拾尺。爲兩方廉積。又以次商六尺。自乘。得叁拾六尺。與初次兩商

之高弍拾弍尺。再乘。得七百九拾弍尺。爲長廉積。倂兩方廉壹

長廉。共積六千零七拾弍尺。與積相減。恰盡。左商之弍拾六尺。

爲長與闊。與高闊和相減。餘弍拾弍尺。爲高也。合問。如

圖子丑高弍拾弍尺。子午長。子巳闊。俱弍拾六尺。子巳與子丑共四拾八尺。卽高與闊

之和。其從壹面。所分甲乙丙丁高方體形。甲辛長。甲丁闊。俱二十尺。

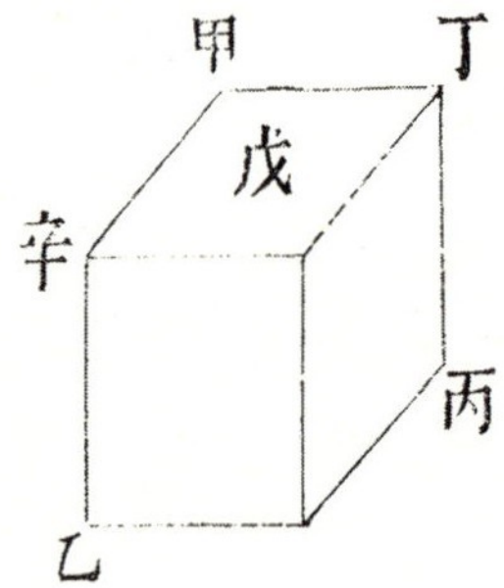

卽初商數。辛甲與辛乙皆弍拾八尺。卽和內

減去初商之數。甲乙丙丁高方積壹萬

壹千弍百尺。卽初商與和相減。餘數

自乘初商再乘之數。比初商原

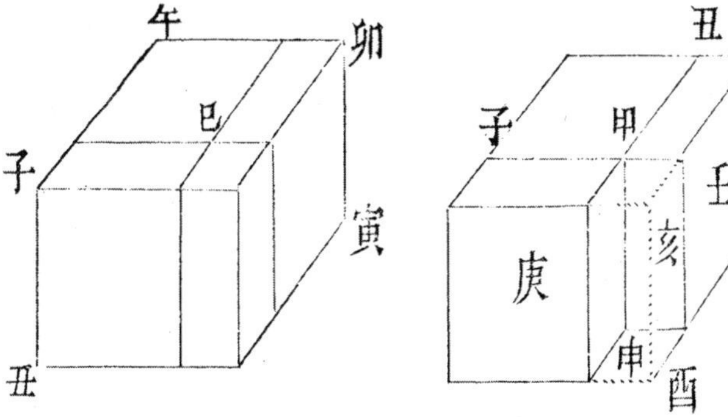

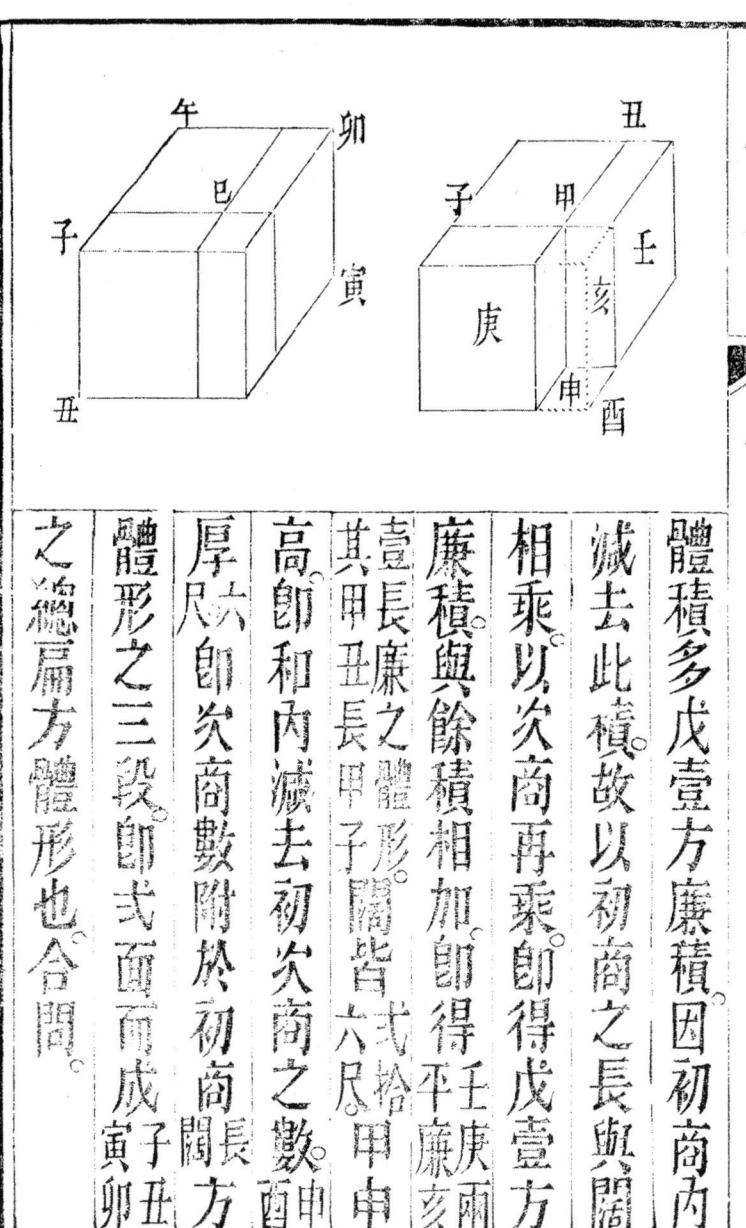

體積多戊壹方廉積。因初商內減去此積。故以初商之長與闊相乘。以次商再乘。即得戊壹方廉積。與餘積相加。即得壬庚兩平廉亥壹長廉之體形。其甲丑長甲子闊皆弍拾六尺。甲申高。即和內減去初次商之數。酉申厚六尺。即次商數附於初商長闊方體形之三段。即式面而成子丑寅卯之總扁方體形也。合問。

今有叁乘方積弍千零壹拾五萬壹千壹百弍拾壹尺問壹面若干　答曰六拾七尺此古題也章首已有論及

古法置積爲實下法常超叁位卽合四位爲壹段乃定位之法初商六拾于左下法亦置六拾自乘得六百再乘得弍拾壹萬六千爲隅法與上商六拾相呼除實壹千弍百九拾六萬餘實七百壹拾九萬壹千壹百弍拾壹尺乃以四乘隅法弍拾壹萬六千得八拾六萬四千爲方法另置上商六拾自乘得叁千六百又以六因之得弍萬壹千六百尺爲上廉又置上商六拾以四乘得弍百四拾尺爲下廉次商七於左六拾之次下法亦置七尺自乘得

東算初編　卷五下　三

四拾九尺。再以七因之。得叁百四拾叁尺。為隅法。又以次商七尺乘上廉弍萬壹千六百。得壹拾五萬壹千弍百。又以七因下廉弍百四拾弍次。壹次。因得壹千六百八拾尺。弍次亦以七因得壹萬壹千七百六拾尺。以方法八拾六萬四千。上廉壹拾五萬壹千弍百。下廉壹萬壹千七百六拾。隅法叁百四拾叁。併四法共壹百零弍萬七千叁百零叁尺與次商七尺相呼。除實恰盡。得壹面六拾七尺。合問。

古謂此叁乘方捷法也。又法用弍次開平方法除之亦得。若還原。置壹面六拾七尺。乘叁次。餘得原積。

米求倉窖盛存歌每石俱依弍尺五寸

米求倉窖要知源。斛法先乘求數全。若要圓倉乘拾弍，方窖叁因米數然。叁拾六乘圓窖米，各爲實積定無偏。却用立方開見約，方求長闊約爲先。圓數求周爲約數，各將約數自乘焉。乘來爲法除實積，便見深高法更元

今有米弍千四百壹拾九石弍斗，欲爲方倉盛之，問長闊高各若干　答曰：長弍拾八尺，闊壹拾八尺，高壹拾弍尺

古法：置米數，以斛法弍尺五寸乘之，得六千零四拾八尺，爲實。以開立方法約之，得闊壹拾八尺，便約長弍拾八尺，却以長

闊相乘得五百零四尺。爲法除實得高合問。

陳啟沅曰。此法未能盡善想亦誤矣。沅論茲將照前積求長方之理。謂如帶兩縱不同較數立方之法。

闊比高多六尺。長比闊多拾尺。

法以積爲實。如立方開之。其六千尺。爲初商積。可商拾尺。爲初商之高。列於左。加六尺。得拾六尺。爲初商之闊。再加拾尺。得弍拾六尺。爲初商之長。以初商之高拾尺。與闊拾六尺相乘。得壹百六拾尺。又與初商之長弍拾六尺。再乘。得四千壹百六拾尺。與積相減。餘壹千八百八拾八尺。爲實。以初商之

高拾尺與闊拾六尺相乘得壹百六拾尺為壹方廉又以初商之高拾尺與初商之長式拾六尺相乘得式百六拾尺為壹方廉又以初商之闊拾六尺與長式拾六尺相乘得四百壹拾六尺為壹方廉併叁方廉得八百叁拾六尺為方廉法除之得次商式尺列於左餘積式百壹拾六尺為實以初商之高拾尺與次商式尺相乘得式拾尺為壹長廉又初商之闊拾六尺與次商式尺相乘得叁拾式尺為壹長廉又以初商之長式拾六尺與次商式尺相乘得五拾式尺為壹長廉又以次商式尺自乘得四尺為壹小隅併叁長廉壹小隅得

壹百零八尺。爲面積。與次商貳尺。爲高相乘。得貳百壹拾六尺。與積相減恰盡。左商之拾貳尺。爲高。加闊比高多六尺。得拾八尺。爲闊。再加長比闊多拾尺。得貳拾八尺。爲長也。合問

餘倣此。其爲正法

今有米七百零五石六斗。欲作圓倉乘之問周圍及高各若干　答曰周四拾貳尺　高壹拾貳尺

法置米數以斛法貳尺五寸乘之。得壹千七百六拾四尺。再以圓法拾貳乘之。得貳萬壹千壹百六拾八尺。爲實。以開立方法約之。得周四拾貳尺。自乘。得壹千七百六拾四尺。爲法。除實。得高壹拾貳尺

合問。

陳厰沅曰。此開立長圓之理。是徑闊與高等。謂之立長圓。茲將照立壹問。如開立方之法也。問徑闊與高若干　答曰壹拾叁尺弍寸九分八厘

原積壹千七百六拾四尺。用古例率法。叁歸四因。得方積弍千叁百五拾弍尺。如立方法開之。其積弍千叁百尺可初商拾尺。自乘得壹百尺。再乘得壹千尺。與積相減。餘壹千叁百五拾弍尺。為實。以初商拾尺。自乘得壹百尺。叁因得叁百尺。為方廉法除之。得次商叁尺。餘四百五拾弍尺為實。又以初

商拾尺與次商叁尺相乘得叁拾尺。叁因得九拾尺。爲叁長廉。又以次商叁尺自乘得九尺。爲壹小隅。併叁長廉壹小隅。得九拾九尺。爲面積。與次商叁尺爲高相乘得弍百九拾七尺。與餘積相減。餘壹百五拾五尺爲實。此商兩度也。又將前方法叁百尺不動。以初商拾尺與次商叁尺相乘得叁拾尺。六因得壹百八拾尺。爲廉法。又以次商叁尺自乘得九尺。叁因得弍拾七尺。爲隅法。併方廉隅叁法。得五百零七尺。爲方法除之。得叁商弍寸。餘積五拾叁尺六百寸爲實。又以初次商拾叁尺。與叁商弍寸相乘得弍尺六拾寸。叁因得七尺八拾寸。爲

叁長廉。又以叁商式寸。自乘得四寸，併叁長壹小隅。得七尺八拾四寸。爲面積。與叁商式寸爲高。相乘得壹尺五百六拾八寸。與餘積相減。餘五拾式尺零叁拾式寸爲實。此商得叁度也。又將前方法五百零七尺不動。又以初次兩商拾叁尺。與叁商式寸。相乘得式尺六拾寸。六因得壹拾五尺六拾寸。爲廉法。又以叁商式寸。自乘得四寸。叁因得拾式寸。爲隅法。併方廉隅叁法。得五百式拾式尺七拾式寸。爲方法除之。得四商九分。餘積四尺九百八拾七寸式百分。爲實。又以初次叁商壹拾叁尺式寸。與四商九分。相乘得壹尺壹拾八寸八拾分。叁因得叁尺五拾六寸四拾分。爲叁

長廉。又以四商九分自乘得八拾壹分。爲壹小隅。併叁長廉壹小隅。得叁尺五拾七分。爲面積。以四商九分爲高。相乘得叁百弍拾壹寸四百八拾九分。與積相減。餘四尺六百六拾五寸七百壹拾壹分爲實。此商四度也。又將前方法五百弍拾弍尺七拾弍寸不動。又以初次叁商弍拾叁尺弍寸與四商九分相乘得壹尺壹拾八寸八拾分。六因得七尺壹拾弍寸八拾分。爲廉法。又以四商九分自乘得八拾壹分。叁因得弍寸四拾叁分。爲隅法。併方廉隅叁法。得五百弍拾九尺八拾七寸弍拾叁分。爲方法。除之。得五商八。餘積四百弍拾六寸七百叁拾弍分六八百釐爲實。又以初次叁四商叁尺壹拾

式寸九分。與五商釐八相乘得壹拾寸零六拾叁分式拾釐。叁因得叁拾壹寸八拾九分六拾釐。爲叁長廉。又以五商釐八自乘得六拾四釐。爲壹小隅。併叁長廉壹小隅。得叁拾壹寸九拾分零式拾四釐。爲面積。以五商釐八爲高。相乘得式寸五百五拾式分壹百九拾式釐。與積相減。餘四百式拾四寸壹百八拾分零四拾零八釐不盡。叁因四歸得實餘積

今有米五百七拾七石式斗。欲作方窖盛之。問上下方及深各若干。　答曰：上方九尺。下方壹拾式尺。深壹拾叁尺

古法曰：置米數。以斛法式五乘之。得壹千四百四拾叁尺。又以叁因之。得四千叁百式拾九尺爲實。以開立方法約之。得上

方九尺。便約下方壹拾弍尺。却以上方自乘。得八拾壹尺。另以
下方自乘。得壹百四拾四尺。又以上方九尺。乘下方壹拾弍尺。得
壹百零八尺。併叁位共叁百叁拾叁尺為法。除實得深壹拾叁尺合
問。

今有米七拾七石弍斗欲作圓窖盛之問上下周及
深各若干　答曰上周壹拾四尺下周壹拾八尺深九尺
法置米數以斛法弍尺五寸乘之得壹百九拾叁尺再以圓率
叁拾六乘之得六千九百四拾八尺為實以開立方法約之得
上周壹拾四尺。便約下周壹拾八尺。另以上周壹拾四尺自乘。得

壹百九拾六尺。又以下周壹拾八尺自乘。得叁百弐拾四尺。又以上周
拾四乘下周拾八。得弐百五拾弐尺。併叁位共七百七拾弐尺為法。除
實得深九尺合問。

今有米七百零五石六斗欲作圓倉盛之只云高壹
拾弐尺問周若干　答曰周四拾弐尺
法置米數以斛法弐五乘之。得壹千七百六拾四尺。又以圓率
拾弐乘之。再以高壹拾弐尺除之。如故為實以開平方法
除之。得周四拾弐尺合問。

今有米五百七拾七石弐斗欲作方窖盛之只云上

東文元筭學啓　卷五下　三

方九尺深壹拾叁尺問下方若干　答曰下方壹拾弍尺

法置米數以斛法弍五乘之得壹千四百四拾叁尺以叁因之得四千叁百弍拾九尺以深壹拾叁尺除之得叁百叁拾叁尺內減上方自乘得八拾壹尺餘弍百五拾弍尺爲實以上方九尺爲縱用帶縱開方除之得下方壹拾弍尺合問

或云下方壹拾弍尺深壹拾叁尺問上方若干

答曰上方九尺

法仍以前實四千叁百弍拾九尺以深除之得叁百叁拾叁尺內減

下方自乘壹百四拾四尺。餘壹百八拾九尺爲實。以下方拾式爲縱。

用帶縱開方法除之。得上方九尺合問。

今有米七拾七石式斗欲造圓窖盛之只云上周壹拾四尺深九尺問下周若干　答曰下周壹拾八尺

法置米數以斛法式五乘之。得壹百九拾叁尺。又以圓率叁拾六尺乘之。得六千九百四拾八尺。以深九尺除之。得七百七拾式尺。內減上周自乘壹百九拾六尺。餘五百七拾六爲實。以上周拾四爲縱。

用帶縱開方法除之。得下周壹拾八尺合問。

或云下周壹拾八尺深九尺問上周若干

答曰上周壹拾四尺

法仍以前實六千九百四拾八尺以深九尺除之得七百七拾弍尺內減下周自乘得叁百弍拾四尺餘四百四拾八尺爲實以下周壹拾八尺爲縱用帶縱開方法除之得上周壹拾四尺合問

今有米五百壹拾八石四斗欲造方倉盛之問方高若干　答曰方壹拾弍尺　高九尺

法置米數以斛法弍五乘之得壹千弍百九拾六尺爲實以開立方法約之得方壹拾弍尺却以方自乘得壹百四拾四尺爲法除實得高九尺合問

或云高九尺問方若干　答曰方壹拾弍尺

法仍用前實以高九尺除之得壹百四拾四尺以開平方法

除之得方壹拾弍尺合問

陳啟沅曰古法以長與闊相乘得平面積爲法求高

謂之歸除之法不入立方之說沅論長闊與高不

同謂之帶縱立方其體扁方比高多叄尺照立壹

問列後

法以積爲實如立方開之其壹千弍百尺爲初商積可

商拾尺列於左爲初商之長與闊減叄尺餘七尺爲初商

之高。而以初商之闊。與長拾尺。自乘得壹百尺。與初之
高七尺。再乘得七百尺。與積相減餘五百九拾六尺爲實以初
商之長與闊拾尺。與初商之高七尺。相乘得七拾尺。倍之
得壹百四拾尺。爲弍方廉。又以初商之長與闊拾尺。自乘
得壹百尺。爲壹方廉。併叁方廉得弍百四拾尺。爲方法除
之得次商弍尺。列於左。餘壹百壹拾六尺爲實。以初商之長
與闊拾尺。以次商弍尺。相乘得弍拾尺。倍之得四拾尺。爲兩
長廉。又以初商之高七尺。與次商弍尺。相乘得拾四尺。爲
壹長廉。又以次商弍尺。自乘得四尺。爲壹小隅。併叁長

廉壹小隅得五拾八尺為面積以次商式尺為高相乘之得壹百壹拾六尺與積相減恰盡左商拾式尺為長與闊減縱叁尺得九尺為高也合問此為正法

分田截積論

陳啟沅曰分田截積之旨苟得其法而未明其理亦開卷了然掩卷忘然耳故特將其理以伸明之再將其法分別于後假如用方田截積其所截之形必長田樣實長田還原之數耳假如有長田闊式步長八步長乘闊得積壹拾六步今有方田每邊

八步。欲截積拾六步。問截闊若干。故以截積爲實。以八步爲法歸之。卽得闊弍步矣。豈不是長田還原之數乎。若圭田截角壹邊。其形必係句股樣。亦如句股還原之數。假如有梯田。長壹百弍拾尺。上闊弍拾尺。下闊八拾尺。欲從壹邊截積四百五拾尺。如句股形。要合原田長闊比例。問截長闊各若干。必要先倍其截積。如壹長方形。再將其上下相減折半得數。亦如壹長方形也。兩數相乘爲實。以原長爲法得數。是得壹大長形之積。故用開方得壹拾伍尺。是壹小正方形。卽其所截之闊數也。既知其闊。則以原長與截闊相乘。又得壹小長方形。與原田之比例。故以原田上下相減折半爲法歸之。卽得長陸拾尺。是小長方截縱形。卽句股形也卽此可以類推別形矣

分田截積法

古法曰。若依原長截積。則以原闊除之。若以原闊截積。則以原長除之。原載方田章。因與圭梯等截積間隔。不便觀覽。今移此以統於壹。

今有直田長四拾八步闊四拾步今依原長截積七百弍拾步問截闊若干　答曰闊壹拾五步

法置截積七百弍拾步為實。以原長四拾八步為法除之。得截闊壹拾五步合問。

今有直田長四拾八步闊四拾步今依原闊截積七

百弍拾步問截長若干　答曰長壹拾八步

法置截積七百弍拾步爲實。以原闊四拾步爲法除之。得截長壹拾八步合問。

今有方田壹坵從東南角截壹直形積叁拾弍步原要南邊闊四步問截東邊長若干　答曰截東長八步

法置截積叁拾弍步爲實。以南闊四步爲法除之。得截東長八步合問。

今有直田長壹拾五步六分闊壹拾弍步今從其邊

截積五拾四步六分北頭要闊四步問截南闊若
干　答曰截南闊叄步
法置截積五拾四步六分爲實以原長拾五步六分爲法除之得
截闊叄步五分是弍廣均勻之數加倍得七步減北廣四步
得截南闊叄步合問
又法倍截積得壹百零九步弍分爲實以原長壹拾五步六分爲
法除之得共截闊七步減北廣四步亦得
今有方田每邊拾七步今截去四角共成八角形問
八邊應每長若干截去田積若干　答曰每邊長

七步零四共八截去田積四拾九步六零零八

法置每邊拾七步折半之得八步半。作勾中線。折半之亦八步半作股。以求壹角之斜線作弦。照勾股求弦

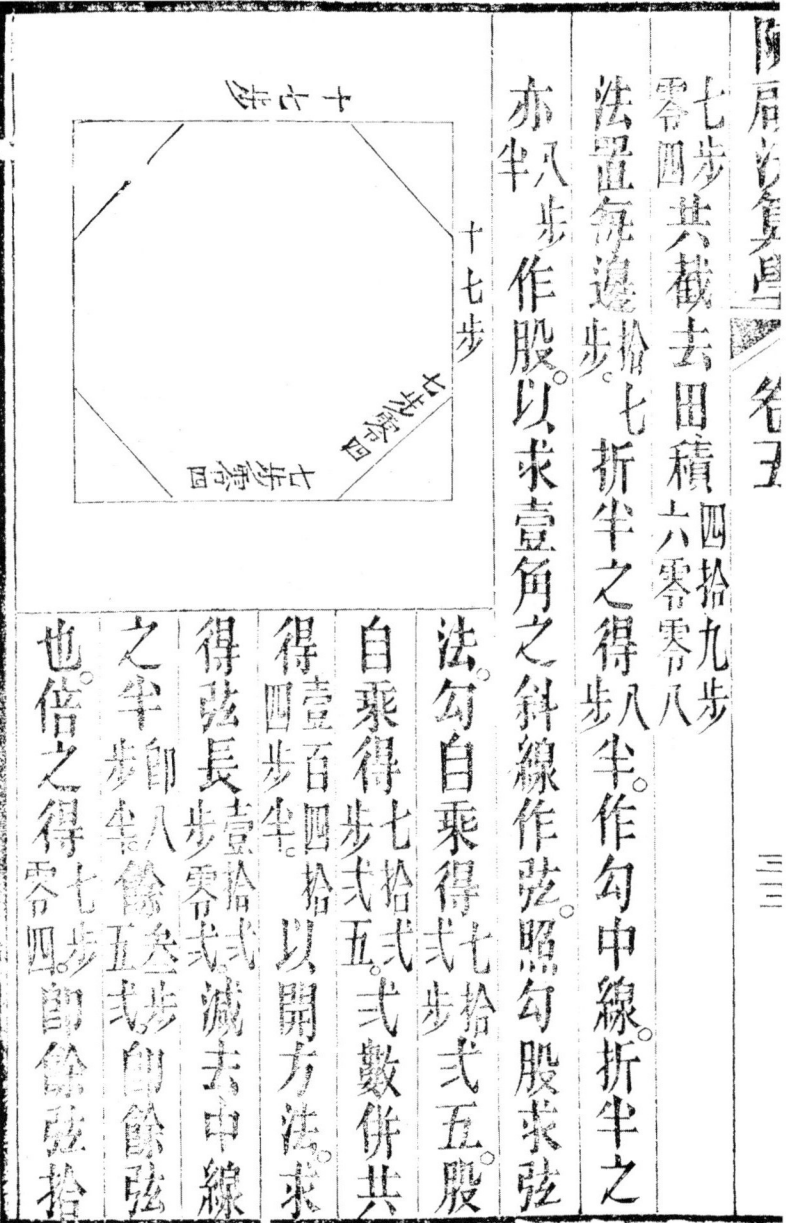

法。勾自乘得七拾弍步弍五。股自乘得七拾弍步弍五。弍數併共得壹百四拾四步半。以開方法。求得弦長壹拾弍步零弍。減去中線之半即八步半。餘叁步五弍。即餘弦也。倍之得七步零四。即餘弦拾

字小方田中徑之數亦八面邊之壹面也以拾七步

減去七步零四所餘九步九六即兩角之勾也折半即得壹

角之勾長四步九八以勾自乘得兩角之積數共

弍拾四步八零零四倍之即得四角之積數共四

拾九步六零零八合問此數頗與方田章方容八

角之數有差蓋方田章用方五斜七求之故有未

盡此所以差耳故方圓論所謂方五則斜七有奇

此之謂也 沉特立問以明之

今有直田長壹拾五步闊壹拾弍步從西北角截句

股形壹段積叁拾壹步五分原坐落西邊股長九步

問截北邊句闊若干　答曰截北句闊七步

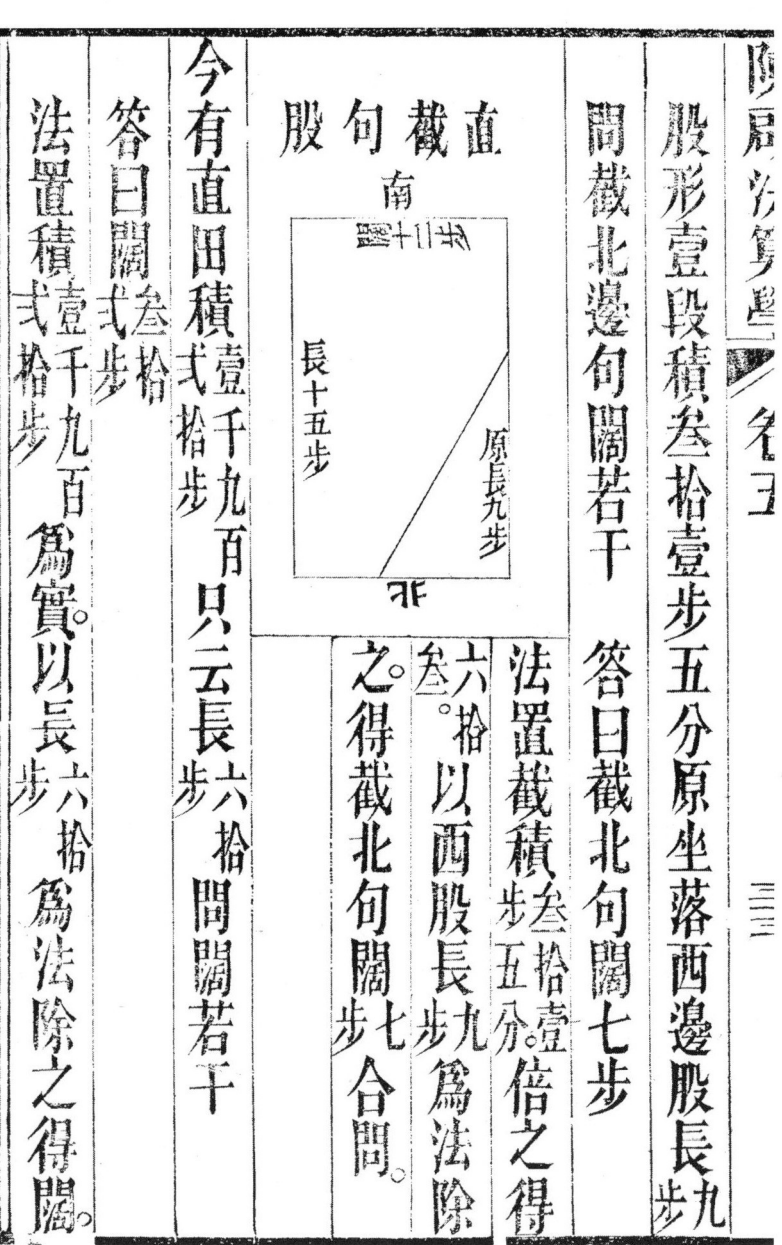

法置截積叁拾壹步五分倍之得六拾叁以西股長九步為法除之得截北句闊七步合問

直截句股

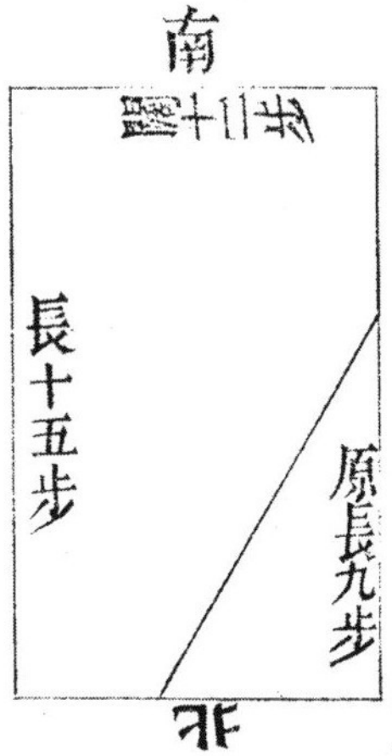

今有直田積壹千九百弍拾步只云長六拾步問闊若干

答曰闊叁拾弍步

法置積壹千九百弍拾步為實以長六拾步為法除之得闊

若只云闊叁拾弍步。問長若干。即以闊爲法除之得長。
今有圭田積弍百弍拾五步只云長叁拾步問闊若干
答曰闊壹拾五步
法置積倍之得四百五拾步爲實。以長爲法除之得闊。
若問中長步數。倍積爲實。以闊爲法除之即得。
以上弍欵名曰忘長失短。與直田截積意同。
今有句股田長叁拾步闊壹拾五步今從尖截長壹
拾弍步問中廣若干　答曰截中廣六步
法置截長壹拾弍步以句闊乘之得壹百八拾步爲實。以股

句股截積

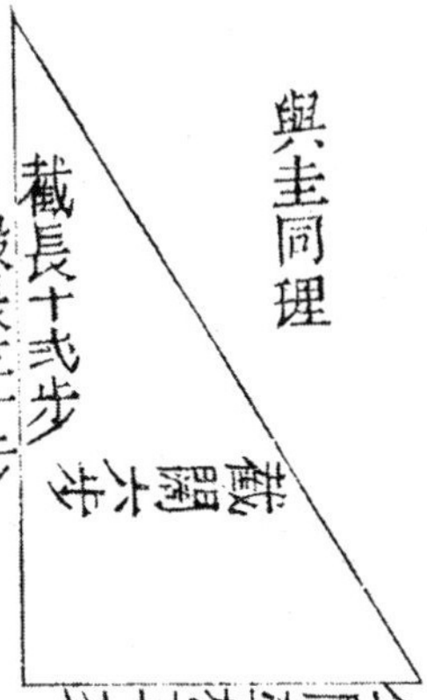

長爲法除之得中廣六步

又法置句爲實以股爲法

除之每股長壹步得闊五分

以乘截長亦得

陳啟沅曰句股田截長問中廣之理置勾乘截長得數爲者是先將所截之股尖以化方之再將股長爲法分之使知股長拾弍步分得闊多少數耳 又法置句爲實以股爲法除之者是將股之長數每股長壹步截得橫闊五分今截長步拾弍故知其活也六步後

法更易明。分繪式圖于後。

外圖

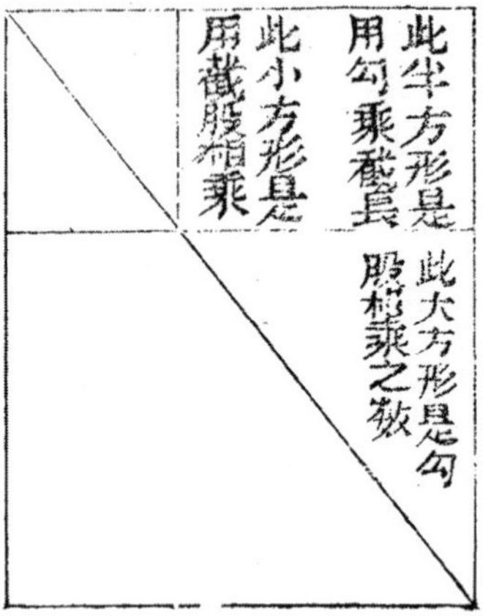

此圖是以句分股看圖
便見每步得闊之數

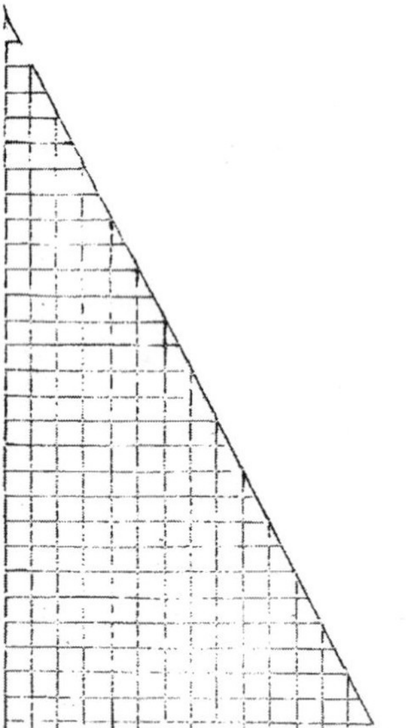

今有斜田南廣四步北廣拾弍步長叁拾弍步今從中截腰廣六步問截南長若干　答曰截南長八步

法置截中廣六步減上廣四步餘弍步以乘長叁拾弍步得六拾四步爲實却將南北弍廣相減餘八步爲法除之卽得。

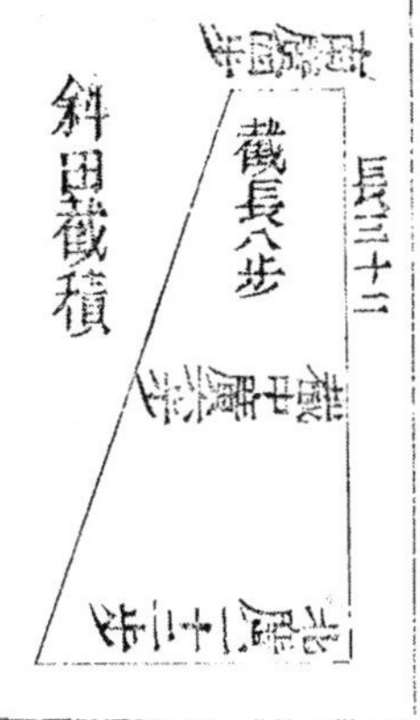

若問截下長則置下廣減中廣餘六步以乘原長得壹百九拾弍步爲實以上下弍廣相減餘八步爲法除之得截下長弍拾四步合問。

今截下長弍拾四步問截中廣若干　答曰六步

法將下廣減去上廣四步餘八步為實以原長叁拾貳步為

法除之每長壹步得闊差貳分五厘即以此為法乘下長

貳拾四步得闊差六步以減下闊壹拾貳步餘六步即是中廣合問

陳啟沅曰以上廣減下之理是截下廣以補成長方

形故將長步均之便得壹步闊差多少也凡圭梯斜

俱以此類推即得

今有梯田積壹千五百步北廣四拾步中長五拾步

問南廣若干　答曰南廣貳拾步

法置積壹千五百步倍之得叁千步為實以長五拾步為法

除之得六拾步于內減北廣四拾步餘得南廣弍拾步合問

假如斜田南廣四步北廣拾步長壹拾弍步今欲增作勾股式問股長出若干　答曰增股長八步

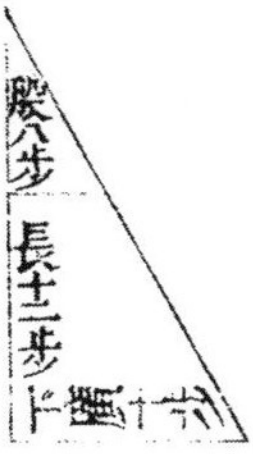

法以南廣四步乘長壹拾弍步為實另以弍廣相減餘六步為法除之得股長出八步合問

今有上圭下梯田上廣壹尺六寸下廣壹拾弍尺八寸圭下正縱壹拾尺零五寸問圭尖長若干

答曰尖長壹尺五寸

法置正縱壹拾尺零五寸以上廣壹尺六寸乘之得壹拾六尺八寸為

實。另以下廣壹拾弍尺八寸。減上廣壹尺六寸。餘壹拾壹尺弍寸爲法除之。得圭尖長壹尺五寸合問。

如圭田求下廣　法置圭長併梯長共壹拾弍尺以上廣壹尺六寸乘之。得壹拾九尺弍寸爲實。以尖長壹尺五寸爲法除之。得下廣壹拾弍尺八寸合問。

如圭田求外梯長　法以下廣壹拾弍尺八寸。減去上廣壹尺六寸。餘壹拾壹尺弍寸。以圭長壹尺五寸乘之。得壹拾六尺八寸爲實。以上廣壹尺六寸除之。得梯正縱長壹拾尺零五寸合問。

如圭田求中廣　法置下廣壹拾弍尺八寸。以尖長壹尺五寸乘

陳啟沅算學　卷五　三七

之。得壹拾九尺弍寸爲實。另以正縱壹拾尺零五寸加入尖長壹尺
五寸共壹拾弍尺爲法除之。得中廣壹尺六寸合問。

假如叁角田叁面各拾四步今截作叁段四角田問
中長及各邊長若干　答曰四角截田中長八步
兩大邊長七步　兩小邊長四步

法置每面拾四步。六因七歸。得中徑拾弍步。另以每面拾四步。與中徑相乘。得壹百六拾八步。折半得八拾四步。爲實。叁歸之。每段得弍拾八步。乃以半面七步歸之。得小邊四步。

倍之得步。八爲中長合問。

解曰。六因七歸。乃叁角求徑古率。若按正法。須用

句弦求股得數始確。

圭田截積歌

圭田截積小頭知。倍積原長以乘之。原闊歸除爲實

積。開方便見截長宜。仍以截長乘原闊。原長爲法以

除之。除來便見截闊數。法明簡易不須疑。

今有圭田長七拾五步北闊叁拾步今自尖頭截積

四百零五步問截長闊各若干

答曰長四拾五步　闊壹拾八步

法置截積四百零五步。倍之得八百壹拾步。以原長七拾五步乘之得六萬零七百五拾步。以闊叁拾步除之得式千零式拾五步為實。以開平方法除之。得截長四拾五步。即以原闊叁拾步乘之得壹千叁百五拾步為實。以原長七拾五步為法除之。得截闊壹拾八步合問。

陳啟沅曰。屯田截積之正法。以所問之積乘原長用原闊折半歸之為實。平方法開之。得截長數。即以原

闊乘實得實再以原長爲法除之得截闊

解曰試以帋剪成圭田式破其中分而爲式將兩勾股形顛倒合之成壹長方形今以所問之積乘原長是得壹大長方也以原闊折半歸之得壹小長方之積以平方開之得截長之數何也蓋小長方之積是已補足所截之圭田兩傍斜之數故開方便能知其所截之圭徑也又以原長分之故知其截圭之闊矣

照前所立問又法曰置截田四百零五步以原長七拾五步乘之得叁萬零叁百七拾五步再以闊叁拾

步。折半得拾五步。爲法除之。得弍千零弍拾五步爲實。以平方法開之。得長四拾五步。再以原闊叁拾步乘之。得壹千叁百五拾步。再以原長七拾五步爲法歸之。得截闊拾八步合問。

今有勾股田股長四拾步勾闊弍拾步今從大頭截積壹百七拾五步問所截長闊各若干

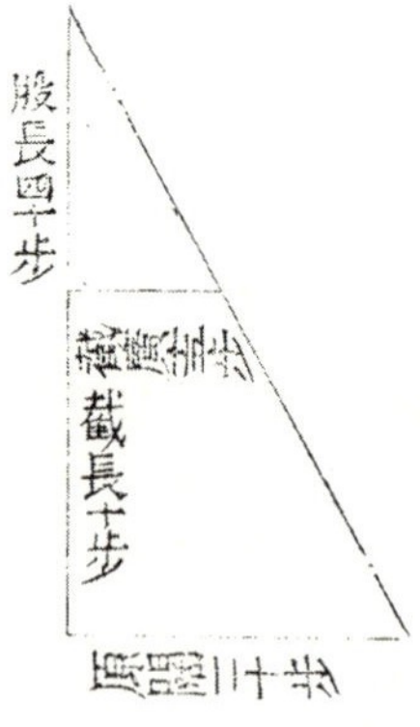

答曰截下長拾步　截上廣拾五步

法先將勾股相乘折半得積四百步減截積壹百七拾五步餘積弍百弍拾五步以作圭田截積小頭置小頭積弍百弍拾五步倍作四百五拾步以原長四拾乘之得壹萬八千步以原闊弍拾除之得九百為實以開平方法除之得上尖長叁拾步即用此為法以除倍積四百五拾得截闊壹拾五步另將原長

減去截長叁拾步。餘得下長壹拾步合問。

今有圭田長七拾五步北闊叁拾步今自北闊截積七百弍拾步問截長闊各若干

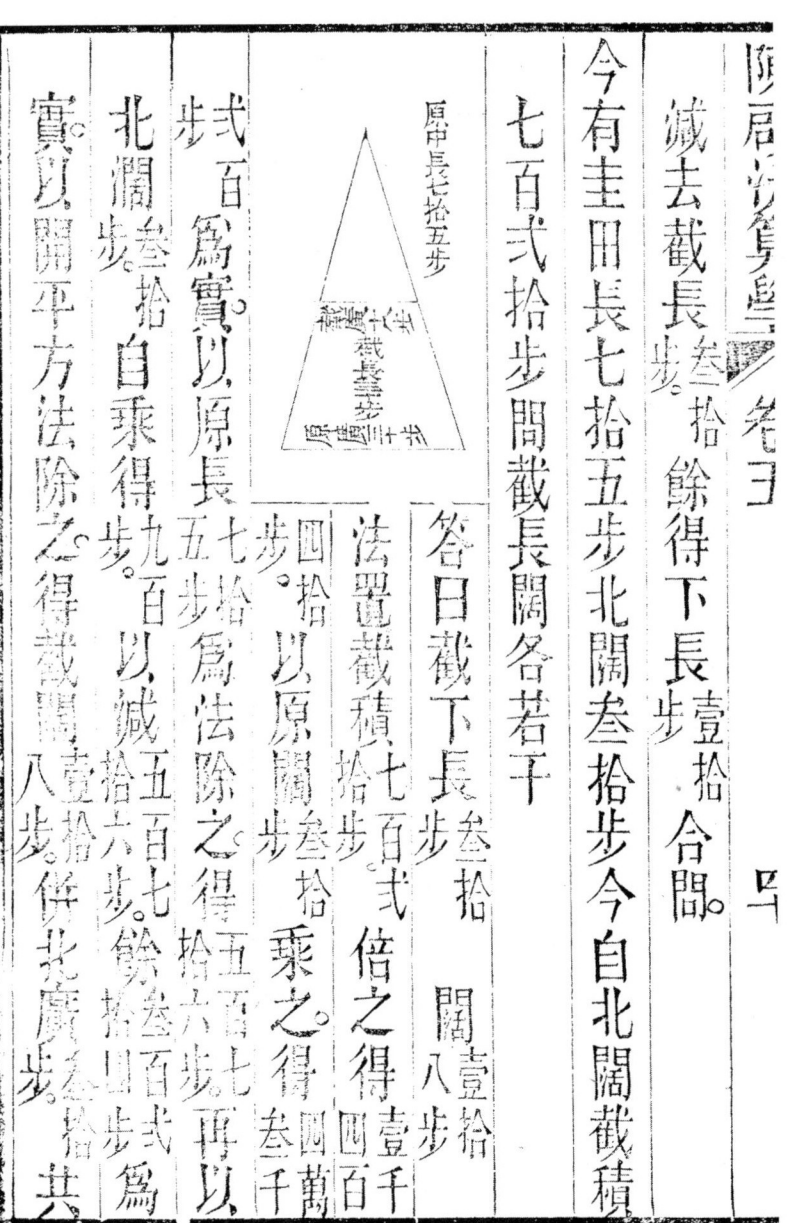

答曰截下長叁拾步 闊壹拾八步

法置截積七百弍拾步。倍之得壹千四百四拾步。以原闊叁拾步乘之得四萬叁千弍百步爲實。以原長七拾五步爲法除之得五百七拾六步。再以北闊叁拾步自乘得九百步。以減五百七拾六步。餘叁百弍拾四步爲實。以開平方法除之得截闊壹拾八步。併北廣叁拾步共

四拾八步折半得弍拾四步爲法除截積七百弍拾步得截長叁拾步合問。

陳啟沅曰截圭田下闊以積問截長闊又法置積七百弍拾步以原闊原叁拾步乘之得弍萬壹千六百步爲實以原長七拾五步折半得叁拾七步五爲法歸之得五百七拾六步再以北闊自乘得九百步以減五百七拾六步餘叁百弍拾四步爲實以開平方法除之得截闊壹拾八步併北廣叁拾步共四拾八步折半得弍拾四步爲法歸之除截積七百弍拾步

得截長叁拾步合問。所以然之法。與上截尖圖同理。可比例思之。無嚽解也。

假如直田壹坵從東北角截勾股形積叁拾八步七分式厘股與勾數相同問該若干

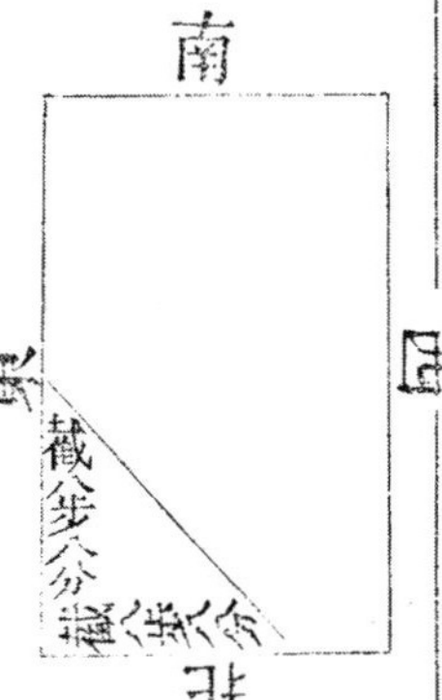

答曰東北各八步八分

法置截積叁拾八步七分式厘倍得七拾七步四分四厘為實以開平方法除之。得截東北各八步八分合問。若還原以勾股自乘折半卽得。

梯田截積

今有梯田長九拾步南廣弍拾步北廣叁拾八步今自南邊小頭截積八百弍拾弍步五分問截長闊各若干　答曰截上長叁拾五步截中闊弍拾七步

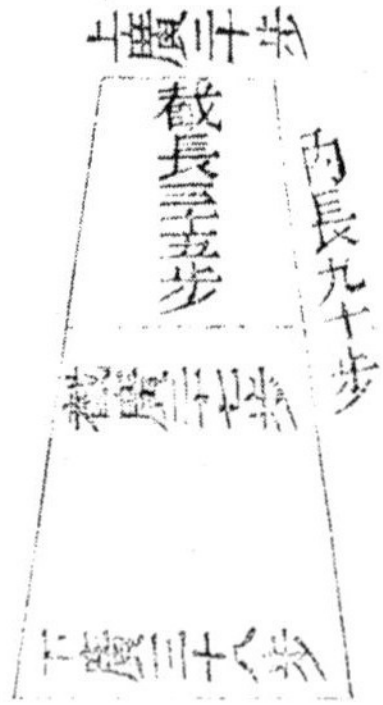

法置截積八百弍拾弍步五分倍之得壹千六百四拾五步以弍廣相減餘壹拾八步爲闊差以乘倍積得弍萬九千六百壹拾步以原長九拾除之得叁百弍拾九步另以小頭自乘得四百步併入叁百弍拾九步共得七百弍拾九步爲實以

開平方法除之。得截闊弍拾七步。併小頭原闊弍拾步。共四拾七步。折半得弍拾叁步五分。爲法。以除截積八百弍拾弍步五分。得截長叁拾五步。合問。

陳啟沅曰。梯田截積之理。與圭田畧同。其又法亦置積八百弍拾弍步五分。以弍廣相減。餘壹拾八步爲闊差。倍之得叁拾六步爲差較和。卻倍其差之闊。上下相同而成小長方形。以乘積得弍萬九千六百壹拾步。是成壹大方形。以原長九拾步除之。得叁百弍拾九步。是截得小頭壹積長方。另以小頭自乘。得四

百步。併入叁百弍拾九步。共得七百弍拾九步爲實。以平方法歸之。得截中闊弍拾七步。是中方之積。因上下有差。故以較和而得其中方之積。以中闊弍拾七步。併小頭弍拾步。共四拾七步。折半得弍拾叁步五分。爲法以除截積。得截長叁拾五步。合問。

今有梯田長九拾步。小頭闊弍拾步。大頭闊叁拾八步。今自大頭截積壹千七百八拾七步五分。問截長闊各若干　荅曰截下長五拾五步　截中闊弍拾七步

法置截積倍之。得叁千五百七拾五步。以大小弍闊相減餘

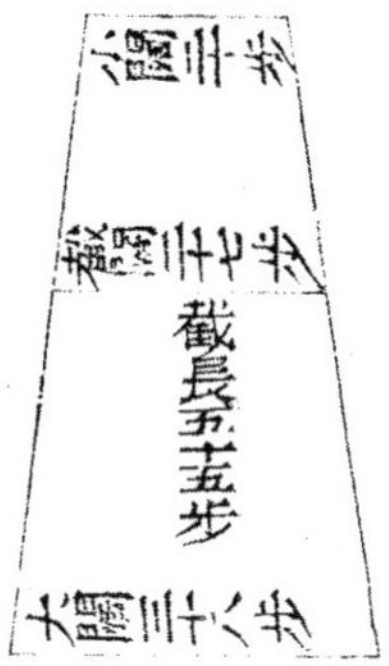

壹拾八步為闊差。以乘倍積。得六萬四千參百五拾步。以原長九拾步除之。得七百壹拾五步。另以大闊參拾八步自乘。得壹千四百四拾四步。減去七百壹拾五步。餘七百弍拾九步為實。以開平方法除之。得弍拾七步為截中闊。以併大頭原闊參拾八步。共得六拾五步。折半得參拾弍步五分為法。以除截積壹千七百八拾七步五分。得截長五拾五步。合問。

若作參段分者。先截大小弍頭。長併中闊。餘長即是中段數。或作四五段分者。亦先截去大小弍頭長

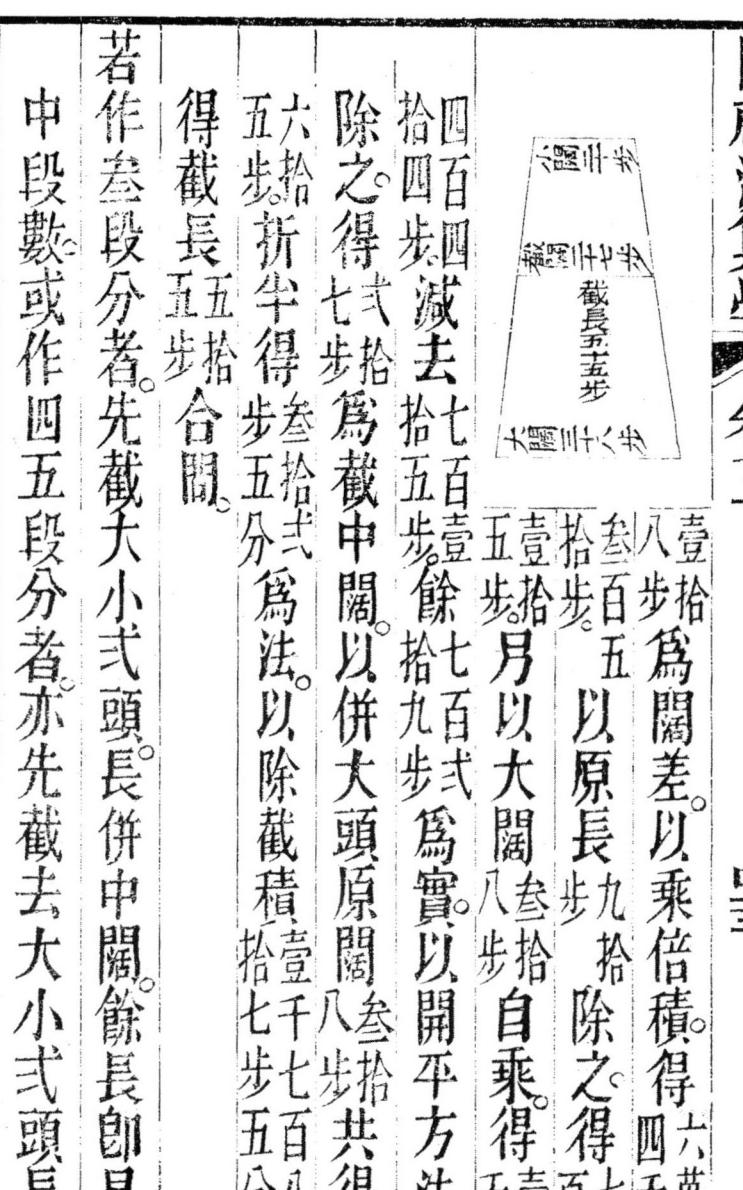

濶。再將原長內減截去式頭長數。餘長步數。併截式段中廣。復作梯法截之。即得其斜形截法與梯形同理。如截東西兩傍積法。具載第壹題。

隙敵沅曰。截下長之理。亦同與上問大同小異。倍差而不借積。皆是以虛補實。借根法耳。學者倣推可也。

環田截積歌

環田要截外周積。倍積式周差步乘。原徑爲法除見數。另以外周周自乘。以少減多餘作實。開方便得內周底。式周相減餘零數。六而取壹徑分明。

今有環田外周七拾弍步內周弍拾四步徑八步今自外周截積弍百八拾五步問截中周併徑若干　答曰中周四拾弍步截徑五步

法置截積弍百八拾五步倍之得五百七拾步。却以外周減內周弍拾四步餘四拾八步為差步。以乘倍積五百七拾步得弍萬七千叁百六拾步。以原徑八步除之得叁千四百弍拾步。又置外周七拾弍步自乘得五千壹百八拾四步。以少減多。餘壹千七百六拾四步為實。以開平方法除之。得中周四拾弍步。以減外周七拾弍步。餘

步。叁拾以六除之。得徑五步。　合問。

今有環田外周七拾弍步內周弍拾四步徑八步欲從內周截積九拾九步問截中周併徑若干

答曰中周四拾弍步　徑叁步

法先將內外弍周併之折半。以徑乘之。得總積、叁百八拾四步。內減今截內積九拾九步。餘弍百八拾五步。卽前截外周積也。

今有圓田中徑壹拾叁步今從邊截積叁拾弍步問所截弦矢各若干　答曰弦壹拾弍步　矢四步

法倍積得六拾四步自乘得四千零九拾六步
爲實以四因積叁拾弍步得壹百弍拾八步爲
上廉又以四因徑壹拾叁步得五拾弍步爲
下廉以五爲負隅用開叁乘方法

除之商四步於左上爲法以乘上廉得五百壹拾弍步即以
商四乘隅五得弍拾以減下廉五拾弍步餘叁拾弍另以商
四自乘得壹拾六步以乘下廉叁拾弍得五百壹拾弍併上廉
五百壹拾弍共壹千零弍拾四爲下法除實得矢四步另置積倍
之得六拾四步以矢除之得壹拾六步減矢四步餘得弦壹拾弍步

合問。

栁下居士論曰。弧矢截積之法雖不合于密率。然施之方田諸務已儘足用。乃算學名家多辨其非。如陳泗源杜端甫輩皆有訾議。并疑其開叁乘方爲牽合。殆由於不知叁乘方之形狀。并不知倍積自乘之形狀耳。夫叁乘方者。帶壹縱之長立方也。因其縱與方根根方邊也數相符。如幾立方相接。故謂之叁乘方。而不得謂之帶縱立方。凡叁乘方之方根弌者爲兩方相接根叁者爲叁立方相接根四以上者倣此若其縱長過於方根之數。如根弌者縱過于弌根叁者縱

過于叁之類　則謂之帶縱叁乘方矣。此倍積自乘。成方柱形。以矢自乘爲底。矢徑和自乘爲高。因不知弦矢數。故借積徑爲廉法。以求之。乃負隅減縱開叁乘方之法。所謂上廉下廉負隅。皆有形可指。有數可稽。非牽强偶合也。有圖載林算藝書輯要第六拾壹卷中。叁乘方理原細查藝書亦只有積而無圖。終不能釋疑。故上所云兩立方之謂

今有弧矢田積壹百弍拾八步。離徑五步。問矢闊弦長各若干　答曰矢八步　弦弍拾四步　圓徑弍拾六步

法置積倍之。得弍百五拾六。平方開之。得拾六步。爲矢弦較。又置田積壹百弍拾八步。以拾六除之。得矢八步。以加拾六步。得弦弍拾四步。折半得壹拾弍步。自乘得壹百四拾四步。爲實。以矢八步爲法除之。得拾八步。加矢八步。得圓徑弍拾六步。合問。

今有弧矢田弦長弍拾四步矢八步問積若干

答曰積壹百弍拾八步

訣曰。弧矢弦長併矢步。折半又用矢相乘。

法置弦弍拾四步。併矢八步。共叁拾弍步。折半得壹拾六步。以矢八步乘之。得積壹百弍拾八步。合問。

今有弧矢田積壹百弍拾八步矢八步問弦若干

答曰弦弍拾四步

法置積壹百弍拾八步倍之得弍百五拾六步為實以矢八步為法

除之得叁拾弍步減矢八步得弧弦弍拾四步合問

今有弧矢田積壹百弍拾八步弦弍拾四步問矢若

干　答曰矢八步

法置積壹百弍拾八步倍得弍百五拾六步為實列弦弍拾四步於右

為縱方約商八步於左亦置商八步於右縱方弍拾四之下

共叁拾弍步皆與商八相呼叁八除實弍百四拾弍八除實

壹拾六步。恰盡得矢八步。

今有圓徑拾寸矢闊壹寸問弦若干　答曰弦六寸

法置半徑五寸爲弦。自乘得式拾五寸。另以半徑五寸。減矢壹寸。餘四寸爲句。自乘得壹拾六寸。相減餘九寸。平方開之。得叁寸爲股。倍之得六寸爲截弧弦。

圓徑弧矢求股之圖

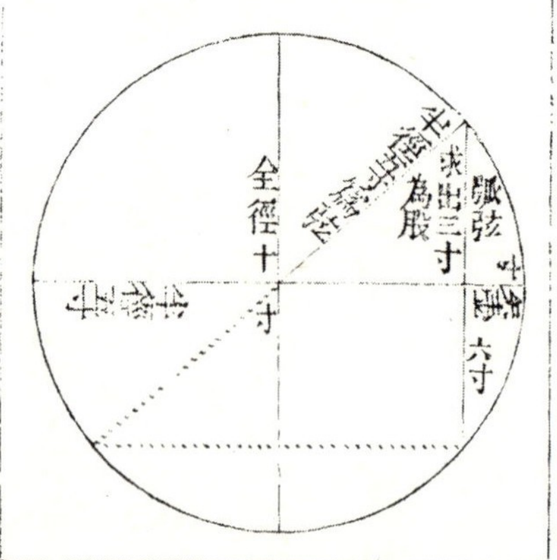

又法以圓徑自乘得壹百寸爲弦冪。另以圓徑減倍矢式寸餘八寸。自乘得六拾四寸爲句冪。相減餘叁拾六寸爲股冪。平方

東汝元算學　卷五下

開之得股六寸即截弧弦。

今有圓徑拾寸弧弦長八寸問截矢若干

答曰矢弍寸

法以半徑五寸爲句股之弦。另以弧弦八寸折半得四寸爲股。各自乘相減。餘九寸平方開之。得句三寸以減半徑五寸餘弍寸即矢。

若圓徑與截矢求截弧背。或截弦求弧背同。術曰。先求

圓徑弧弦求句之圖

出圓徑。除矢所得半弦背差。

大位曰。圓之大小。本於弧背之長短。係於圓之大小

與矢之多寡。假如平圓拾寸。平分壹半。則矢長五

寸。自乘得弐拾五寸。以徑除之。得弐寸五分。為半

弦背差。倍之。得五寸。加圓徑得壹拾五寸。為半圓

周。故不論圓之大小。矢之多寡。皆準此也。

今有弦弐拾四步。求圓徑幷離徑。

答曰圓徑弐拾六步　離徑五步

法置弦弐拾四步。折半得壹拾弐步。自乘得壹百四拾四步。為實。以

算術細草圖說　卷五下　已

矢八步為法除之得壹拾八步再加矢闊八步得圓徑弍拾六步

復折半得壹拾叁步減矢八步餘得五步為離徑。

今有圓徑弍拾六步弧弦弍拾四步求離徑并矢闊

答曰離徑五步　矢八步

法置圓徑弍拾六步折半得壹拾叁步自乘得壹百六拾九步以弧

弦弍拾四步折半得壹拾弍步自乘得壹百四拾四步弍數相減餘

弍拾五步開平方法除之得離徑五步另以圓徑弍拾六步折

半得壹拾叁步減離徑五步餘八步為矢。

今有圓徑弍拾六步矢闊八步求弧弦

答曰弧弦弍拾四步

法置圓徑弍拾六步。減矢八步。餘壹拾八步。以矢八步乘之。得壹百四拾四步。以開平方法除之。得壹拾弍步。倍之得弧弦弍拾四步。

今有弧弦弍拾四步離徑五步求圓徑

答曰圓徑弍拾六步

法置弦弍拾四步。折半得壹拾弍步。自乘得壹百四拾四步。以離徑五步自乘得弍拾五步。相併得壹百六拾九步爲實。以開平方法除之。得壹拾叁步。倍之得弍拾六步爲圓徑。

今有圓徑弍拾六步離徑五步求弧弦

答曰弧弦弍拾四步

法置圓徑弍拾六步折半得壹拾叁步自乘得壹百六拾九步以離徑五步自乘得弍拾五步相減餘壹百四拾四步爲實以開平方法除之得壹拾弍步倍之得弧弦弍拾四步

今有弧矢積壹百弍拾八步矢闊八步問弧弦若干

答曰弧弦弍拾四步

法置積壹百弍拾八步倍之得弍百五拾六步爲實以矢八步爲法除之得叁拾弍步減矢八步餘得弧弦弍拾四步合問

算學卷五下終

陳啟沅算學卷六

南海息心居士陳啟沅芷馨甫集著
門人順德林寬葆容圖氏校刊
次男　陳乃策藩軒甫繪圖

商功章第五

賓渠子曰。商度也。商量用力之法也。以堅壤之率。求穿地之實。以廣濶高深。求城塹溝渠之積。以車担往來。求程途負載之功。

商功歌

商工須要問工程長濶相乘深又乘乘此數來以爲實每日工程爲法行唯以築城別壹樣上下將來折半平高以乘之又乘長以爲城積甚分明五因其積叁而壹此是堅求壤法行穿地四因爲壤積法中仍用五歸成。

例曰凡穿地四尺爲壤五尺爲堅叁尺壤虛土也堅實土也凡穿地求壤用五因求堅用叁因皆四歸之凡壤地求穿四因求堅叁因皆五歸之凡堅地求穿四因求壤五因皆叁歸之凡城垣堤溝求積併上下

廣折半。以高深乘之。又以長乘之。得積。凡方壺求積。上方自乘。下方自乘。另以上下方相乘。併之。又以高乘。叁歸得積。如方窖。凡芻童倍上長。加下長。以上廣乘。又倍下長。加上長。以下廣乘。併弍數。以高乘。六歸得積。凡圓臺求積。上周自乘。下周自乘。上下周相乘。併之。又以高乘。叁拾六除。得積。如圓窖。凡圓錐。下周自乘。又以高乘。叁拾六除。得積。如尖堆。凡方錐求積。下方自乘。以高乘之。叁歸見積。如圭形。下方上尖。凡方垜壔求積。以方自乘。又以高乘之。方倉方柱。凡圓

垜壔求積以周自乘又以高乘拾弍除得積如圓倉圓柱凡芻甍倍下長加上長以廣乘之又以高乘六歸得積如屋脊下斜上平凡羨除併叁廣以深乘之六歸得積上平下尖或倍上長加下長

假如今有堅地積七千五百尺問穿地壤土各若干

答曰穿地壹萬尺　壤土壹萬弍千五百尺

法置堅地積以五因叁歸之為壤土積另置壤積以四因五歸之得穿積合問

假如開河長七千五百五拾尺上廣五拾四尺下廣

四拾尺深壹拾弍尺每日壹工開叄百尺問用工
若干　答曰壹萬四千壹百九拾四工
法併上下廣折半得四拾七尺以深壹拾弍尺乘之得五百六拾
四尺又以長乘之得積四百弍拾五萬八千弍百尺為實以每工
叄百尺為法除之即得
假如穿渠上廣弍丈四尺下廣弍丈壹尺深九尺長
叄千八百四拾尺每用人夫壹拾弍名日開積六
百尺問該人夫若干
答曰壹萬五千五百五拾弍名

法併兩廣，共得四拾五尺。折半得式拾式尺五寸，以深九尺乘之，得式百零式尺五寸。又以長乘之，得七拾七萬七千六百尺，為積。又以人夫壹拾式名乘之，得九百叁拾叁萬壹千式百尺，為實。却以六百尺為法除之，即得。

假如開壕上廣七尺，下廣九尺，深四尺，長壹千八百尺，每人日穿壹百四拾四尺，今用人夫式百名，問幾日畢。　答曰：式日。

法併上下廣，得八尺。以深四尺乘之，得叁拾式尺。又以長乘之，得五萬七千六百尺，為實。另置式百人，以每人壹百四拾

四尺乘之得弍萬八千八百尺為法除之合問

築臺歌

築臺丈尺要推詳上長倍之加下長上廣乘之别列
位另倍下長加上長仍以下廣乘見數弍數共併積
相當原高乘併積為實六歸實數積如常

假如築直臺壹所上廣八尺長弍丈下廣壹丈八尺
長叁丈高壹丈八尺問積若干　答曰六千尺

法倍上長得四拾尺加下長共七拾尺以上廣八尺乘之
得五百六拾尺另倍下長得六拾尺加上長弍拾尺共八拾尺

以下廣壹拾八尺乘之得壹千四百四拾尺併弍數共弍千尺以高壹拾八尺乘之得叁萬六千尺以六歸之合問。

陳啟沅曰築堤臺之法但有五歸六歸之不同而猶未敢泥為定率故再增新法截分段數計積更了然矣法以上長弍丈截去下長同等先分叁段中壹段底面同長弍丈上廣八尺與下廣壹丈八尺相併半之得壹丈叁尺成壹長方體又將頭壹段又分叁段頭尾弍段俱同截法截得平勾股體各壹段顛倒合成壹小長方體闊照上廣八尺橫五尺即

頭尾所截之平句股體也。高壹丈八尺。卽顚倒和
之小長方體也。所餘四小平底尖體形。共合埋成
壹正方平底尖體形。計積。　先以長方體上下廣
併半之。與高相乘。得弍百叁拾四尺。與長弍丈乘
之。得四千六百八拾尺。　又小長方體廣八尺。與
橫五尺相乘。得四拾尺。與高壹拾八尺再乘。得七
百弍拾尺。　又四小尖體。和橫闊各壹丈相乘。得
壹百尺。又與高拾八尺相乘。得浮積壹千八百尺。
照尖體率叁歸之。得積六百尺。　叁共該積六千

尺。與古法符合。

今有築臺壹所上廣四尺下廣弍丈八尺上長弍丈
下長六丈高八丈　問該積若干
答曰五百七拾六井
法以倍上長得四丈加下長六丈。共得拾丈。以上
廣乘之得四井。又以下長倍得拾弍丈。加上長弍
丈。共得拾四丈。以下廣弍丈八尺乘之。得叁拾九
井弍尺。弍數併得四拾叁井弍。以高八丈乘之。得
叁千四百五拾六井。用六歸之。得實積五百七拾

六井。又法。先截長方體壹段。照上長截弍丈。以上下廣相併。折半得壹丈六尺。與高八丈乘之。得壹拾弍井八尺。與長弍丈再乘。得積弍百五拾六井。又以兩頭平勾股合成壹小長方體。闊四尺。與長弍丈相乘。得八尺。又與高八丈再乘。得六拾四井。又以四小尖體形合埋長四丈。濶弍丈四相乘得九井六尺。與高八丈乘之。得浮積七百六拾八井。用叁歸之。得實積弍百五拾六井。　共積照前。

假如築方臺。上方六尺。下方八尺。高壹拾弍尺。問積

若干　答曰五百九拾弍尺

法依方窖法。以上方六尺自乘。得叁拾六尺。下方八尺自乘。得六拾四尺。又以上方乘下方。得四拾八尺。併叁數。共壹百四拾八尺。以高壹拾弍尺乘之。得壹千七百七拾六尺。以叁歸之。合問。

壹法。依築臺歌。倍上方加下方。共弍拾尺。以上方乘之。得壹百弍拾尺。另倍下方加上方。共弍拾弍尺。以下方乘之。得壹百七拾六尺。併弍數。共弍百九拾六尺。以高壹拾弍尺乘之得叁千五百五拾弍尺。以六歸之。亦得。

假如圓壺上周壹拾八尺下周弍拾四尺高壹拾弍

尺問積若干　答曰四百四拾四尺

法置上周自乘。得叁百弍拾四尺。以下周自乘。得五百七拾六尺。又以上下弍周相乘。得四百叁拾弍尺。并叁數。共壹千叁百叁拾弍尺。以高壹拾弍尺乘之。得壹萬五千九百八拾四尺。爲實。以圓率叁拾六除之。合問。此如圓窖。

假如立錐高叁拾弍尺下方弍拾四尺問積若干

立錐方錐郎　答曰六千壹百四拾四尺

法置下方自乘。得五百七拾六尺。以高乘之。得壹萬八千四百叁拾弍尺。爲實。以叁歸之。合問。

假如圓錐高叁拾弍尺下周七拾弍尺問積若干

答曰四千六百零八尺

法置下周自乘得五千壹百八拾四尺再以高叁拾弍尺乘之得壹拾六萬五千八百八拾八尺爲實以圓率叁拾六尺除之得積合問

築墻截高問上廣歌

上下原廣數相減餘用今高數相乘原高爲法除爲積積減下廣上廣存

假如原築墻上廣壹尺下廣叁尺高壹拾弍尺今已築高九尺問上廣若干　答曰壹尺五寸

法將原下廣叁尺減原上廣壹尺餘貳尺以今築高九尺乘

之得壹拾八尺爲實以原高壹丈貳尺爲法除之得壹尺五寸却

於原下廣叁尺減去壹尺五寸餘得今築上廣合問

壹法將原下廣叁尺減原上廣壹尺餘貳尺另以原高壹丈

貳尺內減今高九尺餘叁尺以乘貳尺得六尺爲實以原高壹拾

貳尺爲法除之得五寸加原上廣壹尺共壹尺五寸亦得

假如原築墻上廣壹尺下廣叁尺高壹丈貳尺今欲

築高壹丈五尺問上廣若干　答曰上廣五寸

法置原下廣叁尺減原上廣壹尺餘貳尺另以原高壹丈貳尺

減今高壹丈五尺餘叁尺以乘弍尺得六尺爲實以原高壹丈弍尺

爲法除之得五寸以減原上廣壹尺餘五寸爲今上廣合問

築墻截下廣問今高歌

原今下廣數相減餘以原高乘爲實原下廣減原上

廣餘爲法除高數是

假如原築墻上廣壹尺下廣四尺高壹拾弍尺今只

築下廣弍尺壹寸問今高若干　答曰七尺六寸

法置原下廣四尺減今築下廣弍尺壹寸餘壹尺九寸以原高

壹拾弍尺乘之得弍拾弍尺八寸爲實另以原下廣四尺減原上

廣壹尺餘叁尺爲法。除之合問。

假如原築墻上廣弍尺下廣六尺高弍丈今已築上

廣叁尺六寸問今高若干　答曰壹丈弍尺

法置原下廣六尺內減去今築上廣叁尺六寸餘弍尺四寸以

原高弍拾尺乘之。得四拾八尺爲實。另以原下廣六尺減原

上廣弍尺餘四尺爲法除之。得今高合問。

假如原築墻上廣拾尺下廣叁拾尺高四拾尺今欲

築上廣九尺問接高若干　答曰弍尺

古法置原高四拾尺爲實。另以原上廣拾尺。減原下廣

叁拾尺。餘貳拾尺。除之。得貳尺。又爲實。以今欲築上廣九尺。減原上廣拾尺。餘壹尺爲法。除之。得接高貳尺。合問。

柳下居士曰。以除得之貳尺。宜以兩廣減餘壹尺相乘。而得接高貳尺。今云除者。誤也。此因法。是壹尺雖誤用除法。得數不誤。設欲築上廣八尺。則減餘貳尺爲法。其接高應得四尺。若用除法。則接高只壹尺矣。豈不大繆。

沅曰。以原上廣拾尺。減去改築上廣九尺。餘壹尺爲實。再以原下廣叁拾尺。減去原上廣拾尺。餘貳拾尺。以高四拾尺。除之。得五寸爲法。法除實。得貳尺。即接高也。照法改作上廣八尺。可通矣。

築方錐丈尺改作方臺歌

今上方與原高乘便爲實積數分明原下方數宜爲法法除實積截高成

假如原築方錐下方弍拾四尺高叁拾弍尺今改作方臺只用上方六尺問截去高若干

答曰截去高八尺

法置原高叁拾弍尺以今只用上方六尺乘之得壹百九拾弍尺爲實以下方弍拾四尺爲法除之得截去高八尺合問

假如方錐下方弍拾四尺高叁拾弍尺今改作方臺

已築高弍拾四尺問今上方若干　答曰六尺
法置原高內減今高弍拾四尺餘八尺以乘下方弍拾四尺得壹百九拾弍尺為實以原高為法除之得上方合問

假如方錐下方弍拾四尺高叁拾弍尺今改作方臺只用上方六尺問今高若干　答曰弍丈四尺
法置原下方弍拾四尺內減今上方六尺餘壹拾八尺以原高叁拾弍尺乘之得五百七拾六尺為實以原下方弍拾四尺為法除之得今高弍拾四尺合問

築方臺丈尺改作方錐問接高歌

上方與高乘爲實。下方內減上方積。餘積爲法除實數。便見接高今丈尺。

假如方臺上方六尺下方弍拾四尺高弍拾四尺今改作方錐問接高若干　答曰接高八尺

法置原高弍拾四尺。乘原上方六尺。得壹百四拾四尺。爲實。另以原下方弍拾四尺。內減原上方六尺。餘壹拾八尺。爲法除之。得接高八尺。合問。

假如圓錐下周七拾弍尺高叁拾弍尺今改作圓臺只用上周壹拾八尺問今築高若干

答曰弍拾四尺

法置原下周七拾弍尺內減今用上周壹拾八尺餘五拾四尺以原高叁拾弍尺乘之得壹千七百弍拾八尺爲實以原下周七拾弍尺爲法除之得今高弍拾四尺合問

假如圓錐下周七拾弍尺高叁拾弍尺今改作圓臺已築高弍拾四尺問今上周若干　答曰壹拾八尺

法置原高叁拾弍尺減今高弍拾四尺餘八尺以乘原下周七拾弍尺得五百七拾六尺以原高爲法除之合問

築堤歌

築堤之法最蹊蹺。東高倍之加西高。上下廣併乘折半。西高另倍加東高。上下廣併仍乘折。兩折數併共相交。却用原長乘爲實。五歸其實積無饒。

假如築堤東頭上廣八尺下廣壹拾四尺高九尺西頭上廣弍拾尺下廣弍拾弍尺高弍拾壹尺東至西長九拾六尺問積若干　答曰弍萬八千八百尺

法以東高九尺。倍之得壹拾八尺。加西高弍拾壹尺。共叁拾九尺。併東頭上下廣共弍拾弍尺。乘之得八百五拾八尺。折半得四百弍拾九尺。次以西高倍之。加東高共五拾壹尺。亦併西頭上

下廣共四拾弍尺乘之得弍千壹百四拾弍尺折半得壹千零七拾壹尺弍數相併共壹千五百尺再以長九拾六尺乘之得壹拾四萬四千尺爲實以五歸之得積合問。

若論築堤法丈尺照前

陳啟沅曰築堤各訣有以五歸得實積沅甚疑之故特將其所設問題剖分數體照數求積則與原數大相逕庭詳問列以俟後之君子再訂可乎。

增法。先置西頭上廣與下廣相減餘弍尺爲實以高弍拾壹尺除之得九分五厘弍毫叁絲八忽爲壹尺高之闊差借東頭高

九尺。之比。以截西頭之高相等。所餘壹拾貳尺。為西頭之上節。以乘差。得壹尺壹寸四分貳厘八毫五絲六忽。加入上廣貳拾尺。得貳拾壹尺壹寸四分貳厘八毫五絲六忽。為截西頭之腰濶也。再將東頭下截。分為叁段。借西頭之濶。截中長方體壹段。半斜長方。半長叁角。共體貳段。顛倒合埋。成長方體壹段。計積。截得東頭每邊下廣叁尺。以西頭截得每邊上廣六尺五寸七分壹厘四毫貳絲八忽相併得長方上廣九尺五寸七分壹厘四毫貳絲八忽。為顛倒上廣。以底所截去方體之餘。為顛倒長方下廣七尺。高九尺。再以西頭上節

之腰弍拾壹尺壹寸四分弍厘八毫五絲六忽。截爲叁段。照東頭上濶
之比八尺。截得平勾股形。壹頭上下廣等。高壹拾弍尺。長
九拾六尺。爲壹體。又截得上兩邊弍段。併成壹長梯底
尖體形。底濶邊和。壹拾叁尺壹寸四分弍厘八毫五絲六忽。窄邊和。壹拾
弍尺。長壹拾弍尺。尖高九拾六尺。爲壹體。原分六體。和作四體
計。積中長方壹段。濶八尺。高九尺。長九拾六尺。得積六千九百壹拾
弍尺。又顛倒和長方體壹段。照上下廣併折半。得廣
八尺弍寸八分五厘七毫壹絲四忽。與高九尺相乘。與長九拾六尺再乘得
積七千壹百五拾八尺八百五拾六寸八百九拾六分。又平勾股壹段。濶八尺

高壹拾貳尺相乘。半之得四拾八尺。與長九拾六尺相乘。得積四千六百零八尺。又長梯底尖體壹段。濶窄邊相併。折半得壹拾貳尺五寸七分壹厘四毫貳絲八忽。與長拾貳尺相乘。得壹百五拾尺零八拾五寸七拾壹分叁拾六厘。以高九拾六尺乘之。得浮積壹萬四千四百八拾貳尺貳百八拾五寸。照方尖體求實積。率用叁歸得積。四千八百貳拾七尺四百貳拾八寸叁百五拾貳分。四體共積。貳萬叁千五百零六尺貳百八拾五寸貳拾分。

築堤法

今有築堤壹所東頭上廣八尺下廣壹拾四尺高式拾壹尺西頭上廣式拾尺下廣式拾式尺高九尺長九拾六尺問積若干

答曰式萬壹千四百七拾六尺五百七拾叁寸

增法先以東頭上下廣相差六尺以高式拾壹尺歸之得式寸八分五厘七毫壹絲四忽式微八爲壹尺高之差也以截下節比西頭之高等餘壹拾式尺乘之得叁尺四寸式分八厘五毫七絲壹忽叁微六加上廣八尺得壹拾壹尺四寸式分八厘五毫七絲壹忽叁微六爲中腰濶先截中長方體壹段比東頭之截腰濶等高九尺長九拾

六尺該積九千八百七拾四尺弍百八拾五寸六百分。又截上節平勾股
體壹段。照東頭上廣八尺。高壹拾弍尺相乘。再與長九拾六尺
乘之。折半得積四千六百零八尺。以下兩邊直斜尖體顛
倒相合成壹長方體。東頭底壹拾四尺。減去腰闊餘弍尺
五寸七分壹厘四毫弍絲八忽六微四。折為兩邊。每邊得壹尺弍寸八分五厘
七毫壹絲四忽叁微弍。再以西頭底闊弍拾弍尺。減去東腰闊餘
壹拾尺零五寸七分壹厘四毫弍絲八忽六微四。折為兩邊。每邊五尺弍寸八分
五厘七毫壹絲四忽叁微弍。再以西頭上廣弍拾尺。減去東頭腰
闊餘八尺五寸七分壹厘四毫弍絲八忽六微四。折為兩邊。每邊四尺弍寸

八分五厘七毫壹與東頭每邊底濶相併得五尺
絲四忽叁微弍。五寸
七分壹厘四毫弍爲上濶與底濶相併折半得五
絲八忽六微四。尺
四寸弍分八厘五毫與高九尺相乘再用長九拾
七絲壹忽四微八。六尺乘
之。得積四千六百九拾尺零弍再以上節東頭腰
百八拾五寸七百分。
濶。減去上廣八尺。餘叁尺四寸弍分八厘五爲兩邊
毫七絲壹忽叁微六。
底濶。又以西頭上廣丈。弍拾減腰濶。餘八尺五寸七
分壹厘四毫
弍絲八忽爲兩邊濶。弍數相併。折半得六與長九
六微四。尺。拾
六相乘。再以高拾弍乘之。得浮積六千九百以率
尺尺。壹拾弍尺。尺。
法叁歸得積弍千叁百四共合體積弍萬壹千四
零四尺。

百七拾六尺五百七拾壹寸叁百分合問。

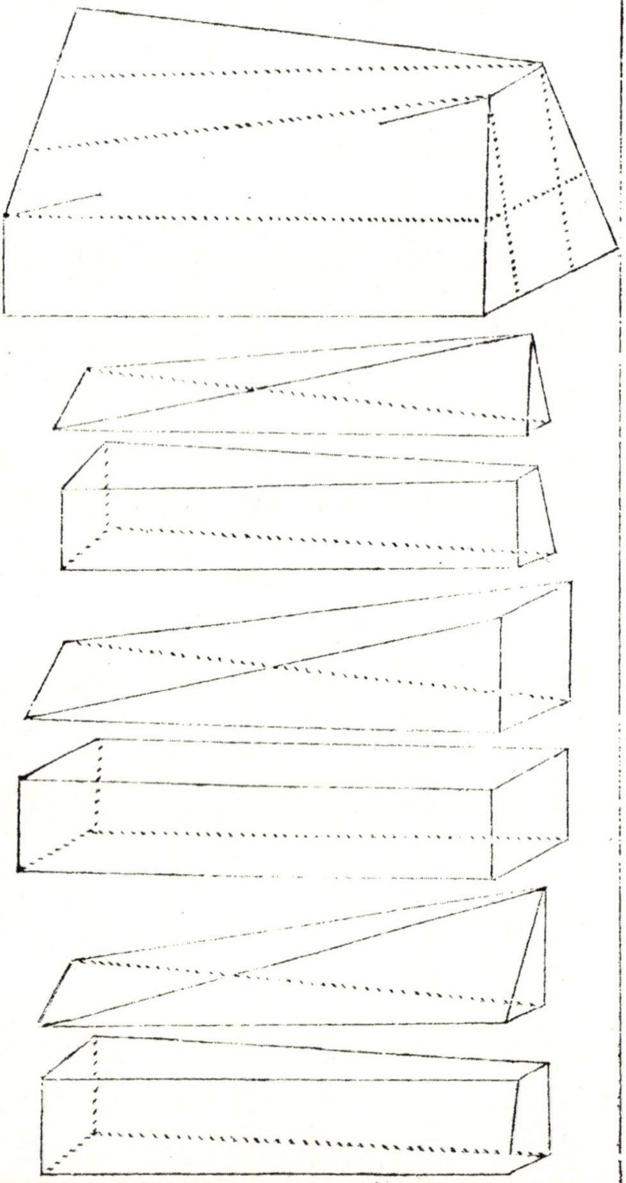

今有秧塘壹口該積弍百四拾井今欲埋基築高五尺塹深叁尺問塹塘面若干

答曰壹百五拾井

增法以積弍百四拾井爲實。以築高五尺。併塹深叁尺。共八尺爲法。除得叁爲通法。與築高五尺。通得壹百五拾井。即塹塘面。又法。以積弍百四拾井。用築高五尺相乘得壹千弍百井爲實。再以築高五尺與塹深叁尺相併。得八尺爲法。除之得壹百五拾井合問。

今有甲乙弍人開渠甲日開積四百尺乙日開積叁百五拾尺甲先開七拾日後令乙開問幾日與甲

同　答曰八拾日

法置甲開日。七拾以每日尺四百乘。得式萬八千尺爲實。却

以乙日開叁百五拾尺。爲法除之。得日。八拾纔與甲同數。

今有人快行者日行九拾五里慢行者日行七拾五

里令慢行者先行八日問快者幾日追及其行路

程各若干

答曰快行者叁拾日　慢者多八日　路程式千八百五拾里

法置慢者日行七拾五里。以八日乘之。得六百里爲實却以

快行減慢行。餘式拾里爲法。除之卽得。

今有慢行者已去七日後令快行者趕去凡六日追及途中其路程已行壹千壹百七拾里問快慢日行若干答曰快者日行壹百九拾五里　慢者日行九拾里

法以壹千壹百七拾里為實。用六日為法。除之得快者日行壹百九拾五里。又併先行七日。後趕六日共壹拾三日為法。除總壹千壹百七拾里。得慢行里數。合問。

今有甲乙弍人甲日行八拾里乙日行四拾八里乙先行弍百四拾里令甲追之問幾里可及

答曰六百里　甲七日半　乙拾弍日半

法置先行弍百四拾里。以甲日行八拾里乘之得壹萬九千弍百里為實。卻以甲乙日行里數相減。餘叁拾弍里為法。除之合問。

今有人盜馬去叁拾七里馬主方覺追去壹百四拾五里不及弍拾叁里仍復追之問幾里可及

答曰弍百叁拾八里壹拾四分里之叁

法置不及弍拾叁里。以馬主追去壹百四拾五里乘之得叁千叁百叁拾五里為實。以己行叁拾七里。減不及弍拾叁里。餘壹拾四里為法。除實得弍百叁拾八里不盡。以法約之。

假如大都路至杭州四千弍百七拾五里馬自大都南行日壹百弍拾里船自杭州北行日七拾里問行幾日相會各行若干

答曰弍拾弍日半 馬行弍千七百里 船行壹千五百七拾五里

法置四千弍百七拾五里爲實。并併船馬日行共壹百九拾里。爲法除之。得弍拾弍日半。又爲實。各以原行里數乘之。得各行數。

假如壹夫日耘田七畝壹夫日耕叁畝壹夫日種五畝今令壹夫自耕自種問治田若干

答曰壹畝四分七厘

法以田爲分母夫爲分子以母互乘子列分母分子之位七畝壹夫　叁畝壹夫　五畝壹夫先以七畝乘叁畝得式拾壹畝又以五畝乘之得壹百零五畝爲實又以七畝乘叁畝得式拾壹畝又以叁畝乘五畝得壹拾五又以五畝乘七畝得叁拾五併之得七拾壹爲法除實得壹畝四分七厘不盡六拾叁以法命之

假如叁女各納錦壹方長女五日完中女七日完小女九日完今另叁女共納錦壹方何日可畢

答曰弍日壹百四拾叁分日之弍拾九

法以日爲分母。方爲分子。以叁母連乘。先以五日乘七日。得叁拾五日。又以九日乘之。得叁百壹拾五日爲實。又用母互乘子。五日長女七日中女九日小女先以五日乘七日。得叁拾五。又以七日乘九日。得六拾叁。次以九日乘五日。得四拾五。併之得壹百四拾叁爲法。除實。得式日。不盡式拾九。以法命之。

堆垛歌

缶瓶堆垛要推詳。底脚先將濶減長。餘數折來添半個。併入長內濶乘長。再將濶搭壹乘實。以叁除之數相當。壹面尖堆只添壹。乘來折半積如常。叁角果垛

亦堪知脚底先求個數齊壹弍添來乘兩遍六而取
壹不差池要知四角盤中果添半仍添壹個隨乘此
數來以爲實如叁而壹法求之

今有酒瓶壹垛底脚濶八個長壹拾叁個問該積若
干　答曰叁百八拾四個
法置長內減濶餘五個折半得弍個半添半個作叁個併入
長共壹拾六個以底脚八個因之得壹百弍拾八個另以濶八個添
壹個作九個乘之得壹千壹百五拾弍個以叁除之合問

今有物靠壁壹面尖堆底脚濶壹拾八個問積若干

答曰壹百七拾壹個

法置濶壹拾八個爲實另以壹拾八個加項壹個共壹拾九個爲法

乘之得叁百四拾弍個折半即得

今有物壹面平堆底濶七個上濶叁個問積若干

答曰弍拾五個

法置底脚七個減上濶叁個餘四個加壹個共五個爲法是五

層也另併上下濶得拾個爲實以法五乘之得五拾個

折半得弍拾五個合問

壹面平堆圖

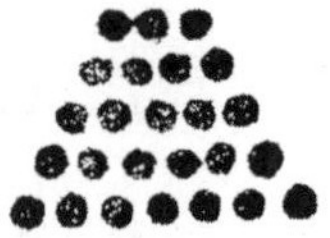

用梯形法。併上下數爲實。以高數爲法乘之。折半得積。其尖堆底數即高數。今却減上弍層。即平堆高五層也。

壹面尖堆圖

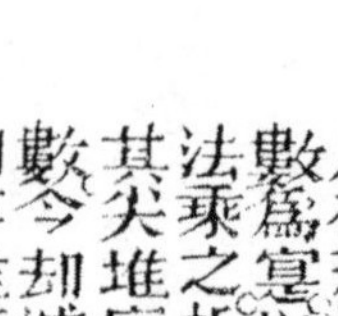

借梯田法。置底數併入上梯爲實。以底數爲法乘之。折半得積。其尖堆底脚濶數即是高數同。

右弍圖。用法權變。使人易曉。故立此以皦其餘。

今有叁角果壹垜底濶每面七個問該若干

答曰八拾四個

法置底濶七個另以七個添壹個共八個相乘得五拾六個。又以七個添弍個共九個。乘五拾六個得五百零四個爲實。以六歸之。合問。

今有叁角半堆果壹垜每面上濶五個底濶壹拾弍

個問該若干　答曰叁百四拾四個

法亦用叁角法。先以底濶壹拾弍個求出全積叁百六拾四。另以上尖虛底濶四個求出虛積弍拾。以減全積餘半堆積叁百四拾四個。

壹法。上濶五個自乘得弍拾五。下濶拾弍自乘得壹百四拾四。上濶五乘下濶拾弍得六拾。又倍下濶得弍拾四。加上濶五得弍拾九。併四數共弍百五拾八為實。另以下濶拾弍減上濶五餘七。加壹得八為法乘實得弍千零六拾四。以六除之合問。

今有物四面尖堆底濶壹拾弍個問該若干

答曰六百五拾個

法置底濶壹拾弍個另以拾弍加壹個共壹拾叁個乘之得壹百五拾

六個又以拾弍加半個共壹拾弍個半乘壹百五拾六個得壹千九百五拾個。

以叁歸之即得。

今有物壹堆橫面下濶拾個上濶壹個正面下濶壹

拾弍個上濶叁個問該若干　答曰四百九拾五個

法置正面下濶壹拾弍個倍之得弍拾四。加上廣叁。共弍拾

七　以橫面下廣壹拾乘之得弍百七拾。另置弍百七拾以橫下

廣壹拾乘之得式千七百併入式百七拾得式千九百七拾以六除之

即得。

半堆歌

半堆瓶法另推詳。上長倍之加下長。却用上濶乘見數。下長仍倍加上長。別以下濶乘見積。下長另減上頭長。餘存叄位同相併。再以高乘爲實良。要知其積從何見。六而取壹積該當。

今有半堆酒瓶壹棧上長式拾五個濶壹拾式個下長叄拾個濶壹拾七個高六個問積若干

答曰弍千四百壹拾個

法倍上長加下長以上濶乘之得九百六拾又倍下長

加上長以下濶乘之得壹千四百四拾五併之得弍千四百零五

又以下長減上長餘五併入共得弍千四百壹拾以高乘

之得壹萬四千四百六拾爲實以六爲法除之即得

今有磚壹堆長叁丈高九尺入深四尺每塊長壹尺

濶五寸厚弍寸問共該若干　答曰壹萬零八百塊

古法置長叁丈爲實以每塊弍寸爲法歸之得壹百五拾塊

另以高九尺用每塊濶五寸歸之得壹拾八塊乘之得弍千七百

塊。又以八深尺四乘之合問。

增法以長丈叄乘九尺得貳百七拾尺。再深尺四乘之得壹千零八拾尺

爲實。又以每塊長尺壹乘濶寸五再以厚寸貳乘之得寸。壹百

爲法除實。得壹萬零八百塊亦得。

挑土計方歌　每方長濶各壹丈高壹尺開塘法同

東西併折半。南北亦如斯互乘爲實位深數再乘之

假如田內挑泥墳基東六丈五尺西七丈五尺南八

丈北九丈深貳尺問取泥該方若干

答曰壹百壹拾九方

法併東六丈五尺西七丈五尺共壹拾四丈折半得七丈又併南八丈北九丈共壹拾七丈折半得八丈五尺相乘得五拾九丈五尺以深式尺乘之得壹百壹拾九方合問。

陳啟沅曰：挑土之法，如古歌照算，則與句股開方之積略有微差，雖挑土無甚大要，然仍不可不知也。玆照原題以法伸明之。

法以小邊自乘得五拾六丈式尺五寸，再以大邊自乘得六拾四丈式尺五寸，二數相減餘七丈七尺五寸，以底線拾壹丈壹尺零壹分爲法除之，得六尺九寸八分壹厘，與底線相減餘壹拾丈零四尺零式分九厘，折

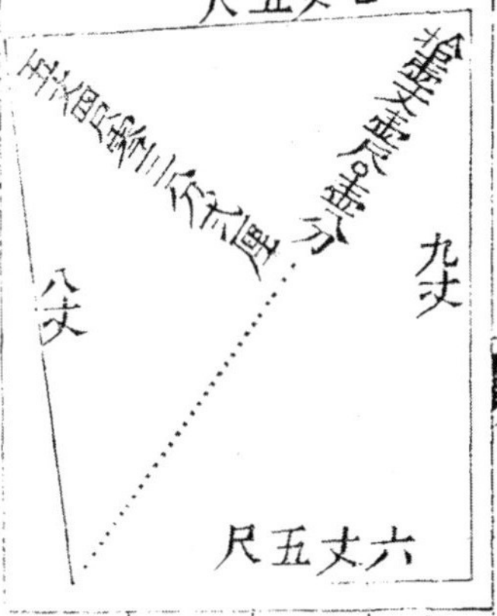

半。得五丈弍尺零壹分四厘五毫。爲句。自乘得弍拾七井零五寸五分。以小邊爲弦。自乘。得五拾六井弍尺五寸。弍數相減。餘弍拾九井壹尺九寸五分。開平方。得股五丈四尺零叁分弍厘。爲中垂線。與拾壹丈壹尺零壹分相乘。折半。得弍拾九井九尺九寸。爲壹叅角面積。又以九丈與六丈五尺相乘。折半。得弍拾九井弍尺五寸。爲句股面積。弍數併得五拾九井弍尺四寸。以深弍尺再乘。得壹百壹拾八井四拾八尺。

量木榧法

榧有封書模樣。榧法不壹壹名古壹封書壹名方榧。深濶各倍相乘。如濶
若干深若干俱各加倍以丈五除長再乘行如長若
五寸為壹根即倍法也。干以每根長壹丈
五尺除之。書榧加深為定。如壹封書榧深濶長俱乘
餘數再乘。訖。又照原深若干加之也。
方榧須之加濶。如方榧深濶長俱乘訖。荒深叁折倍
成。又照原濶若干加之也。
又名荒排者異前式形即以深叁濶長皆是照前
歸。而壹方可倍之。即壹尺式根也。
因。雖荒排濶亦倍之。與叁歸深者叁折壹加有準。但荒
相乘長亦照前丈五除者相乘。
排濶深長俱乘訖。亦
照深叁歸而壹加之。
今有壹封書榧深七尺五寸濶四丈七尺長九丈問

木若干　答曰壹萬四千八百零五根

法置深七尺五寸以每尺根式計之。得壹拾五根。即倍法也。又以濶四丈七尺倍作九拾四根。相乘得壹千四百壹拾根為實。另置長九丈。以每根長壹丈五尺除之得六根。為法乘實得八千四百六拾。又以深七尺五寸加之。或用壹七五乘亦得。合問。

按以深七尺五寸加之。式句殊混。宜云以深七尺五寸乘而加之方合問。

今有方欄深七尺濶五丈長六丈問木若干

答曰八千四百根

法置深七尺倍作壹拾四根。又以濶五丈亦倍作壹百根。相乘

得壹千四百根爲實。另置長六丈以壹丈五尺除之。得四根爲法。

乘實。得五千六百根。又以濶五丈加之。合問。按以濶加之宜云以濶乘

而加

之。

今有荒耕深弍丈壹尺濶四丈四尺長六丈六尺問木若

干　答曰八千叁百七拾七根六分

法置深弍丈壹尺以叁歸得七尺。倍作壹拾四尺。以濶四丈四尺

倍作八拾八根相乘。得壹千弍百叁拾弍根爲實。另以長六丈以壹丈

五尺除之。得四根爲法乘之。得四千九百弍拾八根。又以深弍丈壹尺

用叁歸。得七尺加之。合問。按此宜云以深七尺乘而加之。

賓渠子曰。梱法雖設。則敝弊客弊未免。但壹封書併荒挑法無異。其方梱所加。或濶深長不壹。法雖必矣。

陳啟沅曰。量木之法。今古不同。以廣東省例之。賣杉木。則論尾之大小。先議木之長數。有曰丈弍。有丈四。丈六。丈八。弍丈。或某尺不壹。其數然後論尾之大細成價。并又要分江份。有曰北江。有曰西江。有曰富川。北江是總名耳。而又分清化、躍溪、漓水、馬婆水、九封、黃牛塲等。此以山所出名之杉之最好者。曰水沙。其

次則淸化也。小塘總埠。有例略異。如躍溪。有曰四橋
此原排之名。蓋因其排面有大木四條。如橋。故名之。
有曰簑衣開井。此亦各山所來之排名。因其扎排之
法。以拾叁派砌成魚鱗樣。共作壹排。合共叁百捌拾
伍條。如俗用之簑衣形。故名之。有以原排議價有以
條數議價。不壹其例。西江木。則不能論尾。其木頭大
於尾數倍。故世人多以作桅。或截爲壽板用。鋸板多
用之。不俱何江板塊。均以井數論價。雜木亦然。雜木
名太多。不能盡載。爲酸枝。檀香。紫檀等。則論斤量井

之法。濶壹丈。長壹丈。厚壹寸。作壹井。濶壹尺。長壹丈

厚壹寸。作壹尺。高壹尺。長壹尺。横壹尺。亦作壹尺。即

立方形。高壹丈。濶壹丈。長壹丈。作壹百井。長壹尺。濶

壹尺。厚壹寸。作壹寸。

均輸章第六

賓渠子曰。均平也。輸送也。以戶數多寡。道里遠近。而

求車數粟數。以粟數高下。而求傭直。以錢數多少。而

求傭錢。

今有銀弍拾弍兩八錢買黃白蠟等分其黃蠟每叁

斤價銀四錢白蠟每壹斤價銀五錢問黃白蠟各若干
答曰各叁拾六斤　黃蠟該銀四兩八錢　白蠟該銀壹拾八兩
法置總銀以黃蠟叁斤乘之得六百八拾四斤爲實另置黃
蠟叁斤以白蠟價五錢乘之併黃蠟價四錢共得九錢爲
法除之得黃白各叁拾六斤即以白蠟價每斤五錢乘叁拾六斤
得價壹拾八兩其黃蠟亦以價四錢乘叁拾六斤得壹拾四兩四錢乃
用斤爲法除之得價四兩八錢合問。
今有銀叁拾七兩八錢糴米麥豆叁色等分每石米

價八錢麥價六錢豆價四錢問各若干

答曰各弍拾壹石

法置總銀爲實併米麥豆價共壹兩八錢爲法除之得

每色弍拾壹石各以價乘之合問

不拘四色五色可倣此而推也

今有甲乙丙叁人以田多寡應壹年差役甲田叁拾

五畝乙田弍拾五畝丙田弍拾畝問各該值月若干

答曰甲五個月零七日半　乙叁個月弍拾弍日半　丙叁個月

法併叁人田共八拾畝爲法乃拾弍月乘甲田得四百弍拾

爲實以法八拾除之得甲應值五個月零弍五日卻以叁拾日乘弍五得七日半。又以拾弍月乘乙田得叁百爲實以法除實得乙應值叁個月零七五卻以叁拾日乘七五得弍拾弍日半。又以拾弍月乘丙田得弍百四拾爲實以法除之得丙應值叁個月合問。

又法置壹年計叁百六拾日爲實併叁人田共八拾畝爲法除之每畝得值月四拾五日以乘各人田數亦得。

今有甲乙弍人往縣應役甲該拾弍日壹往乙該拾五日壹往問弍人何日相會　答曰六拾日會

法以乙拾五日。乘甲拾弍日。得壹百八拾日。為實。以乙拾五日。

減甲拾弍日。餘叁日。為法。除之合問。

今有官派糧八百四拾石。令四戶照田納之。甲田五

拾六畝。乙四拾四畝。丙叁拾弍畝。丁弍拾八畝。問

各該納若干。　答曰。甲弍百九拾四石。　乙弍百叁拾壹石

丙壹百六拾八石　丁壹百四拾七石

法列四戶田數。各以官派糧八百四拾乘之。各列為實。

另併四戶田。得壹百六拾畝。為法。以除各戶乘數。即得各

戶該納數合問。

今有五縣派粟式萬石照人戶多少道里遠近價值
上下而均輸之每車載式拾五石行道壹里與傭
里銀壹錢甲縣式萬零五百式拾戶粟石價式兩乙縣壹萬式千叁百
壹拾式戶粟石價壹兩遠輸所式百里丙縣七千壹百八拾式戶粟石
價壹兩式錢遠輸所壹百五拾里丁縣壹萬叁千叁百叁拾八戶粟石價
壹兩七錢遠輸所式百五拾里戊縣五千壹百叁拾戶粟石價壹兩叁錢
遠輸所壹百五拾里　問各輸粟及乙丙丁戊四縣傭里銀若干
答甲七千[illegible]百四拾式石叁斗五升九合九勺
乙四千七百六拾壹石五斗七升叁合叁勺傭里銀式拾兩
丙式千七百七拾七石五斗八升四合四勺傭里銀拾五兩
曰丁叁千四百叁拾八石九斗壹升四合傭里銀式拾五兩

戊壹千八百七拾九石五斗六升八合○四句傚里銀拾五兩

傚音就賃也

解曰○甲縣乃自輸本縣○故無傚○里○惟乙丙丁戊四邑有之○各照里數遠近○以傚銀壹錢因之○各得傚里銀也○

法置甲縣戶數爲實○以粟價貳兩爲法除之○得壹千零貳拾六裒○乙縣行道貳百里○以每車載貳拾五石除之○得八錢○併粟價壹兩共八錢○除戶數得六百八拾四裒○丙縣行道壹百五拾里○以每載貳拾五石除之○得六錢○併粟價共壹兩八錢○除戶數得叁百九拾九裒○丁縣行道貳百五拾里○亦以貳拾五里除之○得壹兩

併粟價共弍兩七錢除戶數得四百九拾四裒。戊縣行道壹百五拾
里。亦以弍拾五石除之。得六錢。併粟價共壹兩九錢。除戶數得
弍百七拾裒。郎以五裒列置五縣。再併五裒共弍千八百七拾叁裒為法。
另以賦粟弍萬五石。以乘五縣各裒為實。以法除之。合問。
假如有綾每疋價四兩壹錢絹每疋弍兩壹錢欲將
綾換絹問多少可均　答曰綾弍疋壹　絹四疋壹
法以綾絹價相乘。得八兩六錢壹分為實。以絹疋價除之。
得絹數。以綾疋價除之。得綾數。合問。其疋下有零者。照疋長若
干加之是也。

今有蔴每石價銀九錢米石價八錢豆石價七錢今叁主只以價均扣算蔴米豆各該若干　答曰各該價五錢零四厘　蔴五斗六升　米六斗叁升　豆七斗弍升

法先置蔴豆價相乘得六斗叁升退位爲米數又以米豆價相乘得五斗六退位爲蔴數再以蔴米價相乘得七斗弍升退位爲豆數各以價乘之合問但相乘數多者爲賤少者爲貴可以辨之

陳泗源云此法不可爲例

假如挑茶九拾斤行道五百里脚銀九錢今挑壹百

弍拾斤行道叄百里問該銀若干　答曰七錢弍分

法以今挑壹百弍拾斤。乘今行叄百里得叄萬六千。又以脚銀九錢乘之。得叄萬弍千四百爲實。以九拾斤。乘原行五百里。得四萬五千爲法。除之合問。以兩爲單位下同。

假如僱車原議行壹千里載壹千弍百斤與銀七兩五錢今載壹千五百斤行壹千叄百里該銀若干

答曰壹拾弍兩壹錢八分七厘五毫

法先以壹千叄百里。乘壹千五百斤。得壹百九拾五萬。又以銀七兩五錢乘之。得壹千四百六拾弍萬五千爲實。以原重壹千弍百斤。乘原行

壹千里。為法除之合問。

假如僱車照前議行壹千里載壹千弍百斤價七兩五錢今有貨壹千六百斤先付脚價六兩問該行道若干　答曰六百里

法以原行道壹千里。乘今付銀六兩。得六千里。又以原重壹千弍百斤乘之。得七百弍拾萬為實。另以原價七兩五兩。乘今貨壹千六百斤。得壹萬弍千。為法除之合問。

又如僱車仍照前議今行道壹千七百里先付脚價七兩六錢五分問該載若干　答曰七百弍拾斤

法以原行道。乘原載得壹百弍拾萬。又以今付銀七兩六錢五分乘之。得九百壹拾八萬為實。另以原議價七兩五錢乘今行道得壹萬弍千七百五拾為法。除之即得。

假如挑物重壹百五拾斤行壹百叁拾里脚價弍錢今挑壹百八拾斤行九拾里該銀若干

答曰壹錢六分六厘壹毫五絲

法置今重壹百八拾斤乘今行道九拾里。得壹萬六千弍百。又以原脚銀弍錢乘之。得叁千弍百四拾為實。另以原挑重壹百五拾斤。乘原行道壹百叁拾里。得壹萬九千五百為法。除之即得。

假如空車日行七拾里重車日行五拾里今載穀至倉五日叁返問路遠若干

答曰四拾八里叁拾六分之弍拾弍

法置空車重車日行里數相乘得叁千五百里又以五日乘之得壹萬七千五百為實另併空車重車日行里數以叁返乘之得叁百六拾為法除之不盡弍拾弍以法命之

假如人負米壹石弍斗弍升行叁拾步日五拾返今負米壹石弍斗行四拾步問日幾返

答曰叁拾五返

法以行叁拾步。乘負米壹石壹斗弍升。得叁百叁拾六。又以返五拾乘之。得壹萬六千八百為實。以行四拾步。乘今負壹石弍斗。得四百八拾為法。除之合問。

假如兄弟出錢長兄出八文依次加壹順至季弟出六拾文問人及錢若干

答曰五拾叁人共錢壹千八百零弍文

法置八文併六拾文。得六拾八文。另置六拾文內減八文。餘五拾弍。加長兄壹人。共得五拾叁人。另以六拾八文。乘五拾叁人。得叁千六百零四文。折半即得。

假如中式舉人壹百名第壹名官給銀壹百兩以下挨次各減五錢該銀若干　答曰七千五百貳拾五兩

法于百名內減第壹名餘九拾九名以五錢乘之得四拾九兩五錢。以減壹百兩餘五拾兩零五錢爲末名之數。併入第壹名給壹百兩。共壹百五拾兩零五錢。以乘名。壹百得壹萬五千零五拾兩。折半合問。

陳啟沅解曰。此條卽遞減差分意。

今有錢壹文日增壹倍倍至叁拾日該若干　答曰拾億零七千叁百七拾四萬壹千八百貳拾四文

法置錢壹文以拾度八因卽得也。壹度八因。叁日倍數。故拾度八因。卽得

叁拾日數。壹法。以五度四六拾乘。亦得壹度六拾四。乘六日倍數。故五

度六拾四。乘得叁拾日數。又法。以叁度弍叁拾乘得數自乘亦得

叁度叁拾弍。乘拾五日數也。自乘卽叁拾日也。解曰。拾度者。八因拾次也。

五度者。六拾四乘五次也。餘倣此。

沅解曰。此問與遞加差分同意。

今以天干拾位地支拾弍位相配問干支數

答曰六拾

法以地支乘天干。得壹百弍拾爲實。以天干減地支。餘

弍爲法。除之卽得。

假如車壹輪高六尺推行弍拾里問輪轉若干

答曰轉弍千次

法置弍拾里以里率壹千八百尺乘之得叁萬六千尺爲實另以輪高六尺以叁因得周壹拾八尺爲法除之合問

今有人車不知其數凡叁人共車弍車空弍人共車九人步行問人車各若干

答曰壹拾五車　叁拾九人

法置弍人以叁人乘之得六加九人得車壹拾五又以弍人乘車拾五得叁拾加九人得人數　按此題宜入盈朒

今齋僧不知人數初日每五人米八斗次日每九人米七斗凡弍日共米叁拾弍石壹斗問僧幷米若干

答曰壹百叁拾五人。初日米弍拾壹石六斗次日米壹拾石零五斗。法列五人八斗九人七斗以九人乘八斗得七拾弍。又以五人乘七斗得叁拾五。併之得壹百零七為法。另以九人五人相乘得四拾五。復乘共米。叁拾弍石壹斗得壹千四百四拾四石五斗為實以法除之合問

假如圓兵弍萬叁千四百人以布圜之各相去五步今圓內縮除壹拾六里九拾步而止問圓兵相去若干　答曰四步七分五釐

法置兵數以五步乘之得壹拾壹萬七千步。另以壹拾六里用叁百六拾步通之得五千七百六拾步。加零九拾步。共五千八百五拾步。以減上數。餘壹拾壹萬壹千壹百五拾步。以圍兵式萬叁千四百爲法。除之即得。

今有糧叁千六百石只云每石則例令叁處倉上納東倉式斗叁升四合西倉叁斗四升五合南倉四斗式升壹合依則均開各倉該米若干

答曰東倉八百四拾式石四斗西倉壹千式百四拾式石南倉壹千五百壹拾五石六斗

法置總糧爲實以各倉則例數乘之合問

假如夏稅麥弍百七拾四石作叁限催徵初限五分六月完中限叁分半七月完末限壹分半八月完問各限該徵若干

答曰初限壹百叁拾七石　中限九拾五石九斗　末限四拾壹石壹斗

法列置麥數叁位壹位以五分乘爲初限數弍位以叁分半乘爲中限數叁位以壹分半乘爲末限數合問

今有雞兎同籠上見叁拾五頭下見九拾四足問雞兎各若干　答曰雞弍拾叁隻兎壹拾弍隻

法倍總頭得七拾于總足內減七拾餘弍拾四折半得弍拾

爲兎以四足乘之得四拾八足以減總足餘四拾六足爲雞足
折半得雞弍拾叁隻合問
壹法以四因總頭減去總足餘折半得雞或以弍
因四歸總足減總頭餘得兎
解曰此法名弍率分身卽貴賤差分也其倍頭減
足折半爲兎者盖原以雞弍足乘總頭于總足內
減之則所餘者是兎足故折半爲兎也其四頭減
足折半是雞者盖原以兎四足乘總頭以共足減
之則所餘者雞足也故折半爲雞

假如狐狸壹頭九尾鵬鳥壹尾九頭今只云前有七拾式頭後有八拾八尾問狐鵬各若干

答曰九狐七鵬

法曰置總頭七拾式以減總尾八拾八餘拾六爲狐鵬共數以尾九因之得壹百四拾四內減總尾八拾八餘五拾六爲實另以尾九內減頭壹餘八爲法除實得鵬七隻以減共數餘得狐九個合問

柳下居士曰以總頭減總尾得共數乃偶合耳非通法也試加壹狐則總數爲拾七而總頭七拾叁

總尾九拾七相減餘弍拾四矣於共數多七個若加壹鵬則總頭八拾壹總尾八拾九相減餘八於共數又少九個故曰偶合也然則此頭尾減餘之數爲虛數乎曰非也乃狐多於鵬之較數也以兩物之頭相較鵬多八頭以兩物之尾相較狐多八尾故以兩物之頭尾共數相較若餘八頭則多壹鵬餘八尾則多壹狐由此推之餘拾六尾則多弍狐餘弍拾四尾則多叁狐今所餘者尾數也故知其爲狐多於鵬之較也今立如後

法將總頭總尾併之得壹百六拾爲實。以壹物之頭尾併得拾爲法除之。得拾六爲兩物共數。又以兩物之頭相減。用尾相減亦同。餘八爲法。以除共數得弍狐。于共數內減弍狐。餘拾四。折半得七爲鵬。鵬加弍得九爲狐。或用貴賤差分本法算之亦得。

算學卷十八終

西樵歷史文化文獻叢書

陳啓沅算學（二）

（清）陳啓沅 著

广西师范大学出版社
GUANGXI NORMAL UNIVERSITY PRESS
·桂林·